U0151064

金属材料动态响应行为

Dynamic Response Behavior of Metallic Materials

杨 扬 著

国防工業出版社
·北京·

图书在版编目(CIP)数据

金属材料动态响应行为 / 杨扬著. — 北京 ：国防工业出版社, 2020.12

ISBN 978 - 7 - 118 - 12182 - 7

Ⅰ. ①金… Ⅱ. ①杨… Ⅲ. ①金属材料 - 动态响应 - 研究 Ⅳ. ①TG14

中国版本图书馆 CIP 数据核字(2020)第 181018 号

※

国防工业出版社出版发行

(北京市海淀区紫竹院南路 23 号　邮政编码 100048)

北京虎彩文化传播有限公司印刷

新华书店经售

*

开本 710 × 1000　1/16　**插页** 4　**印张** 26½　**字数** 470 千字

2020 年 12 月第 1 版第 1 次印刷　**印数** 1—1000 册　**定价** 258.00 元

(本书如有印装错误,我社负责调换)

国防书店:(010)88540777　　书店传真:(010)88540776

发行业务:(010)88540717　　发行传真:(010)88540762

致 读 者

本书由中央军委装备发展部**国防科技图书出版基金**资助出版。

为了促进国防科技和武器装备发展，加强社会主义物质文明和精神文明建设，培养优秀科技人才，确保国防科技优秀图书的出版，原国防科工委于1988年初决定每年拨出专款，设立国防科技图书出版基金，成立评审委员会，扶持、审定出版国防科技优秀图书。这是一项具有深远意义的创举。

国防科技图书出版基金资助的对象是：

1. 在国防科学技术领域中，学术水平高，内容有创见，在学科上居领先地位的基础科学理论图书；在工程技术理论方面有突破的应用科学专著。

2. 学术思想新颖，内容具体、实用，对国防科技和武器装备发展具有较大推动作用的专著；密切结合国防现代化和武器装备现代化需要的高新技术内容的专著。

3. 有重要发展前景和有重大开拓使用价值，密切结合国防现代化和武器装备现代化需要的新工艺、新材料内容的专著。

4. 填补目前我国科技领域空白并具有军事应用前景的薄弱学科和边缘学科的科技图书。

国防科技图书出版基金评审委员会在中央军委装备发展部的领导下开展工作，负责掌握出版基金的使用方向，评审受理的图书选题，决定资助的图书选题和资助金额，以及决定中断或取消资助等。经评审给予资助的图书，由中央军委装备发展部国防工业出版社出版发行。

国防科技和武器装备发展已经取得了举世瞩目的成就，国防科技图书承担着记载和弘扬这些成就，积累和传播科技知识的使命。开展好评审工作，使有限的基金发挥出巨大的效能，需要不断摸索、认真总结和及时改进，更需要国防科技和武器装备建设战线广大科技工作者、专家、教授，以及社会各界朋友的热情支持。

让我们携起手来，为祖国昌盛、科技腾飞、出版繁荣而共同奋斗！

国防科技图书出版基金

评审委员会

前　　言

随着我国军事工业、航天、航空、高速运输、安全防护、高能率加工(如激光加工、爆炸加工、高速制造、电磁加工等)等高新技术的迅猛发展,迫切需要理解和掌握金属材料对高应变速率动态载荷极端条件的响应行为——“金属材料动态响应行为”的相关规律与机制。

“金属材料动态响应行为”是一个涵盖丰富的科学技术内容,充满挑战性科学问题的前沿研究领域,也是一个涉及材料科学、冲击动力学、损伤断裂等多学科的交叉领域。

在国防工业领域,弹道冲击、聚能炸药、破片杀伤弹、爆炸成形弹丸、动能侵彻体、塑性炸药、核武器等都涉及冲击、爆炸、高应变速率变形的应用,如常规和新型装甲与反装甲材料的设计,对于装甲材料来说,绝热剪切就是其主要失效形式之一,因此就必须设法降低装甲材料对绝热剪切的敏感性,使其尽可能不发生绝热剪切,从而提高防护效果;而对于制造动能穿甲弹的材料,则要求其有高的绝热剪切敏感性,从而在穿甲、侵彻过程中更易发生绝热剪切而出现所谓“自锐”现象,提高穿甲效果;这就好比是“矛”和“盾”的关系,要想得到锋利的矛或坚固的盾,就要求弄清绝热剪切的规律与机制。

在国民经济领域,激光冲击强化、爆炸加工、高速切削、交通工具/航天器的防撞性能以及利用动态塑性变形特征制备块体纳米材料等都涉及高应变速率动态变形。因此,迫切需要理解和掌握高应变速率变形力学(冲击动力学)、材料动态响应行为,前者是力学工作者的关注所在,后者则是材料工作者的课题,也正是本书介绍的内容。

目前,对“金属材料准静态行为”已有了深刻的理解并有定量的理论模型描述,然而对“金属材料动态响应行为”的认识,还存在很大的模糊性。由于武器物理研究需求的牵引,材料动态响应行为目前还主要是得到了工程物理以及力学工作者的高度重视,而相关的材料科学研究与解读严重缺失。最近美国国家研究委员会(National Research Council,NRC)《高能密度物理:当代科学的未知》报告中,提出了当代科学面临的挑战和困惑——对超高压力、超高应变速率、超高温度的极端范围的探索,目前学界业已清楚应变速率在10^6/s以下的塑性变形机制是位错运动、孪生和扩散等,而 10^6/s 以上的变形机制目前仍是未知的。毋庸置疑的是,开展"金属材料动态响应行为"研究将丰富和发展现有基于准静态(应变速率为 $10^{-5} \sim 10^{-1}$/s)载荷的材料科学理论的内涵和外延,科学意义重大,而且为大幅度提升极端服役构件材料的动态性能水平以及工程构件的安全运行寿命提供实验支撑和理论指导,具有重要的工程应用价值。材料动态行为学科领域的发展将有力地支撑国家安全与国民经济发展。

国内外的同类专著仅有美国加州大学 M. A. Meyers 的著作(Meyers M A, Dynamic behavior of materials, John Wiley & Sons, Inc. ,1994)及其国内的译本(张庆明、刘彦、黄风雷、吕中杰译,材料动力学行为,国防工业出版社,2006),其他都是以论文集的形式出版的学术著作,该书是目前国内外唯一一本系统介绍高应变速率动态载荷下材料响应行为的教科书式的经典著作,其内容丰富、全面,涵盖了冲击动力学、材料动态变形、动态实验方法、动态损伤断裂等的基本概念、基本理论以及相关工程应用。不足的是该书出版于 1994 年,从 1994 年至今,这 20 多年间科技的进步以及该领域研究工作的进展在该书内没有得到体现。

作者在国内开拓了基于材料科学的视野,开创了研究"金属材料动态响应行为"的先河。作者在国家自然科学基金(51871243、51574290、U1330126、51274245、50971134、50710105056、50671121、50471059)、教育部博士点基金(20120162130006(优先发展领域)、2002053301、97053316、96053314)、湖南省自然科学基金(14JJ2011、2019JJ40381)、总装备部武器装备预研基金项目(9140A12011610BQ1901)、国防科工委军品配套项目(JPPT－115－128)、国家重点攻关项目子项(kf97jk－27－06)、爆炸科学与技术国家重点实验室(北京理工大学)开放基金重点项目(KFJJ11－1、KFJJ09－1)、非线性力学国家重点实验室(中国科学院力学所)开放课题以及湖南省高水平研究生教材建设项目等的资助下,系统深入地研究了动态载荷对金属材料微观组织结构和力学性能的影响、局域化绝热剪切、动态拉伸断裂、金属爆炸复合材料的界面组织结构与力学行为、动态塑性变形制备超细晶块体金属的微结构演变机制及其热稳定性、激光冲击高应变速率变形诱生的微结构形成机制及其热稳定性等,在 Acta Mater. 、Scripta Mater. 、Mater. Lett. 、J. Mater. Sci. 、J. Alloy. Compd. 、Mater. Sci. Eng. A、Metall. Mater. Trans. A、Mater. Charact. 、J. Mater. Res. 、App. Phys. A、Phil. Mag. 等国际权威和重要刊物上发表了系列论文,这些研究成果丰富了金属材料动态响应行为理论知识,并为拓展金属材料的工程应用提供了实验数据和理论指导,本书即是在此基础上撰写而成的。限于篇幅,舍弃了部分研究内容。全书分为 6 章。

第 1 章,系统地介绍了动态载荷对金属材料微观组织结构和力学性能的影响,包括动态加载的特征及实验方法概述、应变速率对材料力学性能的影响、动态载荷对金属微观组织结构和力学性能的影响等内容。

第 2 章,结合作者的研究工作,着重阐释了绝热剪切带内的形变热/力学特征、绝热剪切带内的微观结构演变规律与机制、多重绝热剪切带的自组织行为等。

第 3 章,结合作者的研究工作,着重阐释了金属层裂相关的材料科学问题,主要包括晶界、相界面等对纯金属、合金层裂行为的影响规律与机制等内容。

第 4 章至第 6 章,主要介绍作者在金属材料高能率加工的高新技术中与“材料动态响应行为”相关的研究工作。

第 4 章,介绍作者关于金属爆炸复合材料的界面组织结构与力学行为的研究工作,包括爆炸复合界面结合层的微观组织结构、爆炸复合界面的扩散反应、爆炸复合界面微观断裂机制等内容。

第 5 章,介绍作者在动态塑性变形制备超细晶块体金属的微结构演变机制及其热稳定性的研究工作,主要内容有动态塑性变形对金属微观结构演变的影响、动态塑性变形制备的超细组织的热稳定性等。

第 6 章,介绍作者关于激光冲击高应变速率变形诱生的微结构的形成机制及其热稳定性的研究工作,主要包括激光冲击强化诱生的钛合金表层微结构的特征/形成机制及其热稳定性研究等内容。

本书各章节既相对独立又相互联系,全书形成了一个既较为完整又可适当取舍的体系,既有较强的理论基础知识,又具有较强的工程实用性。

本书涉及较宽泛的学科领域,作者在相关的金属材料的局域化塑性变形、动态再结晶、动态相变、动态损伤断裂、动态本构等方面有深入探讨。囿于作者在理论和实践上的局限,同时目前作者仍在继续相关的研究工作,因而本书难免存在不妥之处,恳请读者指正。

杨　扬

2018 年 6 月

于中南大学米塔尔楼 303 房间

目　　录

Contents

第1章　动态载荷对金属材料微观组织结构和力学性能的影响

大量工程问题的解决依赖于对金属材料动态响应行为的理解，高应变速率动态/冲击载荷作用下金属材料的响应行为的研究已经越来越受到人们的重视。在国民经济和国防建设中，金属材料和结构除了承受正常设计载荷外，往往还要承受各种急剧变化的动态载荷，这就对材料及其结构提出了越来越高的要求——满足强动载荷作用下的工程设计需求。因此，了解和掌握高应变速率动态载荷下金属材料的组织结构与性能的响应规律具有重要的意义。

1.1　动态载荷的特征及实验方法概述

1.1.1　动态载荷的主要特征

高速作用于物体上的载荷即动态载荷又称为冲击载荷。动态载荷以载荷作用的短历时为特征，在以毫秒、微秒甚至纳秒计的短暂时间尺度上发生了运动参量的显著变化。高速撞击、穿甲侵彻、爆炸加工、高速切削、侵彻、冲蚀是工程中常见的动态载荷。例如，核爆炸中心压力可以在几微秒内突然升高到 10^3 ~ 10^4GPa量级，炸药在固体表面接触爆炸时的压力也可在几微秒内突然升高到10GPa 量级；子弹以 10^2 ~ 10^3m/s 的速度射击到靶板上时，载荷总历时约几十微秒，接触面上压力可高达 1 ~ 10GPa 量级；采矿/筑路中广泛应用的凿岩机，其活塞以 6 ~ 8m/s 的速度冲击钎杆，钎杆将能量传递到钎头，使岩石破碎等。

强动态载荷所具有的在短暂时间尺度上发生载荷显著变化的特点，必定同时意味着高加载速率或高应变速率。冲击速度越高，则材料的应变速率越高。按照应变速率高低可将载荷进行分类，见表 1 – 1 所列。

表 1 – 1　按应变速率范围划分载荷

准静态	低应变速率	中应变速率	高应变速率	超高应变速率
10^{-5} ~ 10^{-2}/s	10^{-2} ~ 10^{0}/s	10^{0} ~ 10^{2}/s	10^{2} ~ 10^{6}/s	10^{7}/s 及以上

必须计算应力波传播的动态加载实验中的应变速率则为 10^2 ~ 10^4/s，甚至

可高达 10^7/s，比准静态载荷中的高得多。对动态加载，必须考虑两个十分重要的效应，即惯性效应和应变速率效应。惯性效应导致对应力波传播和结构动力学的研究，应变速率效应则促进了对材料力学行为的应变速率相关性的研究，包括率相关本构关系和率相关动态破坏准则的研究。力学工作者更关注应力波传播的力学效应以及结构的高应变速率响应，而材料科技工作者主要关注材料的动态响应行为。

1. 应变速率对材料力学性能的影响

1）应变速率的概念

应变速率是指单位时间内发生的线应变/剪应变，即单位时间内应变的变化 $\dot{\varepsilon} = \mathrm{d}\varepsilon/\mathrm{d}t$，单位为 s^{-1}。为了加深理解，在此列举几个例子。

例 1－1　一个标长为 10cm 的拉伸试样，在拉伸速度为 1m/s 的实验机上拉伸，如图 1－1 所示。试样变形的应变速率：$\dot{\varepsilon} = \frac{\mathrm{d}\varepsilon}{\mathrm{d}t} = \frac{\Delta l v_0}{l_0 \Delta l} = \frac{v_0}{l_0} = \frac{100}{10} = 10/\mathrm{s}$。

例 1－2　一长度为 5cm 的弹丸（圆柱体），以 1000m/s 的速度撞击刚性靶板，如图 1－2 所示。假定弹丸线性减速至长度为 2.5cm 时（圆锥体）停止，求该弹丸变形的应变速率。[1]

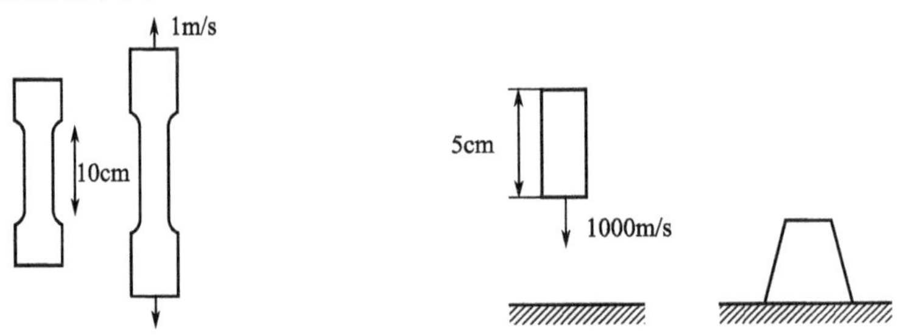

图 1－1　试样拉伸示意图　　　　图 1－2　弹丸高速撞击靶板示意图

假设速度线性变化，即 $v_{平均} = (v_0 - 0)/2$，$s = 2.5\mathrm{cm}$，$v = 2s/t$，$t = 2s/v$，$t = 5 \times 10^{-2} = 5 \times 10^{-5}\mathrm{s}$，则应变速率近似为 $\dot{\varepsilon} = \frac{\Delta l}{l_0 t} = \frac{2.5}{5t} = 10^4/\mathrm{s}$。

例 1－3　强度为 30GPa 的冲击波横向冲击铜试样，塑性变形发生在冲击波上升时的冲击波阵面上。因此，冲击波的上升时间（或冲击波阵面的厚度）和试样体积的缩减（V/V_0）决定了应变速率的大小。随压力的增大，冲击波阵面的厚度不断减小，V/V_0 不断增大）[1]（典型金属的冲击波参数见表 1－2 所列）。

假设冲击波阵面的厚度为 5μm，如图 1－3 所示。试计算相应的应变速率。

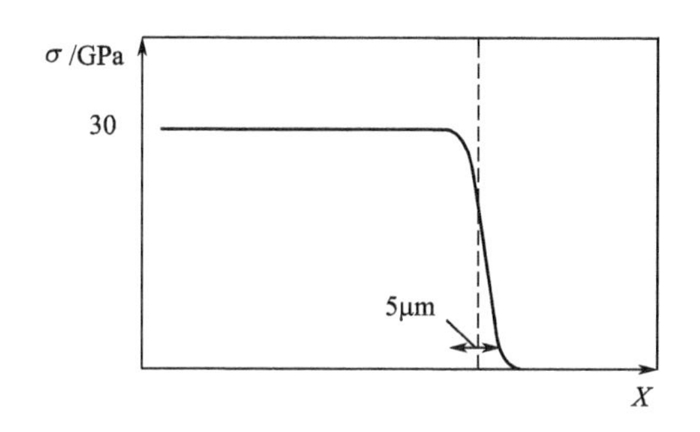

图 1-3　冲击波在 Cu 中的传播

表 1-2　典型金属的冲击波参数

金属	压力/GPa	ρ/(g/cm^3)	V/V_0	U_s/(km/s)	U_p/(km/s)	c/(km/s)
2024Al	0	2.785	1.000	5.328	0	5.328
	10	3.081	0.904	6.114	0.587	6.220
	20	3.306	0.842	6.751	1.060	6.849
	30	3.490	0.798	7.302	1.475	7.350
	40	3.647	0.764	7.694	1.843	7.774
Cu	0	8.930	1.000	3.940	0	3.940
	10	9.499	0.940	4.325	0.259	4.425
	20	9.959	0.897	4.656	0.481	4.808
	30	10.349	0.863	4.950	0.679	5.131
	40	10.668	0.835	5.218	0.858	5.415

U_s—冲击速度；U_p—粒子速度；c—金属中的声速

由表 1-2 得：$U_s=4.95\text{km/s}$，$V/V_0=0.863$；所以，$\varepsilon=(L_0-L)/L_0=(V_0-V)/V_0=0.137$，加载至最大压力的时间为：$t=s/U_s=(5\times10^{-6})/(4.95\times10^3)=10^{-9}\text{s}$，所以应变速率 $\dot{\varepsilon}=1.4\times10^8/\text{s}$。

以上 3 个例子可见，不同的加载方式导致的应变速率从 $10\sim10^8\text{s}^{-1}$之间变化。而蠕变的应变速率可以低于 $10^{-7}/\text{s}$，核爆炸产生的应变速率却肯定高于 $10^8/\text{s}$。随着压力增大，冲击波前沿厚度减小、V/V_0 增大。因此，可以预测应变速率可能达到 $10^9/\text{s}$ 量级甚至更高。然而却不知道材料对此高应变速率如何响应。最近美国国家研究委员会的报告“高能密度物理：当代科学的未知”中提出了当代科学面临的挑战和困惑——对超高压力、超高应变速率、超高温度的极端范围的探索。目前学界业已清楚应变速率在 $10^6/\text{s}$ 以下的塑性变形机制是位错运动、孪生和扩散；而在 $10^6/\text{s}$ 以上的变形机制目前仍是未知的，如图 1-4 所示。

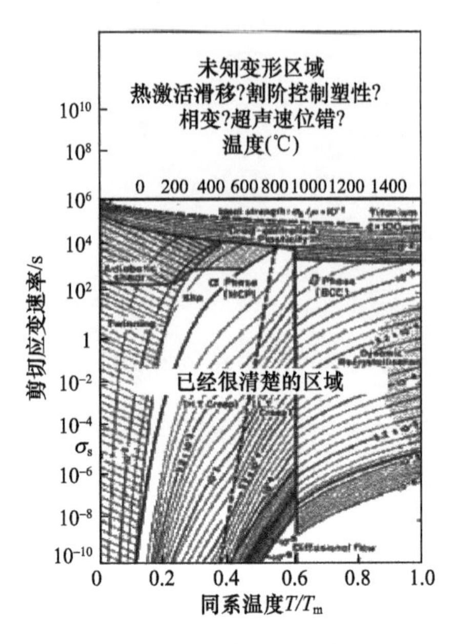

图 1-4 应变速率与温度以及未知区域的 Weertman-Ashby 图

2）应变速率对材料力学性能的影响

在金属高速切削、高速锻压过程中，工件要在极短的时间间隔中完成很大的塑性变形，其应变速率可高达 $10^2 \sim 10^4$/s。近年来发展起来的高能加工技术，包括激光加工、爆炸加工等，其应变速率甚至更高。实验证明，对于绝大多数金属与合金，当应变速率增大时，其力学性能可能发生显著的改变。例如，一个抛射体撞击到一块金属板上，当其速度低于某一临界值，可以在板上留下一个很大的凹坑，其动能消耗于摩擦和塑变功；而当抛射体的速度大于一定值时，金属板就被击穿，塑性变形只集中于很小区域内，只有小部分的能量被吸收。这说明随冲击速度的不同，材料的失效模式以及相关联的力学性能和本构关系也将发生变化。在工程应用上，为了有效地设计抗冲击结构和恰当地分析与动态载荷有关的问题，都必须了解与应变速率有关的材料力学行为。

(1) 高应变速率下的应力—应变曲线的特点[2]。

图 1-5(a) 和 (b) 分别表示铝和钛在扭转加载下的应力—应变曲线，图 1-5(c)表示软钢在拉伸加载下的应力—应变曲线，图 1-5(d)所示为纯铜在冲压载荷下的载荷—位移曲线，其应变速率或加载速率在几个数量级范围内变化。尽管各种金属材料的晶体结构不同，铝和铜为面心立方(fcc)金属，铁为体心立方(bcc)金属，钛为密排六方(hcp)金属，又尽管加载方式包括扭转、拉伸和冲压，但可总结出一个共同的规律，即随着应变速率的增加，材料的强度也随

之提高，而体心立方金属显示出最大的应变速率敏感性，软钢(bcc)的屈服强度可以成倍提高。

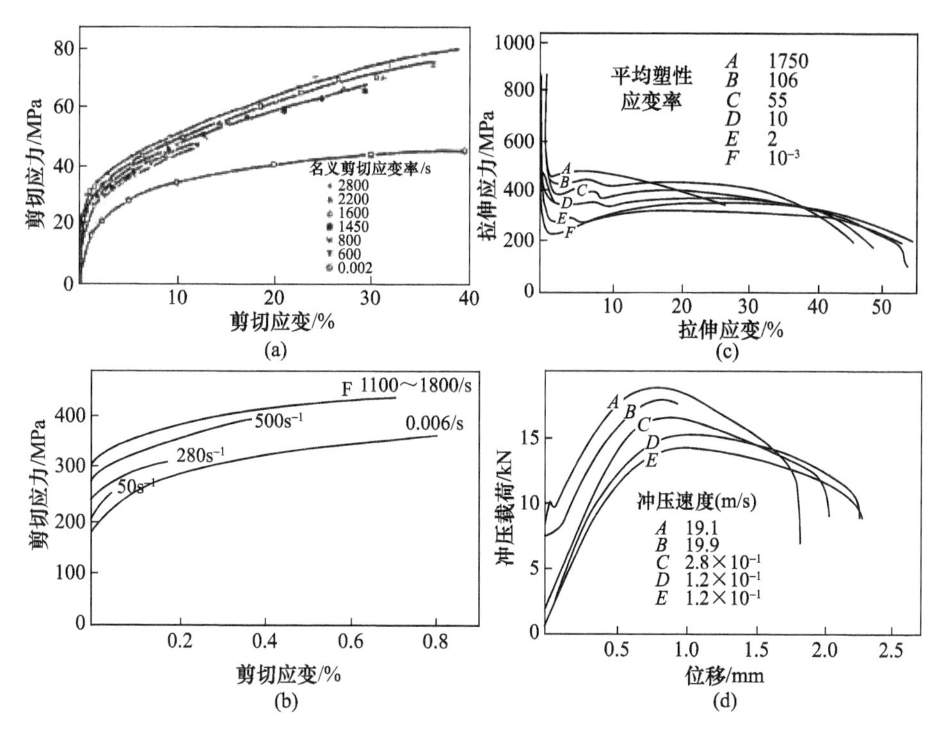

图 1－5　应变速率对金属应力—应变曲线的影响

(a)铝(扭转)；(b)钛(扭转)；(c)软钢(拉伸)；(d)钢(冲压)。

对于合金来说，这种变化的总趋势保持不变，只是应变速率对流变应力的影响有所减弱。例如，纯铝属应变速率敏感材料，其高应变速率(10^3/s)的流变应力比准静态(10^{-4}～10^{-3}/s)提高20%～60%；但对于经时效强化的变形铝合金，其动态应力—应变曲线与准静态几乎重合。图1－6(a)、(b)分别表示淬火回火合金钢、Ti6Al4V合金在不同应变速率下的应力—应变曲线。可以看出，随着应变速率的提高，其应力—应变曲线的位置也上移，但提高的幅度不如纯金属。

(2) 应变速率对强度和塑性的影响。

应变速率对材料的强度与塑性的影响相当复杂，至今还没有得出统一的规律与计算公式，从图1－5及大量实验证明，提高应变速率可使屈服强度、极限强度和流变应力提高。应变速率对材料塑性的影响则比较复杂，有报道表明，当应变速率由10^{-4}/s提高到10^3/s时，fcc金属的塑性(延伸率)随之提高，而bcc金

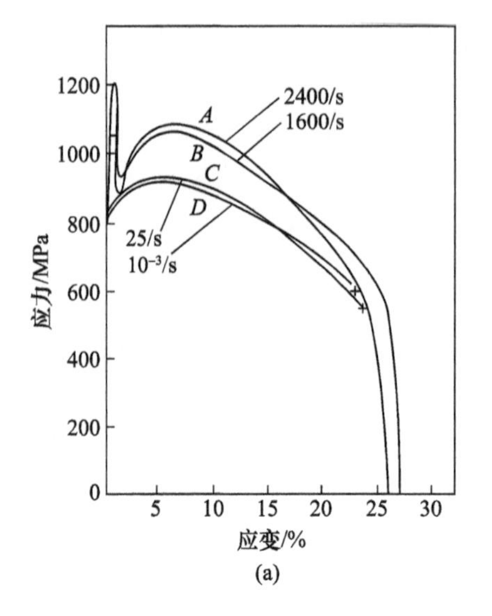

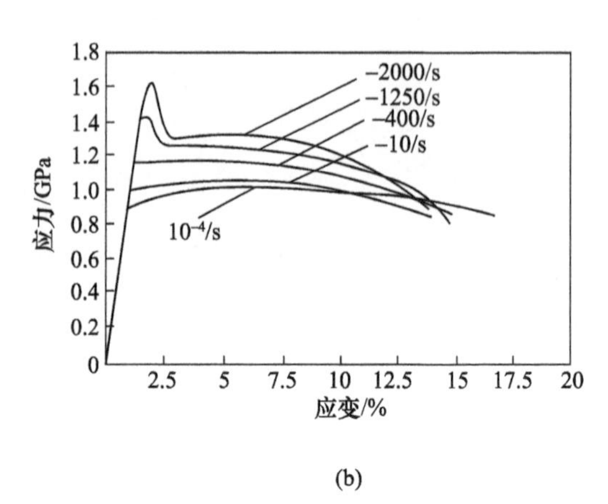

图 1－6　应变速率对合金应力—应变曲线的影响

(a)合金钢；(b)钛合金。

属的塑性(延伸率)却有所降低;但这一结论未得到普遍证实。因此,对某一特定材料,为了确定应变速率对其强度和塑性的影响规律,实验还是不可或缺的。

(3)应变速率和实验温度的交互作用。

流变应力是应变、应变速率和实验温度的函数。实验证明:对于绝大多数金属和合金,当应变速率增大时,其力学性能可能发生显著的改变,而实验温度对材料的性能也产生着巨大的影响,两者是交互作用的。对大多数金属材料,其屈服应力和流动应力会随实验中应变速率的增加而提高,对不同的材料,其提高的程度有所不同,这种差异是由每种材料对应变速率的敏感程度不同所导致。

一般说来,提高应变速率和降低温度具有相似的效果。如对于热作模具钢 x45CrSi93,随温度的降低,应力—应变曲线向上移动,直到 －150℃时发生脆性断裂,随应变速率的提高,材料的强度也跟着提高,但在应变速率为 2×10^{-3} 时塑性最低,进一步提高应变速率,使塑性又重新增大。

应变速率和实验温度对材料力学行为的影响是综合的,以 Campell 实验为例(实验对象为退火低碳钢),图 1－7 所示为在不同应变速率和不同温度下低碳钢的屈服点变化情况。图中有以下 3 个区域。

区域 1(非热机制),高温和低应变速率范围为 $\left(\dfrac{\partial\sigma}{\partial\ln\dot{\varepsilon}}\right)_T\approx1/40$,此时温度对流变应力的影响不大,塑性流变主要由非热机制控制,位错、析出相、晶界等引起的长程障碍(摩擦力)起主导作用,晶格的热振动无助于运动位错超越这些障碍物。这种非热的摩擦力随合金元素的增加而增大，因而高合金材料对应变速率较不敏感。

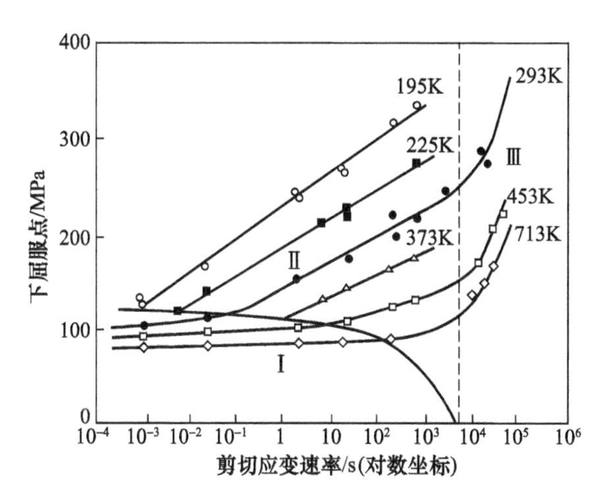

图1－7　在不同应变速率和不同温度下低碳钢的屈服点变化情况

区域2（热激活机制），低温和较高应变速率范围为$\left(\dfrac{\partial\sigma}{\partial\ln\dot{\varepsilon}}\right)_T = \text{const.}$，塑性流动对温度和应变速率敏感，流变应力和应变速率的对数呈直线关系；由位错交互作用引起的短程内应力成为进行流变的主要障碍，此时晶格的热振动有助于克服这些障碍。塑性变形率主要为位错运动的热激活过程控制，包括：$P-N$力，林位错、螺位错的交割和交滑移，刃位错的攀移等。

材料的宏观塑性应变速率可用微观位错参量表征，即

$$\dot{\varepsilon}^{\mathrm{p}} = \alpha\rho_{\mathrm{m}} v \boldsymbol{b} \tag{1-1}$$

式中：ρ_{m}为可动位错的密度；v 为位错的平均运动速度；$\boldsymbol{b}$ 为矢量；α 为系数。

由于在此区域内位错运动为热激活过程控制，因此 v 可表示为

$$v = v_0 \exp\left(-\Delta\frac{U}{kT}\right) \tag{1-2}$$

式中：k 为 Boltzmann 常数；T 为绝对温度；ΔU 为激活能。

ΔU 可表示为应力的线性函数，即

$$\Delta U = \Delta U_0 - \Omega(\sigma - \sigma_{\mathrm{a}}) \tag{1-3}$$

式中：ΔU_0为无应力时的激活能；Ω 为激活体积；σ 为外加的总应力；σ_{a}是应力的非热分量。

将式(1－2)、式(1－3)代入式(1－1)中得到

$$\dot{\varepsilon}^{\mathrm{p}}=\dot{\varepsilon}_0\exp\left(-\frac{[\Delta U_0-\Omega(\sigma-\sigma_{\mathrm{a}})]}{kT}\right) \tag{1-4}$$

式中：$\dot{\varepsilon}_0$为频率因子；$\dot{\varepsilon}_0=\alpha\rho_{\mathrm{m}}v_0 b$

由式(1－4)可得本构关系为

$$\sigma=\sigma_a+\frac{\Delta U_0}{\Omega}+\left(\frac{kT}{\Omega}\right)\ln\left(\frac{\dot{\varepsilon}^{\mathrm{p}}}{\dot{\varepsilon}_0}\right) \tag{1-5}$$

在$\sigma-\ln\dot{\varepsilon}^{\mathrm{p}}$曲线上是一直线，其斜率$\lambda$为

$$\lambda=\left(\frac{\partial\sigma}{\partial\ln\dot{\varepsilon}^{\mathrm{p}}}\right)=\frac{kT}{\Omega}$$

λ为应力对应变速率对数的敏感性参量。

区域3(声子黏滞机制)，高应变速率范围($10^3\sim10^5$/s)，流变应力对应变速率的敏感率增大，流变应力和应变速率呈直线关系；流变本质上是黏滞性的，流变的控制机制是声子的拖曳力。

实验表明，区域3内，$\left(\frac{\partial\sigma}{\partial\dot{\varepsilon}}\right)_T=\eta=$常量，所以

$$\sigma=\sigma_0+\eta\dot{\varepsilon} \tag{1-6}$$

式中：σ_0为$\dot{\varepsilon}=0$时的切应力，也称为“势垒应力”；η为黏度，与温度、应变以及应变速率相关。

式(1－6)表明，当作用的应力超过“势垒应力”σ_0时，位错通过“短暂势垒”所需的激活时间短暂到可以忽略。此时，位错运动速度或应变速率大小主要取决于与速度成正比的黏性阻尼大小。高应变速率载荷下，温度对黏性阻尼系数的影响如表1－3所列。

表1－3　当$\dot{\varepsilon}>10^3$/s时，黏性阻尼系数与温度的关系

T/K	293	493	713
η/Pa·s，$\times10^3$	2.1	2.0	1.8

Campell的实验表明以下几点。

① $\dot{\varepsilon}$由$10^{-3}\sim10^3$/s上升6个数量级的范围内，流动应力σ仅增加1倍。在此应变速率变化区间，金属的屈服强度都有所提高，但提高程度不同。

② 当$\dot{\varepsilon}>10^3$/s时，$\dot{\varepsilon}$的变化对流变应力σ的影响显著增加。如低碳钢，

$\dot{\varepsilon}$ 由 $1\times10^4/s$ 上升至 $5\times10^4/s$，$\dot{\varepsilon}$ 仅增加了 5 倍，相应的流变应力 σ 由 250MPa 上升到 350MPa，增大了 1.4 倍。

低碳钢室温时的 $\eta=2.1\times10^{-3}\text{Pa}\cdot\text{s}$

$$\sigma=\sigma_0+\eta\dot{\varepsilon}=(250+2.1\times10^{-3}\dot{\varepsilon})\text{MPa}$$

a. 当 $\dot{\varepsilon}=10^4/s$ 量级时，$\sigma=(250+2.1\times10)\text{MPa}$；可见，势垒应力 $\sigma_0=250\text{MPa}$，在流变应力中占主导地位，而黏性项 $\eta\dot{\varepsilon}=21\text{MPa}$ 为高价小量，可忽略不计。

b. 当 $\dot{\varepsilon}=10^5/s$ 量级时，$\sigma=(250+2.1\times10^2)\text{MPa}$；可见，势垒应力 $\sigma_0=250\text{MPa}$ 和黏性项 $\eta\dot{\varepsilon}=210\text{MPa}$ 为同一量级，金属表现出黏塑性特征。

c. 当 $\dot{\varepsilon}=10^6/s$ 量级时，$\sigma=(250+2.1\times10^3)\text{MPa}$；可见，黏性所引起的应力项 $\eta\dot{\varepsilon}=2100\text{MPa}$ 要高于势垒应力 $\sigma_0=250\text{MPa}$ 一个量级。如忽略高价小量势垒应力 σ_0，则 $\sigma\approx\eta\dot{\varepsilon}$，金属此时表现出黏性流体特征。

区域 4（孪晶机制），图 1－7 中未画出的极低温度范围，应变速率和温度对流变应力的影响较小，这和孪晶的形成有关。

总之，材料的力学行为不仅是实验温度的函数，而且也是应变速率的函数。变形温度和应变速率交互作用于材料的性能，对于不同的材料，温度和应变速率对材料的力学行为的影响不同，本构关系也有所不同。在温度一定时，给定应变所对应的应力随应变速率的升高而提高。名义屈服极限和强度极限随应变速率的升高而升高，而延伸率和对应强度极限的应变则随应变速率的升高而降低；而温度越高，相同的应变速率增量所引起的名义屈服极限、强度极限、断裂的应变和延伸率的变化量就越小。应变速率和实验温度决定了材料的力学行为。

3）高应变速率时的本构方程

材料的本构关系就是指在一定的微观组织下，材料的流变应力对由温度、应变、应变速率等热力学参数所构成的热力学状态作出的响应。这种规律实质是因材料而异的，如果用数学方程来表示这种规律，那么不同的材料其方程形式也不尽相同。因此，从这个意义上来说这个方程实质上反映了材料的本质，所以通常称为材料的本构关系或本构方程，一般可表示为应变、应变速率及变形温度的函数，即

$$\sigma=f(\varepsilon,\dot{\varepsilon},T) \tag{1-7}$$

塑性变形是一个不可逆过程并与路径有关，所以材料在某一确定点 (σ,ε)

的响应与材料当下的变形亚结构有关。而每种变形亚结构都对应各自的应变速率、温度及应力状态,所以上述方程必须加入“变形历史”,即

$$\sigma = f(\varepsilon, \acute{\varepsilon}, T, \text{变形历史}) \tag{1-8}$$

为了以标量形式而不是以张量表征本构关系,引入有效应力和有效应变,即

$$\sigma_{\text{eff}} = \frac{\sqrt{2}}{2}\sqrt{(\sigma_1 - \sigma_2)^2 + (\sigma_2 - \sigma_3)^2 + (\sigma_3 - \sigma_1)^2}$$

$$\varepsilon_{\text{eff}} = \frac{\sqrt{2}}{3}\sqrt{(\varepsilon_1 - \varepsilon_2)^2 + (\varepsilon_2 - \varepsilon_3)^2 + (\varepsilon_3 - \varepsilon_1)^2}$$

这样就不涉及复杂的张量,只需处理标量 σ_{eff}、ε_{eff}就可以了。用同样的方法可以处理 τ(剪应力)和 γ(剪应变)。

任何塑性变形过程,无论其具体变形机制如何,都是应变速率相关过程。研究者们从变形的位错动力学机制出发,或者基于热力学内变量的概念等,已建立了各种应变速率相关(率型)的本构关系,来定量描述这类应变速率相关的本构响应。

在通常的准静态变形条件下,其应变速率较低且恒定,此时温度效应不明显,可认为是等温变形过程,在这种情况下流变应力就只与应变有关。而在研究极端条件下的变形时,往往涉及一个很宽的应变速率范围,此时材料的应变速率效应即黏性效应不容忽视,并且高应变速率条件下带来的热效应也很显著,因而也不能视为等温变形过程。为了体现这类变形的特点,将其本构关系称为“热—黏塑性本构关系”。

目前常用的热—黏塑性本构模型主要有:Johnson 和 Cook 于 1983 年在位错动力学的基础上提出了 Johnson – Cook 黏塑性本构模型[3];1987 年 Zerilli 和 Armstrong[4]考虑到了晶体结构的影响,分析了体心立方(bcc)和面心立方(fcc)金属点阵结构的差别,指出:表征热激活过程的参数 A^* 在体心立方金属中更多地依赖于温度和应变速率,而在面心立方金属中则更多地依赖于应变,据此分别导出了适用于体心立方和面心立方的两种晶体结构的 Zerilli – Armstrongr 热黏塑性本构关系;Follansbee – Kocks 本构模型是以临界应力作为内部变量的,同样也引入了较多的材料参数,形式比较复杂;Bodner – Paton 本构模型[5]将总应变张量分为弹性和塑性两部分,弹性部分采用 Hook 定律来描述,塑性部分则是从位错动力学出发,建立了塑性应变速率张量与应力偏张量第二不变量 J_2之间的关系,该模型引入了较多的材料参数,因而应用起来比较困难。这些本构关系都在一定范围内较好地表达了材料的本构特性。

相比之下,Johnson – Cook 模型与 Zerilli – Armstrong 模型的形式都比较简

单,都引入了材料的应变强化、应变速率强化及热软化参数,后者常用于体心立方及面心立方金属,并且对于不同的晶体结构有着不同的表达形式;Johnson - Cook 模型则可应用于各种晶体结构,其一般形式为 $\sigma = (A + B\varepsilon^n)\left[1 + C\left(\ln\frac{\dot{\varepsilon}}{\dot{\varepsilon}_0}\right)^m\right]\left[1 - D\left(\frac{T - T_0}{T_0}\right)^k\right]$,可以看出该模型结构很清晰,3 个因子分别表达了流变应力与应变、应变速率及变形温度之间的关系,各项的物理意义明显且易于理解。另外该模型的另一个重要特点:与应变、应变速率及变形温度相关的待定参数均为两个,一个为系数,一个为指数,这种参数的设置既增大了模型的适用范围,也有利于通过计算机语言编程实现其拟合过程。Johnson - Cook 本构方程中的待定参数,需要通过大量实验并利用数值拟合的方法确定。

2. 应力波理论简介[6]

固体力学的静力学理论所研究的是处于静力平衡状态下的固体介质,以忽略介质微元体的惯性作用为前提,在准静态变形中(载荷强度随时间不发生显著变化,此时可忽略介质微元体的惯性作用),任何时候都处于静力平衡状态,物体内作用在每个单元上的合力都约等于零。这只是在载荷强度随时间不发生显著变化的时候才是允许和正确的。在高应变速率动载荷条件下,介质的微元体处于随时间迅速变化着的动态过程中,对此必须计及介质微元体的惯性,从而导致了对应力波传播的研究。

当外载荷作用于可变形固体的某部分表面上时,一开始只有那些接受到外载荷作用的表面部分的介质质点离开了初始平衡位置。由于这部分介质质点与相邻介质质点之间发生了相对运动(变形),当然将受到相邻介质质点所给予的作用力(应力),但同时也给相邻介质质点以反作用力,因而使它们也离开了初始平衡位置而运动起来。不过,由于介质质点具有惯性,相邻介质质点的运动将滞后于表面介质质点的运动。依次类推,外载荷在表面上所引起的扰动就这样在介质中逐渐由近及远传播出去而形成应力波。扰动区域与未扰动区域的界面称为波阵面,波的传播方向就是波阵面的推进方向,而其传播速度称为波速。常见材料的应力波波速为 $10^2 \sim 10^3$m/s 量级。必须注意区分波速和质点速度。波速是扰动信号在介质中的传播速度,质点速度则是介质质点本身的运动速度。纵波即质点运动方向和波的传播方向一致,纵波又可分为拉伸波和压缩波,质点运动方向和波的传播方向相同为拉伸波,质点运动方向和波的传播方向相反则为压缩波;质点运动方向和波的传播方向垂直即为横波。此外,根据波阵面几何形状的不同,则有平面波、柱面波、球面波等之分。

应力、应变状态的变化以波的方式传播,称为应力波。地震波、固体中的声波和超声波等都是常见的应力波。

应力波分类:按应力与应变关系可分为弹性波、塑性波和冲击波。弹性波:当应力与应变呈线性关系时,介质中传播的是弹性波;塑性波和冲击波:当应力与应变呈线性关系时为塑性波,当应力与应变呈非线性关系时,为冲击波。塑性波:应力波的一种,物体受到超过弹性极限的冲击应力扰动后产生的应力和应变的传播、反射的波动现象,在塑性波通过后,物体内会出现塑性变形。

在均匀弹塑性介质中传播的塑性波和弹性波的区别如下。

(1) 塑性波波速与应力有关,它随着应力的增大而减小,较大的变形将以较小的速度传播,而弹性波的波速与应力大小无关。

(2) 在应力 σ 和应变 ε 的关系满足 $\sigma = \sigma(\varepsilon)$ 时,塑性波波速总比弹性波波速小。

(3) 塑性波在传播过程中波形会发生变化,而弹性波则保持波形不变。

冲击波是一种不连续峰在介质中的传播,这个峰导致介质的压强、温度、密度等物理性质跳跃式改变。当波源(物体)运动速度超过其波的传播速度时,这种波动形式都可以称为冲击波或者称为激波。其特点是波前的跳跃式变化,即产生一个峰面。峰面处介质的物理性质发生跃变,造成强烈的破坏作用。冲击波的传播通常需借助物质的媒介。

此外,按波阵面几何形状分为平面波、柱面波、球面波等;按质点速度扰动与波传播方向的关系分为纵波和横波;按介质受力状态分为拉伸波、压缩波、扭转波、弯曲波、拉扭复合波等;按控制方程组是否为线性分为线性波和非线性波。按介质连续性要求,质点位移 u 在波阵面上必定连续,但其导数则可能间断,数学上称为奇异面。若 u 的一阶导数间断,即质点速度和应变在波阵面上有突跃变化,则称为一阶奇异面或强间断,这类应力波称为激波或冲击波。若 u 及其一阶导数都连续,但其二阶导数(如加速度)间断,则称为二阶奇异面,这类应力波称为加速度波。依次类推,还可以有更高阶的奇异面,统称弱间断,都是连续波。奇异面理论在应力波研究中具有重要意义。

应力波理论首先于20世纪30年代由Poisson、Stokes等发展了线弹性波理论,随后在对碰撞和地震等问题的研究中发展了起来。在第二次世界大战期间,为了提高装甲强度等需求推动了塑性波理论的建立。一方面,是把较低应力下的线弹性波理论推广到较高应力下,建立了一维杆塑性波理论;另一方面,当撞击在固体介质中产生的高压远超过材料强度时,固体材料的剪切强度常可近似地忽略不计,用可压缩流体来代替固体进行处理,即用压力代替应力,用比容代替应变,用冲击波代替应力波,发展了固体冲击波理论;此后又计及固体剪切强度的影响,从而建立和发展了一维应变塑性波理论。

在此仅简要介绍一维应力波传播的基本特征如下。

(1) 一维弹性应力波的传播速度。

给细长杆施加一个高速轴向载荷,在细长杆中引起应力波的传播,如图1-8所示,则有以下公式。

纵波波速,即

$$C_{\mathrm{L}}=\sqrt{\frac{(\mathrm{d}\sigma/\mathrm{d}\varepsilon)}{\rho}}=\sqrt{\frac{E}{\rho}}$$

式中:E 为材料的弹性模量;ρ 为材料密度。

横波(扭转波)波速,即

$$C_{\mathrm{T}}=\sqrt{\frac{(\mathrm{d}\tau/\mathrm{d}\lambda)}{\rho}}=\sqrt{\frac{\mu}{\rho}}$$

式中:μ 为材料的切变弹性模量;ρ 为材料密度。

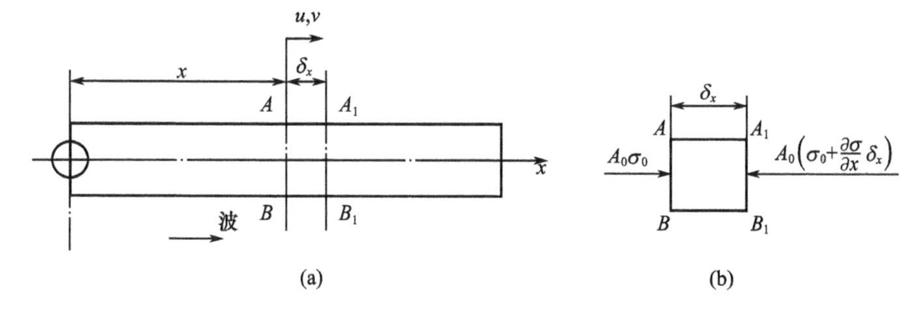

图 1-8　一维杆中的纵波

(a)细长杆;(b)单元体。

可见,弹性波的传播速率和弹性模量和密度有关(见表1-4)

表 1-4　常见金属材料中弹性波的传播速度

参数	铸铁	碳钢	黄铜	铜	铅	铝
E/GPa	113.8	203.5	93.1	113.8	17.3	69.0
ρ_0/(g/cm^3)	7.2	7.75	8.3	8.86	11.35	2.65
C_{L}/(m/s)	3966	5151	3352	3688	1189	5090
C_{T}/(m/s)	2469	3239	2042	2286	701	3109
备注:$C_{\mathrm{L}}/C_{\mathrm{T}}=\sqrt{E/G}=\sqrt{2(1+\nu)}$						

(2) 一维弹性应力波在介质中的传播引起的应力。

复合杆模型如图1-9所示,应力波在界面 AB 处部分透射、部分反射。如果 AB 面结合良好,则质点速度连续,即 $V_{\mathrm{I}}-V_{\mathrm{R}}=V_{\mathrm{T}}$。

应力波在介质中的传播引起的应力 σ 为 $\sigma=\rho cv$。式中:ρ 为密度;c 为应力波速度;v 为质点的运动速度。

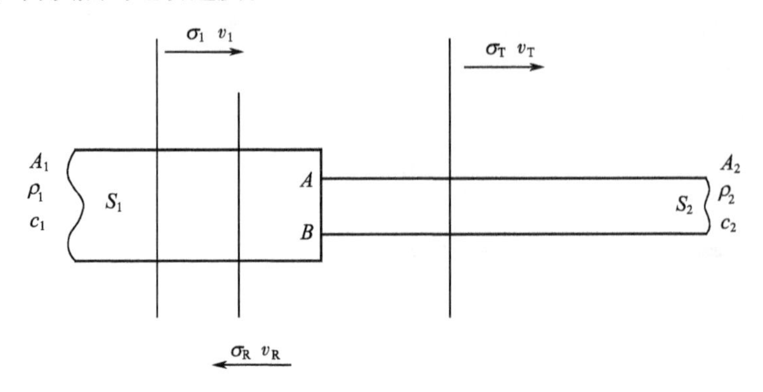

图 1-9　由不同截面、不同材质所组成的复合杆

（3）一维弹塑性应力波。

波阵面通过在杆中产生的应力 $\sigma = \rho cv$,如果 $\sigma > \sigma_s$,则杆的变形便从弹性变形变为弹塑性变形,即杆中既有弹性应力波又有塑性应力波。

弹塑性应力波的传播与材料本构关系有关,如图 1-10 所示。

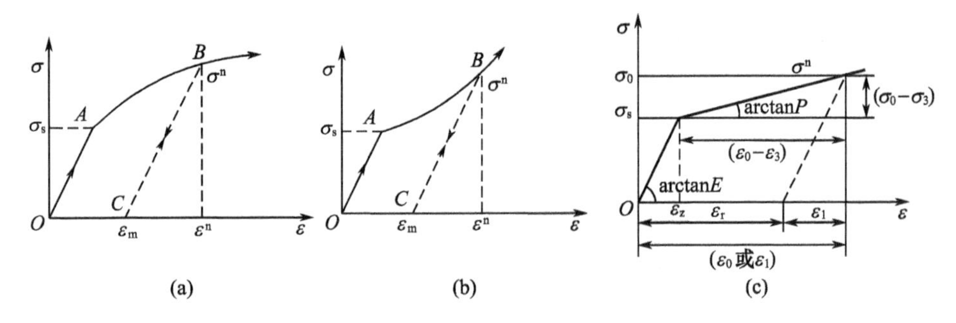

图 1-10　弹塑性本构方程的 3 种形式

（1）递减硬化材料 $\frac{d^2\sigma}{d\varepsilon^2} < 0$,塑性变形阶段应力—应变曲线为凸面;应变增加 $\frac{d\sigma}{d\varepsilon} < 0$,则波速逐渐减小,波形越来越平坦,称为弥散波。

（2）递增硬化材料 $\frac{d^2\sigma}{d\varepsilon^2} > 0$,塑性变形阶段应力—应变曲线为凹面;应变增加 $\frac{d\sigma}{d\varepsilon} > 0$,则波速逐渐减小,波形越来越陡峭,称为冲击波。

（3）理想硬化材料。塑性变形阶段其应力—应变曲线近直线,直线斜率称为塑性模量,记为 P,$P < E$ 即塑性波传播的速率小于弹性波传播的速率,因此两

个波的间距不断加大。

塑性波产生的应力达到断裂强度或者应变达到断裂应变时，杆便被拉断。对应的应力波传播的速度，称为临界速度 v_c。对于多数金属材料，v_c 为 15 ~ 150m/s；对于塑韧性好的 Mn13 钢，v_c 为 230m/s。

关于应力波及其在金属中的扩展等相关理论，可参见有关应力波、冲击动力学等文献。

3. 动态载荷的主要特征

一切固体材料都具有惯性和可变形性，当受到随时间变化着的外载荷的作用时，它的运动过程总是一个应力波传播、反射和相互作用的过程。在忽略了介质惯性的可变形固体的静力学问题中，允许忽略或没有必要去研究这一在达到静力内平衡前的应力波的传播和相互作用的过程，而着眼于研究达到静力平衡后的结果。在忽略介质可变形性的刚体力学问题中，则相当于应力波传播速度趋于无限大，因而不必再予考虑。对于动态载荷条件下的可变形固体，由于与应力波传过物体特征长度所需时间相比是在同量级或更低量级的时间尺度上，载荷已经发生了显著变化，甚至已作用完毕，因此就必须考虑应力波的传播过程。因此，准静态变形、动态变形之间有着根本的不同——动态加载过程即是应力波的传播过程。

从材料变形机理来说，除了理想弹性变形可看作瞬态响应外，各种类型的非弹性变形和断裂都是以有限速率发展，进行的非瞬态响应（如位错的运动过程、应力引起的扩散过程、裂纹的扩展和传播过程等），因而材料的力学性能本质上是与应变速率相关的。通常表现为：随着应变速率的提高，材料的屈服极限提高，强度极限提高，延伸率降低（fcc 金属除外），以及屈服滞后和断裂滞后等现象变得明显等。因此，除了上述的介质质点的惯性作用外，物体在冲击载荷下力学响应之所以不同于静载荷下的另一个重要原因，是材料本身在高应变速率下的动态力学性能与静态力学性能的不同，即由于材料本构关系对应变速率的相关性。如果将一个结构物在冲击载荷下的动态响应与静态响应相区别的话，则实际上既包含了介质质点的惯性效应，也包含着材料本构关系的应变速率效应。当处理冲击载荷下的固体动力学问题时，面临着两方面的问题：一是已知材料的动态力学性能，在给定的外载荷条件下研究介质的运动，这属于应力波传播规律的研究；二是借助应力波传播的分析来研究材料本身在高应变速率下的动态力学性能，这属于材料力学性能或本构关系的研究。

问题的复杂性正在于，一方面应力波理论的建立要依赖于对材料动态力学性能的了解，是以已知材料动态力学性能为前提的；而另一方面材料在高应变速率下动态力学性能的研究又往往依赖于应力波理论的分析指导。因此，应力波的研究和材料动态力学性能的研究有着特别密切的关系。

从本质上说，材料本构关系总是或多或少地对应变速率敏感的，但其敏感程度与材料、应力范围、应变速率范围相关。在一定条件下，有时可近似地假定材料本构关系与应变速率无关。在此基础上建立的应力波理论称为应变速率无关理论。其中，根据应力—应变关系是线弹性的、非线性弹性的、塑性的等，则分别称为线弹性波、非线性弹性波、塑性波理论等。反之，如果考虑到材料本构关系的应变速率相关性，相应的应力波理论则称为应变速率相关理论。其中，根据本构关系是黏弹性的、黏弹塑性的、弹黏塑性的等，则分别称为黏弹性波、黏弹塑性波、弹黏塑性波理论等。

归结起来，动态载荷相对准静态载荷的主要特征如下：在动态冲击过程中，惯性效应（应力波）和应变速率效应都不可忽略，冲击速度越大越显著；准静态载荷不需要考虑二者的影响。动态冲击过程中能量是首位的，冲击能量越高，动态响应越显著。准静态加载作用下载荷是首位的，载荷越大，变形越显著，越有可能引起材料破坏。高速动态冲击过程，材料除形状会发生改变外，物质状态（流体、固体、气体）、物质种类（化学反应）都可能发生显著改变；静力加载，一般仅体现出变形和断裂。动态冲击加载更体现为一个短暂过程，是应力波传递和材料响应随时间变化的过程；准静态加载/静力学更体现为一种状态，约束和载荷综合作用于结构时，结构处于一种平衡状态，内部无应力波传递。

动态载荷和准静态载荷下材料响应行为的主要区别在于，动态载荷下材料变形的区域性、不等温性以及强烈的冲击波效应。由此，将导致材料的结构（晶体缺陷、相变）、性能、变形行为、损伤断裂等方面存在明显的区别，这也就是材料的动态响应行为，它包括材料在组织结构和力学行为上对动态载荷的响应。例如，孪生是动态载荷下非常有利的也是主要的形变方式，在通常加载条件下不孪生的材料如 fcc 金属 Al、Ni、Cu 等，在动态载荷下也可能发生孪生；动态载荷下材料的局部熔化，尔后又在极高的冷却速率下冷却，这部分材料可能发生微晶、准晶、非晶；在动态载荷下形成的各种晶体缺陷密度更高、分布也更均匀；随着应变速率的提高，本构关系中的动态效应表现为材料强度的提高，而塑性、韧性的变化则较为复杂；高应变速率动载下材料的流变应力必须计及应变速率的影响，是应变、应变速率、温度的函数，可表示为 $\sigma = f(\varepsilon, \dot{\varepsilon}, t)$；准静态载荷下的断裂一般是一分为二，动态断裂则是一分为多块碎片；在动态载荷下，材料会产生特殊模式的塑性形变——局域化绝热剪切（Adiabatic Shearing）以及特殊的损伤断裂模式——层裂（Spallation）、碎裂（Fragmentation）等。

4. 动态载荷的主要工程应用

动态载荷在民用工程和国防军工领域得到广泛应用。

1）在民用工程领域

（1）激光加工。是靠光热效应来加工的，可利用激光的能量经过透镜聚焦后在焦点上达到很高的能量密度，激光加工不需要工具、加工速度快、表面变形小，用激光束可对各种材料进行激光冲击喷丸、打孔、切割、划片、焊接、热处理等加工。

（2）爆炸复合/焊接。两块金属顶部以一定空隙叠放在一起，在一块板的顶部爆炸使板以一定速度撞击底部的另一块板，这个速度在撞击界面上形成很大的压力峰值，并产生流射，净化两个表面使其复合在一起。

（3）爆炸压实。粉末放在被炸药包围的容器（管状）中，并把它们放在与装有粉末的容器同轴的圆柱形容器中。一端起爆后，驱动管壁向内运动产生非常高的压力压缩粉末，高压将粉末黏结在一起。

（4）爆炸成形。炸药爆炸产生的能量驱动砧座上的金属板，这可在传导介质（如水）中进行，或直接接触进行（炸药和金属直接接触使其成形）。

（5）电液成形。利用在液体介质中高压放电时所产生的高能冲击波，使坯料产生塑性变形的方法。

（6）电磁成形。利用电流通过线圈所产生的磁场，其磁力作用于坯料使工件产生塑性变形的方法。因为在成形过程中载荷以脉冲的方式作用于毛坯，因此又称为磁脉冲成形。

（7）爆炸切割。采用线性聚能炸药，炸药爆炸产生切割金属的金属射流。

（8）岩石爆破。压缩波和拉伸波传过岩石时使其破坏，主要用于采矿和建筑业。

（9）油井钻孔。放在岩石洞内的聚能炸药，爆炸后在岩石中形成穿孔。

（10）空间飞行器的防护。微小陨石以高达30km/s的速度撞击空间站/卫星时，导致动态变形和破坏。

（11）爆炸硬化。锰钢通过和炸药直接接触爆炸，使其硬化，如钢轨的硬化。

（12）地震研究。需要掌握应力波在疏松介质中的传播知识。

利用动态载荷特点制备新型材料，如制备金刚石、金属纳米结构材料、非晶材料等；以及高速切削，交通工具、空天飞行器的防撞性能研究等。

2）在国防军工领域

（1）弹道冲击。高速弹丸对结构的撞击毁坏与装甲防护的矛盾。

（2）聚能炸药。将和空心锥形金属罩接触的装药引爆后，圆锥变形形成一个长杆并被加速到很高的速度（达10km/s），这种“射流”具有很强的侵彻能力。

（3）破片杀伤弹。弹壳内的炸药爆轰后把能量传给壳体，产生速度很高的破片。

（4）爆炸成形弹丸。和聚能炸药类似，盘状罩爆炸后形成一长杆。

（5）动能侵彻体。一个圆形高密度金属长杆（$W/\rho = 19.2$、$U/\rho = 18.5$、$T_a/\rho = 16.7$）以1.5～2km/s的速度飞行，它能穿入其长度一半的钢靶中。

（6）塑性炸药。和装甲接触后发生变形并爆炸，产生冲击波穿过装甲，这些波在装甲内表面产生反射使其层裂，层裂破片就在内部抛射但并未全部穿孔。

此外，激光武器、核武器中的爆轰问题需要对炸药体系作非常精细的设计等。

1.1.2 动态加载实验方法简介

表1-5中列出了常用的高应变速率实验方法[1]。

在高应变速率实验中，有3个主要因素必须予以考虑，即波的传播、应变速率对材料变形与失效方式的影响、高应变速率对材料性能的直接影响（表1-5）。

表1-5 高应变速率实验方法

方式	可用的应变速率/s^{-1}	实验技术
压缩	<0.1	常规加载机构
	$0.1 \sim 100$	特定的液压伺服机构
	$0.1 \sim 500$	凸轮塑性仪和落锤实验
	$200 \sim 10^4$	压缩时的Hopkinson杆
	$10^4 \sim 10^5$	Taylor冲击实验
拉伸	<0.1	常规加载机构
	$0.1 \sim 100$	特定的液压伺服机构
	$100 \sim 10^4$	拉伸时的Hopkinson杆
	10^4	膨胀环
	$>10^5$	飞轮板
剪切	<0.1	常规剪切实验
	$0.1 \sim 100$	特定的液压伺服机构
	$10 \sim 10^3$	扭转冲击
	$100 \sim 10^4$	扭转用Hopkinson(Kolsky)杆
	$10^3 \sim 10^4$	双开槽剪切与穿孔
	$10^4 \sim 10^7$	压力剪切板碰撞

（1）波的传播。在实验过程中，外加力的时间间隔非常短，波的传播就显得十分重要。随着试样的尺寸以及应变速率的增加，一般都会使波传播的影响更加明显，因为应力波传播和多次反射的时间要占实验持续期的主要部分。为发展高应变速率实验而作的大部分努力都已集中在考虑波的传播或是修改试样的形状方面，以便消除这些影响。

（2）应变速率对材料变形与失效方式的影响。在高应变速率条件下，各种不同的变形与失效方式之间存在着竞争，但这种影响目前还未能确定。

（3）高应变速率对材料性能的直接影响。每种材料性能随应变速率而改变的量值大小都有所不同，还没有一种通用的定量理论能在较宽的范围内令人满意地预测出这种影响。

以上是设计高应变速率实验时必须要考虑的几个因素。下面将简要介绍几种常用的高应变速率实验技术，包括 Hopkinson 压杆技术、膨胀环测试技术、Taylor 冲击技术、飞板增压技术、轻气炮平板撞击技术等。

1. Hopkinson 压杆技术

Hopkinson 压杆技术于 1914 年由 Hopkinson 父子创立，首次测得了高应变速率下的载荷—时间曲线。1949 年 Kolsky 提出分离式 Hopkinson 压杆技术（Split Hopkinson Pressure Bar，SHPB），它由原来的一根弹性杆变为两根，试样被夹在两根压杆之间，并在 Davies 的研究基础上得到了两杆的应力—时间关系，并通过对一维弹性波分析，建立了这种关系与试样应力—应变历史的联系。在 20 世纪 60 年代前，SHPB 杆还只是用于压缩实验，1960 年 Harding 以及后来的 Lindholm、Yeakley（1968 年）等才将该技术应用于单轴拉伸。

SHPB 系统由气枪发射的子弹，输入和输出波导杆、短试件以及应变片和测弹速、测波形应变仪、示波器及微机等构成，如图 1－11 所示。

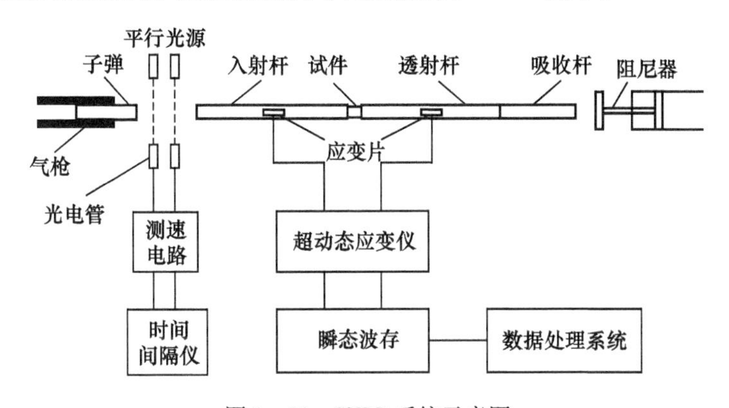

图 1－11　SHPB 系统示意图

（1）两根弹性杆分别为入射杆（Incident Bar）、透射杆（Transmission Bar），入射杆和传递杆总称为 Hopkinson 杆，Hopkinson 杆较长，长度远大于试样，且材质相同。

（2）动态加载装置通常是一个带有弹性冲击杆（Strike Bar）的气枪，可以用来将单轴应力波传递给入射杆。

(3) 应力波通过试样的时间非常短,而且在试样两端多次来回反射,以保证试样中应力与应变均匀。

(4) 在入射杆和透射杆贴上应变片,可以测出应力波入射应变和透射应变。

通过测定子弹的冲击速度,输入杆和输出杆上离试件不远的对称位置应变片记录的应变波形(包括入射波 ε_i、反射波 ε_r 和透射波 ε_t),并根据 SHPB 技术的 3 个假定:①一维应力假定;②均匀化假定,即不计应力波在所用时间内的传播过程;③不计导杆与试件端部的摩擦效应。把 ε_i、ε_r 和 ε_t 代入式(1-9)至式(1-11)中,可得到试样内的平均应力、应变和应变速率随时间的变化关系。

通过在入射杆和透射杆上粘贴应变片来获得电信号,应力—应变曲线可由下式获得

$$\sigma(t)=\frac{A_0}{A}E\varepsilon_t \tag{1-9}$$

$$\dot{\varepsilon}(t)=-\frac{2C_0}{l_0}\varepsilon_r \tag{1-10}$$

$$\varepsilon(t)=-\frac{2C_0}{l_0}\int_0^t\varepsilon_r\mathrm{d}t \tag{1-11}$$

式中:E 为弹性压杆的弹性模量;C_0 为弹性压杆的波速;A_0 为弹性压杆的横截面积;ε_r 为应变片测得的反射脉冲;ε_t 为应变片测得的透射脉冲;A 为试样原始横截面积;l_0 为试样的原始长度。式中的应力和应变均为工程应力和工程应变,最后都需要转化为真实应力和真实应变。

经典的 Hopkinson 压杆技术存在一个很大的缺陷:试样除了要承受第一次压缩波加载外,还会由于波在界面的反射而造成二次加载。但测出的应力—应变曲线是材料在承受第一次加载后的动态响应,这样在进行试样微观结构演化分析时,得到的应力—应变数据将不能解释试样内的结构变化,因为试样还承受了二次加载,并且在有些情况下试样经二次加载后可能已经失效了。为避免试样在实验过程中被重复加载,美国加利福尼亚大学圣地亚哥分校(University of California San Diego,UCSD)的 Sia Nemat - Nasser 等对 Hopkinson 压杆技术作了重大改进,改进后的系统能捕获所有反射回来的拉伸波或压缩波,使试样只承受一次加载,加载的波幅和持续时间可以预先设置。这项改进使得在某时刻测得的应力—应变数据能够对应该时刻试样的内部组织结构,从而真正方便了人们研究高应变速率变形条件下,试样的宏观力学响应与微观组织变化的对应关系。

此外,Hopkinson 杆经过改造还可用于材料的动态拉伸、扭转、剪切。

2. Taylor 冲击技术

1948 年 Taylor 提出了一个确定材料动态屈服应力的技术。它是利用一个

圆柱体试样撞击刚性靶,然后测定该圆柱的变形情况。其假设:材料是刚性—塑性体,并且与应变速率无关。利用一维应力波传播的基本规律,得到由测量柱体塑性变形尺寸来计算材料动态屈服应力的 Taylor 公式,即

$$\frac{2\sigma_{\mathrm{Y}}^{\mathrm{D}}}{\rho_0 v_0^2}=\frac{L-L_2}{(L-L_2-h_2)\ln\left(\frac{L}{L_2}\right)} \qquad (1-12)$$

式中:$\sigma_{\mathrm{Y}}^{\mathrm{D}}$为材料动态屈服应力;$L$ 为圆柱体的原始长度;ρ_0为材料密度;v_0为圆柱体的初始速度;L_2、h_2分别为圆柱体未变形区域的长度和已塑性变形区域的长度,两者都可以在撞击实验完成后的变形柱体上测量到。

3. 膨胀环测试技术

1980 年美国 Los Alamos 实验室的科学家在前人基础上改进了膨胀环技术,提出利用激光速度干涉仪直接测环的径向膨胀速度,避免了对记录数据两次微分的困难。只要一次积分和微分速度—时间数据,就可以推导出不同应变速率条件下材料的应力—应变曲线。

膨胀环测试技术实验装置示意图,如图 1-12 所示,它由薄环 1(试件)、驱动器 2、端部泡沫塑料 3、中心爆炸装药 4 和雷管 5 组成。薄环就是所要测量材料的试件。当中心装药被雷管引爆以后,驱动器在爆炸产物压力作用下向外膨胀变形,应力波由驱动器传进薄环,薄环中的应力波到达外边界自由面时反射为拉伸卸载波,质点速度倍增。由于薄环与驱动器材料选择的阻抗不匹配,因此薄环中的拉伸波返回到驱动器与薄环的界面上时,薄环将脱离驱动器进入自由膨胀阶段。在此阶段薄环中的径向应力 $\sigma_r=0$,在周向应力 σ_θ作用下做减速运动。假设如下。

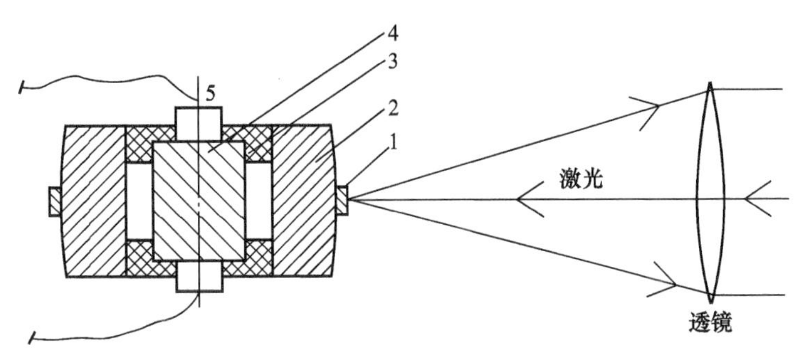

图 1-12　膨胀环测试技术实验装置示意图

1—薄环(试件);2—驱动器;3—端部泡沫塑料;4—中心爆炸装药;5—雷管。

(1) 薄环没有脱离驱动器之前,受到均匀的内压力作用处于平面应力状态,轴向应力 $\sigma_z=0$。薄环脱离驱动器后,径向应力 $\sigma_r=0$,在自由膨胀过程中只受到周向应力 σ_θ的作用,因此做减速运动。

（2）忽略驱动器传入薄环的应力波所引起的冲击效应，因为驱动器仅处于弹性变形状态或者较小的塑性变形，由驱动器传入的应力波在薄环中所产生的压应力一般与材料的弹性极限同一数量级，而冲击波引起的温升一般仅为 5～10℃，所以均可忽略不计。

运用速度干涉仪直接测量薄环的瞬时径向膨胀速度，然后通过数值积分可以计算径向位移 $r(t)$，再运用简单的数值微分得到径向加速度，经数学处理便可得到各瞬时 t 的应力—应变。

对于给定的膨胀环，由于塑性应变速率随时间而单调减小，因此在预定的每个应变速率条件下，每次实验只能得到一个数据点。若要测定某一具体材料或某一热处理状态的材料动态应力—应变—应变速率性质，那么在初始的应变速率范围内就要进行几次实验才能得到某个应变速率条件下的应力—应变曲线，图 1－13 所示为 1020 冷拉钢的膨胀环试样及动态应力—应变曲线。

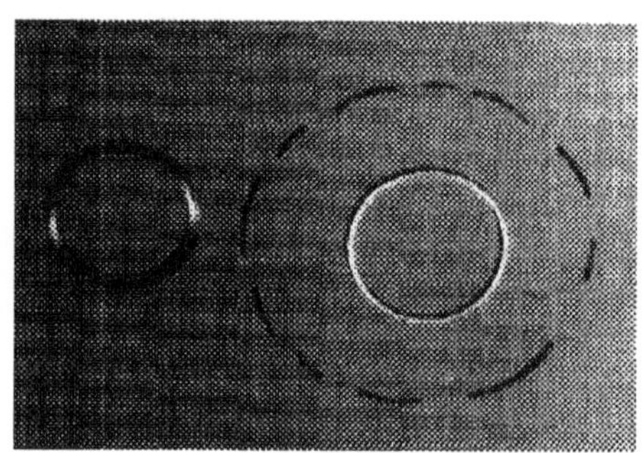

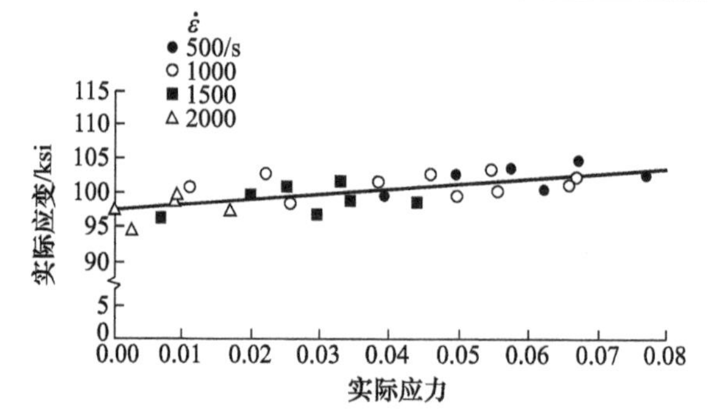

图 1－13　1020 冷拉钢的膨胀环试样及动态应力—应变曲线

4. 轻气炮平板撞击技术

轻气炮平板撞击技术就是实现脉冲动态加载的方法之一，轻气炮的一端设有“击发”装置以发射驱动弹丸，弹丸就在炮膛中向前运动。它的另一端密封在一个大腔室内，那里安置着实验的样品，高速运动的“弹丸”在飞出炮膛瞬间撞击在样品上,该样品在大密封腔内被捕获收集。材料学家、力学家就可以根据样品材料受撞击发生的变化来测定它的力学性能,研究层裂破坏、材料中应力波传播规律及开展模拟实验研究等。

一级轻气炮即平板撞击的实验装置,是直接用压缩状态下的轻质气体(氢气或氦气)为发射工质,驱动实验弹丸在膛内加速,并使弹丸在炮口处获得所需的高速实验用炮。根据实验所用的弹丸质量及所需撞击速度决定驱动气体的种类和压力。发射时将注入气室内的压缩气体进行可控的突然释放,把弹丸推出炮膛,进入靶室撞击靶。一级轻气炮 100mm 炮主要指标:弹重 0.5 ~ 8kg,炮口速度为 40 ~ 1500m/s,速度重复性小于 1%,碰撞角小于 0.5mrad。一级轻气炮除主要用于材料基本特性的研究外,还可用于物理学、地球物理学、爆炸物理学及矿山开挖等方面的研究。

一级轻气炮与二级或多级轻气炮的区别在于,它是用高压气体直接推动弹丸前进并加速,没有后级(二级或多级)驱动装置。

二级轻气炮是超高速撞击实验研究的主流设备,是目前可用来发射预先给定形状或质量的弹丸并将其加速到超高速范围的一种有效手段,它能以 6 ~ 8km/s 的速度发射弹丸。

二级轻气炮分为火药驱动和高压气体驱动两种方式。工作原理为:火药燃烧产生的气体或高压气瓶的气体膨胀做功,冲破第一级爆破膜片,高压气体推动第一级炮管内的活塞向前运动,压缩炮管内的轻质气体(氢气或氦气)做等熵绝热运动;当轻气压力升高到一定程度时,冲破第二级爆破膜片,高温高压轻气就推动弹丸在第二级炮管内向前运动,最后以超高速离开炮口。

5. 飞板增压技术[1]

为了获得更高的冲击压力,可采用飞板增压技术。基本原理为:用平面波发生器(为了向飞板或者系统传入一平面冲击波阵面,或者将一点爆轰转化为平面爆轰所设计的实验装置)加速一飞板,该飞板在爆轰产物的推动下,被加速一段距离,以更高的速度撞击靶板(试样),在试样内产生一压力很大的冲击波。该冲击波的波形主要取决于飞板的厚度、速度和飞板的材料。一般地,在同种炸药情况下,用飞板增压技术在靶板(试样)内产生的冲击压力约为接触爆炸的 3 倍。

该技术常用以估计冲击波对金属的冶金影响[1,7],可以精确地记录分析应力(或应变)状态、压力和脉冲持续时间。按照所要求的实验设计,冲击波可以很精确地被描述为一个压缩波;通过散裂板的散裂,可以在试件中消除拉伸卸载波。因此,可以做到金属或合金薄板承受平面压缩冲击波,这种冲击波所产生的显微组织可用透射电子显微镜直接观察。由此,可建立冲击压力、脉冲持续时间和试样微观结构间的对应关系。

6. 激光驱动发射器

激光驱动发射器只能发射质量很小的颗粒,用来研究微米量级空间碎片超高速撞击效应。常用以下两种方法。

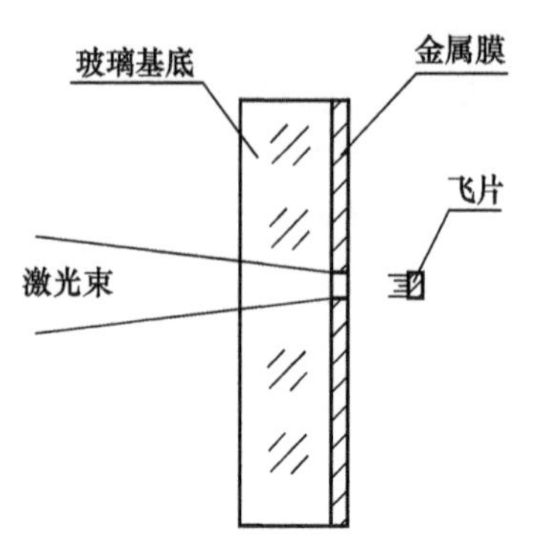

图 1-14　激光驱动飞片法结构示意图

(1) 激光剥蚀法。大功率脉冲激光聚焦在碎片弹丸表面,功率高达10^{13}W/cm^2,使弹丸表面1% ~3% 的部分瞬间气化蒸发,产生高温高速等离子体气流,气流速度高达 100 ~ 800km/s,就像一个点火的火箭,推动弹丸发射出去,速度可达 10 ~ 15km/s。

(2) 激光驱动飞片法。将金属膜与透明玻璃基片黏结在一起制成飞片靶,大功率脉冲激光聚焦后从玻璃基片一侧入射到金属膜表面,使金属膜表面蒸发,产生高温、高压等离子体,将与入射激光束大小相似的金属膜从飞片靶上剪切下来,高速驱动出去,速度可达几到几十 km/s。激光驱动飞片法结构示意图如图 1-14所示。

7. 等离子体驱动加速器

将高压电能储存在电容器中,通过电容器储存能量在金属丝或金属膜上放电,产生高温、高压等离子体,将微粒加速到超高速范围。等离子体驱动加速器适合微粒子群的发射,其发射机理是靠超高速等离子体流对微粒子群的"拖曳"作用,所以,被发射的微粒子群的粒子速度是梯度分布的。

总之,对于低应变速率载荷,惯性力是可以忽略不计的,总是处于平衡状态。在较高应变速率时,由于应力波的传播效应,惯性力的影响随之增大。相对低的应变速率时,试样中弹性波传播,选择合适的实验机很重要,低应变速率实验所使用的实验机往往是液压的、伺服液压的和气压的。在较高应变速率(10^3 ~10^5/s)时,则选用膨胀环、Hopkinson 压杆及 Taylor 实验等。当应变速率在 10^5 ~10^8/s 时,会涉及剪切波和冲击波传播,此时则使用能量可快速沉积在材料表面的装置,如利用与材料接触的炸药爆炸垂直或倾斜冲击,或者利用脉冲激光以及其他辐射源。

在脉冲加载实验中,选择合适的加载方法是至关重要的。半个多世纪以来,这方面的技术已有了长足的进步,从轻气炮到激光、电子束或 X 射线的强脉冲射线的能量沉积技术都能实现脉冲加载。然而,各种方法都有其适用范围和优缺点。激光、电子束与射线技术,加载时间较短,加载面积较小,一般适用于短脉冲条件的实验,而且它们的重复性也有待改进。轻气炮平板撞击技术是在 20 世纪 60 年代初发展起来的,由于它能精确地控制加载条件(如撞击速度和撞击平面度），也能方便地进行各种光、电的测量工作，所以非常适合于装备实验室。目前，轻气炮平板撞击技术是在实验室应用最广泛的击波加载方法。

1.2 动态加载后金属微观组织结构和力学性能的变化规律

由于在许多情况下难以对冲击波精确了解以及在测量峰值压力和应力状态时存在误差等原因，通过峰值冲击压力在残余显微组织与残余力学特性之间建立起联系存在困难。为了定量地（或者定性地）估计冲击波对金属的冶金影响，必须精确地弄清应力（或应变）状态、压力和脉冲持续时间，利用前述飞板增压技术的实验方法[1,7]，可以达到这一目的。

1.2.1 晶粒尺寸

晶粒尺寸因冲击波在金属或合金中的扩展而改变的现象是很少见的，除非是冲击波产生瞬时热促使其发生再结晶和晶粒生长。晶粒大小对力学性能尤其是硬度和屈服强度有非常明显的影响。用 Hall－Petch 方程可说明，即

$$\sigma = \sigma_0 + KD^{-1/2} \tag{1-13}$$

式中：K 为常数；D 为平均晶粒尺寸。

1.2.2 晶体缺陷与相变

冲击波波阵面的应力状态并非流体静力学状态。如对材料进行单轴应变压缩，则会产生剪切应力和剪切应变，并会产生晶体缺陷。

在冲击波前毫无例外地都产生位错。冲击波过后，所产生的位错将作为相当稳定的显微组织结构保留下来，尽管在脉冲的膨胀阶段位错可能发生某种程度的重组、增殖或消失。位错的产生会受晶粒尺寸的影响，但是还有滑移系以及交滑移或攀移的影响。虽然滑移和攀移会受温度和其他参数的影响，但交滑移主要取决于堆垛层错自由能，这一点在面心立方金属中表现尤为明显。

1. 位错特征及其形成机制[1]

1）动载下影响位错组态的因素及位错组态特征

在动态加载条件下形成的位错组态主要取决于冲击波的参数和材料本身的性质，冲击波的参数即压力、脉冲持续时间，材料本身的性质主要指层错能的影响。冲击压力和层错能对冲击诱生的 fcc 金属的亚结构影响如图1－15所示。

压力、脉冲持续时间的影响：随着冲击波压力的升高，位错密度增大，在高层错能的面心立方金属（如 Cu、Ag、Ni）中形成的位错胞的尺寸减小。有学者研究发现，位错密度和冲击波压力的平方根成正比，即 $\rho \sim p^{1/2}$，但这一关系在压力达

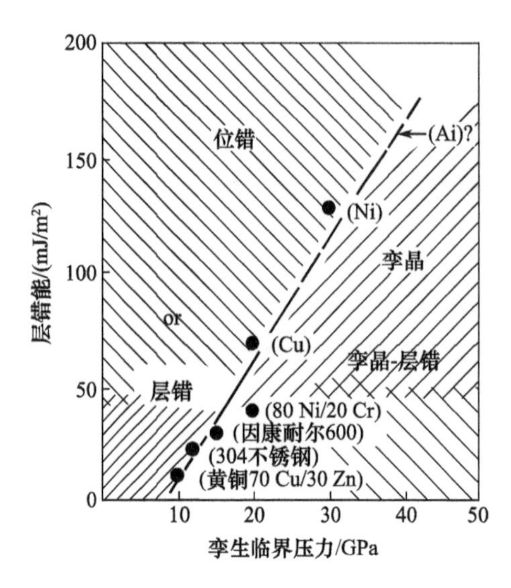

图 1-15　冲击压力和层错能对冲击诱生的fcc 金属的业结构的影响示意图

到 100GPa 数量级时由于热效应的影响不再成立。

冲击波脉冲持续时间对位错组态的影响还是一个颇有争议的问题,脉冲持续时间对位错组态的影响原则上在于为位错的相互作用(重组)提供更多的时间,促进其形成分布更均匀、更稳定、更清晰的位错组态。

层错能的影响:因为滑移对面心立方金属和合金的亚结构演变发展有重要作用,而滑移的程度又取决于层错能的大小。在具有高层错能的金属和合金中,扩展位错彼此靠得很近,交滑移较易进行。如果层错能较小,那么扩展位错就易被(111)面上的层错分开,促进形成位错塞积和产生其他平面缺陷。实验观察表明,具有高层错能的面心立方金属在受到动态冲击时易形成胞状位错组态,并且位错胞壁很不规整,这是这种金属在受强烈动态加载时形成位错组态的一个显著特征。其另一个显著特征是易形成位错环。如果脉冲持续时间短,产生的亚结构将更加无序。

对于面心立方金属,随层错能的增大,孪生的临界压力也增大。铝的层错能约是 $200mJ/m^2$,在冲击载荷下没有发生过孪生。图 1-15 说明了在恒定压力下随着层错能的增大冲击诱发的结构从层错转变为位错胞。通常在压力超过 10GPa 时,大多数层错能大于 $50mJ/m^2$ 的面心立方金属都有形成上述组织结构特征的趋势;而层错能为 $40\sim60mJ/m^2$ 的面心立方金属更趋向于形成位错缠结,形成胞状位错组态的趋势较弱,有时在{111}滑移面上可观察到位错塞积;在层错能小于 $40mJ/m^2$ 的金属和合金中易形成位错塞积;而在层错能小于 $25mJ/m^2$ 的金属和合金中则易形成层错和孪晶,如图 1-16 所示。

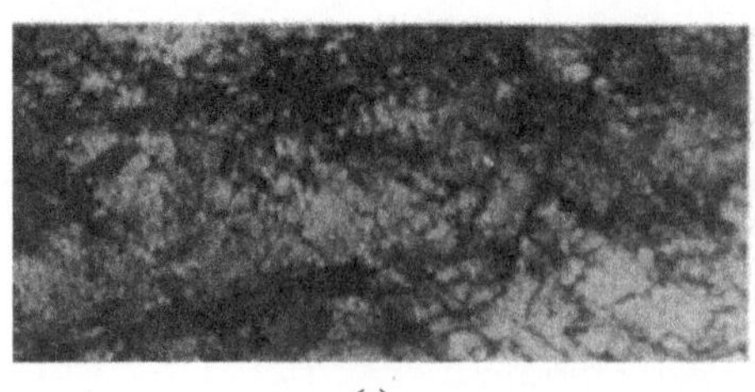

(a)

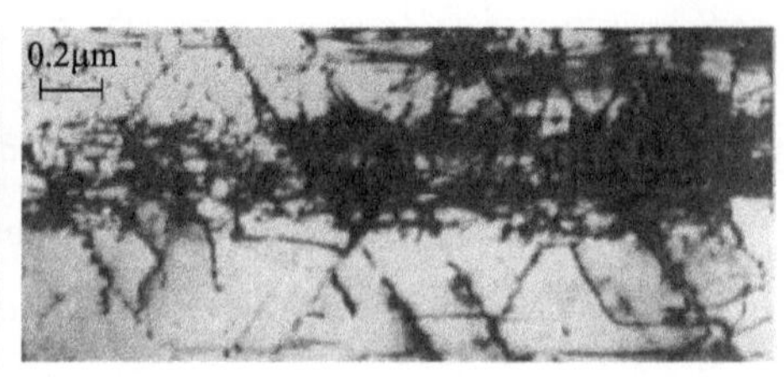

(b)

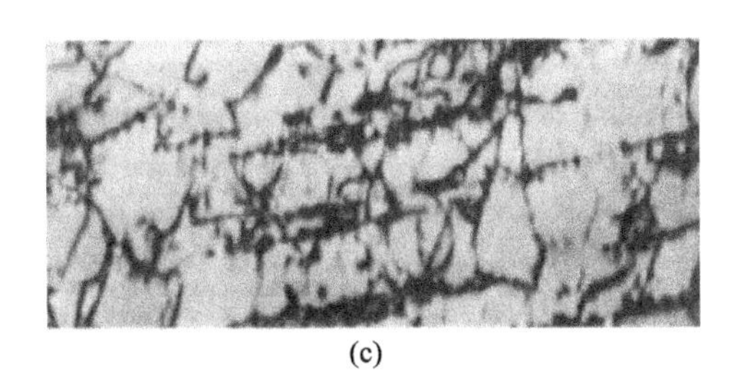

(c)

图 1-16 冲击加载后低层错能 fcc 合金内的位错亚结构

(a)5GPa、2μs,70/30 黄铜;(b)15GPa、2μs,304 不锈钢;(c)10GPa、2μs,Fe-15%、Cr-15% Ni 合金。

由图 1-17 可以看出冲击压力和脉冲持续时间对镍的微观结构的影响规律。随着压力的增大,晶胞尺寸减小,而且在 30GPa 开始孪生;随着脉冲时间的增大,位错结构没有明显变化;对于准静态和冲击变形的 fcc 金属,层错能在很大程度上决定了亚结构特征。然而,在任何情形下,冲击比准静态变形的位错分布更均匀;对高层错能合金,冲击加载后的位错胞壁没有准静态变形(尤其是蠕变或疲劳)后的规整,准静态变形时位错有更多的时间运动而达到平衡状态。

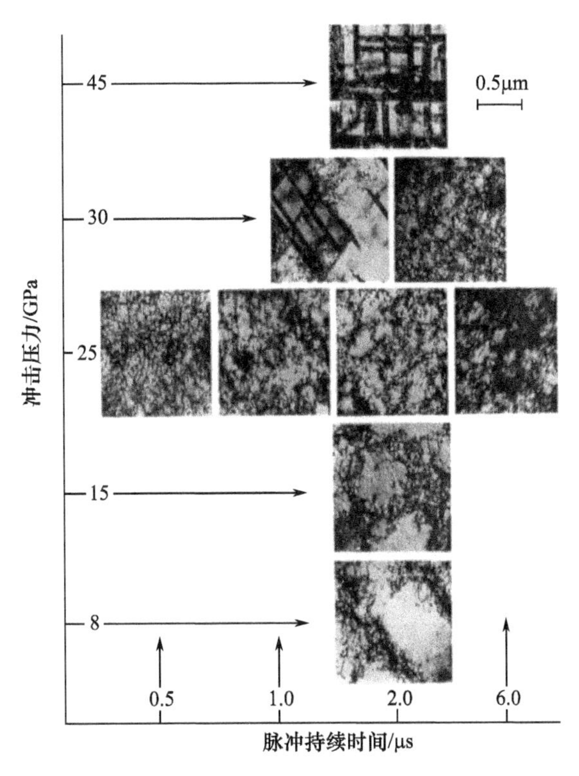

图 1-17 冲击压力和脉冲时间对镍的微结构的影响

铝分别经过冲击加载和传统准静态冷轧变形后的位错亚结构特征比较如图1－18所示，可见由于铝的层错能高，冲击加载后形成位错胞结构，而经过60% 冷轧变形后，由于冷轧变形持续时间长，形成了稳定的亚晶界。

铜和镍冲击加载后的位错亚结构的共同特征是胞壁欠规整的胞结构，如图1－19 所示。如果冲击脉冲持续时间短，由于产生于冲击波前的位错运动时间受限，亚结构将更不规则，更有利于形成位错环。

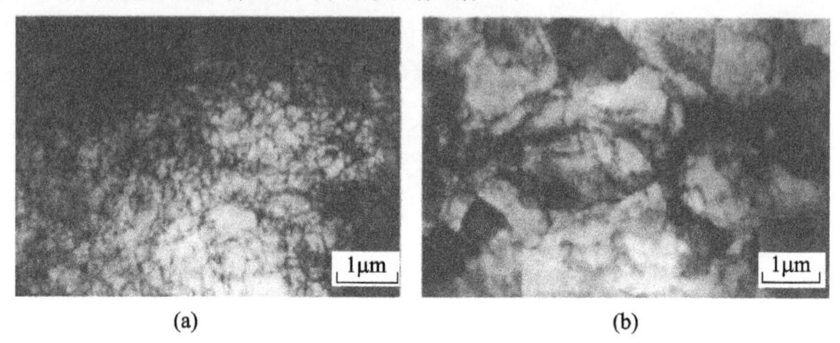

(a) (b)

图1－18 铝冲击加载和传统准静态冷轧变形后的位错亚结构特征（亚晶界或者低角度位错界面）比较

(a)冲击峰值压力 3GPa、脉冲持续时间 2μs；(b)60% 冷轧压下量。

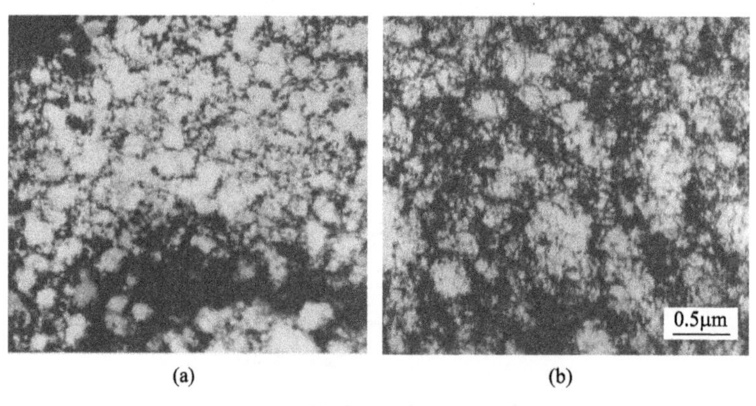

(a) (b)

图1－19 铜、镍冲击加载后的位错亚结构

(a)5GPa、2μs，Cu；(b)10GPa、2μs，Ni。

体心立方金属中可能的滑移系要比面心立方金属多。因而通常在形成的位错组态中观察不到胞状位错组态和位错的平面滑积。动态加载条件下位错缠结和类似胞状位错塞积是其主要特征。bcc 铁的冲击加载后的位错亚结构的特征为直且平行的螺位错列阵，如图 1－20 所示。

对动态加载后的密排六方金属的位错组态研究较少。一般地，当冲击压力为 7GPa 时在密排六方金属中位错组态的特征介于立方金属和体心立方金属之间，在更高的压力作用下在金属中就会产生孪晶和发生相变。

金属间化合物（主要是钛铝和镍铝）是航空发动机的潜在材料，动载后的特征是其位错、层错和孪晶密度随峰值压力的增大而增加（图1－21）

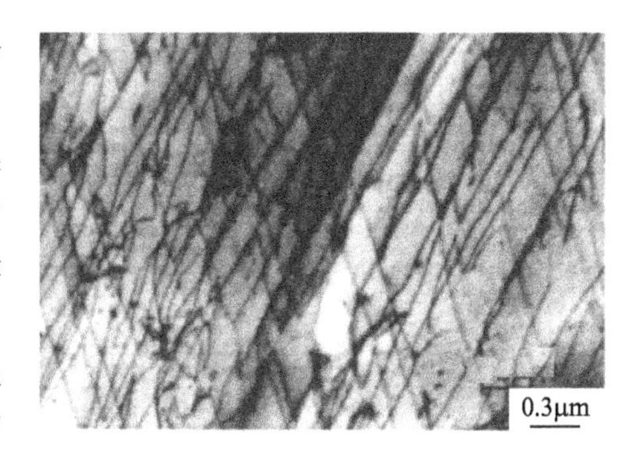

图1－20　峰值压力为7GPa冲击加载后bcc铁的位错亚结构

笔者研究了纯镍（fcc）、纯钛（常温下hcp）、低碳钢（bcc）3种金属爆炸冲击加载前后金属的晶粒组织和位错亚结构，如图1－22和图1－23所示。爆炸加载前为再结晶退火态，位错的分布特点是位错密度很低、分布不均匀。在爆炸冲击加载下，一部分冲击波进入金属。冲击波在金属材料中的传播都毫无例外地产生位错，但在相同的条件下交滑移主要取决于层错能。经相同的爆炸冲击加载后的位错亚结构其位错密度都得到大幅增加；其中，镍中形成较明显的胞状结构，但胞壁不是很完善和规整（图1－23（a）），在高层错能的金属镍中，位错的交叉滑移很明显，形成胞状组织，其胞壁不完善是由于冲击脉冲时间短，没有足够的时间供位错运动达到平衡的结果；纯钛内的位错没有形成胞状结构而是形成平面位错列阵（图1－23（b）），在纯钛中，一是由于其层错能相对于金属镍低，二则滑移系少，故而交叉滑移变得更为困难，位错形成平面列阵；低碳钢中的位错亚结构显得无规则，既没有形成确定的胞状结构，也没有形成位错平面列阵（图1－23（c）），随着层错能的降低，在低碳钢中，交叉滑移变得困难，恢复难以进行，位错没能形成明确的胞状结构。

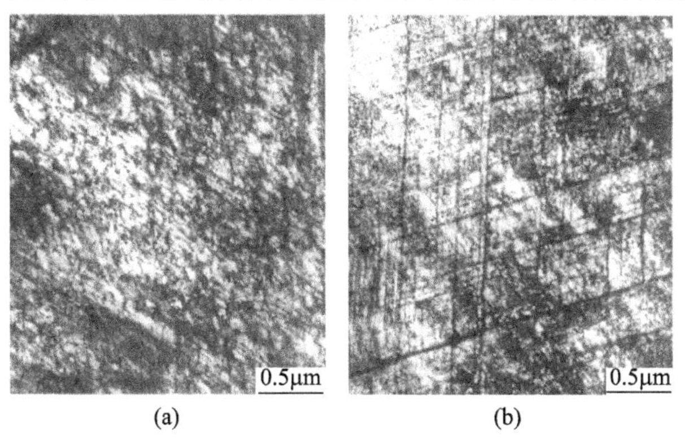

图1－21　金属间化合物冲击加载后的亚结构

（a）14GPa冲击加载后的Ni_3Al；（b）23.5GPa冲击加载后的NiAl。

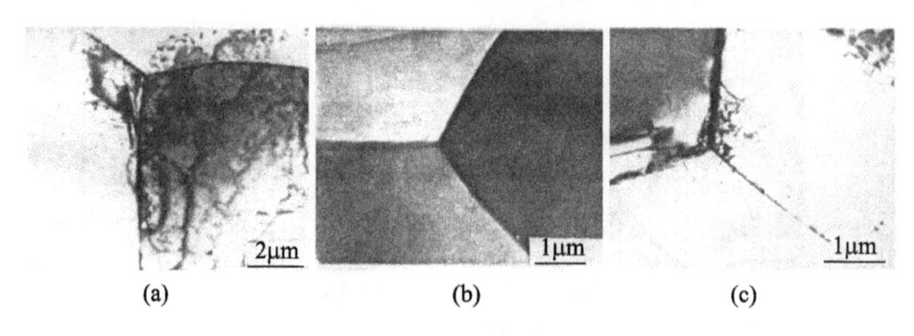

图1－22　爆炸冲击加载前的晶粒组织
(a)镍；(b)钛；(c)低碳钢。

由上述可见，动载和普通加载下形成的位错组态最显著的区别在于：在 fcc 金属中，其层错能在很大程度上决定位错亚结构，这一点适用于准静态变形和冲击变形；但在任何情况下，图 1－23(a)中动态加载时形成的位错比常规准静态变形条件下形成的位错密度高，与室温准静态变形条件相比，在动态加载时位错形成速率高，而动态回复速率低，这是位错密度增大的一个原因。此外，动载下位错形成机制不同于准静态的 Frank－Reed 位错源是另一个重要原因，在动态加载时应力偏量很高，导致位错源数目增加，并且每个位错源能产生的位错数目也相应增加。图 1－23(b)中位错分布更均匀，这是由于动载下与准静态载荷下位错形成机制的差异导致的。此外，冲击压力下降时变形能反向进行也是造成的原因。Hasegawa(Hasegawa T.，等. Met. Sci. Eng. 1975，20：267)的研究也证实了这一点：预拉伸铝中形成的胞状位错组态在随后的压缩过程中分解，形成更均匀分布的位错；再者，在动态加载条件下，位错源数目 N 及每个位错源能产生的位错数目 n 增加，而位错的平均自由程减小也是位错均匀分布的原因之一。

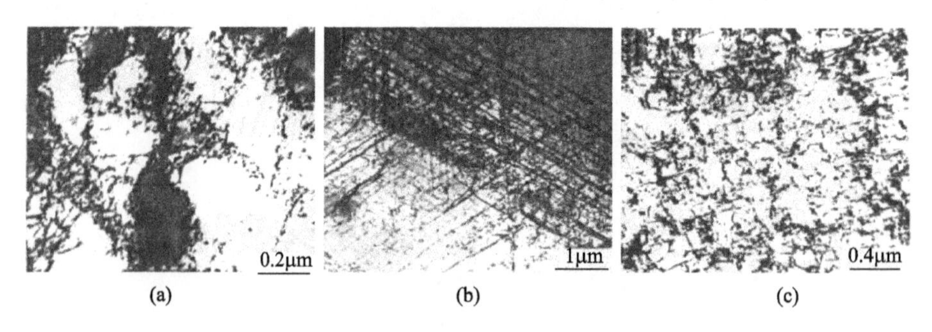

图1－23　爆炸冲击加载后的位错亚结构
(a)镍；(b)钛；(c)低碳钢。

2）位错形成模型[1]

(1) Smith 模型。Smith 模型主要特征是引入一个分界面概念，该分界面以位错列的形式存在，可以补偿冲击波阵面后晶体点阵参数的差异。Smith 界面如图 1－24(b)所示。

图 1－24(a)表示不存在位错的界面，在这种情况下偏应力不能保持平衡（不能卸载）。因此，在冲击波阵面上形成位错以松弛冲击波阵面上的偏应力。

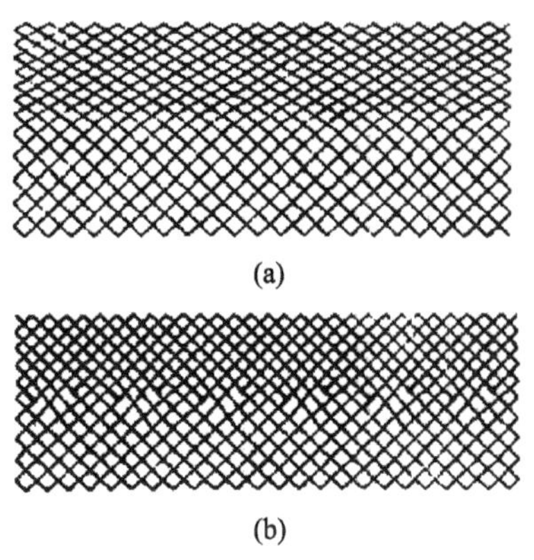

图 1－24　Smith 位错形成模型示意图

(a)不存在位错的分界面；(b)Smith 界面，在界面上产生位错以松弛应力。

Smith 模型的不足，由于波阵面上的位错密度比残余位错密度高出 $10^3 \sim 10^4$ 倍，故提出假设：空位和位错源将以冲击波的速度运动。Smith 模型要求 Smith 界面应随冲击波阵面一起运动。为此，位错运动的速度必须超过声速。但是位错运动速度是以声速为其极限值的。为使位错以声速运动，应力应该无穷大。因此，要求位错以超声速运动是 Smith 模型的一个致命缺点。

(2) Hornbogen 模型。Hornbogen 借助透射电镜发现，铁(bcc)在遭到动载时在 <111> 方向上可以观测到螺位错。因为 Smith 模型不能解释铁在遭到动态冲击加载时产生的位错组态特征，Hornbogen 对 Smith 模型进行了修改。Hornbogen 位错形成模型如图 1－25 所示，冲击波刚一进入晶体中就形成位错缠结，其刃形分量和被压缩部分一起以冲击波阵面速度运动，而位错的螺形分量不动，随着位错刃形分量的运动，螺形位错长度增加。

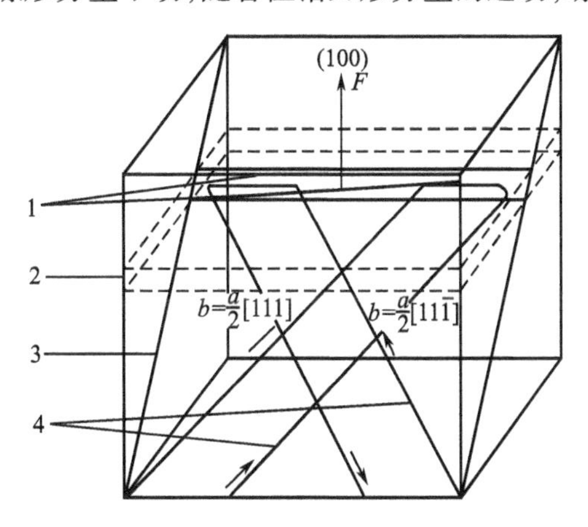

图 1－25　Hornbogen 位错形成模型

1—压缩波阵面内运动的位错的刃形分量；2—在[100]方向上运动的压缩波；3—(101)面；4—留在冲击波阵面之后的(101)面上的螺形位错。

Hornbogen 模型仅建立在对一种金属即铁(bcc)的行为的观察上。而各种金属和合金的亚结构之间区别很大。Hornbogen 模型对它们并不适用。另外,在该模型中同样要求位错的刃形部分以超声速运动,这些都是 Hornbogen 位错模型的局限性。

(3) Meyers 模型。由于 Smith 模型和 Hornbogen 模型的局限性,Meyers 提出了一个新的位错形成模型。其基体特点如下。

① 在单轴应变状态产生的偏应力作用下,位错在冲击波阵面区域(或附近区域)均匀形核,这些位错的产生导致偏应力的松弛。

② 均匀形核的位错仅需以亚声速移动较小的距离。

③ 随着冲击波传播在材料中产生新的位错界面,原先产生的位错留在晶体中。

Meyers 模型和 Smith 模型及 Hornbogen 模型相比有以下优点:一是不需要假设位错以超声速运动;二是可以估计动态加载后位错的密度。

图 1-26 所示为冲击波在材料中传播时的简单示意图。对立方金属而言,在冲击波进入材料的瞬间很高的偏应力使起初的立方点阵扭曲成斜方点阵。在偏应力达到某个临界值时位错就可以均匀产生。Hirth 和 Lothe 估计了位错均匀产生所必需的应力值,该切应力和切变模量之间存在以下关系:$\tau_h/G=0.054$,其中 τ_h 为位错均匀产生的临界切变应力,G 为切变弹性模量。在达到临界切变应力值 τ_h 且在合适的方向上,位错就可以均匀产生。图 1-26(b)表示冲击波阵面相应于起始位错界面的冲击波。分界面上的位错密度根据冲击波阵面前后两个点阵的单位体积尺寸可以计算出来。图 1-26(c)表示冲击波阵面向前运动,波阵面已运动到界面的前面,重新产生不可补偿的偏应力,这又导致产生新的位错界面。整个过程如此重复进行(图 1-26(d))。

既然冲击波传过后材料的宏观应变理论上为零,那么所有位错的 Burgers 矢量总和必为零。波中的稀疏波部分在位错的产生中仅起很小的作用。主要原因是波的稀疏部分所进入的是已产生高密度位错的材料,偏应力已被已有的位错运动所调和。Kazmi 和 Murr[12] 的实验也证实,当镍重复加载后,所产生的位错增加不明显。

除了上述 3 个经典模型外,还有其他位错增值的模型,如 Mogilevsky 模型、Weertman - Follansbee 模型等,在此不详细介绍。

总之,材料在强烈动态冲击作用下,应变速率很高,同时伴随产生高压、高温等现象。导致产生的位错组态具有明显不同于普通加载条件下形成的位错组态的特征。在动态加载条件下形成的位错密度更高,分布更均匀。形成的位错形态主要取决于冲击波压力、脉冲持续时间及材料本身性质,如层错能因素。解释

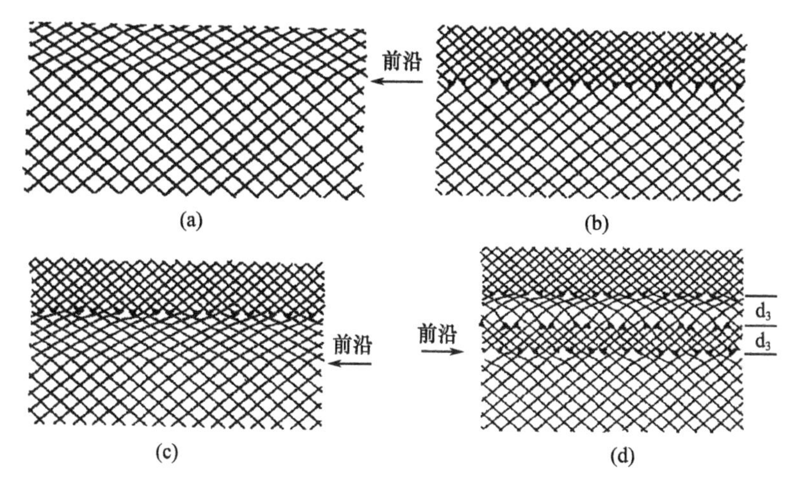

图 1-26　冲击波在材料中传播时的简单示意图

动态加载条件下位错组态特征的 Smith 和 Hornbogen 模型由于要求位错必须以超声速运动而具有局限性。Meyers 模型较成功地解释了动态加载条件下形成的位错组态的各特征，并且克服了 Smith 和 Hornbogen 模型的缺点，是一种比较理想的模型。

2. 点缺陷特征[1]

冲击载荷还会产生高密度的点缺陷。对冲击载荷与传统冷轧所产生的点缺陷的比较发现，冲击载荷作用后测得的空位浓度比冷轧后测得的数值高 3～4 倍，如图 1-27 所示。冲击载荷产生高密度的点缺陷（空位和间歇原子）主要是由于割阶的不可逆运动，这些割阶是由于螺形位错或混合位错的交割而产生的。这些点缺陷可以认为是图 1-28 所示的位错环。

3. 形变孪晶及其影响因素

孪晶可在塑性变形时形成，也可在塑性变形后的退火过程中产生。前者是在承受外力作用下产生的，故称变形（或机械）孪晶；后者未受外力，仅在加热过程中，由热应力引发的孪生变形现象，故称为退火（或生长）孪晶。

孪晶的形成速度极高，一般难以观察到它的形成过程。由于各个晶粒的尺寸大小及位向等的不同，孪生的发生有先有后，形成的孪晶带也有宽窄之别。

形变孪晶一般是双凸镜形，图 1-29（a）所示，退火孪晶的边界几乎是完全平直界面，如图 1-29（b）所示。fcc 和 bcc 金属的孪晶非常窄，通常像平行的线条。六方金属中的$\{10\bar{1}\bar{2}\}\langle 10\bar{1}\bar{1}\rangle$孪晶相对宽些。形变孪晶的形状可能与孪晶形成时总能量的改变有关，导致孪生时能量变化的原因有两个：一个是新表面（孪晶界面）的引入，因为其具有表面能；另一个是由于一部分材料（即孪生区

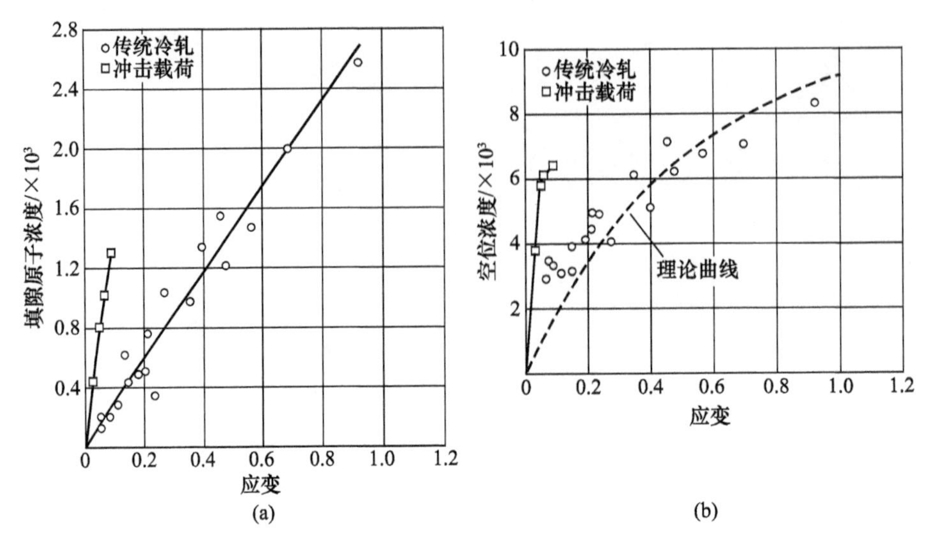

图 1-27　冲击载荷与传统冷轧在不同应变时的数值

(a)填隙原子浓度；(b)空位浓度。

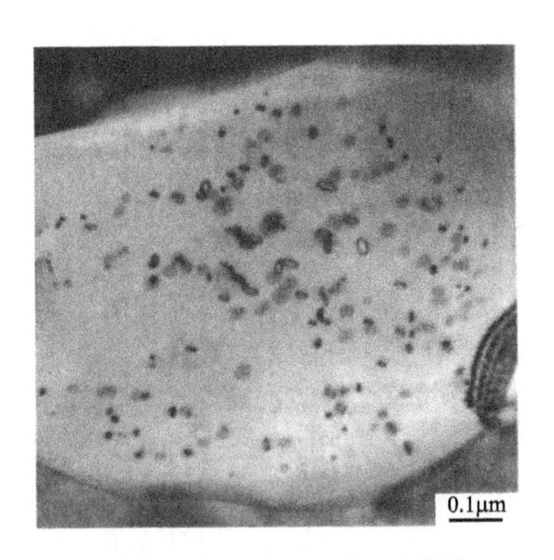

图 1-28　冲击后铝的空位型的位错环

域)发生了塑性剪切使周围材料没有形变而产生的应变能，由于孪晶和基体的错配必然导致弹性扭曲和/或滑移。当孪晶长且窄时，即孪晶的长宽比大时，错配产生的能量最小。另外，对于给定体积的孪晶，当孪晶的长宽比接近 1(即呈球状)时，其表面能最小。当剪切应变大时，应变能大，则孪晶的长宽比大。相反，高的界面能将产生"胖"的孪晶。

形变孪晶是晶体塑性形变的一种重要形式。尤其是在对称性较低的晶体中,滑移系统较少,形变孪生的出现更为常见。因此,在 hcp 晶体或在低温下的 fcc 和 bcc 晶体中,常发生形变孪晶,但现在在许多 fcc 型晶体的金属及合金、有序合金及其金属间化合物、单晶半导体及其他非金属化合物中也有形变孪晶的生成。

在低应变速率条件下产生的孪晶,常出现于材料在宏观屈服之前,这种孪晶通常对真实应力—应变曲线的影响很小。

(a) (b)

图 1-29 形变孪晶和退火孪晶的形貌差异
(a)镁的形变孪晶;(b)黄铜的退火孪晶。

材料在高应变速率动载和普通低应变速率加载下的变形行为和形成的组织存在明显的区别,如在普通加载下不形成孪晶的材料在冲击加载条件下,由于产生的高应变速率导致金属发生孪晶变形,而且这种孪晶的产生,能引起大载荷的降低。孪晶对变形温度和应变速率也十分敏感,这些孪晶对总应变的贡献随温度降低或应变速率增加而增加。因此,在高应变速率条件下,常导致孪晶的出现,甚至在 fcc 铝合金中也可观察到,但是对于传统理论,由于铝的堆垛层错能很高,是不会产生孪晶的。

一般认为,随着 fcc 金属的层错能降低,位错交叉滑移和位错塞积倾向减小。孪生是金属在高应变速率载荷下的主要变形机制之一,图 1-30 所示为经冲击加载后不锈钢内多次形变孪晶的 HREM。

图 1-30 冲击加载后不锈钢内的多次形变孪晶的 HREM

1) 影响动载荷下形变孪晶产生的因素[1,7]

影响动载荷下形变孪晶产生的因素同样取决于载荷条件与金属自身的性质,主要有以下因素。

(1) 压力。有学者发现,大约在35GPa的压力下,镍中发生孪晶。图1-31所示为经峰值压力45GPa、脉冲持续2μs的加载后镍内的形变孪晶。另有学者在铜中观察到同样的效应。而且随冲击压力的增大,孪晶体积分数增加,孪晶间距减小,如图1-32所示。可见,存在一个孪生临界压力,冲击压力大于该临界值时才能孪生;超过该临界压力后,随着压力的增大,孪晶的数量增加。

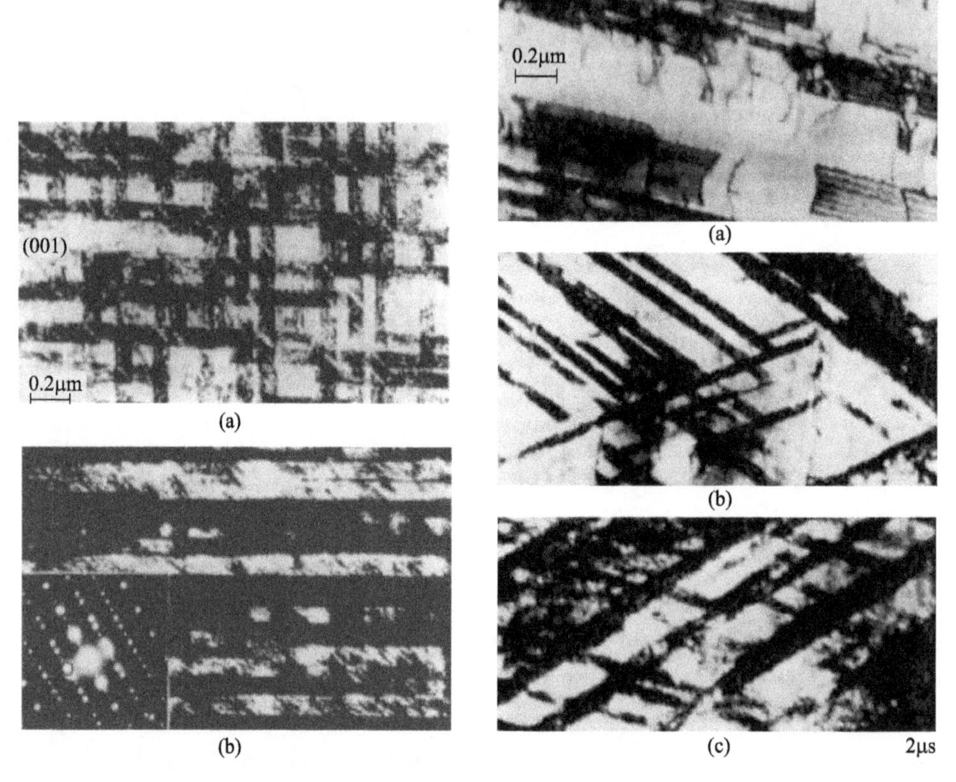

图1-31 经峰值压力45GPa、脉冲持续时间2μs的加载后镍内的形变孪晶

图1-32 随冲击峰值压力的增加镍中孪晶体积分数增大而孪晶间距减小
(a)15GPa;(b)30GPa;(c)45GPa。

(2) 脉冲持续时间。Champion等发现奥氏体(Hadfield)钢,在10GPa压力下,在2μs持续时间时观察到大量的孪晶;而当持续时间为0.065μs时,则没有孪晶。由此得出结论;必定存在一个孪晶发生的界限时间。Staudhammer等研究了脉冲持续时间(0.5μs、1μs、2μs、6μs、14μs)对AlSi 304不锈钢亚结构的影响发现,持续时间在达到2μs后,孪晶密度基本不变。

Stone等发现,脉冲持续时间从0.5μs增大到1.0μs时,AlSi 1008钢和阿姆科磁铁中孪晶密度均有所增加。

(3) 晶体取向。偏应力产生孪晶。因此,当在孪晶面内和沿孪晶方向的分剪应力达到临界值时,将发生孪晶。DeAngelis 发现,当冲击波沿[100]取向运动时,在 14GPa 压力下铜的单晶发生孪晶;当冲击波[111]取向运动时,在 20GPa 压力下也发生孪生。Greulich 等发现,镍在 35GPa 或更高的压力下,沿[100]取向的晶粒优先发生孪晶。压力增高,沿其他取向的孪晶增加趋势超过沿[100]取向。

(4) 堆垛层错能。随着面心立方金属的堆垛层错能减少,孪晶发生率增加。依此推论,发生孪晶的阈值应力将减小。

(5) 已有的位错亚结构。Rohde 等发现,冲击载荷作用下的退火含钛的铁中有大量的孪晶。然而,具有适当密度位错的亚结构经预先变形的试样不发生孪晶。因此,如果将位错的产生和运动与孪晶发生看作相对抗的机制,就能合理地解释已有的位错亚结构的影响。冲击波产生的偏应力可由孪晶(在没有位错时)和已有位错的运动(如铁经预变形)来松弛。

(6) 晶粒尺寸。Wongwiwat 等证明,在一定压力下,大晶粒试件比小晶粒试件更容易发现孪晶。但是,应当强调指出,晶粒尺寸这一因素并非是冲击载荷所特有的。实际上,已经证明含 3% 硅和铬的铁,其产生孪晶的应力(在一般形变中)与晶粒大小存在强烈的依存关系。

大晶粒试件比小晶粒试件更容易发现孪晶,如图 1-33 所示的晶粒尺寸对铜冲击后微结构的影响。这是因为粗晶内部位错滑移行程大,晶界附近应力集中严重,更加有利于孪生变形。此外,晶粒尺寸越小意味着单位体积的晶粒数目越多,在一定载荷下处于软取向的晶粒就可能越多,越容易滑移而不容易孪生。

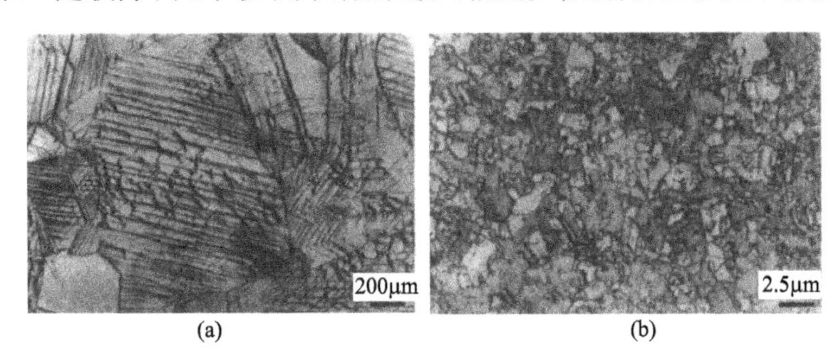

图 1-33 晶粒尺寸对铜($p = 50$GPa)冲击后微结构的影响

(a)大尺寸晶粒试样内产生了大量孪晶;(b)小尺寸晶粒试样则没有产生孪晶。

笔者[8,9]研究了爆炸冲击载荷下金属的孪生。纯镍(fcc)、纯钛(hcp)、低碳钢(bcc)3 种金属爆炸冲击加载前的微结构特征如图 1-34 所示。在相同的爆炸冲击加载后,金属镍中没有形变孪晶生成;低碳钢中有少量长而薄的形变孪晶，低碳钢中的形变孪晶内位错呈胞状；纯钛中形变孪晶密度高且相互交叉；奥氏体不锈钢（1Cr18Ni9Ti）内的形变孪晶高度密集且相互交叉，如图 1 – 34 和图 1 – 35所示。

在一般的准静态变形条件下，在具有许多滑移系的面心和体心立方金属中，孪生变形不是主要的变形机制，在滑移系有限的金属如六方金属，其滑移常常被限制在底面间或棱柱面，此时孪生才有特殊的意义。在爆炸复合冲击加载条件下，体心立方的低碳钢、面心立方的 1Cr18Ni9Ti 以及六方体纯钛都发生了不同程度的孪生变形。虽然在爆炸冲击的加载条件下，面心立方金属镍中未发现形变孪晶，但有文献报道在一定的冲击载荷下，镍中也产生形变孪晶。可见，常温下在一般的形变中不发生形变孪晶的金属，在冲击载荷下也可产生形变孪晶。

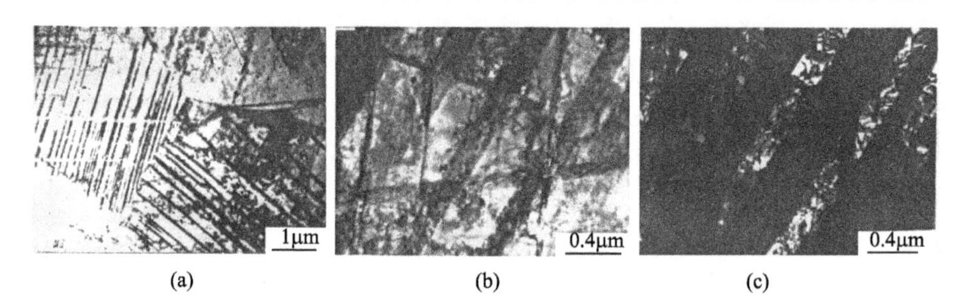

(a) (b) (c)

图 1 – 34　爆炸冲击加载后 1Cr8Ni9Ti 不锈钢内的形变孪晶

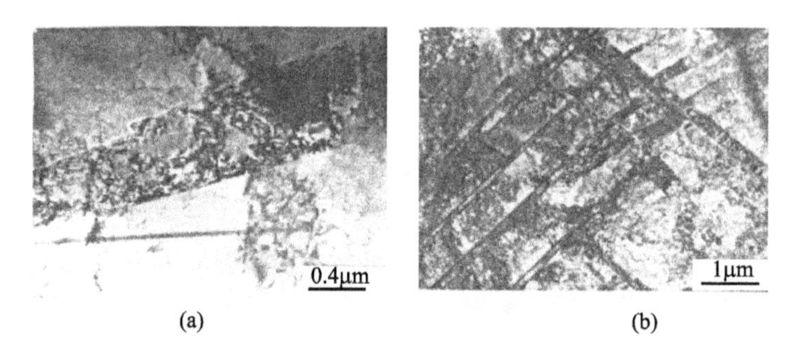

(a) (b)

图 1 – 35　爆炸冲击加载后的形变孪晶

（a）低碳钢 A3；（b）工业纯钛 TA2。

Venables 提出的孪生模型认为，孪生形核的关键在于形成一个半圆的层错环，在此临界阶段，孪生应力 τ_{T} 由下式给出，即

$$n\tau_{\mathrm{T}} = \frac{\gamma}{\boldsymbol{b}_1} + \frac{G\boldsymbol{b}_1}{2a_0} \tag{1-14}$$

式中：n 为局部应力集中因子；a_0 为该孪晶环的半径；G 为金属的剪切模量；$\boldsymbol{b}_1$ 为

肖克莱位错的柏氏矢量。

无论晶体结构如何,基于一全位错分解为两个不全位错的孪晶模型都将得出和式(1-14)相同形式的关系式。

在爆炸复合的冲击加载条件下,一部分冲击波进入材料,冲击波在金属材料中的扩展都毫无例外地产生位错。随位错密度的增大,可以得到被钉扎的临界长度为 $\bar{l}$ 的位错,开动这样一个位错所需的切应力 τ 可表述为

$$\tau = \frac{Gb}{\bar{l}} \tag{1-15}$$

式中:G 为剪切模量;$\boldsymbol{b}$ 为此全位错的柏氏矢量。

显然,当 $\tau > \tau_T$ 时,孪生是有利的变形模式。假设 $\bar{l}$ 近似等于 $2a$。由式(1-14)、式(1-15)得到孪生的临界切应力为

$$\tau_T = \frac{\gamma \boldsymbol{b}}{\boldsymbol{b}_1(n\boldsymbol{b} - \boldsymbol{b}_1)} \tag{1-16}$$

式(1-16)中局部应力集中因子 n 可解释:为什么金属中有的地方可观察到孪晶;有的地方却是高密度的位错。虽然 Venables 曾设定 $n \geqslant 3$ 以解释静态拉伸的实验结果,但 n 值难以确定。由式(1-16)可见,若 n 取一定值,则孪生临界应力随层错能的增大而增大。

位错运动的障碍按作用范围可分为:长程障碍的作用范围在 10 个原子以上,障碍的势垒较宽(如位错的弹性交互作用,形成 F-R 源的阻力等);短程障碍的作用范围小于 10 个原子间距,势垒范围窄(如派—纳势垒等),在高应变速率下,利用热激活越过势垒的概率较小,点阵摩擦阻力增大,产生交滑移的可能性减少。因此,滑移位错仅限于一些位错塞积群内,位错的塞积导致应力集中,由式(1-16)可见,在这些位错塞积群中,有助于形成孪晶核的应力 τ_T 减小,故孪生率增大。已有研究工作表明,在高应变速率下,流变应力随应变速率的增加而有明显增大,应力水平的提高也有利于孪晶的形成。因此,孪生是爆炸冲击载荷作用下非常有利的变形机制。

在相同的爆炸冲击载荷下,高层错能的面心立方金属镍($\gamma_{Ni} \sim 128 mJ/m^2$),其内未见形变孪晶生成,低层错能的面心立方奥氏体不锈钢 1Cr18Ni9Ti($\sim 10 mJ/m^2$)中所产生的形变孪晶密集且相互交叉。此外,关于层错能都较高的纯钛和低碳钢,纯钛中有大量形变孪晶,低碳钢中有少量形变孪晶(这和两者的晶体结构有关)。因此,随层错能的降低孪生变形的概率增大,同等条件下 hcp 结构比 fcc、bcc 结构的金属易孪生,这和一般准静态变形下的规律是一致的。但冲击载荷下金属更易孪生变形,镍和低碳钢在准静态变形时难以见到孪

生变形，纯钛中的形变孪晶也没有冲击载荷下的密度高。可见，层错能也是影响材料在冲击载荷作用下孪生变形一个关键的内在因素，层错能减少，孪生临界切应力减小，孪晶发生率增加。

可见，孪生是爆炸复合冲击载荷下非常有利的变形机制。常温下在一般的形变方式中不易产生孪晶的金属在爆炸复合冲击载荷下可产生孪晶；在相同的爆炸复合冲击载荷下，层错能是影响金属在冲击载荷作用下孪生变形的关键内在因素。层错能减小，孪生临界切应力减少，形变孪生率增加。

2）孪生的位错机制[1,7]

冲击产生的孪晶在晶体学和形态学上的特征与常规准静态变形形成的孪晶没有本质的区别。因此，它们的形核和生长机理也相似。孪生的位错极轴机制是 Cottrell 和 Bilby 针对体心立方金属提出，由 Venables 推广应用于面心立方金属的位错极轴机制。位错极轴机制涉及位错运动，认为这种位错运动会消除位错极点周围的螺形孪晶，这需要的时间要比一般冲击载荷下可能利用的时间长得多。

Takeuchi 发现铁中孪晶的传播速度约为 2500m/s，且该速度在 -196 ~ 126℃间与温度无关，这表明孪晶的生长并不是一个热激活的过程。Hornbogen 提出，在 Fe - Si 合金中孪晶的扩展是以冲击波的速度传播的。速度或者时间的这种限制导致 Cohen 和 Weertman 提出了一个简单且主要应用于面心立方金属和合金的模型，该模型指出，在每个[111]面上、在 Cottrell - Lomer 面角位错处，Shockley 不全位错（Shockley partials）的产生和它们在材料中的运动，形成一个孪晶，该孪晶的传播速度即由 Shockley 不全位错的运动速度控制——该孪晶以 Shockley 不全位错的扩展速度扩展。Sleeswyk 也提出了适用于体心立方金属的孪晶生成模型，该模型从表象看与 Cohen 和 Weertman 的面心立方金属孪晶生成模型相同，Sleeswyk 的模型涉及体心立方结构中[112]面上位错的滑移。

4. 动态相变（冲击相变）

高应变速率动态加载（如高速撞击、控制化爆、强激光等）与传统准静态载荷相比，其最大的特点是持续时间短（μs 量级或更短）、压力高（GPa 量级）、被加载物体的应变速率高（在 10^3/s 以上）。动态相变（或冲击相变）是指在高应变速率动态载荷作用下材料内发生的相转变。高应变速率载荷作用下材料是否发生相变、以及新相数量的多少对金属材料的动态性能和动态响应具有显著影响，因为：一是相变后的材料具有和初始材料不同的物理、力学性能；二是相变会强烈地改变应力波的波形及传播过程，从而导致材料的动态响应行为发生明显变化，甚至因此诱发动态损伤断裂（如层裂、绝热剪切等）现象。因此，动态相变已成为力学、材料科学等多学科学者致力探索的课题。相变研究属于物理学、材料科学和力学共同关注的交叉领域。冲击相变研究除了具有重要的科学意义外，由于它引起材料强烈的非线性响应，从而对材料失稳、靶和结构破坏、新材料合成和改性等，均具有重要的工程应用和经济价值。

Bancroft 等第一次报道了动态相变，即铁在 13GPa 压力下的 α(bcc) - ε(hcp)相变，由此揭开了动态相变研究的序幕；随后 Duvall 等首次对动态相变研究进行了系统总结；20 世纪 80 年代以来，已初步形成固体力学的新分支"相变固体力学"，并成为当今固体力学最为活跃的领域之一，Rice 等也将"相变固体力学"列为固体力学十大基础前沿研究领域之一；唐志平[10]总结归纳了半个多世纪以来国内外有关冲击相变的力学效应（如冲击相变本构模型与相变波传播、冲击相变基本理论、冲击相变实验研究成果、冲击相变本构和相变波传播、冲击相变对材料和结构破坏的影响等）的研究成果。然而，冲击加载条件的极端性（高压、高温、瞬时）给冲击相变研究，特别是微观机理的观察和分析造成很大困难。因此，冲击相变的研究，目前仍主要停留在实验研究的水平，有关的实时测量几乎都是连续介质力学量，如冲击波速度、应力、质点速度等的测量，而且主要是一维应变纵波的测量。理论模型和微观机理的探讨尚不完整，基本借用传统相变研究的原理和结果。这说明，冲击相变作为学科来说还未完全成熟。目前，除了一些断续的综述文章外，国际上至今尚无论述冲击相变的专著问世。

冲击波会产生相变。由于加载的瞬时性，一般认为相变过程主要是非扩散型相变。马氏体（以及伪马氏体）相变是一种无扩散的相变，这一术语只限用于点阵畸变相变，在这类相变中偏应力分量占优势。马氏体相变具有一定的特征，这些特征为金属、无机物甚至聚氯乙烯等有机物的相变中所共有，因此这类相变通称为马氏体相变。马氏体相变的主要特征如下。

（1）无扩散性，无成分变化，原子位移不超过一个原子间距，相变速度高。

（2）切变机制，相变以原子集体切变位移的方式进行，伴随有体积和形状的改变。

（3）新、旧相的取向有对应关系。

冲击脉冲对无扩散型相变的影响必须从以下 3 个方面进行分析，即压力、剪应力、温度。这些参数的变化是互相关联、相互影响的。尽管如此，这 3 个因素对相变的热/动力学有着不同的影响。例如，一种会使体积减小的相变，在高压下从热/动力学观点看是有利的，因为在该压力范围内这种相变使压力降低。另外，压力对形成密度较小的生成物的相变是不利的[1]。

铁在一定的冲击临界压力（13GPa）下，bcc（α）相或者转变成 hcp（ε）相，或转变成 fcc（γ）相，具体视温度而定。所转变成的两种相均比 bcc（α）相密排，且压力的增大伴随着温度的升高。

Patel 和 Cohen 建立了马氏体相变中应力对 *Ms* 温度影响的基本原理。他们发现，在 Ni－30% Fe 合金中，静水压力使 *Ms* 温度降低。在这类合金中，由于马氏体相的出现而发生 5% 的膨胀。因此，压力脉冲对马氏体相变是不利的，这一点在压力脉冲导致 *Ms* 温度的降低中也得到反映。另外，一种马氏体组织的合金，如果受到压力脉冲的作用，将恢复到奥氏体，因为相变结果会使点阵密集。产生拉伸应力脉冲将产生相反的过程，随着相变温度的升高，有利于发生 γ(fcc)$\rightarrow\alpha$(bcc 或 bct)的相变。Rhode 等证实了该效应，即拉伸应力脉冲促进马氏体转变，而如果施加压力脉冲将导致马氏体合金恢复为奥氏体(即马氏体逆转变)、晶体体积收缩[1]。

图 1－36　铁镍合金中由于压力脉冲反射产生的拉伸静水应力脉冲诱生的马氏体

Meyers 等对 Fe－31% Ni－0.1% C 合金施加拉伸脉冲，将产生马氏体。施加压缩冲击波，当它在自由面反射时产生拉伸脉冲，从而形成图 1－36 所示的管状马氏体。压缩应力波经过的其他区域，产生的仅是密集的位错和不多的孪晶；Meyers 的冲击实验发现，拉伸脉冲时间低于 50ns 近乎没有马氏体生成。因此，存在马氏体形核(孕育期)[1]。

总是伴随压力出现的剪应力的影响更难以估计。外部剪应力可在相变初期起重要作用。相变优先沿着会使外部剪应力减小、进而使总的内能减小的晶体取向产生。剪应力使马氏体开始转变温度 *Ms* 提高，冲击波形成的剪应力倾向于产生马氏体。但是对于部分冲击波来讲，这种剪应力要比静水压力小得多，因为位错的形成和孪生会降低剪应力。因此，当冲击波前的温度稍高于 *Ms* 时，剪应力只会产生马氏体。温度稍高于 *Ms* 条件下的一般形变过程，屈服是由引起马氏体相变的应力所产生的。Guimaras 等也证实了这种现象，在温度高于 *Ms* = 20K 之前，屈服是由马氏体相变引起的。在冲击波所产生的压力作用下，伴随冲击载荷的剪应力是生成马氏体的重要条件。在 304 不锈钢的孪晶层错交叉处，存在大量由上述应变发生过程生成的马氏体。马氏体一经生成，如果有应力的强制作用，马氏体的生长会成为灾难性的。例如，一个初始冲击波生成一定的马氏体，随后的冲击波将会生成更多的马氏体。另外，以较长的脉冲作用的冲击压力，在高压时也会产生类似的影响[1]。

如图 1-37 所示，在高于 $Ms=-61$℃ 温度施加具有不同持续时间的拉伸脉冲。该拉伸脉冲诱发马氏体转变，并随着持续时间的增加，生成的马氏体体积分数增加；马氏体在大约 1.8μs 达到饱和，在此研究前，一般认为相变达到瞬间饱和[1]。

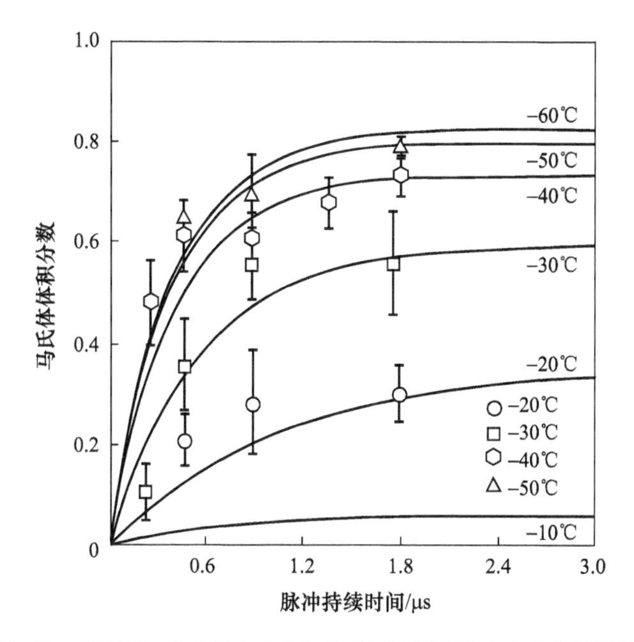

图 1-37　Fe-32% Ni-0.035% C 合金在 *Ms* 以上温度冲击产生的马氏体分数和拉伸脉冲持续时间的关系曲线

与冲击相变相关的热力学、动力学，相变对 Hugoniot 曲线的影响，以及相变塑性，剪力影响、相变后行为、冲击相变的理论和相变本构描述等可参见文献[10]。

一般认为，由于动态加载的瞬时性，冲击相变过程主要是非扩散型相变，而扩散型相变可以不予考虑。在当前武器装备、航空航天器、交通运输工具等的减重以及节能减排迫切需求的大背景下，镁合金、铝合金等时效型合金在军工及其他涉及高应变速率动态载荷的高技术工业领域得到越来越广泛的应用。因此，时效型合金的动态相变问题逐渐成为学界关注的热点。

最近，笔者[11]研究了高应变速率对 ZK60 镁合金析出相演变的影响，经过应

变速率为 6.2×10^4/s 的爆炸冲击之后，固溶和峰时效样品中的析出相均发生了明显变化：固溶状态样品中析出了平均宽度为 1.7nm、长度在 20～100nm 的细长杆状相(图 1－38)。峰时效样品在爆炸冲击之后则发生了杆状相的初步溶解，平均宽度由 8.32nm 减小到 5.13nm，长度也明显减小，并且逐渐细化、球化，形成直径为 7.6～15nm 的球状析出相(图 1－39)。高应变速率爆炸冲击加载引起的绝热温升、高应变速率、高密度位错、高剪切应力等通过促进扩散作用，从而加速了杆状相的析出或者初步溶解过程。

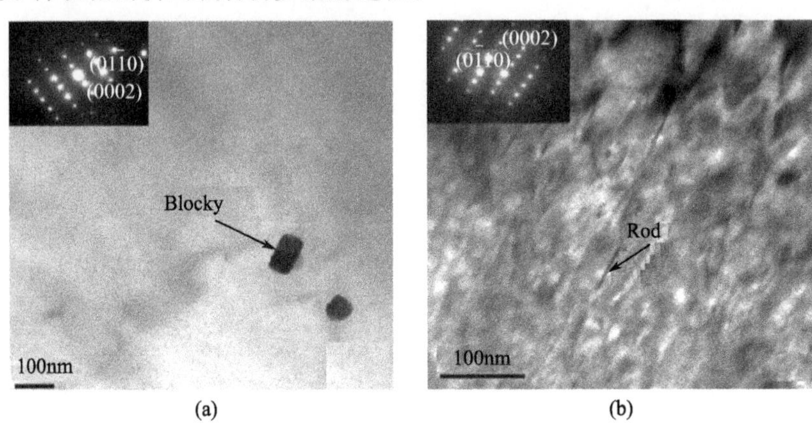

图 1－38　固溶状态样品中析出平均宽 1.7nm、长 20～100nm 细长杆状相

(a)固溶后样品的 TEM 明场像；(b)固溶样品冲击加载后 TEM 明场像。电子束方向平行于 $[0001]_{Mg}$

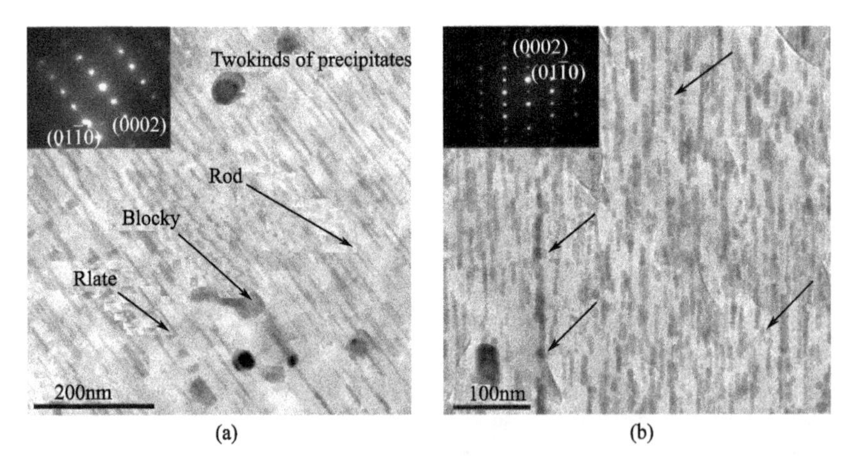

图 1－39　直径为 7.6～15nm 的球状析出相电子束方向平行于 $[0001]_{Mg}$

(a)峰时效样品 TEM 明场像；(b)爆炸冲击之后 TEM 明场像。

Zhang 等[12]利用霍普金森压杆技术和 TEM 研究了应变速率对时效态的

2519A 铝合金析出相的影响并发现;冲击载荷对铝合金析出相的演变有着不可忽视的影响,如图 1－40 所示,随着冲击变形应变速率的上升,与基体共格或半共格的正方结构 θ' 相体积分数减小,与基体非共格体心正方结构 θ 相体积分数增加;应变速率较低时(图 1－40(c)、(d)),以大量盘片状 θ' 析出物为主且呈现列式分布,θ' 析出物形貌未见明显转变;当应变速率达到 5730/s(图 1－40(e))后,θ' 析出物形貌发生明显转变且体积分数明显减小;当应变速率达到 7050/s 时,θ' 强化相体积分数明显减少,θ 相数量显著增加,大量 θ' 析出物转变为 θ 相。

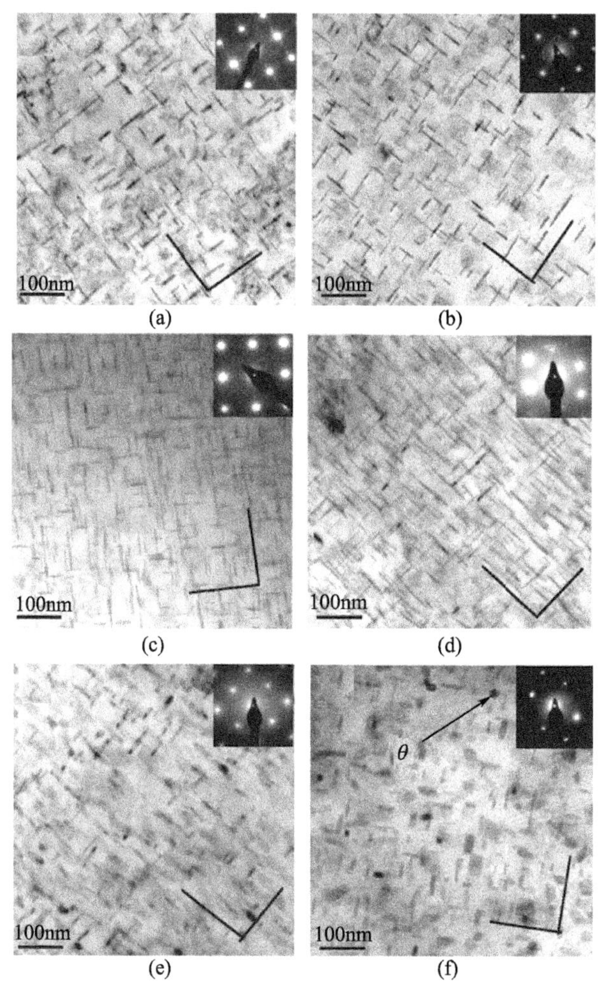

图 1－40　在不同的应变速率下 TEM 明场像和对应的 SADP(直线为 Al 基体上析出相的惯析面)

(a)667/s; (b)1287/s; (c)3560/s; (d)4353/s; (e)5730/s; (f)7050/s。

冲击功转化为相界面能和应变能可以补偿 θ 相形核功(ΔG),导致试样受冲击后沉淀相 θ' 向 θ 相发生转变并粗化。

此外,作者在高应变速率载荷下时效型合金的绝热剪切带内也观测到了沉淀相的瞬间溶解等典型的扩散型相变。

1.2.3 力学性能

金属材料的显著特征是性能对结构敏感。冲击加载后金属的微观组织结构发生改变,必然导致其性能改变。下面讨论其力学性能变化的规律。

1. 冲击波传播产生的强化效应[1]

对于受冲击载荷作用的金属和合金,冲击压力对残余显微组织和材料的力学性能均有深刻的影响。冲击强化的主要特征如下。

(1) 冲击波的传播会在金属中形成高密度的晶体缺陷,从而使得大多数金属硬化。由于冲击波的传播一般不会改变晶粒尺寸(除非冲击压力足够大,导致冲击热使得金属发生回复、再结晶),但是会产生高密度的晶体缺陷,所以这种影响可定性地表示为

$$\sigma = \sigma_0 + K\rho^{1/2} + K'V_c d^{-1} + K''V_T\Delta^{-1/2} + K_0 D^{-1/2} \tag{1-17}$$

式中:K 为相应的常数;d 为位错晶胞的大小;D 为晶粒尺寸;Δ 为孪晶间距;V_c和 V_T分别为位错晶胞和形变孪晶的近似体积比例。

图 1-41 所示为一系列金属的硬度和压力的关系。可见,随着冲击压力的增大,金属的硬度增大,如 Hadfield 钢(一种奥氏钢高锰钢)、轨辙岔(钢轨的连接件)以及一些采矿设备,在工业中通常采用冲击波来硬化。冲击波可通过炸药爆轰施加在与之直接接触的金属工件上。值得注意的是,由于冲击波的传播是单轴应变过程,冲击硬化会随应变的增大而增大,该应变在工程上可忽略不计。而传统轧制、挤压、锻压等硬化工艺都需要大得多的塑性应变。

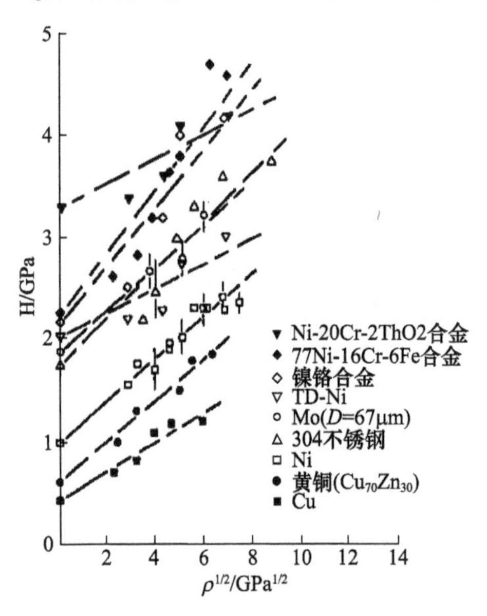

图 1-41 压力对金属和合金冲击硬化的影响

(2) 冲击硬化效应不仅与压力有关,而且还与持续时间有关。由图 1-42可知,在 1 ~ 10μs 内,对冲

击硬化效应没有显著影响；当冲击持续时间低于1μs时，冲击硬化效应的影响就显著了。

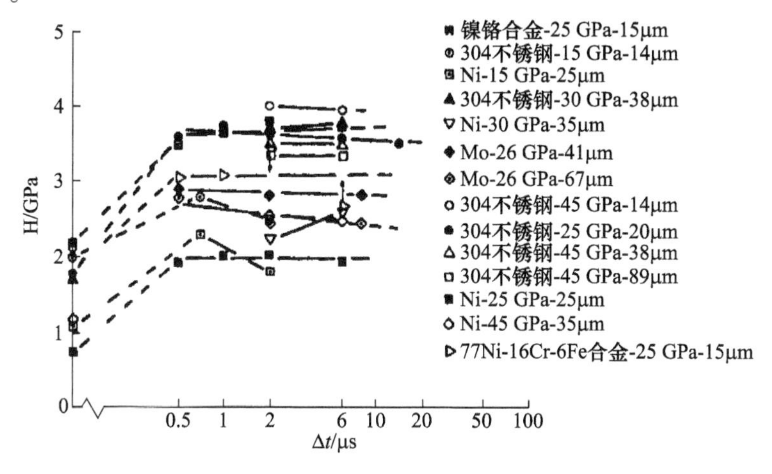

图1-42　脉冲持续时间对金属冲击强化的影响

（3）冲击硬化效应并不会无限增加。当冲击硬化效应达到一定饱和状态后，则开始随压力的增大而减小。因为冲击生成的热会导致回复和再结晶，从而减小冲击形成晶体缺陷的效应。如图1-43所示，硬化曲线在13GPa处有一个明显的突跃，该压力正是铁发生$\alpha-\varepsilon$相变时的压力；压力为50GPa时，硬度达到饱和；若压力继续升高，则硬度开始下降。

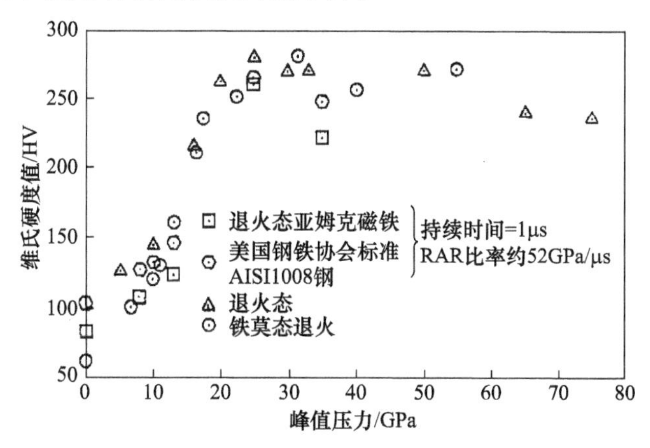

图1-43　冲击压力对铁和钢的冲击硬化的影响

（4）冲击硬化效应与合金的冲击相变有关。例如，Al-4% Cu铝合金的固溶状态和时效状态试样，经冲击与单向加载所造成的强化效应就会有明显差异，所图1-44所示。可见，固溶态铝合金冲击硬化所产生的流动应力大于拉伸过程中应变硬化所产生的流动应力；而时效态铝合金冲击硬化所产生的流动应力小于拉伸过程中应变硬化所产生的流动应力；这是由于冲击载荷诱生的沉淀相的铝合金析出相演变（可能是冲击加载过程中，固溶态铝合金第二相沉淀析出），而时效态铝合金的析出相发生了粗化或者转变为更稳定的第二相甚至溶解（参见图1－38至图1－40），从而导致流变应力下降。

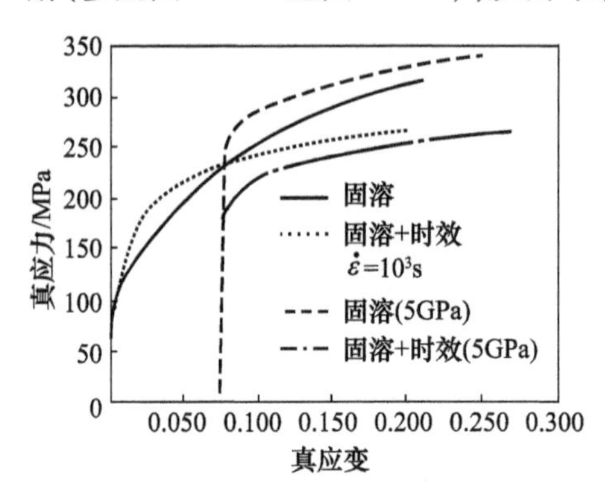

图1－44　Al－4% Cu铝合金的冲击与单轴拉伸所造成的强化效应的比较

流变应力随冲击载荷增加而增大的规律存在例外的情况。研究表明，RMI钛合金在压力达到10GPa之前，流变应力随压力增大而减小；流变应力的这种减小是由于产生的相变所致；该合金处于亚稳 β 状态，冲击载荷使亚稳 β 相转变为屈服应力和极限抗拉强度较低的 ω 相。在压力较低的条件下，这种相变效应比产生位错所造成的影响更为重要，其结果是降低了材料的强度。

对于高强马氏体和铁素体钢，冲击波没有明显的强化效应；而奥氏体钢对冲击强化非常敏感，冲击载荷诱生马氏体转变是其原因。

（5）一般地，金属材料在冲击硬化时产生的流动应力远大于其在准静态塑性变形时的加工硬化所产生的流动应力，如图1－45所示，冲击加载后无氧铜在随后拉伸的流变应力远高于其未经冲击加载处于退火状态的流变应力。

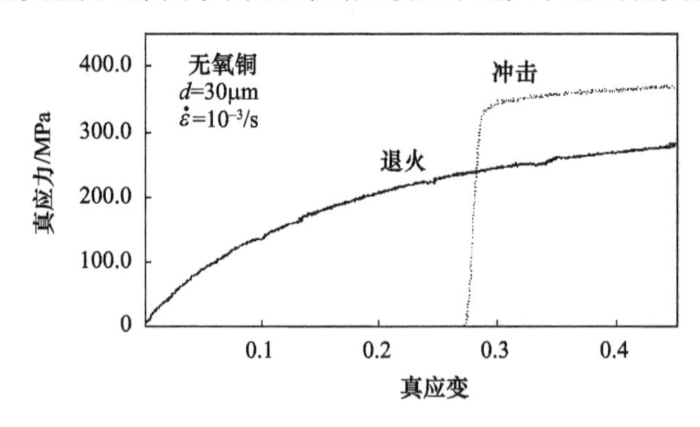

图1－45　冲击与单向加载所造成的强化效应的比较

由图1－46可见，Inconel 718镍基合金，在速度为2.1m/s的铜飞板的冲击下，受到51GPa冲击压力，产生的等效应变为0.25，相同合金经相同的0.25等效应变的冷轧变形，冲击加载和轧制加载的合金，随后单轴应力拉伸，在相同的拉伸应变条件下,轧制态的试样 R 的强度稍低,而冲击态的试样 S 的强度稍高。

冲击强化的本质原因在于,冲击波在金属中的传播虽然晶粒尺寸一般没有改变,但产生了高密度的晶体缺陷以及相应的亚结构。

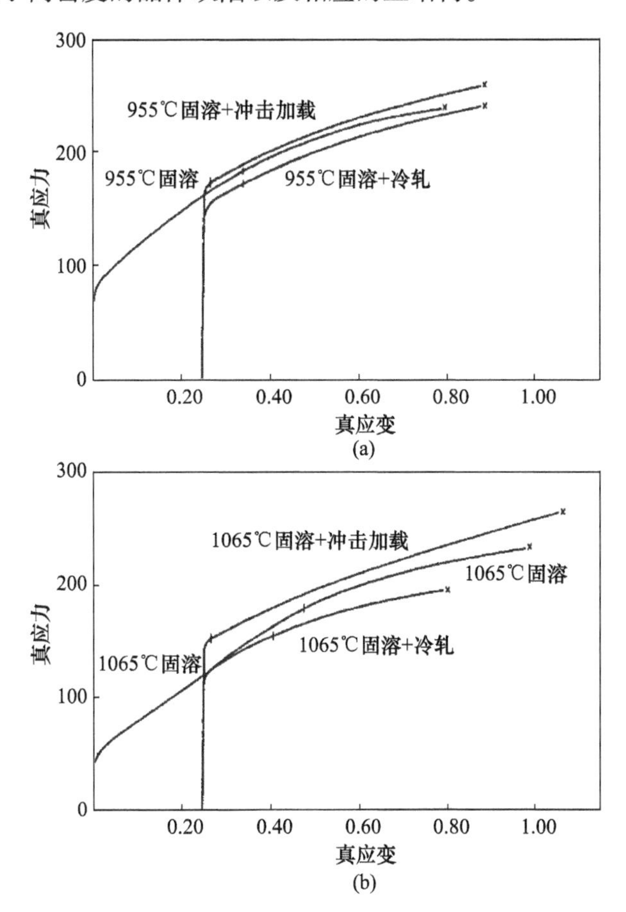

图 1-46 Inconel 718 基超合金在不同状态下的室温拉伸应力—应变曲线:未变形(U)、冷轧(R)、冲击加载(S),D 和 E 分别为变形前在 955℃和 1065℃固溶

2. 动态加载微观结构及力学性能的稳定性[1]

Meyers 发现,镍在室温及 77K 温度下冲击加载(峰值压力 25GPa 下不同的脉冲持续时间)后的拉伸应力—应变曲线没有出现应变硬化现象,而是出现了“加工软化,即随着应变的增大,应力下降”,如图 1-47 所示。镍在冲击加载下形成的位错晶胞紊乱,只有在显微组织发展不完全的情况下,这种现象才特别明显。金属和合金的动态加载时间短暂,并由于堆垛层错能(fcc)或多滑移系(bcc)的缘故,形成不稳定的位错晶胞或其他混乱的位错列阵。冲击加载生成

的不稳定位错亚结构，在随后塑性变形（如单轴拉伸）的强制条件下重组而产生更稳定的位错结构，冲击加载诱生的微观结构所对应的力学性能是不稳定的，这就是产生加工软化现象的原因。

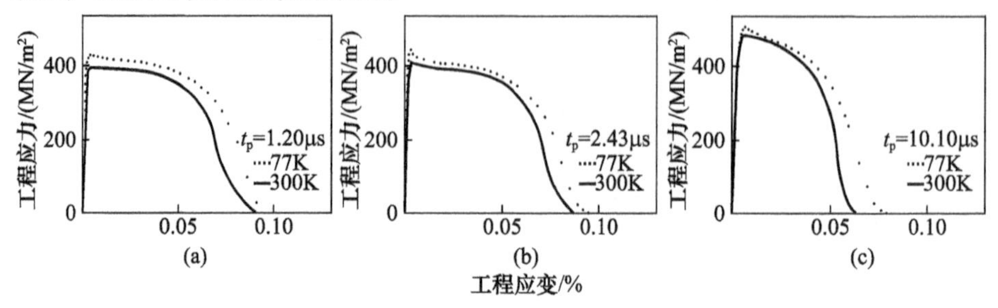

图1－47　镍在室温及77K温度下冲击加载（峰值压力25GPa、不同的脉冲持续时间）后的拉伸应力—应变曲线

（a）1.20μs；（b）2.43μs；（c）10.10μs。

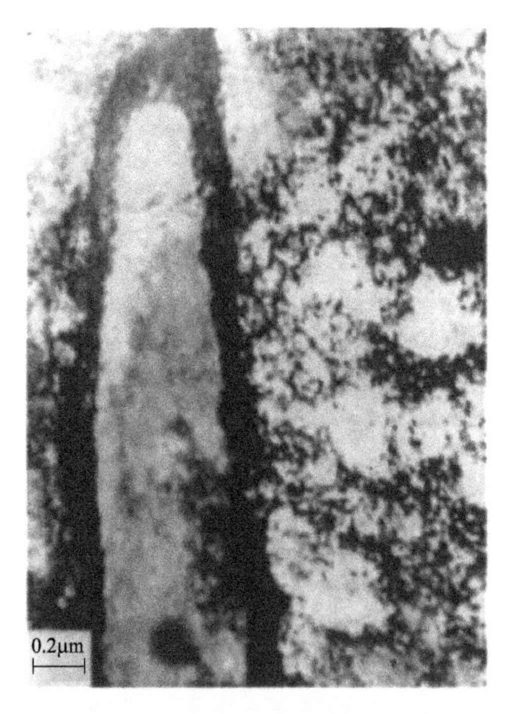

图1－48　拉伸试样的缩颈区域出现冲击波诱生的亚结构崩溃的TEM形貌（加工软化效应）

Charsley等的研究表明，冲击加载后的不稳定位错组态，在随后的静态拉伸过程中被破坏。图1－48所示为冲击加载后的试样进行静态拉伸。由试样的缩颈区域的TEM形貌可见，冲击形成的位错胞被大的拉长的位错胞取代，该大的拉长的位错胞内几无位错，该位错重组过程没有新位错的产生，因此该过程没有加工硬化，而是发生了加工软化。可见，冲击加载形成的位错列阵不稳定，在冲击之后的变形时很容易发生再排列，导致加工软化。

如图1－49所示，冲击载荷作用的镍（10GPa、25GPa），经热稳定化处理，消除了加工软化现象。冲击加载镍试样再进行退火处理（300℃×1h）后，镍又呈现出加工硬化特征，且屈服应力并无明显损失，塑性响应完全变了，即从“加工软化”变为“加工硬化”。可见，退火可消除加工软化。

热稳定化处理是在冲击加载之后，紧接着进行退火，使位错重新排列而形成更稳定（平衡）的亚结构。对受冲击后的金属在适当条件下进行退火，可以消除加工软化，使屈服强度的损失极为微小。严格地说，这种热稳定处理本质上是一种亚结构控制方法。

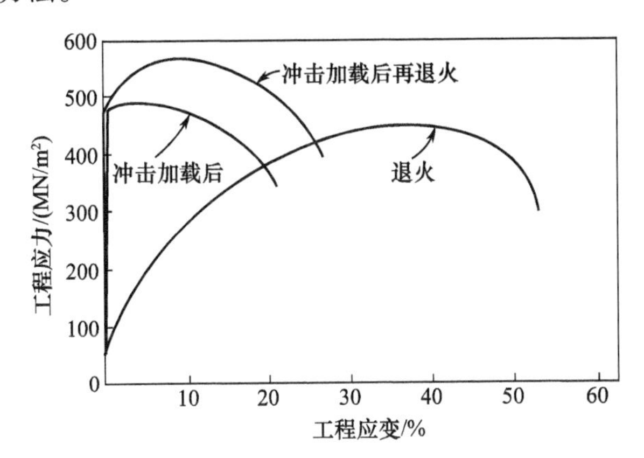

图 1－49　经峰值压力为 10GPa、25GPa 的两次冲击加载后的镍，在 300℃ ×1h 退火消除加工软化

关于高应变速率动态载荷下材料的损伤断裂即动态断裂，其主要模式有高应变速率动载下的局域化绝热剪切形变（Adiabatic Shearing）导致的绝热剪切断裂，由于卸载波的相互作用产生拉伸应力导致的材料发生动态拉伸断裂（即层裂（Spallation）），以及碎裂（Fragmentation）。本书第 2 章、第 3 章将详细介绍作者关于绝热剪切损伤、层裂的研究工作，限于篇幅本书不介绍碎裂。

参 考 文 献

[1] Meyers M A. Dynamic Behavior of Materials[M]. New Jersey: John Wiley & Sons, Inc, 1994.

[2] 匡震邦，顾澄海，李中华．材料的力学行为[M]．北京：高等教育出版社，1998.

[3] Johnson G R, Cook W H. Proceeding of the 7th Inter. Sym[C]. Ballistics, Netherlands: The Hague, 1983: 541－552.

[4] Zerilli F J, Armstrong R W. Dislocation Mechanics Based Constitutive Relations for Material Dynamics Calculations[J]. Journal of Applied Physics, 1987, 61(5): 1816－1825.

[5] Bodner S R, Partom Y. Constitutive equations for elastic－viscoplastic strain－harding materials[J]. Journal of Applied Mechanics, 1975, 42: 385－389.

[6] 王礼立．应力波基础[M]．北京：国防工业出版社，1985.

[7] Blazynski T Z. Explosive Welding, Forming and Compaction. Applied Science Publishers Ltd. , 1983.

[8] 杨扬．钛/钢爆炸复合界面的微观组织结构和力学行为[D]．长沙：中南大学，1994.

[9] Yang Y,Zhang X M,Li Z H,et al. Effects of Stacking Fault Energy on Residual Substructure of Explosive Shock Loaded Metals[J]. Transactions of Nonferrous Metals Society of China,1994,4(3):93-96.
[10] 唐志平. 冲击相变[M]. 北京:科学出版社,2008
[11] Yang Y,Wang Z,Jiang L H. Evolution of precipitates in ZK60 magnesium alloy during high strain rate deformation[J]. Journal of Alloys and Compounds,2017(705):566-571.
[12] Gao Z G,Zhang X M,Chen M A. Influence of strain rate on the precipitate microstructure impacted aluminum alloy[J]. Scripta Materialia,59(2008)983-986.

第 2 章　局域化绝热剪切

2.1　绪论

局域化绝热剪切现象是材料在高应变速率(大于 10^3/s)形变条件下塑性变形区域化的一种常见形式,相当普遍地存在于高速撞击、侵彻、冲孔、切削、冲蚀、爆炸加工等涉及动态载荷的高应变速率变形过程中,并且在金属、塑料、岩石等材料中均有发现。绝热剪切是材料塑性失稳后普遍发生的重要变形与破坏方式,是导致工程构件,特别是高端/重大军事工程构件灾难性事故的先兆。近世纪来,力学、材料学以及物理学界普遍认识到,局域化理论以及局域化引发的重大工程构件失效与破坏是塑性理论与工程构件形变与损伤断裂研究的中心问题,对学术界具有极强的诱惑力和巨大的挑战性。美国著名材料科学家Needleman指出“现在人人都关心局域化”。局域化变形现象的发现始于19世纪末,但受到普遍关注则是第二次世界大战后军事工业的迅猛发展与高端军事工程设计的急迫需求。当时负责芝加哥金属所原子弹研制相关项目的著名科学家C. S. Smith组织一批知名材料和物理学家(如C. Zener,J. H. Hollomon等)进行研究。此后,美国国家实验室(洛斯-阿拉莫斯国家实验室(Los Alamos National Lab)、劳伦斯-利弗莫尔国家实验室(Lawrence Livermore National Laboratory)以及著名大学(加州大学(University of California(San Diego))、弗吉尼亚理工大学(Virginia Polytechnic Institute and State University)、德州大学(University of Texas at El Paso),一直得到政府支持进行研究,并于20世纪90年代将其列为总统专项(国防部关键材料与技术)以及“空间碎片行动”予以资助。国内中国科学研究院力学研究所、中南大学、中国科学研究院金属研究所、中国科技大学、中国工程物理研究院以及北京理工大学等分别相继从力学和冶金材料方面开展了大量研究工作。

“绝热剪切”这个名字的由来有两个原因:一是由于变形速率很高,由塑性功转化而来的热量来不及散失,而将其变形过程近似认为是一绝热过程;二是大的剪切变形高度集中于一个相对狭小的局部区域内,这是变形过程中的非弹性功所转化的热量引起绝热温升,局部化的变形以正反馈的方式发展形成绝热剪切带(Adiabatic Shear Band,ASB)。根据绝热剪切带内组织是否发生相变,可以简单地将其分为形变带和相变带。在纯金属中产生的绝热剪切带大多都属于形变带,而相变带则经常产生于钢铁、铀合金及钛合金中。也有学者将发生了组织结构转变包括动态再结晶或者相变的绝热剪切带通称为转变带,而仅发生剪切变形的称为形变带[1]。

图2-1至图2-3是工业纯钛及钛合金、钽及钽合金、铝合金、镁合金中形成的绝热剪切带的典型形貌。图2-4是非金属陶瓷、金属玻璃中形成的ASB。

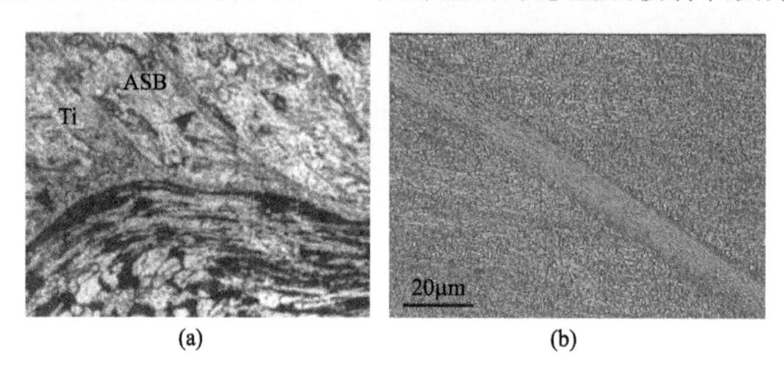

图2-1　绝热剪切带的典型形貌一

(a)爆炸加载后TA2纯钛产生的ASB;(b)动载后Ti-3Al-5Mo-4.5V钛合金产生的ASB。

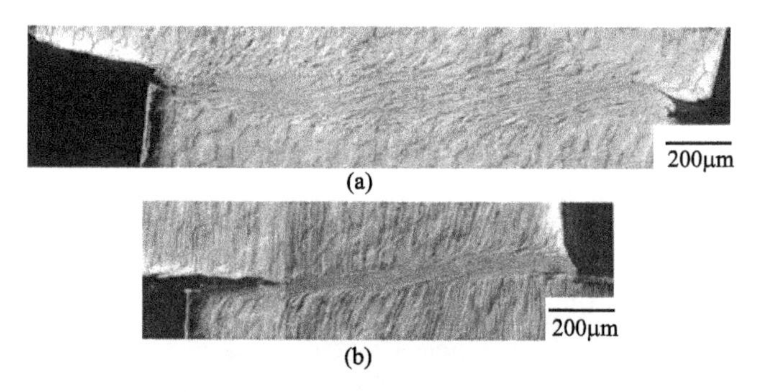

图2-2　绝热剪切带的典型形貌二

(a)Ta中的ASB;(b)Ta-10W合金中的ASB。

从上面几种典型的ASB形貌可见,ASB是一个狭长的带状区域,其带与带之间的宽度为10~200μm;在ASB内材料发生了剧烈的剪切变形,从基体到ASB有一个过渡区域,基体变形量很小,这是ASB在形貌上的主要特征。

从材料变形物理学的角度来看,绝热剪切形变过程中,其相关物理量的变化也与一般变形有显著的区别。例如,ASB内温度的变化:ASB内的温度经历了一个急剧升高和急剧下降的过程。这是因为ASB所占的体积分数较基体来说

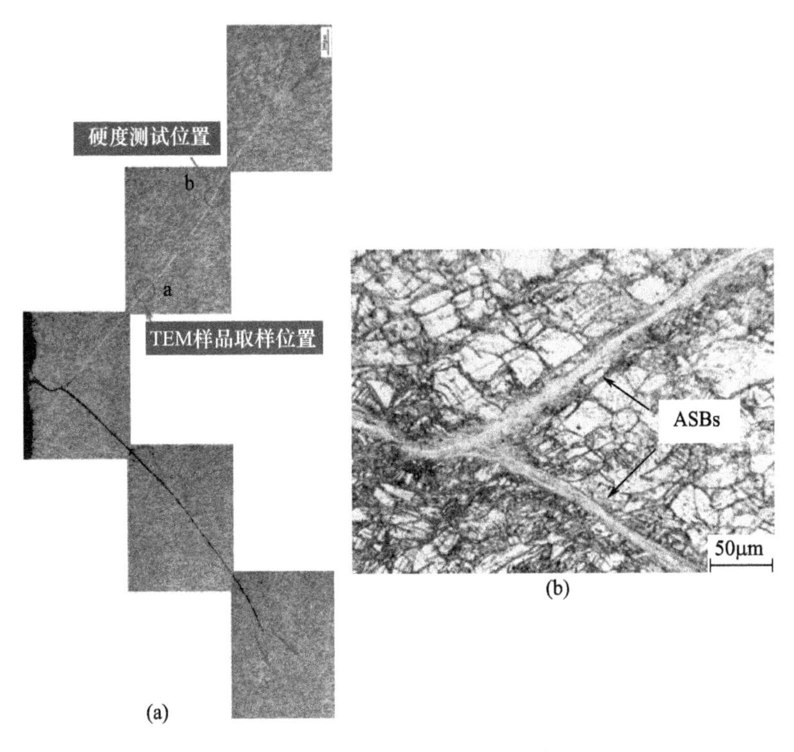

图 2－3　绝热剪切带的典型形貌三

(a)爆轰压塌实验中 7075 铝合金中的 ASB；(b)ZK60 镁合金中的 ASB。

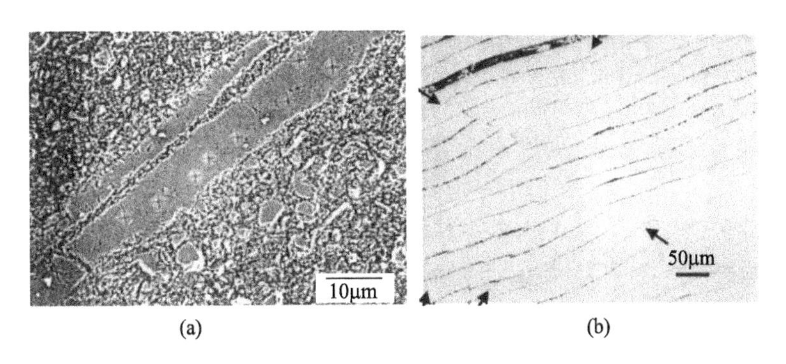

图 2－4　非金属陶瓷、金属玻璃中形成的 ASB

(a)SiC 中的 ASB(SEM)(注意带中的硬度)；(b)金属玻璃 $Co_{58}Ni_{10}Fe_5Si_{11}B_{16}$ 中的 ASB。

是很小的，而塑性变形就是集中在这个很小的区域内，假设 90% 的塑性功转化为热量，如果这些热量平均分配给整个试样，并不会造成很大的温升，而将这些热量集中分配给 ASB，则会导致这个很小的区域内产生非常显著的温升，据计算 ASB 内温度可升高 10^2 ~ 10^5K 量级。而一旦变形终止，较冷的基体相对于 ASB

来说又可看作一无限大的冷却源。其冷却速率的计算表明，在 ASB 内，从峰值温度降到 1/2 的峰值温度这一阶段的冷却速率可以达到 10^5 K/s。因此，在绝热剪切带内存在快速升温与急剧冷却，这是它的另一个重要特征。

"绝热"其实是一种近似的说法。由于材料的高速变形，应变速率达到了 $10^3 \sim 10^4$/s，在激光加工过程中应变速率甚至达到了 $10^6 \sim 10^7$/s，因此整个变形过程的时间是很短的，在如此短的时间里，绝大部分（约 90%）的塑性功转化为热量并且来不及散失，所以近似认为在这样的高应变速率下的变形过程为绝热过程。当然，材料尤其是金属材料或多或少地和周围基体存在着热交换，而不是一个严格的"绝热"过程。因此，材料在高应变、高应变速率条件下的变形特点就是由 3 个互相竞争的因素来决定：一是由于应变增加，导致的应变硬化效应；二是应变速率硬化效应；三是由于绝热温升而引起的热软化效应。当热软化作用占优时，材料就可能会发生所谓的"热黏塑性本构失稳"，使剪切变形集中在很窄的区域里发生，这个区域和周围基体的变形量相差很大，此变形局域化区域就是通常所说的绝热剪切带。

总之，绝热剪切带是一个剪切变形高度局域化的窄带形区域，宽度一般为 10^2 μm 量级。在 ASB 内可以产生 $10 \sim 10^2$ 量级的剪应变，应变速率可高达 $10^5 \sim 10^7$/s，温升可达 $10^2 \sim 10^3$ K，而且由于周围存在大量相对较"冷"的基体，因此 ASB 内的材料还要经受极快的冷却速率（大于 10^5 K/s）。正是由于局域化绝热剪切变形过程中的这种高应变速率、大应力、大应变、大温度梯度等的极端条件，将对剪切带内的微观结构演变（相变、再结晶等）、微裂纹的形核与聚合都有着重要而深刻的影响。

绝热剪切现象是 1944 年 Zener 和 Hollomon 在钢中发现的。自此，人们对绝热剪切进行了不懈的研究，主要是其本身具有重要的工程应用和理论研究价值。

在工程应用方面，绝热剪切与材料动态失效破坏密切相关。材料在动态加载条件下发生绝热剪切现象是很普遍的，当在构件中发现 ASB 时，则意味着材料承载能力的下降或丧失，被认为是材料失效的前兆，如图 2-5 所示。

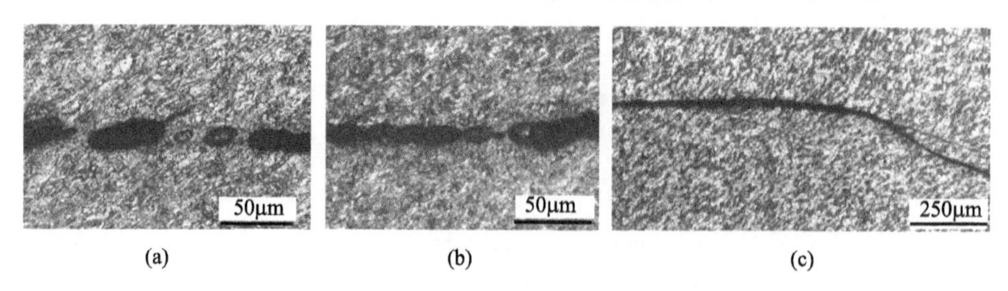

图 2-5 TC16 钛合金绝热剪切带内孔洞的形核、长大、聚合沿剪切带扩展

在航天航空应用领域，航天航空飞行器安全运行的主要威胁是高速撞击。自从1957年苏联发射人类第一颗人造卫星以来，空间技术飞速发展并取得了巨大成就，但与此同时，人类的空间活动也制造了数以亿计的空间碎片（人类在太空活动中产生的废弃物及其衍生物），如图2-6所示。空间碎片与其他空间物体的平均相对碰撞速度约为10km/s，这些碎片的高速碰撞将直接导致飞行器构件的损伤与破坏。目前，日益增长的空间碎片已经影响到人类正常的空间活动，对空间飞行器构成了致命的威胁，而且造成空间飞行器损伤及发生灾难性失效的事例也已发生多起。例如，1996年法国的“樱桃”通信卫星曾被多年前“阿丽亚娜”运载火箭入轨时产生的一枚碎片击中，导致卫星失控；2009年2月10日美国“铱-33”通信卫星与俄罗斯“宇宙-2251”军用卫星在西伯利亚上空相撞；俄罗斯和平号空间站多次受到空间碎片的撞击；美国航天器在轨运行5年后回收检查，其表面各种尺寸的撞击坑多达上万个等。目前，仅美国和俄罗斯有能力对直径在10cm以上的碎片进行跟踪监测，美国国家航天局为13000个空间碎片都进行了编号，航天器可以机动规避与这些大尺寸碎片的碰撞。但是针对成千上万的10cm以下的碎片的潜在威胁，则只能通过提高航天器自身的抗冲击性能来防范。

在军事工业领域，“穿甲侵彻”与“装甲防护”的矛盾和材料的局域化绝热剪切损伤断裂紧密相关。一方面就“矛—穿甲弹”而言，对于实心穿甲弹来说，绝热剪切有利于弹体头部在侵彻过程的自锐化，因而将促进穿深增大；而对于空心穿爆型战斗部（即各种导弹、航弹等的壳体）来说，绝热剪切可能引发侵彻过程中壳体断裂，使战斗部失效；另一方面对于“盾—装甲材料”，则希望抑制或延缓穿甲侵彻过程中的绝热剪切发生，从而提高装甲防护能力，如图2-7所示。因此，要得到锐利的“矛”和坚固的“盾”，都必须设法从合金结构优化和调整入手，调控（抑制或促进）材料的绝热剪切损伤断裂行为。

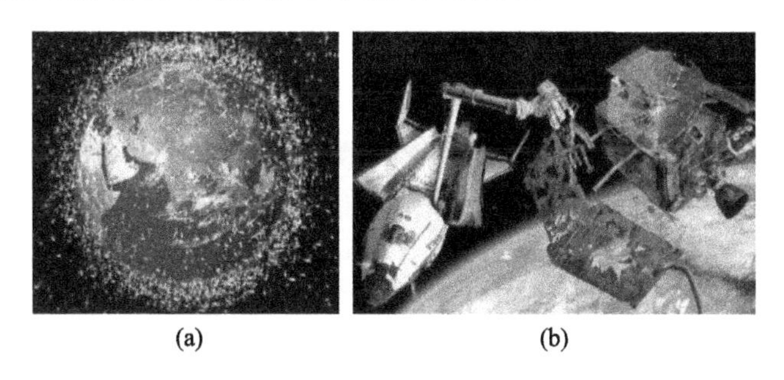

(a)　　　　　　(b)

图2-6　太空中数以亿计的空间碎片

(a)太空垃圾/碎片分布模型；(b)空间飞行器被击中的照片。

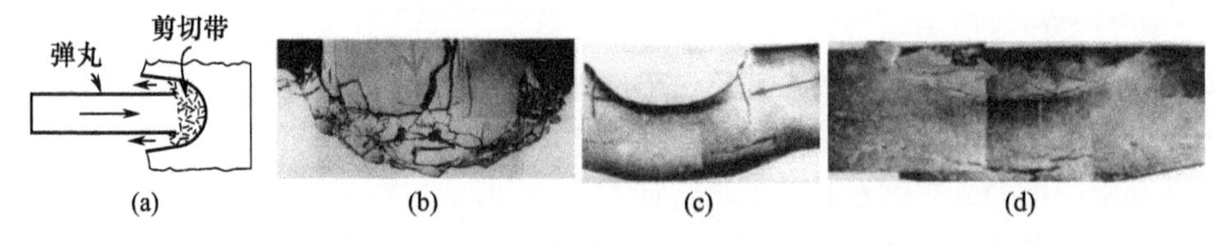

图 2-7　材料的局域化绝热剪切损伤断裂(图中箭头所指即为 ASB)

(a)弹丸撞击靶板;(b)弹丸;(c)靶板;(d)产生的 ASB。

在高能率加工工程实践中,如对于绝热剪切敏感的高强度钢、钛合金等的高速塑性加工以及高速切削加工过程中,绝热剪切是一个需要调控的重要因素。例如,钢质螺栓头经高速冷锻造(图 2-8),在短时间里,绝大部分(约 90%)的塑性功转化为热量并且来不及散失,所以近似认为是绝热过程。ASB 所占的体积分数较基体来说是很小的,而塑性变形就是集中在这个很小的区域内,塑性功转变而来的热量集中在 ASB 内,导致这个很小的区域内产生非常显著的温升,可升高 $10^2 \sim 10^5$K 量级。绝热温升导致剪切带内组织转变为奥氏体;而一旦变形终止,较冷的基体相对于 ASB 来说又可看作一无限大的冷却源,所以形变结束后剪切带内的金属快速冷却,奥氏体淬火为马氏体。钛合金的高速锻压过程中也可能产生绝热剪切损伤断裂,如图 2-9 所示。

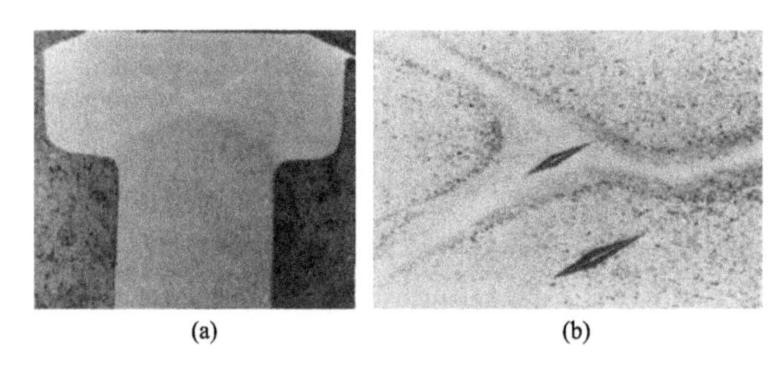

图 2-8　钢质螺栓头经高速冷锻造后的形貌

(a)淬火+回火钢螺栓头经高速冷锻造后的 ASB;(b)剪切带具有高的硬度。

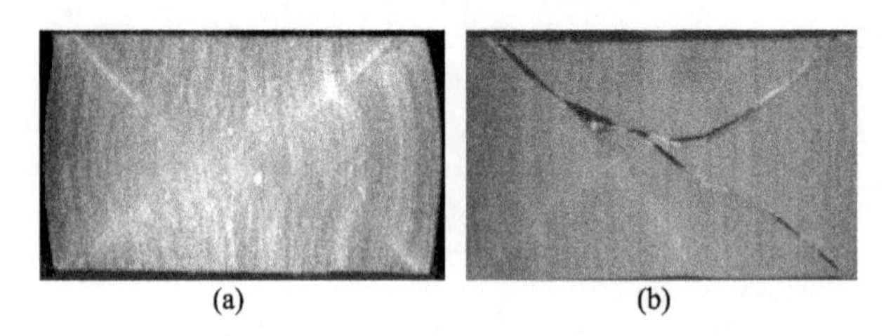

图 2-9　钛合金的高速锻压过程中可能产生绝热剪切损伤断裂

(a)Ti-6Al-4V 在高速压缩下产生的 ASB;(b)沿 ASB 发生断裂。

高速切削过程中绝热剪切的出现，将导致周期性锯齿形切屑的形成，如图2-10所示。一方面由于在高速切削过程中，如果形成连续不断的带状切屑，就会缠绕在工件或刀具上，损坏工件或刀具表面、伤害操作者，甚至无法正常进行切削加工；而绝热剪切是切屑裂纹或断裂的先导，产生锯齿形切屑可以容易地实现切屑的断屑、排屑，有助于实现自动化高速切削加工中的自然断屑；另一方面会对刀具产生冲击力导致切削力的高频波动，加剧刀具磨损，影响工件加工表面质量等。因此，只有深入研究金属切削过程中，诸如绝热剪切损伤断裂与锯齿形切屑形成的相关性、多重 ASB 集体行为与切屑锯齿化程度的相关性等一些涉及材料绝热剪切行为微观机理方面的问题，才能调控绝热剪切行为，合理地控制高速切削过程中的切屑形态，改善被加工材料的切削加工性能。

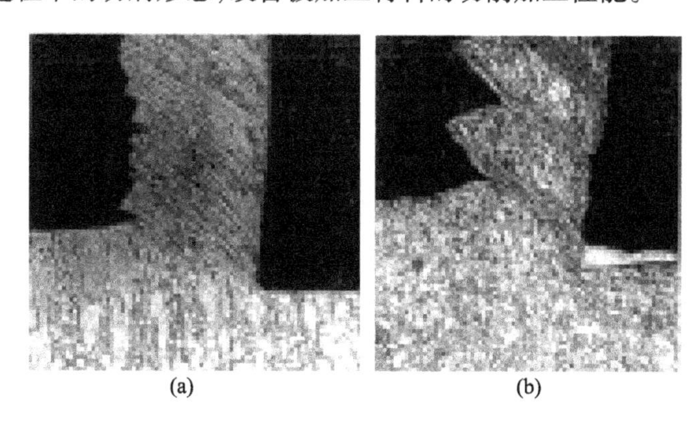

(a) (b)

图2-10 切削形成的带状切屑和由于产生 ASB 而形成的锯齿切屑
(a)带状切屑；(b)锯齿切屑。

在理论研究上，伴随着局域化绝热剪切形变所发生的微观结构的变化，如晶粒瞬间细化、时效型合金析出相的瞬间溶解等，是基于经典材料科学理论所不能合理诠释的。此外，作为动态损伤断裂典型模式之一的绝热剪切，其局域化形变损伤断裂演变机制、绝热剪切损伤断裂的材料学调控规律与机理等问题。这些对于材料科技工作者无疑是富于诱惑力和挑战性的课题。在理论研究上主要包括以下 4 个方面的工作。

① 剪切变形局域化本构失稳模型的描述，探寻材料本构失稳形成 ASB 的临界条件和 ASB 的扩展规律。

② 绝热剪切带内的微观结构特征及演化规律、相变规律，影响绝热剪切带产生和发展的冶金材料因素。

③ 绝热剪切损伤机理、绝热剪切带自组织行为、绝热剪切与材料宏观失效破坏的相关性。

④ 近些年来，随着计算机软、硬件技术的发展，利用数值模拟技术来研究材料绝热剪切行为已变得非常活跃，如应用有限元尤其是无网格有限元方法求解ASB内应力/应变场、温度场以及模拟ASB内组织演化过程、ASB的萌生和扩展等。

局域化绝热剪切损伤断裂是穿甲侵彻、装甲防护、空间碎片撞击、高能率加工(激光加工、爆炸加工、高速切削等)等高应变速率(大于10^3/s)动态载荷下材料普遍发生的重要变形与破坏方式，是导致重大军事工程构件灾难性事故的先兆。金属局域化形变过程中的大应力、大应变、大温度梯度的极端条件对形变微区内(即ASB内)的微结构演变、微裂纹的形核/聚合都有着重要而深刻的影响。ASBs是微裂纹择优形核的场所、聚合/长大的路径，当微裂纹扩展为宏观裂纹时，ASBs将成为断裂的“快捷”通道，最终导致材料低韧性断裂，甚至导致突发性断裂事故。正是由于绝热剪切重大的理论和工程实际意义，国内外学者相继从力学角度对绝热剪切现象进行了大量的研究。

本章结合作者的研究工作，基于材料学视野阐明绝热剪切带内的形变热/力学特征、绝热剪切带内的微观结构演变规律与机制、绝热剪切带的自组织与绝热剪切损伤断裂相关性、绝热剪切敏感性等问题。

2.2 绝热剪切带内的形变热/力学特征

准确认识绝热剪切带内的绝热温升、应力/应变等的大小/分布及其演变规律，是揭示剪切带内微观组织结构(如晶粒瞬间细化、相变等)与损伤演变(孔洞形核与长大等)机制的关键。

本节介绍作者在绝热剪切带内的形变热/力学特征的理论和实验研究方面的相关工作。

2.2.1 绝热剪切带内大剪切应变—超塑变形

绝热剪切带内大剪切应变—超塑变形是在高应变速率下发生的，其产生条件和传统超塑性对应变速率的要求相去甚远。作者[2]对其形成机制进行了探讨。

传统超塑性产生的主要条件是：①细小(小于10μm)而稳定的晶粒组织；②较高的形变温度($0.4T_m$)；③具有高的应变速率敏感性。在$\sigma = K\varepsilon^m$中，应变速率敏感性指数$m > 0.3$。

在高应变速率下(大于10^3/s)的形变过程，可认为是绝热过程。由此可导致达$0.4T_m$以上的绝热温升，从而产生使金属晶粒组织得以细化的动态再结晶。

Hatherly 等[3]指出，在应变速率为传统超塑性所涉及的应变速率的 10^2 ~ 10^3 倍下，也可产生超塑性。Mabuchi 等[4]发现在含大量细氧化物和碳化物颗粒的机械合金化铝合金中，由于细颗粒的钉扎作用可得到细晶组织，并在高应变速率下呈现超塑性，其超塑性出现的最佳应变速率范围是传统工业铝合金出现超塑性所对应的应变速率值的 10^3 ~ 10^5 倍。Liu 等[5]的研究表明，应变速率越高，导致 Ai－Li 合金动态再结晶晶粒取向差增大和亚晶的快速长大，从而有利于超塑性的形成和发展。可见，在特定条件下，高应变速率有利于超塑性的发展。

在高应变速率下产生超塑性的可能性可以利用超塑性的基本理论进行预测并和实验条件进行比较来分析。超塑性变形的速率控制机制目前尚不十分清楚，超塑性变形机制可以认为是 Ashby 和 Verrall[6]所提出的伴随有扩散的晶界滑动机制即 A－V 机制。A－V 机制认为超塑性变形时的应变速率可用下式表示，即

$$\dot{\varepsilon} = \frac{100\Omega}{kTd^2}\left[\sigma - \frac{0.72\Gamma}{d}\right]\left[1 + \frac{3.3\delta D_b}{dD_v}\right] \tag{2-1}$$

式中：σ 为外加应力；Ω 为原子体积；d 为晶粒尺寸；δ 为晶界宽度；D_v 为体扩散系数；D_b 为晶界扩散系数；Γ 为晶界能量；T 为温度；k 为玻尔兹曼常数。

工业纯钛在 100 ~ 1000℃温度范围内的等温及绝热状态下剪应力—应变曲线如图 2－11 所示。绝热曲线是在假设所有形变功全部转化为热能的基础上得到的。在 $\gamma \approx 1.2$ 时，材料开始热失稳。钛/钢爆炸复合界面 TA2 侧产生 ASB 内的剪应变可根据前述内容推断：由于只有当 $\gamma > 1.2$ 时，才可能产生热塑失稳，故 ASB 内的剪应变量应至少为 1.2。

可以根据理论关系式[7]：$\frac{L^2}{kt} \approx 1$，式中：L 为 ASB 的宽度(m)；k 为热扩散系数(m^2/s)；t 为时间(s)；在一定的应变速率下，时间 $t = \frac{\gamma}{\dot{\gamma}}$；由该式可计算绝热剪切带宽度的下限值。

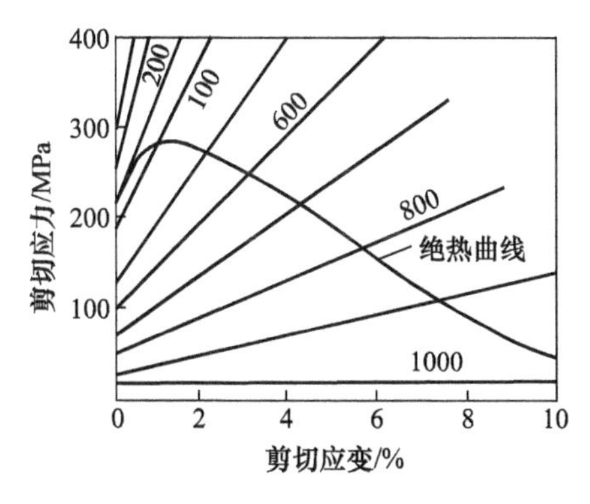

图 2－11　工业纯钛在 100 ~ 1000℃温度范围内的等温及绝热状态下剪应力—应变曲线

由实验测定 $L = 4 \sim 8\mu m$，取 $L = 6\mu m$；另 $k_{TA2} = 0.68 \times 10^{-5} m^2/s$；同时，在爆炸复合加载条件下应变速率 $\dot{\gamma} \approx 10^6/s$。由此，ASB 内的剪应变约为 5.3，由图 2－11 可见，相应的剪应力值为 150MPa。因此，可以认为 TA2 纯钛的 ASB 内的剪应变约为 5。

根据上述实验观察和理论估算可知，ASB 内剪应变达 5 是可信的。由图 2－11可见，对应于 $\gamma=5$，ASB 内的绝热温升可达 1073K。这和实验结果：ASB 内既无 $\alpha-\mathrm{Ti(hcp)} \xrightarrow{1156\mathrm{K}} \beta-\mathrm{Ti(bcc)}$ 相变，也无 Ti 的熔化（钛的熔点为 1942K）是一致的。

随着应变速率的增大，动态再结晶的稳态晶粒尺寸是减小的，并符合以下关系：$ds \propto \dot{\varepsilon}^{-0.5}$。从实验结果看，ASB 内的晶粒尺寸由原始约 12μm 减小至小于 0.1μm，并且晶粒呈等轴状，晶粒内位错密度低。ASB 内的组织结构特征和形变温度条件表明，ASB 内发生了动态再结晶。

式(2－1)可用以计算由 A－V 机制起作用时的应变速率，由文献查得 α－钛的以下数据，即

$\Omega=1.66\times10^{-29}\mathrm{m}^3$；　$b=3.0\times10^{-10}\mathrm{m}$；　$D_{ob}=1.0\times10^{-5}\mathrm{m}^2/\mathrm{s}$；

$\Gamma=3.5\times10^{-1}\mathrm{N/m}$；　$D_{ov}=3.5\times10^{-6}\mathrm{m}^2/\mathrm{s}$；　$Q_b=6.0\times10^4\mathrm{J/mol}$；

$\delta=6.0\times10^{-10}\mathrm{m}$；　$Q_v=1.2\times10^5\mathrm{J/mol}$；　$k=1.38\times10^{-23}\mathrm{J/K}$

（Wert J. A. Paton N. E.，Met. Trans.，1983. 14A，2535；Dyment F.，in Kimura H. and Lzumi O.，(eds). The Metallurgical Society of AIME，Warrendale P. A.，1982：519.）

取 $\sigma=150\mathrm{MPa}$，$d=0.1\mu\mathrm{m}$，将这些数据代入式（2－1）计算得：$\dot{\varepsilon}\approx0.6\times10^6/\mathrm{s}$。这和爆炸复合应变速率 $10^5\sim10^6/\mathrm{s}$ 相当。由此可见，在约 $10^6/\mathrm{s}$ 的高应变速率下超塑性变形对组织尺寸要求为 0.1μm。因此，在 $10^6/\mathrm{s}$ 的应变速率下由动态再结晶所得到的晶粒尺寸的减少和高应变速率下超塑性变形对晶粒尺寸的要求非常相近。

由上述分析讨论可见，在爆炸复合冲击载荷的高应变速率（$10^6/\mathrm{s}$）条件下，TA2/A3 复合界面层内 TA2 侧产生 ASB 内由于绝热温升（大于 0.4Tm）并伴有较大的剪切变形，导致动态再结晶的发生，从而获得细小的晶粒组织（约 0.1μm），这种细晶组织促进了高应变速率下的超塑性变形，由此导致 ASB 内发生大的剪切应变。

2.2.2 绝热剪切带及其邻近区域应变场的电子背散射衍射研究

对绝热剪切的研究主要集中在两方面：一是 ASB 内微观组织结构的研究，如动态再结晶和相变等；二是对于变形局部化的力学分析，这方面主要集中在理论力学和数值模拟的研究上。但是，对于应力与应变的分析模拟一直以来缺乏必要的直接实验观察作为其理论依据。

如前所述，绝热剪切是材料的一种损伤形式，而微裂纹的形核和扩展多发生

于 ASB 内,这就使得 ASB 成为材料失效断裂的前兆,因此研究 ASB 及其邻近区域应变场有极其重要的理论和工程实际意义。近些年 EBSD 技术的兴起为通过实验方法直接分析测算微小区域的应变场提供了技术上的支持。作者[8]利用分离式 Hopkinson 压杆(SHPB)动态加载帽形试样,对 TC16 合金进行高速动态加载,并首次通过 EBSD 技术获取 ASB 及其邻近区域的相关数据,尝试研究 TC16 双相钛合金应变场的分布,探索 ASB 内部微裂纹形核的成因。同时,在一定程度上,为理论数值模拟计算提供重要的实验依据。

选用 TC16 双相钛为研究对象,其化学成分为(质量分数,%):Al2.5,Mo5,V5,Ti 其余。材料初始状态为加工态。原始组织由六方的 α - Ti 相和立方的 β - Ti相组成,晶粒尺寸很细小,约为 1μm。SHPB 的加载过程参见文献[9]。

利用线切割机平行于帽形试样的轴线取样分析。把样品打磨抛光,采用 2.5mL HF + 3mL HNO_3 + 5mL HCl + 91mL H_2O 溶液进行侵蚀,并在 POLYVARMET 大型多功能金相显微镜上进行显微组织观察。然后采用电解抛光去除样品表面的应变层,抛光用电解液为 15mL 高氯酸 + 147.5mL 甲醇溶液,抛光电压为 20V,温度为 -30℃,持续时间为 45s。用配备 EDAX - EBSD 系统的 Sirion 200 场发射扫描电子显微镜对上述样品进行选区逐点扫描,加速电压为 25kV,扫描束斑采用 Spot5.0(大约 2.5nm),工作距离为 8.0mm,并用 TSL - OIM5.3 软件对测得的 EBSD 数据进行分析计算。

图 2 - 12 所示为 TC16 合金绝热剪切带形貌。由图 2 - 12(a)可见,ASB 为一条贯穿整个剪切区域的"白亮"带;由图 2 - 12(b)可见,TC16 双相钛合金基体晶粒大小约为 1μm,ASB 的宽度约为 8μm;同时,从图 2 - 12(b)中还可以清晰地观察到 ASB 邻近区域的晶粒沿剪切方向被显著拉长。

图像质量 IQ 值用来表示菊池线花样的清晰程度,它是样品状态的反映。花样的清晰程度主要与样品中的点阵缺陷及内应变的大小相对应。具体地说,晶体中存在弹性应变梯度,可引起衍射角宽化,使菊池带边缘变模糊;材料微观区域的应变使晶格畸变,从而改变晶面间距和衍射角,导致 Kikuchi 带宽改变,锐化程度降低。同时,花样的清晰程度还与晶体取向、晶粒尺寸以及电镜参数等因素有关。但在多数情况下,IQ 值可以定性或是半定量地反映样品的应变状况,即 IQ 值随应变的增加而减小。因此,将 IQ 值作应变敏感因子,用来表征绝热剪切带及邻近区域的应变分布情况。

图 2 - 13 所示为矩形区域为 IQ 的彩色编码图。4 种颜色从蓝到红由低到高依次对应一定范围的 IQ 值。具体数值范围及其所占比例列于图右下角的矩形框内。从图中可以看出,整个矩形区域可以划分为 A、B(B_1,B_2)和 C(C_1,C_2) 3 个区域,其中 A 和 B 为平均 IQ 值相对较低的两个区域。而且,这 3 个区域正

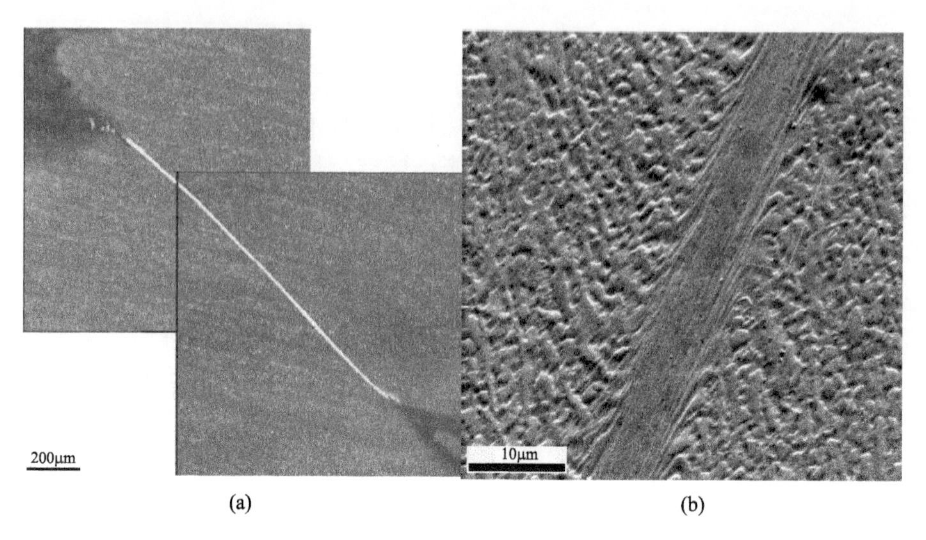

图 2 - 12　绝热剪切带形貌

(a) ASB 整体金相形貌；(b) ASB 局部扫描形貌。

好对应三类区别明显的组织形貌:A 区域对应 ASB 区域,B 区域对应邻近 ASB 两侧被拉长的晶粒区域,C 区域对应远离 ASB 的基体区域。

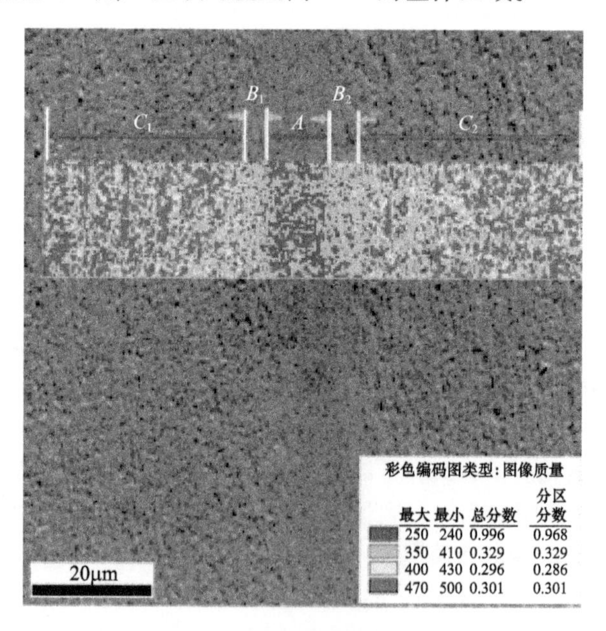

图 2 - 13　IQ 彩色编码图(见彩图)

置信指数 CI 值衡量 EBSD 标定某一花样的可信度。该值在一定程度上可以定性表征应变。该值越高,菊池带质量也越高,花样越清晰,样品内的应变越小[10]。

表2-1列出了图2-13所示矩形框内5个区域的平均CI值和平均IQ值及其对应位置。将表2-1数据作于图2-14中。平均IQ值的算法为求各区域IQ值和的平均值;平均CI值的算法为:因CI值为零的地方多为晶界处,为研究晶粒内部的应变场,故取各区域CI>0的其余所有CI值和的平均值。位置坐标为各区域的中心位置。

表2-1 平均IQ值及平均CI值

指标	C_1	B_1	A	B_2	C_2
位置/μm	16.3	34.2	42.2	51.2	71.7
平均IQ值	469.3	403.8	350.4	377.7	450.6
平均CI值	0.109	0.061	0.046	0.050	0.093

在图2-14中,两条曲线分别表示平均IQ值和CI值在各区域的走势。从图中可以发现,CI值和IQ值有相同的趋势:CI值和IQ值在绝热剪切带中最小(A区),晶粒沿剪切方向被拉长的区域次之(B区),基体的CI值和IQ值最大(C区)。由于IQ和CI值均与应变反相关,因此IQ值和CI值随距ASB中心距离的增加而变大,这说明沿ASB远离方向应变逐渐减小。

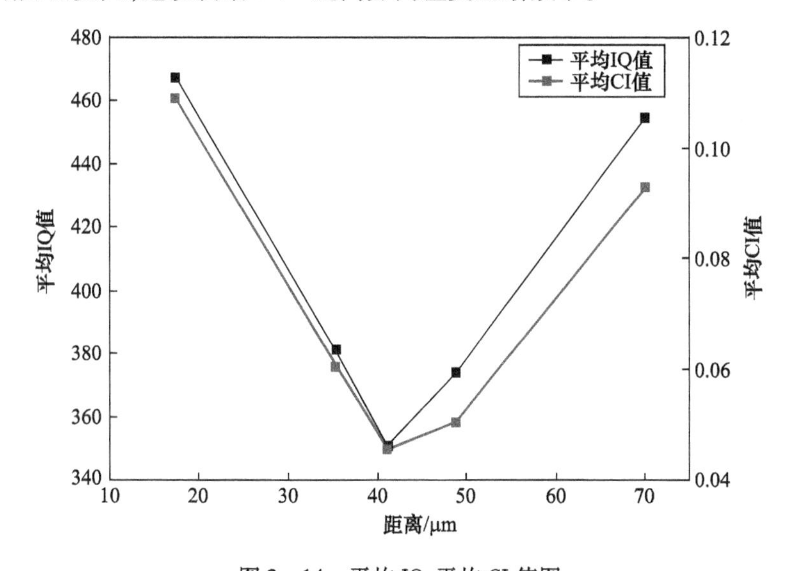

图2-14 平均IQ、平均CI值图

由图2-13和图2-14中可以看出,IQ值和CI值同时反映了样品内应变的分布情况。绝热剪切带内有最大的应变,晶粒拉长区域次之,基体的应变最小。

文献[11]通过数值模拟的方法研究了 ASB 及周围基体的应变场,得出了类似的结论。3 个区域不同的应变分布表明了其内部所承受的形变过程是不同的。对于绝热剪切带(*A* 区域):材料在超高应变速率下,发生热黏塑性失稳,使变形局域化而产生 *A* 区的绝热剪切带,该区域经历了极大的塑性变形;同时,这个区域内由于受到应变硬化、应变速率硬化和热软化的交互作用,使其内部某些晶粒因发生回复或动态再结晶而使其缺陷密度明显下降,因此,图 2-13 中的 *A* 区的 IQ 值表现为绝大部分的蓝色(高缺陷密度区)和局部绿色(较低缺陷密度区)。该区域主要受纯剪切应力作用,且在 3 个区域内应变最大,故此处为微孔洞较易形核处,而局部化变形所产生的剪切力则将进一步促进带内微裂纹的萌生、扩展和聚合过程,最终发展成为宏观断裂,这也与文献[11]中得出的结论一致。

图 2-15　图 2-13 矩形区域的 IPF 图

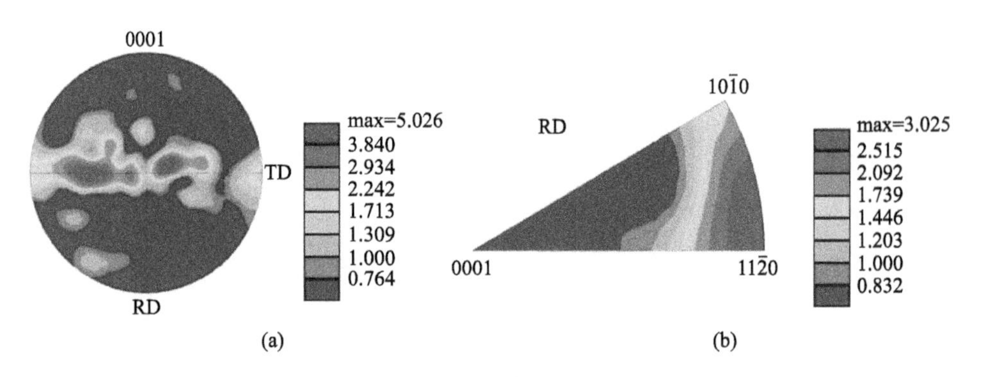

图 2-16　图 2-13 中 C_2 区域的 α-Ti 极图和反极图

(a)极图;(b)反极图。

由于帽形试样特殊的几何形状,决定了 ASB 的演变为非均匀形核及扩展的过程。由两个突起位置强制形核,随后向基体内部延伸,直至贯穿基体形成一条完整的 ASB。ASB 在向基体扩展的过程中,邻近的晶粒为了适应剧烈的变形而沿剪切方向被拉长形成了 *B* 区域。由于晶粒尺寸较小且变形较大,因此实验中获得该区域的取向信息相对较少，而 ASB 内同样因极大的变形而难以获得取向数据，因此图 2－15 中 A 区和 B 区内的盲点较多。图 2－16 所示为图 2－13 中 C_2 区域 $\alpha-\mathrm{Ti}$ 的极图和反极图，从图中可以看出 C 区域的晶粒基本上保留了原有挤压状态的加工取向，即存在{0001}基面织构和<11－20>//挤压轴的丝织构。这说明 C 区域的晶粒在经历了动态加载后没有发现显著的变形和转动。从图 2－13 至图 2－16 中可以看出，绝热剪切变形所引起的较大的应变场分布范围大致为 A、B 两个区域，即在 25～30μm 的范围内，而 C 区域受其影响较小，这正是剪切变形局部化的体现。

图 2－17(a)是菊池线花样的等值云图(Gradient IQ 图)，扫描区域为图 2－12(b)中 ASB 邻侧的绿色矩形框区域。图中每种颜色代表一定范围的 IQ 数值。由图可以发现，ASB 邻近区域的 IQ 值随距 ASB 边界距离的增加而增加，由于 IQ 值与应变反相关，因此可以表明该区域应变场随距 ASB 距离的增加而减小，这进一步肯定了前面的分析。绿色区域的平均 IQ 值较黄色区域的平均 IQ 值下降了 40%。对比图 2－12(b)中绿色矩形区域可以发现，图 2－17(a)中的绿色区域对应于图 2－12(b)中沿 ASB 被严重拉长的晶粒，即图 2－13 定义的 B 区。如前所述，ASB 在向基体扩展的过程中，邻近的晶粒为了适应剧烈的变形而沿剪切方向被拉长形成了 B 区域，主要集中在距 ASB 边界 2μm 范围内，该区域应变主要是由协调 ASB 变形而产生的剪切作用力引起的。离 ASB 边界 2～5μm 范围内的区域其 IQ 值相对较高(对应于图 2－13 中定义的 C 区)，这说明此区域的应变较小。这是由于变形的局部化使得剪切应变集中在 A 和 B 两个区域，因此对基体的影响较小，使得剪切作用力对距 ASB 边界 2μm 之外的区域影响有限。

图 2－17(b)所示为菊池线花样的灰度图。图中的红线为 0°～10°的小角度晶界(图中红色曲线表示)。估计黄色矩形区域内的小角度晶界的位错密度为 $1.1792\times10^{11}\mathrm{cm}^{-2}$。

小角度晶界结构可以基于位错模型解释，即

$$\frac{\boldsymbol{b}}{D}=2\sin\frac{\theta}{2}\approx\theta \tag{2-2}$$

$$\rho=\frac{\frac{L}{D}}{S} \tag{2-3}$$

式中：$\boldsymbol{b}$ 为柏格斯矢量；D 为位错间距；θ 为小角度晶界弧度；ρ 为位错密度；S 和 L 分别为黄色矩形区域内的面积和小角度晶界的长度。钛合金的柏格斯矢量 $\boldsymbol{b}$ 为 $2.86\times10^{-8}\mathrm{cm}$[12]，这里 θ 取 0.175rad(π/18)，黄色区域的面积 S 约为 $3.113\times10^{-7}\mathrm{cm}^{-2}$，其内小角度晶界长度 L 约为 $5.999\times10^{-3}\mathrm{cm}$。将以上数值代

入式(2-2)和式(2-3),得位错密度ρ为$1.1792\times10^{11}cm^{-2}$,这与金属冷加工后组织的位错密度在同一量级上。通过计算图2-17中C区域的位错密度以及分析图2-13中C区域晶粒的极图和反极图可知,该区域的应变主要是由原始加工状态的残余应变组成。由于原始变形的不均匀性,因此该区域内的IQ值分布不均匀,表现为绿色、黄色和红色区域。

图2-18所示为沿图2-17(b)中蓝色路径上的IQ值和Fit值的变化曲线。Fit值是衡量标准菊池线与实测菊池线偏差角度的大小。Fit值越大说明实测菊池线的偏转越大,从而也可以间接说明其应变越大。从图中可以发现,随着距离的增加,IQ值降低,Fit值升高,数值在距离ASB 1.9μm处出现明显跳跃。这种曲线走势在一定程度上可以说明微区内的应变随距ASB距离的增加而逐渐减小,以1.9μm处为界,两区域的应变范围有明显的区别,分别对应于前面分析的B区和C区。同时,由图2-17(b)可见,A、B和C三点的EBSD花样随距ASB距离的增加而逐渐清晰,说明应变逐渐变小。这些结论也与前面菊池线等值云图中分析的一致。

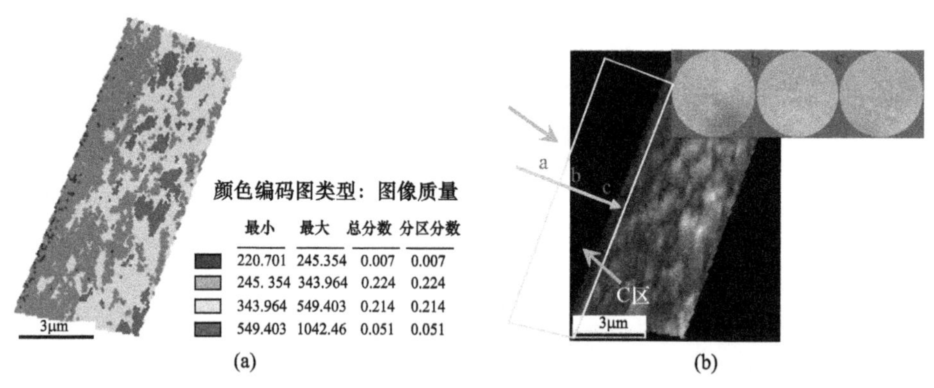

图2-17　图2-12(b)中的绿色矩形框内的菊池线花样质量图(见彩图)
(a)等值云图;(b)等值衬度图。

可见,EBSD技术提供了研究微小区域应变的直接实验方法。通过EBSD分析方法,利用EBSD花样中的图像质量参数(IQ)、置信指数(CI)和小角度错配值(Fit)等应变敏感因子,分析了TC16钛合金绝热剪切带内部及其邻近区域应变分布状态。实验及分析计算表明,剪切带是微裂纹优先形核处,扫描区域按照应变梯度的不同可分为区别明显的3个区域。

(1) ASB区域。该区域应变主要是由极大的剪切应力产生,受应变硬化、应变速率强化和热软化交互作用,其应变在3个区域内为最大,是微裂纹优先形核处。

(2) 至 ASB 边界向两侧基体延伸 2μm 范围内。该区域应变次之,其应变是由协调变形而引起的剪切作用力产生。

(3) 距 ASB 边界 3μm 以外的两侧基体。该区域应变最小,其应变主要是由原始加工状态的残余应变。

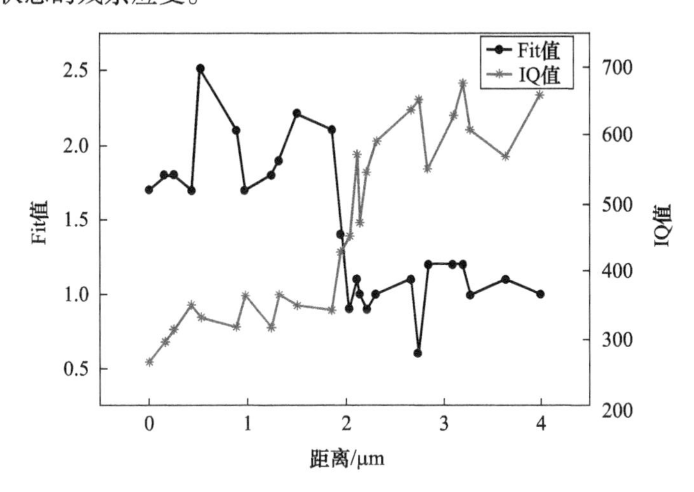

图 2-18 IQ 值和 Fit 值随距离变化曲线

2.3 绝热剪切带内的微观结构演变规律与机制

伴随着局域化绝热剪切形变,绝热剪切区域内急剧的绝热温升和冷却、高的应变速率、大的剪切应力和剪切应变,在这些极端条件下绝热剪切带(ASB)无论从变形力学的角度,还是从材料微观结构与性能变化的角度都引起了学术界的极大兴趣。由于缺乏材料动态响应过程中瞬时的力学参数与其微结构的直接对应关系,现有的基于准静态载荷条件下的经典材料学理论难以客观地诠释其过程,并由于变形局域化限于微米量级的空间内,难以准确定位并对微结构予以表征和机理分析,因此,对伴随着局域化变形过程的微结构演变的现象和机理长期存在纷争。

在此结合作者的研究工作,阐明绝热剪切带内的微观结构演变规律与机制、应变对绝热剪切局域化微结构演变的影响、绝热剪切带内亚晶粒尺寸的理论估算、绝热剪切带内晶粒组织的热稳定性、绝热剪切带内的相变特征与机制。

2.3.1 绝热剪切带内的晶粒瞬间细化机制

在绝热剪切带形成的约 10^{-5}s 的瞬间内,ASB 内晶粒急剧细化形成超细(纳米)晶,由此导致 ASB 内金属的性能得以显著改变。绝热剪切形变过程中晶粒瞬间细化的微观机制何如?这是现有相关材料学(再结晶)理论难以阐释的,同时又是材料科学工作者不容回避的问题,开展该问题的研究,将丰富和发展高应变速率下金属的形变/再结晶等材料科学基础理论,并为挖掘金属材料的动态性能,探索超细(纳米)晶材料新的制备技术提供科学指导。

ASB 的形成是应力、应变、应变速率和温度的复杂函数,绝热剪切区域内的热—力学参量的演变历史相当复杂,而这些参量对组织结构演化(再结晶)过程也十分重要。对绝热剪切带内微观结构的认识是随着实验技术的发展而与时俱进的。过去,由于受限于微观测试技术与手段,对 ASB 的研究往往侧重于其形成条件和扩展规律等宏观上的研究,相比之下对其微观结构的研究较少,测试手段也主要是光学显微镜下的金相观察和显微硬度的测试。随着电子显微技术的发展,到 20 世纪 70 年代初,已经开始用透射电镜技术研究 ASB 内的微观精细结构。由于各种暗场、衍射分析技术的完善和提高,使人们对 ASB 内的精细组织结构有了更深刻的认识。目前,研究 ASB 内微观组织结构的实验技术主要有光学显微镜下的金相观察(Optical Microscope,OM)、扫描电镜(Scanning Electron Microscope,SEM)、透射电镜(Transmission Electron Microscope,TEM),近些年来发展起来的背散射电子衍射(Electron Back Scattered Diffraction,EBSD)技术也开始得到应用。

在过去的近 10 年中,国内外已有较多的学者在这一领域开展了研究。例如,Nemat - Nasser 等[13]用 TEM 观察到了 ASB 中心区晶粒的晶界比边缘的要平直些,ASB 中心区域的选区衍射花样呈圆环状,估算了 ASB 内的温度要高于 $0.5T_m$ 等,据此他们认为观察到的微晶晶粒是动态再结晶的结果;Nesterenko、Chen 以及 Meyers 等及其合作者[14-16]也报道了在应变处于 6 ~10 的范围时,ASB 内发现了再结晶微晶,并用亚晶旋转模型来解释它;Xu 和 Meyers 等[17]用一种动态再结晶模型说明了在 ASB 内形成约 200nm 大小晶粒的可行性,但同时也指出还不能排除形变结束后的冷却过程中 ASB 内组织结构继续演化的可能性;Pérez - Prado 和 Hines 等[18]经深入研究,提出了相反的观点,即在 Ta 和 Ta - W 中的 ASB 内没有发生再结晶;作者的前期工作[19]表明,工业纯钛中形成的 ASB 内的晶粒在约 10^{-5}s 的瞬间,从形变前约 60μm 急剧细化至约 50nm 大小且具有取向差大、位错密度低等再结晶特征的超细(纳米)晶粒组织,仅定性地归因于动态再结晶的结果。总之,由于绝热剪切形变过程是在约 10^{-5}s 的瞬间完成的,对 ASB 内超细晶粒组织结构的演化形成过程以及剪切带内复杂的热—力学参量的演变历史,至今仍缺乏有效的实验技术来直接观测;而往往是根据 TEM 选区衍射是否呈环形来判定是否发生了再结晶,由于 TEM 选区衍射时的局限性以及现有的相关材料学理论难以客观地诠释上述过程，人们对剪切带内晶粒瞬间急剧细化的微观演变机制仍有很多争论。

争论的焦点主要集中在以下几点。

（1）所观测到的ASB内具有再结晶特征的超细晶粒组织，其大的取向差究竟是为了协调剪切带内发生的大剪切应变而产生转动的结果，还是由于发生了再结晶过程而形成的随机新取向？因为TEM的选区衍射花样呈环形并不是发生了再结晶的充分证据，微织构分析表明，变形织构的存在也能产生环状衍射花样，而且温度也不是发生再结晶的唯一决定因素，还要考虑此温度所维持的时间。此外，Nesterenko、Chen以及Meyers等应用的亚晶旋转机制，并没有考虑新晶界的生成过程。

（2）ASB是在约10^{-5}s的数量级内形成的，那么ASB内的再结晶是发生在ASB形成的同时（动态再结晶），还是发生在ASB形成后的冷却过程中（静态再结晶）？

（3）在ASB内的高应变速率、大剪切应变及温度急剧升降变化的极端条件下，什么样的再结晶机制在起作用？因为现有的基于扩散的经典再结晶模型的动力学相对于ASB内晶粒的形成速率及剪切带内的冷却速率都慢了3～4个数量级，因而不能解释ASB内的晶粒瞬间急剧细化（再结晶）现象。此外，目前对剪切带内复杂的热—力学参量演变历史认识的模糊性以及缺乏其量化数据，也构成了深入研究绝热剪切形变过程中微观结构演化过程的瓶颈。

本节主要介绍作者对工业纯钛（TA2）/低碳钢（A3）爆炸复合界面结合层内形成的绝热剪切带内的微结构演变规律与机制的研究工作，即利用场发射扫描电镜下的菊池衍射技术，测定绝热剪切变形后剪切带内的微观织构，并借助透射电镜直接研究ASB内的微观结构（如晶粒大小、形貌、位错组态等），利用数值分析方法和计算机技术获取ASB内复杂的形变热—力学动态参量（如应力、应变、绝热温升和冷却等）的演变规律并计算其量化数据（直接测量绝热剪切形变过程中ASB内热—力学动态参量目前在实验技术上是无法实现的）；进而耦合分析实现：将ASB内的微观晶体取向、微观结构的变化和宏观动态加载条件下金属热黏塑性本构失稳、塑性形变相关联，将组织—织构、形变—再结晶、实验研究—数值模拟相集成来研究极端形变条件下（高应变速率、大剪切应力/应变、急剧绝热温升和冷却等）ASB内晶粒瞬间急剧细化（纳米化）的微观机制，为高应变速率下金属材料的形变/再结晶研究以及探求超微细（纳米）晶材料新的制备技术解决一个关键的科学问题。

1. 绝热剪切带内的晶粒组织结构特征

TA2/A3爆炸复合板的TA2侧发现有大量的ASBs，而在A3侧没有发现

ASB,其原因在于 TA2 比 A3 的热导率低而强度高,故 TA2 更易于发生热黏塑性本构失稳形成 ASBs。TA2 侧 ASB 有两个走向:一是沿 TA2/A3 复合界面;二是与界面约成45°倾角并穿过多个晶粒向 TA2 基体延伸,消失在 TA2 基体中。估算 ASB 头部传播的最小速率(ASB 的长度除以 ASB 形成的时间)的数量级为 $10^2 \sim 10^3$m/s。ASB 和基体的分界面不甚规则。ASB 内晶粒细小,呈等轴状,距 ASB 稍远的基体组织中有大量孪晶(图 2-1(a))。

图 2-19(a)所示为 ASB 和邻近基体的 TEM 照片,图中箭头所指为 ASB 和 TA2 基体的交界面。邻近基体中位错密度高,距 ASB 稍远的基体中存在高密度且相互交叉的孪晶。图 2-19(b)所示为 ASB 中心区域的晶粒组织形貌。ASB 内的晶粒呈等轴状且其平均晶粒尺寸不超过0.1μm(为 30 ~70nm),比基体组织(约 30μm)小 3 个数量级。Moire 条纹的出现(图 2-19(b))也表明,ASB 内的等轴晶粒内位错密度低,具有和再结晶晶粒相同的特征。ASB 内没有形变孪晶。ASB 和基体交界处没有观察到细的柱状晶,这表明 ASB 内没有发生熔化。基体选区衍射花样(图 2-19(a)右上角)呈现 hcp 单晶衍射花样($[3\bar{3}0\bar{1}]$晶带轴),而 ASB 内的衍射花样(图 2-19(a)右上角及图 2-19(c)呈不连续环状,为多晶体花样,经用 α-Ti 的晶格参数($a = 2.95$ Å,$c = 4.68$ Å)标定表明仍为 hcp 结构。可见,ASB 内没有发生 hcp→bcc 转变。从衍射花样看其内的晶粒存在一定程度的择优取向。

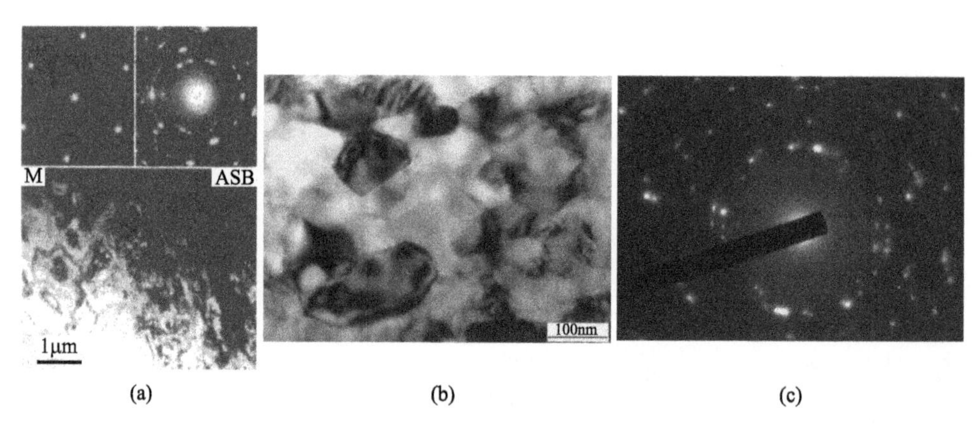

(a) (b) (c)

图 2-19 TA2/A3 爆炸复合界面 TEM 照片

(a)ASB 及其邻近基体形貌及各自的衍射花样;(b)ASB 的中心区域显微组织;(c)选区衍射谱。

图 2-20 显示了 ASB 与基体过渡区域的拉长胞结构特征,这些胞结构近似平行,具有较小的取向差,宽度为 50 ~ 100nm,与 ASB 中心等轴晶晶粒尺寸相近。

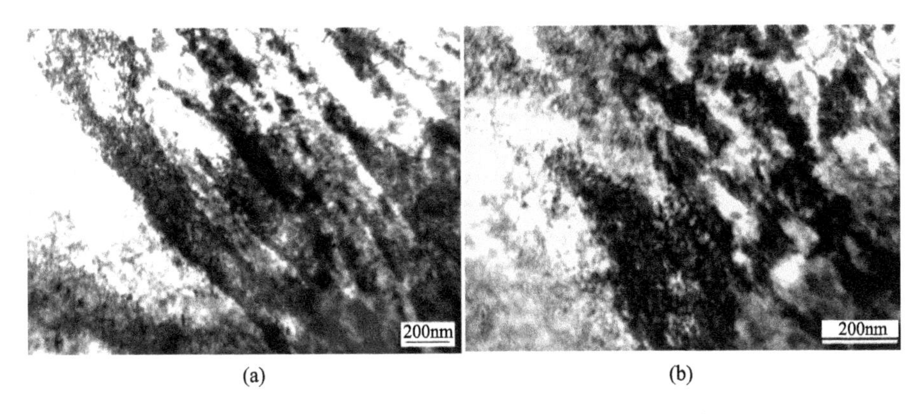

图 2-20　ASB 与基体组织过渡区域的 TEM 形貌

ASB 显微硬度测量结果如图 2-21 所示(每根误差线代表 10 次测量值所在范围)。可见,ASB 内的显微硬度值比基体略高,基体中越接近 ASB 其显微硬度值略有增大,这是 ASB 内塑性变形强化效应(包括应变速率强化和应变强化)和绝热温升热软化效应综合作用的结果。

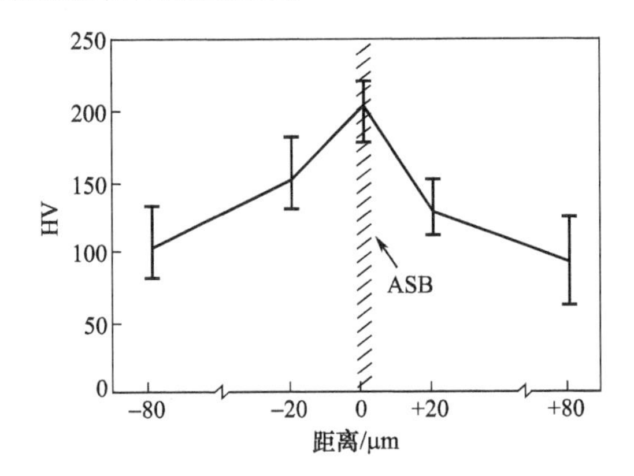

图 2-21　ASB 中及其附近基体的显微硬度

2. 绝热剪切带内的微观织构特征

1) 微观织构特征

EBSD 可以分析 ASB 内的微观取向和晶界特征。由于 EBSD 技术的空间分辨率约 0.2μm,仅能获得 ASB 内一些微区单元的取向数据。为方便统计,利用取向分布函数(Orientation Distribution Function,ODF)的 $\varphi_2=0°$、30°两个截面来说明织构组分。利用相应的取向差分布函数(Misorientation Distribution Function,MDF)计量晶界的取向差,从而考察晶界特征。

从测得的取向数据计算 ODF,如图 2-22 至图 2-25 所示。φ_1、ϕ 和 φ_2 为欧

拉角。图 2-22 所示为 ASB 附近区域的晶粒。该区域存在强烈的 $\{02\bar{2}1\}\langle10\bar{1}0\rangle$、$\{10\bar{1}0\}\langle\bar{2}110\rangle$ 和 $\{01\bar{1}0\}\langle0001\rangle$ 织构(图 2-22(b))。ASB 内的取向分布相对分散,主要是 $\{03\bar{3}4\}\langle10\bar{1}0\rangle$、$\{01\bar{1}0\}\langle11\bar{2}0\rangle$ 和 $\{11\bar{2}0\}\langle50\bar{5}3\rangle$ 织构组分(图 2-23(b))。从上述结果可见,ASB 内的晶粒在 $\{11\bar{2}0\}$ 和 $\{01\bar{1}0\}$ 晶面上连续碎化,这些微织构明显不同于 ASB 附近区域的变形织构。因此,ASB 内织构的形成应是再结晶的结果。

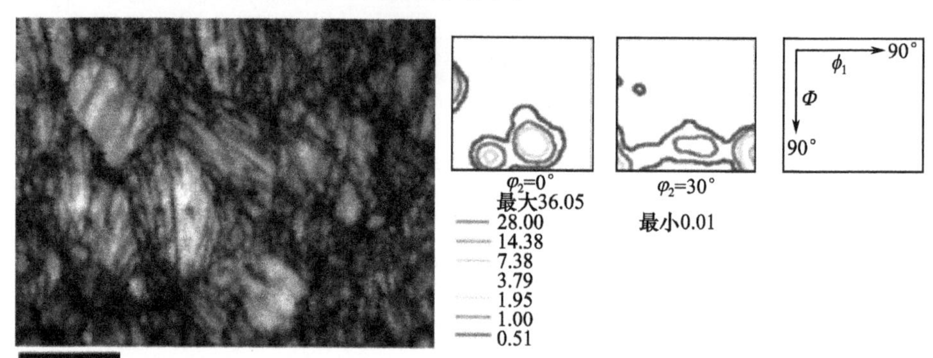

图 2-22 ASB 附近的区域晶粒一

(a)剪切带附近基体晶粒的 OIM 图;(b)对应的 ODF 图。

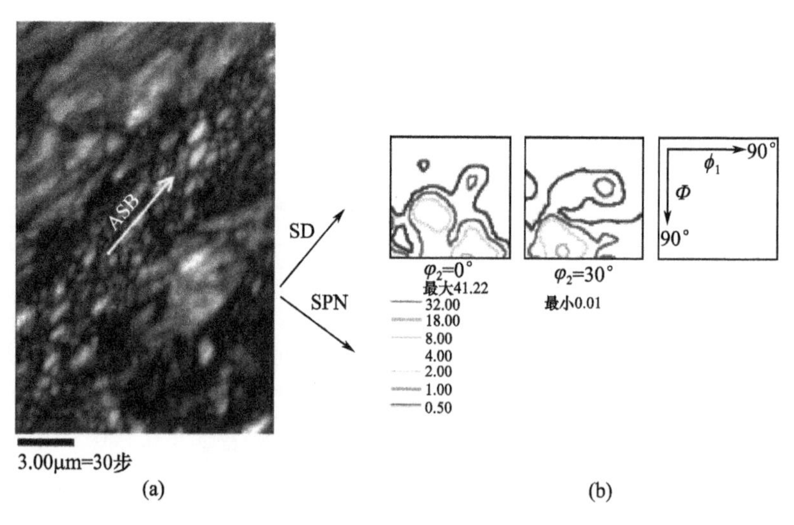

图 2-23 ASB 区域的晶粒二

(a)剪切带中部晶粒的 OIM 图;(b)对应的 ODF 图。

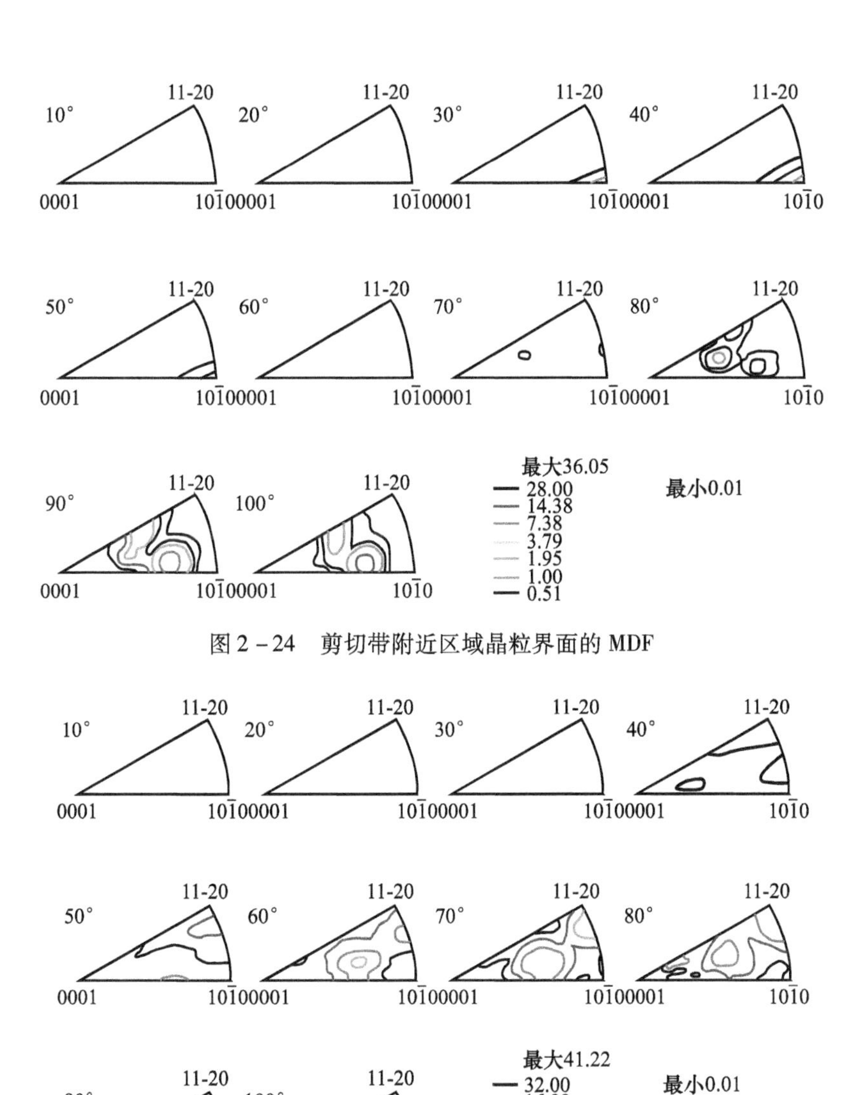

图 2－24　剪切带附近区域晶粒界面的 MDF

图 2－25　剪切带中部晶粒界面的 MDF

2）晶界特征

Liu 和 Hansen[20]将由变形产生的晶界分为附生位错晶界（Incidental Dislocation Boundaries，IDBs）和几何必需晶界（Geometrical Necessary Boundaries，GNBs）。胞块结构（Cell Blocks Structures）的边界为 GNBs，一般的位错胞结构的界面为 IDBs。越过 GNBs 的取向差比越过 IDBs 的取向差要大；而且随着应变的

增大，GNBs 取向差的增大也要快些。由晶粒碎化所致的界面应是 GNBs。

图 2-24 所示为越过 ASB 附近基体区域晶粒（图 2-22(b)）的取向差分布，这些晶粒界面取向差较大，达到 90°及 100°。因此，它们应是为协调剪切应变的 GNBs。因为纯钛（hcp）的孪晶取向关系是绕 $\langle 10\bar{1}1 \rangle$ 旋转 85°或绕 $\langle 10\bar{1}0 \rangle$ 旋转 95°，因此这些界面主要是孪晶界面。

图 2-25 所示为 ASB 内（图 2-23(a)）的 MDF。其取向差大于 40°，大都达到了 70°~100°。再结晶后晶粒的取向差较大，此外，ASB 内中心部位的取向差分布明显的不同于形变晶粒的取向分布。因此 ASB 内的晶粒界面是大角度晶界和 GNBs 以协调剪切应变，ASB 内形成了再结晶织构。

可见，ASB 内形成了 $\{03\bar{3}4\}\langle 10\bar{1}0 \rangle$、$\{01\bar{1}0\}\langle 11\bar{2}0 \rangle$ 和 $\{11\bar{2}0\}\langle 50\bar{5}3 \rangle$ 再结晶织构。ASB 内的晶粒界面为大角度晶界和 GNBs，取向差分布表明 ASB 内发生了再结晶。

3. 绝热剪切带内晶粒瞬间细化机制

绝热剪切带内微观结构的演化是和剪切带内的形变热/力参量的演变历史密切相关的。研究绝热剪切带内微观结构演化机制，首先须探究剪切带内的形变热/力参量的演变和量化数据。

1）绝热剪切带内绝热温升的估算

当应变速率大于 10^3/s 时，变形时间十分短暂，整个变形过程可以认为是绝热的过程。因为热扩散是正态分布的，热扩散距离 x 就可以由下式来计算，即

$$x = (\kappa t)^{0.5} \tag{2-4}$$

式中：κ 为热扩散率；t 为时间。

对于典型的几种材料，通过计算发现其热扩散距离与绝热剪切带的宽度十分相近，如表 2-2 所列。这说明将整个变形过程看作绝热过程是可行的。

表 2-2　ASB 宽度与热扩散距离的关系

材料及实验方法	热扩散率 $\kappa/(10^{-4}m^2/s)$	变形时间/μs	热扩散距离/μm	实际 ASB 宽度/μm
纯钛 TA2，爆炸复合	0.08	5~10	6.3~8.9	4~8
铜，SPHB	1.16	100	107.7	50~300
304L 不锈钢，SPHB	0.12	10~50	10.9~24.5	8~20

对于绝热过程，可以用下式来估计 ASB 内的温度，即

$$T - T_0 = \frac{\beta}{\rho c}\int_0^{\varepsilon}\sigma \mathrm{d}\varepsilon \tag{2-5}$$

式中：ρ 和 c 分别为材料密度和比热容；T_0 为环境温度；β 为功热转换系数；一般取 0.9，ε 为应变；σ 为流变应力，可以根据本构方程来计算。

Zerilli - Armstrong(Z - A)认为，晶体结构对材料本构行为有一定的影响，他们分别针对 3 种晶体结构(fcc、bcc 及 hcp)建立了本构方程。由于 Z - A 本构模型简单易用且数据处理方便，因而得到了广泛的应用。具有 hcp 晶体结构的材料力学行为介于 fcc 和 bcc 之间，其一般本构模型(Z - A 方程)为

$$\sigma = A_0 + B\mathrm{e}^{-(\beta_0 - \beta_1 \ln\dot{\varepsilon})T} + B_0 \varepsilon^{C_n} \mathrm{e}^{-(\alpha_0 - \alpha_1 \ln\dot{\varepsilon})T} \tag{2-6}$$

式中：A_0、B、B_0、C_n、α_0、α_1、β_0、β_1 为 8 个待定的材料参数。对于 TA2，它们的值分别为 0、990MPa、1.1×10^{-4}/K、7.5×10^{-5}/K、0.5、700MPa、2.24×10^{-3}/K、9.73×10^{-5}/K[21]。

TA2 的比热容为

$$c(T) = 0.514 + 1.357\times10^{-4}T - 3.366\times10^{3}/T^{2}\ (\mathrm{J/kg\cdot K}) \tag{2-7}$$

由式(2-5)至式(2-7)就可以计算温度 T 和真应变 ε 的关系。其中计算所需的参数如表 2-3 所列。剪应变与真应变的关系可以由下式表示[21]，即

表 2-3　TA2 相关参数

B /10^{-10}m	M/GPa	β	H /(J/m^2)	δ /(10^{-10}m)	D_0 /(m^2/s)	Q /(kJ/mol)	P /(kg/m^3)	S/nm
3.0	45.6	0.9	1.19	6.0	1.0×10^{-5}	204	4.51×10^{3}	50
(数据引自：Q. L. Yang，等，J. Yunnan Polytechnic Univ.，1999，15(2)：7-10)								

$$\gamma = \sqrt{2\mathrm{e}^{2\varepsilon} - 1} - 1 \tag{2-8}$$

图 2-26 是根据式(2-5)至式(2-8)计算得到的温升与剪应变的关系。在应变速率 $\dot{\gamma} = 5\times10^{5}$/s 的情况下，当应变 $\gamma = 2.5$($t = 5\mu$s)时，ASB 内的温度可达到通常认为的再结晶开始温度 $0.4T_{\mathrm{m}}$(776K，T_{m} 为熔点)；当变形结束时($\gamma \approx 5$)，ASB 内的温度达到 1142K(见前述 2.2.2 小节的相关推导)，但仍然没有达到钛的同素异形转变温度(1155.5K)，所以 TA2 并没有发生同素异形转变，即仍然保持着原有的密排六方(hcp)结构。图中还计算出了不同应变速率下的温升曲线，应变速率越小，对应的温升和温升速率也越小，如果考虑热传导的影响，较低应变速率下的温升将比图中绘出的更小。

为了方便地表示温度 T 和应变的函数关系，用多项式函数对数据进行了拟合，它们都与原数据具有良好地拟合度，见图 2-26，各应变速率下拟合的函数分别为

$$\dot{\gamma} = 1\times10^{6}/\mathrm{s}\ 时，T = -3.5071\gamma^{2} + 195.7075\gamma + 293.2390$$

$\dot{\gamma} = 5 \times 10^5/\text{s}$ 时：$T = -4.3985\gamma^2 + 192.5605\gamma + 293.1518$

$\dot{\gamma} = 4 \times 10^4/\text{s}$ 时：$T = -5.9994\gamma^2 + 177.6581\gamma + 295.3672$

$\dot{\gamma} = 1 \times 10^3/\text{s}$ 时：$T = -6.4866\gamma^2 + 155.7680\gamma + 299.2779$

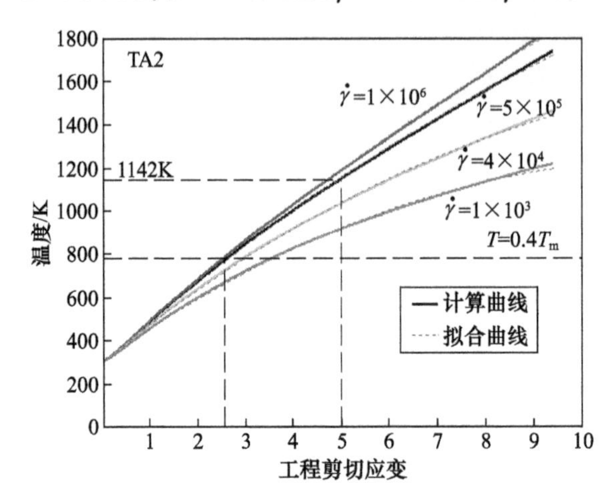

图 2－26　计算预测并拟合在不同应变速率下 ASB 内的温升

2）绝热剪切带内微观结构演化机制

绝热剪切带内的组织是在瞬间细化至 nm 量级的，研究其演化机制是绝热剪切研究的重要课题，并可能为探索制备纳米晶的新方法提供科学依据。

通过 TEM 和 EBSD/SEM 观测，ASB 内晶粒的结构和取向具有再结晶晶粒特征；通过热力学计算，发现 ASB 形成过程中的温升可达到 1142K，高于一般再结晶温度（$0.4T_m$，776K）。这两点可以提示，ASB 内发生的晶粒瞬间细化形成纳米晶组织应是动态再结晶的结果。

基于扩散的传统再结晶机制已经不能合理解释绝热剪切带内的组织演化机制，究竟是什么样的晶粒细化机制在起作用呢？前已述及，可能是一种新的动态再结晶机制在起作用。

然而，关于新的动态再结晶机制目前还不清楚。绝热剪切带是一类特殊的剪切带，产生于高应变、高应变速率的变形中，同时还伴有快速的绝热温升，而变形和冷却时间又极短，因此，在如此极端条件下的再结晶机制研究十分困难。J. A. Hine[22] 提出了渐近式亚晶位向差再结晶机制模型。M. T. Perez－Prado 等[23] 发现这种模型可以很好地解释 Ta 和 Ta－W 合金中 ASB 的微观组织演化，然而，他们只是定性地说明这种模型的合理性，没有定量地计算与分析。ASB 内最终晶粒尺寸应该同时考虑高应变速率的影响和原子的迁移而发生的长大。

他们通过对 Monel 合金的定量计算,得出这样的结论:ASB 内的晶粒在 14μs 的时间内由 50nm 长大到 170nm。然而,他们并没有将这种定量计算与微观机制联系起来,只是做了单纯的动力学计算。最近,Meyers 等[17]运用旋转式动态再结晶(Rotational Dynamic Recrystallization,RDR)机制对 AISI304L 钢中的 ASB 进行了动力学计算,结果表明,当温度在 $0.5T_m$(T_m为熔点)以上时,按 RDR 机制可以在变形时间内形成直径不大于 200nm 的再结晶晶粒。同时他们指出,关于变形结束后冷却过程中的微观组织演化还不清楚。

ASB 内的组织结构演化十分复杂,这已经得到了人们的共识。理论上,ASB 形成过程中微观组织演化可能有:原始组织的重新取向和碎化;各种缺陷和亚结构的形成;回复、再结晶(静态、动态);相转变(某些金属材料)等。ASB 内组织结构演化的复杂热力学历史给人们提出了以下问题:观察到的 ASB 内的纳米晶是否归结于发生了动态再结晶的结果(即再结晶发生在变形过程中还是变形完成以后)?如果是动态再结晶的结果,是一种什么样的新机制在起作用?在冷却过程中 ASB 内的组织演化过程是什么?

本工作的目的即解决上述 3 个问题,而要回答上述问题,首先需要搞清楚再结晶的机制并进行再结晶动力学的核算。

(1) 再结晶机制概述。

① 静态再结晶。

a. 主要形核机制。通常认为再结晶主要有形核与长大两个过程。其中再结晶形核是一个比较复杂的过程,这一过程可能从几十个原子或几百个原子范围的微观尺度开始发生,并常常局限于变形基体的某些局部。关于再结晶形核机制主要有以下几种理论。

ⅰ 经典形核理论。经典形核理论认为,在变形结构中借助点阵结构的能量起伏可以形成具有长大能力的核。这也就是均匀形核或自发形核过程。这实际上是不可能的过程,但它提供了一个临界核尺寸的概念,即再结晶必须大于某一尺寸才能自发生长。

ⅱ 晶界形核(应变诱发晶界移动)。这一理论适用于小变形量的冷变形,此时变形金属在晶界两侧存在位错密度差,产生使晶界向高位错密度一侧移动的驱动力,进而造成了再结晶形核。这一形核过程可以利用晶界弓弯的方式进行。从原则上讲,晶界形核是完全可能的。

ⅲ 亚晶生长。在冷变形金属的亚晶结构中,如果一个不与大角度晶界邻接的亚晶吞并与之邻接的其他亚晶而以不连续的方式长大时,它也可以成为再结晶晶核。这种吞并的驱动力来自亚晶界面的减少,同时这种吞并过程也使得长大的亚晶与近邻亚晶取向差变大。

ⅳ 孪生形核。孪生形核是影响较大的一种点阵转变形核机制。孪生产生的孪晶与其基体之间有一个镜面,称为孪晶面。由基体出发经过不同代次的孪生繁衍可以达到几乎所有可能的取向,即调整不同孪晶的代次和孪晶方向几乎可以获得与基体所有可能的取向关系。

ⅴ 位错塞积区形核。变形金属中存在的某些位错塞积区,也可以成为有利于再结晶核生成的部位。一般认为,如果在变形过程中金属组织中的任何缺陷结构不被位错滑移及其他变形机制切过消除,则会在其周围出现位错塞积现象,进而形成高位错密度区,即高储能区,如变形组织中坚硬的第二相颗粒及多个晶界交接处就属于这种情况。这种缺陷结构在加热时容易首先发生变化,从而造成形核的机会。

b. 经典的静态再结晶机制。主要有两种,第一种是由 Derby 等[24]提出的大角度晶界迁移模型;第二种是由 Li[25]首先提出,由 Doherty 和 Szpunar[26]修改的亚晶合并模型。

ⅰ 大角度晶界迁移。大角度晶界迁移模型认为,由于晶界迁移而扫过一直径为 s 的晶粒所需的时间 t 可以由下式决定:$t = s/2g$,式中:g 为晶界迁移速率,且 g 可由下式决定:$g = MF$,该式中 M 和 F 分别为晶界迁移率和驱动力。

M 由扩散系数 $\delta D = \delta D_0\exp(-Q/RT)$ 来决定,它们之间满足下面的关系式,即

$$M = \frac{b\delta D_0\exp\left(-\frac{Q}{RT}\right)}{kT} \tag{2-9}$$

驱动力 F 来自亚晶位错墙中的储能,$F \approx C\gamma_s/L$,γ_s 是亚晶位错墙的表面能,L 是亚晶的直径,C 是几何因子,一般取 3[27],如果这个驱动力要大于一个大角度晶界上形核所造成的表面能增加,那么将发生再结晶形核导致晶界迁移。Derby 通过位错胞壁的弹性应变能估计了 $\gamma_s = \mu b\theta$,其中,θ 为亚晶的取向差角,因此驱动力 $F = 3\mu b\theta/L$。

由上述分析,可以建立一对温度的函数来描述再结晶动力学,即

$$t(T) = \frac{sLkT}{6b^2\mu\theta\delta D_0\exp\left(-\frac{Q}{RT}\right)} \tag{2-10}$$

由式(2-10)可以计算出在某一温度 T 下,由直径为 L 的亚晶通过晶界迁移机制,最后获得直径为 s 的再结晶晶粒所需的时间。

ⅱ 亚晶合并。亚晶合并模型认为,亚晶与亚晶之间存在小角度晶界(取向差小于5°),亚晶可以通过自身转动来使相邻两亚晶达到取向一致(取向差为0°),通过这种方式形成一个可动的大角度晶界。可以用下式来描述亚晶转动的速率,即

$$\frac{d\theta}{dt}=\frac{3E_0Mb\theta}{L^2}\ln\left(\frac{\theta}{\theta_m}\right) \tag{2-11}$$

式中:L 为亚晶的平均直径;M 为位错迁移率;θ_m 为晶界能最大时对应的角度,一般为 20°~25°;E_0 为位错能,并由 $E_0=\mu b/4\pi(1-v)$ 决定。至于 M 的确定,Doherty 和 Szpunar[26] 认为这个晶界迁移率取决于位错管道的迁移率,晶体内空位的传输是通过在位错管道内的管道扩散来实现的,这种扩散方式要比体扩散快得多。在位错管道等上发生的扩散一般称为短路扩散,相对于体扩散显得更复杂,一般认为短路扩散的表观激活能约为体扩散的 0.4~0.6 倍。因此 M 就可以用管道扩散迁移率 $M^p=\frac{2b^3D^p}{L^2kT}$ 来表示,其中管道扩散系数 D^p 由 $D^p=D_0\exp(-Q^p/RT)$ 决定,其中 Q^p 取 0.4~0.6Q。

设两亚晶从取向差 5°转动到 0°,对式(2-10)求定积分,得

$$t(T)=\frac{L^4kT}{6E_0D^pb^4}\int_5^0\frac{1}{\theta\ln\left(\frac{\theta}{\theta_m}\right)}d\theta \tag{2-12}$$

由式(2-12)就可以计算在某一温度 T 下通过亚晶合并机制再结晶所需要的时间。

② 动态再结晶。

a. 动态再结晶形核机制。关于动态再结晶形核机制,Derby[28] 将其分类为原位再结晶与迁移再结晶两类。原位再结晶是指在变形过程中,由于外力的作用而使相邻亚晶发生旋转,最终达到位相一致,而形成大角度晶界;迁移再结晶是由于晶界两边的位错密度差,而使晶界发生迁移吞并周围的晶粒形成大角度晶界。发生动态再结晶的稳态晶粒大小是随着应变速率的增大而减小的,一般存在 $d\propto\dot{\varepsilon}^{-0.5}$ 的关系。而关于初始动态再结晶的临界条件,Derby 等认为其与静态再结晶相同,即只要有足够的储能(位错、亚晶等)就会导致动态再结晶的开始。因此经典的动态再结晶理论认为,材料在变形过程中,晶粒内位错不断增加,并形成亚晶等,当储能达到动态再结晶开始的临界条件时,即开始发生动态再结晶;新生的无畸变晶核还来不及长大,又由于继续变形而使其内位错密度增大,当达到临界值时,在这些晶粒中又开始发生动态再结晶;如此循环反复,使得最终经过动态再结晶得到的晶粒尺寸很小。

b. 经典的动态再结晶机制。经典的动态再结晶机制有应变诱发晶界迁移机制(Strain - Induced Boundary Migration, SIBM)和亚晶粗化机制(Subgrain Coalescence Mechanism)。

i 应变诱发晶界迁移机制也叫晶界弓出机制,它是大角度晶界两侧存在

着位错密度差的结果。如图 2 - 27(a)所示,由于大角度晶界两侧亚晶含有不同的位错密度,致使两侧亚晶所含的应变储能不同,在应变储能这一驱动力的作用下,大角度晶界会向位错密度高的一侧迁移,继而形成无应变的再结晶晶粒。

ⅱ 亚晶粗化机制,如图 2 - 27(b)所示,位相差不大的两相邻亚晶为了降低表面能而转动,相互合并,在这个过程中,为了形成新的晶界并消除两亚晶合并后的公共亚晶界,需要两亚晶小角度晶界上位错的滑移和攀移来实现。亚晶转动合并后,由于转动的作用,会增大其与相邻亚晶之间的位向差,就这样形成大角度晶界,形成了新的再结晶晶粒。

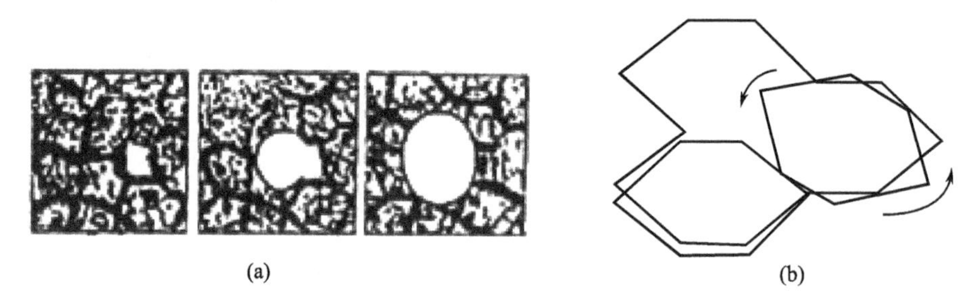

图 2 - 27 经典动态再结晶机制示意图

(a)应变诱发晶界迁移机制;(b)亚晶合并机制。

c. 动态再结晶研究新进展。针对传统 DRX 理论不能解释 ASB 内晶粒形成时间上的可行性,人们提出了各种新的动态再结晶模型,主要有以下几种。

ⅰ 晶粒机械破碎及晶界迁移、亚晶粗化混合机制。该机制由 Andrade 等[29]提出并证实,如图 2 - 28 所示,其主要过程如下。

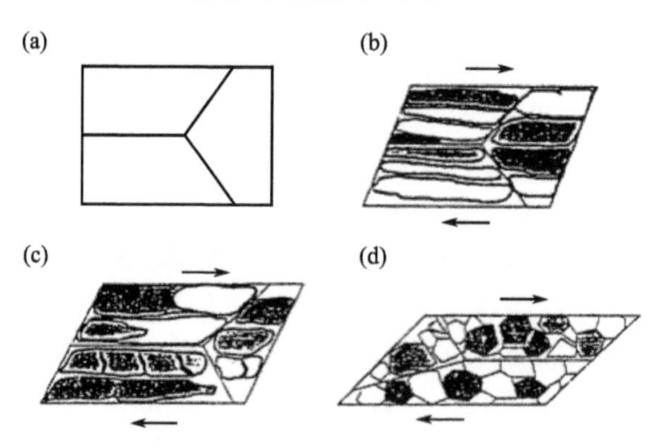

图 2 - 28 晶粒机械破碎及晶界迁移、亚晶粗化混合机制示意

· 绝热剪切之前,冲击载荷作用使原始组织内形成间距为 5 ~ 10μm 的薄

孪晶亚结构。

· 这些亚结构在绝热剪切过程中变形，重新取向于剪切方向，并被拉长为0.1μm 的薄片。

· 随后位错缠结使这些长条亚组织“碎化”。

· 与此同时，由于绝热使剪切带中心的温度上升，原子进行短程扩散，最后形成界面完整、取向差较大的等轴晶组织。

这种模型只是粗略地描述，没有定量的分析，过程之间缺乏有力的证据，另外也没有考虑应变速率的影响。

ⅱ 机械辅助亚晶(转动)粗化再结晶模型。该模型适于低温、大塑性变形条件的机械辅助亚晶粗化再结晶，认为在低温时变形是滑移系活化的结果。当材料达到临界分切应力时，为了使亚晶中的内能最低，在不同的亚晶中，选择活化的滑移系也不相同。为了使亚晶晶界上的能量最低，取向差不大的相邻亚晶会转动合并，产生亚晶粗化而完成再结晶过程。这种再结晶机制的缺点是：未考虑宏观大应变速率条件的影响。

ⅲ 渐近式亚晶位向差再结晶(PriSM)模型。Hines[30]基于双晶模型，利用晶体塑性理论建立了渐近式亚晶位向差再结晶(Progressive Subgrain Misorientation Recrystallizaion，PriSM)模型。从晶体变形角度来看，PriSM 机制认为初始单晶首先在外力的作用下形成拉长的亚结构，随后亚晶旋转，形成等轴的亚晶，为了继续变形，在亚晶之间形成大角度取向差，最后，在冷却过程中的晶界细化，如图2－29所示。Perez－Prado 等[31]发现这种模型可以很好地解释 Ta 和 Ta－W 中的微观组织演化，对于没有发生再结晶的组织，他们认为是只发生了这种模型的前四步(即(a)～(d))。但是他们只是定性地说明这种模型的适用性，并没有考虑这种机制能否满足时间上的要求，而且也没有充分考虑应变速率的影响。

③ 再结晶动力学分析

(a) 静态再结晶动力学分析。经典的静态再结晶机制主要有大角度晶界迁移机制和亚晶合并机制。根据它们的动力学方程式(2－10 和式(2－12)，就可以分别计算出大角度晶界迁移机制和亚晶合并机制在某一温度下再结晶所需的时间。

值得注意的是，方程式(2－12)中的积分是发散的，将积分上限由 0 改为 10^{-300}编程计算出积分的结果为 6.0619。表 2－3 是 TA2 动力学计算需用到的基本数据，运用数值分析方法，编制 Matlab 程序进行计算，得到的动力学曲线如图 2－30 所示。

由图 2－30 可见，大角度晶界迁移机制和亚晶合并机制都不能正确解释时间上的可能性，与冷却曲线相比，它们至少慢 3～4 个数量级。

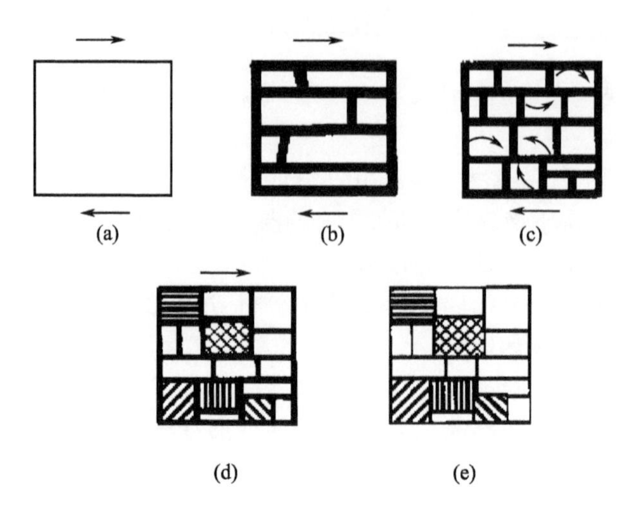

图 2-29 渐近式亚晶位向差再结晶(PriSM)机制示意[30]
(a)初始单晶;(b)形成拉长的亚结构;(c)亚晶旋转,形成等轴的亚晶;
(d)在亚晶之间形成大角度取向差;(e)在冷却过程中的晶界细化。

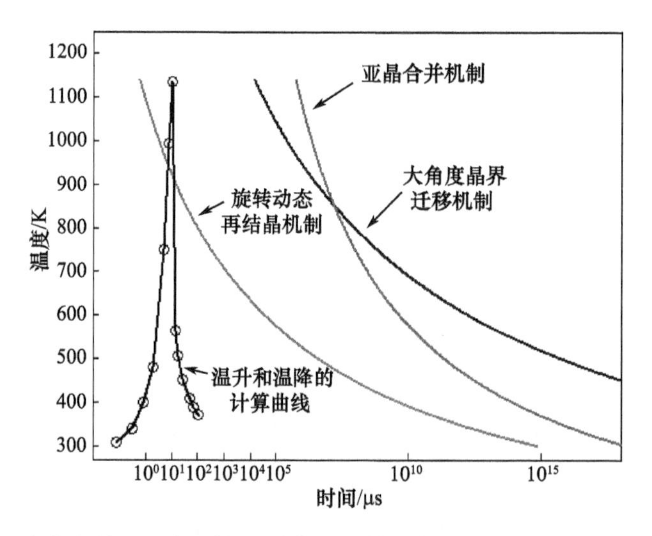

图 2-30 大角度晶界迁移机制、亚晶合并机制和旋转式再结晶机制的动力学比较

(b) 旋转式动态再结晶动力学分析。

(i) 旋转式动态再结晶动力学描述。关于动态再结晶,Derby[28]将其分为旋转式动态再结晶(Rotational Dynamic Recrystallization,RDR)与迁移式动态再结晶(Migrational Dynamic Recrystallization,MDR)两类。

迁移式再结晶是由于晶界两边的位错密度差,而使晶界发生迁移吞并周围的晶粒,从而形成大角度晶界。这种机制是从势能参量(如储能、位错密度等)

出发来分析的，总地来说是一种静态的观点，并没有充分考虑变形过程中的位错动态行为。MDR 机制总是或多或少地和扩散相联系，这一点和静态再结晶机制是相同的，而扩散是需要一定时间的，从上面的计算已经看出，基于迁移的再结晶机制显得太慢了。

旋转式动态再结晶是指在变形过程中，由于外力的作用而使相邻亚晶发生旋转，最终达到位相一致，而形成大角度晶界。RDR 机制需要有外力的辅助作用，因而实质上是一种力学辅助机制。在地质学中，它可以很好地解释矿石和冰中绝热剪切带的组织演化。在金属变形中，一般认为是迁移式再结晶机制在起作用。直到最近，才有学者将旋转式再结晶机制应用到金属中。渐近式亚晶位向差再结晶机制(PriSM)实质上也是旋转式动态再结晶机制。旋转式再结晶机制的位错描述如图2－31所示，变形首先会在晶体内产生随机分布的位错，然后随着位错密度的增加，形成拉长的位错胞，继而形成拉长的亚晶，为了适应继续变形的需要，被拉长的亚晶开始破碎，最后亚晶发生旋转形成具有再结晶特征的组织。Meyers 等[17]运用位错动力学和能量最低原理对旋转式动态再结晶(RDR)模型进行了定量的分析。

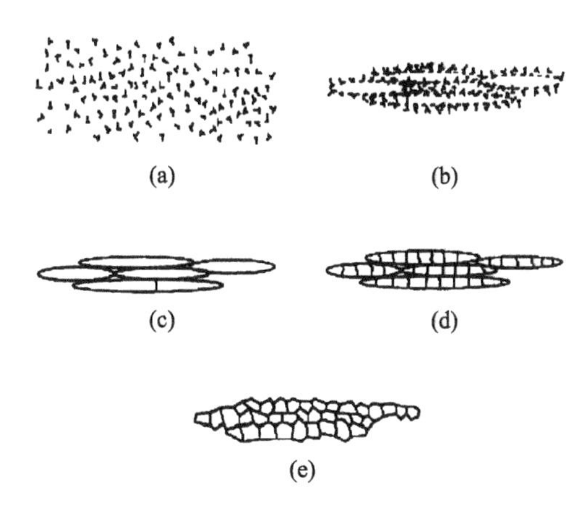

图 2－31 RDR 机制的位错动力学描述[28]
(a)位错随机分布；(b)形成拉长的位错胞；
(c)形成拉长的亚晶；(d)被拉长的亚晶开始破碎；
(e)最后形成再结晶组织。

对于图 2－31(a)中随机分布的位错，单位体积的应变能为

$$E_1=\rho_d\left(\frac{A\mu b^2}{4\pi}\right)\ln\left(\frac{\alpha}{2b\rho_d^{1/2}}\right) \tag{2-13}$$

式中：A 为与位错有关的常数；α 为与位错中心能量有关的常数。

对于图 2－31(b)，位错排列成胞结构，其能量会发生变化。为了简化，假设这些拉长的胞结构为椭圆形的，并假设胞壁为倾斜晶界。对于椭圆率为 k 的椭圆来说，其表面积和体积分别为

$$S=2\pi f(k)W^2 V=\frac{4}{3}\pi kW^3$$

$$f(k)=1+\frac{k^2}{\sqrt{k^2-1}}\arcsin\left(\frac{\sqrt{k^2-1}}{k}\right) \tag{2-14}$$

式中:$2W$ 为胞结构的宽度;如果位错形成胞结构,其单位体积的应变能为

$$E_2 = \rho_d \left(\frac{A\mu b^2}{4\pi} \right) \ln \left[\frac{e\alpha}{4\pi b} \left(\frac{S}{V} \right) \frac{1}{\rho_d} \right] \tag{2-15}$$

式(2-13)和式(2-15)分别给出了位错按随机分布和胞状分布的能量。对于较低的位错密度,$E_1 < E_2$,为了使能量最低,位错将随机分布。当位错密度高到一定程度后,$E_1 > E_2$,位错将以胞状结构存在。其中 $E_1 = E_2$ 是一个临界条件,可以计算出临界位错密度,即

$$\rho_d^* = \left[\frac{3e}{4\pi} \left(\frac{f(k)}{k} \right) \frac{1}{W} \right]^2 \tag{2-16}$$

根据位错密度的定义,$\rho_d = 1/WD_d$,其中 D_d 为位错间距,对于倾斜晶界,有

$$D_d = \frac{b}{2\sin\left(\frac{\theta}{2} \right)} \approx \frac{b}{\theta} \tag{2-17}$$

由此可以计算出对应的临界晶界取向差角,即

$$\theta^* = \frac{9}{64} \left(\frac{e}{\pi} \right)^2 \left(\frac{f(k)}{k} \right)^2 \frac{b}{W} \tag{2-18}$$

当 $k \to +\infty$ 时($f(k)/k = \pi/2$),E_1 和 E_2 的能量差最大,这种条件下;有

$$\rho_d^* = \left(\frac{3e}{8W} \right)^2 \tag{2-19}$$

$$\theta^* = \frac{9e^2}{64} \left(\frac{b}{W} \right) \tag{2-20}$$

对于图2-31(d)~(e)这一亚晶旋转形成再结晶晶粒过程,可以用图2-32来示意。亚晶界在晶界能和机械力的作用下发生旋转,最后得到以下动力学方程,即

$$\frac{3\tan\theta - 2\cos\theta}{3 - 6\sin\theta} + \frac{4\sqrt{3}}{9} \ln \frac{\tan\left(\frac{\theta}{2} \right) - 2 - \sqrt{3}}{\tan\left(\frac{\theta}{2} \right) - 2 + \sqrt{3}} + \frac{2}{3} - \frac{4\sqrt{3}}{9} \ln \frac{2 + \sqrt{3}}{2 - \sqrt{3}} = \frac{4\delta\gamma D_{b0} \exp\left(-\frac{Q^p}{RT} \right)}{LkT} t \tag{2-21}$$

式中:δ 为晶界厚度(一般取 $\delta = 2b$);D_{b0} 为晶界上的扩散常数;L 为平均亚晶直径;Q^P 为短程扩散激活能;θ 为亚晶取向角度差。

(ⅱ)旋转式动态再结晶动力学分析。将其动力学方程(2-21)进行变形,可得到

$$t(T) = \frac{L_1 kTf(\theta)}{4\delta\eta D_{b0} \exp\left(-\frac{Q_b}{RT} \right)} \tag{2-22}$$

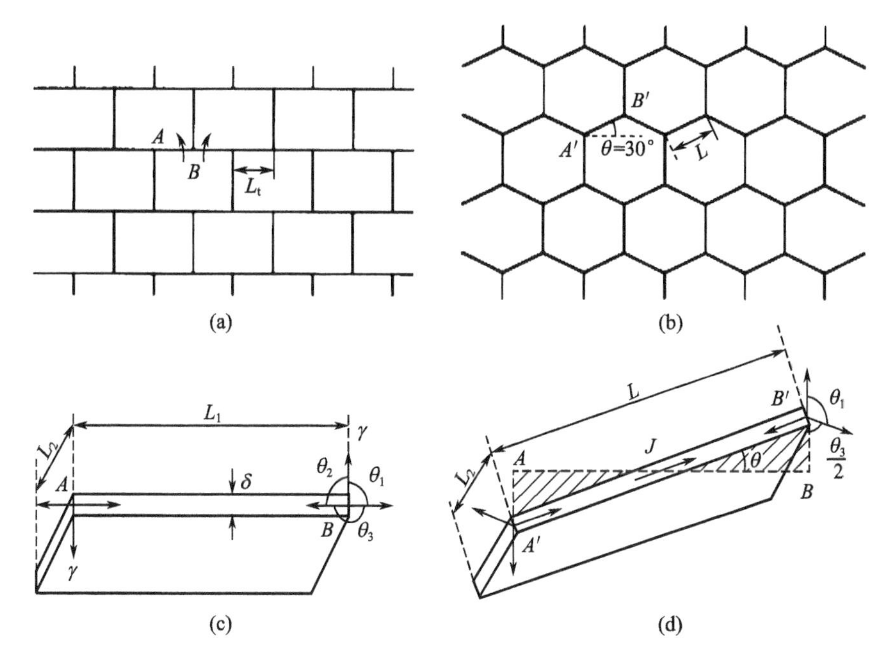

图 2－32　亚晶晶界旋转产生等轴晶示意图

(a)亚晶破碎；(b)亚晶界旋转；(c)在界面能作用下的晶界 *AB*；
(d)晶界扩散和旋转(由 *AB* 形成 *A'B'*)。

$$f(\theta)=\frac{3\tan\theta-2\cos\theta}{3-6\sin\theta}+\frac{2}{3}-\frac{4\sqrt{3}}{9}\ln\frac{2+\sqrt{3}}{2-\sqrt{3}}+\frac{4\sqrt{3}}{9}\ln\frac{\tan\left(\frac{\theta}{2}\right)-2-\sqrt{3}}{\tan\left(\frac{\theta}{2}\right)-2+\sqrt{3}}\tag{2-23}$$

根据方程式(2－22)可以计算在某一温度下再结晶需要的时间。对于 RDR 机制,亚晶旋转形成再结晶晶粒时,需要旋转约 30°[30],但 $\theta=30°$时 $f(\theta)$ 为无穷大,取 $\theta=(30-10^{-10})°$,$L_1=100\text{nm}$(L_1越小再结晶所需的时间越少),这样得到 RDR 机制的动力学曲线如图 2－30 所示。

由图 2－30 可见,在同一温度下,RDR 机制与大角度晶界迁移机制以及亚晶合并机制相比,再结晶所需要的时间减少了至少 5 个数量级,RDR 机制动力学曲线与冷却曲线相交。这就为时间上的可行性提供了可能,但并不能因为相交而认为在时间上是可以满足的,因为冷却曲线陡些,斜率的绝对值要大些。

根据式(2－22)可以预测 TA2 绝热剪切带在变形过程中亚晶取向角的演化。图 2－33 显示了亚晶旋转角度与所需时间的关系。在图 2－33(a)中,L_1取 100nm,T 从 $0.35T_m$变化到 $0.5T_m$;在图 2－33(b)中,T 取 $0.45T_m$(873K),L_1从

100nm 变化到 1μm。亚晶旋转速率随应变的增加而减小，最后，θ 趋近于 30°。较大的亚晶尺寸和较低的温度需要更多的时间。

值得注意的是，在图 2－30 和图 2－33 中，都是计算在某一温度下再结晶所需要的时间，即先确定一个温度，把它看作固定的值，再计算再结晶需要的时间。而在实际的变形过程中，温度是不断上升的（图 2－26）。所以单就 RDR 动力学曲线与冷却曲线相交这一点，还不能说明 RDR 机制在时间上是可行的，因为曲线的斜率不同，还有就是在高温下持续的时间很短。也就是说，温度并不是再结晶机制的唯一决定因素，还要看此温度持续的时间。这就要求按实际变形过程的温度变化来进行动力学计算。

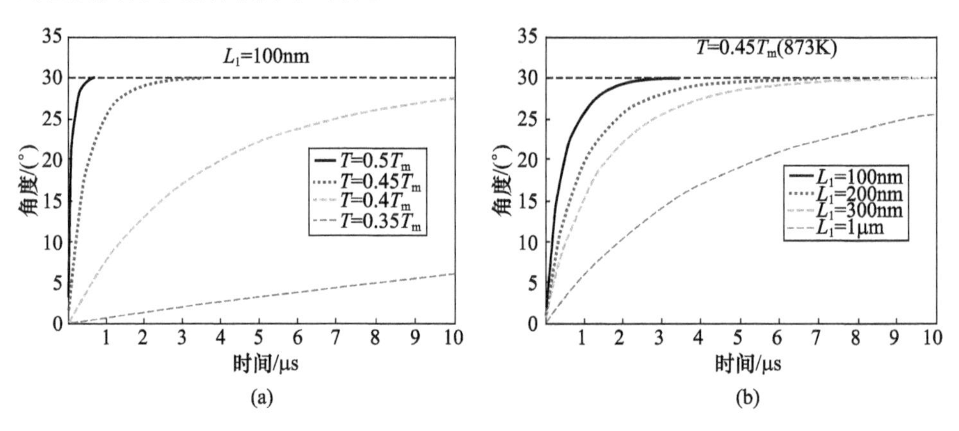

图 2－33　TA2 亚晶旋转角度与所需时间的关系

（a）固定 $L_1=100$nm；（b）固定温度 $T=0.45T_m$（图中曲线由所编 C 语言程序得到）。

将温度看成时间的函数（即把温度当作中间变量），而时间与应变可以由应变速率联系起来。将前述 2.3.1 节中拟合的绝热温升方程（$\dot{\gamma}=5\times10^5$/s 时：$T=-4.3985\gamma^2+192.5605\gamma+293.1518$）代入式（2－22）中就可以消去温度 T，得到形如 $g_1(t)=g_2(\theta)$ 的两个变量（t 和 θ）的方程。这个方程只能用计算机以及数值方法解。Matlab 是一个强大的科学计算工具，用它可以很方便地解方程。编制 Matlab 程序，在 C433MHz 的计算机上（内存为 256MB）运行约半小时，最终得到时刻 t 与亚晶旋转角度 θ 的关系，如图 2－34 所示。

由图 2－34 可见，变形刚开始的一小段时间（$A\rightarrow C$），亚晶之间的取向差很小，这是因为变形前期强烈塑性变形区的组织演化主要是位错不断增殖形成拉长的胞结构以及胞结构破碎形成亚晶。约 4.5μs（图中的 C 点，对应的应变为 2.25，温度为 700K）后，亚晶取向角度差达到 5°，并在 2μs 内旋转到 30°。亚晶发生较大旋转意味着旋转式动态再结晶开始，这时的温度低于常规 DRX 开始温

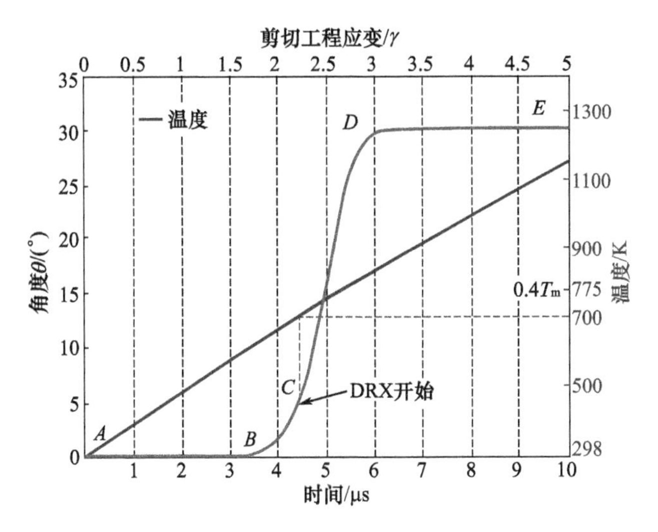

图 2-34 TA2 亚晶界旋转角度与时刻的关系($L_1=100$nm)

(图中曲线由所编 C 语言程序得到)

度(776K),说明在高应变速率下 DRX 开始的临界温度降低。这是由于位错密度很高,增加了再结晶驱动力的原因。亚晶(直径为 100nm)发生旋转形成大角度晶界(≥15°)的时间小于 3μs(图 2-33),而变形时间约为 10μs,所以,RDR 机制在时间上与实验条件十分吻合。RDR 机制可以解释在约 10^{-5}s 的变形时间内形成直径小于 100nm 的再结晶晶粒。

现在可以将再结晶动力学曲线(图 2-34)与 ASB 内组织演化的位错模型(图 2-31)对应起来。图 2-34 中的 $A\to B$ 段,对应图 2-31(a)和(b),这一段的位错演化是:位错随机分布,随后形成拉长的位错胞。图 2-34 中的 $B\to C$ 段,对应图 2-31(c)和(d),这一段的组织演化是:胞结构破碎形成亚晶,亚晶取向角度差逐渐增加。图 2-34 中的 $C\to D$ 则是旋转式动态再结晶进行的过程,亚晶发生旋转成为大角度晶界;$D\to E$ 段与图 2-31(e)相对应,形成大角度晶界。

④ 冷却过程中的结构演化。在变形过程中,由于温度的升高,也可能导致常规的静态再结晶同时发生。变形结束后,ASB 内的温度仍然很高,在冷却过程中必然要发生再结晶。这一点是可以肯定的。然而,如前所述,考查一个再结晶机制,还应该考虑温度的持续时间,不能仅仅由温度来决定。

如果再结晶继续进行,则必然是一种迁移式再结晶机制,因为没有机械力的辅助作用。对于迁移机制,可以由晶粒长大理论来估算再结晶的晶粒尺寸[30],即

$$d \approx k_0 \sum_{i=0}^{N} \left[\exp\left(-\frac{Q}{2RT(t_i)} \right) \right] \Delta t^{1/n} \tag{2-24}$$

式中：k_0、n 为材料常数；Q 为晶粒长大的激活能；R 为气体常数；T 是绝对温度；Δt 为计算时温度步长。对于钛，$k_0=4.3$、$n=1$[30]，现在同时考虑变形过程和冷却过程时间内由迁移机制造成的晶粒长大（即计及所有的变形和冷却时间）。计算结果得到 $d=0.63$nm（由所编 Matlab 程序计算得到），这只是观察到的 30～70nm 的 1/100～1/50。因而是可以忽略不计的。

也就是说，在冷却过程中，虽然再结晶会继续，但由于是一种迁移式的再结晶机制，不管这种再结晶机制到底如何，它都是以迁移为基础的静态再结晶（因为变形已经结束）。而在有限的变形和冷却时间内，由迁移机制造成的晶粒长大是微乎其微的。所以，有理由认为，变形和冷却过程中虽然存在着其他静态再结晶机制，但它们对 ASB 内的组织演化的影响很小，是可以忽略不计的。也就是说，观察到的 ASB 内的纳米级再结晶组织是在变形过程中形成的。

综上所述，作者有关工业纯钛/低碳钢爆炸复合界面结合层内形成的 ASB 内的微结构演变规律与机制的研究工作的结论如下。

· TA2/A3 爆炸复合界面层内钛侧发现大量的 ASB。TEM 观察表明，ASB 中心区域由 30～70nm 的再结晶晶粒组成，ASB 与基体过渡区域的组织结构特征是直径为 50～100nm 的拉长的胞结构；EBSD/SEM 分析表明，ASB 内形成了再结晶织构，ASB 内的晶粒界面为大角度晶界和 GNBs，取向差分布表明 ASB 内发生了再结晶。

· 通过 Zerilli－Armstrong 本构模型计算，TA2 剪切带内温度随应变的增加而升高，在变形结束时达到了 1142K。在应变速率 $\dot{\gamma}=5\times10^5$/s 时，ASB 内的温度可由应变的函数来表示：$T=-4.3985\gamma^2+192.5605\gamma+293.1518$（K）。

· TA2 再结晶动力学的定量计算与分析表明，旋转式动态再结晶（RDR）机制可以解释 ASB 内组织的演化—晶粒瞬间细化机制，在变形时间（约 10μs）内，晶粒可以完成位错增殖形成胞结构，胞结构破碎形成亚晶，亚晶旋转从而最终形成直径小于 100nm 的再结晶晶粒；由于大角度晶界迁移机制和亚晶合并机制（即静态再结晶机制）都不能满足时间上的可行性（计算的再结晶晶粒尺寸与实际相差 2～3 个数量级），它们在变形和冷却过程中的影响是可以忽略不计的。也就是说，观察到的具有纳米级再结晶晶粒是在变形过程中形成的。

此外，作者[9,32]分别利用分离式 Hopkinson 压杆（SHPB）技术以及爆轰压塌技术，分别对新型超高强 β 钛合金 Ti1300 的帽形试样和 7075 铝合金圆筒试样进行动态加载，采用透射电镜（TEM）都观测到了 Ti1300 钛合金和 7075 铝合金的 ASB 内晶粒瞬间细化现象，并运用旋转式动态再结晶机制能给出合理的再结晶动力学解释。

2.3.2 绝热剪切带内纳米结构的热稳定性

ASB 内大都形成了纳米晶粒结构,但纳米结构在热力学上是不稳定的,在热作用下晶粒会长大而变成与之相对应的传统粗晶组织,因此提高纳米材料的热稳定性具有重要意义。

国内外对纳米材料结构的热稳定性研究主要是针对作为功能材料的 Au、Ag、Ni、Co、Cu 和 Nd 等金属及其合金,以及相对应的氧化物,而对于作为结构材料的金属及合金的热稳定性研究十分匮乏。国内外学者得到了重要的结论:在晶粒进入纳米级,材料变为纳米材料后其热稳定性升高。此外,还有实验证实对于纳米材料存在一个临界温度:晶粒尺寸在温度超过某一临界温度后会由原来的缓慢增大变为迅速长大,材料的使用温度应该低于这一温度。

作者[33]探讨了铝锂合金的绝热剪切所形成的纳米结构的热稳定性。实验用2195 铝锂合金(Al-4.0Cu-1.0Li-0.4Mg-0.4Ag-0.12Zr,wt%)的原始状态为锻造态组织,经 500℃ 固溶 25min 后水淬,在 180℃ 时效 16h,得到 T6 峰时效板材,再进行机加工得到帽形试样,试样的几何形状和尺寸如图2-35所示。

利用分离式霍普金森压杆实验装置对帽形试样进行动态加载实验如图 2-36所示。压杆材料为钛合金,直径为 14.5mm,入射杆长 1200mm,透射杆长 1000mm,撞击杆长 200mm,压杆材料的弹性模量为 110GPa,试样放置在入射杆与透射杆之间,为减少摩擦的影响,试样两端涂抹了凡士林。SHPB 加载过程中,撞击杆上的加载气压为 0.11MPa,在强迫剪切应力和高剪切应变速率的共同作用下,试样的剪切变形区域产生 ASB。将动态加载后的帽形试样分别在 100℃、200℃、300℃和 400℃下进行 1h 退火。再将获得的样品进行 OM、TEM、EBSD 和显微硬度测试。

金相显微组织分析:沿帽形 2195 铝锂合金试样端面直径方向取样,用 95.0mL H_2O + 2.5mL HNO_3 + 1.5mL HCl + 1.0mL HF 混合溶液对样品进行侵蚀,利用 POLYVAR-MET 大型多功能金相显微镜观察其显微组织。

显微硬度测试:显微硬度计为 HVS-1000 Digital Microhardness Tester。加载力为 0.1N,加载时间为 20s。在帽形铝锂合金试样的剪切带内随机取 3 个点进行测试,取平均值。

透射电镜分析:平行于 2195 铝锂合金试样的轴线用线切割机切下一薄片,机械减薄至 0.1mm 厚,冲裁出直径为 3mm 的小圆片,再进行双喷减薄,液氮冷却至 -30℃,双喷电解液为 HNO_3:CH_3CH_2OH = 1:3(体积比)。在 Tecanai $G^2$20 和 JEM-100XII透射电镜下分析动态加载前后基体和剪切区域的微观组织结构变化。操作电压为200kV。

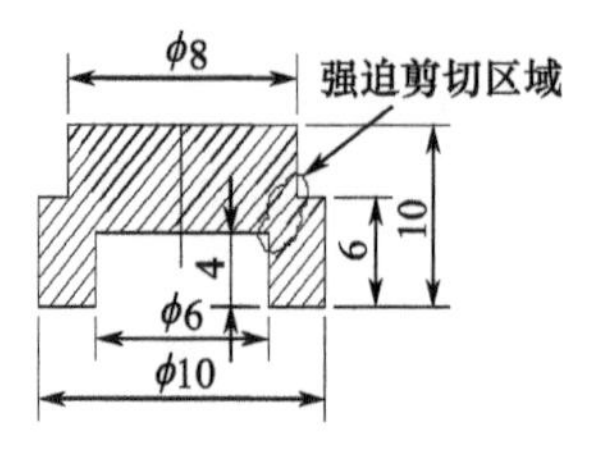

图2-35　帽形试样尺寸

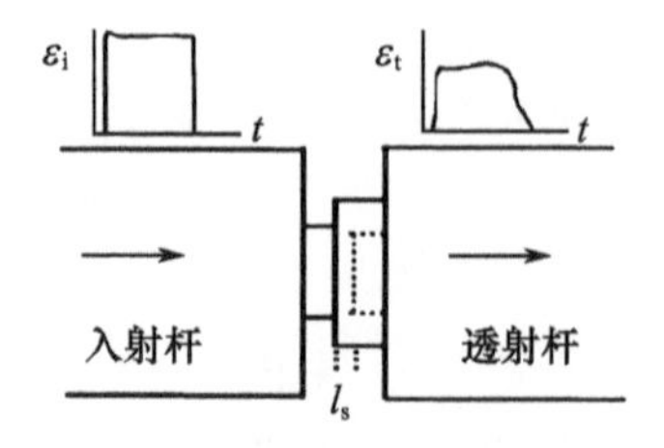

图2-36　SHPB实验过程示意图

电子背散射衍射分析:制得与透射电镜一样的薄片后,样品经电解双喷获得干净的表面,电解液为 HNO_3:CH_3CH_2OH 为1:3(体积比),电解温度为-30～-25℃,电压为18mV,电解时间为65s左右。采用TSL-EBSD镜头安装在Sirion-200场发射扫描对样品表面逐点逐行进行扫描,收集背散射电子菊池衍射花样,经TSL-OIM 5.3软件处理得到一系列晶体学信息。加速电压为20kV,根据样品晶粒的大小选取步长为30nm。

1. 绝热剪切带内纳米结构特征

图2-37所示为2195铝锂合金帽形试样加载前和加载后的剪切带TEM形貌。在霍普金森压杆加载过程中,在强迫剪切应力和高剪切应变速率的共同作用下,剪切区域形成剪切带。由图2-37(a)可见,原始晶粒的大小为2～5μm,从图2-37(b)可清晰地看到原始的粗晶组织逐渐过渡到剪切带内的纳米晶组织,过渡区为被拉长的晶粒。剪切带中部存在等轴状、位错密度低的具有动态再结晶特征的纳米晶粒(图2-38),其对应的选区衍射花样为不连续的环状花样,说明ASB中部存在大量具有大角度晶界的细小晶粒且具有一定程度的择优取向。ASB中部没有观察到析出相,衍射斑点为铝基体的衍射斑点,并没有观察到第二相的衍射斑点存在,说明析出相已经完全溶入了基体中。

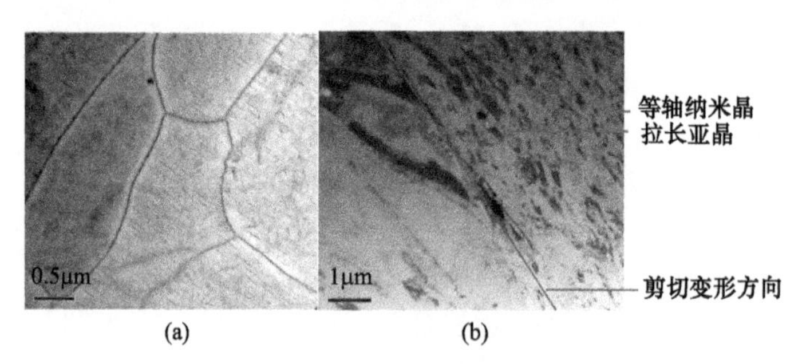

图2-37　2195铝锂合金帽形试样加载前和加载后的剪切带TEM形貌
(a)峰时效态2195铝锂合金加载前;(b)加载后形成的ASB形貌。

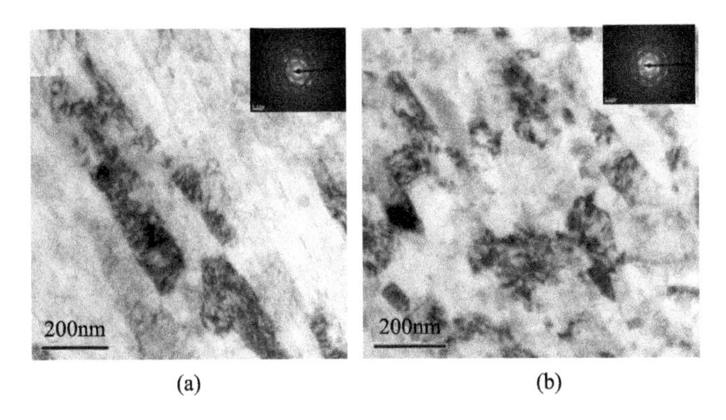

图 2-38 具有动态再结晶特征的纳米晶粒

(a) ASB 内部拉长的晶粒形貌及其衍射花样；(b) ASB 中部的纳米结构。

1）剪切带内纳米结构的形成

（1）剪切带内的热/力学条件。

根据下列公式[34,35]可将帽形试样加载过程中的电信号与时间数据转换成真应力—应变曲线，即

$$\tau=\frac{P}{\pi L\left(\frac{d_i+d_e}{2}\right)}=\frac{\sigma A_s}{\pi L\left(\frac{d_i+d_e}{2}\right)}=\frac{E_0A_s\varepsilon_t(t)}{\pi L\left(\frac{d_i+d_e}{2}\right)}=\frac{E_0d_{bar}^2\varepsilon_t(t)}{2L(d_i+d_e)} \tag{2-25}$$

$$\dot{\gamma}(t)=\frac{2C_0e_r(t)}{W} \tag{2-26}$$

$$\gamma(t)=\int_0^t\dot{\gamma}(t)\mathrm{d}t \tag{2-27}$$

$$\varepsilon=\ln\sqrt{1+\gamma+\frac{\gamma^2}{2}} \tag{2-28}$$

式中：E_0为钢压杆的弹性模量(200GPa)；C_0为纵波波长(5000m/s)；$e_r(t)$、$e_t(t)$分别为实验测得反射脉冲和透射脉冲；L、W 分别为 ASB 的长和宽；d_i、d_e分别为帽形试样的帽顶直径(5.5mm)和帽底直径(5.0mm)，A_s 为入射杆的横截面积；d_{bar}为入射杆直径。

在霍普金森压杆动态加载实验中，可以利用以下公式，求得应力波在 SHPB 加载过程中的加载时间，即

$$T=\frac{2L_0}{C_0} \tag{2-29}$$

式中：C_0 为应力波在钛合金压杆中的纵波波速，其值为 5000m/s；L_0 为 SHPB 加载过程中的撞击杆长度，为 200mm。因此，可得应力波的加载时间为 80μs。再

将式(2－29)结合图2－39(a)可以看出T6峰时效态2195铝锂合金帽形试样的绝热剪切变形时间约为71μs。

依据前述(2－25)至式(2－28),得到图2－39(b)、(c)。由图2－39(b)中剪切区域的应变速率—时间曲线得到平均应变速率约为3.2×10^5/s。

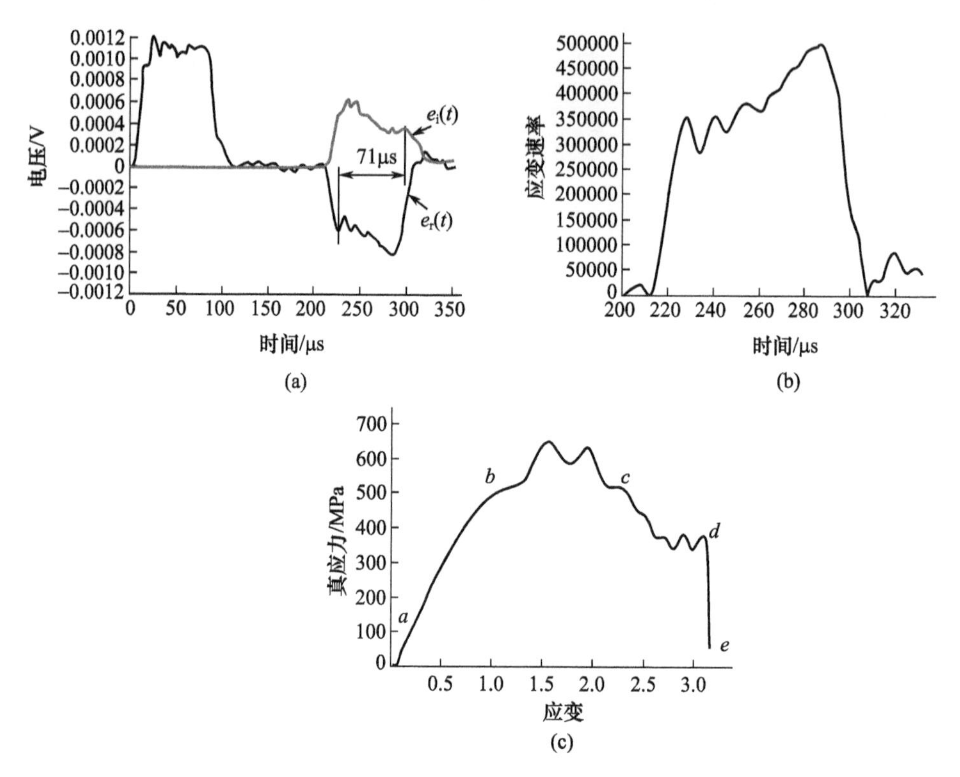

图2－39　T6时效态2195铝锂合金帽形试样动态加载过程中的
(a)应变脉冲—时间动态响应曲线;(b)应变速率—时间曲线;(c)真应力—应变曲线。

当动态加载过程中剪切区域的平均应变速率大于10^3/s时,整个剪切区域的变形可以近似认为是绝热的,故绝热温升可以采用式(2－29)来计算。

将图2－39(c)中的真应力—应变曲线分割为无数宽度相等的连续微单元,利用式(2－29)即可作出图2－40所示剪切区域的绝热温升—时间曲线,可见帽形试样剪切区域的温度在75μs内升高到834K,这高于2195铝锂合金的最低再结晶温度(373～466K),为ASB内晶粒发生再结晶提供了热力学保证,同时也为析出相的溶解提供了一定的热力学条件。

(2)剪切带内纳米结构形成机制。

在对图2－38所示的分析中可以发现,利用霍普金森压杆对2195铝锂合金

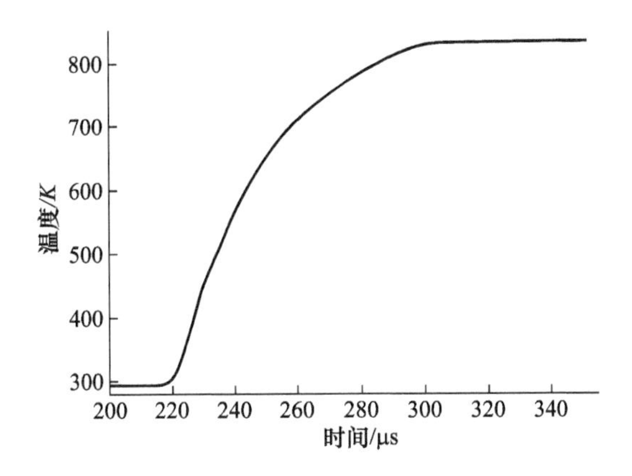

图 2-40　剪切区域绝热温升—时间曲线

的帽形试样进行动态加载获得的剪切带内晶粒具有再结晶的特征，这种结构的演化过程必然受制于某种再结晶机制。然而经典的再结晶机制，比如大角度晶界迁移机制和亚晶合并机制都不能很好地解释在时间上的可能性（至少要比该过程发生的机制慢 3~4 个数量级），目前公认的在动力学上比较合适的机制是 Meyers 等提出的旋转动态再结晶（Rotational Dynamic Recrystallization，RDR）机制。

该机制认为亚晶界在界面能最小的驱动力作用下旋转形成大角度晶界，即形成再结晶晶粒，其动力学可以用式（2-22）和式（2-23）描述。目前没有 2195 铝锂合金的动力学参数，参照铝合金的相关参数 $\sigma = 8.08 \times 10^{-10}\text{m}$，$\eta = 0.324\text{J/m}^2$，$D_{bo} = 1.71 \times 10^{-4}\text{m/s}$，$Q_b = 66\text{kJ/mol}$，$R = 8.314\text{J/mol}$[36]。在 RDR 机制中，亚晶需要旋转约 0.523rad（30°）才能完成再结晶过程形成再结晶晶粒。将参数代入式（2-22）可得到 RDR 机制的动力学计算结果，如图 2-41 所示。图 2-41（a）给出了在 $0.4T_m \sim 0.5T_m$ 温度条件下，形成直径为 100nm 的晶粒所需的时间；图 2-41（b）给出了在 $0.45T_m$ 温度条件下，形成直径为 100nm ~ 1μm的晶粒所需的时间。由图可知，通过 RDR 机制，温度越高，形成相同大小的晶粒所需要的时间越短。在 $0.45T_m$（420K）形成晶粒度在100nm ~ 1μm范围内的等轴晶粒所需要的时间少于 71μs，且形成的晶粒直径越大所需时间越长。所以，对于峰时效态 2195 铝锂合金帽形试样剪切区域内的晶粒在绝热剪切变形时间内急剧细化形成拉长亚晶和纳米等轴晶，RDR 机制能很好地解释其动力学上的可行性。关于剪切带内析出相瞬间溶解机制将在 2.3.3 节中详细探讨。

2）剪切带内纳米结构的热稳定性

2195 铝锂合金经过动态加载后剪切带的金相照片如图 2-42 所示，在该图

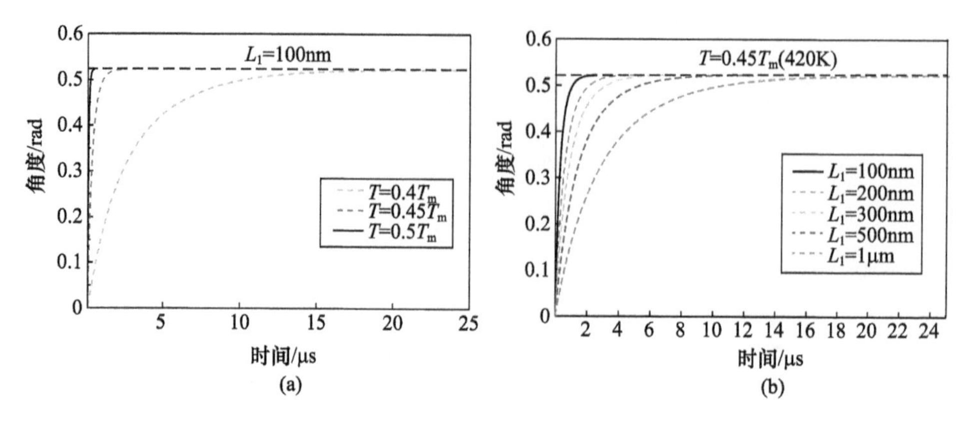

图 2-41 2195 铝锂合金晶粒内部亚晶界旋转弧度随时间变化曲线

(a)不同温度条件下在 L_1 = 100nm 时的情况;(b)不同亚晶粒尺寸条件下在 0.45T_m 时的情况。

的中间区域可以看到一条 20 ~ 30μm 宽的条形区域,该区域就是霍普金森压杆加载后所得到的剪切带,由于分辨率的限制,在剪切带内的晶粒组织在金相下分辨不清。

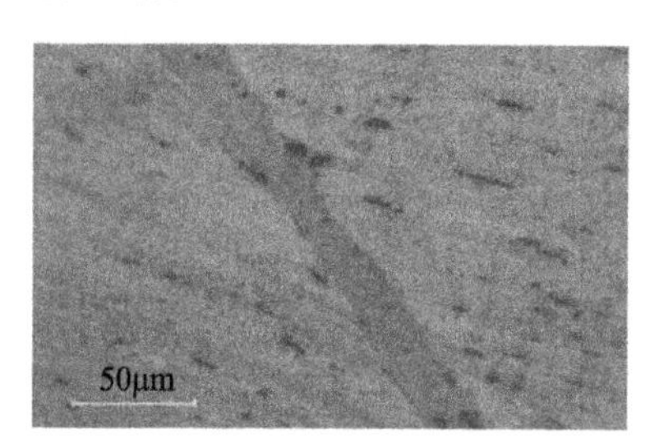

图 2-42 动态加载后的剪切带的金相

动态加载后的试样在不同温度下进行 1h 退火处理,退火后的金相组织如图 2-43 所示。将图 2-43(a)、(b)与图 2-42 比较发现,在 100℃ 和 200℃ 下热处理后剪切带的形状和基体晶粒尺寸都没有发生明显的变化,且剪切带内没有观察到明显的晶粒组织。但在 300℃ 下退火时,剪切带里面出现少量晶粒,晶粒形状为等轴状,这说明晶粒已经部分开始长大,400℃ 热处理后的合金组织中,剪切带里面的纳米晶粒尺寸显著长大,达到 2μm 左右,如图 2-43(d)所示,可以清晰地观察到其形状为等轴晶。

图 2-44(a)、(b)所示为在 100℃、200℃ 温度下退火 1h 后剪切带的 EBSD 成像质量图,可见剪切带以及周围基体的形态,其中剪切带为黑色,旁边的其他区域为基体。比较图 2-44 中的(a)、(b),剪切带的形态没有变化,都为一条黑色的带子,原因在于 ASB 在发生剪切变形的过程中产生的纳米晶在 100℃ 和 200℃ 相对较低的温度下晶粒长大的驱动力很小,在 1h 的时间里面晶粒没有得到充分地长,晶粒尺寸低于 EBSD 的分辨率(200nm),所以剪切带内部呈现黑色,不能分辨内部的晶粒形态。

图 2-44(c)、(d)所示为在 300℃、400℃ 温度下退火 1h 后剪切带内部组织

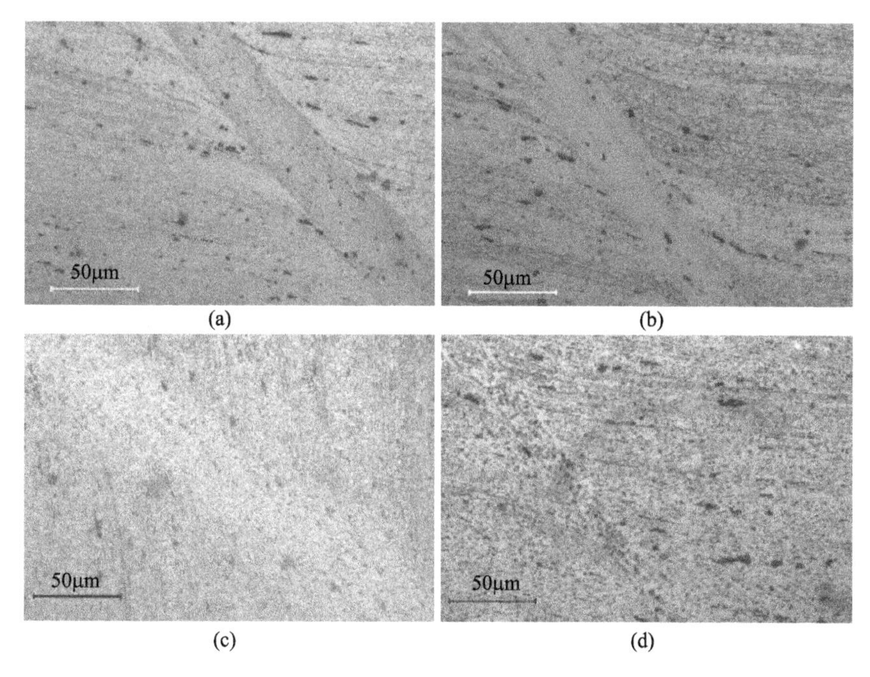

(a) (b) (c) (d)

图 2-43 在不同温度下退火 1h 后剪切带的金相组织
(a)100℃;(b)200℃;(c)300℃;(d)400℃。

的成像质量图。可见,在300℃时晶粒明显长大,达到了EBSD的分辨范围,晶粒的形态可以被观测到。再通过OIM软件的对晶粒大小的统计分析可以得出,在300℃时平均晶粒的大小为0.22μm,在400℃下为1.77μm。可见,在300℃时晶粒发生了急剧的长大,长大的幅度比之前100℃和200℃时的晶粒长大要大得多。之所以会产生这样显著的长大是因为晶粒的长大过程是晶界的迁移过程,晶粒的长大速度取决于晶界的迁移率,晶界的迁移率与温度有着密切的关系,可以表示为 $G = G_0 e^{-\frac{Q_g}{RT}}$,式中:$G$ 为晶界迁移速度;G_0 为常数;Q_g 为晶界迁移的激活能。由此可见,晶界的迁移速率随温度升高而显著增大;再者,对于铝合金而言,析出相对晶界的迁移具有很强的抑制作用,析出相的数量越多、尺寸越小、分布越弥散,对晶界的钉扎作用越强。退火前剪切带内的纳米结构中,析出相在动态加载过程中已完全回溶(图2-38),在100℃、200℃的退火后,由于析出相对晶粒的束缚作用很小,在加热的过程中晶粒应该较容易长大。但由于在100℃和200℃退火,温度较低,晶粒长大的驱动力比较小。此外,通过绝热剪切这样的强变形使得沉淀相回溶的情形,在退火过程中沉淀相的析出比传统条件下回溶后的析出要容易得多,也就是在较低温度下就可以析出较多的析出相,钉轧住晶界,对晶粒的长大起到抑制作用,所以晶粒的尺寸在100℃和200℃都保持在比较小的范围。

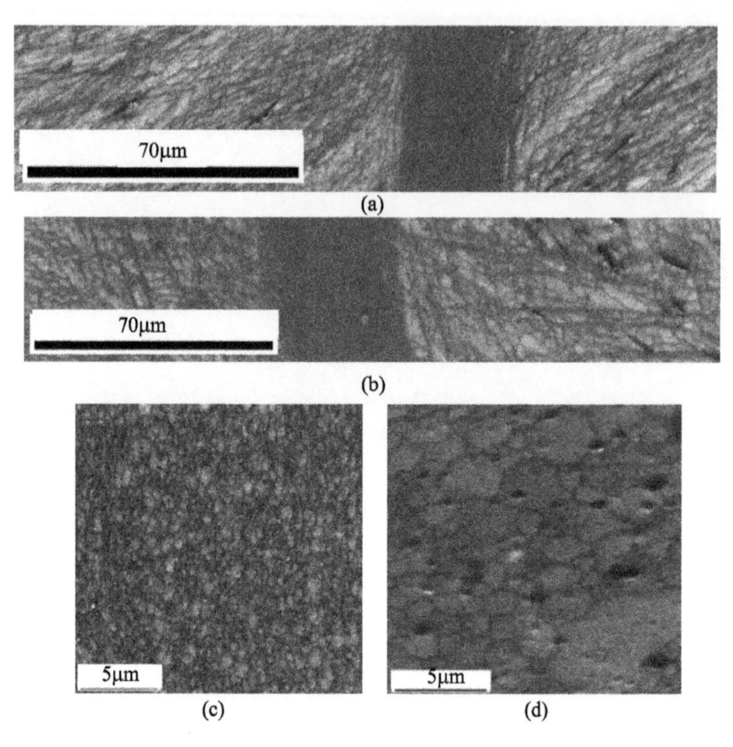

图 2-44　在不同温度下退火 1h 后剪切带的成像质量
(a)100℃;(b)200℃;(c)300℃;(d)400℃。

在 300℃退火后晶粒开始明显长大至 220nm 左右,这是由于随着温度的升高析出相的聚集和长大使得对晶界的钉扎作用降低,导致晶粒显著长大。从图 2-45可以直观地观察分析得出,在 300℃退火时剪切带的晶粒分布在 60~900nm 之间,剪切带中的晶粒还有极少量处在纳米级,且晶粒分布比较广,晶粒大小相差较大,较大的晶粒已经长大到 900nm,接近于微米级,这主要是由于晶粒的反常长大造成的,在退火过程中某些晶粒附近的析出相析出较少,析出相对晶界的钉扎作用较弱,晶界扩散速度快,晶粒长大很快而形成较大的晶粒,在 400℃退火时的晶粒进一步长大,并且晶粒尺寸分布较均匀,主要集中在 1.77μm 左右。

图 2-46 所示为不同温度下退火后的剪切带内的显微硬度。在图 2-46 中可以看出在温度升高的过程中显微硬度先缓慢增加而后迅速减小,在 100℃退火后硬度升高的原因在于析出相在晶界和晶内的析出起到弥散强化的作用;在 200℃析出相析出的量增加,弥散强化作用增强。当温度达到 300℃时晶粒长大,析出相粒子聚集、长大,晶内的位错相互抵消,使硬度大幅度降低;在 400℃时,晶粒和析出相的显著长大使得硬度继续降低。

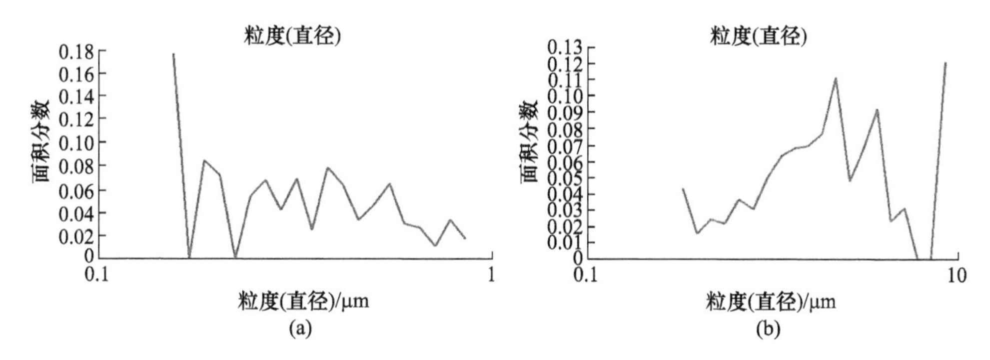

图 2-45　退火 1h 后 ASB 内的晶粒尺寸频率分布

(a)300℃；(b)400℃。

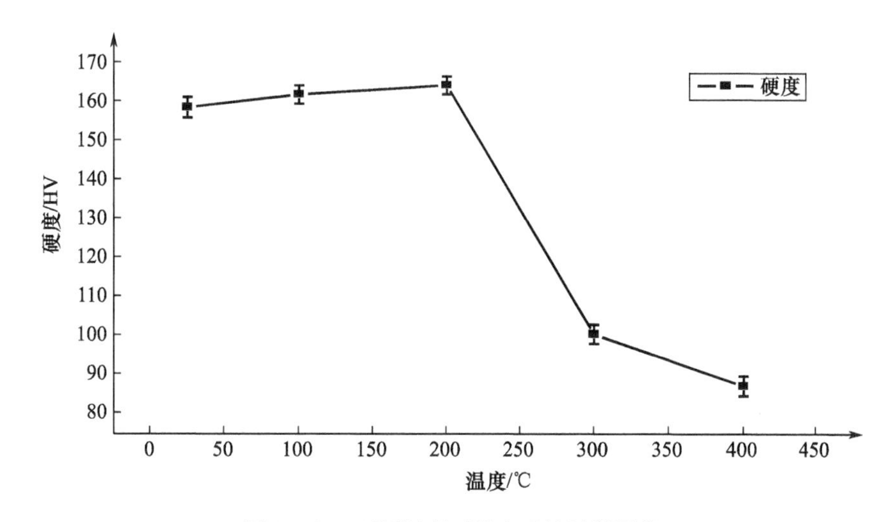

图 2-46　不同温度下退火后的显微硬度

可见,在动态加载过程中,在帽形试样的剪切区域形成了 ASB,剪切带内的晶粒为 50～100nm 的纳米等轴晶,在绝热剪切形变过程中析出相已完全溶解于基体,纳米晶内部和晶界不存在析出相。经不同温度退火后,随着温度的升高晶粒尺寸增大,100～200℃退火后晶粒未发生显著长大,在 300℃退火后晶粒急剧增大到 0.22μm,400℃退火后晶粒尺寸为 1.77μm;显微硬度的测试表明,材料在 300℃左右的温度力学性能显著下降;该纳米晶粒急剧增大的临界温度为 300℃,该纳米结构在 300℃以下基本稳定。

2.3.3　绝热剪切带内的相变机制

根据局域化变形区域内(即 ASB 内)组织是否发生相变,可将 ASB 分为形变带和相变带两类,形变带内仅存在变形的晶粒,而相变带内的晶粒具有与基体材料不同结构的相。有学者根据金相截面形态,将相变带称为“白色”腐蚀带(White - Etching Bands)。“白色”腐蚀带首先并主要在钢中发现,在铝合金、钛合金中也有报道,并受到广泛关注。有学者推测,“白色”剪切带的所谓“白色”是由于局域化过程中带内温度骤然升高达到了相变点,甚至达到熔点而随后被剪切带周围材料快速冷却时产生,即类似于快速淬火而发生奥氏体向马氏体转变,其转变产物难以被腐蚀剂腐蚀所致。此后,学者们一旦观察到“白色”腐蚀带,便认为带内发生了相变并称之为相变带。然而,直至目前关于“白色”腐蚀带发生相变的报道均未给出直接和确切的实验证据。随后,借助电镜和 X 射线的研究结果表明剪切带内有回火马氏体、δ 铁素体、未回火马氏体等;Meyers 等[17]发现在不锈钢爆炸坍塌实验中 Ti - 6AI - 4V 合金所产生的 ASB 内 $\alpha \rightarrow \alpha_2$ (Ti_3Al)的相变。作者[33]最近的工作发现,高应变速率动载下 7075 铝合金形成的 ASB 内的纳米晶粒结构内,加载前原有的 T_1、θ'、S' 等析出相瞬间(约 10^{-5}s)已完全溶解于基体(回溶),申请人的定量分析计算表明,ASB 内的绝热温升为最大值不超过 300℃,远低于各析出相的固溶温度(如铝合金的 θ' 相在 450 ~ 460℃溶解于基体),铝合金析出相低温瞬间溶解这种超常规的特异现象是目前基于准静态条件的经典相变理论所困惑和不能解释的。作者在 TC16 钛合金($\alpha + \beta$)的 ASB 中观测到了 α' 马氏体转变[37],在近 β 钛合金 Ti1300 的剪切带内观测到了无热 ω 相[9]。

众所周知,形变诱发相变一直是相变理论领域的研究热点。动态局域化变形诱发相变,包括结构转变和相成分改变两种类型。前者涉及点阵堆垛次序改变,是靠晶格切变(如马氏体相变)和位错运动实现的;后者则与原子扩散有关,即扩散型相变。由前述可知,高应变速率动态加载最大的特点是持续时间短(μs 量级或更短),而时效型合金的相变(溶解和脱溶)都是典型的扩散型相变,即通过热激活的原子运动实现的。ASB 内由于绝热温升等也很有可能发生扩散型相变。

在此介绍作者在时效型合金、马氏体型合金两类合金的 ASB 内所发生的相变的相关研究工作。

1. 时效型合金 ASB 内的扩散型相变

作者[38,39]针对所发现的铝合金的 ASB 内沉淀相的瞬间溶解现象,探讨了其发生的热力学、动力学及溶解机制。

1) 动态应力—应变响应及剪切带内的热—力参量

采用分离式霍普金森压杆对 2195 - T6 态铝锂合金帽形试样进行动态加载,动态应力—应变响应及剪切带内的热—力参量见图 2 - 39、图 2 - 40。

前述图 2 – 39(a)所示为 2195 铝锂合金动态剪切变形实验应变脉冲—时间动态响应曲线。图 2 – 39(b)所示为峰时效应变速率—时间曲线。由图 2 – 39(b)可知,峰时效帽形试样剪切区域的平均应变速率约为 3.2×10^5/s,绝热剪切变形起始于应变速率的第一个峰值,终止于应变速率的最后一个峰值[22]。由图 2 – 39(b)可见,整个绝热剪切形变过程持续时间为 71μs。图 2 – 39(c)所示为真应力—应变曲线。

绝热剪切变形区内的绝热温升,是研究其内部微观结构演化的重要参数,将图 2 – 39(c)中的应力—应变曲线分割为若干连续的宽度单元,以此求得各单位面积 S_i 值。将各 S_i 依次分别代入式(2 – 29),可以得出剪切变形区内的温度—时间曲线,如图 2 – 40 所示。从图中可以得到动态剪切变形过程中的剪切变形区内绝热温升达 834K。

综上,本实验中绝热剪切带内的热—力参量特点:高温(最高绝热温升 834K)、高应变速率(平均应变速率达 3.2×10^5/s)、大剪切应变(3.19)、高应力(高达 646MPa)、瞬间变形(绝热剪切变形在约 71μs 内完成)。

2) 沉淀相的瞬间溶解现象

图 2 – 47 所示为动态剪切变形前合金基体的晶粒形貌及其衍射斑点。图 2 – 47(a)所示为动态剪切变形前的合金基体,基体均匀分布针状和点状沉淀相。图 2 – 47(b)所示为动态加载前基体[110]方向的明场像,从图中可以看到大量的近乎相互垂直的针状 T1 相,少量的针状的 θ' 相和少量点状的 δ' 相。图 2 – 47(c)所示为其对应的基体[110]方向的衍射斑点,由图可知基体中具有较亮的具有平行四边形特征的和较暗的具有正六角形特征的两套衍射斑点。图 2 – 47(d)所示为其对应的衍射斑点标定,标定结果表明平行四边形的衍射斑点为铝基体的衍射斑点,正六角形的衍射斑点为 T1 相的衍射斑点。

图 2 – 48 所示为绝热剪切带内微观组织结构特征。由图 2 – 48(a)可见,剪切变形区域的微观结构从剪切带中心向剪切带边部逐渐改变。图 2 – 48(b)所示为 ASB 内边部区域的拉长亚晶组织,对应的选区衍射花样为连续的拉长环状。图 2 – 48(c)所示为 ASB 中部具有和再结晶特征的纳米等轴晶(晶粒尺寸为50 ~ 100nm),对应的选区衍射花样为不连续的环状多晶衍射花样,说明该选区内存在大量的大角度晶界的细小晶粒,可见剪切变形区的晶粒瞬间急剧细化、形成纳米等轴晶,此过程可用前述旋转动态再结晶机制来解释,剪切变形区内部没有观察到沉淀相,衍射斑点中也没有沉淀相的衍射斑点。

综上,说明动态剪切变形过程中,剪切带内晶粒的瞬间急剧细化,此外发现一个更令人感兴趣的现象:高应变速率下的扩散型相变——加载前的沉淀相在绝热剪切形变的瞬间过程中(约 10^{-5}s)完全地溶入基体中。

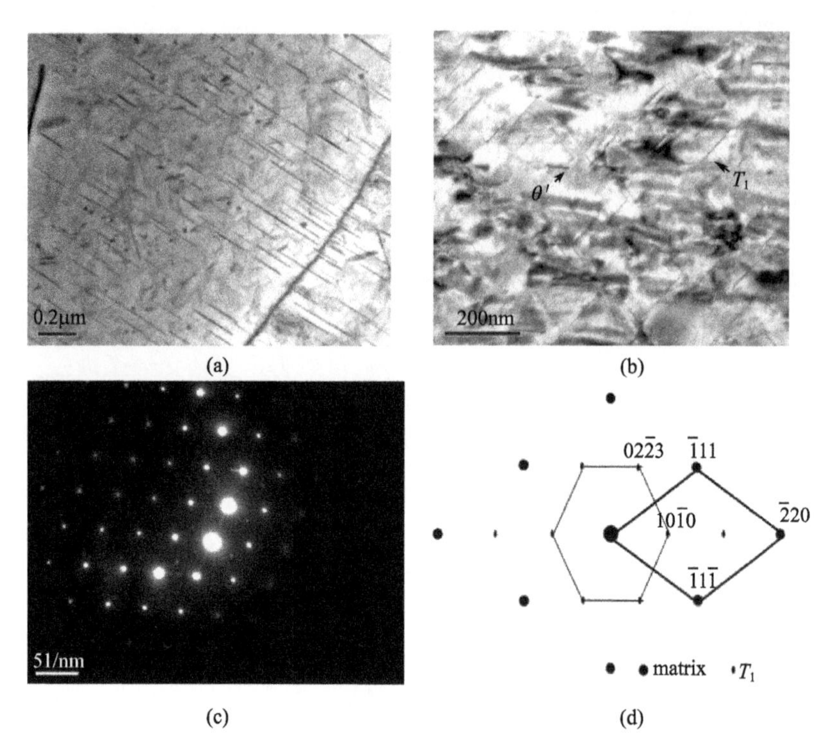

图 2-47 动态加载前 2195-T6

(a)TEM 形貌；(b)[110]晶带轴的微结构；(c)对应的选区衍射花样；(d)衍射图谱的标定。

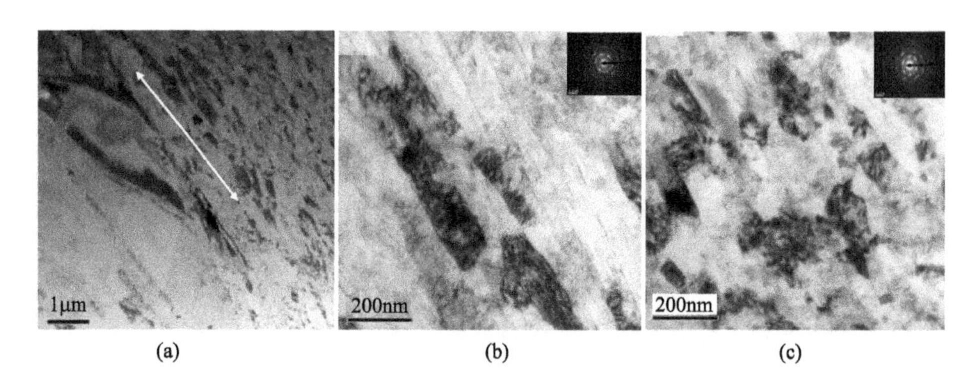

图 2-48 ASB 内微观组织结构特征

(a)ASB 与基体形貌；(b)ASB 内边缘区域的形貌及 SADP；(c)ASB 中部区域的形貌及 SADP。

3）沉淀相溶解机理

2195-T6 铝锂合金基体存在多种沉淀相，但主要以 T1 相为主，故在此以 T1 相为例，分析在高应变速率下沉淀相的溶解过程，并阐明其瞬间溶解机制。

(1) 沉淀相溶解的热力学。

从热力学的观点，动态加载形成 ASB 的过程中，剪切带内沉淀相的溶解是由于在变形过程中材料内部各相组织的热力学平衡遭到破坏。在绝热剪切变形过程中，剪切区域产生相当大的剪切应力，在应力作用下材料内部产生大量位错及严重的晶格畸变，沉淀相和基体的自由能均因晶格畸变的增加而增大。但众所周知，弹性模量是原子结合键的表征参数，因此，原子结合能不同的相在相同应变条件下的畸变能上升幅度不同。高原子结合能的相因晶格出现的变形程度大于低原子结合能的相而产生相对更大的畸变能。2195 铝锂合金中的第二相都是高硬度、高弹性模量的金属间化合物，在强塑性变形条件下第二相原子间距和排列产生的变化将导致其自由能的急剧上升，且其增长的速率要高于基体的几倍至几十倍；同时，在绝热剪切变形过程中，沉淀相(T1)在断裂与细化过程中，尺寸由大变小，为了与表面张力平衡，沉淀相内将增大压强，这种压强使第二相(沉淀相)的自由能增加，但基体中不出现此项能量的增加。此外，在 T1 相尺寸不断减小的过程中，T1 相与基体接触的表面积增大，使得 T1 相的表面能也不断增大。

可见，在绝热剪切变形过程中，沉淀相(T1)的自由能增大值大幅度高于铝基体的自由能增大值，从而使合金中各相的能量平衡被打破，当沉淀相 T1 的自由能最终累积达到高于基体自由能状态时，沉淀相 T1 开始溶解于基体。与此同时，沉淀相 T1 断裂前后的曲率半径发生改变，导致基体溶质浓度相应发生改变，打破了变形前基体相与沉淀相 T1 建立起的浓度平衡，为溶质原子溶解于基体的扩散创造了条件。因此，当 T1 相与基体的自由能差达到一定程度时，将满足沉淀相溶解的热力学条件。

(2) 沉淀相溶解的动力学。

从热力学的观点出发可以合理地解释沉淀相(如 T1 相)溶解，但是动力学方面的解释并未得到详细的说明。作者结合 ASB 内的热—力特征，从运动位错短程扩散、机械扩散和应变速率增强扩散等方面，探讨高应变速率下沉淀相瞬间溶解的动力学问题。

对于准静态($10^{-3} \sim 10^{-1}$/s)强塑性变形过程中，第二相的演变已有较多的研究，Murayama 等[40]在 Al－Cu 二元合金的等径角挤压变形中观察到呈针状的 θ' 相在室温下数道次等径挤压过程中逐步分解成短链状颗粒直至溶解入基体。Ma 等[41]认为热变形过程中沉淀相的演化特征为沉淀相弯曲、扭折、切断，最后球化溶解。Zhang 等[42]研究了 δ 相在 950℃、0.005/s 变形条件下的溶解特征，认为在变形断裂和溶解断裂的共同作用下，针片状的 δ 相逐渐转化为球状。Wazzan 等[43]研究 Ni 合金在低应变速率作用下应变速率诱导沉淀相的溶解，认为除温度影响合金原子扩散外，应变速率对位错短程扩散和机械扩散均有较大的促进作用。在剪切带内沉淀相 T1 相的溶解是沉淀相异质原子在基体中的扩散，而无论动态加载还是静态加载情况，沉淀相溶解速率都取决于异质原子的扩散快慢。对比本实验的加载条件可见，两种情况下沉淀相溶解的时间相差 8 ~ 10 个数量级。

从位错短程扩散来讲，Cohen[44]指出在应变速率一定情况下，位错处短程扩散对沉淀相溶解有较大的增强效果。绝热剪切变形过程中的剧烈变形将产生高密度晶体缺陷，产生的高密度位错（包括运动位错与不动位错）将影响剪切带内沉淀相（T1 相）的溶解扩散速率。沉淀相原子只能溶解到周围的不动位错的位错芯。而运动位错的位错芯可以不停地快速扫过沉淀相原子，在位错扫过沉淀相的过程中，沉淀相原子可以不断溶解到运动位错的位错芯中并被位错拖曳离开沉淀相。运动位错比不动位错增强扩散的效果要好。

从机械扩散角度来讲，由 Ivanisenko 等[45]的沉淀相溶解机制可知机械扩散对沉淀相溶解所起的巨大作用。在绝热剪切变形过程中的大剪切应力对沉淀相扩散的影响实际上即是机械扩散，T1 相受到强烈的剪切变形，T1 相会沿主剪切变形方向被拉长、拉细。在剪应力、位错、绝热温升及扩散等的联合作用下，T1 相表面将产生挠动、导致在长度方向失稳而破裂、细化，同时 T1 相在破裂细化过程中将在位错处短程扩散。在扩散过程中，伴随着基体与 T1 相不断被拉长变形，剪切应力作用于扩散原子，将拖曳沉淀相原子加速扩散，而巨大的剪切应力作用于 T1 相上也会增大 T1 相溶解速率。

在本加载条件下，ASB 内的剪切应变高达 3.19，大的变形有助于沉淀相的机械扩散，绝热剪切过程前期将产生高密度位错有助于沉淀相的位错短路扩散，同时由于绝热温升导致剪切带内温度达 834K 有助于沉淀相的热扩散。因此，这些都极大地提高了 T1 相原子溶解的速率。

从应变速率增强扩散来讲，考虑到所有依赖于应变速率的扩散机制时，应变速率增强扩散比可以表示为[46]

$$\frac{D_{\dot{\varepsilon}}}{D_l}=1+K\left|\dot{\varepsilon}\right|^p \tag{2-30}$$

$$D_l=D_0\exp\left(-\frac{Q}{RT}\right) \tag{2-31}$$

式中：D_l为基体静态加载下变形时扩散速率；$D_{\dot{\varepsilon}}$ 为变形时的扩散系数；$|\dot{\varepsilon}|$为应变速率的绝对值；K 为温度依赖的参数，温度的升高可以增大扩散速率，故 K 是大于 1 的常数；p 为应变速率的指数系数，静态加载情况下 p 值为 1，而应变速率对增强扩散起较大的作用，即应变速率增强扩散比是关于应变速率的递增函数，那么在动态加载情况下，p 值应该是大于 1 的值。

异质原子扩散的距离（X_p）可以表示为[47]

$$X_p = 2\left(D_{\dot{\varepsilon}} t\right)^{1/2} \tag{2-32}$$

将式(2-30)和式(2-31)代入式(2-32)得到

$$X_p = 2\left[(1 + K \mid \dot{\varepsilon} \mid^p) D_0 t \exp\left(-\frac{Q}{RT}\right)\right]^{1/2} \tag{2-33}$$

由前面的分析可知,绝热剪切变形时间为 71μs;绝热温升最大值为 834K,设定温度为 500K 时;K 是温度依赖的系数,一般大于 1,在此取 1.5;对于 2195 铝锂合金 $D_0 = 1.71 \times 10^{-5}\,\text{m/s}$,$Q = 90\text{kJ/mol}$,取 p 值为 1.0、1.5、2.0,可以得到在不同 p 值下,扩散距离随应变速率影响的曲线如图 2-49 所示。由图 2-49 可知,伴随着应变速率的增加,扩散的距离急剧增大。

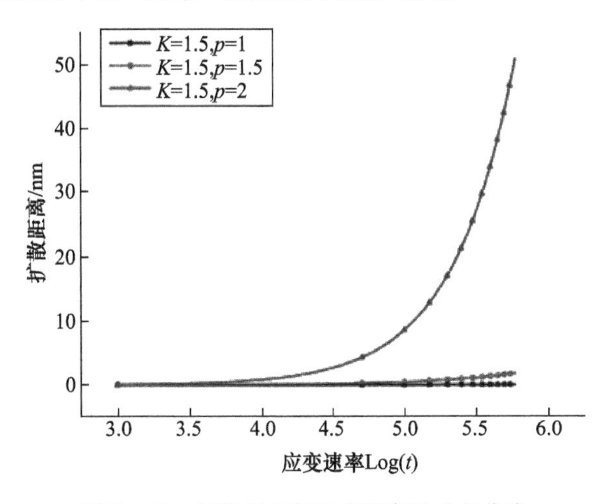

图 2-49　扩散距离与应变速率的关系曲线

在高应变速率的绝热剪切变形条件下,原子的溶解速率与扩散距离都急剧增加,并且运动位错短程扩散、应变速率增强扩散及机械扩散等都将促进/加剧沉淀相溶解速度。由此可定性地解释剪切带内沉淀相瞬间溶解的动力学。

(3) 沉淀相溶解模型。

绝热剪切形变过程中,虽然沉淀相的溶解是在约 10^{-5}s 的瞬间完成的,但它也有一个发生发展的过程。

绝热剪切变形开始阶段,位错密度急剧增加(其中沉淀相(T1)以及晶界周围的位错密度增加得最快);随着变形的继续进行,部分位错缠结成位错胞,位错胞也不断被拉长,同时 T1 相也伴随着亚晶一起沿主剪切变形方向被拉长、拉细;拉长、拉细的沉淀相表面在剪应力/位错/原子扩散等的联合作用下产生挠动,挠动导致沉淀相纵向形状失稳而发生破裂,最终破裂成一个个小尺寸的 T1 相,破裂之后的针状 T1 相将会重复以上过程。

与此同时,在变形过程中,T1 相周围塞积着大量的位错,随着 T1 相尺寸的减少、表面积的增加以及与位错接触的概率的增加,都导致 T1 相在剪应力/绝热温升二者耦合作用下的原子扩散溶解的速率大大增大。

由于沉淀相不断变小,由 Gibbs – Thomson 方程可知,随着沉淀相尺寸的减小,沉淀相的溶解度增加,加速了沉淀相的溶解,最终导致沉淀相溶解于基体。

由上述分析,可以建立沉淀相瞬间溶解模型——挠动扩散模型,如图 2 – 50 所示。

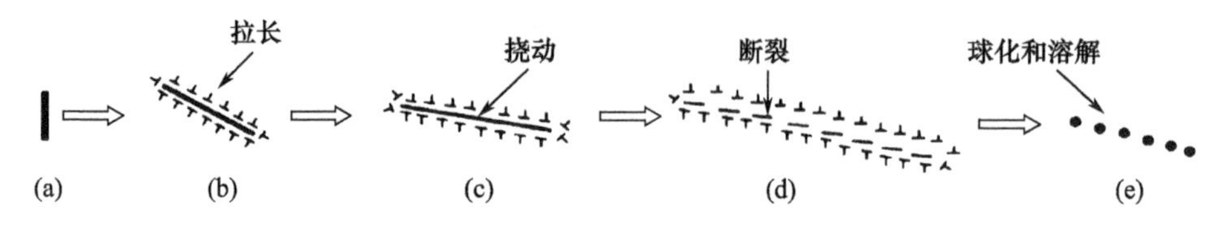

图 2 – 50 T1 相溶解过程示意图

(a)变形前的 T1 相; (b)剪切过程中 T1 相被拉长且其周围的位错密度急增; (c)剪应力和原子扩散联合作用于沉淀相表面导致挠动; (d)挠动效应导致拉长的 T1 相破碎为小尺寸的 T1 相; (e)小尺寸 T1 相球化并最终溶入基体。

综上所述,利用霍普金森压杆对 2195 铝锂合金动态压缩加载,分析计算霍普金森压杆实验数据得到:ASB 内的绝热温升达 834K、应变速率高达 3.2×10^5/s,剪切应变为 3.19,剪切应力高达 646MPa,绝热剪切时间为 71μs。

形成的绝热剪切带宽为 16.45μm;剪切带中部为纳米等轴晶(50 ~ 100nm),剪切带边部是沿剪切方向拉长的亚晶;并首次发现高应变速率下的扩散型相变——绝热剪切形变过程中沉淀相在 71μs 时间内溶解于基体。

剪切变形过程中,沉淀相(T1 相)在破裂细化后尺寸不断减小,表面能与畸变能的增大,使得沉淀相自由能远高于基体,当沉淀相与基体之间自由能差越来越大,达到临界值时,将导致沉淀相的迅速溶解。

在高应变速率绝热剪切变形条件下,溶解速率与扩散距离都急剧增加,并且运动位错短程扩散、应变速率增强扩散及机械扩散等都将促进/加剧沉淀相在极短时间内溶解。

在分析高应变速率下的绝热剪切形变过程中,铝合金沉淀相瞬间溶解的热力学、动力学的基础上,建立了沉淀相瞬间溶解模型——挠动扩散模型。

2. 马氏体型合金绝热剪切带内的马氏体相型相转变

关于绝热剪切变形过程中的动态相变,作者[38,39]在马氏体相变型合金 TC16 双相钛合金以及 Ti1300 钛合金的绝热剪切形变过程中,分别观测到马氏体转变和马氏体相变型的 ω 相等,兹介绍如下。

1）TC16 双相钛合金中绝热剪切带内微观结构的演化

（1）剪切带内的热—力参量。

TC16 双相钛合金是一种新型的马氏体型 $\alpha+\beta$ 钛合金，化学成分为（% wt）：Al2.5%，Mo5%，V5%，Ti（其余）。实验材料状态为加工态。原始组织由晶粒尺寸很细小的变形组织组成，如图 2－51 所示。利用 SHPB 动态加载其帽形试样（图 2－52），由实验测得的透射应变脉冲及霍普金森压杆实验参数经式（2－25）至式（2－28）计算得到绝热剪切形变过程中的应力—应变曲线，如图 2－53所示。

图 2－51　TC16 原始组织形貌

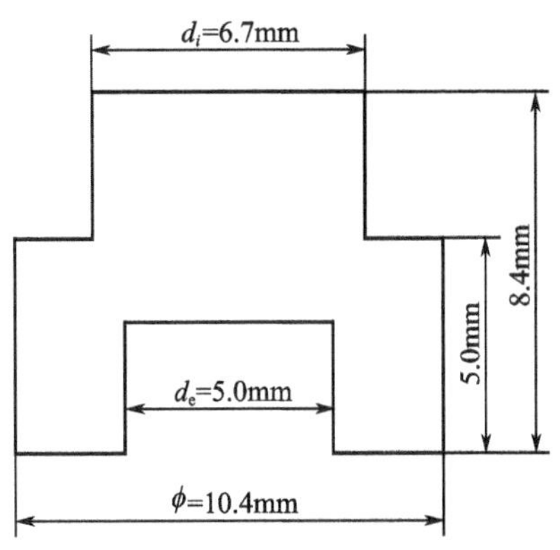

图 2－52　帽形样示意图

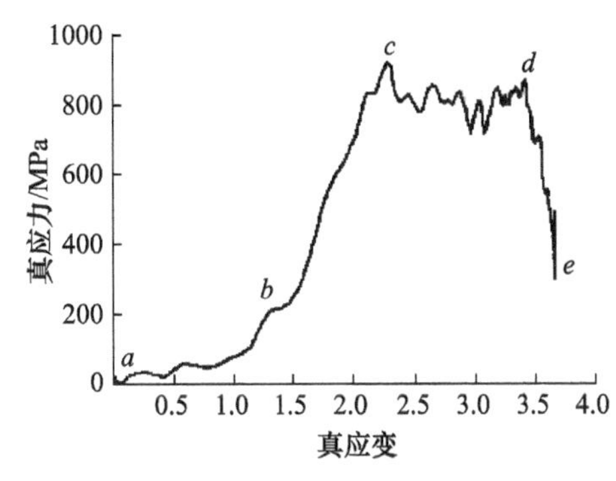

图 2－53　应力—应变关系

温度是影响微结构演变的重要因素之一。ASB 内的绝热温升计算可采用以下公式：$\Delta T=\dfrac{\beta}{\rho C_{\mathrm{v}}}\int_{\varepsilon_{\mathrm{s}}}^{\varepsilon_{\mathrm{e}}}\sigma\mathrm{d}\varepsilon$，一般认为，塑性功大部分转化为储能，90%～95% 转化为热量，故 β 取 0.9。对于 TC16 合金 $\rho=4647\mathrm{kg/m^3}$，293K 下 $C_{\mathrm{v}}=470\mathrm{J/(kg\cdot K)}$。结合绝热温升计算公式与制备 ASB 获取的动态响应数据（图 2－53），可以计算剪切区内绝热温升：将动态响应数据（图 2－53）分割为若干小块，依次求得 $\Delta\varepsilon_i$ 内的面积 S_i，即 $S_1=\dfrac{\Delta\varepsilon_1\times(\sigma_1+\sigma_2)}{2}$，$S_2=\dfrac{\Delta\varepsilon_2\times(\sigma_2+\sigma_3)}{2}$，$S_3=\dfrac{\Delta\varepsilon_3\times(\sigma_3+\sigma_4)}{2}$，…，依此类推。由绝热温升计算公式可知，绝热温升的获取相当于 90% 以上的形变功转换为热，即

$$\Delta T_{\max} = \frac{\beta}{\rho C_v}\int_{\varepsilon_s}^{\varepsilon_e}\sigma \mathrm{d}\varepsilon = \frac{\beta}{\rho C_v}\sum S_i \tag{2-34}$$

可以得到剪切带内最大绝热温升为 1069K。

(2) 绝热剪切带内的微观结构特征。

图 2-54 所示为剪切带的微观形貌。ASB 为"白亮"带。成一角度斜插入帽形试样圆柱体部分,贯穿整个试样缺口。剪切带两侧为细小的基体晶粒,剪切带的宽度约 13μm,数倍于基体晶粒的大小。剪切带边缘为细长结构,具有与基体组织显著的界面。剪切带中部的晶粒十分细密,在光学显微镜下不能显现出来。

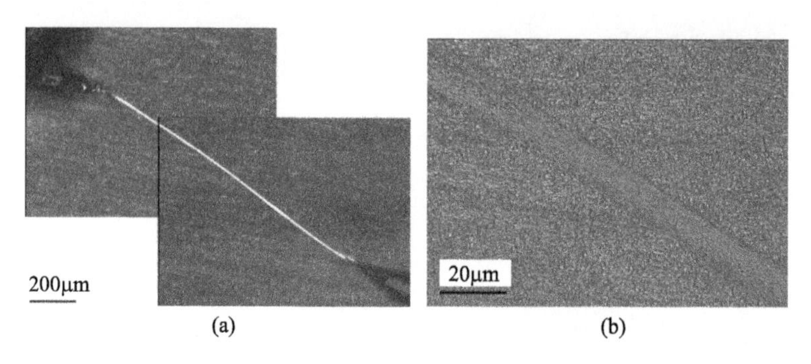

图 2-54　ASB 的金相形貌
(a)整体形貌; (b)局部形貌。

对试样进行深度腐蚀后,在 SEM 下进行观测。如图 2-55(a)所示,基体组织为变形组织,晶粒比剪切带中的粗大。如图 2-55(b)所示,剪切带与基体相接处存在明显的过渡,在剪切带边缘中组织沿着剪切方向细化伸长,说明剪切带在边缘受到剪切力的显著作用。剪切带边缘的组织结构特征也表明了强剪切变形的存在。如图 2-55(c)所示,剪切带中部的形貌上区别于剪切带边缘,组织密不可辨。可见,剪切带的边缘到中部存在着明显的组织变化。

由图 2-56 所示的明/暗场形貌和衍射斑点,可知 TC16 双相钛合金的基体组织为 α 相(α-Ti)和 β 相(β-Ti)的弥散混合组织。晶粒大小在 1μm 左右,厚的位错胞结构表明合金的基体中存在大量的变形。

由图 2-57(a)~(c)可知,剪切带中部由大量低位错密度的直径约为 0.2μm 的等轴晶粒组成,这些等轴晶粒具有典型的再结晶组织结构特征。通过衍射花样(图2-57(d))的标定可知,在图 2-57(b)、(c)中存在 α-Ti 的低位错密度的等轴晶粒。由图2-57(a)、(b)可见,在剪切带中部存在大量片状结构的晶粒,图 2-58(a)~(e)所示为这些晶粒的形貌。由于晶粒尺寸小于选区光阑的直径,所以得到两套位置接近的单晶衍射花样(图 2-58(f)),经标定可知这些

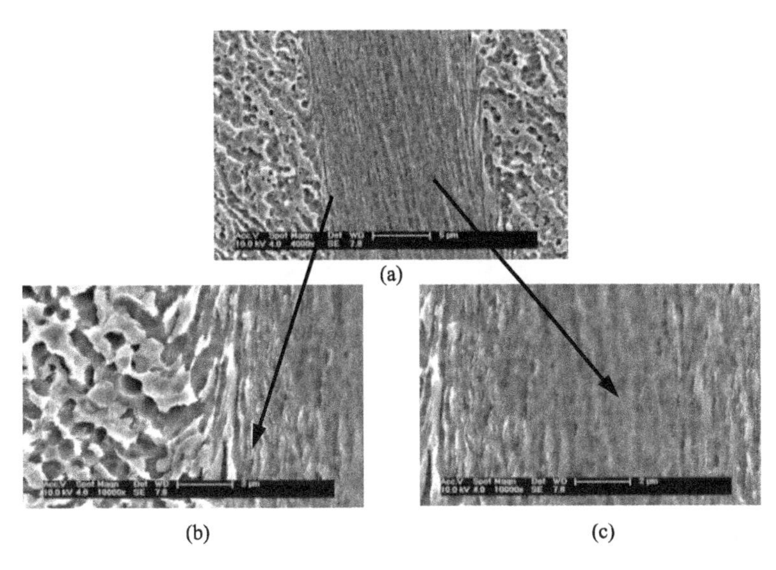

图 2-55　ASB 内及其近邻的 TC16 基体的 SEM 形貌

(b)和(c)分别对应于(a)中的剪切带边缘和中间部分。

晶粒为马氏体 α″相(斜方马氏体)组织。α-Ti 相和 α″相混合共存于剪切带中部。这说明在剪切带内发生了相变,光学显微镜下的白亮带是剪切带内相变所致。

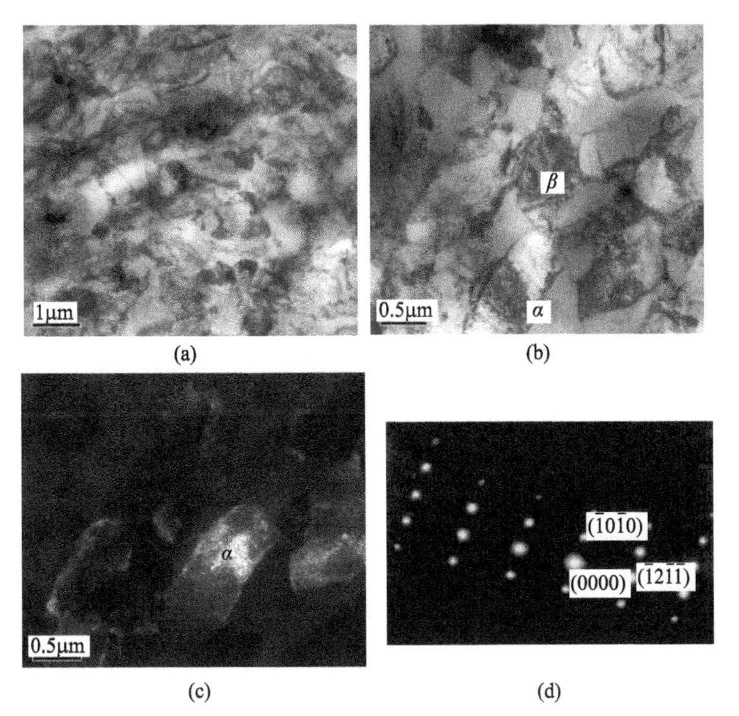

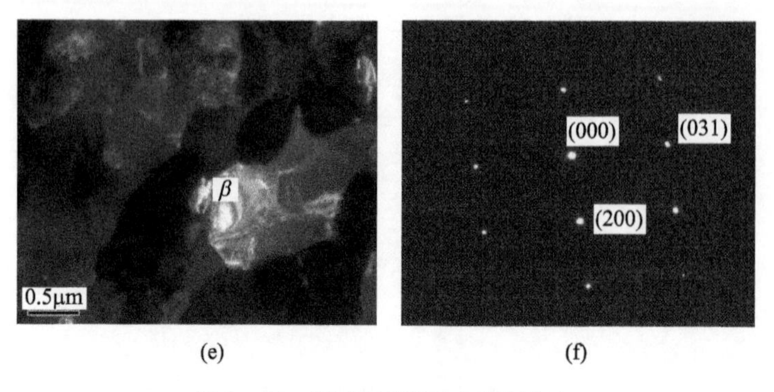

(e)　　　　　　　　(f)

图 2－56　明/暗场形貌和衍射斑点

(a)基体组织的 TEM 形貌；(b)基体的明场形貌；(c)(b)中 α－Ti 相的暗场形貌；
(d)对应于(c)的衍射斑点；(e)(b)中 β－Ti 相的暗场形貌；(f)对应于(e)的衍射斑点。

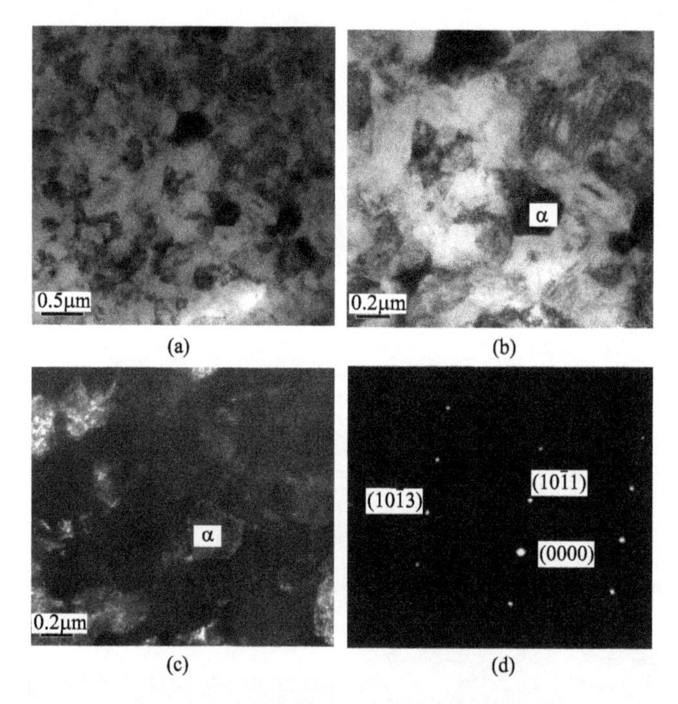

(a)　　　　　　　　(b)

(c)　　　　　　　　(d)

图 2－57　剪切带中再结晶组织结构特征

(a)剪切带中部组织的 TEM 形貌；(b)剪切带中部组织的明场形貌；
(c)与(b)相对应的暗场形貌；(d)(c)中 α－Ti 等轴晶粒的衍射花样。

(3) 绝热剪切形变过程中的微结构演变机制。

人们通常是在 Hall－Petch 公式的基础上讨论晶粒尺寸对于 ASBs 形成与分布的影响。比较具有细小基体晶粒的 TC16 双相钛合金中 ASB 内的微观结构与

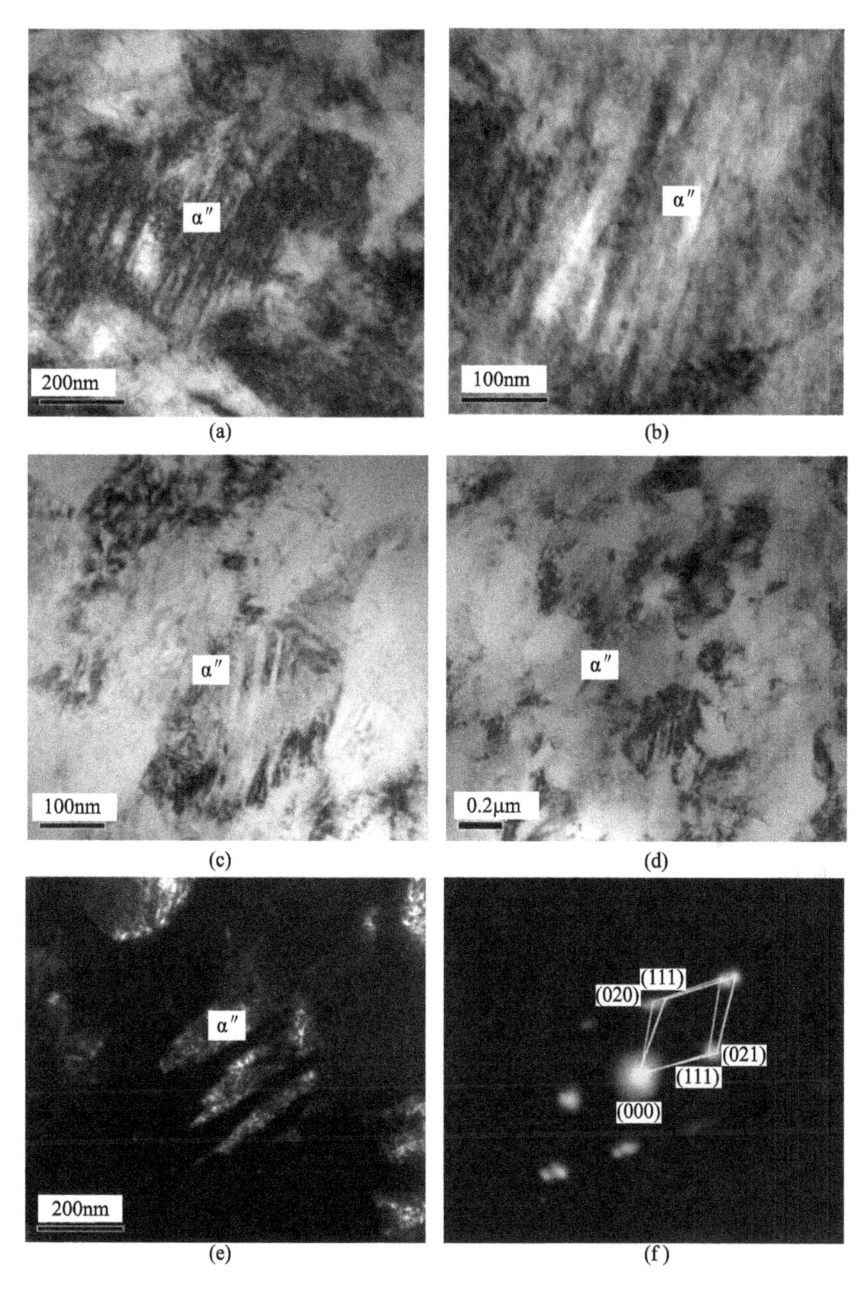

图 2－58 片状组织的 TEM 形貌

(a)～(c)剪切带中部片状组织的明场形貌；(e)与(d)相对应的暗场形貌；(f)与(e)片状马氏体 α″相相对应的衍射花样。

具有较大尺寸的基体晶粒合金(如本书中的TA2、1Cr18Ni9Ti等)中ASB的微观结构可以发现,ASB微观结构具有边缘拉长组织和中部等轴晶结构的共同特征,而晶粒尺寸显著地影响了ASB边缘的微观结构。在TC16双相钛合金中从ASB边缘到中部存在着较宽的过渡区间,在其中可以明显地发现,大变形晶粒沿着剪切方向排列,拉长晶粒分裂为多个取向差小的亚晶。而在原始晶粒尺寸较大的合金中ASB内边缘区宽度往往比较窄,有时需要通过晶粒尺寸和晶粒取向分布来推断拉长晶粒分裂的过程。当晶粒尺寸小到一定程度(几个微米以下)时,晶粒越细小,晶界越多,材料的不均匀程度则越明显,而ASB内热—力场的分布越不均匀,因此晶粒尺寸对于剪切带边缘结构的影响较明显。然而,由于剪切带中部始终位于热—力场分布的峰值,基体晶粒尺寸的大小基本上不会影响中部的等轴晶结构。

绝热温升的计算表明,TC16双相钛合金中ASB内平均温度约为1069K。由于在ASB内温度的分布并不均匀,中部温度高,并向两侧逐渐降低,因此ASB中部的局部温度应当高于1069K。图2-57所示的剪切带中部微观结构分析表明,细小等轴晶的$\alpha-Ti$和片状α''马氏体相混合共存。由以上可知,剪切带中部没有发生$\alpha+\beta\rightarrow\beta$的相变,可见其温度并没有达到该相变的温度。TC16双相钛合金$\alpha+\beta\rightarrow\beta$,转变温度为1093~1113K,与该合金在常规条件下的再结晶温度1093~1143K相重合,然而剪切带中部却发生了再结晶,这是由于在冲击载荷下绝热剪切变形在材料中产生了高压高剪受力和聚集了大量的变形能,使材料发生动态再结晶的温度低于常规条件下的静态再结晶温度。与TC16双相钛合金具有相近化学成分的苏制BT16钛合金(1.6%~3.8% Al,4.5%~5.5% Mo,4.0%~4.5% V),以高于临界温度(大约1063K)淬火时,β相将转变为α''马氏体相。这是由于该合金具有较高的β相稳定元素,晶格转变阻力大,因此β相不能直接转变为六方晶格,而只能转变为斜方晶格α''马氏体相。由SHPB实验测得的电信号可知,TC16双相钛合金绝热剪切变形时间约为122μs。冲击实验发现一片马氏体可以在0.1μs甚至更短时间内形成。在冷却过程中,ASB内的冷却速度高达10^5K/s。在绝热剪切变形过程中,剪切带中部的β相拉长晶粒通过充分地晶界旋转产生等轴晶粒以后,有足够的时间发生马氏体相变,形成直径约为0.2μm的α''马氏体相。

由以上研究可知,TC16双相钛合金中ASB内微观结构演化是动态再结晶的结果。其演化过程如下:变形初期剪切区内晶粒在压力和剪切力的共同作用下,沿着剪切方向被剧烈拉伸而产生拉长的大变形晶粒,剪切带中部具有比边缘更为显著的变形;当晶粒拉长至宽度为0.2μm左右时,拉长晶粒内的位错胞壁合并形成多个取向差较小的等轴亚晶;α相和β相的亚晶通过亚晶界旋转30°

左右形成细小的等轴晶，变形产生的位错消失在大角度等轴晶界内，β 相等轴晶通过切变方式迅速形成斜方结构的 α″马氏体相；在冷却过程中由于缺乏机械力辅助，等轴晶不再转动，冷却速度过大不足以发生晶粒的长大。

可见，TC16 双相钛合金中 ASB 内微观结构演化过程为：变形初期剪切区内晶粒在压力和剪切力的共同作用下，沿着剪切方向被剧烈拉伸产生拉长的大变形晶粒，剪切带中部具有比边缘更为显著的变形；当晶粒拉长至宽度为 0.2 左右时，拉长晶粒内的位错胞壁合并形成多个取向差较小的等轴亚晶；α 相和 β 相的亚晶通过亚晶界旋转 30°左右形成细小的等轴晶，变形产生的位错消失在大角度等轴晶界内，β 相等轴晶通过切变方式迅速形成斜方结构的 α″马氏体相；在冷却过程中由于缺乏机械力辅助，等轴晶不再转动，冷却速度过大不足以发生晶粒的长大。

2）Ti1300 钛合金中绝热剪切带内微观结构的演化

（1）剪切带内的热—力参量。新型超高强 β 钛合金 Ti1300 具有良好的可锻性和高淬透性，在 1300MPa 强度级别下具有良好的塑性和韧性匹配。动态加载前的初始状态为固溶态（880℃固溶 1h、水冷），原始组织为单相 β - Ti 组成。

利用分离式 Hopkinson 压杆（SHPB）技术对 Ti1300 钛合金的帽形试样进行动态加载，帽形试样的几何形状和尺寸以及 SHPB 实验过程如图 2 - 59 所示。线切割机平行于帽形试样的轴线取样分析。试样经机械研磨后进行双喷减薄。双喷电解液为：300mL 甲醇 + 175mL 正丁醇 + 30mL 高氯酸，操作电压为 25 ~ 30V。在 Tecanai G2 20 透射电子显微镜下分析绝热剪切带的组织结构，操作电压为 200kV。

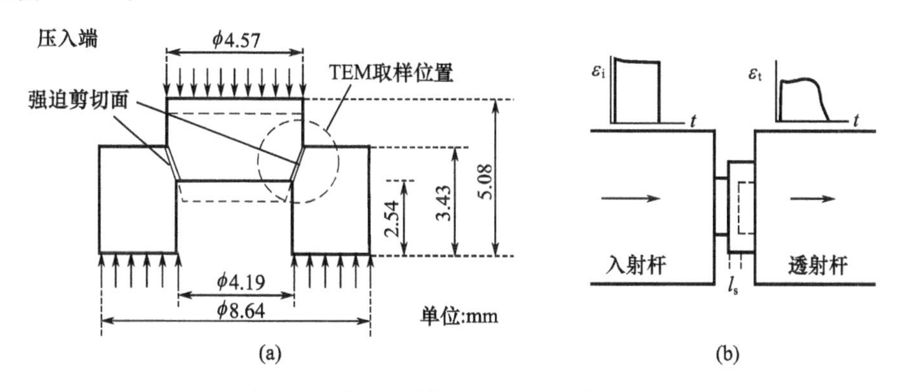

图 2 - 59　帽形试样以及 SHPB 实验示意图

图 2 - 60（a）所示为 Ti1300 合金 SHPB 实验电压脉冲—时间动态响应曲线。该图记录了入射杆和透射杆的应力波原始电信号曲线。由式（2 - 26）结合图

2－60(a)可得，该试样的绝热剪切变形时间约为29μs。将SHPB的应变信号数据和各参数值代入式(2－25)至式(2－28)可以获得剪切带内的真应力—真应变曲线，如图2－60(b)所示。从图中可知，试样在剪切变形过程中大约经历了5个不同的阶段：在 $a-b$ 段应力随应变增加而缓慢增加；在 $b-c$ 段，应力随应变的增加而线性增加；然后在 $c-d$ 段，应力随应变增加出现短暂下降；在 $d-e$ 段，流变应力随真应变的增加而在小范围内震动，这主要是由应变强化，应变速率硬化和热软化作用相互平衡所致；最后在 $e-f$ 段，随着热软化效应越来越显著，发生了热黏塑性失稳以及微裂纹的形成，使真应力急剧下降。

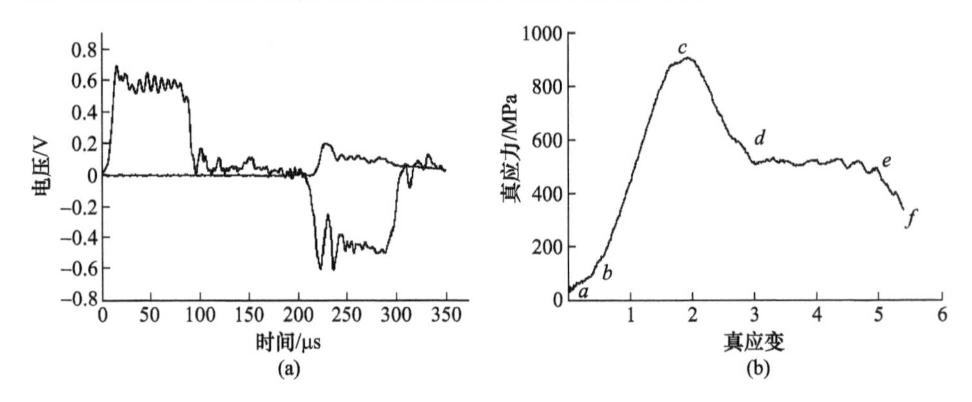

图2－60　剪切带形成过程中的力学响应数据

(a)电信号；(b)剪切变形过程中的应力—应变曲线。

绝热剪切带内的温升是研究其内部微观结构和相变演化的重要参数，当应变速率大于 10^3/s时，整个剪切区域的变形过程可以近似认为是绝热的。本实验中剪切变形的平均速率为 4.3×10^5/s，故绝热温度可以采用式(2－29)和式(2－34)计算。对于Ti1300钛合金，$\rho=4800\text{kg/m}^3$，$C_v=473\text{J/(kg}\cdot\text{K)}$。式(2－29)和式(2－34)中的 S_i 为单位面积的形变能。将图2－60(b)所示的应力—应变动态数据分割为若干连续的宽度为 $\Delta\varepsilon_i$ 的单元，以此求得各面积 S_i 值。由此结合式(2－29)和式(2－34)可以得出温度—时间曲线，如图2－61(a)所示。从图中可看出剪切变形过程中的剪切带内最大温度为1409K，即绝热温升为1116K。这高于钛合金的再结晶温度(0.4～0.5)T_m(885～1107K)。这为再结晶的发生提供了热力学保证。

为了确定剪切带内部的细小等轴晶粒的形成过程中是否有静态再结晶机制参与其中，采用经典一维傅里叶热传导方程来计算剪切带内温度冷却过程。

$$\rho C_v\frac{\partial T}{\partial t}=K_0\nabla^2T \tag{2－35}$$

相比于周围基体，剪切带区域非常狭小，并且是轴对称的，所以可以将此问题转化为下面的公式来计算分析，即

$$T(x,t)=\frac{2\varepsilon(T_m-T_0)}{\sqrt{4\pi kt}}e^{-(x-R_i)^2/4kt}\quad R_i-\delta<x<R_i+\delta \tag{2-36}$$

式中：T_m为剪切带内的最高温度；T_0为环境温度；δ为剪切带的宽度；$k=K_0/(\rho\cdot C_v)$；R_i为帽形试样轴线到剪切带中心的距离；K_0为材料的热导率。对于钛合金来说K_0为15.24W/(m·K)，T_m为1409K，T_0为293K，取x为R_i即分析剪切带中心的温度冷却过程。将各参数代入式(2-36)，得图2-61(b)。由图可知，钛合金可在约31μs时间内从1409K降到室温，由此可以计算出剪切带内的平均冷却速率约为3.6×10^7K/s。在如此短的时间内，可以忽略冷却过程中静态再结晶对最后组织的影响。后面有详细的计算分析。

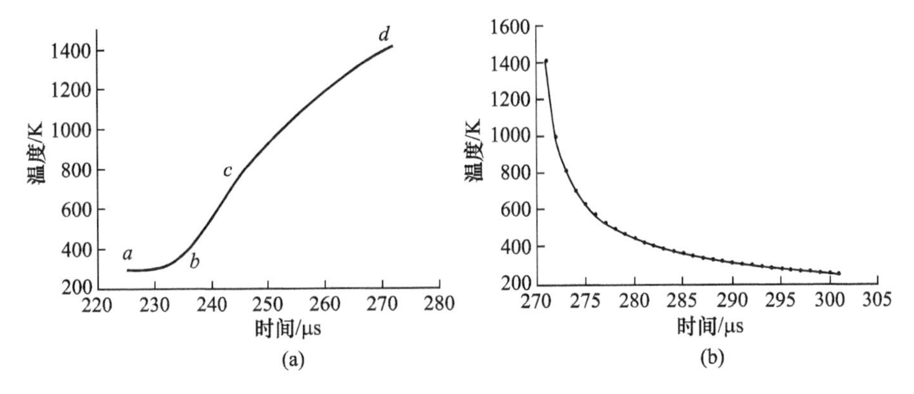

图2-61 剪切带中心的温度冷却过程

(a)温升；(b)温降—时间曲线。

(2) 剪切带内外的微观结构和ω相变。

图2-62所示为Ti1300剪切带微观形貌的光学显微照片。由图可见，剪切带是一条贯穿整个剪切区域的细长窄带，与基体组织存在明显的界面。剪切带的宽度为15μm，基体晶粒约为150μm。基体中遍布形变孪晶，邻近剪切带两侧区域的变形孪晶沿剪切方向扭转，如图2-62中红色箭头所示。

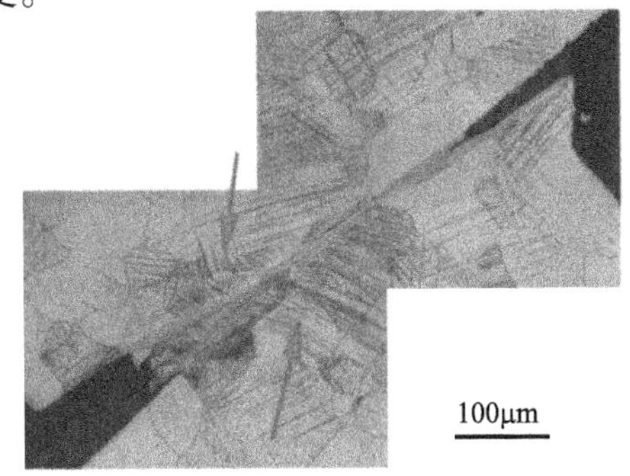

图2-62 帽形试样中形成的ASB的OM形貌

图2-63所示为远离剪切带的基体区域的透射显微照片。典型的平行孪晶

组织如图 2－63(a)所示，这些孪晶近似平行，其间距在 100～200nm 之间。图 2－63(b)所示为交错孪晶的形貌像。从图中可以发现，初次孪晶和高价孪晶共存。首先生成的为细小孪晶(A)，然后是比较粗大的二次孪晶(B)，最后是 B 孪晶内的高次孪晶(C)。A 孪晶与 B 孪晶的夹角约为 30°，B 与 C 孪晶的夹角为 30°左右。很显然，A 孪晶被 B 孪晶截断，A 孪晶是首先生成的，然后才生成 B 孪晶，最后生成的是 B 内的高次孪晶 C。图 2－63(c)所示为剪切带附近基体中的复杂形貌。这些复杂显微形貌应该先于剪切带形成。因为一旦剪切带形核，那么随后的变形都将高度集中在剪切变形区直至变形结束。与图 2－63(a)比较可以发现，图 2－63(b)、(c)中的微观组织结构特征更加复杂，这是由于邻近剪切区域的基体变形较远离剪切区域的基体更为严重，产生这种结构可以在一定程度上协调剪切变形。产生这种复杂形貌的主要原因应该是变形过程中发生了不稳定。而这种不稳定变形是由多种因素引起的，如帽形试样特殊几何形状和组织的不均匀性。这种结构吸收不稳定剪切变形所产生的能量以及该处复杂的晶体学构成，可以作为剪切带形核的潜在区域。

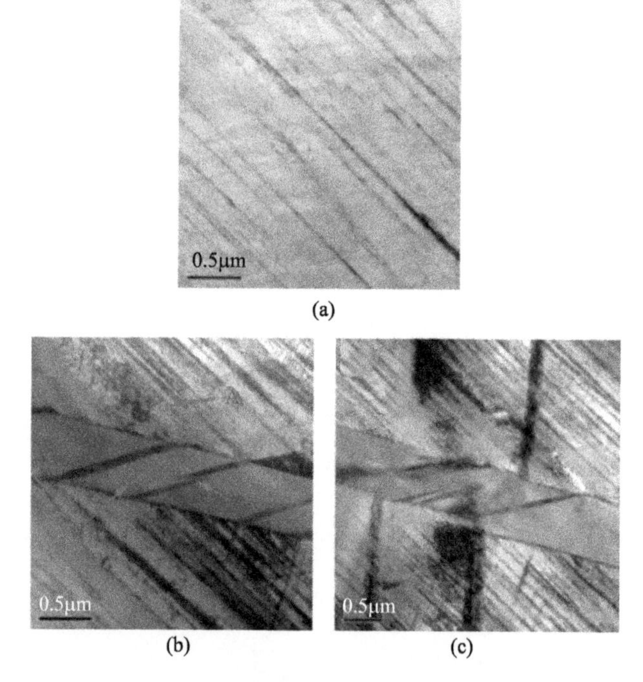

图 2－63　远离 ASB 的基体内的形变孪晶

图 2－64 所示为剪切带与基体的过渡区域的晶粒组织形貌及其对应的选区电子衍射花样。由图可见，剪切带边缘晶粒沿剪切方向拉长排列，宽度为 200～

400nm。这主要是由于剪切带边缘受到强烈剪切变形的作用所致。剪切带外侧基体的衍射斑点保持明显的单晶衍射花样,只是该花样的斑点被略微拉长,这主要是由于拉长晶粒沿垂直方向可以分裂成数个取向相差较小的亚晶粒,引起衍射斑点的形状效应。在剪切带内部的衍射花样为不连续多晶环特征,这说明了此选区内存大量细小晶粒。

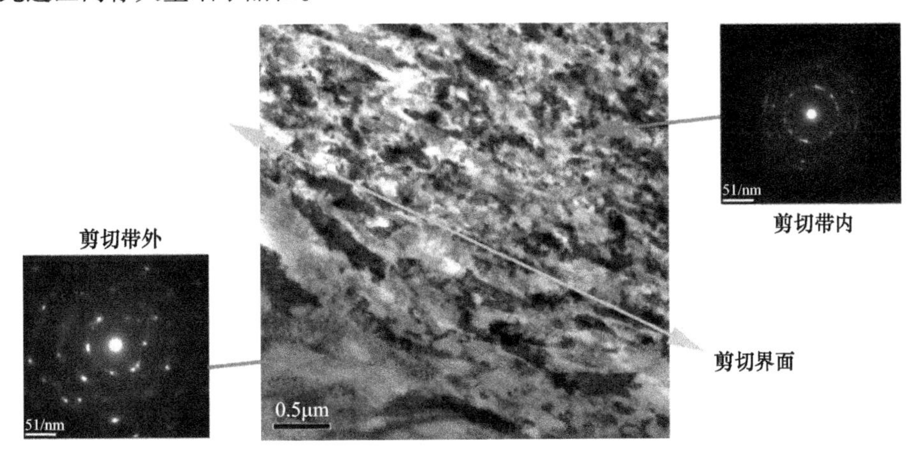

图 2-64　基体与 ASB TEM 明场像及其对应的 SADP

图 2-65 所示为 ASB 内部细小晶粒的形貌及衍射花样。图 2-65(a)所示为细小等轴晶粒沿剪切方向分布于剪切带内部。对于红色区域内的晶粒,虽然比较细小,但是仍然可以分辨出这些晶粒沿剪切方向分布(图中绿色直线所示)。图 2-65(b)所示 ASB 中部的细小等轴晶粒。从图中可以看出,细小等轴晶粒的直径为 50~100nm。晶粒间多为锯齿状晶界,并且晶粒内部存在一定数量的位错。图 2-65(b)中的不连续环状选区电子衍射花样说明了此选区内存大量具有高角度晶界的细小晶粒,并且在该区域内,并没有发现柱状结构,也没有发现任何熔化的证据,这说明剪切带内部没有发生熔化,这与前面的绝热温升计算是一致的。综合图 2-65 中的信息可以发现,根据这些等轴晶的尺寸及其体现的再结晶特征,可以推测,在这个区域发生了再结晶的转变。ASB 内细小晶粒的这种组织结构正是是动态再结晶的结果。

(3) 剪切带内晶粒细化的动态再结晶机制。

各种材料在多种冲击载荷下所产生的绝热剪切带其内部的微观组织都有类似再结晶的特征,这说明必然有一种或几种相同的再结晶机制决定剪切带的演化过程。

经典的再结晶机制,如大角度晶界迁移机制和亚晶合并机制都不能正确解释时间上的可能性,与冷却曲线相比,它们至少慢 3~4 个数量级。针对经典动

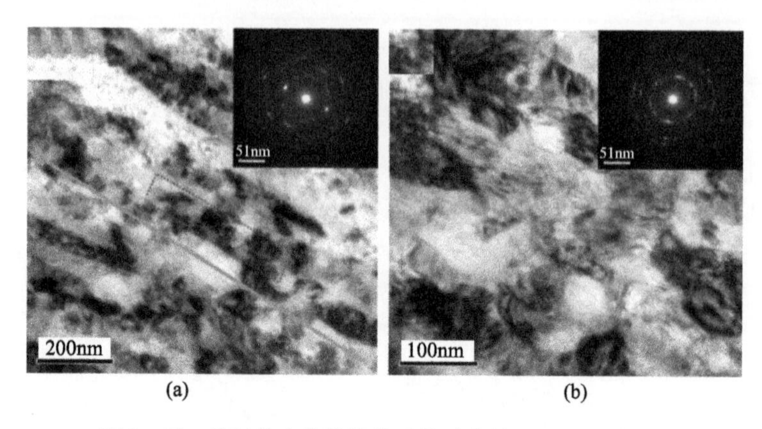

图 2-65　剪切带内的微结构及其对应的 SADP(见彩图)

(a)剪切带内邻近基体沿剪切方向分布的细等轴晶；(b)剪切带中部的细等轴晶。

态再结晶理论不能解释 ASB 内晶粒形成的动力学这一现象，虽然学者提出了多种新的动态再结晶机制。但目前公认的在动力学上比较合理的机制是 Meyers 等[17]提出旋转动态再结晶(RDR)机制。该机制认为亚晶界在界面能最小的驱动力作用下形成大角度晶界。亚晶界旋转产生大角度晶界(即形成再结晶晶粒)的动力学可用前述式(2-22)和式(2-23)描述。目前尚没有 Ti1300 的动力学参数，这里参照纯钛的动力学参数来计算。对于纯钛：$\delta = 6.0 \times 10^{-10}$m，$\eta = 1.19\text{J/m}^2$，$D_{b0} = 1.0 \times 10^{-5}\text{m}^2/\text{s}$，$Q = 204\text{kJ/mol}$，$k = 1.38 \times 10^{-23}\text{J/K}$，$R = 8.314\text{J/mol}$。RDR 机制认为，亚晶界可以通过旋转 30°来形成再结晶晶粒。因此，将参数代入式(2-22)可得到亚晶界旋转产生再结晶晶粒的动力学结果。图 2-66(a)给出了在 $0.4T_m \sim 0.5T_m$温度条件下，形成直径 100nm 晶粒所需的时间；图2-66(b)给出了在 $0.45T_m$温度条件下，形成直径为 100～500nm 晶粒所需的时间。结果表明，通过亚晶界的旋转，可以在 20μs 时间内形成晶粒度在 100～500nm 范围内的细小等轴晶粒。并且温度越高，形成相同尺寸晶粒所需要的时间越短。由上可知，本实验的绝热剪切变形时间约为 29μs。所以，RDR 机制在动力学上是可能的。

在冷却阶段，由于缺乏机械力辅助作用，晶界不会再发生旋转，此时晶粒的长大必须通过晶界迁移机制。迁移型再结晶机制是基于扩散过程，它与温度紧密相关。当温度很高时，迁移型再结晶机制易于发生。由前面数值计算结果可知，在变形完毕阶段剪切带内温度高达 1409K($\sim 0.63T_m$)，并且可在 30～33μs 内完成冷却过程，期间的冷却速度大约为 3.6×10^7K/s。迁移型再结晶机制可以通过方程(2-24)来计算晶粒的长大尺寸。对于钛合金，Q、k_0、n 分别为 322kJ/mol、$4.3\text{ms}^{1/n}$和 1[48]。在整个过程中(包括变形和冷却两个阶段)，计算的晶粒尺寸大约为0.318nm，远小于所观察到的晶粒尺寸50～100nm。因此，迁移型再结晶机制对于形成ASB内的等轴晶而言太慢而不可能起显著的作用。

总之，ASB内的细小等轴晶在剪切变形阶段形成；在冷却阶段等轴晶粒不会发生显著地长大。

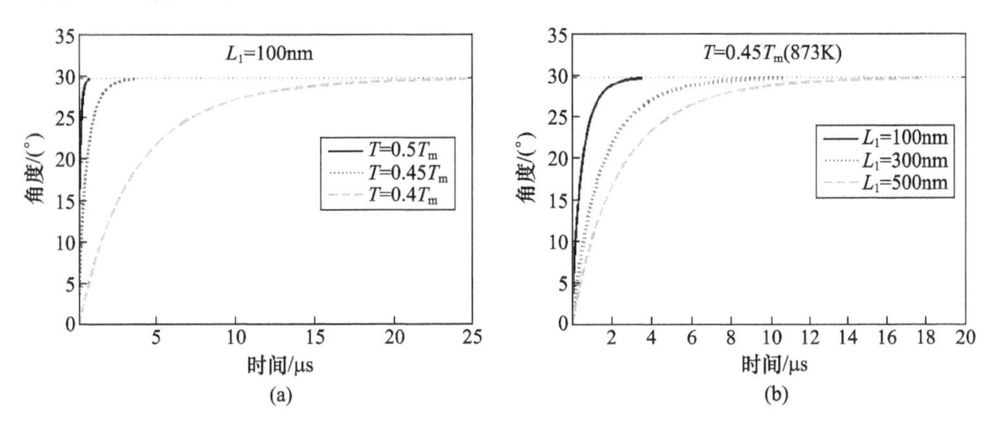

图2－66　Ti1300合金内亚晶界旋转角度与所需时间的关系曲线

(a)尺寸 L_1 =100nm 的亚晶在不同温度时；(b)在温度为0.45T_m 时形成不同尺寸的亚晶。

（4）剪切带内的马氏体相转变。

图2－67(a)所示为ASB内部晶粒组织形貌的明场相。图2－67(c)所示为对应的选取衍射花样。图中较明亮的衍射斑点可以用体心立方的基体β－Ti(a＝0.328nm)来标定；分布于基体斑点之间的衍射斑点可以用密排六方结构的ω(a＝0.46nm，c＝0.383nm)来标定。图2－67(b)所示为ω相斑点所产生的暗场相。由图2－67(a)、(b)可以看出，无热ω相呈现片状形貌。从图中的衍射花样标定以及对应的暗场相分析可以确定，Ti－1300钛合金ASB内部发生了由β－Ti向无热ω相转变。在钛合金动态加条件下所产生的ASB内观察到β

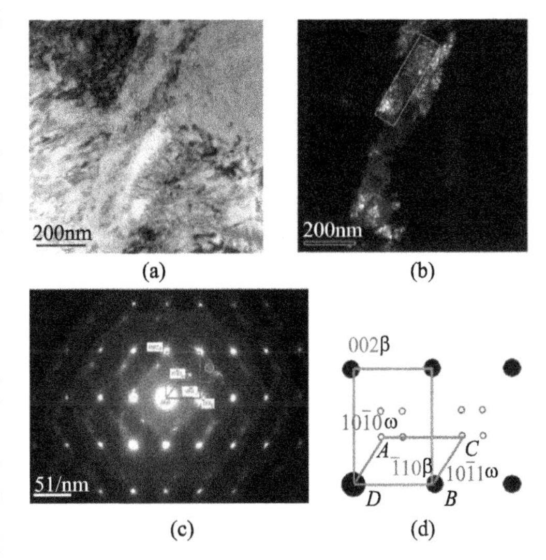

图2－67　剪切带内的马氏体相转变

(a)剪切带的TEM明场像；(b)绿色箭头所指斑点对应的暗场像；(c)衍射图谱的标定。

相向无热 ω 相转变尚属首次。

无热 ω 相的形成需要较大的冷却速率(一般要求大于 11000℃/s),如上所述,剪切带内部温度在 29μs 的时间内由室温到达 1409K,又在约 30μs 内变为室温,冷却速率高达 3.6×10^7℃/s。正是剪切带内部这种极端特殊的温度历史为无热 ω 相的形成提供了热力学条件。应变速率高达 4.3×10^5/s 的绝热剪切变形使钛合金中产生了高压高剪切力,并且聚集了大量的变形能;马氏体的形成速率极快(小于 10^{-7}s),因此,在 29μm 绝热剪切变形过程中,剪切带中的 β 相晶粒有足够的动力和时间发生无热 ω 相的形成,即动力学上是可能的。另外,对于 Ti 合金内的相变,影响最大的因素之一就是其合金化程度。以 β 稳定元素含量为轴从小到大顺次可以发生的相变有 α′、α″、ω 以及最终的保留高温 β 相组织。对于近 β 相钛合金 Ti1300,其 β 稳定元素含量较高,晶格转变阻力较大,β 相不能直接转变为 α′和 α″相,而只能转变为富溶质的晶格阻力较小的 ω 相马氏体。综上所述,在剪切带内部无热 ω 相变的发生是内外因相互作用的结果。

本节将动态响应数据与绝热温升和温降的计算公式相结合,描述了 ASB 形成过程中的热—力演变历程。在绝热剪切变形过程中,剪切带在 29μs 内由室温升高至 1409K。随后可在约 31μs 时间内从 1409K 降到室温,剪切带内的平均冷却速率约高达 3.6×10^7K/s。剪切带内的最大温度约为 1409K,高于钛合金的再结晶温度 $0.4\sim0.5T_m$(885 ~ 1107K)以及相变温度,这为再结晶和相变的发生提供了热力学保证。

利用透射电子显微镜研究了 Ti1300 钛合金 ASB 内部的微观结构特征演化:在变形过程中,在整个基体区域首先形成宽度约 0.2μm 的形变孪晶带;随着变形的继续,当非均匀塑性变形开始,在剪切区域内的形变孪晶带在压力和剪切应力的共同作用下通过切变的方式沿剪切方向开始产生取向差较小的亚结构;在其邻近区域,孪晶则沿剪切方向扭转。随着应变的增加以及温度的急剧升高,孪晶内的亚结构开始通过亚晶界旋转 30°左右形成较小的等轴晶粒,这样就形成了边缘为拉长晶粒,中心为等轴晶粒的显微结构。

利用 RDR 动态再结晶机制,进行了再结晶动力学验算。计算结果表明,通过亚晶界的旋转,可以在 20μs 时间内形成晶粒度在 100 ~ 500nm 范围内的细小等轴晶粒,对于 29μs 和 50 ~ 100nm 的晶粒来说,RDR 机制在动力学上是完全有可能的。并且,由于冷却速率极快,其缺乏机械力辅助作用,因此在随后的冷却阶段,ASB 内的细小等轴晶不会发生明显地长大。这表明剪切带内的细小等轴组织是动态再结晶的结果。

结合衍射斑点与暗场技术分析首次在钛合金 ASB 内观测到无热 ω 相变,而未观测到 α、α′相存在。无热 ω 相形核的原因主要是由于 ASB 内极端特殊的温度历史为其形核提供了必要的热力学条件，而其聚集的应变能又为 ω 相形核提供了动力学保障；同时，该合金的高合金化也是发生无热 ω 相变的必要条件。

2.4 多重绝热剪切带的自组织行为

目前关于绝热剪切的研究主要针对单条绝热剪切带展开，主要探讨绝热剪切带内的微结构演变（如晶粒瞬间细化、析出相演变、马氏体相变等）机理。然而，材料在高应变速率的工程服役动态载荷下总是产生多条绝热剪切带（ASBs），ASBs 的形核、长大是一个复杂的非线性相互作用的自组织过程。动载下材料宏观裂纹的数量、轨迹和 ASBs 的自组织行为（分布规律）密切相关。揭示材料结构—ASBs 自组织—绝热剪切损伤断裂相关规律和机理，对于创建绝热剪切损伤断裂的材料学调控原理和技术、解决我国强动载领域材料科学制约技术发展的难题，丰富和发展材料动态形变、相变、损伤断裂理论具有重要意义。

本节结合作者的研究工作，阐明材料结构—ASBs 自组织—绝热剪切损伤断裂的相关规律和机理。

2.4.1 自组织行为的概述

自从 20 世纪 70 年代以来，当代自然科学界出现了很多如"协同学理论"（Synergetics）、"耗散性结构理论"（Dissipative Structure Theory）、"超循环性论"（Hypercycle Theory）、"突变理论"（Morphogensis）、"混沌理论"（Chaotic Theory）以及"分形理论"（Fractal Theory）等新兴理论。尽管它们的研究对象有很大差别，但是它们都拥有相同的特征，即非线性的复杂系统，或非线性的复杂的自组织形成过程。颇为引人注目的是在这种系统或过程中的自组织系统或自组织过程。自组织系统就是不需要外界的特定行为就能够自行组织、自行创生及自行演化，并且能够自主地从无序逐渐走向有序，从而形成有序结构的复杂系统。作为一种过程演化哲学上的抽象概念，自组织包含三类过程。首先是从无组织到组织的演化；其次是从低组织程度到高组织程度的演化；最后是在相同组织层次上从简单到复杂的演化。

自组织行为系统理论所阐述的系统演化可以总结为：一个存在外界物质、信息和能量输入和输出的非平衡的开放系统，如物理、力学、生物、化学乃至经济、文化和社会系统。这些系统通过不断地与外界交换物质、信息和能量，当外界条件达到一定程度的临界值时，系统会从原来的混乱无序的混沌状态转变为一种时间上和空间上有序的系统状态。通过有效地利用这种物质、信息和能量的循环，系统就能够经过多种变化，逐渐从无序转变为有序，或者使得系统的有序程度得到进一步提升。这样系统可以从平衡态转变为有序，然后进一步转变为含有有序结构的非平衡态。系统通过这种行为完成由简单到复杂、由无序到有序以及从低级到高级的自然历史过程演变。

自组织行为的发生需要达到一定的条件[49]。

① 系统的开放程度 K 要介于自组织行为能够发生的临界开放度 K_c 和成为环境的一部分的开放度（与此对应的开放度为 1）之间，即 $K_c < K < 1$。

② 除了开放系统之外的外界环境必须要在非平衡态的和非线性区域内，并且远离近平衡态的线性区间。

③ 信息的倍增和正反馈（系统在形成自组织过程中，从外界环境的非指定信息流中得到的有价值的信息）要在驱动系统演化的过程中起到关键作用。

④ 系统的内部构成之间存在非线性的相互作用。

在以上 4 个条件中，系统的开放程度（$K_c < K < 1$）和外界环境处于非平衡态是决定系统能否发生自组织行为的外部条件。另外，信息的倍增和正反馈与系统内部的非线性作用是系统产生自组织行为的内部条件。只有以上这些条件共同作用，系统才能够产生自组织。如果信息的倍增只发生在非线性作用的条件下，信息的正反馈必须在构成循环，即非线性条件作用时才能迅速增长。与此同时，信息倍增会使得系统远离平衡和趋于开放。当系统满足自组织形成的临界条件时，自组织行为会在系统内迅速发展，并且系统会随之走向更先进、更高级和更复杂的阶段。但是由于扰动或涨落的存在，自组织具体行为的发生有偶然性。自组织的发生又具有条件性和必然性。因此，当系统满足自组织发生的临界条件时，自组织行为一定会发生。

ASB 是高应变速率动载下材料损伤破坏的主要形式。目前，对单条 ASB 内的材料科学问题（如动态回复/再结晶、相变等）国内外已开展了大量的研究；然而，材料在动态载荷下往往形成多条剪切带，对于大量 ASBs 的集体行为的研究十分有限。ASBs 的萌生与扩展是一个复杂的动力学过程，大量实验观察表明，材料在形变中当有效应变超过某一临界值后，ASBs 都呈现出自组织结构特征，即 ASBs 分布间距和扩展轨迹基本稳定。

ASB 是微裂纹/孔洞择优形核、长大、聚合的场所，当微裂纹扩展为宏观裂纹时，材料最终沿着剪切带断裂，因此剪切带是材料宏观动态破坏的前奏。ASBs 是材料在高应变速率动态载荷下细观损伤的基本形态之一，而材料的宏观损伤和破坏是细观损伤累积、演化的结果，因此 ASB 与材料失效和破坏密切相关。最初的研究认为，ASB 的形成即意味着材料承载能力的下降或丧失，但近来的研究表明，形成 ASB 并不意味着材料破坏（断裂）随即发生。ASB 是材料中的薄弱环节，材料的损伤（如微裂纹/孔洞）将择优在 ASB 内部产生。Grady 等[50]观察到钢筒在爆炸加载下形成破片,在破片中存在 ASBs,剪切带内分布着微孔洞以及微孔洞最终形成剪切裂纹的现象;破片的特征参数——"破片尺寸分布"等由材料 ASBs 的间距和扩展轨迹所控制;绝热剪切破坏是由 ASB 内微裂纹/孔洞形核、长大,以不同的方式聚合形成裂纹,当某些微裂纹扩展为宏观裂纹时,材料最终沿着剪切带断裂等系列演化过程实现的。可见,ASB 的数量、位置、剪切带自组织(分布间距、空间轨迹等)和材料宏观动态破坏(裂纹)的位置、走向和分布之间存在内在的联系。

在开放系统中,当材料中有效应变超过临界应变后,ASBs 择优形核,随着系统的涨落(如形核速率、生长速率、相互作用的特征时间、应变速率等的涨落)而生长,并发生非线性相互作用等现象,ASB 的自组织是指材料在形变中有效应变超过某一临界应变值后,产生 ASBs 自发的有组织、有序化和系统化的分布,主要表现为 ASBs 的间距和扩展轨迹的基本稳定。研究 ASBs 自组织行为的关键就是定量化描述 ASBs 间距和扩展轨迹的时空演化规律。探究这一个 ASBs 形核、长大的自组织过程,探讨材料参数对 ASBs 间距/扩展轨迹的影响,有效预测 ASBs 的扩展速率,由此阐明金属中 ASBs 的自组织机制,进而预测材料动态失效和破坏的发生、发展。这些工作对丰富和发展极端条件下材料动态失效破坏的基础理论,挖掘材料的动态性能、控制动态载荷条件下材料的失效破坏具有重要意义。

2.4.2 绝热剪切带自组织的理论模型

1. 绝热剪切带间距的理论模型

目前对 ASB 间距影响因素的研究比较多,对于 ASB 间距的预测,主要存在两类不同的理论,都是从一维动量扩散和能量守恒开始,但与不同的机制相联系,Grady 和 Kipp[50] 通过解释由于无承载剪切带的动量扩散得到了剪切带的间距;Grady[51]、Wright 和 Ockendon(W - O 机制)[52] 用摄动分析来表示失稳主模,认为最小剪切带间距与波长的主模有关,用含有应变速率敏感度的本构方程预测剪切带的间距。Molinari[53] 通过引入应变强化效应修正 W - O 模型。目前关于剪切带间距预测的理论大都是基于剪切带的一维系统提出的,Meyers[54] 在研究爆炸厚壁圆筒的剪切带中提出了屏蔽效应,通过引入屏蔽因子将剪切带间距预测的理论扩展到二维结构。下面对这些现有的主要理论预测模型予以介绍。

1) Grady 模型

Grady[51] 首先提出一种脆性材料剪切失稳的摄动分析法,控制方程被简化为一维系统。图 2 - 68 表示了摄动分析的基本原理。该图表示了从最初均匀变形开始的摄动发展过程,由小摄动之间的竞争生成了具有更大振幅的新摄动。

在图 2－68 中标示了 L_1 和 L_3 两段波长。具有较大波长 L_3 的摄动振幅生长较快，在 t_3 时控制着整个过程。剪切带从摄动的生长中不断发展演化。用牛顿黏性本构方程来描述固态介质的剪切变形，即

$$\tau = \eta(T)\frac{\partial v}{\partial y} \tag{2-37}$$

式中：τ 为剪切应力；v 为速度；$\eta(T)$ 为黏性系数，是与温度相联系的，可用下式表示，即

$$\eta(T) = \eta_0 \exp[-a(T - T_0)] \tag{2-38}$$

式中：η_0 和 T_0 分别为材料常数和温度参数。

最小间距与失稳相对应的摄动波长有关。通过摄动分析可得到以下特征波长，即

$$L_G = 2\pi\left[\frac{Kc}{a^2\eta_0}\right]^{1/4}\frac{1}{\dot{\gamma}_0} \tag{2-39}$$

式中：K 为热导率；c 为比热容；a 为热软化系数；$\dot{\gamma}_0$ 为准静态载荷下的剪切应变速率。

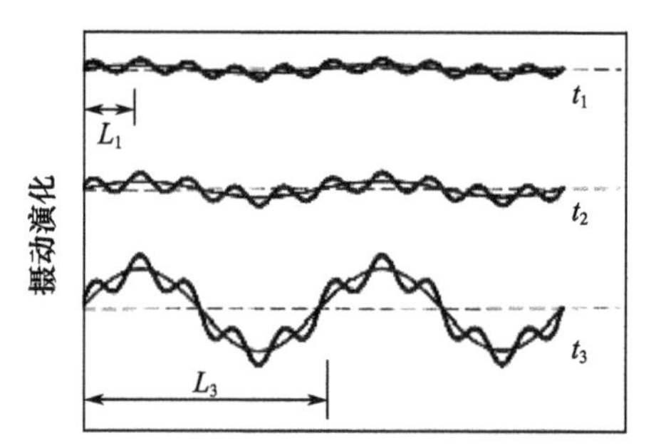

图 2－68　伴随连续剪切带形核特征间距的摄动演化示意图

2）Grady－Kipp 模型

Grady 和 Kipp[50] 又提出另一种确定剪切带空间分布的方法，通过计算和分析提出了剪切带宽度、间距、显著生长时间和剪切带应力传播率的表达式，发现最佳剪切带宽度和间距与最小功原理是一致的。他们拓展了 Mott[55] 早期关于动态断裂的分析。Mott 曾提出从裂纹点释放应力的速度是由动量扩散所控制的，它远远低于弹性波速。Grady 和 Kipp 认为材料在不均匀剪切带扩展中的动态行为可以通过考虑在具体加载条件下的单个剪切带的响应来有效研究，并对 Mott 的分析作了修正，用于强调剪切局域化问题。

扩散系数是材料运动学速度的有效量度，动量扩散为剪切带之间的交互作用提供了机制，Grady 和 Kipp 通过对比剪切带之间的间距在生长中受动量扩散

的控制，最后提出对于剪切带间距应该与达到剪切带临界宽度时的最短时间相对应。图 2-69 给出了一维简单剪切的变形分布，并以图表的方式表示了动量扩散的原理。动量扩散的产生在剪切带和弹性变形区之间形成了一个刚性区，刚塑性界面以低于弹性波的速度扩展。

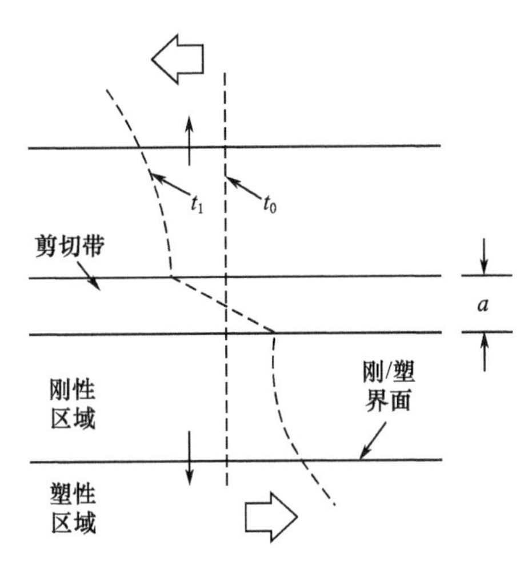

图 2-69　剪切带附近的一维剪切带结构应力释放行为的结构刚性区与塑性流动区由一个扩展界面分开

可以用应力的线性弛豫来近似描述卸载应力的关系。这里可用一个简单的本构方程 $\tau=\tau_0[1-a(T-T_0)]$，a 是软化系数，并且忽略加工硬化和应变速率敏感。Grady 和 Kipp 指出剪切带间距应该与达到剪切带临界宽度时的最短时间相对应。

通过动量扩散得到剪切带间距为

$$L_{GK}=2\left[\frac{9Kc}{\dot{\gamma}^3a^2\tau_0}\right]^{1/4} \tag{2-40}$$

式中：K 为热导率；c 为比热容；a 为热软化系数；τ_0为准静态下的剪切屈服应力。

3）Wright - Ockendon 模型

Wright 和 Ockendon[52]认为，最小剪切带间距与波长的主模有关，对于具有线性热软化的理想刚/塑性材料在决定剪切带形成时间上，在热容和惯量之间作了对比，在一个具体的试样中名义应变速率所产生的摄动的最快生长对应于最小临界应变，在一个具体的试样中相似于一个固定应变速率，对于最大生长率有一个有限波长，认为这个波长应该对应于剪切带最小可能间距。

Wright 和 Walter[56]的很多计算表明，对于一个给定的初始条件，ASB 的形成依赖于名义应变速率，如图 2-70 所示，热容确保一个剪切带的完全形成所需的最小名义应变速率。随着应变速率的增加，临界应变从具体的最小临界应变减少到 2000~3000/s，达到最小临界应变，并且随着名义应变速率的增加直到再次上升。相对于具体的临界应变的增加，惯量起了越来越重要的作用，净效应是临界应变，用线性方程估计了与 U 曲线有关的不同性质。

对于一个有限物质中的固定名义应变速率，$n\pi/\lambda$ 可以认为是傅里叶积分形式表示的半波长，在这个例子中波数可以由$\frac{da}{d\lambda}=0$ 给出。最大生长率有一个有限波长，这个波长应该对应于剪切带最小可能间距，在空间形式中波长生长最

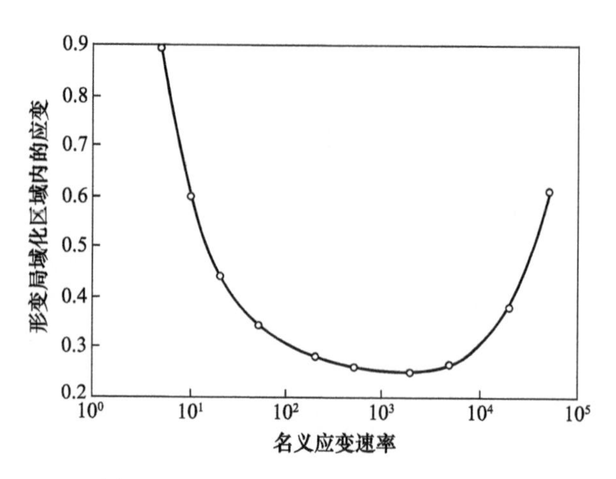

图 2-70　名义应变速率函数的临界应变

快的项由下式给出，即

$$L_{wo}=2\pi\left[\frac{m^3\,\bar{k}\,\bar{c}}{\dot{\gamma}_0^3\,\bar{a}^2\tau_0}\right]^{1/4} \tag{2-41}$$

式中：m 为应变速率敏感系数；$\bar{k}$ 为热导率；$\bar{c}$ 为比热容；$\bar{a}$ 为热软化系数；τ_0 为最初流动应力（或者准静态下的流变应力）。

与 Grady-Kipp 模型对比后可写为

$$L=2\left[\frac{9\,\bar{k}\,\bar{c}}{\dot{\gamma}_0^3\,\bar{a}\,\tau_0}\right]^{1/4} \tag{2-42}$$

4）Molinari 模型

Molinari[53] 利用摄动分析法来表示剪切带间距。当应变不同时用失稳主模来表示时，用与这种模型有关的摄动波长来表示剪切带间距；当考虑到应变强化时，这种方法能较好地估算剪切带的间距。

在高的应变速率下，热力学耦合和产生的热量对 ASB 的产生和发展起了重要作用，ASB 的发展过程可以通过 Marchand 和 Duffy[57] 的实验结果得到清楚的分析，在 Kolsky 杆装置中，薄壁管在高应变速率下弯曲，在流动局域化过程中可以分为 3 个阶段。在第一阶段中，压力的增加和黏塑性流动是稳定的，消耗机械功生成的部分热所产生的部分热软化最终与另一部分的应变强化相抵消，所产生的最大剪应力是第二阶段的开始，在第二阶段观察到的流动不均匀性的轻微发展表明弱失稳过程开始，样品的承载能力慢慢减小，直到进入剪应力急剧下降的第三阶段以应变局域化的剧烈发展所产生的 ASB 为标志。因为在简单剪切条件下,根据加载率和材料的性质包括应变强化可以用来表示剪切带的间距,第二阶段流动不均匀性的轻微发展和相应的不均匀温度场为第三阶段 ASB 的增长提供了场所,因此对流动局域化的理解是表征剪切带间距的重要一步。

在第二阶段,出现失稳的开始阶段可以用线性摄动分析表示,在流体力学中普遍使用的这些方法首次被 Clinfton[58]引入到 ASB 的研究中,由摄动分析的预测和 Closky 杆所得实验结果在第二阶段是吻合的。

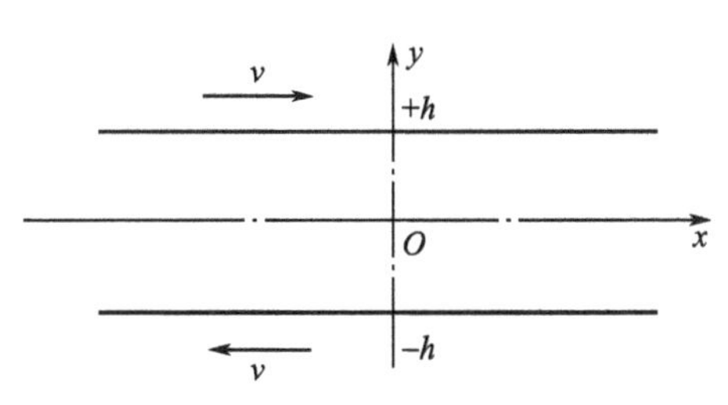

图 2 - 71　问题的的几何模型

这个问题可以设想为一层在 x 剪切方向的无限延伸和垂直于纸面的方向 z,在 y 方向的有限宽带为 $2h$(图 2 - 71),使上表面和下表面有恒定的速度 $+v$,平行于 x 方向:$v = \pm v$ 在 $y = \pm h$ 处。

假设为薄层流动,在一维结构中,变量仅依赖于坐标 y 和时间 t,粒子的速度与剪切带方向 x 平行且由 v 表示。

当考虑高应变速率时,在边界处可以认为是绝热的,有

$$\frac{\partial \theta}{\partial y} = 0 \quad 在 \ y = \pm h \ 处 \tag{2-43}$$

不考虑弹性影响,因为第二阶段剪应力只发生了很小的变化。

动量平衡方程和能量方程为

$$\rho \frac{\partial \nu}{\partial t} = \frac{\partial \tau}{\partial y} \tag{2-44}$$

$$\rho c \frac{\partial \theta}{\partial t} - k \frac{\partial^2 \theta}{\partial y^2} = \beta \tau \gamma \tag{2-45}$$

式中:ρ 为密度;c 为热容;k 为热量;τ 为剪应力;γ 为应变速率。热方程的基本项代表塑性功转化为热的转化率的 β 部分。

微塑性流动法则的一般形式为

$$\dot{\gamma} = \psi(\tau, \nu, \theta) \tag{2-46}$$

应变 γ 定义为

$$\gamma(t) = \int_0^t |\dot{\gamma}(t_1)| \mathrm{d}t_1 \tag{2-47}$$

考虑材料的应变强化($\partial\psi/\partial\nu < 0$)和热软化($\partial\psi/\partial\theta > 0$),相容性条件为

$$\dot{\gamma} = \frac{\partial v}{\partial y} \tag{2-48}$$

完成了控制变量 v、γ、τ 和 θ 的 4 个场方程(2－45)至式(2－48),存在一种均匀时间相关的基本方法。当进入第二阶段时,这种基本方法就会变得不稳定,流动不均匀性进行的早期用摄动分析的方法,这种分析的目的是解释主模在第二阶段的失稳,这种模型所包括的应变和温度场的形式有周期性(与主模的波长有关),该周期性决定了所观察到的剪切带的间距。

通过摄动分析,给出了剪切带的间距,即

$$L_s = \min_{\gamma} L_c(\gamma) = \min_{\gamma} \frac{2\pi}{\xi_c(\gamma)}$$

式中:$\xi_c(\gamma)$为临界波数;$L_c(\gamma)$为临界波长。

对于非强化材料 $n=0$,考虑热软化时有

$$\tau = \mu_0 (1 - aT) \dot{\gamma}^m$$

则剪切带的间距为

$$L_{M'} = 2\pi \left[\frac{kc}{\dot{\gamma}^3 a^2 \tau_0} \right]^{1/4} \left[\frac{m^3 (1 - aT_0)^2}{(1+m)} \right]^{1/4} \tag{2-49}$$

对于强化材料,考虑了应变和应变速率强化为

$$\tau = \mu_0 (\gamma + \gamma_i)^n \dot{\gamma}^m T^v$$

式中:μ_0 和 v 为常数;γ_i 为预应变;m 为应变速率敏感度;n 为应变强化指数。

则剪切带的间距为

$$L_M = \frac{2\pi}{\xi_0} \left[1 + \frac{3\rho c \frac{\partial \dot{\gamma}}{\partial \gamma}}{4\beta\tau_0 \frac{\partial \dot{\gamma}}{\partial T}} \right]^{1/4} \tag{2-50}$$

式中:ξ_0 为波数,且 $\xi_0 = \frac{2\pi}{L_{M'}}$

$$L_M = \left[1 - \frac{3}{4} \frac{\rho c}{\beta \tau_0^2} \frac{n(1 - aT)}{\beta a \gamma} \right]^{-1} \cdot \left[\frac{kcm^3 (1 - aT_0)^2}{(1+m) \dot{\gamma}_0^3 a^2 \tau_0} \right] \tag{2-51}$$

式中:预应变设为 0,即 $\gamma_i = 0$。

5) Meyers 模型

Meyers[54] 对比了实验得到的剪切带间距与通过摄动分析和动量扩散原理得到的理论预测值,同时讨论了理论预测的不足。结合早期的观点提出了一种新的剪切带萌生、扩展模型,并把它们扩展到二维结构。基于 Weibull 的应变理论可认为剪切带的萌生是一个选择发生的过程。另外,还介绍了一个抑制晶胚的屏蔽因素。提出了一种在周期性摄动影响下剪切区域化的不连续生长模型。

扩展的剪切带相互竞争，同时周期性地产生一种新的空间分布。在现存的模型基础上引入了屏蔽因子。

屏蔽效应可以用 S 表示，即

$$S = 1 - \frac{\dot{\varepsilon} L}{k_0 k_1 v} \tag{2-52}$$

式中：k_0 为定义为发生形核的应变范围，被设为

$$k_0 = 2(\varepsilon_0 - \varepsilon_i)$$

屏蔽因子 S 的物理意义定义为两个特征时间的比，一个是完全形核的特征时间 $\bar{t}$，即

$$\bar{t} = \frac{k_0}{\dot{\varepsilon}} = \frac{2(\varepsilon_0 - \varepsilon_i)}{\dot{\varepsilon}}$$

另一个特征时间是 $t_s = \bar{t} - t_{cr}$，其中，t_{cr}是完全屏蔽发生的临界时间，即

$$t_{cr} = \frac{L}{k_1 v}$$

如果原子核在 t_{cr}之后还没有被激活，那么将不会有萌生出现。因此，屏蔽因数可写为

$$S = \frac{\bar{t} - t_{cr}}{\bar{t}}$$

当 $S = 0$ 时，就不存在屏蔽效应，所有核均可生长；而另一种极端情况 $S = 1$ 时，将不会发生任何形核。图 2－72 是二维形核和屏蔽的示意图。

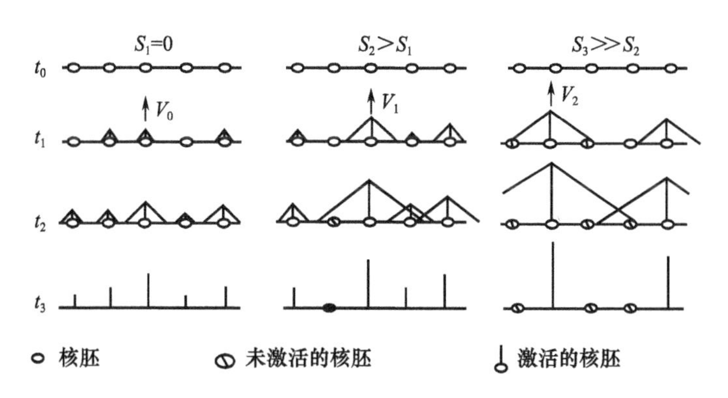

图 2－72　形核和屏蔽的二维表征

经屏蔽效应修正后的剪切带间距可表示为

$$L=\frac{L_{WO}}{(1-S)}=\frac{2\pi\left[\frac{kc}{\dot{\gamma}^3a^2\tau_0}\right]^{1/4}m^{3/4}}{(1-S)} \tag{2-53}$$

式中:L_{WO}为 Wright - Ockendon 模型预测的剪切带间距;S 为屏蔽因子;k 为热导率;c 为比热容;a 为热软化因子;τ_0为初始应力(或准静态下的屈服应力);$\dot{\gamma}$ 为应变速率;m 为应变速率敏感系数。

6)绝热剪切带间距理论模型的比较

ASB 的间距理论模型大都是根据具体实验提出的,由于剪切带之间的相互作用使带的演化非常复杂,各模型的实验对象也各不相同,所以在应用上会有一定的局限性,在初始假设时都对材料和本构方程进行了简化。为了简化分析过程,大多数分析仍注重在一维剪切条件下的变化情况,所以前几种的假设都是在一维系统中,而只有 Meyers 模型的假设是二维系统的,它的提出也是在比较了前几种模型的基础上作了修正,以适用于具体的实验条件。需要指出的是,在以上一维系统的理论模型中基于摄动分析的主要有 Grady 模型、Wright - Ockendon 模型、Molinari 模型,基于动量扩散的主要是 Grady - Kipp 模型。

Grady 模型在一维系统下提出了一种脆性材料剪切失稳的摄动分析法。最小间距与材料剪切失稳相对应的摄动波长有关。通过摄动分析可得到特征波长 L_G,进而预测材料的剪切带间距,该模型中没有考虑流动应力和应变硬化的影响,与 Grady - Kipp 模型得出的方程比较相近。

Grady - Kipp 模型是拓展了 Mott[55] 早期关于动态断裂的分析而提出的,并对 Mott 的分析作了修正,用于强调剪切局域化问题,它集中于轴向流动和长棒的拉伸中的开裂,但也可以应用于遭受纯剪切的物体,Grady - Kipp 模型中的系数与加工硬化无关,在这样的条件下,应变速率敏感的忽略不影响剪切带的分布。这个模型预测了能量消耗的结果和在变化的主应变速率中剪切局域化过程中的局域化时间,并将它应用于 Al 的冲压中观察到的非均匀剪切局域化。尽管这种方法的一些结论已经应用于各种各样的剪切现象,但这个模型的基本原则却是基于冲压固体中的均匀剪切,对于铝的冲压实验和理论之间进行比较,结果是吻合的。

Wright - Ockendon 模型认为,在一个具体的试样中名义应变速率所产生的摄动的最快生长对应于最小临界应变,在一个具体的试样中近似一个固定应变速率,对于最大生长率有一个有限波长,认为这个波长应该对应于剪切带最小可能间距。它没有考虑材料应变硬化效应,不适用于应变硬化效应较明显的材料,此机制也是基于钛圆筒爆炸压缩试样提出的。

Molinari 模型使用摄动分析,基本假设为一个有限宽带的无限扩展层的简单剪切情况，在一维系统下通过基本方程和稳态分析推导所获得的失稳主模来表示 ASB 的间距，Molinari 模型预测了 CRS1018 钢（非强化材料）和钛（强化材料）的间距值，并和 Wright – Ockendon 模型和 Grady – Kipp 模型作了对比，说明 Wright – Ockendon 模型概括的结果不能解释应变强化，认为强化材料剪切带间距 L_s 是由应变强化指数 n 的变化引起的，在后面的分析讨论中考虑了应变硬化效应，针对非强化材料和强化材料分别予以讨论，表明应变强化对剪切带间距有重要影响，这个影响在 Grady – Kipp 模型与 Wright – Ockendon 模型中没有包括进去，因此应用范围比 Wright – Ockendon 模型要广，如果忽略应变硬化效应，Molinari 机制除了系数以外与 Wright – Ockendon 机制相同。

Nesterenko 等[59]通过厚壁圆筒实验测定了钛的 ASB 在初始阶段和生长阶段间距值，通过与 Grady – Kipp 机制和 Wright – Ockendon 机制的对比后发现；Wright – Ockendon 机制得出的间距值与初始阶段的实验值吻合，而 Grady – Kipp 机制得出的间距值与生长阶段的实验值吻合。

Meyers 等对工业纯钛和 Ti – 6Al – 4V 合金在高应变速率变形（约 10^4/s）下厚壁圆筒径向爆炸中出现的多条 ASB 进行了研究。考察了不同全应力下剪切带的萌生、扩展以及空间分布。剪切带在试样内表面形核并在初期呈周期性分布。对比了实验得到的剪切带间距和通过摄动分析和动量扩散原理得到的理论预测间距值，指出目前几乎所有关于剪切带间距预测的理论都是基于剪切带的一维分布提出的，因此当剪切带呈二维和三维模式生长时，一维下的理论就无法解释其自组织行为了，所以它也无法解释随剪切带长度增加间距也增加的问题。结合早期的一些观点，作者提出了一种新的 ASB 萌生、扩展模型，引入屏蔽因子的概念，提出了一种在周期性摄动影响下剪切区域化的不连续生长模型，认为萌生是一种位置的选择性激活，而生长是扩展阶段带之间的竞争和相互作用。于是 Meyers 提出的二维模型正确地描述了 Ti 和 Ti – 6Al – 4V 间距的差异情况。将 ASB 的研究扩展到了二维结构。

2. 绝热剪切带轨迹的研究

目前有关剪切带轨迹的研究主要集中于爆炸压缩厚壁圆筒材料，Nesterenko[59]通过控制爆炸所产生的压力在厚壁圆筒的径向破坏中获得了10^4/s 高应变速率，这项技术被用于在纯剪切变形下 Ti 和奥氏体小应变钢的剪切带的开始和传播的研究，剪切带以螺旋轨迹和规则间距产生于圆筒的内边界，如图 2 – 73 所示。

Meyers 等[60]研究了钛等材料后提出了一些假设，指出剪切带的形成不是任意的，而是有规律的，通过计算剪切局域化区域尖端的轨迹得到剪切带的形貌，得出纯钛试样的剪切带在空间中是顺时针方向（或逆时针方向）的。图 2 – 73

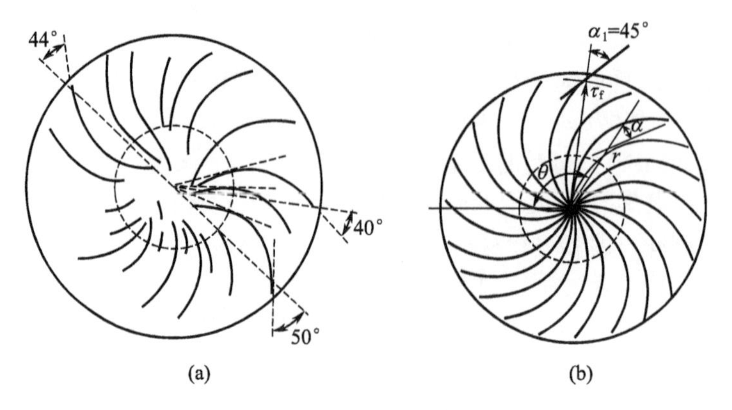

图 2－73　爆炸压缩厚壁圆筒的横截面的剪切带轨迹模型

(a)实验观测轨迹；(b)理论计算轨迹。

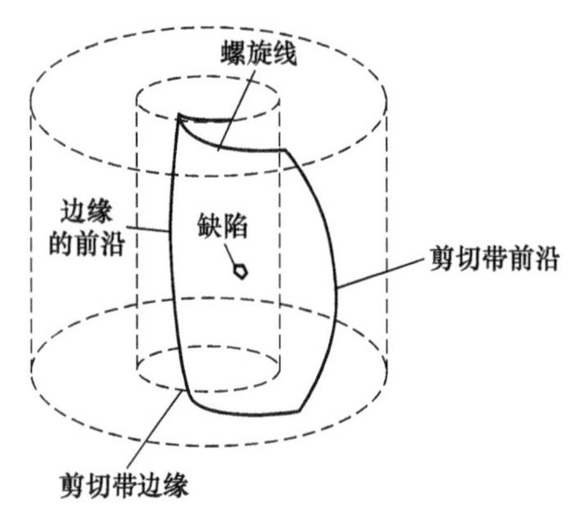

图 2－74　圆筒试样中剪切带的空间分布

所示为剪切带的轨迹模型。Meyers 等对圆筒试样中的剪切带的空间结构进行了相关的研究后发现，剪切带在圆筒中的轨迹是螺旋形的，大致与轴呈 45°角，并沿着剪应力最大的路径产生螺旋形的裂纹，并用图形描述了剪切带的轨迹概貌，图 2－74描述了爆炸压缩圆筒剪切带的空间结构，指出剪切带的前端并不一致，而是弓形的，剪切带的刃部与轴向是平行的，轨迹是螺旋形的，并形成一个螺旋曲线。

由于试样的限制，只能通过爆炸厚壁圆筒的横截面和纵截面观察剪切带的轨迹。

2.4.3　绝热剪切带自组织行为的研究

目前，国内外关于 ASBs 间距的研究是基于一维的 ASBs 理想形成模型，有关材料结构参量对 ASBs 自组织的影响鲜有报道。Grand 和 Kipp[50] 等认为，ASBs的卸载过程是一个动量向外界扩散的过程，其模型能够比较合理地计算较长剪切带的初始间距大小，但其计算值与较短剪切带的初始间距相差将近一个数量级；Wright 和 Ockendon、Molinari 等[52,53]在假设 ASBs 萌生后，利用摄动分析法分析它们在生长过程中的平衡消长，虽能够比较合理地计算较短剪切带的初始间距大小，但是它的计算值与较长剪切带的初始间距相差很大；Nesterenko、

Meyers[54,59]等利用厚壁圆筒爆炸压缩实验技术探讨了钛、不锈钢等的ASB的间距特征，提出了二维ASBs形核长大模型，该模型还只能定性地解释实验现象，与定量结果相差较大。可见，这些方法都没有考虑材料自身微观结构参量的影响。国内外关于ASBs轨迹的研究大多局限于对ASBs轨迹形貌的定性唯象描述；Meyers等[60]基于轴对称应力—应变场，建立了ASBs轨迹的物理模型，但不能反映材料参量对轨迹的影响。

Yang等[61-66]分别以纯钛及Ti-1300钛合金、7075铝合金及2195铝锂合金、ZK60镁合金等为研究对象，从材料科学—损伤力学—现代非线性科学、理论—实验—模拟、细观—宏观等相集成的视野，系统、深入地研究了材料参量（热处理状态、宏观取向、相组态以及机加工表面缺陷等）对ASBs自组织行为的影响以及ASBs（细观损伤）的自组行为和材料宏观破坏（如裂纹分布）相关性等的规律与机制，这些工作为构筑材料的结构优化设计、预测和控制其动态损伤和破坏、提升其动态性能提供了实验数据和理论指导。

1. 绝热剪切带自组织与损伤的实验及数值模拟研究

ASB是高应变速率动态载荷条件下材料细观损伤的基本形态之一，往往被认为是材料破坏的"前兆"。关于内爆膨胀条件下的圆管破坏，人们已做了大量的研究[67]。然而，在近年来才展开对金属圆管在外部爆炸加载下压缩断裂行为的研究。Wang等[68]对纯钛管进行了外爆加载实验，发现破片具有显著的剪切断裂特征，对其中的损伤演化过程进行了分析。Nesterenko和Meyers等[54,59]研究了外爆加载下厚壁管中大量剪切带的自组织行为，未讨论金属圆管在压缩收敛过程中的剪切断裂问题。

由于ASB的形核和扩展过程与试样中的应力状态有着密切的关系，因此先从分析试样中的应力状态入手，再结合材料学的相关知识，解释所观察到的一些特殊的ASB损伤行为。

1）研究ASBs自组织行为的厚壁圆筒压缩实验方法

厚壁圆筒（Thick-Walled Cylinder，TWC）外爆压缩实验方法由Nesterenko[69]提出，爆轰压缩厚壁圆筒实验能有效地保护试样并控制材料的最终应变，提供了一种研究绝热剪切破坏演化的有效方法。在此基础上，作者设计的实验装置类似于三明治结构，如图2-75所示。

在此以7075铝合金为例，先将铝合金圆棒加工成圆管，再安放在内外铜管之间，管与管间用环氧树脂黏合，以避免应力波在管壁间界面上反射。粉状炸药均匀地填装在外铜管外围，为了均匀地起爆炸药，采用一端雷管起爆传爆药柱，再引爆炸药，爆轰波压缩金属圆管向内运动。上、下塞子的材料为尼龙，上塞子的作用是减少爆轰波对金属圆管顶部的预破坏。炸药为4号岩石粉状铵梯油炸

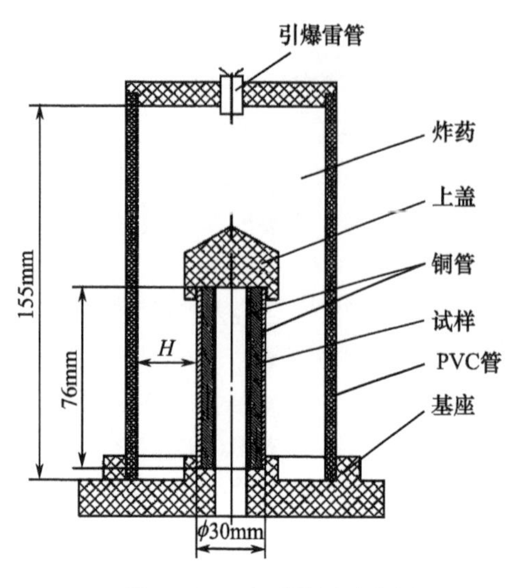

图 2-75　实验装置示意图
(H—炸药厚度)

药，密度 ρ_d = 1000kg/m^3，爆速 v_d = 3600m/s。铝合金圆管内径为 16mm，壁厚为 5mm；内、外铜管由塑性好的紫铜管加工而成，实验前进行了温度 300℃、半小时的退火处理；外铜管外径 30mm、壁厚为 2mm，能起到避免试样外表面被烧伤及促进变形均匀的作用；内铜管内径 14mm、壁厚为 1mm，能防止试样内表面破碎及不同壁厚可控制试样应变的大小。

通过变化炸药厚度的方法来改变试样变形的应变速率，药厚分别采用 30mm 和 15mm 两套方案，下文中各方案的试样分别用试样 1 与试样 2 表示。利用径向真应变来表示试样不同部位的变形程度，表达式为

$$\varepsilon_{rr} = \ln \frac{r_0}{r_f} \tag{2-54}$$

式中：r_0为铝管原始内径；r_f为铝管变形后的内径。

实验材料与剪切带自组织观测方法：7075 铝合金属于 Al-Zn-Mg-Cu 系高强高韧铝合金，长期以来广泛用于飞机和导弹的中高强度结构零件等的制造，是世界各国航空/航天工业中应用的重要材料。选用的实验材料来自厂方提供的 7075 铝合金直径为 ϕ26mm 圆棒，热处理状态为 T651 态，即固溶热处理后对铝合金棒进行 1% ~3% 的塑性变形，再进行 120℃ 24h 的人工时效。为了研究在外爆加载下 ASB 损伤演化现象和自组织行为，利用 Polyvar-Met 大型金相显微镜分析了 7075 铝合金试样的显微组织结构特征，分析内容包括 ASB 的分布形貌、裂纹在剪切带中的扩展、试样截面中剪切带条数和间距的统计。金相样品的取样部位均是与试样轴线相垂直的截面上，再用混合酸腐蚀液（10mL 的 H_2O、10mL 的 HNO_3、10mL 的 HCl 和 5mL 的 HF）进行侵蚀。

2）绝热剪切带组态及损伤分析

（1）厚壁圆筒中的应力状态分析。

汤铁钢等[70]对金属圆管的外爆加载过程进行了静力分析，图 2-76 所示为应力分析示意图，在某一时刻垂直于圆管轴向的截面中径向应力、切向应力和最大剪切力分别表示为

$$\sigma_r = \frac{-r_x^2 p}{r_x^2 - r_i^2}\left(1 - \frac{r_i^2}{r^2}\right) \tag{2-55}$$

$$\sigma_\theta = \frac{-r_x^2 p}{r_x^2 - r_i^2}\left(1 + \frac{r_i^2}{r^2}\right) \tag{2-56}$$

$$\tau_{\max} = \frac{(\sigma_r - \sigma_\theta)}{2} = \frac{r_x^2 r_i^2 p}{(r_x^2 - r_i^2) r^2} \tag{2-57}$$

式中:p 为爆轰压力;r 为被分析单元的半径;圆管的外半径 $r_x = 15$mm;内半径 $r_i = 7$mm。

通过 Matlab 软件计算以上 3 式,并绘出圆管中各应力曲线(图 2-77),曲线中的应力值为 p 的倍数。从图 2-77 中可看出中剪切力随半径的增大而减小,铝合金管的内表面是剪应力和径向应变最大的区域,导致 ASBs 在内表面上形核长大。最大剪应力、径向应力和切应力的矢量关系为 $\tau_{\max} = \sigma_\theta - \sigma_r$,$\sigma_r$ 方向与径向一致;当分析单元很小时,σ_θ 方向近似与径向垂直;$\tau_{\max}$ 则近似与径向成 45°,3 种力的方向如图 2-76 所示。在 45°和 135°两个方向上形成了最大剪切力,这就决定了 ASB 能沿着与径向成 45°的逆时针方向或顺时针方向两个方向扩展。

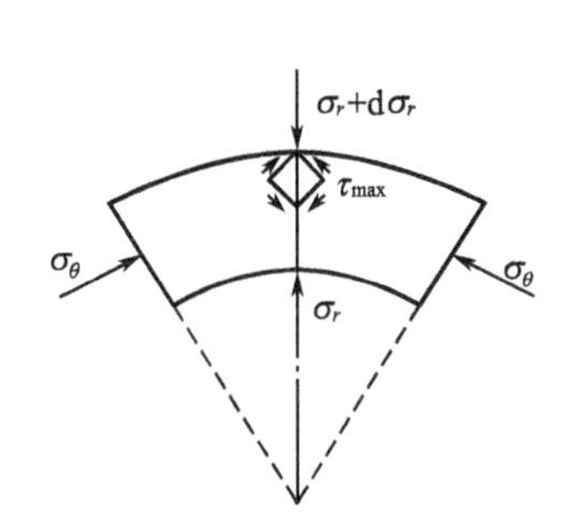

图 2-76　管微元应力分析示意图

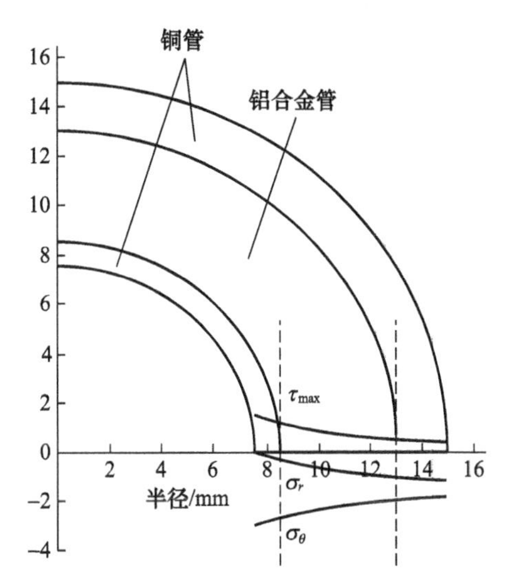

图 2-77　圆管径向和周向受分析图

(2) 剪切带形态特征的观察与分析。

① 晶界对剪切带扩展路径的影响。截取了试样不同部位的横截面作为观察面,对其中的 ASB 形貌进行分析。ASB 大致沿着与径向成 45°和 135°的最大剪应力方向扩展而相交,但剪切带轨迹曲折(图 2-78)。由于 ASB 发展初期

时，扩展能较小，趋于沿着晶界扩展，可以看出晶界能影响 ASB 初期的扩展。随着剪切变形的增大，ASB 附近的基体组织被扭曲、破碎，成为剪切带的一部分，使剪切带逐渐长大变粗。可以认为，成熟的 ASB 吞没了周围的基体组织，轨迹可表现为贯穿晶粒，表现出对晶粒组织结构的无关性（图 2 - 79）。而且成熟的 ASB 惯性较大，在其扩展时也不易受到晶粒组织结构的影响而偏转。

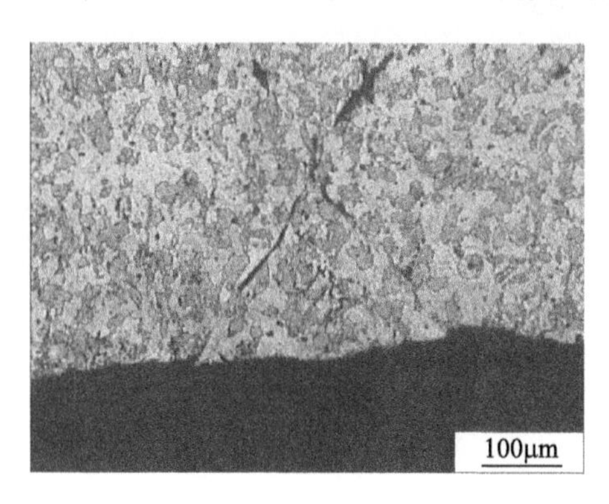

图 2 - 78　细小的 ASB

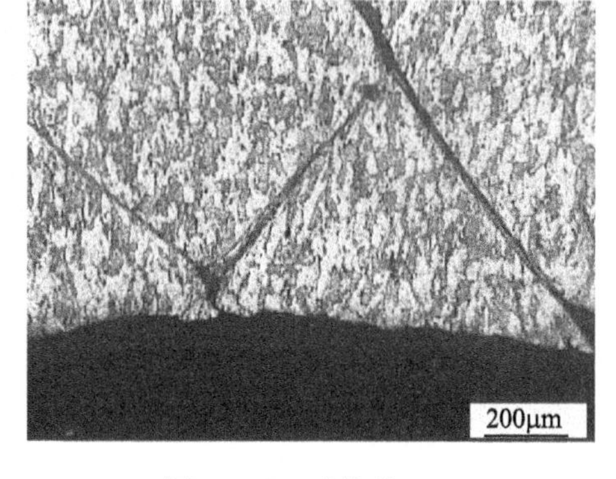

图 2 - 79　成熟的 ASB

② 剪切带的分叉。图 2 - 80 所示为一条主剪切带分叉出两条小剪切带，且两条小剪切带的扩展方向相同。分析其形成原因如下：如图 2 - 81 所示，变形较小时，剪切带开始沿 Aa（其切线 aB 与径向成 45°）方向发展，然后沿着 AC 方向发展。当材料径向压应力作用后，单元被拉长，剪切带扩展方向会逐渐往径向偏转，偏离了最大剪应力方向，aB、AC 变成了 $a'B'$、$A'C'$（即剪切带的切向与圆管径向的夹角减小）。此时剪切带的发展有两种可能：一是带中的高温、高应力有利于剪切带的扩展，剪切带将沿着顶端的原方向延伸，形成剪切带 $A'D$；二是当剪切带在原来的扩展方向上遇到一些难以逾越的阻碍如第二相、杂质等缺陷时，显著增大了原扩展方向的阻力，它会沿着最大剪切力方向的相对更小阻力的路径发展，形成新带 $A'E$。新剪切带与原剪切带都沿它们自己的轨迹扩展，便形成了剪切带的分叉现象。在图 2 - 80 中，两条分叉出的短小剪切带方向一致，都沿最大剪切力方向扩展。

③ 剪切带的交汇。在外爆加载下圆管向内压缩收敛运动，在径向压应力的作用下，管壁内微元向内运动，管内空腔变小，剪切带之间的距离被压缩，同时剪切带往径向偏转，导致本是同方向的剪切带相交，在交汇处有孔洞和裂纹产生（图 2 - 82）。在图 2 - 83 中，两条不同方向剪切带的交叉点处被拉成四方形缺口，并在缺口处形成了 3 条剪切带。当靠近的两条剪切带以不同方向扩展交汇时，在交叉点处受到来自于两条剪切带不同方向的剪切力，使附近的组织沿这两

个剪切力方向被拉伸，拉应力导致的大变形产生了强烈的热软化，容易形成孔洞或裂纹等缺陷，进一步发展形成裂口。应力集中及裂口的出现，则为新剪切带形核创造了条件。

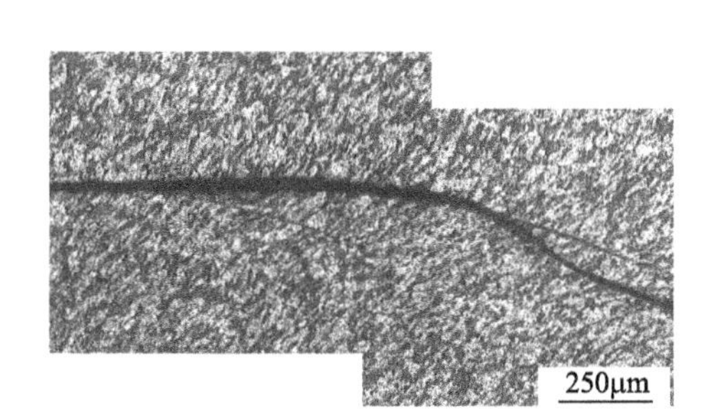

图 2 – 80　剪切带分叉

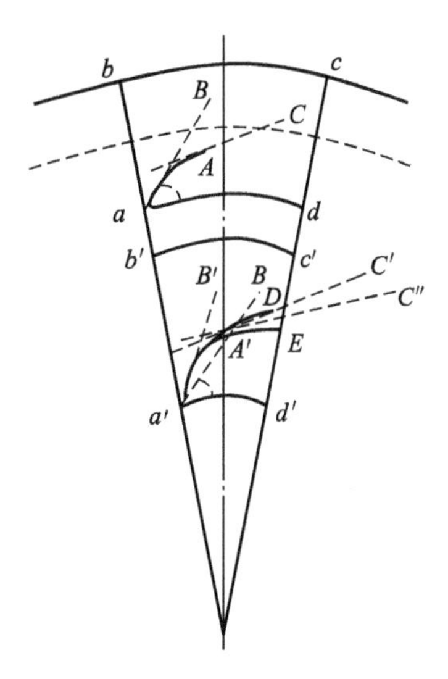

图 2 – 81　分叉现象分析示意图

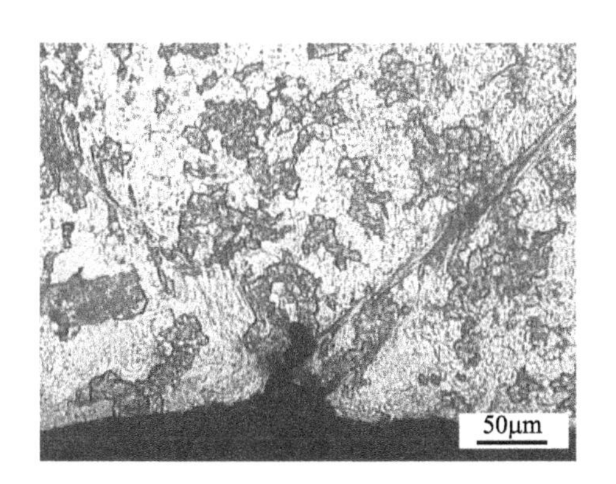

图 2 – 82　同方向的剪切带相交

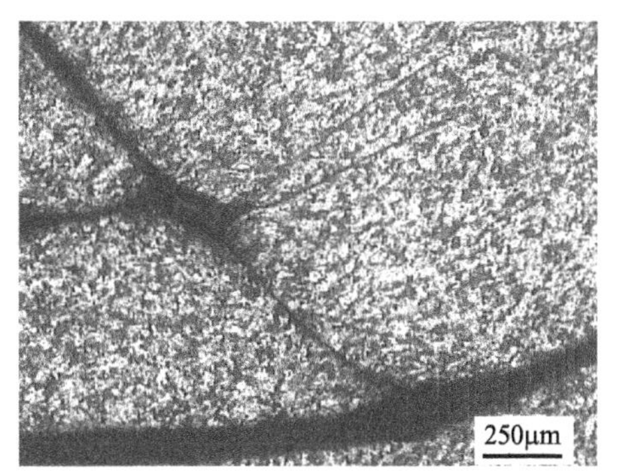

图 2 – 83　不同方向的剪切带相交

④ 剪切带的湮没。当试样 1 中的变形达到最大时，横截面上大多数剪切带将表现出自组织结构特征的逆时针方向轨迹。往顺时针方向发展的剪切带 1、2、3 接近内表面的部分已被逆时针方向的剪切变形吞没，而往逆时针方向的发展剪切带 4 得到了发展（图 2 – 84）。图 2 – 85 表示了试样变形过程中最大剪切力的轨迹和方向，顺时针方向的剪切带沿着 1 – 4 方向发展，逆时针方向的剪切带沿着 2 – 5 方向发展。最后阶段出现了剪切带集体往逆时针方向发展的协同

效应，产生了逆时针方向的主导剪切力，即 3 - 2 方向的剪切力大于 3 - 1 方向的剪切力，进一步支配剪切带之间的竞争和协同，使得某些顺时针方向剪切带在此效应引起的逆时针方向变形下被湮没。

由于 ASB 内的温度较高，其中的组织也处于软化状态，所以剪切带 1、2、3 在受到 3 - 2 方向的剪切力时，比周围的组织更容易被压缩，导致其被基体吞没。而 3 - 2 方向剪切力促进了同扩展方向的剪切带 4 发展。表明当整体变形方向与 ASB 扩展方向相差较大时，ASB 能被基体组织吞没，可看作基体的愈合。

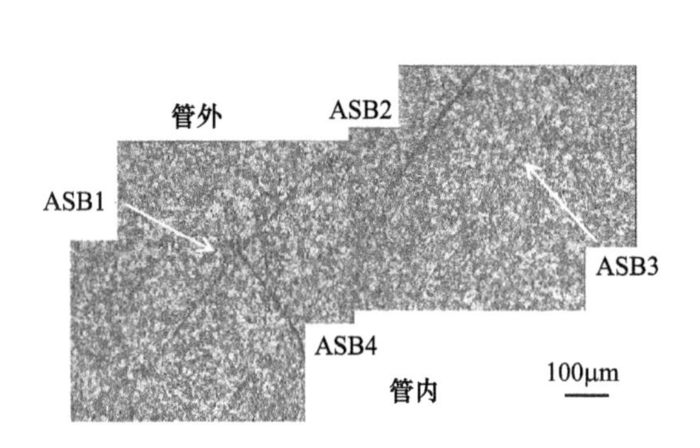

图 2 - 84　剪切带的湮没

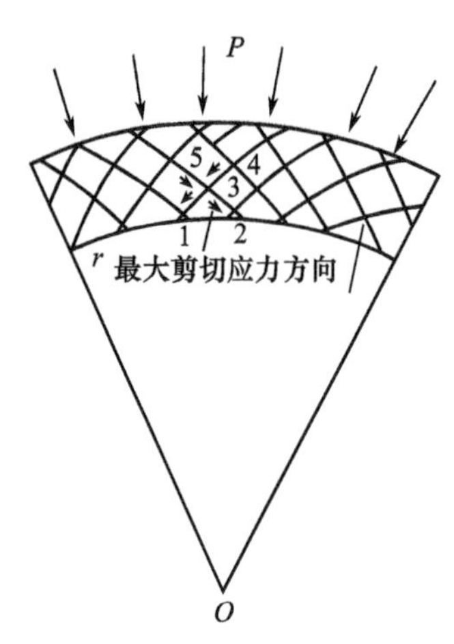

图 2 - 85　最大剪切力的轨迹和方向图

⑤ 裂纹在绝热剪切带中的扩展。在图 2 - 86 中 ASB 附近的晶粒表面发生了扭曲变形，在应变较大的内表面附近出现了一些断续条状的细裂纹。Guduru 等[71]和 Yang 等[72]对 ASB 内温度场分布进行了数值模拟，表明 ASB 内的温度由剪切带中部向两侧降低，并且在中部形成了一些局部热点。热软化导致材料剪切带内的流变应力比其周围材料的流变应力低得多，同时剪切带内剧烈变形产生了大量缺陷。热软化和缺陷处的应力集中使得 ASB 中部局部弱化，裂纹一般沿着局部弱化处产生。当剪切变形进一步加剧时，或断或续的裂纹在剪切带内压应力和剪切应力的共同作用下迅速长大。与此同时，在剪切带上、下边

图 2 - 86　裂纹的形核

界剪切应力形成的力偶作用下逐步发生旋转,形成完全平行于 ASB 方向的粗裂纹(图 2 -87);随后内表面附近的粗裂纹将沿着剪切带的方向扩大、联合成长条状裂纹,断续裂纹继续在长裂纹的前端发展(图 2 -88);最后裂纹沿着剪切带扩展,贯穿整个试样。

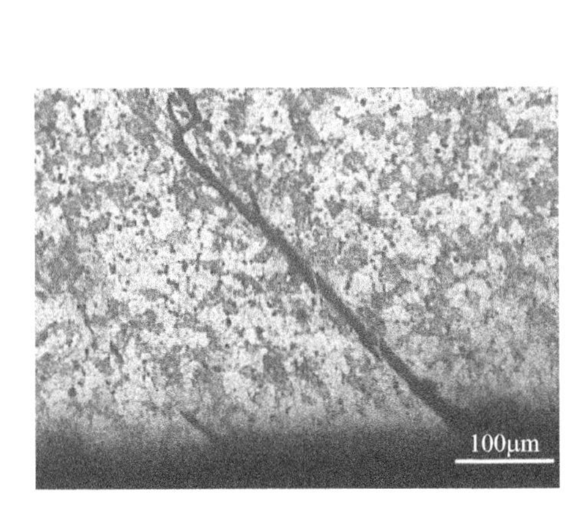

图 2 -87　裂纹的长大

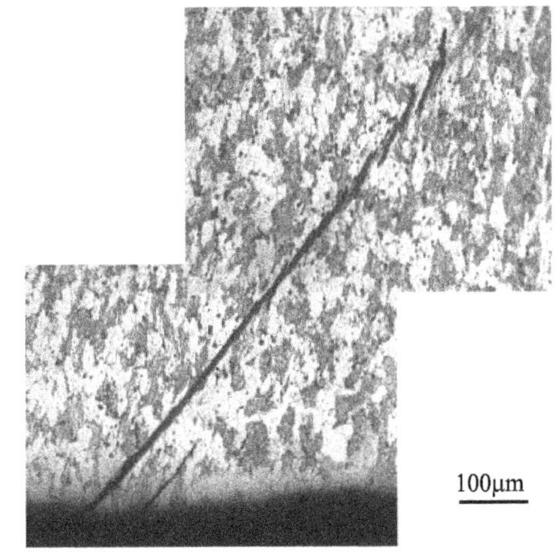

图 2 -88　裂纹的扩展

ASB 中裂纹的产生不仅和应变、应力状态有关,而且与组织的不均匀性有密切联系,优先在应变大、应力集中或缺陷处形核,再逐渐长大变粗,旋转聚合成沿剪切带方向的长裂纹。

综上所述,可得以下结论。

a. 试样应力状态的分析表明,管内侧的最大剪切应力和应变大于管外侧,ASBs 优先在管内侧形核。ASB 发展初期时,易受到晶界的影响,轨迹曲折;成熟的 ASB 扩展能较大,表现出对晶界的无关性。

b. 应力状态对 ASB 的发展有重要影响,可能导致其分叉、湮没。伴有强烈应力集中的剪切带交汇处,可成为新剪切带的形核点。

c. ASB 中微裂纹优先在应变大、应力集中或缺陷处形核,长大变粗并逐渐旋转成与剪切带一致的方向,聚合成沿着剪切带方向的宏观裂纹并最终导致材料的破坏。

3) ASB 的自组织行为实验观测与分析

目前关于材料中绝热剪切损伤研究的一个热点问题是损伤间距,为了能够有效地预测并可能控制这些损伤的特征(如数目、尺寸、位置和质点速率等),将需要理解这些损伤的演化规律。前人利用外部爆轰压缩厚壁管实验,分别对钛及钛合金、不锈钢、钽等金属中的 ASB 的自组织行为进行分析,但铝合金中ASB

的自组织行为尚不清楚。

ASB 自组织行为特征主要表现在间距、轨迹和长度等方面，下面从这几个方面入手，对试样中的 ASB 进行统计量化，分析其中的自组织过程。获取计算间距模型所需的实验参数和材料参数，如径向应变速率、热软化系数、应变和应变速率强化系数等，再进行模型预测值与实验结果的比对分析。

（1）试样内壁剪切应变速率的估算。

利用圆管收缩的格尼一维修正公式[73]，将铝管和内外铜管看成一个整体，计算试样外表面的初速度。计算的前提有以下两个假定。

① 炸药瞬时引爆后，产物内速度按线性分布，如图 2－89 所示。

② 管壁运动时视作刚体，且瞬时就能达到最大速度，不存在加速段。

外爆实验模型如图 2－90 所示，此时的动量守恒方程为

$$\frac{1}{2}(r_x^2 - r_i^2)\mathrm{d}\theta \cdot \rho_1 v_1 + \int_{r_d}^{r_x}(r\mathrm{d}r\mathrm{d}\theta\rho_d)v(r) = 0 \tag{2-58}$$

爆炸产物内任一半径 r 处的质点速度为

$$v_r = \frac{v_0 + v_1}{r_d - r_x}r - \frac{v_0 r_x + v_1 r_d}{r_d - r_x} \tag{2-59}$$

式中：ρ_d 为炸药密度；ρ_1 为金属圆管的平均密度；r_x 为金属圆管的外半径；r_i 为金属圆管的内半径，r_d 为炸药的外半径；v_0 为爆炸产物向外的最大速度；v_1 为爆炸产物向内的最大速度。

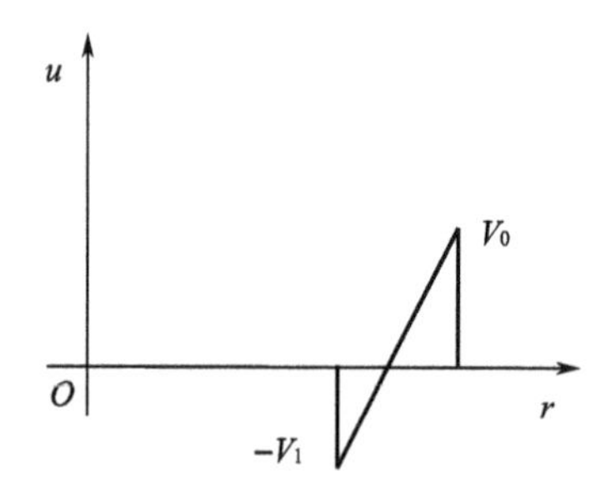

图 2－89　爆炸产物的速度分布

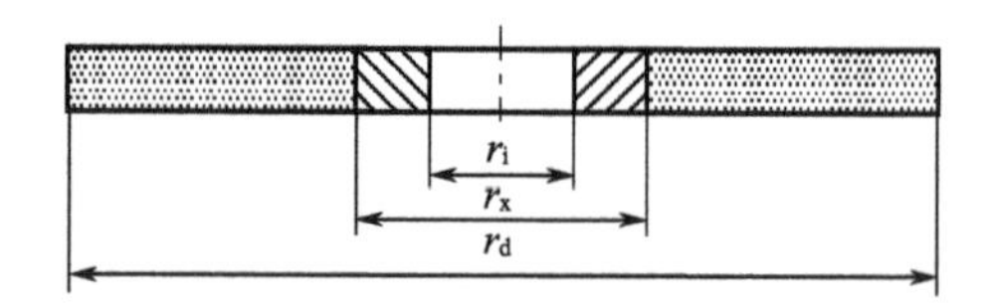

图 2－90　外爆时圆管收缩的格尼模型

把式(2－59)代入式(2－58)中，积分后得到

$$v_0 = \frac{3\rho_1(r_x^2 - r_i^2) + \rho_d(r_d^2 + r_d r_x - 2r_x^2)}{\rho_d(2r_d^2 - r_d r_x - r_x^2)}v_1 \tag{2-60}$$

同样地，能量方程为

$$\frac{1}{2}\left[\frac{1}{2}(r_x^2 - r_i^2)\mathrm{d}\theta\rho_1\right]v_1^2 + \int_{r_x}^{r_d}\frac{1}{2}(r\mathrm{d}r\mathrm{d}\theta\rho_0)v^2(r) = \frac{1}{2}(r_d^2 - r_x^2)\rho_0\mathrm{d}\theta E_0 \tag{2-61}$$

把式(2-59)代入式(2-61),积分后得到

$$\frac{1}{4}(r_x^2-r_i^2)\rho_1 v_1^2+\frac{\rho_d}{2(r_d-r_x)}\Big[\frac{(v_0+v_1)^2(r_d+r_x)(r_d^2+r_x^2)}{4}-$$

$$\frac{2}{3}(v_0+v_1)(v_0 r_x+v_1 r_d)(r_d^2+r_d r_x+r_x^2)+\frac{1}{2}(v_0 r_x+v_1 r_d)^2(r_d+r_x)\Big]=$$

$$\frac{\rho_d}{2}(r_d^2-r_x^2)\frac{v_d}{(\gamma-1)(\gamma+1)^2} \tag{2-62}$$

如解式(2-62),需先得到炸药的多方指数γ,计算方法如下。

康姆莱特等提出了计算炸药的爆轰压力和爆速,得出了一个半经验方程[74],即

$$v_d=706\Phi^{0.5}(1+1.3\rho_d) \tag{2-63}$$

式中:ρ_d为炸药的装填密度;Φ为炸药组成及能量储备的示性数。

通过圆管试样,对60种单质炸药和混合炸药进行数学处理得到

$$\sqrt{2E_g}=0.739+0.435\sqrt{\Phi\rho_d} \tag{2-64}$$

综合式(2-63)、式(2-64),可算得格尼系数$\sqrt{2E_g}=1734\text{m/s}$。

综合考虑格尼模型公式及气体动力学模型公式,导出了格尼系数与爆速的关系[74],即

$$\frac{\sqrt{2E_g}}{v_d}=\frac{0.605}{\gamma-1} \tag{2-65}$$

计算式(2-65)得到多方指数$\gamma=2.26$。

结合式(2-60)、式(2-62)可算得试样1与试样2中外铜管的外表面初度v_1分别为1466m/s和769m/s。在压缩圆管的过程中,其周向抗力是不能忽略的,管壁的动能将逐渐消耗于管壁内周向应力的塑性功上。为简化处理,设圆管外壁速度降低近似于线性变化,因此可通过外壁平均速度$v_1/2$来估计圆管的变形时间,即

$$t=\frac{2(r_{xf}-r_{x0})}{v_1} \tag{2-66}$$

式中:t为变形时间;r_{x0}为圆管外壁变形前的半径;r_{xf}为圆管外壁变形后的半径。算得试样1的变形时间为3.62×10^{-6}s,试样2的变形时间为5.63×10^{-6}s。

试样内壁的剪切应变速率可表示为

$$\dot{\gamma}\approx2\dot{\varepsilon}_{rr}=2\frac{dr}{rdt}=2\frac{(r_f-r_0)}{r_0 t} \tag{2-67}$$

式中:r_0为试样内壁变形前的半径;r_f为试样内壁变形后的半径。通过

式(2-67)分别算得试样1的剪切应变速率为3×10^5/s,试样2的剪切应变速率为1.7×10^5/s

(2) ASB的自组织行为实验观测。

① 实验现象与分析。由于管中的气体排出速度远小于管壁的收缩速度,滞留的气体将阻碍圆管压缩。变形伊始,试样顶部的气体速度为0,导致试样顶端的变形量最小。随着气体逐渐排出,圆管至上而下的变形量逐渐增大而形呈锥形状,试样1整体变形过渡均匀,如图2-91所示。在图2-91中,由箭头所示处截取5个垂直于轴的面进行观察,并标注了每个截面之间的间距及径向应变值。当内铜管的内径被压缩为0时,试样1无法再被压缩,在径向应变0.5处附近发生了横向断裂。断面沿径向变化比较平缓光滑,不同的曲面位置与轴向约成45°夹角,沿最大剪切力方向断裂,呈现出韧性断裂特征,如图2-92所示。

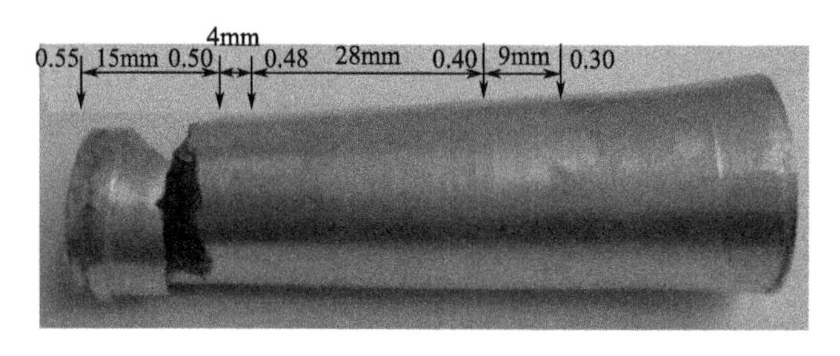

图2-91 变形后试样1的宏观照片

图2-92 试样1的断口

图2-93所示为两个样品在不同应变下横向截面的宏观照片。在试样1中,图2-93(a)所示为径向应变0.5时截面照片,可看到内铜管的内径已被压缩为0,在随后的持续压力作用下,由于内铜管已无法再被压缩,导致了横向断裂的发生。随着变形的增加,内铜管与试样分离,多条剪切带在径向应变0.55处已发展完全(图2-93(b))。从图2-93(b)中可以看到,剪切带一般在试样的内表面形核,剪切带前端沿着与径向大约成45°的最大剪切力方向发展,这与2.1节中分析结果一致,最终剪切带发展成裂纹贯穿了整个试样,大部分剪切带显示出逆时针方向的圆弧形有序花样。在图2-93(b)中,肉眼可观察到的剪切带都大于1mm,可认为是较长剪切带,它们之间的间距也较大。图2-93(c)所示为试样2中应变最大截面上的照片,由于药量较小,内外铜管都未与试样分离,内铜管内径也未被压实。大部分长剪切带朝着顺时针方向发展,显示出明显的自组织结构特征。

自组织行为的存在将促进整个系统往能量最低状态发展,这也可以用来解释长剪切带整体成逆/顺时针方向的现象(图2-93(b)、(c))。假设当某一剪

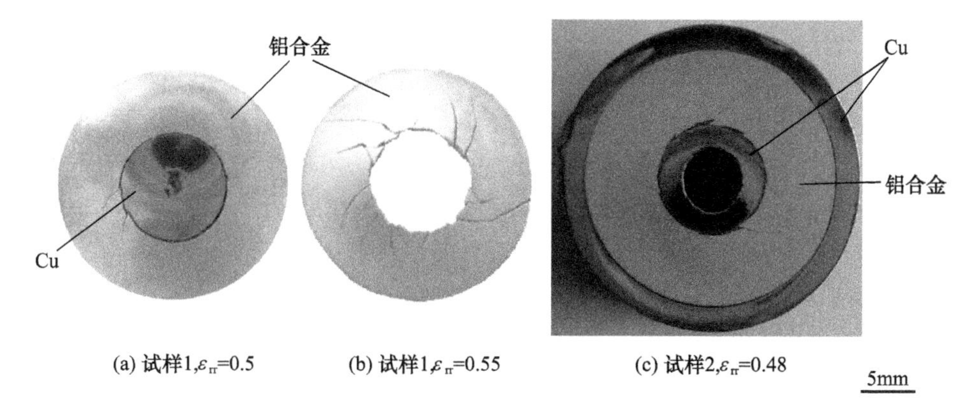

图 2-93　两个样品在不同应变下横向截面的宏观照片

切带优先生长并偏逆时针方向,其周围的低能量区也为逆时针方向,使较远的高能量区形成逆时针方向。这将促进邻近逆时针方向剪切带的发展,抑制邻近顺时针方向剪切带的扩展。最终大多数的剪切带往同一个方向发展,使多条剪切带获得最快的生长速度。

图 2-94 所示为多条剪切带在 100 倍下的金相图片,可看到一些短小剪切带长度约 0.1mm 且间距值非常小。所以可得出结论:长剪切带之间的间距值比短剪切带之间的间距值大。同时观察到,只有短小剪切带才能存在于长剪切带周围。从能量的角度看,由于长剪切带经历了更长的热软化变形历史,生长速度比周围短小剪切带快,吸收周边区域的大部分能量,抑制了其周围较近的剪切带增长。但长剪切带对周边区域的卸载作用只能保持一定距离,在离其较远的高能量区才有足够能量使其他剪切带生长,这可以看作剪切带的屏蔽现象。

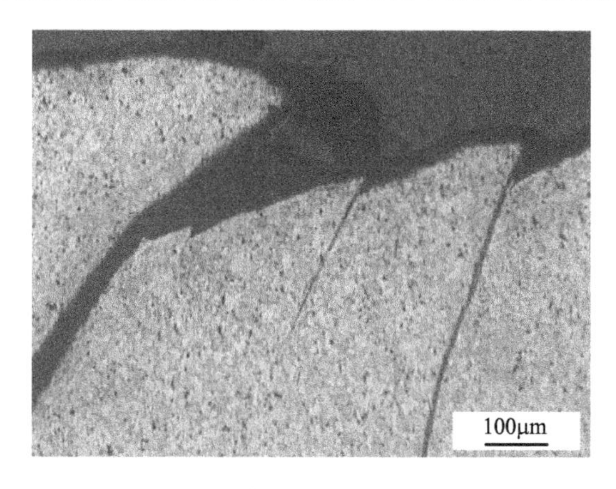

图 2-94　横截面上的部分剪切带

② ASBs 的统计分析。利用金相显微镜先对试样截面进行观察,再对剪切带的条数和间距进行统计。由于在两个试样中所截取横截面较多,下面只以试样 1 中应变为 0.5 的 1/4 横截面为例,展现出试样内壁上多条剪切带在 50 倍下的形貌,如图 2-95、图 2-96 所示,白色箭头所标注处为剪切带。从图中可以清楚地看到长短不一的剪切带较均匀地分布在试样内壁,短剪切带由于剪切变形较小,在试样内壁边缘上的变形也小,而长剪切带经历了较大的剪切变形,其根部在内壁边缘上则留下了较深的切口。其中剪切带相交的现象较多,当短剪切带相交于长剪切带时,并不能穿越长剪切带从而停止了扩展,故图中并没有观察到两条长剪切带之间的相交现象。

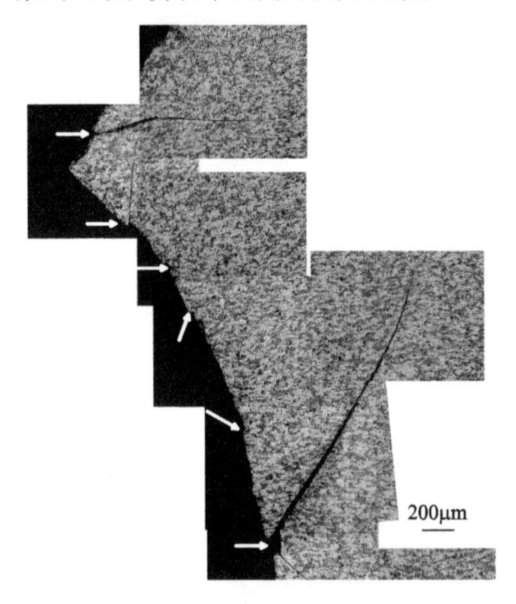

图 2-95　试样 1 中应变 0.5 时 1/4 横截面的上半部分

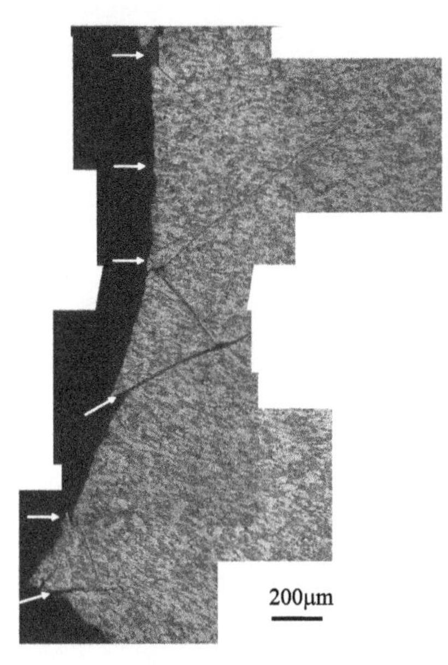

图 2-96　试样 1 中应变 0.5 时 1/4 横截面的下半部分

图 2-97 所示为剪切带间距计算的示意图,依此剪切带的平均间距可表示为

$$L = \frac{P}{\sqrt{2}N} \tag{2-68}$$

式中:P 为试样内壁的周长;N 为剪切带的形核点数。

在 100~400 倍的显微镜下对试样中各个截面的剪切带情况进行统计,统计的 ASB 最小长度不少于 100μm。图 2-98 所示为两组实验中试样最大应变截面和剪切带初始形成截面上的剪切带分布,对分布图进行了统计,结果如表2-4

所列。试样 1 中径向应变为 0.3 的截面只含有 38 条剪切带，大部分区域还处于均匀变形的状态。这是由于剪切带不均匀形核造成的，ASBs 可能会在某些微观组织不均匀处优先形核，如晶界、第二相质点和夹杂等。此截面仍属于形核阶段。当应变达到 0.4 时，短小剪切带变得密集，且均匀形成于试样内表面，此阶段可称为剪切带花样的早期阶段（图 2－98（a））。当应变从 0.4 增加到 0.48 时，剪切带的数目却减少了，但最长剪切带长度有所增长。可以认为，长剪切带产生的卸载作用约束了短小剪切带的发展，甚至导致其消失。此后剪切带的数目缓慢增长。应变增大到 0.55 时，多条剪切带发展完全，有些剪切带前端甚至扩展到试样的外表面，此阶段称为剪切带花样的后期阶段（图 2－98（c））。在这个阶段，试样 1 截面仍然保持着完整对称的圆形，剪切带条数与早期阶段的条数相差不大。

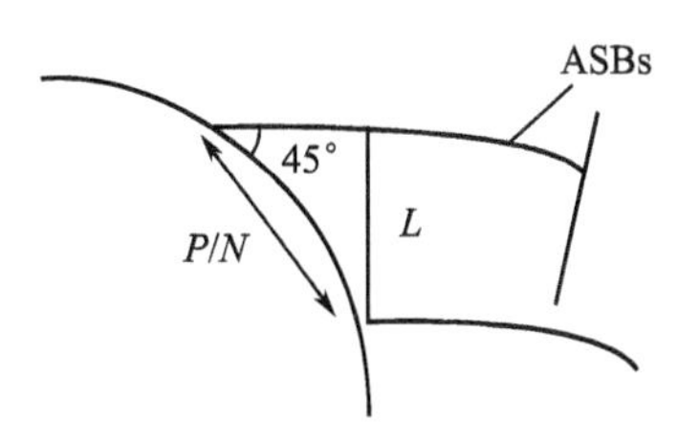

图 2－97　剪切带间距计算的示意图

表 2－4　两个试样不同截面上的统计结果

径向应变值（试样号）	条数	间距/mm	最长剪切带长度/mm	平均长度/mm
0.55（1）	85	0.27	7.7	1.39
0.50（1）	80	0.31	3.5	0.93
0.48（1）	69	0.39	3.5	0.70
0.40（1）	73	0.34	2.5	0.57
0.30（1）	38	0.67	1.3	0.36
0.48（2）	53	0.45	7.4	1.22
0.43（2）	82	0.32	3.0	0.56

由于药量比较小，试样 2 未产生断裂现象。由于试样 2 的变形应变速率比试样 1 低，剪切带临界形核应变增大，当径向应变为 0.43 时才进入早期阶段，剪切带条数为 82 条（图 2－98（b））。当径向应变增大到 0.48 时，已进入了后期阶段，却只有 53 条剪切带（图 2－98（d））。试样 2 中应变越大，剪切带数量越少，与试样 1 中剪切带的演化规律相反，Xue 等[54]在不锈钢中也观察到了类似的现象。另外，试样 1 中剪切带的发展阶段应变从 0.4 到 0.55，试样 2 中剪切带的发展阶段应变从 0.43 到 0.48，表明试样 2 中的剪切带经历了更加剧烈的变形。这导致长剪切带旁边的短小剪切带在强烈的变形下发展停滞或者被淹没，可能是剪切带数目减少的原因。

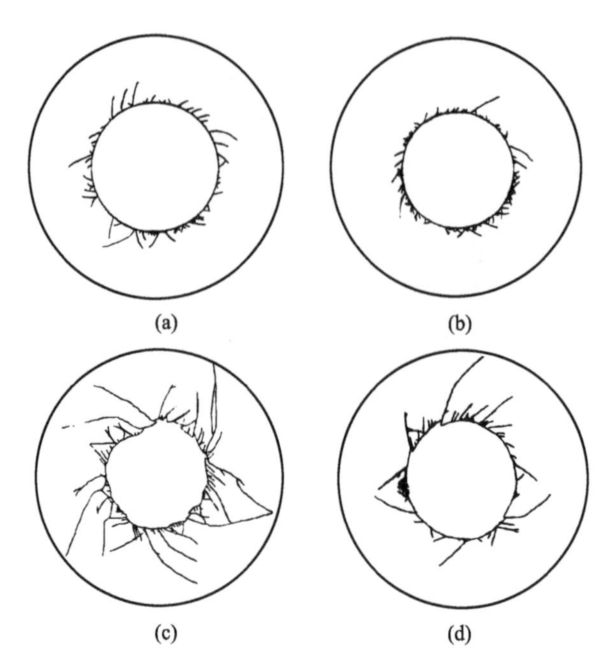

图 2-98　两个试样在早期和后期阶段中的剪切带

(a)试样 1,$\varepsilon_{rr}=0.40$;(b)试样 2,$\varepsilon_{rr}=0.43$;(c)试样 1,$\varepsilon_{rr}=0.55$;(d)试样 2,$\varepsilon_{rr}=0.48$。

(3) 7075 铝合金中剪切带间距与理论模型的比对和讨论。

① 一维间距模型与比对。

a. 一维间距模型。

ⅰ Grady 和 Kipp[50]认为,多条剪切带的分布可由动量扩散理论来解释,并假设成熟剪切带中的剪切应力近似为 0,通常用来预测成熟剪切带之间的间距。用下面简单的本构方程来描述材料的动态行为,方程未考虑应变强化及应变速率的影响,即

$$\tau=\tau_0[1-\alpha(T-T_0)] \tag{2-69}$$

间距模型(简称为 G-K 模型)表示为

$$L_{GK}=2\left[\frac{9kc}{\dot{\gamma}^3\alpha^2\tau_0}\right]^{1/4} \tag{2-70}$$

式中:α 为热软化系数;k 为热导率;c 为比热容;T_0为参考温度;$\tau_0=\sigma_0/2$ 为准静态下剪切屈服应力。

ⅱ Wright 和 Ockendon[52]认为,增长最快的摄动波长与剪切带的最小间距一致,利用小摄动原理推导了预测短小剪切带间距的一维模型。利用包含应变强化项的本构方程来描述材料行为

$$\tau=\tau_0[1-\alpha(T-T_0)]\left(\frac{\dot{\gamma}}{\dot{\gamma}_0}\right)^m \tag{2-71}$$

间距模型(简称为 W－O 模型)为

$$L_{WO}=2\pi\left[\frac{m^3kc}{\dot{\gamma}^3\alpha^2\tau_0}\right]^{1/4} \tag{2-72}$$

式中：$\dot{\gamma}$ 为应变速率；$\dot{\gamma}_0$为准静态应变速率；m 为应变速率敏感系数。

iii Molinari[53] 在本构方程中添加应变强化项，修正了 W－O 模型，下面简称为 M 模型。对于无硬化材料，应变强化系数 $y=0$，M 模型有简单的形式，即

$$L_{M'}=2\pi\left[\frac{kcm^3\ (1-\alpha T_0)^2}{(1+m)\ \dot{\gamma}^3\alpha^2\tau_0}\right]^{1/4}=2\pi\left[\frac{kc}{\dot{\gamma}^3\alpha^2\tau_0}\right]^{1/4}\left[\frac{m^3\ (1-\alpha T_0)^2}{(1+m)}\right]^{1/4} \tag{2-73}$$

Xue 等[54]通过数学处理，对材料本构方程中的热软化项做了修改，本构方程表示为

$$\tau=\mu_0\ (\gamma+\gamma_i)^y\left(\frac{\dot{\gamma}}{\dot{\gamma}_0}\right)^m[1-\alpha(T-T_0)] \tag{2-74}$$

式中：μ_0 和 α 为常数；γ_i 为预应变，本实验中 $\gamma_i=0$。

对于硬化材料，间距模型表示为

$$L_M=L_{M'}\left[1-\frac{3\rho cn(1-\alpha T_0)}{4\beta\tau_0\alpha\gamma_c}\right]^{-1} \tag{2-75}$$

式中：β 为功热转化系数，为 0.9；γ_c为试样进入早期阶段的剪切应变值，可通过径向应变转化得到

$$\gamma_c=\sqrt{2e^{2\varepsilon}-1}-1 \tag{2-76}$$

b. 一维间距模型参数的获取及比对结果分析。

Halit 等[75]对 7075 铝合金进行了准静态下单向加载实验，获取了应力—应变曲线(图 2－99)。在准静态条件下，式(2－74)可化简为

$$\tau=\mu_0\gamma^y \tag{2-77}$$

通过静态曲线对两个待定参数进行拟合，得到应变强化参数 $\mu_0=718$，$y=0.065$。Lee 等[76]利用 Hopkinson 压杆实验获取了 7075 铝合金动态下的应力—应变曲线，如图 2－100 所示。应用温度 298K、不同应变速率下的曲线数据，排除了温度项的影响，拟合得到应变速率敏感系数 $m=0.019$(图 2－101)；将已知参数代入本构方程中，再应用应变速率 3100/s 和不同温度下的曲线数据，可拟合得到 $\alpha=0.0021$(图 2－102)。

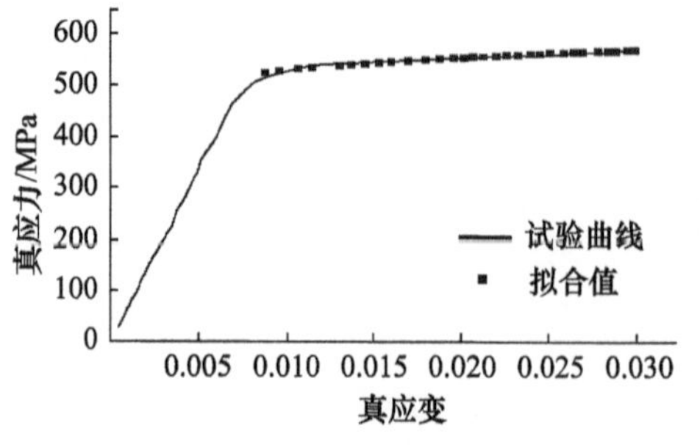

图 2-99　在温度 298K、准静态下 7075 铝合金应力应变曲线(Halit S T, et al. Inter. J. Fatigue, 2003, 25:267-281)

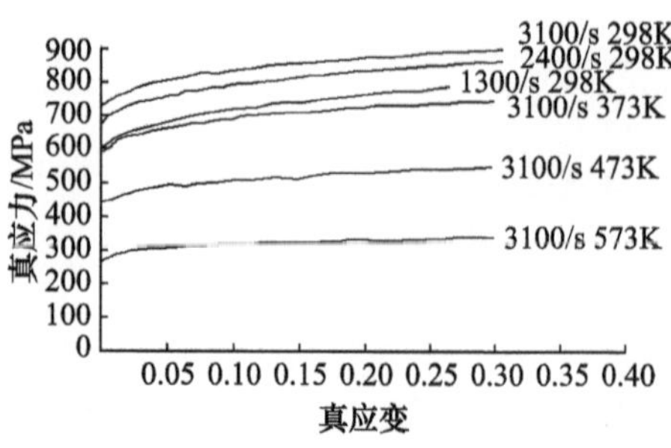

图 2-100　7075 铝合金动态应力应变曲线(Lee W S, et al. J. Mater. Proce. Tech., 2000, 100(1-3):116-122)

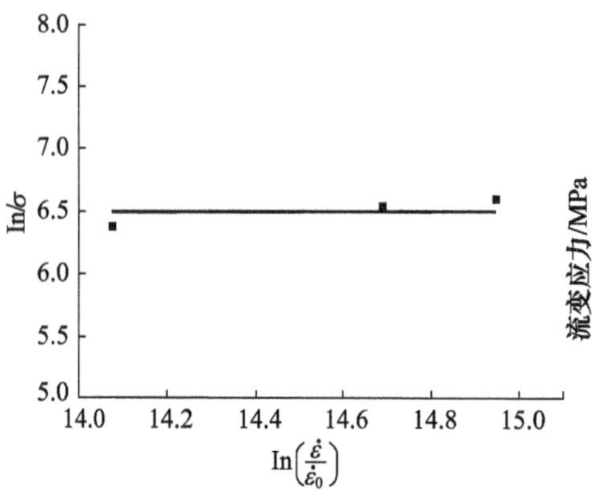

图 2-101　应变速率敏感系数的获取

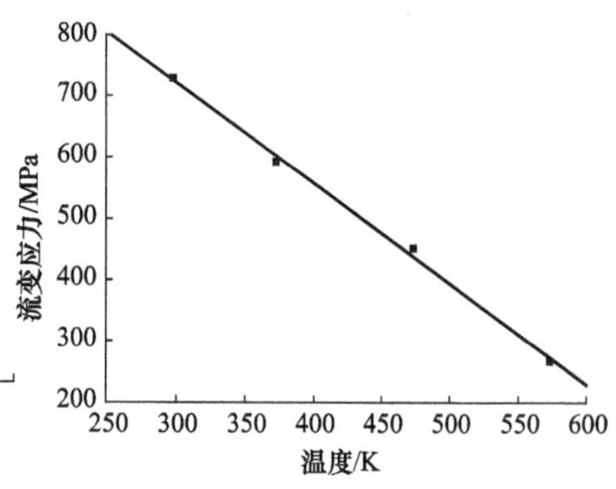

图 2-102　热软化系数的获取

表 2-5 所列为计算模型所需的参数,将参数分别代入 3 个一维模型中,得到剪切带间距的预测值,如表 2-6 所列。从表 2-6 中可看出,基于摄动分析的 W-O 模型与 M 模型预测值相近,但比实验值小得多,与变形过程中剪切带间距的发展趋势相悖。W-O 和 M 模型认为,ASBs 在小摄动的影响下同时形成,然而材料组织不均匀性导致了 ASBs 形核不均匀(表 2-4),ASBs 的非均匀形核对间距和演化过程有重要影响,后续详细讨论。摄动分析下的一维模型预测值与实验结果不符,表明了一维模型可能未考虑到多条剪切带演化的一些重要机制,比如剪切带的不均匀形核及剪切带之间的相互作用。G-K 模型的预测值大约是剪切带初始间距值的数倍,主要是用来预测成熟剪切带的间距。假设长度大于 2mm 的剪切带可认为是成熟剪切带,在后期阶段试样 1 中有 17 条,试样 2 中有 10 条。成熟剪切带之间的间距值与 G-K 模型的预测值比较接近。

表 2-5 实验参数

指标	比热 $c/(\mathrm{J/(kg \cdot K)})$	热导率 k $/(\mathrm{W/(m \cdot K)})$	密度 $\rho/(\mathrm{kg/m^3})$	m	α/K	τ_0 /MPa	硬化系数 γ
7075 铝合金	960	130	2810	0.019	0.0021	251	0.065

表 2-6 剪切带间距实验值与一维模型预测值的比较

试样号	$\dot{\gamma}$ /s	早期阶段间距值/mm	长度大于2mm	L_{WO}/mm	不考虑硬化 $L_{M'}$/mm	考虑硬化 L_M/mm	L_{GK}/mm
试样 1	3×10^5	0.34	1.2	0.082	0.05	0.057	0.87
试样 2	1.7×10^5	0.32	2.3	0.125	0.076	0.085	1.5

② 二维模型。从统计数据(表 2-4)可看出,7075 铝合金中的 ASBs 在形核和发展过程中展现了明显二维特征,比如形核时间的不同导致 ASBs 间距不同,发展过程中剪切带条数发生较大的变化。Xue[54] 在 Ti 和 Ti-6Al-4V 中也观察到了类似现象,在考虑了剪切带不均匀形核的情况下,利用屏蔽因子描述剪切带间卸载作用,解释了实验现象。屏蔽因子表示为

$$s = 1 - \frac{\dot{\varepsilon} L_{WO}}{2(\varepsilon_0 - \varepsilon_i)k_1 v} \tag{2-78}$$

式中:ε_0 为剪切带的平均临界形核应变;ε_i 为剪切带的临界形核应变;v 为剪切带的最大生长速度;$\dot{\varepsilon}$ 为卸载速率;$k_1 = \dfrac{L_{WO}}{l_{max}}$为卸载区域宽度与剪切带长度的比值;$l_{max}$为早期阶段的最长剪切带长度值。

基于 W-O 模型,引入屏蔽因子的二维模型表示为

$$L_{XM} = \frac{L_{WO}}{(1-S)} = \frac{2(\varepsilon_0 - \varepsilon_i)k_1 v}{\dot{\varepsilon}} = \frac{2(\varepsilon_0 - \varepsilon_i)vL_{WO}}{\dot{\varepsilon}\, l_{max}} \tag{2-79}$$

计算间距模型所需参数及预测值见表 2-7。注意有些参数只是估计值,如 ε_0、ε_i 和 k_1。二维模型预测值与实验值符合较好,且能正确地预测间距变化趋势。

表 2-7 实验参数与二维模型预测值

试样	v_1/ (m/s)	t/μs	$\dot{\varepsilon}$ / $(\mathrm{s^{-1}})\times10^5$	ε_0	ε_i	l_{max} /mm	v /(m/s)	S	早期阶段间距值/mm	L_{XM} /mm
试样 1	1466	3.62	1.5	0.23	0.4	2.5	4063	0.73	0.34	0.30
试样 2	729	5.63	0.85	0.39	0.43	3.0	5800	0.6	0.32	0.23

在式(2-79)中,$2(\varepsilon_0 - \varepsilon_i)L_{WO}$只影响剪切带的形核过程,而比值$\dfrac{v}{\dot{\varepsilon}}$对剪切

带形核发展的整个过程都有影响。当$\frac{v}{\dot{\varepsilon}}$较低时，剪切带发展均匀，卸载作用不明显；当$\frac{v}{\dot{\varepsilon}}$不断增加时，卸载作用越来越强，生长受到约束的剪切带也越来越多，那些生长被抑制的剪切带可能保留在原来位置或被周围大的塑性变形所淹没，将导致剪切带条数的减少。经计算，试样 1 中$\frac{v}{\dot{\varepsilon}}=2.7\times10^{-2}$，试样 2 中$\frac{v}{\dot{\varepsilon}}=6.8\times10^{-2}$。故试样 2 中的卸载作用比试样 1 中的强烈得多，导致发展过程中剪切带条数的减少，与实验现象相符。但是 X - M 模型也具有一定的局限性，其中某些参数是在爆轰实验后进行测量获取的，X - M 模型并不能在实验前预测剪切带的间距值，但它能帮助理解多条剪切带的演变历程。

综上所述，可得以下结论。

a. 利用格尼公式，对不同药厚条件下金属外壁的变形初速度进行估算，并利用外壁的平均速度来估算试样内壁的剪切应变速率。

b. 7075 铝合金圆管在外部爆轰加载过程中，ASB 首先在圆管内壁生成，剪切带前端沿着与径向成 45°或 135°的最大剪切力方向向外扩展，整体形成逆时针方向螺旋状分布，最后裂纹沿 ASB 扩展贯穿整个试样。铝合金圆管表现为绝热剪切破坏。变形后试样呈锥形，试样 1 由于变形空间不足而发生了断裂，断口呈现韧性断裂特征。

c. 由于长剪切带对周围区域产生了卸载作用，故在长剪切带周围只能观察到短小剪切带，且长剪切带之间间距比短小剪切带之间间距大。短剪切带相交于长剪切带时，无法穿越长剪切带而停止扩展。

d. 自组织行为促进了剪切带往一个方向发展，形成了逆/顺时针方向的有序花样，使多条剪切带之间冲突减小，从而获得最快生长速度。

e. 剪切带统计分析结果表明，两个试样中剪切带间距在早期阶段大致相同，演变历程却完全不同。早期阶段过后，试样 1 中剪切带间距变化不大；而试样 2 中剪切带条数减少，间距却不断增大，说明剪切带演变过程经历了更加激烈的变形，剪切带的扩展速率也更高。这同时说明了不仅材料性能可以影响 ASB 的演化历程，加载条件的不同也对其演化历程产生了很大的影响。

f. 通过对实验结果与现有间距模型的比较表明，摄动分析下的一维模型预测值与实验结果不符，表明了这些模型可能未考虑到多条剪切带演化的一些重要机制，如剪切带的不均匀形核及剪切带之间的相互作用。G - K 模型预测值能较好地预测成熟剪切带之间的间距值。二维的 X - M 模型预测值与实验结果符合较好，利用此模型对剪切带的演化历程现象做出了解释，但此模型也具有一定的局限性，不能在实验前预测剪切带的间距值。

4）不同形核模式下剪切带自组织行为的数值模拟和分析

由于外爆压缩实验持续时间短，很难通过物理实验获取试样中相关的动态演化数据，给剪切带形核、发展过程的分析带来了困难。利用计算机对厚壁管实验进行数值模拟，有助于提高对多条剪切带自组织行为的理解。Xue 等[77]用有限元模拟了不锈钢管的坍塌过程，但未考虑其中剪切带的形成和发展及给试样破坏带来的影响。Zervos 等[78]模拟了在外部均匀压力下厚壁管试样中产生剪切局域化并逐渐演变成裂纹的过程，研究了网格敏感性和中间空洞大小对剪切局域化的影响，但模拟结果未显示出多条剪切带的自组织行为。国内外对多条剪切带自组织行为的模拟研究尚是缺乏。由于一维模型和二维模型的本质差别就在于形核模式，可看出剪切带的形核阶段对剪切带间距有着重要的影响。

作者应用 ANSYS/LS－DYNA 有限元软件首次模拟研究了不同形核模式下多条剪切带的自组织行为。

（1）有限元软件 LS－DYNA 介绍。

① LS－DYNA 计算程序的发展与功能。近年来，非线性结构动力学仿真分析方面的研究工作和工程应用取得了很大的发展。20 世纪 90 年代中后期，著名的通用显式动力分析程序 LS－DYNA 被引入中国，在相关的工程领域中迅速得到广泛的应用，已成为国内科研人员开展数值实验的有力工具。LS－DYNA[79]能够模拟真实世界的各种复杂问题，特别适合求解各种二维、三维非线性结构的高速碰撞、爆炸和金属成形等非线性动力冲击问题，同时可以求解传热、流体及流固耦合问题。LS－DYNA 源程序曾在北约的局域网 Pubic Domain 公开发行，因此广泛传播到世界各地的研究机构和大学。从理论和算法而言，LS－DYNA 是目前所有的显式求解程序的鼻祖和理论基础，在工程应用如汽车安全性设计、武器系统设计、金属成形、跌落仿真等领域被广泛认可为最佳的分析软件包。

LS－DYNA 程序 970 版是功能齐全的几何非线性（大位移、大转动和大应变）、材料非线性（140 多种材料动态模型）和接触非线性（30 多种接触类型）程序。它以 Lagrange 算法为主，兼有 ALE 和 Euler 算法；以显式求解为主，兼有隐式求解功能；以结构分析为主，兼有热分析、流体—结构耦合功能；以非线性分析为主，兼有静力分析功能的非线性有限元程序。

LS－DYNA 程序的全自动接触分析功能易于使用、功能强大、非常有效，有 50 多种可供选择的接触分析方式，可以求解各种柔性体与柔性体、柔性体与刚性体、刚性体与刚性体之间的接触问题，板壳结构的单面接触（屈曲分析）与刚性墙接触、表面与表面的固连、节点与表面的固连、壳边与壳面的固连、流体与固体的界面等，并可考虑接触表面的静动摩擦力（库仑摩擦、黏性摩擦和用户自定义摩擦模型)和固连失效。这种技术成功用于整车碰撞研究、乘员与柔性气囊或安全带接触的安全性分析、薄板与冲头和模具接触的金属成形、水下爆炸对结构的影响等。其他如采用材料失效和侵蚀接触(Eroding Contact),可以进行高速弹体对靶板的侵彻模拟计算。程序处理接触—碰撞界面主要采用节点约束法、对称罚函数法和分配参数法。

虽然 LS - DYNA3D 具有强大的计算功能,但其前处理功能相对较差。1997 年,美国 ANSYS 公司购买了 LS - DYNA 的使用权,形成了 ANSYS/LS - DYNA 软件,弥补了上述不足。但是 LS - DYNA 的一些功能并不能从 ANSYS/LS - DYNA中直接使用,如某些单元被屏蔽、错误提示及警告信息不完全等。所以,通常做法是使用联合建模求解技术,与一般的辅助分析程序操作过程相似,一个完整 ANSYS/LS - DYNA 显式动力分析过程包括前处理、求解及后处理 3 个基本环节。

② LS - DYNA 程序算法。

a. 显式积分算法。不同于 ANSYS 等隐式分析软件,显式中心差分法是 LS - DYNA所采用的主要算法。程序首先用中心差分法计算各节点在第 n 个时间步结束时刻 t_n的加速度向量:

$$\boldsymbol{a}(t_n) = \boldsymbol{M}^{-1}[\boldsymbol{F}^{\text{ext}}(t_n) - \boldsymbol{F}^{\text{int}}(t_n)] \tag{2-80}$$

式中:$\boldsymbol{F}^{\text{ext}}(t_n)$为施加的外力和体力矢量;$\boldsymbol{F}^{\text{int}}(t_n)$为内力矢量,即

$$\boldsymbol{F}^{\text{int}}(t_n) = \sum\left(\int_{\Omega}\boldsymbol{B}^{\text{T}}\sigma\text{d}\Omega + \boldsymbol{F}^{\text{hg}}\right) + \boldsymbol{F}^{\text{contact}} \tag{2-81}$$

3 项依次为在当前时刻单元应力场等效节点力(相当于动力平衡方程的刚度项,即单元刚度矩阵与单元节点位移的乘积)、沙漏阻力(为克服单点积分引起的沙漏问题而引入的黏性阻力)以及接触力矢量。

节点速度和位移矢量通过下面两式计算,即

$$v(t_{n+1/2}) = v(t_{n-1/2}) + a(t)(\Delta t_{n-1} + \Delta t_n)/2 \tag{2-82}$$

$$u(t_{n+1}) = u(t_n) + v(t_{n-1/2})\Delta t_n \tag{2-83}$$

时间步和时间点的定义为

$$\begin{cases}\Delta t_{n-1} = (t_n - t_{n-1})\\ \Delta t_n = (t_{n+1} - t_n)\end{cases} \tag{2-84}$$

$$\begin{cases}\Delta t_{n-1/2} = \dfrac{(t_n + t_{n-1})}{2}\\ \Delta t_{n-1/2} = \dfrac{(t_{n+1} + t_n)}{2}\end{cases} \tag{2-85}$$

新的几何构型由初始几何构型 x_0加上位移量得到，即

$$x_{t+\Delta t}=x_0+u_{t+\Delta t} \tag{2-86}$$

上述显式方法的基本特点是：不形成总刚度矩阵，弹性项放在内力中，避免了矩阵求逆，这对非线性分析是很有意义的，因为每个非线性增量步，刚度矩阵都在变化；质量阵为对角时，利用上述递推公式求解运动方程时，不需要进行质量的求逆运算，仅需要利用矩阵的乘法获取右端的等效荷载向量；中心差分方法是条件稳定算法，保持稳定状态需要小的时间步。

对于显式算法的条件稳定，并且保证收敛的临界时间步，须满足以下条件，即

$$\Delta t\leqslant\Delta t_{\mathrm{cr}}=\frac{2}{\omega_n} \tag{2-87}$$

$$|\boldsymbol{K}^{\mathrm{e}}-\omega^2\boldsymbol{M}^{\mathrm{e}}|=0 \tag{2-88}$$

式中：ω_n 为系统的最高阶固有振动频率。系统中最小单元的特征值方程为

$$|\boldsymbol{K}^{\mathrm{e}}-\omega^2\boldsymbol{M}^{\mathrm{e}}|=0 \tag{2-89}$$

由此方程得到的最大特征值即为 ω_n。为保证收敛，LS - DYNA3D 采用变步长积分法，每一时刻的积分步长由当前构形网格中的最小单元决定。

b. 接触—碰撞界面算法。在 LS - DYNA3D 程序中处理不同界面的接触—碰撞和相对滑动是程序非常重要和独特有效的功能，有 20 多种不同的接触类型可供选择。接触—碰撞过程中，荷载随着时间、结构变化，也即结构与荷载互相耦合。以往一些做法是将荷载与结构解耦，这种分析对伴随大变形碰撞过程计算误差较大。接触—碰撞有限元计算方法将两撞击物体分开建模，通过位移协调条件和动量方程求解撞击荷载。LS - DYNA 在接触、滑动界面处理上，主要有罚函数方法(Penalty Method)、动态约束法(Kinematic Constraint Method)、分布参数法(Distributed Parameter Method)3 种方法。这里简要介绍本节所应用的罚函数法。

罚函数法是一种新算法，1982 年 8 月开始用于 DYNA2D 程序。其原理比较简单：在每一时间步执行前先检查各节点是否穿透主面，如没有穿透不做任何处理。如果穿透，则在该从节点与被穿透主面间引入一个较大的界面接触力，其大小与穿透深度、主面刚度成正比。这在物理上相当于在两者之间放置一法向弹簧，以限制从节点对主面的穿透。接触力称为罚函数值。罚函数方法的缺点是所求解的撞击力、撞击速度和加速度都是振荡的，振荡的程度与所选取的罚函数因子有关，不过可以通过减小时间步长等方法降低振荡。“对称罚函数法”则是同时对每个主节点也作类似上述处理。对称罚函数法由于具有对称性、动量守恒准确，不需要碰撞和释放条件，因此很少引起沙漏效应，噪声小。对称罚函数法在每个时间步对从节点和主节点循环处理一遍，算法相同。

（2）有限元模型的建立。

① 单元选取。采用 Solid164 三维实体单元进行模拟，为了减少计算量，只建立了单层网格模型。Solid164 为三维显式实体单元，由 8 个节点组成，每个节点都有 x、y、z 3 个方向的位移、速度、加速度自由度。此单元支持单点积分和沙漏控制，通过改变设置也可选择全积分。它还具有两种算法，即 Lagrange 算法和 ALE（Arbirtary Lagrange – Euler）算法。Lagrange 算法主要用于固体结构的应力与应变分析，这种方法主要优点是能够非常精确地描述结构边界的运动，但当处理大变形问题时，则会出现严重的网格畸变现象，因此不利于进行计算。在 ALE 方法中，可将炸药定义成流体以避免爆炸过程中网格的过分畸变对计算结果产生不利影响，但是计算效率低、耗时长。由于本次模拟过程历时很短，只有几微秒，且变形结构对称，所以不会出现局部炸药单元畸变严重的情况。故所有物质都采用 Lagrange 算法，以节省计算时间。

对于本次模拟，虽然全积分能提高精度，但是也可能带来体积锁定并且增大计算量，因此本次模拟采用单点积分，即在单元核心处进行积分。但单点积分的缺点是容易产生零能模式（也称为沙漏模式），可通过对容易产生沙漏的单元进行细化网格，来避免产生沙漏影响计算结果。

② 几何建模与网格划分。采用 ANSYS 软件进行前处理，几何模型和网格划分均在 ANSYS 中进行。在此以药厚为 35mm 的实验中的实物尺寸建模，模型中包括内外铜管、试样、炸药和空气等部分，空气厚度应大于炸药膨胀距离，设为 48mm。由于所模拟的问题具有对称性，为节约计算时间和存储空间，仅建立了 1/4模型，同时在对称面上设置对称约束，即限制对称面上节点在法向的位移，模型如图 2 – 103 所示。各部分之间都采取面面滑移接触，采用 LS – DYNA 程序中的 * CONTACT_SLIDING_ONLY_PENALTY，并进行摩擦、阻尼等参数的定义。

对建好的模型采用映射网格划分的方法，将模型划分成变形能力良好的六面体网格。由于剪切带宽度受到网格敏感性的影响，将试样的网格大小设置为与晶粒大小相似，网格边长为 0.05mm；为避免沙漏的影响，内外铜管的网格边长也设置为 0.05mm；由于炸药和空气不是重点研究对象，故采用粗网格，设网格边长为 0.5mm。

实验中，炸药通过雷管引爆后，爆轰波自上而下传播，在垂直于轴方向的截面上炸药可看作平面起爆。但是 LS – DYNA 软件不支持炸药平面起爆的模拟，只能实现单点起爆，所以用均匀的多点起爆方法来代替平面起爆（图 2 – 104）。起爆方式的不同也会造成试样应变速率的不同，使得模拟结果中试样的应变速率和实验中的不一致，但同样可以进行剪切带自组织行为的分析。

③ 应力波与人工体积黏性。高速碰撞在结构内部产生应力波，形成压力、

密度、质点加速度和能量的跳跃，给动力学微分方程组的求解带来困难。1950年 Von Neumann 和 Richtmyer 提出，将人工体积黏性 q 加进压力项，使应力波的强间断模糊成在相当狭窄区域内急剧变化但却是连续变化的。此法后来被所有求解波传播的流体动力有限差分程序和有限元程序采用，只是在具体算法上各有改进。

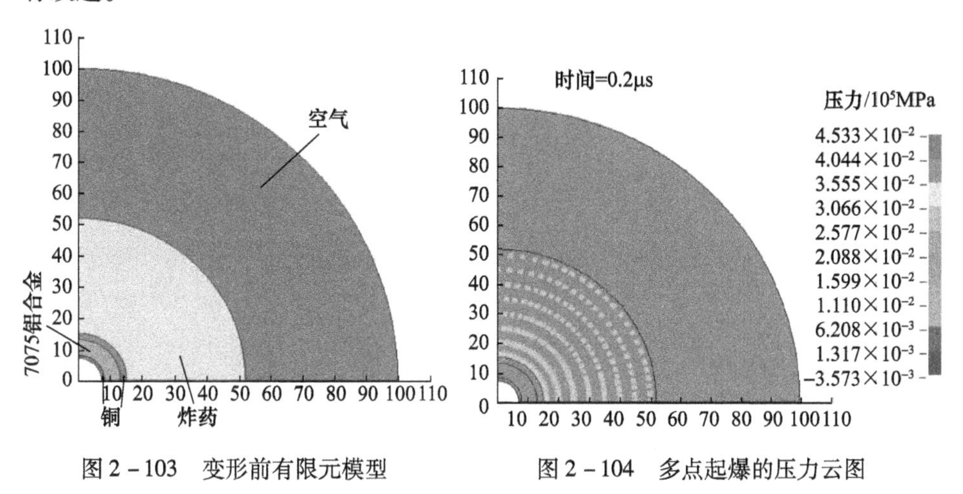

图 2－103　变形前有限元模型　　　　图 2－104　多点起爆的压力云图

在 LS－DYNA 中，将人工体积黏性 q 加进压力项，来处理应力波的强间断，使区间连续变化，标准算法为

$$q=\begin{cases}\rho_x l\,|\,\dot{\varepsilon}_{kk}\,|\,(c_0 l\,|\,\dot{\varepsilon}_{kk}\,|-c_1 b) & \dot{\varepsilon}_{kk}<0\\ 0 & \dot{\varepsilon}_{kk}\geqslant 0\end{cases}\qquad(2-90)$$

式中：c_0、c_1 为无量纲常数（默认取值分别为 1.5 和 0.6）；特征长度 l 为单元体积的立方根；b 为局部声速；ρ_x 为当前质量密度；$\dot{\varepsilon}_{kk}$ 为应变速率张量的迹。引进人工体积黏性 q 后，应力计算公式变成

$$\sigma_{ij}=s_{ij}+(p+q)\delta_{ij}\qquad(2-91)$$

式中：p 为压力；s_{ij} 为偏应力张量。

在 LS－DYNA 的计算中，在关键字文件中只要设定 c_0 和 c_1，则程序可以自动求解单元中的应力。

④ 材料模型。

a. 7075 铝合金和紫铜的本构模型。紫铜和 7075 铝合金均采用动态本构模型 * MAT_JOSHON_COOK。Johnson－Cook 模型是一个能反映应变速率强化效应和温升软化效应的理想刚塑性强化模型，模型形式为

$$\sigma=[A+B\varepsilon^n]\cdot[1+c\ln\dot{\varepsilon}^*]\cdot[1-T^{*d}]\qquad(2-92)$$

式中：ε 为塑性应变；$\dot{\varepsilon}^*$ 为应变速率；$\dot{\varepsilon}_0=0.001/s$ 为参考应变速率；$T^*=(T-T_{room})/(T_{melt}-T_{room})$；$A$ 为准静态下的屈服应力；B、n 为应变强化系数；c 为应变速率强化系数；d 为热软化参数。

紫铜的 Johnson - Cook 动态本构模型数据[77]见表 2 - 8，但国内外文献中尚无 7075 铝合金的 Johnson - Cook 本构模型数据。需利用动态实验获得的应力与应变数据拟合方程参数，来获取 7075 铝合金的动态本构模型。Lee 等[76]通过 Hopkinson 压杆实验获得了应变速率 1300 ~ 3100/s 下 7075 铝合金的动态应力与应变曲线（图 2 - 105 至图 2 - 107），准静态材料行为通过单轴压缩实验获得，如图 2 - 99[75]所示。

Johnson - Cook 模型由应变强化、应变速率强化和热软化 3 个部分组成，可分别对这 3 个部分中的参数进行拟合，故分下面 3 步进行。

ⅰ 当样品处于温度 298K、应变速率 0.001/s 的准静态条件下时，可将式（2 - 92）简化为 $\sigma=(503+B\varepsilon^n)$。通过图 2 - 99 中的实验数据，利用最小二乘法对参数 B、n 进行拟合，得 $B=303.58\text{MPa}$、$n=0.39$。

ⅱ 取图中温度 298K、不同应变速率下的曲线数据，利用最小二乘法对参数 c 进行拟合，发现 c 值不是一个固定值，而是随着应变速率增大而增大，近似于线性关系（图 2 - 108），可得关系式为 $c=0.00196+6.44\times10^{-6}\dot{\varepsilon}$。由此可知，试样 1 的平均径向应变速率为 $1.5\times10^{-5}/s$，故相应的 $c=0.97$。

ⅲ 取其他未利用的曲线数据，利用最小二乘法对参数 d 进行拟合，得 $d=0.77$。

最后将各参数值代入模型得出预测曲线，见图 2 - 105 至图 2 - 107。预测曲线和实验曲线符合较好，本模型能有效地预测实验曲线。

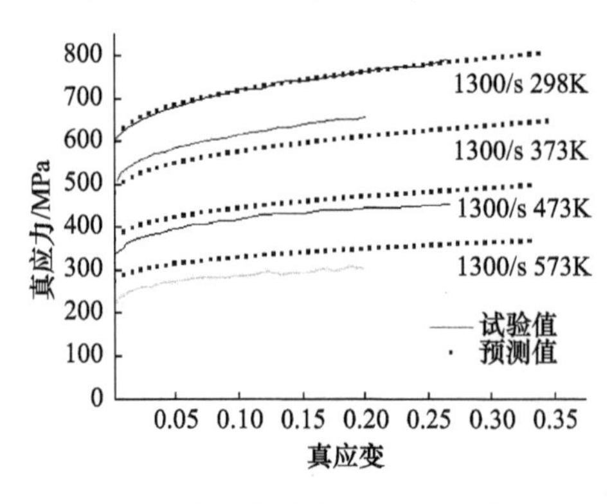

图 2 - 105 在应变速率 1300/s、不同温度下实验曲线与预测曲线的比较

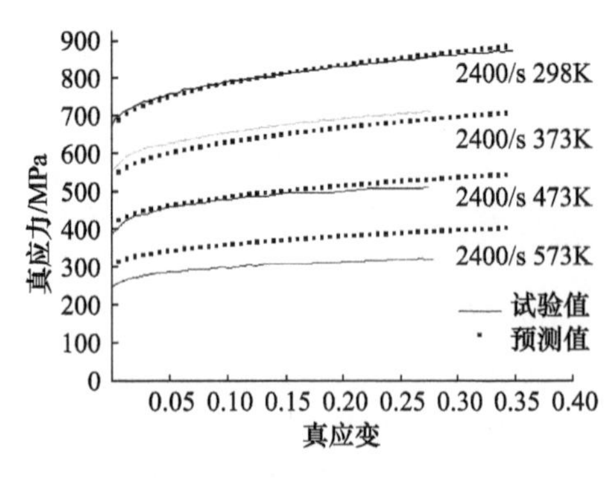

图 2 - 106 在应变速率 2400/s、不同温度下实验曲线与预测曲线的比较

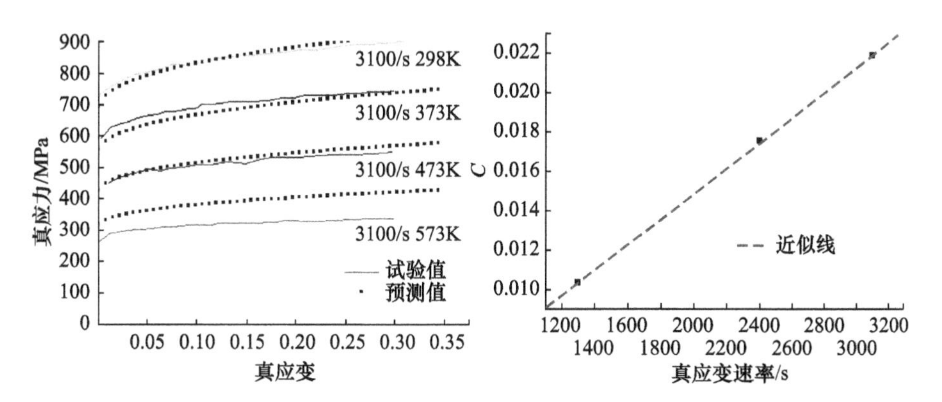

图2-107 在应变速率3100/s、不同温度下实验曲线与预测曲线的比较

图2-108 应变速率强化系数随应变速率变化的关系曲线 C-应变速率强化系数

表2-8 模拟过程中紫铜和7075铝合金材料模型参数

材料	密度 /(kg/m³)	弹性模量 /GPa	剪切模量 /GPa	比热容 /(J/(kg·K))	$T_{melt}-T_{room}$ /K
7075 铝合金	2810	71	26.9	960	610
紫铜	8920	115	44	385	1058
Johnson-Cook 方程	A(MPa)	B(MPa)	n	c	d
7075 铝合金	503	303.58	0.39	0.97	0.77
紫铜	90	292	0.31	0.025	1.09

b. 其他材料模型描述。LS-DYNA 程序目前有140多种金属和非金属材料模型，在对流体材料处理过程中，需要同时使用两种方式来描述，即用本构模型和状态方程来同时描述一种材料的特性；用本构模型来描述的 $\Delta\sigma_{ij}$ 和 $\Delta\varepsilon_{ij}$ 的关系，用状态方程来描述体积变形 $\Delta V/V$ 和压力 Δp 之间的关系。

ⅰ 炸药模型。Jones-Wilkins-Lee 状态方程[80]用来描述炸药产物的扩张，该方程可表示为

$$p=a\left(1-\frac{\omega}{R_1V}\right)\mathrm{e}^{-R_1V}+f\left(1-\frac{\omega}{R_2V}\right)\mathrm{e}^{-R_2V}+\frac{\omega E_0}{V} \tag{2-93}$$

式中：p 为压力；V 为初始相对体积；E_0为初始比内能；ω 为格尼参数；a、f、R_1和 R_2 为材料特性参数。炸药的本构模型采用 * MAT_HIGH_EXPLOSIVE_BURN 定义，状态方程和本构模型的具体参数值见表2-9。

ⅱ 空气模型。空气的本构模型采用空物质模型 * MAT_NULL，其中只需定义空气的密度为 $1.29\times10^{-6}\,\mathrm{kg/m^3}$。空气的状态方程采用线性多项式 EOS_LINEAR_POLYNOMIAL 方程表达式[80]，即

$$p = C_0 + C_1\mu + C_2\mu^2 + C_3\mu^3 + (C_4 + C_5\mu + C_6\mu^2)E_0 \tag{2-94}$$

该方程式用于理想气体改为 r 状态方程，其中

$C_0 = C_1 = C_2 = C_3 = C_6 = 0, \mu = 0$，而 $C_4 = C_5 = r - 1 = 0.4$，因此

$$p = (r-1)\frac{\rho_q}{\rho_0}E_0 \tag{2-95}$$

式中：r 为理想气体等熵绝热指数；ρ_q 为气体密度；E_0 为初始比内能，为 0.0000025。

表 2-9　炸药模型相关参数

爆速/(m/s)	密度/(kg/m³)	格尼系数/(m/s)	多方指数 γ	a	ω
3600	1000	1734	2.26	1.1	0.2
爆轰压力 $p_{CJ} = \frac{\rho_d V_d^2}{\gamma+1}$/(MPa)	f	R_1	R_2	E_0	V
4000	7.29×10^{-2}	6.11	1.90	0.06	1

（数据来源：赵铮．颗粒增强铜基复合材料的爆炸压实和数值模拟研究：博士学位论文．大连理工大学，2007）

（3）数值模拟结果。

① 剪切带在均匀形核模式下的模拟。

a. 剪切带发展的早期阶段。炸药被多点起爆后产生均匀的爆轰压力，驱使金属管向内压缩，应力波在金属管之间传播。在 5μs 时刻铝合金试样内可看到明显的应力波，试样中部的波峰保持着最高的压力值，如图 2-109(a)所示。由于加载方式和几何模型都保持着对称性，此时试样的变形均匀，无剪切局域化产生。但是随着变形的发展，试样的均匀变形模式自发地被打破。在 5.4μs 时试样的内表面出现了剪切局域化，应力波波峰也变得不均匀(图 2-109(b))。从图 2-109(a)、(b)可看到，纵然试样内壁在这两个时刻之间保持着低应力，试样中部保持着高应力，但是剪切带仍然在内壁形核，这说明在一定的应变速率下，应变是决定剪切带形核的主要因素。同时可以发现剪切区域虽然经历了大应变，但其中的应力值低于周围基体的应力值。这是由于高应变速率下的大变形使带内基体发生了热软化，导致应力值的降低，即应力坍塌现象。

图 2-109(c)所示为在 5.5μs 时刻试样的网格图，此时试样内壁已产生了多条小剪切带，带内的网格在剪切变形的作用下扭曲呈黑色。同时可看到在1/4试样的内壁上均匀地分布着 15 个剪切带形核点，各形核点值保持了一定的特征间距。最大剪切力的峰值区域变得越来越窄，然后集中在剪切带的顶端，为剪切带持续发展提供动力。随着变形的增加，剪切带不断增长，到 5.8μs 时，由于剪切带周围的基体被弹性卸载，试样内表面上应力值比外表面的还要低(图2-109(d))。

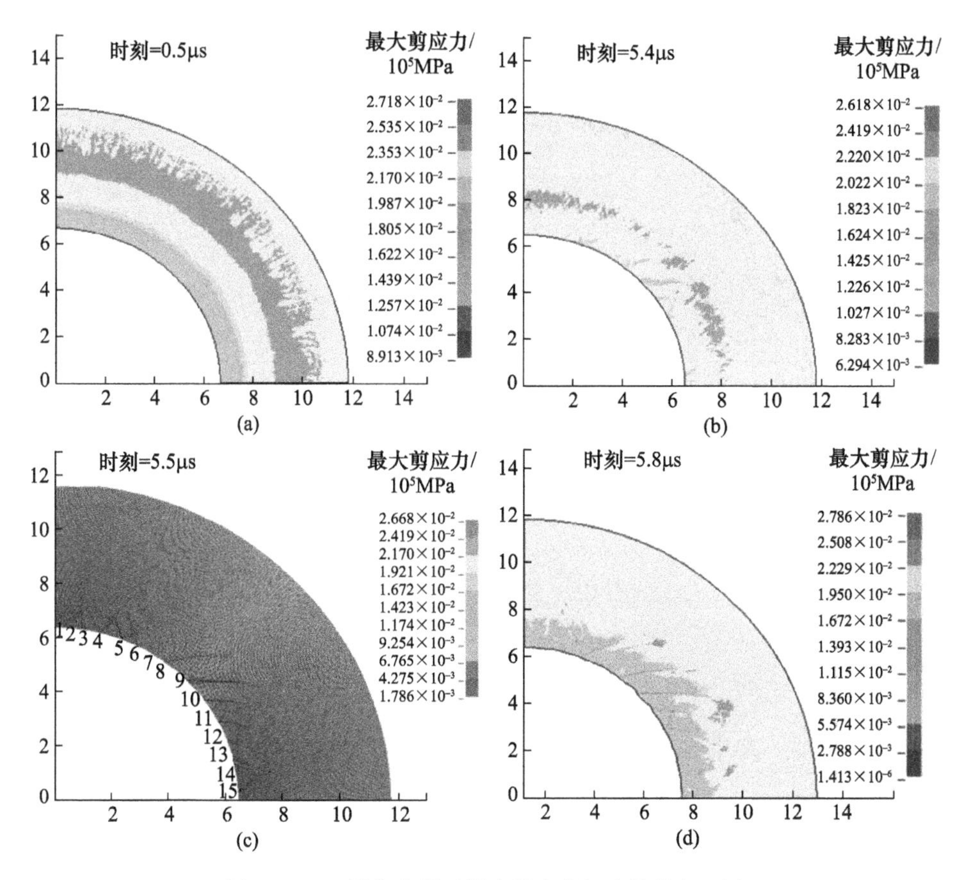

图 2－109　早期阶段试样中最大剪切力的分布云图

ASB 是由于热塑失稳而产生的，所以试样中的温度分布对其中剪切带的形成有着重要影响。图 2－110(a)是 4.3μs 时试样中温度分布，经历了较大变形的内壁上的温度比外壁温度高且分布较均匀。但在 4.7μs 时刻(图 2－110(b))，内表面上的温度在小扰动的作用下变得不均匀，产生了热点，热点的位置与图中剪切带形核点的位置一致。热点的出现并不意味着剪切局域化的形成，只是产生的前兆。由此可推断出剪切带的形核过程：在试样内壁的大应变和小扰动共同作用下，产生了内壁上的热点，热点导致了剪切带的形核。

b. 剪切带的扩展速率。为研究试样中剪切带的扩展速率，在图 2－109(c)中截选了剪切带 8，并在剪切带扩展路径上标记了 *A*、*B*、*C*、*D*、*E*、*F* 和 *G* 一共 7 个单元(图 2－111)。图 2－112 所示为所选单元在整个变形过程中的最大剪切力曲线，由于试样中应力波的反射和叠加作用，曲线的波动十分明显。通过应力坍塌现象，可知剪切带的形成可造成其中应力急剧降低。所以，当曲线上应力值达

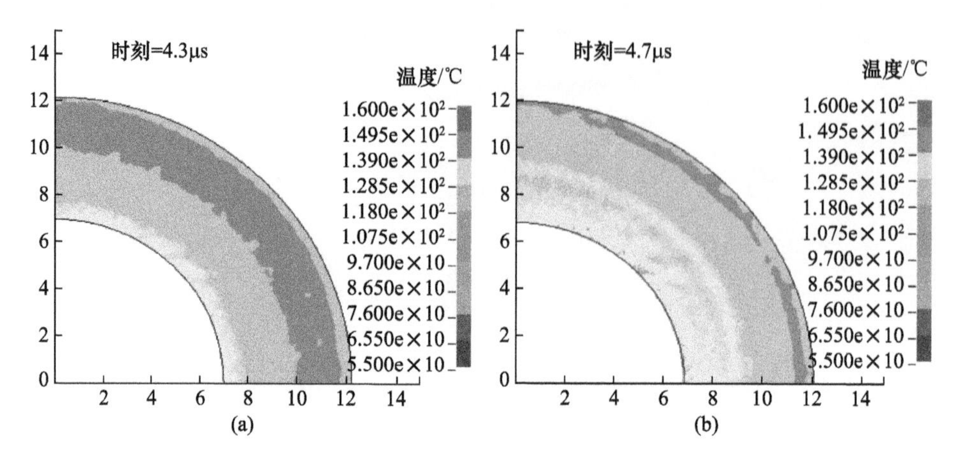

图 2－110　剪切带形核之前试样中的温度分布云图

到某个峰值点后突然急剧下降为 0,可以认为此点为剪切带的顶端。例如,图 2－111所示在 5.5μs 时刻剪切带顶端已到达了 *B* 单元,图 2－112 中的 B 曲线在 5.5μs 时刻附近也到达峰值而后急剧降低。

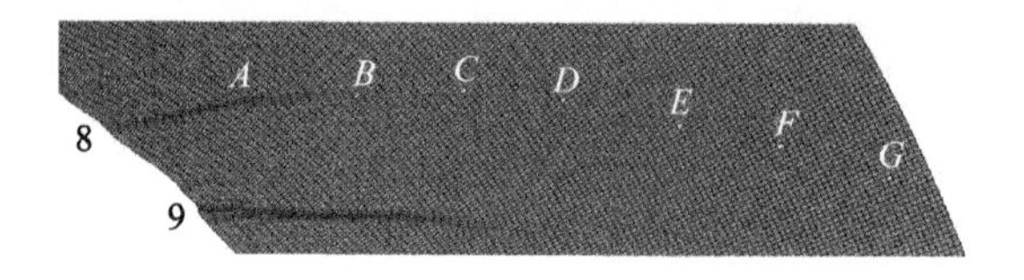

图 2－111　剪切带扩展路径上的 7 个所选单元

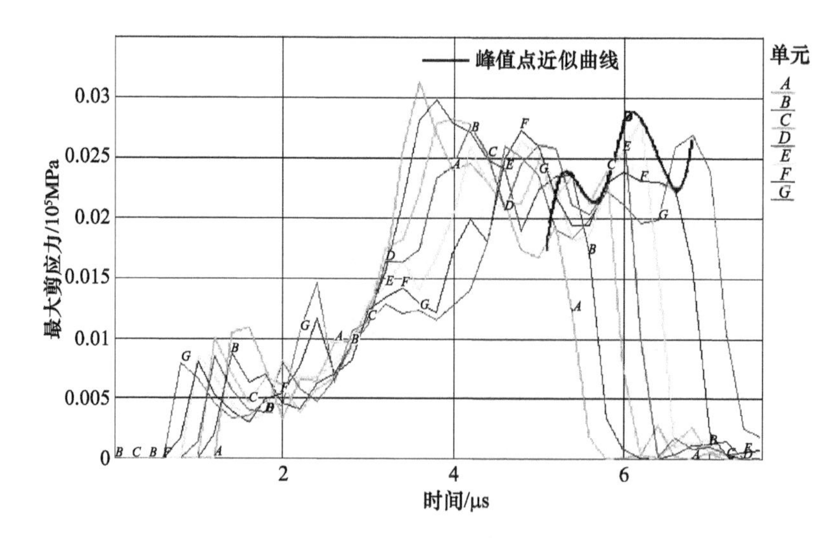

图 2－112　所选 7 个单元上的最大剪应力曲线

将所选单元的应力曲线中的峰值连成一条线(如图2-112中的黑线所示),此线可看作剪切带顶端的最大剪切力曲线。同时测量出每两个所选单元之间的距离,再除以两个峰值之间的间隔时间,可得剪切带在各个单元之间的平均扩展速率,如图2-113所示。比较后可知,剪切带扩展速率的近似曲线与剪切带顶端的应力曲线十分相似,这说明加载在剪切带顶端的应力波对剪切带扩展速率有重要影响,最大剪切力的变化造成了扩展速率的不稳定。Mercier 和 Molinari[81]对剪切带的扩展速率进行了理论分析,得出了扩展速率会随着加载应力的增加而增长,这与模拟结果得出的结论一致。

c. 剪切带发展的后期阶段。图2-114所示为7.2μs时刻后期阶段成熟剪切带花样分布,大多数剪切带沿着与径向大约成45°的最大剪切力方向扩展,6条长的剪切带展现出明显的顺时针方向花样。部分剪切带靠近内壁的部分经历了过大的剪切变形,带内网格扭曲严重。整个模拟过程从早期阶段到后期阶段,都表现出多条剪切带之间明显的自组织结构特征,比如初始周期性的特征间距(图2-109(c))、剪切带之间竞争发展和顺/逆时针方向花样(图2-114)。

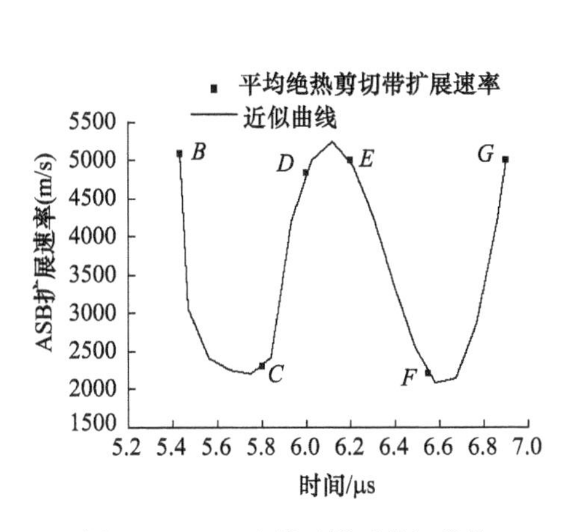

图2-113 6个单元附近剪切带的平均扩展速率

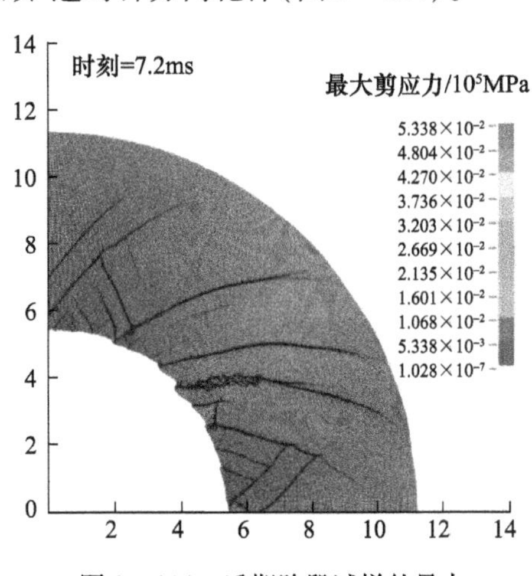

图2-114 后期阶段试样的最大剪切力云图

当长剪切带前端发展靠近外壁时,自发地出现了分叉现象(图2-114),与实验现象相同(图2-80)。但本次数值模拟与实验毕竟存在区别,试样模型内部是绝对均匀的,排除了不均匀性导致分叉现象的可能性。原因应该是:当发展到后期阶段时,长剪切带之间的间距很大,超过了特征间距值,就自发地分叉出新剪切带来减小现有间距值。

为了进一步验证模型的有效性,选择现有的间距模型和实验结果进行比对。因为模拟中材料模型是绝对均匀的,剪切带也几乎在同一时刻形核长大,不会出现二维间距模型所考虑的不均匀形核的情况，所以选择一维模型与模拟结果进行比对。在有限元模拟中，利用或定义各种材料参量，并可将各参量值直接或作些简单的转化再代入间距模型进行比对，从而避免了误差的产生。通过后处理程序，可得到试样内壁半径与时间的关系曲线（图 2－115），并计算得内壁上的剪切应变速率为 1.41×10^5。在计算模型公式之前，需将 Johnson－Cook 方程中应变速率敏感系数 c 转换成 W－O 模型中的 m，转换公式为

$$\left(\frac{\dot{\gamma}}{\dot{\gamma}_0}\right)^m = 1 + c\ln\left(\frac{\dot{\gamma}}{\dot{\gamma}_0}\right) \tag{2-96}$$

式中：$c=0.97$，得 $m=0.16$。除了对剪切应变速率和 m 做出改变外，将表 2－5 中的参数代入一维模型中进行计算，计算结果见表 2－10。

从表 2－10 中可以看到，模拟结果和模型预测值符合较好，误差不超过 35%，特别是考虑了应变、应变速率强化和热软化效应的 M 模型的预测值与模拟值误差仅为 4%。可见，该模型是有效的，同时也说明一维模型仅在 ASBs 均匀形核的条件下才能取得较好的预测效果。但本次模拟并不能反映剪切带不均匀形核的情况，下面通过在试样中引入不均匀质点来研究不均匀形核对自组织行为的影响。

表 2－10　模拟间距值与间距模型预测值的比较

指标	间距值/mm
模拟中早期阶段短小剪切带的间距值	0.52
模拟中后期阶段长剪切带的间距值	1.24
L_{WO}	0.7
$L_{M'}$（不考虑应变硬化）	0.41
L_M（考虑应变硬化）	0.54
L_{GK}	1.5

② 剪切带不均匀形核模式的模拟。为了研究剪切带不均匀形核对剪切带自组织行为的影响，通过共用节点法将不均匀质点模型嵌入上面所建立的均匀模型中（图 2－116）。

所谓共用节点法，即不均匀质点的边界的网格节点同时也是基体模型的网格节点，避免了设置接触，使不均匀质点和基体的连接与基体自身的连接一致。为了简化处理，只将不均匀质点的屈服应力改为 1000MPa，其他的材料参数和试样的材料参数设置一致。由于不均匀质点强度比基体高，容易产生应力集中，在 4.4μs 时刻，剪切带在不均匀质点处优先形核，对附近的塑性区域产生了弹性卸载作用，其他区域仍处于均匀变形状态（图 2－117（a））。在 5.6μs 时刻（图 2－117（b）），短小剪切带自发地在试样内壁均匀形核，这与均

匀模型中剪切带形核时间一致。随着不均匀处的剪切带不断增长，卸载区域也不断扩大。

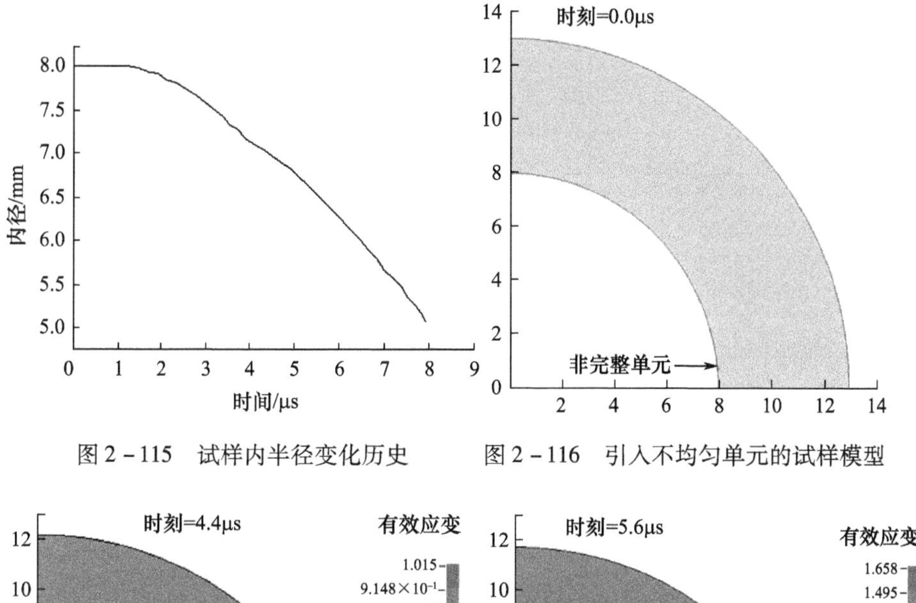

图 2－115　试样内半径变化历史　　　图 2－116　引入不均匀单元的试样模型

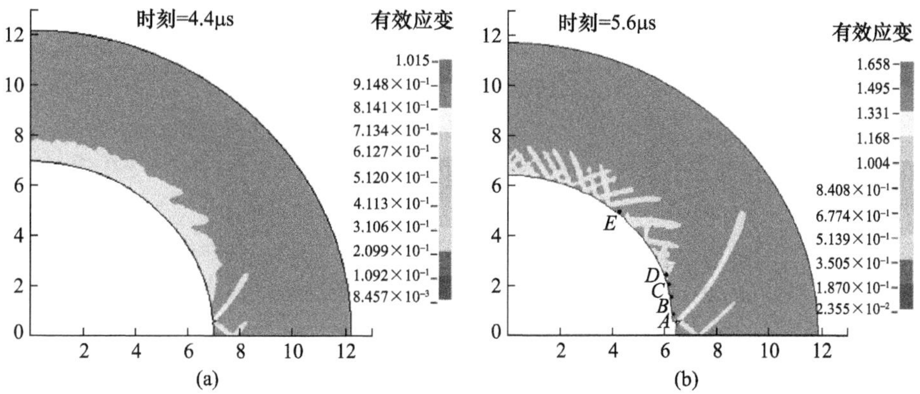

图 2－117　试样中早期阶段剪切带的演变

为研究在卸载区域内有效应变的变化，沿着内壁在远离不均匀质点处的方向上依次取了 A、B、C、D 和 E 共 5 个点，其有效应变与时间关系曲线如图 2－118 所示。可以看到，早在 3.8μs 时刻，离质点最近的 A 点的应变降低，出现了弹性卸载现象。随着距离的不断增加，剪切带产生的卸载作用逐渐减弱。因为单元 C 与单元 E 的应变变化大致相同，所以卸载区域可确定为从不均匀处到单元 C，在这个区域内无其他剪切带形核。图 2－119 所示为不同时刻下单元 A、B、C 到不均匀质点的距离与有效应变的关系，可看出随着距离的增大，卸载作用大致呈线性下降。

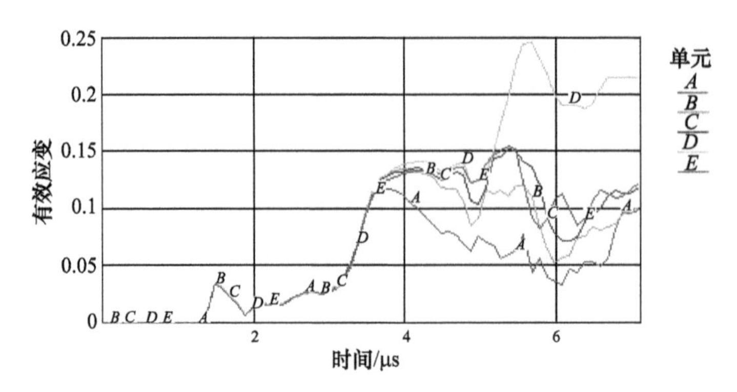

图 2-118 单元 A、B、C、D 和 E 的有效应变—时间曲线

6.9μs 时试样已发展到了后期阶段，多条剪切带表现出了逆时针方向花样（图 2-120）。由于剪切力的最大值集中在长剪切带尖端，被卸载的短小剪切带（图 2-120 中 3 条顺时针方向的剪切带）不能获得生长所需的足够剪切力，无法继续生长成长剪切带。所以优先形核、长大的剪切带能抑制周围剪切带的形核和长大，导致剪切带条数的减少。同时可以看到，早期阶段的剪切带条数比后期阶段少得多，但形核点数目却变化不大。大部分剪切带往同一个方向生长，往反方向发展的短小剪切带通常被淹没，可看作多条剪切带自组织行为的体现。

从本次模拟中观察到优先长大或生长过快的剪切带对周围区域的影响，这在一定程度上解释了实验中试样 2 中剪切带间距的演化现象（表 2-4）。试样 2 变形剧烈，某些剪切带生长速度过快，抑制了周围剪切带的形核、发展，甚至导致剪切带淹没，再加上自组织行为使得某些与花样方向相反的剪切带消失，致使变形过程中剪切带条数降低，这与金相照片中的剪切带湮没现象一致（见图 2-84）。

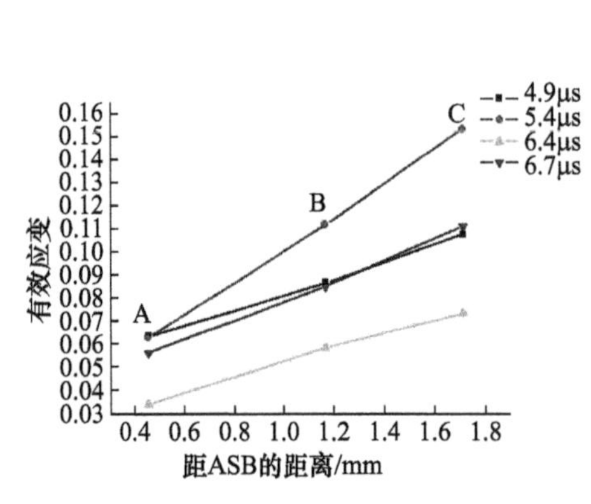

图 2-119 不同时刻下 3 点的距离—有效应变曲线

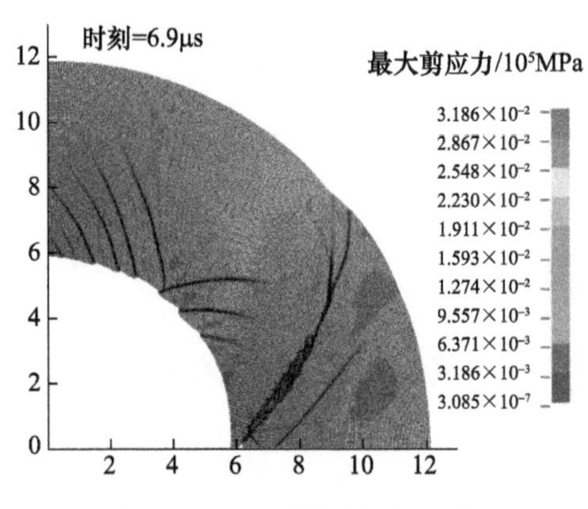

图 2-120 后期阶段试样的最大剪切力云图

综上所述，可得以下结论。

a. LS－DYNA 是国际上广泛应用于冲击、爆炸领域的通用非线性软件，对 LS－DYNA 软件及其算法进行了简要介绍，并详细说明了本章有限元模型的建立过程。通过对动态曲线数据的拟合，获取了 7075 铝合金的 Johnson－Cook 本构模型，模型预测曲线与实验曲线符合较好，并将此本构导入有限元模型。

b. 建立了 ASB 均匀形核模式下的有限元模型，对整个爆轰压缩过程进行了模拟。试样在压缩变形过程中会出现应力—应变场的微小扰动，应变不均匀的持续作用导致了温度不均匀性的产生。试样内壁在大应变和小扰动共同作用下，产生了一些分布较均匀的热点，这些热点可看作 ASB 的形核点。ASBs 几乎同一时刻自发地在内壁均匀形核，并沿着最大剪切力方向向外生长。

c. 通过对试样中最大剪切力云图的观察，在固定应变速率下 ASB 形核主要取决于应变大小，发展取决于应力大小。ASB 顶端的最大剪切力大小决定了 ASB 的扩展速率大小，ASB 的扩展速率波动与应力波加载有关。

d. 在均匀形核模式下 ASB 的后期阶段，试样中的多条剪切带呈现出明显的自组织结构特征：特征间距、顺时针方向或逆时针方向花样。由于长剪切带顶端间距较大，为了向特征间距值靠近，出现了分叉现象。应用一维间距模型与模拟中早期阶段的间距进行比对，预测值和模拟结果的最大误差不到 35%，表明模型是有效的，同时也说明一维模型仅在 ASB 均匀形核的条件下才能取得较好的预测效果。

e. 将有较高屈服应力的不均匀质点引入均匀模型中，来研究剪切带不均匀形核对剪切带自组织行为的影响。由于质点处存在应力集中，故质点处优先产生剪切带，对周围基体产生了卸载波，卸载区内的有效应变与距剪切带的距离近似成反比关系。优先形核的剪切带会抑制周围剪切带的形核和发展，自组织行为也会使得某些与花样方向相反的剪切带消失，这与剪切带湮没现象相符，同时在一定程度上解释了实验中试样 2 中剪切带的演化规律。

2. 组织结构对 ASB 自组织行为的影响规律

研究 ASB 自组织的根本目的在于调控（抑制或助长）绝热剪切损伤断裂行为。因此，探寻材料组织结构影响动载下 ASB 自组织行为的规律与机制，是利用材料学方法调控绝热剪切损伤断裂行为的前提和基础。

作者系统深入地研究了铝合金、钛合金、镁合金的组织结构对 ASB 自组织行为的影响规律与机制，介绍如下。

1）铝合金的组织结构对 ASB 自组织行为的影响规律

7075 铝合金属于 AL－Zn－Mg－Cu 系高强高韧铝合金，长期以来广泛用于飞机和导弹的中高强度结构零件等的制造，是世界各国航空/航天工业中应用的重要材料。Yang 等[61,62,64,66]以该合金为研究对象，主要探究了铝合金的第二相对其 ASB 自组织行为的影响。

利用厚壁圆筒压缩实验（图 2－25）、金相观测等实验方法和有限元数值模拟手段，研究了 7075 铝合金在 T73 状态、再结晶退火状态这两种热处理状态下大量剪切带的自组织行为，探讨了第二相对 7075 铝合金自组织行为的影响。

7075 铝合金 T73 状态即经过在 465～470℃、保温 3h 固溶处理，水淬，随后在 115℃和 175℃各进行 8h 的双级时效；再结晶退火状态即经过 410℃保温 1h，样品以低于 25℃/h 的冷却速度冷却至 230℃，再保温 6h，空冷。7075 铝合金 T73 和退火态力学性能及物理性能见表 2－11。

表 2－11　7075 铝合金 T73 状态和退火态力学和物理性能

状态	密度/(kg/m^3)	拉伸强度/MPa	屈服强度/MPa	延伸率/%	弹性模量/GPa	剪切模量/GPa	比热容/(J/(kg·K))	热导率/(W/(m·K))
T73 态	2810	503	434	13	71	26.9	960	155
退火态	2810	228	103	17	71	26.9	960	130

用于厚壁圆筒压缩实验的 T73 状态和退火态铝合金圆管的几何形状与尺寸都完全一样（表 2－12），实验条件也相同，采用的炸药种类、炸药厚度和密度都相同。

表 2－12　铝管和铜管的几何尺寸　(mm)

材料	内径	外径	厚度	长度
外铜管	27	30	1.5	75.8
内铜管	14	16	1	75.8
铝管	16.2	26.86	5.33	76

内、外铜管由塑性很好的紫铜加工而成，实验前在氩气保护下进行了温度 300℃、半小时的退火处理；外铜管能起到避免试样外表面被烧伤及促进变形均匀的作用；内铜管保护试样内表面不被破坏和控制试样应变的大小。

截取与试样轴线相垂直的截面，抛光后用 NaOH 10g + H_2O 90mL 作为腐蚀液（加热至 70℃左右）。用 Polyvar－Met 金相显微镜观察剪切带分布特征。

（1）剪切带自组织现象的实验观察。

在浸蚀的样品横截面上，肉眼就可分辨出较长且明显的剪切带和裂纹。

在应变为 1.08 的横截面上，铜管已经被压缩闭合，试样整体变形较为均匀（图 2－121）。经腐蚀后肉眼即可观察到黑色的裂纹（发展为宏观裂纹的剪切带）和白色的剪切带，在铝管内壁裂纹形核的位置形成微小的台阶（图 2－122）。

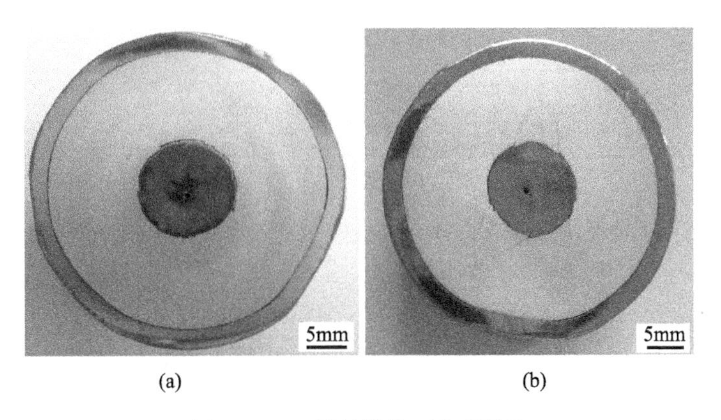

(a) (b)

图 2－121　样品横截面宏观照片

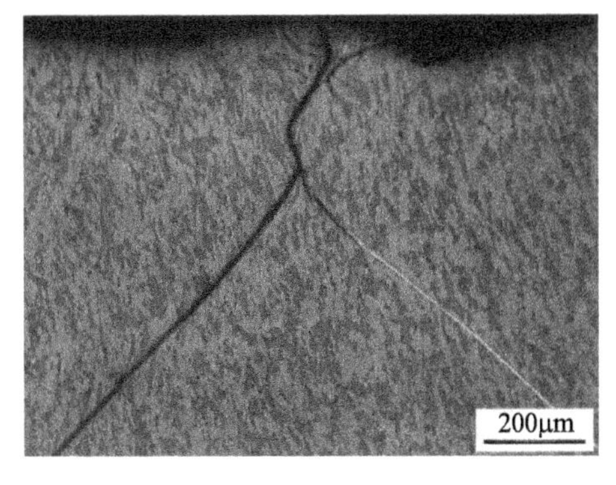

图 2－122　T73 状态剪切带和裂纹形

按照前述剪切带间距计算的示意图（图 2－97）和剪切带的平均间距计算式（2－68）计算剪切带间距。在显微镜下对试样两个截面的剪切带分布情况进行统计。统计的 ASB 最小长度不少于 100μm。在应变为 0.92 的试样中，剪切带的条数为 21，铝管的内径为 7.23mm，由式（2－68）得剪切带的平均间距为 0.76。在应变为 1.08 的试样中，剪切带的形核个数为 29 个，铝管的内径为 6.35mm，由式（2－68）得剪切带的平均间距为 0.59mm，见图 2－123 以及表 2－13。

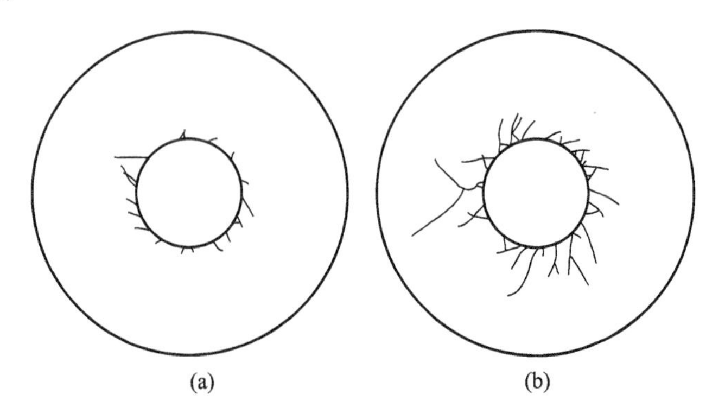

(a) (b)

图 2－123　T73 态试样在不同应变下截面剪切带分布示意图

（a）应变为 0.92 的截面；（b）应变为 1.08 的截面。

表 2-13　T73 状态下剪切带情况统计表

等效应变	ASB 数目	间距/mm	最大长度	平均长度
0.92	19	0.84	0.75	0.43
1.08	29	0.59	5.5	1.54

选取铝管内壁上一点为参考点，沿着圆周记录下剪切带的分布。横坐标表示内壁上某一点沿着圆周到该参考点的距离，得到剪切带的空间分布示意图（图 2-124），可见剪切带的分布呈现周期性。应变为 1.08 截面的剪切带长度要远大于应变为 0.92 的界面；剪切带的平均间距也要大于后者。

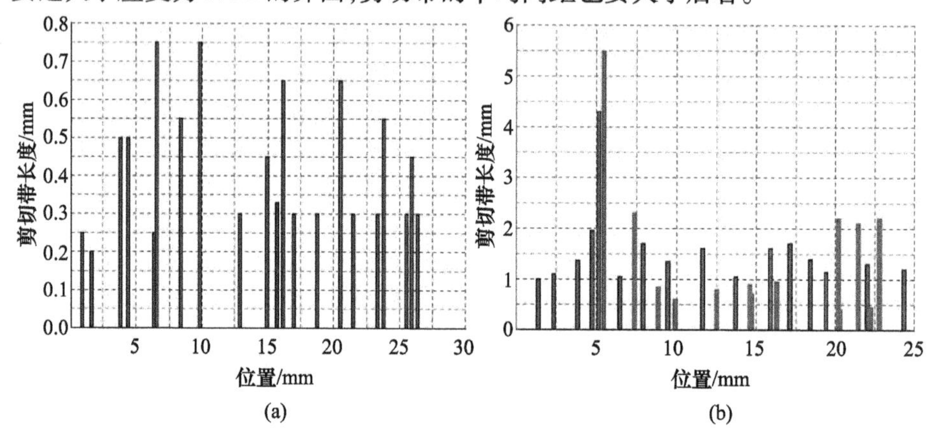

图 2-124　剪切带空间分布示意图

（a）应变为 0.92 截面剪切带空间分布；（b）应变为 1.08 截面的剪切带空间分布。

退火态样品即使在应变最大的截面也未观察到剪切带，这与其热—力学性能有密切的联系，具体原因将在后续分析。

（2）剪切带自组织现象的数值模拟。

在实验的基础上，用 ANSYS/LS-DYNA 有限元软件模拟了 7075 铝合金 T73 状态和退火态在外爆压缩加载实验下的变形行为以及剪切带的自组织行为。构建了包含软、硬两种类型第二相质点的有限元模型，首次模拟了第二相对剪切带自组织行为的影响。

① 有限元模型。利用ANSYS/LS-DYNA 软件进行数值模拟。模型采用 Solid164 三维实体单元进行模拟，为了减少计算量，只建立了单层网格模型。采用 ANSYS 软件进行前处理，由于所模拟的问题具有对称性，仅建立了 1/4 模型，如图 2-125 所示，同时在对称面上设置对称约束和转动约束，炸药与外层铜管之间设置流固耦合以实现力的传递。

热分析采用单点积分算法，因为该算法非常适合求解热—力耦合过程，定义

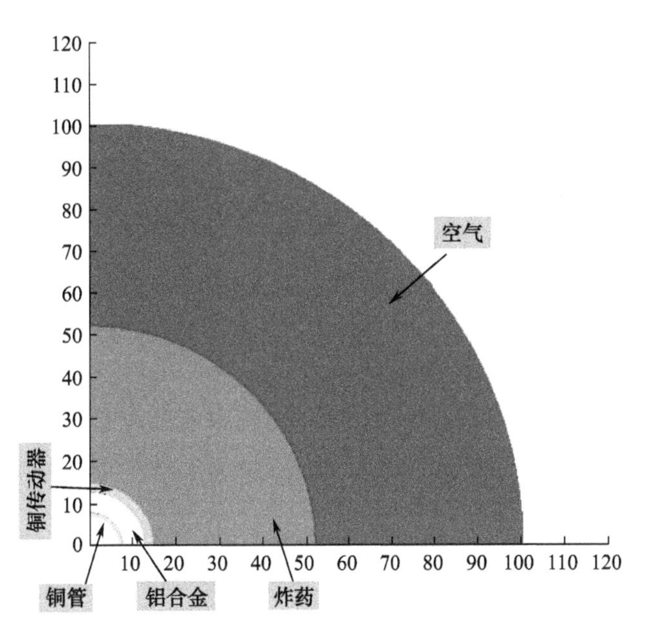

图 2-125　有限元几何模型

初始温度边界条件 $T=20℃$，热功转化系数为 $\beta=0.9$，即假定变形过程中 90% 的变形功转化为热量，变形最大的区域温度最高。为了简化起见，定义了各向同性的材料本构关系。

紫铜和 7075 铝合金以及第二相均采用 Johnson - Cook 模型，其 Johnson - Cook 本构模型参数见表 2-14。炸药模型的相关参数见表 2-15。

表 2-14　7075 铝合金 T73 状态和退火态以及铜 Johnson - Cook 本构模型参数

J-C 方程	A/MPa	B/MPa	n	c	d
7075 铝合金 T73 态	434	303.58	0.39	0.968	0.7722
70775 铝合金退火态	103	303.58	0.39	0.968	0.7722
紫铜	70	292	0.31	0.025	1.09

（数据来源：LS - DYNA Technology Corporation. LS - DYNA Keyword user's Manual. California：Nonlinear Dynamic Analysis of Structures，2003. 56 - 205.）

表 2-15　炸药模型相关参数

爆速/(m/s)	密度/(kg/m^3)	格尼能/(m/s)	多方指数 γ	爆轰压力/MPa
3600	1000	1734	2.26	4000

（数据来源：LS - DYNA Technology Corporation. LS - DYNA Keyword user's Manual. California：Nonlinear Dynamic Analysis of Structures，2003. 56 - 205.）

② 均匀形核模式。在均匀形核模式下，假设铝管为单一均质的材料，所有

单元格的性质都完全相同。可以预测，剪切带应该在铝管内壁随机均匀形核。图 2－126(a)所示为 5.2μs 时刻的最大剪应力云图，可见铝合金试样内壁一些位置的剪应力开始减小，或者说，剪切应力发生了扰动，原来均匀分布的应力发生了起伏。这些起伏位置即是剪切带开始形核点。在图 2－126(b)中，可以更明显地看到，应力下降位置的温度显著上升，最高温度达到了 296.1℃，而此时这些“热点”周围基体的温度只有 200℃左右。热软化效应已经超过了应变硬化效应和应变速率硬化效应，导致应力的下降。随着变形的进行，因为强度的下降，变形也更加集中在这些已经软化的区域，更多的变形功转化为热量——图 2－126(d)中局部最高温度已经达到 404.8℃，进一步降低了其强度。剪切带内的动态剪应力从 1623MPa 左右降到 1074MPa 左右。到剪切带发展的后期阶段，剪切带内部的剪应力已经下降到 268MPa 左右，由剪切带发展为裂纹的位置，剪应力为 0MPa(图 2－126(e))。

剪切带形成的早期(5.4μs)，所有剪切带的长度都比较相近(图 2－126(d))，剪切带随机沿着逆时针方向和顺时针方向外扩展，扩展方向与径向所成的角度都在 45°或 135°，轨迹呈螺旋状。但到了后期(7.6μs)，剪切带的长度发生了很大的变化，剪切带的最大长度是较短的剪切带长度的很多倍，在较长的剪切带附近，剪切带都比较稀疏，而且剪切带都很短，总体上可以观察到的剪切带的条数也减少了。Xue[54] 提出了屏蔽因子 s 的概念，见式(2－78)。较长的成熟的剪切带对基体产生卸载作用，抑制了较短的剪切带的扩展，乃至于阻止了潜在的剪切带的形核，同时，剪切带扩展的方向也显示出择优趋势，最长的 6 条剪切带中，4 条沿着顺时针方向，只有两条为逆时针方向。对于较短的剪切带，也有同样的情况，即顺时针方向的剪切带占据了优势。

③ 非均匀形核模式。因为材料中不可避免地存在如第二相、夹杂等不均匀现象，材料内部存在杂质，第二相会改变材料的物理或力学性能，那么，可以预测剪切带的自组织过程将会受到影响。关于剪切带间距的 Grady－Kipp 模型和 Wright－Ockendon 模型均提出间距与扰动相关。非均质的材料必然导致应力波的传播受到影响，使扰动效应更加明显，最终影响到剪切带的自组织。所引入的质点(第二相)性质(如强度)的不同，也会对剪切带的形核与扩展带来影响，在铝合金引入两种类型的质点(第二相)，其中一种质点的强度设为铝合金基体强度的两倍，称为非均匀模型 1(硬相)；另一种质点强度为基体强度的 1/2，称为非均匀模型 2(软相)，以分析材料的不均匀性对剪切带自组织的影响。

引入的质点如图 2－127(a)中箭头所示，可以观察到应力的分布与没有引入第二相质点的图 2－127(a)中有明显的不同，铝管内壁上应力起伏点的数目减少，试样中部的应力分布也不均匀。图 2－127(b)中在质点分布密集的左上

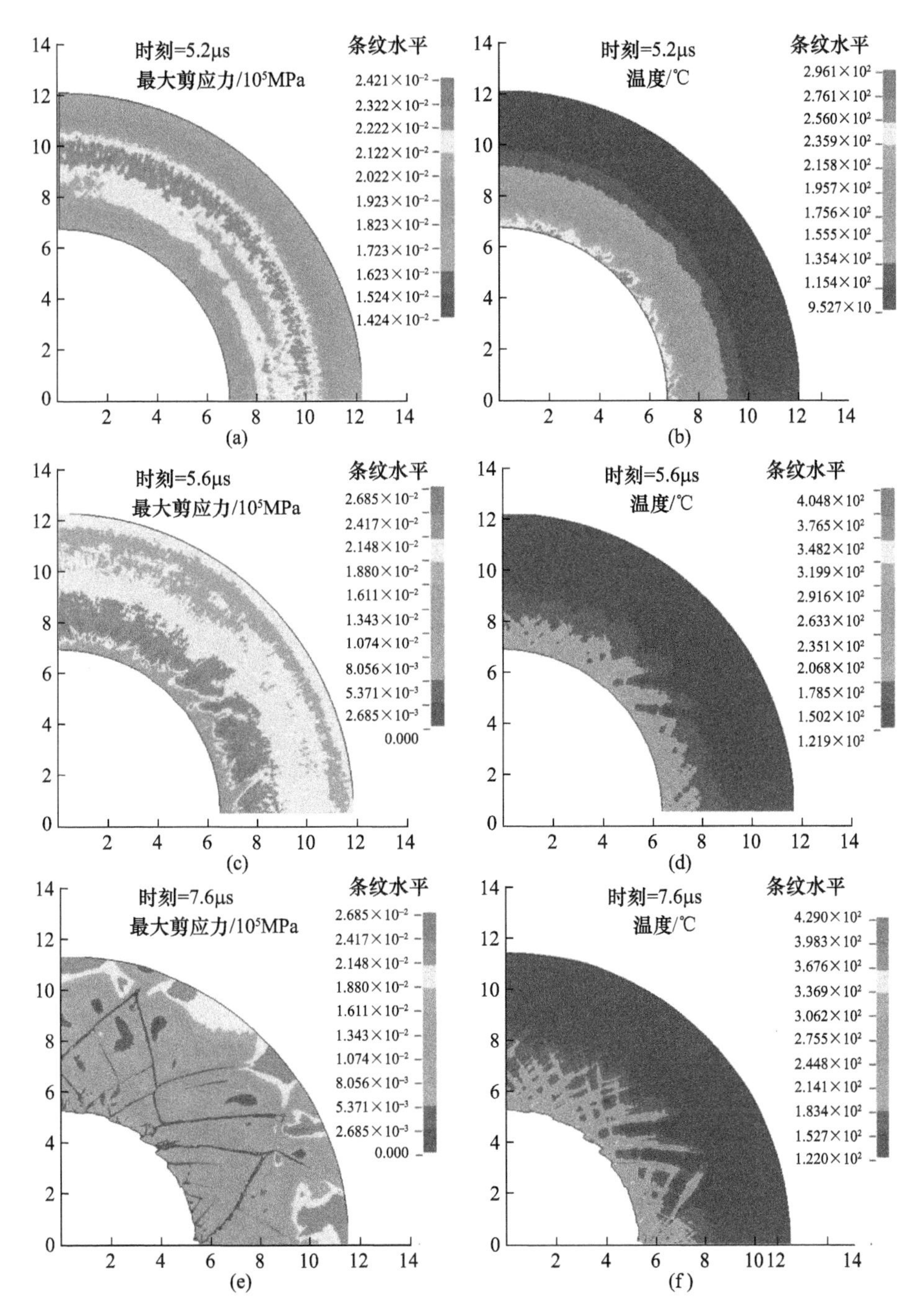

图 2-126 T73 状态样品剪切带发展过程应力和温度变化云图（均匀模式）

（a）、（c）、（e）为剪应力云图；（b）、（d）、（f）为对应的温度云图。

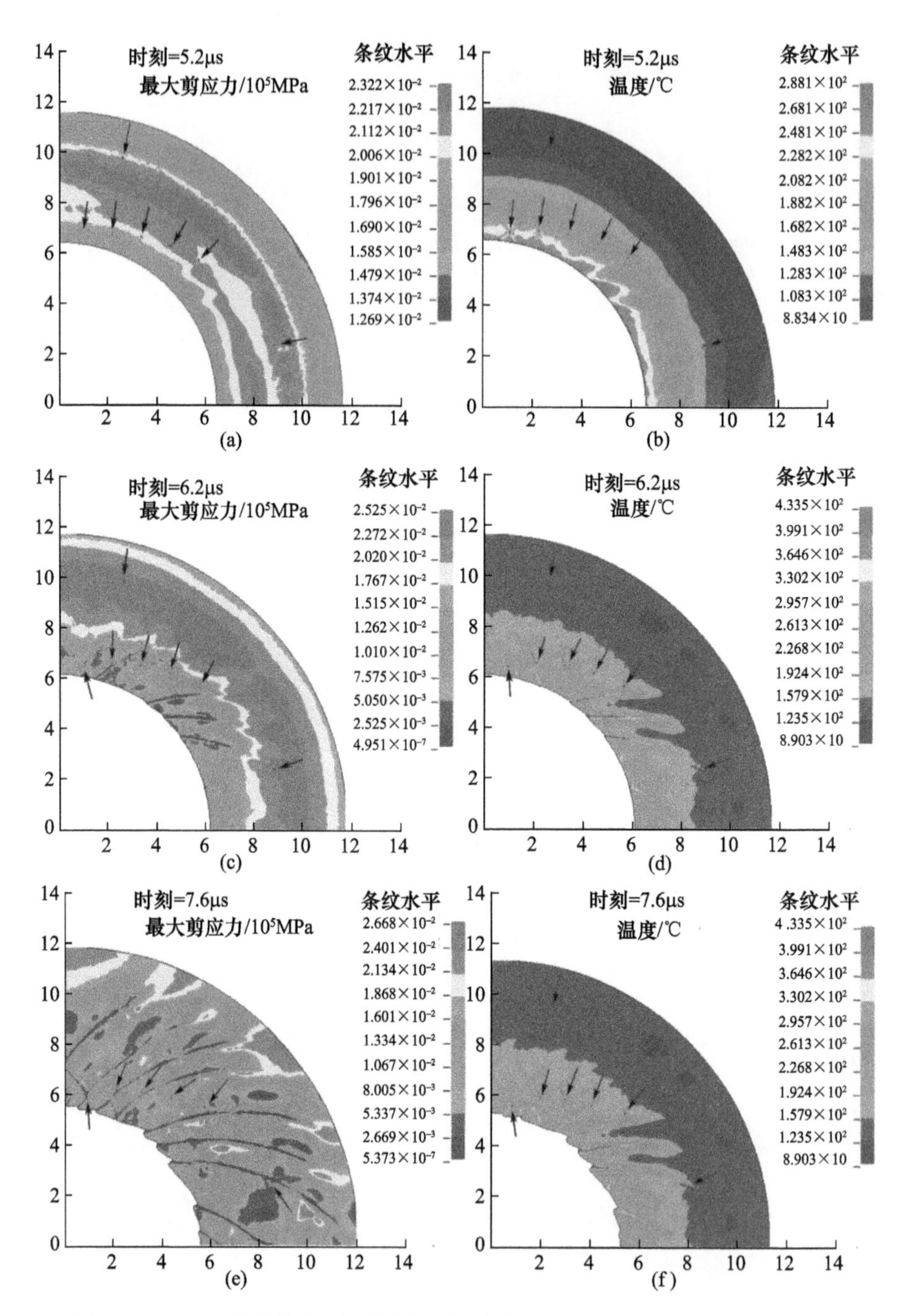

图 2－127　T73 状态样品剪切带发展过程应力和温度变化云图(非均匀模式 1)

(a)、(c)、(e)剪应力云图；(b)、(d)、(f)对应的温度云图。

角部分，温度起伏的点较多，发展到后期，则表现为该区域剪切带相对比较密集，间距减小。另外，在质点密集的区域，有几条很短的沿逆时针方向的剪切带，而在质点稀疏的部分，只有顺时针方向的剪切带，而且总体上逆时针方向的剪切带数目更少。这与没有引入第二相质点的图 2－127(e)不同，后者在铝管内壁顺时针方向和逆时针方向分布的剪切带的位置是随机的。由此可见，样品内部的不均匀现象，如杂质、第二相等，会对剪切带的形核和发展带来明显的影响，使剪切带的数目较少、间距增大，而且多数剪切带的方向趋近于同一个方向(顺时针方向或者逆时针方向)。这主要是因为不均匀性改变了应力的分布，影响爆轰应力波的传播。实验中在应变为 0.92 的截面，19 条剪切带中 13 条沿着顺时针方向，6 条为逆时针方向；应变为 1.08 的界面，29 条剪切带中，19 条沿着顺时针方向，10 条沿逆时针方向。可见，剪切带的扩展方向也有一定的择优趋势，沿着某一方向的剪切带会占有优势。由于不均匀性，一旦在某个方向率先形成剪切带，如顺时针方向，该剪切带在扩展过程中对周围的基体施加卸载作用，卸载区域也沿着顺时针方向，不利于另一个方向剪切带形核。最终某个方向的剪切带会占据优势。

a. 非均匀形核模式 1。在 7.6μs 时刻(图 2－127)，沿着一条较为成熟的剪切带的扩展方向，在其中依次选取了 3 个单元(单元 43202、单元 24077、单元 12984)，同时在基体上选取了两个单元(单元 43207 和单元 43221)，以分析其中应力、温度的演变历程以及剪切带对基体的影响。由图 2－128 可见，虽然整个样品已经发生了较大的变形，但基体的网格变形仍非常小，如单元 43207 和单元 43221，而剪切带内部的网格发生了严重的畸变，靠近内壁剪切带形核的位置，应变最大，网格畸变程度最严重，起初规则的四边形单元 43202(立体为六面体网格)被沿着剪切带扩展的方向拉长，在剪切带末端的单元 12984 的变形则相对较小。这也与实际情况相符合：剪切带的形成是变形高度集中和局域化的结果，剪切带内部的应变远大于基体的应变。

选取单元的温度随时间变化过程如图 2－129(a)所示。其中单元 43202(曲线 A)的温升最显著，因为该单元位于剪切带根部，变形量最大。在 5.2μs 左右，单元 43202 的温度急剧上升，对应着剪切带的形核，与之相对应，图 2－129(b)中该单元位置的应力迅速下降。该现象称为应力塌陷，剪切带形成后其内部的应力严重下降。曲线 B、C 表示的温度变化也有类似的趋势，只是时间稍微延后，因为剪切带扩展的速度是有限的，从单元 43202 扩展到单元 24077，大约需要 $\Delta t = 0.2\mu s$ 的时间。两个单元格之间的直线距离大约为 $\Delta d = \Delta s/\cos 45° = 0.1839m$(单元 24077 到内壁的径向方向有 26 个单元格，剪切带与径向夹角约为 45°，如图2－130所示)。所以，可以估算剪切带的扩展速率为 $v = \Delta d/\Delta t$ 代入 Δd、Δt 可以得 $v = 919.5m/s$。

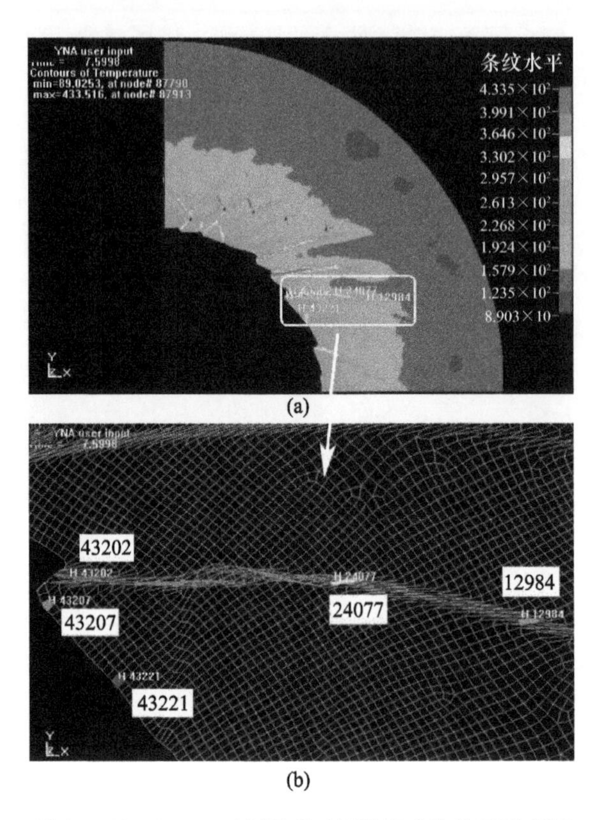

图 2-128　7.6μs 时刻温度云图以及选取单元示意图

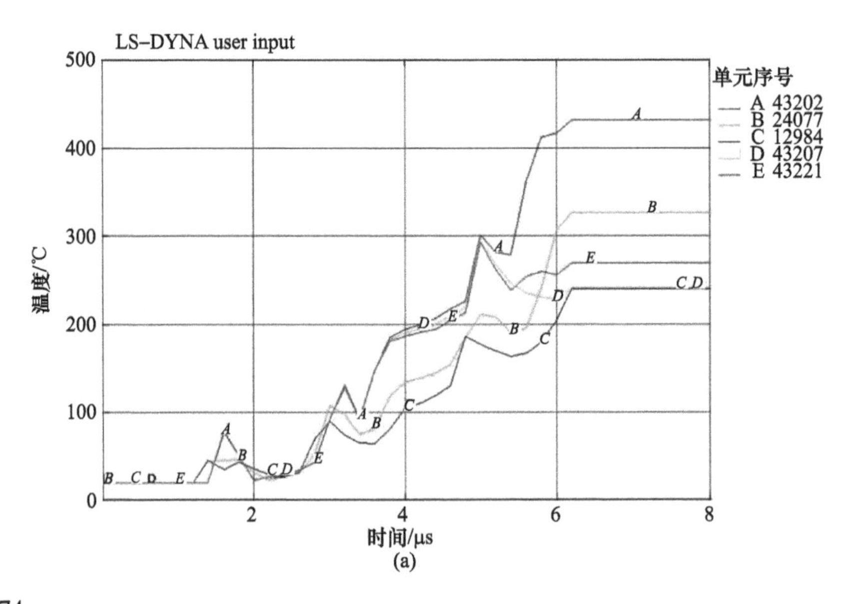

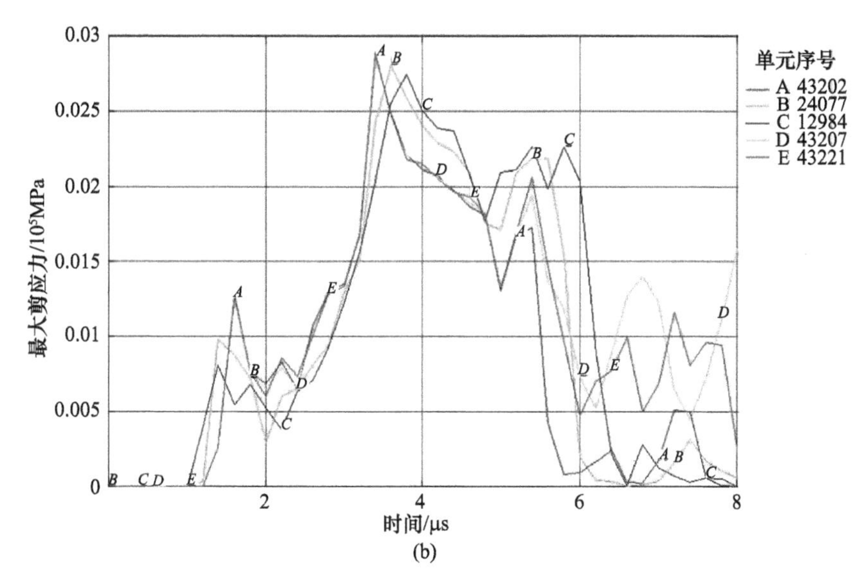

图 2－129　选取单元的温度随时间变化过程

(a)温度—时间曲线；(b)最大剪应力—时间曲线。

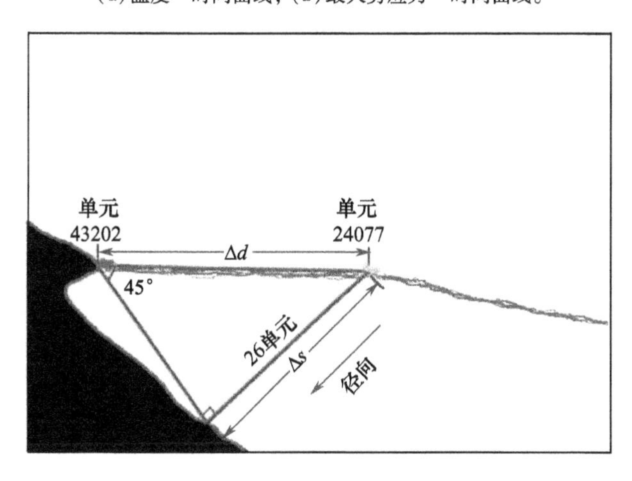

图 2－130　计算剪切带扩展速率示意图

b. 非均匀形核模式 2。当引入的质点比基体软时(强度设置为基体强度的 1/2)，剪切带的形核和扩展过程如图 2－131 的剪应力云图所示。与非均匀模式 1 相比，剪切带的形核时间提前了很多，从模式 1 的 5.2μs 提前到 4.0μs。铝管内壁首先形核的位置离软质点最近，表现为该区域的应力低于周围基体，首先发生应力塌陷。在 4.6μs 时刻，首先形核的剪切带已经向外扩展了一定的距离，路径穿越了该质点。另一条剪切带的形核也发生在距另一个软质点较近的位置。

5.4μs 时刻两条方向相反的剪切带交叉后各自继续扩展。最终形成的 7 条剪切带中(图 2-132(d)),6 条都穿越了设置的软质点。沿着顺时针方向的剪切带有 4 条而逆时针方向有 3 条。模式 1 和模式 2 的剪切带的数目和方向等参数总结在表 2-16 中。

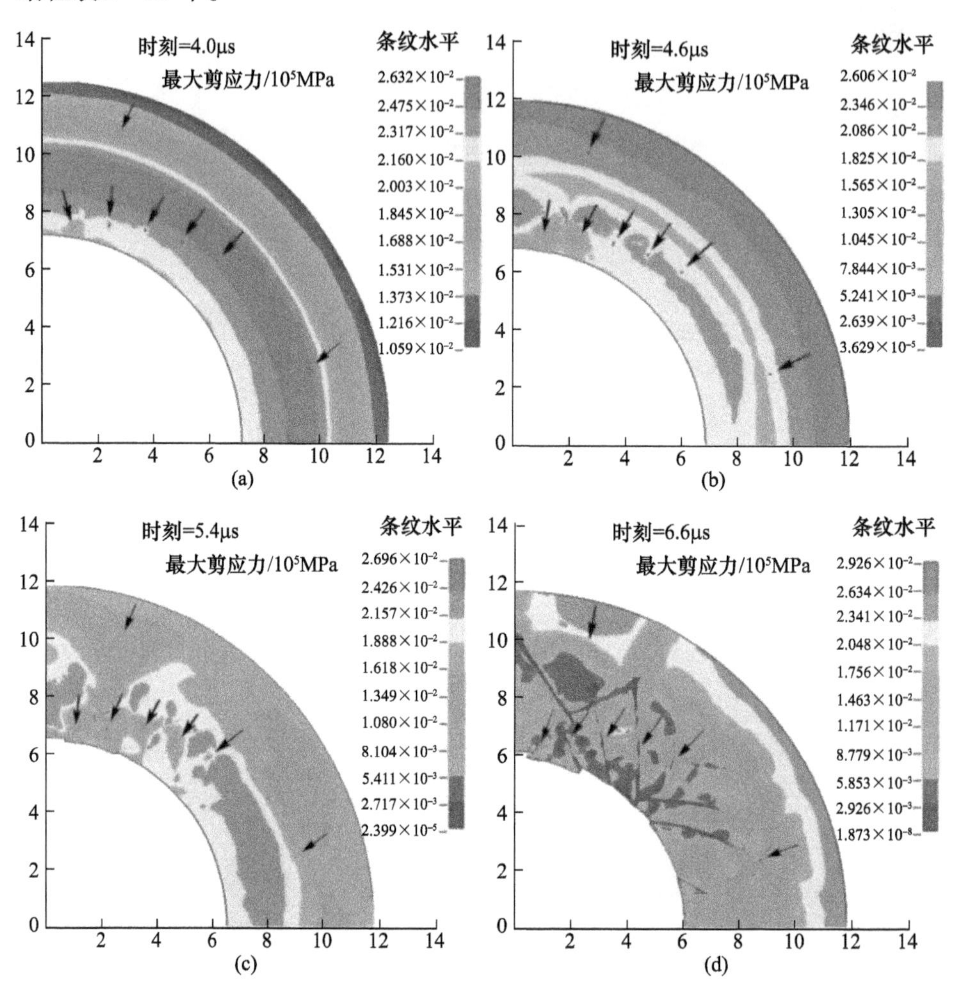

图 2-131 T73 状态样品剪切带形核和扩展过程应力云图(非均匀模式 2)

表 2-16 非均匀模式 1 和模式 2 剪切带参数的比较

模式	剪切带数目	顺时针方向条数	逆时针方向条数	形核时间/μs
模式 1	10	8	2	5.2
模式 2	7	4	3	4.0

可见,所引入质点的性质对剪切带的形核与扩展有明显的影响。模式 1 中剪切带扩展路径都靠近而不是穿越质点(图 2-127(e)),而模式 2 中剪切带的路径都穿越了质点(图 2-127(d)),模式 2 中应力塌陷与质点的联系比模式 1 要明显,应力塌陷总是先发生在软质点位置(图 2-131(a)、(b))。这是因为模式 2 所引入质点的强度要低于铝合金基体,在爆轰压缩的过程中首先发生屈服变形,集中的变形产生的热量又加剧了热软化效应,导致应力塌陷。与此相对应,模式 2 中大多数剪切带都穿越了质点。而模式 1 中由于质点的强度高于基体的强度,不易变形,并由于硬质点的存在使周围基体产生一定的畸变,形成应力场,这样的局域应力场的存在,导致相对于距质点较远的基体在爆轰波的作用下较易变形而发生应力塌陷(图 2-131(b)和图 2-127(d)),硬质点周围存在带状的交叉应力塌陷区域。但由于硬质点难以随同剪切带一起变形,所以剪切带扩展路径位于质点附近而不是穿越质点。

④ 7075 铝合金退火态外爆压缩数值模拟结果。退火态样品在应变最大的界面也未观察到剪切带,这与其较低的屈服强度有关。与剪切带形成相关的关键材料参数中,其热导率与 T73 状态比较接近,而屈服强度仅为后者的 1/4 左右。

由于退火态和 T73 状态样品实验条件完全一致,故数值模拟的几何模型相同。在图 2-132(a)和图 2-132(b)中,7.6μs 时刻,铝管内壁剪应力和温度的分布都比较均匀,未观察到起伏。而与 T73 状态相比,同样在 7.6μs 时刻,T73 状态样品剪切带已经发展到了后期,剪切带的自组织现象非常明显。到 9.6μs,虽然应力看上去有些集中,但温度的分布却依然非常均匀,与 T73 状态样品相比(图 2-127(f)),温度要大约低 230℃,可以认为,退火态样品在该模拟条件下,未形成剪切带。这与实验的结果也非常吻合。

(3) 绝热剪切能垒计算。在相同的实验条件下,7075 铝合金 T73 状态样品产生大量的剪切带,而退火态样品则未观察到绝热剪切现象,二者变形行为的差别可以用其物理和力学性能的差异来说明。与材料的许多行为类似,ASB 的形核及扩展需要克服一定的能量势垒,需要克服的能量势垒越大,即剪切带形成较为困难。Grady[82] 考虑热软化的材料推导了这一能量的表达式,即

$$\Gamma = \sqrt{3}\left(\frac{\rho c}{\alpha}\right)\left(\frac{\rho^3 c^2 \lambda^3}{\tau_y^3 \alpha^2 \dot{\varepsilon}}\right)^{\frac{1}{4}} \tag{2-97}$$

式中:ρ 为密度;c 为材料比热容;α 为热软化系数;λ 为热导率;τ_y为材料的屈服强度;$\dot{\varepsilon}$ 为应变速率。Γ 越大,越难以形成剪切带。可以用 Γ_{T73}和 Γ_0 的比值来衡量二者形成 ASB 的难易程度。将相关的材料参数(见表 2-11)代入方程式(2-97),得到 $\Gamma_{T73}/\Gamma_0 = 0.39$。显然,T73 状态形成剪切带时需要跨越的能垒要

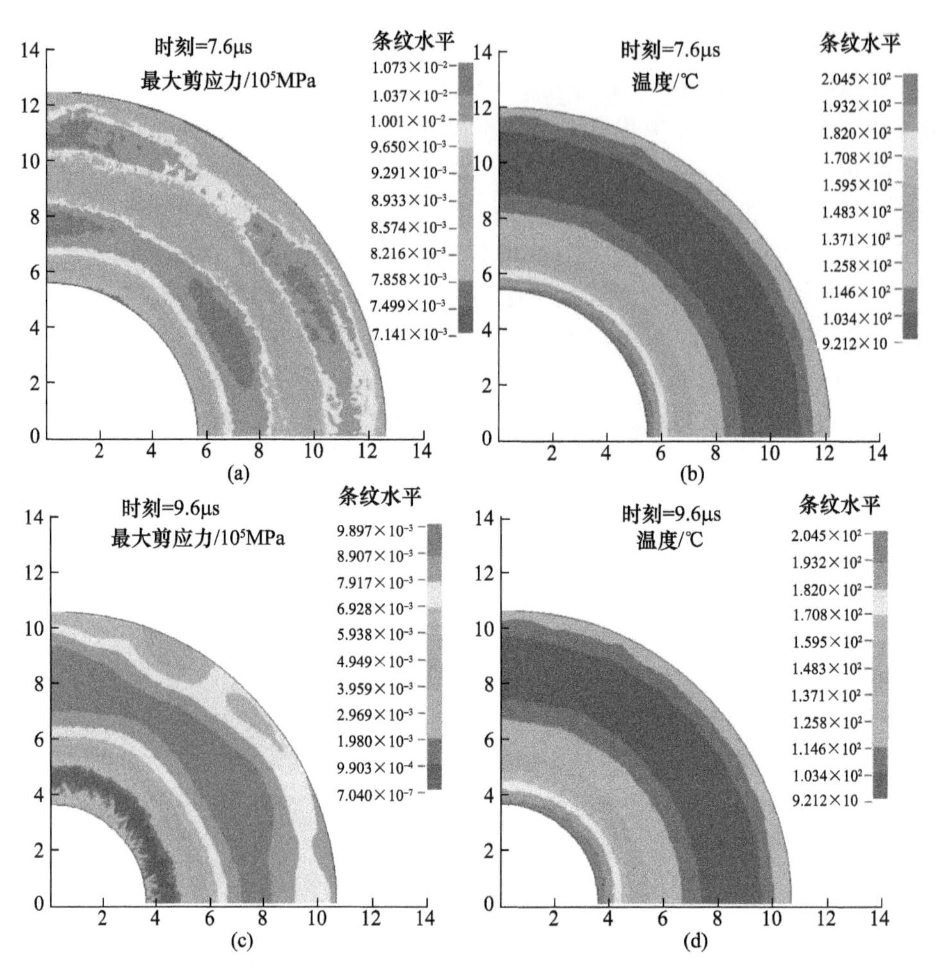

图 2-132　退火态样品外爆压缩数值模拟结果

(a)、(c)剪应力云图;(b)、(d)对应的温度云图。

远小于退火态,容易发生绝热剪切。因此在同样的实验条件下,T73 状态的样品中形成多条剪切带,而退火态的样品中未发现剪切带。数值模拟结果也证明了这一点,即使延长变形加载时间(从 7.6μs 延长到 9.6μs),退火态样品也未观察到明显的应力塌陷现象和显著的温升。一般来说,在相同的条件下,高强度合金比低强度合金更容易发生绝热剪切。这在 304L 不锈钢等合金的绝热剪切现象中也可以得到证实。

综上所述,可得以下结论。

① 7075 铝合金 T73 态样品和退火态样品在相同的外部爆轰加载实验中,T73 态圆管样品的横截面形成大量剪切带,ASB 呈螺旋状向外扩展,剪切带之间

存在一定的特征间距值。退火态下形成剪切带需要跨越的能垒 Γ 为 T73 状态的 2.5 倍,退火态样品中未形成 ASB。

② 顺时针方向和逆时针方向的剪切带并不是平均分布,某个方向的剪切带的数目要多于另一个方向的数目。该实验中两个不同应变的截面上,顺时针方向的剪切带的数目大约都是逆时针方向剪切带数目的两倍。一旦发生应力和温度起伏在某一方向形成剪切带后,如顺时针方向,对周围区域产生卸载作用,抑制了另一个方向剪切带的形核和扩展。

③ 通过 LS - DYNA 有限元软件对两种状态的样品外爆压缩加载实验进行数值模拟。对 T73 状态,建立均匀形核模型和非均匀形核模型。模拟结果表明,非均匀形核模型与实验结果更为接近。非均匀模式下剪切带的间距大于均匀模式;剪切带扩展方向的择优趋势更加明显,大多数剪切带沿顺时针方向。首次在非均匀模型下的金属基体中引入两类质点(第二相)——硬质点和软质点,基体中的软质点缩短了剪切带形核所需要的时间,样品首先在软质点位置发生应力塌陷,而且大多数剪切带穿越软质点;引入硬质点的模型中,剪切带扩展路径靠近质点而不是穿越质点。在有限元模型中估算剪切带的平均扩展速率为 919.5m/s。

④ 模拟中退火态模型始终未发生明显的应力集中和局域温升,未形成剪切带,与实验结果相符。

2) 镁合金的组织结构对 ASB 自组织行为的影响规律

镁合金是目前最轻的金属结构材料,具有低密度、高比强度、高比模量、良好阻尼减震特性以及优异的高应变速率吸能抗冲击特性等,正成为涉及动态载荷的高端工程领域最具吸引力的材料。由于以往镁合金大多应用在承受准静态载荷的零部件上,人们对镁合金动态行为的研究甚少。因此,在镁合金的应用设计时普遍处于既缺乏实验数据,更缺乏理论指引的尴尬状态。例如,国家安全急需的轻质战车特别是两栖装甲突击车、空投空降车等的轻质装甲用镁合金研发中有关抗弹效能指标中所涉及的动态强度、能量吸收率、动态变形损伤断裂特性,近年美国通用、福特、克莱斯勒等企业开始研发镁合金前端等汽车零部件,都在设计过程中面临镁合金动态行为的实验数据和相关理论严重匮乏的局面。因此,作者拟以国家重点工程选用的 ZK60(Mg - 5.6% Zn - 0.64% Zr,质量分数)高强度变形镁合金为研究对象展开研究。镁合金是典型的高热导率和低强度的材料,绝热剪切敏感性不高,目前研究镁合金多条剪切带的自组织行为的相关报道鲜见。

作者[63]利用高应变速率厚壁圆筒外爆压缩实验,从不同有效应变下剪切带的分布特征,剪切带的宽度以及剪切带的间距特征等研究 ZK60 镁合金多条剪切带的自组织行为，该工作对拓展镁合金的应用领域具有重要的意义。

研究以 ZK60 镁合金为对象，其成分见表 2－17。供货材料是镁合金挤压棒料（T5）。采用厚壁圆筒（TWC）外爆压缩实验对 ZK60 镁合金进行动态加载。实验装置如图 2－75 所示。TWC 试样由 3 个同轴圆管组成，将镁合金圆筒放在两层紫铜管中间，管之间采用环氧树脂填充以避免应力波在管壁界面的反射。ZK60 圆管内径为 16mm、外径为 26mm，内外铜管由塑性好的 300℃、30min 的再结晶退火的紫铜加工而成、外铜管外径 30mm，能起到避免试样外表面被烧伤及促进变形均匀的作用，内铜管内径 14mm，能防止试样内表面破碎。厚壁圆筒外爆压缩实验试样周围均匀填满了粉状铵油炸药，炸药的厚度为 25mm（应变速率 $\dot{\varepsilon}=4.7\times10^4/\mathrm{s}$）。炸药的密度为 $0.9\mathrm{g/cm^3}$，爆速为 $v=3600\mathrm{m/s}$。炸药在上端引爆，炸药起爆后驱动金属圆管向内高速运动，促使样品向内压缩。

表 2－17　ZK60 合金成分（wt%）

成分	Mg	Zn	Zr	Al	Mn	Fe	Cu
质量分数	余量	5.6	0.64	0.0014	0.012	0.002	0.0016

坍塌试样沿垂直轴向方向截取截面，金相腐蚀剂采用 100mL 的水＋1mL 的硝酸＋1mL 的冰醋酸和 1g 的草酸。

剪切带的分布特征、宽度、间距和长度可以用来表征剪切带演变过程的变化。不同的内铜管的内径对应不同的应变。为了比较试样不同位置的剪切带自组织行为，最终有效应变 $\varepsilon_{\mathrm{ef}}$ 表示为[83]

$$\varepsilon_{\mathrm{ef}}=\frac{2}{\sqrt{3}}\varepsilon_{\mathrm{rr}}=\frac{2}{\sqrt{3}}\ln\left(\frac{r_0}{r_{\mathrm{f}}}\right) \tag{2-98}$$

式中：r_0、r_{f} 分别为参考点的初始半径和最终半径。

剪切带之间的间距能很好地表征剪切带的分布特征，平均间距可以表达为[84]

$$L=\frac{\varphi_i R_{\mathrm{f}}}{n_i\sqrt{2}} \tag{2-99}$$

式中：n_i 为第 1 到第 i 条剪切带区域的剪切带数量；φ_i 为这个区域所对应的角度，如果 $n_i=n_{\mathrm{total}}$，那么 $\varphi_i=2\pi$。剪切带间距计算示意图如图 2－133 所示。

（1）剪切带扩展过程的特征。

图 2－134 所示为剪切带扩展过程的特征图。多条剪切带扩展过程中，存在剪切带的合并、分叉、相交，有的剪切带在扩展过程中消失了，有的剪切带继续扩展，剪切带扩展过程是一个相互竞争的过程。如图 2－134(a) 所示，观察到剪切带之间的合并，主剪切带 1 与剪切带 2 相遇后，剪切带沿着一个方向扩展，可以看

出，剪切带 2 不是一条单一的剪切带，它是由几条波浪形的小的剪切带组成，这可能是受到析出相小扰动源的原因影响了剪切带路径，相遇后最终都沿着主剪切带 1 扩展。如图 2－136(b)～(d)所示为剪切带的分叉，在图 2－134(b)中，一条剪切带变成 3 条剪切带，最终形成两条剪切带沿各自方向扩展，在图2－134(c)中，剪切带分叉成两条清晰的剪切带，各自沿不同的方向扩展，从图2－134(d)中也观察到剪切带的分叉成两条剪切带，剪切带 1″分叉出来未形成明显的剪切带，而是消失在基体中。这是因为剪切带在扩展过程中达到了能量平衡，由塑性变形功转换来的能量在扩展过程中消耗了，因此一条剪切带消失在基体中。在扩展过程中，路径还可能有其他扰动源的影响，如析出相、晶界等，导致剪切带的路线可能发生曲折，如图 2－134(e)、(f)所示。

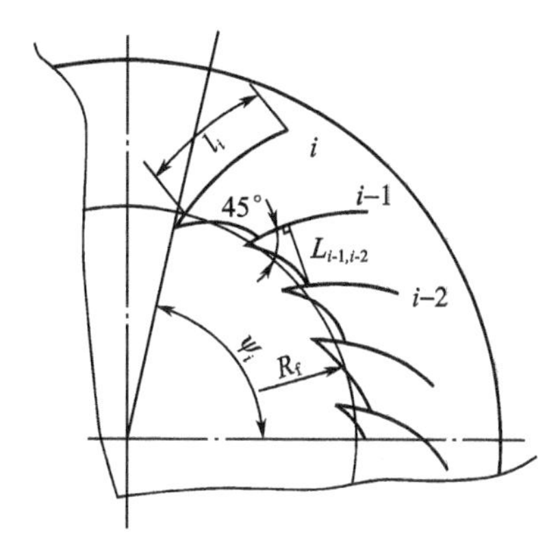

图 2－133　剪切带间距计算示意图

Ψ_i—参考角度；R_f—坍塌试样最终半径；$L_{i-1,i-2}$—第 $i-2$ 条剪切带与 $i-1$ 条剪切带之间的间距；l_i—剪切带的长度。

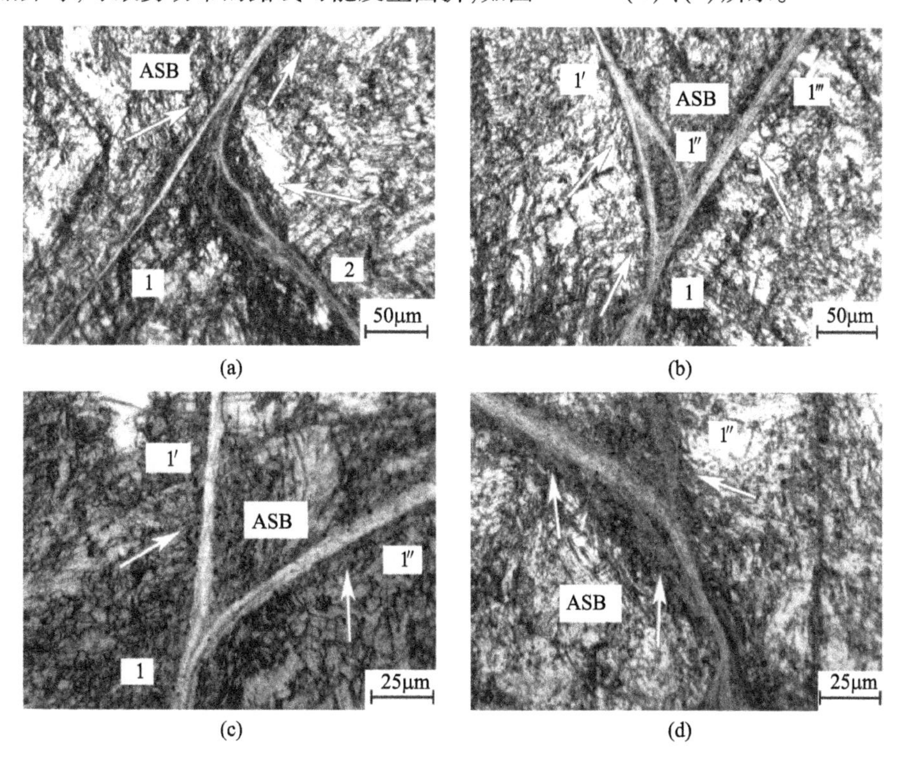

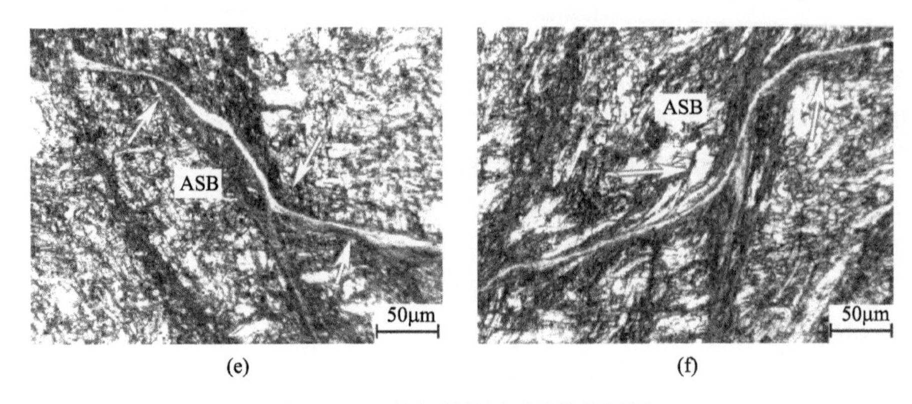

(e)　　　　　　(f)

图 2－134　剪切带扩展过程的特征图

(a)合并；(b)～(d)分叉；(e)、(f)扩展。

厚壁圆筒外爆压缩实验中，圆管处于平面塑性应变状态。圆管作塑性平面应变时，圆管平面内任一点存在正交的最大切应力。剪切带沿着最大切应力方向扩展，扩展过程受微观组织结构(如析出相、晶界等)影响。图 2－135 所示为 ZK60 镁合金圆管塑性平面应变下应力状态与最大切应力轨迹线示意图。圆管变形平面内任一微元都存在相互正交的最大切应力 τ_{max}，将无限接近的最大切应力方向连接起来，得到两簇正交曲线 *EF*、*MN*，如图 2－135(a)所示。圆管截面最大切应力轨迹线如图 2－135(b)中 *I*—*I* 上部分所示，轨迹线每点切向方向与半径成 45°或者 135°角度。在高应变速率变形过程中，剪切带沿着最大切应力方向扩展，也就是沿着轨迹线扩展。通过图 2－134(a)～(d)，观察到了合

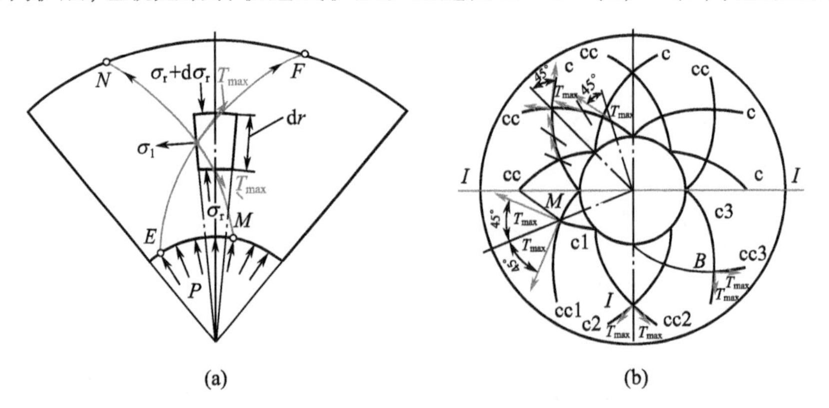

(a)　　　　　　(b)

图 2－135　ZK60 镁合金圆管平面任一点应力状态与最大切应力轨迹示意图

(a)圆管平面任一点应力状态示意图；(b)*I*—*I* 上部分—最大切应力形成的轨迹线、*I*—*I* 下部分—合并、相交和分叉形成示意图。

cc—逆时针；c—顺时针；*B*—分叉簇；*M*—合并簇；*I*—相交簇。

并、分叉。这是什么原因呢？这主要是剪切带在扩展过程中受内部微观组织的影响，析出相、晶界都会改变扩展路径。析出相、晶界是扰动源，可以阻止剪切带的扩展和改变其扩展方向。如图 2－135(b)中 *I—I* 线下部分，可以看到合并簇(*M*)、相交簇(*I*)、分叉簇(*B*)形成的轨迹示意图。剪切带的合并(*M* 簇)，不同的形核点的两条不同方向的剪切带相遇后，扩展过程中能量消耗小的剪切带使得能量消耗大的剪切带改变方向，共同沿能量消耗小的剪切带方向扩展。剪切带之间的相交(*I* 簇)，不同形核的两条不同方向的剪切带相遇后，继续沿着各自方向扩展。当剪切带在原来的扩展方向上遇到一些难以逾越的阻碍如第二相、杂质等缺陷时，剪切带之间的分叉(*B* 簇)显著增大了原扩展方向的阻力，它会沿着与之相反的最大剪切力方向路径发展，剪切带改变方向。

(2) 有效应变对剪切带宽度的影响。

图 2－136 所示为不同有效应变下的剪切带的宽度。不同的截面位置用对应的有效应变来表征，有效应变的值可通过公式(2－98)计算获得。有效应变的值标注在图的下方。宽度测量如图 2－136(a)所示，对应每个有效应变下选择了 5 条剪切带，每条剪切带取 10 个宽度值，计算 5 条剪切带的平均值，即为该有效应变下的剪切带平均宽度。选取了 6 个不同应变的截面，统计其剪切带的宽度，将数据汇总在表 2－18 中。如图 2－136(b)所示，选择 3 个应变下的任意 3 条剪切带，从图也可以看出剪切带之间的变化，有效应变的值为 $\varepsilon_{ef}=0.57$ 时，基体中出现界限清晰、细长的剪切带，剪切带宽度只有 3.83μm，当应变增加为 $\varepsilon_{ef}=0.77$ 时，剪切带变成更宽的白亮带，此时剪切带的宽度为5.41μm。应变增加到 $\varepsilon_{ef}=0.88$ 时，剪切带更宽，剪切带宽度为8.86μm，是有

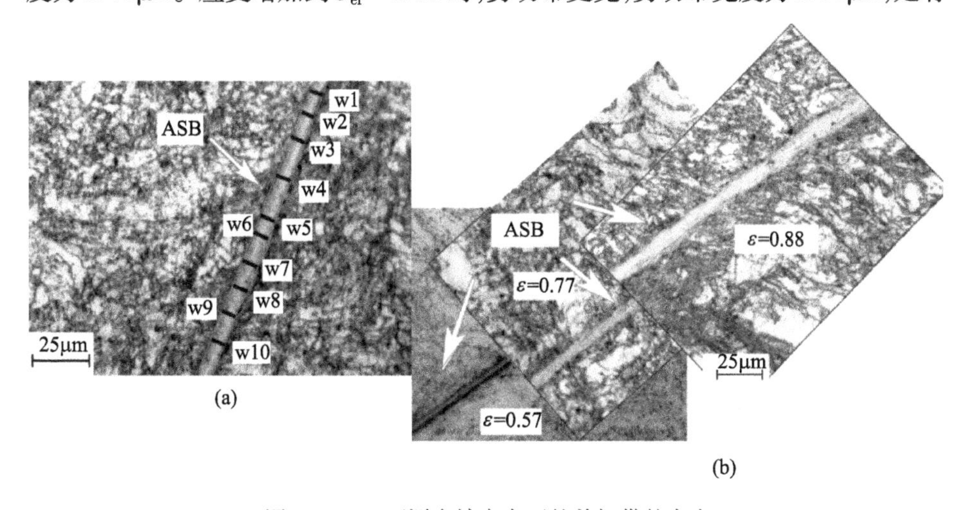

图 2－136　不同有效应变下的剪切带的宽度

效应变 $\varepsilon_{ef}=0.57$ 时宽度的两倍多，呈白亮带。从图 2－136 中观察到剪切带宽度的变化过程，随着有效应变的增加，剪切带由较细的“白亮带”转变为更宽的“白亮带”。

表 2－18　剪切带宽度汇总表

有效应变	编号	宽度/μm	平均宽度/μm	有效应变	编号	宽度/μm	平均宽度/μm
$\varepsilon_{ef}=0.57$	1	4.97	4.06	$\varepsilon_{ef}=0.82$	1	5.63	5.48
	2	3.83			2	5.71	
	3	3.76			3	5.24	
	4	4.14			4	5.74	
	5	3.59			5	5.35	
$\varepsilon_{ef}=0.72$	1	5.45	4.77	$\varepsilon_{ef}=0.84$	1	7.12	6.9
	2	3.89			2	7.02	
	3	4.64			3	8.86	
	4	5.27			4	5.94	
	5	4.58			5	5.58	
$\varepsilon_{ef}=0.77$	1	4.3	5.38	$\varepsilon_{ef}=0.88$	1	8.89	9.03
	2	5.41			2	8.86	
	3	5.66			3	8.16	
	4	5.62			4	9.87	
	5	5.75			5	9.38	

图 2－137 所示为有效应变与剪切带平均宽度关系。通过图 2－137 可很明显地看出，剪切带的宽度随着有效应变的增大而出现增大的趋势，在所选的有效应变下，剪切带的宽度变化值为 3.83～9.87μm，最大宽度几乎为最小宽度的 3 倍。剪切带是裂纹优先形核的地方，裂纹沿着剪切带扩展，图 2－138 所示为有效应变 $\varepsilon_{ef}=0.88$ 的剪切带发展成裂纹的特征图，可以观察到大的裂纹，此裂纹是由剪切带发展而来的。本实验中剪切带的宽度更小，这与实验选择的材料有关，ZK60 镁合金有更高的导热性，在变形过程中，有更强的扩散热量的能力，形成的剪切带宽度更小

Grady[82] 在研究金属 ASB 扩展过程的能量消耗中也提出了剪切带宽度与剪切带扩展的能量消耗和热力学性能的关系，并建立了关系方程，得出剪切带扩展中消耗能量越小，剪切带宽度越大，剪切带的扩展速率越小。Grady 提出温度和剪切应变均匀的条件下，假定剪切带的宽度是一个不变的量，并用以下表达式预测剪切带的宽度，即

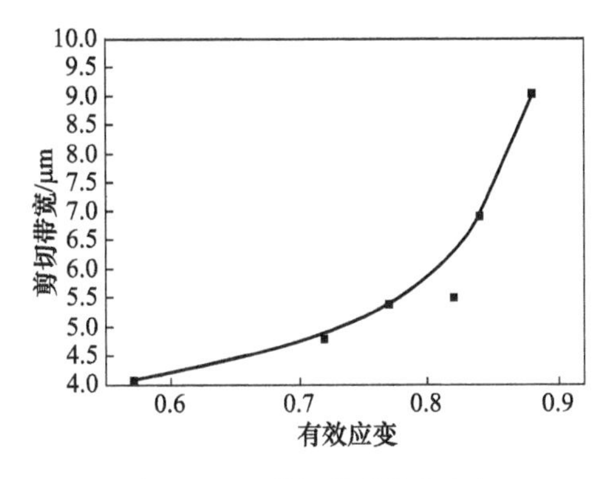

图 2-137 剪切带平均宽度与有效应变的关系

图 2-138 剪切带发展为裂纹($\varepsilon_{ef}=0.88$)

$$w=\left(\frac{9\rho^3c^2\chi^3}{\tau^3\alpha^2\dot{\gamma}}\right)^{1/4} \tag{2-100}$$

式中:ρ 为材料密度;c 为比热容;χ 为热扩散系数($\chi=k/\rho c$,k 为热导率);τ 为剪切应力($\tau=\sigma_s/2$,$\sigma_s=240\text{MPa}$);α 为热软化系数;$\dot{\gamma}$ 为剪切应变速率(这里取 $\dot{\gamma}_0=2\dot{\varepsilon}=9.4\times10^4/\text{s}$[65])。ZK60 材料性能如表 2-19 所列。

表 2-19 ZK60 材料性能

材料	比热容 c (J/(kg·K))	热导率 k /(W/(m·K))	密度 ρ /(kg/m³)	应变速率敏感系数 m	热软化系数 α/K	参考剪切应力 τ/MPa	剪切应变速率 $\dot{\gamma}_0$/s
ZK60	1030	117.23	1820	0.036	0.0019	120	9.4×10^4

(其中,c、k、ρ 出自参考文献(安继儒主编,中外常用金属材料手册,西安:陕西科学技术出版社,1998),m、α 通过计算获得,数据参考文献(Yun-bin HE, Qing-lin PAN, Qin CHEN, et al. Trans. Nonferrous Met. Soc. China, 2012, (22): 246-254)

将表 2-19 中相对应的参数代入式(2-100),计算获得剪切带的宽度 $w=12.44\mu\text{m}$。实验数值通过金相显微镜测量所得,在有效应变为 0.57~0.88 下,剪切带宽度的变化范围为 3.83~9.87μm。理论预测获得的剪切带的宽度为 12.44μm,与有效应变为 0.88 下剪切带宽度 9.87μm 更接近,是有效应变为 0.57 下最小剪切带宽度的 3 倍。预测值与实验测量得到的结果有所差异,是由于动态变形过程中参数 τ 的不确定性。这里所取的参考值与有效应变 0.88 下的剪切应力值更为接近,有效应变越小,剪切应力 τ 有增大的趋势。因此,认为理论预测所得到的值是合理的。

(3) 剪切带自组织结构特征。

① 剪切带的分布特征。图 2-139 所示为圆管试样腐蚀前后的截面图。图

2－139(a)所示为圆管试样腐蚀前截面图,图2－139(b)所示为图2－139(a)中区域金相剪辑图,由于尺寸关系,图中只选取试样一部分。图2－139(c)所示为图2－139(b)中“A”选区逆时针方向旋转至水平位置的放大图。通过图2－139(b),观察到了试样截面上网状分布的黑色界线,是剪切带,由于晶粒尺寸和剪切带宽度太小,放大倍率小而很难显示出来。通过放大图(图2－139(c))可以观察到是明显的剪切带。

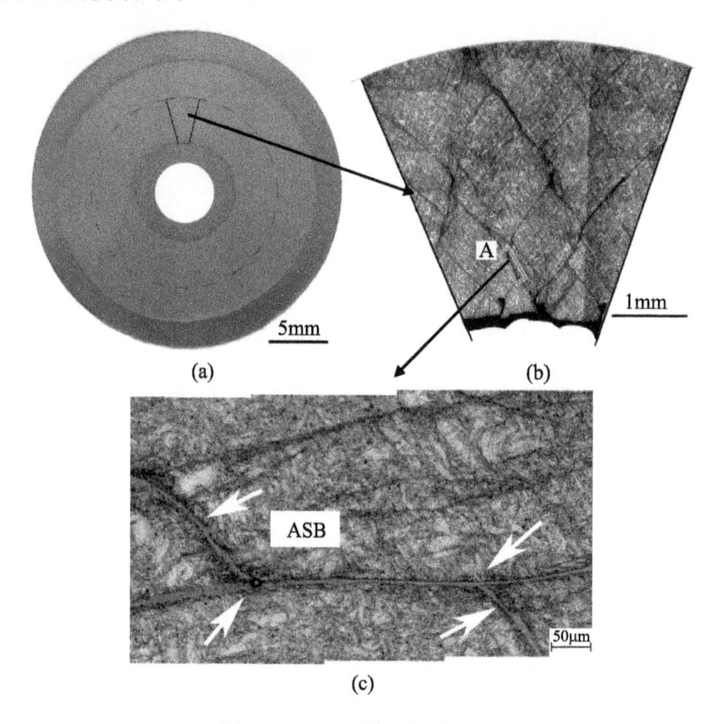

图2－139　圆管试样截面图

(a)腐蚀前;(b)腐蚀后金相剪辑图;(c)(b)图中的“A”区域逆时针旋转至水平位置的放大图。

根据金相观察,绘制不同有效应变下所对应的剪切带分布示意图如图2－140所示。相对应的有效应变的值、剪切带的数量(N代表剪切带的数量)标注在图的最下方。在图2－140(a)、(b)中,试样内径边界变形较小,剪切带从内边界形核往外扩展,两种旋向剪切带基本对称分布在圆管试样截面上,以AB虚线对称分布顺时针和逆时针两种旋向剪切带。有效应变增加$\varepsilon_{ef}=0.82$(图2－140(c)),试样内径边界有明显的变形,光滑的圆形边界出现明显的锯齿形,剪切带的数量达到41,剪切带之间的交叉现象也更明显。如图2－140(d)所示,有效应变为$\varepsilon_{ef}=0.88$,试样承受较大的变形,从剪切带分布图也可以看出,试样内径变形较大,出现较大的裂纹,剪切带发展已经成熟,剪切带的数量为

40,部分剪切带已经发展为明显的裂纹(图 2-140(d)中红色线条所示)。

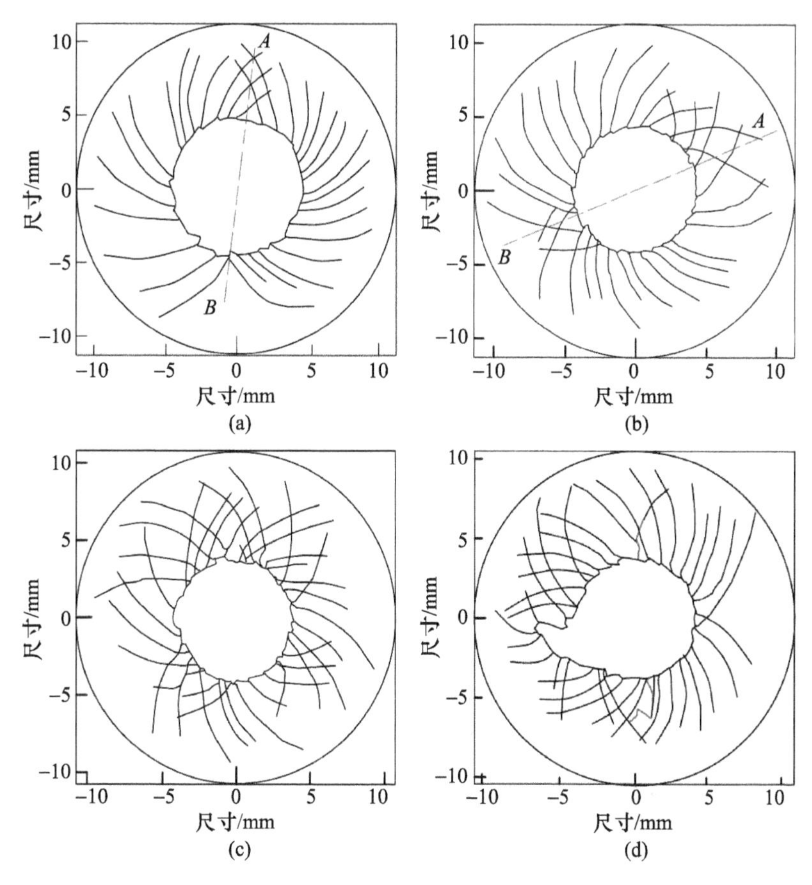

图 2-140　圆筒试样不同有效应变剪切带分布示意图(见彩图)
(a) $\varepsilon_{ef}=0.57$, $N=31$; (b) $\varepsilon_{ef}=0.72$, $N=33$; (c) $\varepsilon_{ef}=0.82$, $N=41$; (d) $\varepsilon_{ef}=0.88$, $N=40$。

对比图 2-140(a)、(b)和图 2-140(c)、(d),在有效应变较低时($\varepsilon_{ef}=0.57$ 和 $\varepsilon_{ef}=0.72$),顺时针旋向和逆时针旋向剪切带以 *AB* 虚线基本对称分布。有效应变增大时($\varepsilon_{ef}=0.82$ 和 $\varepsilon_{ef}=0.88$),两种旋向的剪切带没有明显的对称现象,剪切带之间出现更多交叉现象。有效应变越大,圆管试样内边界局部应变越大,大的应变小的扰动(析出相、晶界、表面缺陷等)决定剪切带的初始形核点。有效应变越大形核点越多,剪切带数量越多。ZK60 挤压棒材(T5)中富含析出相,析出相又会影响剪切带的扩展方向。相距较近的不同旋向的剪切带必能发生交叉现象。

剪切带沿着与半径 45°方向顺时针和 135°方向逆时针两个方向向外扩展,顺时针方向和逆时针方向的剪切带数量相差不大,几乎对称分布在试样截面,两种旋向的剪切带并没有出现择优选择。Yang 等[62] 在研究 7075 铝合金自组织

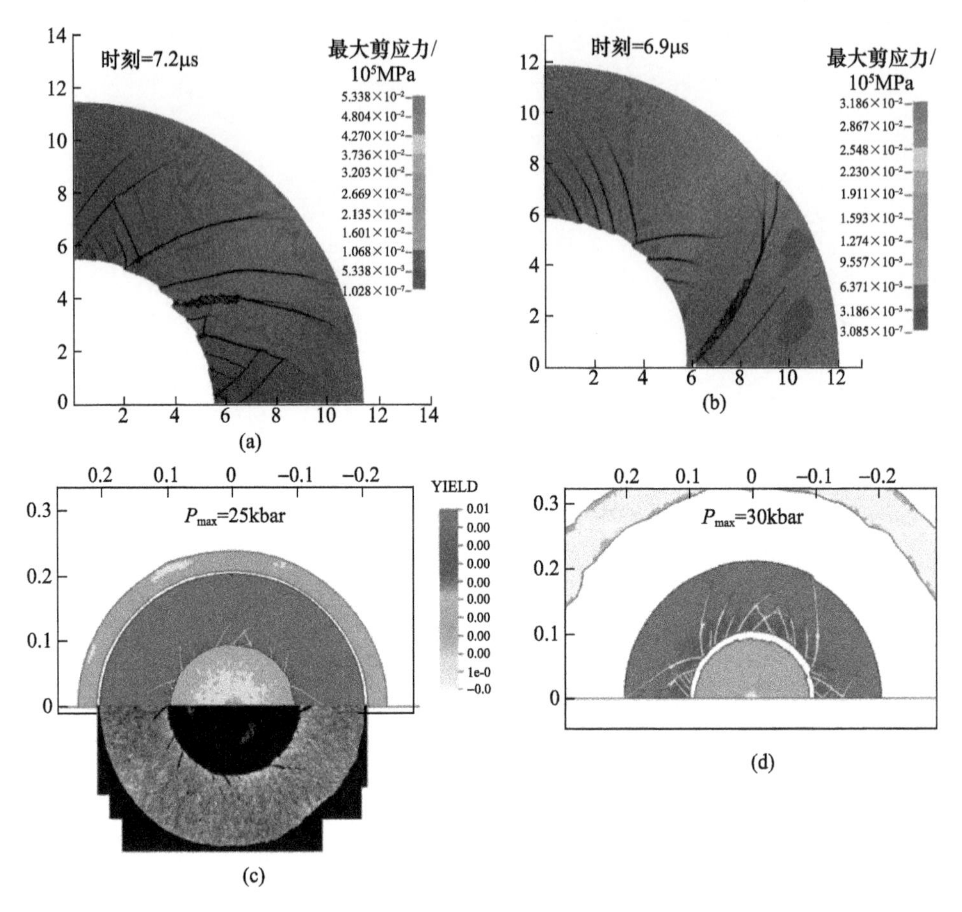

图 2-141 不同阶段圆管最大切应力分布模拟图

(a)均匀形核模式下 7.2μs 时最大切应力分布模拟图；(b)非均匀形核模式下 6.9μs 时最大切应力分布模拟图；(c)25kbar 压力下实验剪切带分布与最大切应力模拟对比；(d)30kbar 压力下最大切应力模拟图。

行为时的实验中,剪切带在扩展过程中出现了择优趋势,即大部分剪切带沿逆时针方向扩展。通过模拟中引入不均匀质点,来研究剪切带不均匀形核对剪切带自组织行为的影响。图 2-141 所示为文献[68]不同阶段圆管最大切应力分布模拟图。图 2-141(a)、(b)分别为均匀形核模式和非均匀形核模式的最大切应力分布模拟图。非均匀形核模式下的剪切带择优现象更明显,引入非均匀性质点后,容易造成应力集中,导致质点出优先形核,优先形核的剪切带会抑制周围剪切带的形核和发展,导致出现明显的择优现象。另外,Wang 等[68]研究铝合金的自组织行为时,通过引入加工缺陷,研究加工缺陷对自组织行为的影响。结果表明,圆管的表面缺陷处引起应力集中,是剪切带优先形核的位置。Lovinger[85]利用电磁的厚壁筒外爆压缩实验研究了304不锈钢的剪切局域化问题，实验中发现，剪切带在扩展过程都是沿着与半径45°方向顺时针方向，而模拟的结果与实验不一致(图2-141(c))，模拟中剪切带沿着与半径45°方向顺时针和135°方向逆时针两个方向扩展，模拟结果见图2-141(d)。Lovinger认为是动态变形过程中扰动源的影响，模拟过程没有考虑扰动源。因此，剪切带扩展过程中没有出现择优趋势，几乎对称分布，与作者和Lovinger前面工作的模拟结果很相似。作者认为是圆管本身的表面粗糙度，以及圆管材料内部微观组织均匀性会影响剪切带形核和扩展。减少圆管的表面缺陷和材料内部结构的非均匀性产生的优先形核，以及减少剪切带扩展过程的扰动，实验结果才会更理想地接近模拟结果。

为了定量地表达不同有效应变剪切带自组织结构特征，在100~400倍的显微镜下对试样中各个截面的剪切带情况进行了统计，按照图2-133所示方法测量出剪切带的长度和剪切带间距，剪切带的间距按顺时针方向和逆时针方向分开测量计算，统计的数据列在表2-20中。剪切带的长度在1.91~7.97mm之间变化，最大剪切带长度几乎达到镁合金圆管外边界。剪切带的平均长度在所选的4个有效应变下，平均长度波动范围不大，在4.88~5.78mm之间变化。

表2-20　不同有效应变下截面剪切带间距统计结果

试样	间距L_{cc}/mm（逆时针）	间距L_c/mm（顺时针）	数量N_{cc}（逆时针）	数量N_c（逆时针）	平均长度L/mm
$\varepsilon_{ef}=0.57$	0.56	0.77	17	14	5.78
$\varepsilon_{ef}=0.72$	0.66	0.70	18	15	5.43
$\varepsilon_{ef}=0.82$	0.65	0.73	19	22	5.18
$\varepsilon_{ef}=0.88$	0.64	0.59	19	21	4.88

② 剪切带间距实验数据与理论模型对比。剪切带的间距能够很好地反映自组织结构特征。Grady-Kipp[50]认为，多条剪切带的分布可由一维扩散理论来解释，并假设成熟剪切带中的剪切应力近似为0，G-K模型间距L_{GK}由式(2-70)表征。

根据一维扩散理论的原理，G-K模型适用于预测成熟剪切带之间的间距。Wright-Ockendon[52]认为，增长最快的摄动波长与剪切带的最小间距一致，利用小摄动原理推导了预测短小剪切带间距的一维模型。W-O模型的间距L_{WO}可由式(2-72)表征。

Molinari[53]在本构方程中添加应变强化项，修正了W-O模型，M模型的间距L_M由式(2-73)表达。

W-O和M模型是基于小摄动的方法，适用于预测剪切带早期阶段的间距。

式(2-70)、式(2-72)、式(2-73)中,α 为热软化系数,k 为热导率,c 为比热容,T_0 为参考温度(此处设为293K),$\tau_0=\sigma_0/2$ 静态下剪切屈服应力,$\dot{\gamma}_0$应变速率($\dot{\gamma}_0=2\dot{\varepsilon}=9.4\times10^4/\mathrm{s}$),$m$ 为应变速率敏感系数。代入表2-19中数据计算所得到3种模型剪切带的间距列在表2-21中。

表2-21 剪切带间距模型预测值

间距模型	间距/mm
L_{GK}	2.63
L_{WO}	0.39
L_{MO}	0.26

实验中所获得的剪切带间距值列在表2-20中,不同应变下,顺时针旋向和逆时针旋向的剪切带间距都已单独计算出来,间距范围值波动不大,剪切带的间距范围为0.56~0.77μm,应变的不同对剪切带间距的影响不大,这说明了在所选的有效应变下剪切带的基本稳态分布。从表2-21中数据可以看出,基于摄动分析的W-O模型和M-O模型预测的间距值分别为0.39μm和0.26μm,几乎是实验结果的一半,但是和实验数据在相同数量级,更为接近。而G-K模型预测剪切带间距值为2.63μm,与实验数据相差较大,G-K模型是基于一维扩散用来预测成熟剪切带之间的间距,没有考虑剪切带初始形核的扰动因素。作者[62]在研究7075铝合金自组织行为时,通过模拟和实验比较,认为这种一维模型仅在ASB均匀形核的条件下才能取得较好的预测效果。通过本实验前面陈述剪切带扩展过程无择优趋势,说明了本实验中圆管材料内部的均匀性,假定适合均匀形核的条件。W-O和M-O模型是基于小摄动的方法,实验数据与这种方法获得的预测值更为接近,考虑初始形核的小扰动对剪切带间距起决定性作用,同时不能忽略剪切带扩展过程中的相互影响。

综上所述,可得以下结论。

ZK60镁合金圆管在厚壁筒外爆压缩实验中,ASB首先在圆管内壁生成。多条剪切带在扩展过程中是一个相互竞争的过程,它们之间存在合并、分叉现象,析出相会影响剪切带的扩展。剪切带沿着与半径45°方向顺时针和135°方向逆时针两个方向向外扩展,顺时针方向和逆时针方向的剪切带数量相差不大,几乎对称分布在试样截面,两种旋向的剪切带并没有出现择优选择。这主要是圆管本身的表面精度高以及圆管材料内部微观组织均匀性。剪切带的宽度随着有效应变的增大有增大的趋势,在有效应变为0.57~0.88的范围内,剪切带的宽度变化值为3.83~9.87μm,最大宽度几乎为最小宽度的2.5倍。剪切应力在动态变形中的不确定性,理论预测中所取的参考值与有效应变0.88下的剪切应力值更为接近，因此，有效应变为0.88时所获得的剪切带平均宽度与理论预测值更为接近。

剪切带的间距能很好地反映剪切带的分布特征，从实验获得不同应变下剪切带间距范围0.55~0.77μm，间距波动范围不大，这是由于在此应变速率下，所选择的不同应变下剪切带都已发展成熟，几乎形成稳态分布。通过实验值与现有间距模型进行比较，G－K模型预测剪切带间距值为2.63μm，与实验数据相差较大。用小摄动理论一维扩散模型获得的预测值近似是实验结果的一半，但是和实验数据在相同数量级。因此，初始形核的小扰动对剪切带间距起决定性作用，但也不能忽略剪切带扩展过程中的相互影响。

2.5 展望

材料的绝热剪切现象普遍存在，尤其在军事领域中，其发生频度更高，研究绝热剪切行为无疑具有重大的理论和工程实际意义。绝热剪切损伤断裂是一个多学科如材料科学、冲击动力学、损伤/破坏力学、计算机技术、数值分析、实验技术及现代科学理论（如自组织理论）等相互融汇的研究领域，人们对它的认识也必然随科学技术的发展而与时俱进。

纵观国内外的相关研究的历史与现状，作者提出以下问题与展望。

（1）绝热剪切形变热—力学参量的数值及其演变。绝热剪切形变过程中的热—力学参量演变的定量观测与计算，是揭示绝热剪切失效及与其相随的材料介微观结构演变机制、构建绝热剪切本构失稳模型等的关键前提。然而，由于绝热剪切过程是在约10^{-5}s的瞬间完成的、绝热剪切又是局限于μm量级的狭窄空间内，至今仍缺乏有效的实验技术在线直接观测ASB内复杂的热—力学参量演变历程，如何准确测量、计算ASB内的热—力学参量一直是困扰材料学家和力学家的难题，由于认识的模糊性以及缺乏量化数据，构成了深入研究绝热剪切相关问题的瓶颈。

（2）绝热剪切本构行为。在绝热剪切本构行为——热黏塑性本构关系的研究方面，也远没有达到很完善的程度。例如Johnson－Cook本构模型就是试图采用相对简单的形式，来表达复杂的材料本构关系；Zerilli－Armstrong模型虽然也考虑到了晶体结构的区别，而提供了适应fcc、bcc、hcp晶体结构的本构关系的表达式，然而它们都没有将变形过程中的微观组织变化考虑进去。可以说，目前的关于热黏塑性本构关系的模型很大程度上就是对实验数据的数值拟合，而并非更多地依赖于金属变形本质。由于这种现状，使得现有本构模型只在一个较窄的范围内有意义，还不能完全达到代替实验进行预报的程度。发展包含微观组织演变的材料热黏塑性动态本构方程，达到宏观与微观的耦合；以及如何描述以 ASB 为损伤基元的损伤状态、考察绝热剪切带细观损伤的演化律及其导致的损伤弱化效应，构建计及绝热剪切损伤演化的率型（应变速率相关亦即动态）本构关系并实验验证等是亟需解决的问题。

（3）ASB 内部微结构演化：在 ASB 内部组织结构的研究方面。

① 继续深入研究 ASB 内部精细结构和微观晶体取向，廓清 ASB 内微观结构/织构的演化规律；构建新的理论模型阐释 ASB 内微观结构/织构演化中的动力学（时间相关性），ASB 内晶粒瞬间急剧细化的微观机理。

② ASB 内的相变。马氏体型合金的剪切带内的马氏体相变机制，尤其是时效型合金剪切带内的第二相的瞬间溶解或者析出的动力学、热力学的阐释等是需要继续深入探究的科学问题。

③ 建立材料动态响应过程中瞬时的力学参数与其微结构的直接对应关系，揭示动态局域化形变的演变过程的物理本质。

（4）绝热剪切数值模拟。目前的实验技术不能在线观测/记录局域化形变损伤这一瞬间历程，而传统有限元算法过分依赖网格，难以处理剪切带内含有大剪切变形、裂纹快速扩展等移动不连续边界问题，不能模拟再现绝热剪切形变损伤断裂瞬间全历程，因而对绝热剪切损伤断裂机制的认识目前还存在很大的模糊性。可探索基于区域离散的无网格有限元方法（MLPG），实现绝热剪切损伤断裂演变全过程的模拟再现。

（5）绝热剪切损伤破坏。亟待解决的问题有：结合 ASB 内复杂的热—力参量演变历史，阐释 ASB 内微裂纹/孔洞形核、长大、以不同的方式聚合形成裂纹、当某些微裂纹扩展为宏观裂纹时，材料剪切带最终沿着断裂的损伤演化机制；如何考虑剪切带间的相互作用、加载条件、材料参量等构建 ASB 间距/轨迹模型，以揭示 ASB 自组织行为的内在本质，并反映材料参量的影响规律，建立材料结构—ASB 自组织—绝热剪切断裂的相关性规律，并构建调控绝热剪切损伤断裂的材料学方法；大量离散的 ASB（细观损伤）的宏观累计效应的评估等。

参考文献

[1] Dodd B, Bai Y L. Adiabatic Shear Localization: Frontiers and Advances [M]. Amsterdam, Boston : Elsevier, 2012.

[2] Yang Y, Zhang X M, Li Q Y, et al. Localized superplastic behavior in α – Ti at high strain rate[J]. Scripta Metallurgica et Materialia, 1995, 33(2): 219 – 224.

[3] Hatherly M, Malin A S. Shear bands in deformed metals [J]. Scripta Metallurgica et Materialia, 1984, 18: 449.

[4] Mabuchi M, Higashi K, Okada Y, et al. Superplastic behavior at high strain rates in a particulate Si_3N_4 –

6061 aluminum composite[J]. Scripta Metallurgica et Materialia,1991,25:2003 - 2006.

[5] Qing L, Huang X. On deformation - induced continuous recrystallization in a superplastic Al - Li - Cu - Mg - Zr alloy[J]. Acta Metallurgica et Materialia. ,1992,40:1753.

[6] Ashby M F, Verrall R A. Diffusion - accommodated flow and superplasticity[J]. Acta Metallurgica et Materialia. ,1973,21:149.

[7] Olson G B, In Meyer M A, Murr L E et al. Shock Waves and High - Strain - Rate Deformation of Metals: Concept And Application[C], New York: Plenum Press, 1981:221.

[8] Yang Y, Jiang F, Yang M, et al. Electron backscatter diffraction analysis of strain distribution in adiabatic shear band and its nearby area in Ti - 3Al - 5Mo - 4 · 5V alloy[J]. Materials Science and Technology, 2012,28:165 - 170.

[9] Yang Y, Jiang F, Zhou B M, et al. Microstructural characterization and evolution mechanism of adiabatic shear band in a near beta - Ti alloy[J]. Materials Science and Engineering A, 2011,528:2787 - 2794.

[10] 杨平. 电子背散射衍射技术及其应用[M]. 北京:冶金工业出版社. 2007.

[11] Teng X, Wierzbicki T, Couque H. On the transition from adiabatic shear banding to fracture[J]. Mechanics of Materials, 2007,39(2):107 - 125.

[12] Ding R, Guo Z. Mrostructural modelling of dynamic recrystallisation using an extended cellular automaton approach[J]. Computational Materials Science, 2002,23(1 - 4):209 - 218.

[13] Nemat - Nasser S, Isaacs J B. Microstructure of high - strain, high - strain - rate deformed tantalum [J]. Acta Materialia, 1998,46:1307 - 1325.

[14] Meyers M A, Nesterenko V F. Shear localization in dynamic deformation of materials: microstructural evolution and self - organization[J]. Materials Science and Engineering A, 2001,317:204 - 225.

[15] Pérez - Prado M T, Hines J A, Vecchio K S. Microstructural evolution in adiabatic shear bands in Ta and Ta - W alloys[J]. Acta Materialia, 2001,49:2905 - 2917.

[16] Nemat - Nasser S, Isaacs J B. Microstructure of high - strain, high - strain - rate deformed tantalum [J]. Acta Materialia1998,46:1307 - 1325.

[17] Meyers M A, Xu Y B, Xue Q. Microstructural evolution in adiabatic shear localization in stainless steel [J]. Acta Materialia, 2003,51:1307 - 1325.

[18] Pérez - Prado M T, Hines J A, Vecchio K S. Microstructural evolution in adiabatic shear bands in Ta and Ta - W alloys[J]. Acta Materialia, 2001,49(15):2905 - 2917.

[19] Yang Y, Zhang X M, Li Z H, et al. Adiabatic shear band on the titanium side in the Ti/mild steel explosive cladding interface[J]. Acta Materialia, 1996,44(2):561.

[20] Liu Q, Hansen N. Geometrically necessary boundaries and incidental dislocation boundaries formed during cold deformation[J]. Scripta Metallurgica et Materialia, 1995,32(8):1289 - 1295.

[21] Xue Q, Meyers M A, Nesterenko V F. Self - organization of shear bands in titanium and Ti - 6Al - 4V alloy [J]. Acta Materialia, 2002,50(3):575 - 596.

[22] Hines J A, Vecchio K S. Recrystallization kinetics within adiabatic shear bands[J]. Acta Materialia, 1997, 45(2):635 - 649.

[23] Perez - Prado M T, Hines J A, Vecchio K S. Microstructural evolution in adiabatic shear bands in Ta and Ta - W alloys[J]. Acta Materialia, 2001,49(15):2905 - 2915.

[24] Derby B, et al. On dynamic recrystallisation[J]. Scripta Metallurgica et Materialia, 1987,21(6):879 - 884.

[25] Li J C. Possibility of Subgrain Rotation during Recrystallization[J]. Journal of Applied Physics,1962,33(10):2958 -2965.

[26] Doherty R D,Szpunar J A. Kinetics of sub - grain coalescence—A reconsideration of the theory[J]. Acta Metallurgica et Materialia,1984,32(10):1789 -1798.

[27] Humphreys F J,Hatherly M. Recrystallization and Related Annealing Phenomena[M]. Oxford:Pergamon Press,1995.

[28] Derby B. The dependence of grain size on stress during dynamic recrystallisation[J]. Acta Metallurgica et Materialia,1991,39(5):955 -962.

[29] Andrade U,Meyers M A,Vecchio K S. Dynamic recrystallization in high - strain,high - strain - rate plastic deformation of copper[J]. Acta Metallurgica et Materialia,1994,42(9):3183 -3195.

[30] Hines J A, Vecchio K S. A model for microstructure evolution in adiabatic shear bands [J]. Metall. Mater. Trans. A,1998,29(1):191 -203.

[31] Perez - Prado M T,Hines J A,et al. Microstructural evolution in adiabatic shear bands in Ta and Ta - W alloys[J]. Acta Materialia,2001,49:2905 -2915.

[32] Li D H,Yang Y,Xu T,et al. Observation of the microstructure in the adiabatic shear band of 7075 aluminum alloy[J],Materi Sci Eng A,2010,527:3529 -3535.

[33] Yang Y,Chen Y D,Jiang L H,et al. Study on the characteristics and thermal stability of nanostructures in adiabatic shear band of 2195 Al - Li alloy[J]. Applied Physics A,2015,121:1277 -1284.

[34] Andrade U,Meyers M A,Vecchio K S,et al. Dynamic recrystallization in high - strain,high - strain - rate plastic deformation of copper[J]. Acta Metallurgica et Materialia,1994,42:3183 -3195.

[35] Culver R S. Thermal Instability Strain in Dynamic Plastic Deformation,in Metallurgical Effects at High Strain Rates[M]. New York:Rohde R W,Butcher B M,Holland J R,eds. ,Plenum Press,1973:519 -30.

[36] Zhang J X,Guan X J,Chin J. Simulation of abnormal grain growth by Monte Carlo[J]. Nonferrous Metals,2006,16:1689 -1697.

[37] Wang B F,Yang Y. Microstructure Evolution in Adiabatic Shear Band in fine - grain - sized Ti - 3Al - 5Mo -4. 5V Alloy[J]. Materials Science and Engineering A,2008,473:306 -311.

[38] Yang Y,Luo S H,Hu H B,et al. Diffusive transformation at high strain rate:On instantaneous dissolution of precipitates in aluminum alloy during adiabatic shear deformation[J]. Journal of Materials Research,2016,31(9):1220 -1228.

[39] Jiang L H,Yang Y * ,Wang Z,et al. Microstructure evolution within adiabatic shear band in peak aged ZK60 magnesium alloy[J]. Materials Science and Engineering A,2018,711:317 -324.

[40] Murayama M,Horita Z,Hono K. Microstructure of two - phase Al - 1. 7 at% Cu alloy deformed by equal - channel angular pressing[J]. Acta Materialia,2001,49(1):21 -29.

[41] Ma F C,Lu W J,Qin J N. Microstructure evolution of near - α titanium alloys during thermomechanical processing[J]. Materials Science and Engineering A,2006,416:59 -65.

[42] Zhang H Y,Zhang S H,Cheng M. Deformation characteristics of δ phase in the delta - processed Inconel 718 alloy[J]. Mater. Charact. ,2010,61:49 -53.

[43] Wazzan A R,Dorn J E. Analysis of Enhanced Diffusivity in Nickel[J]. Journal of Applied Physics,1965,36:222 -228.

[44] Cohen M. Self - Diffusion during Plastic Deformation[J]. Transactions of the Japan Institute of Metals,

2007,11(5):271 -278.

[45] Ivanisenko Y,Lojkowski W,Valiev R Z,et al. The mechanism of formation of nanostructure and dissolution of cementite in a pearlitic steel during high pressure torsion[J]. Acta Materialia,2003,51:5555 -5570.

[46] Ruoff A L. Enhanced Diffusion during Plastic Deformation by Mechanical Diffusion[J]. Journal of Applied Physics,2004,38:3999 -4003.

[47] Dolgopolov N,Rodin A,Simanov A,et al. Cu diffusion along Al grain boundaries[J]. Materials Letters, 2008,62:4477 -4479.

[48] Okazaki K,Conrad H. Recrystallization and grain growth in titanium:I. characterization of the structure [J]. Metallurgical and Materials Transactions A,1972,3:2411 -2421.

[49] 吴彤. 自组织方法论研究[M]. 北京:清华大学出版社,2001.

[50] Grady D E,Kipp M E. The growth of unstable thermoplastic shear with application to steady - wave shock compression in solids[J]. Journal of the Mechanics and Physics of Solids,1987,35(1):95 -118.

[51] Grady D E. Shock deformation of brittle solids,J. Geophy. Res. ,1980,85:913 -924.

[52] Wright T W,Ockendon H. A scaling law for the effect of inertia on the formation of adiabatic shear bands [J]. Int J Plasticity,1996,12:927 -934.

[53] Molinari A. Collective behavior and spacing of adiabatic shear bands[J]. Journal of the Mechanics and Physics of Solids,1997,45(9):1551 -1575.

[54] Xue Q,Meyers M A,Nesterenko V F. Self - organization of shear bands in titanium and Ti -6Al -4V alloy [J]. Acta Materialia,2002,50:575 -596.

[55] Mott N E. Fragmentation of shell cases[J]. Proc. R. Soc. ,1947,189:300 -308.

[56] Wright T W,Walter J W. On stress collapse in adiabatic shear bands[J]. Journal of the Mechanics and Physics of Solids,1987,35:701 -720.

[57] Marchand A,Duffy J. An experimental study of the formation of adiabatic shear bands in a structural steel [J]. Journal of the Mechanics and Physics of Solids,1988,36:251.

[58] Clinfton R J. Report to the NRC Committee on Material Responses to Ultrasonic Loading Rate[R],1978.

[59] Nesterenko V F,Meyers M A,Wright T W. Self - organization in the initiation of adiabatic shear bands [J]. Acta Materialia,1998,46(1):327 -340.

[60] Meyers M A,Wang S L. An improved method for shock consolidation of powders[J]. Acta Metallurgica et Materialia,1988,36:925.

[61] Yang Y,Li D H,Zheng H G,et al. Self - organization behaviors of shear bands in 7075 T73 and annealed aluminum alloy[J]. Materials Science and Engineering A,2009,527:344 -354.

[62] Yang Y,Zeng Y,Gao Z W. Numerical and experimental studies of self - organization of shear bands in 7075 aluminium alloy[J]. Materials Science and Engineering A,2008,496:291 -302.

[63] Yang Y,Jiang L H. Self - organization of adiabatic shear bands in ZK60 Magnesium alloy[J],Materials Science and Engineering A,2016,655:321 -330.

[64] Yang Y,Zheng H G,Shi Z J,et al. Effect of orientation on self - organization of shear bands in 7075 aluminum alloy[J]. Materials Science and Engineering A,2011,528:2446 -2453.

[65] Yang Y,Zheng H G,Zhao Z D,et al. Effect of phase composition on self - organization of shear bands in Ti -1300 titanium alloy[J]. Materials Science and Engineering A,2011,528:7506 -7513.

[66] Yang Y,Li X M,Chen S W,et al. Effects of pre - notches on the self - organization behaviors of shear bands

in aluminum alloy[J]. Materials Science and Engineering A,2010,527(20):5084 - 5091.

[67] Martineau R L, Anderson C A. Expansion of cylindrical shells subjected to internal explosive detonations [J]. Experimental Mechanics,2000,40(2):219 - 225.

[68] Wang B F,Yang Y,Adiabatic shear bands in the α - titanium tube under external explosive loading [J]. Journal of Materials Science,2007,42:8101 - 8105.

[69] Nesterenko V F, Meyers M A, LaSalvia J C, et al. Shear localization and recrystallization in high - strain, high - strain - rate deformation of tantalum[J]. Materials Science and Engineering A,1997,229(1 - 2): 23 - 41.

[70] 汤铁钢,胡海波．外部爆轰加载过程中金属圆管断裂实验研究[J]．爆炸与冲击,2002,22(4): 333 - 337.

[71] Guduru P R,Rosakis A J,Ravichandran G. Dynamic shear bands:an investigation using high speed optical and infrared diagnostics[J]. Mechanics of Materials,2001,33(7):371 - 402.

[72] Yang Y,Wang B F,Xiong J,et al. Adiabatic Shear Bands on the Titanium Side in theTitanium/Mild Steel Explosive Cladding Interface:Experiments,Numerical Simulation,and Microstructure Evolution [J]. Metallurgical and Materials Transactions A,2006,37(10):3131 - 3137.

[73] 邵丙璜,张凯．爆炸焊接原理及其工程应用[M]．大连:大连工学院出版社,1987.

[74] 孙业斌．爆炸作用与装药设计[M]．北京:国防工业出版社,1987.

[75] Halit S T,Roland E L,Paul R D,et al. On the mechanical behaviour of AA 7075 - T6 during cyclic loading [J]. International Journal of Fatigue,2003,25:267 - 281.

[76] Lee W S, Sue W C, Lin C F, et al. The strain rate and temperature dependence of the dynamic impact properties of 7075 aluminum alloy [J]. Journal of Materials Processing Technology,2000,100(1 - 3): 116 - 122.

[77] Xue Q, Nesterenko V F, Meyers M A. Evaluation of the collapsing thick - walled cylinder technique for shear - band spacing[J]. International Journal of Impact Engineering,2003,28(3):257 - 280.

[78] Zervos A,Papanastasiou P,Vardoulakis I. Modelling of localisation and scale effect in thick - walled cylinders with gradient elastoplasticity[J]. International Journal of Solids and Structures,2001,38:5081 - 5095.

[79] 时党勇,李裕春,张胜民．基于 ANSYS/LS - DYNA 8. 1 进行显式动力分析[M]．北京:清华大学出版社,2005.

[80] Livermore Software Technology Corporation. LS - DYNA Keyword user's Manual[M]. California:Nonlinear Dynamic Analysis of Structure,2003.

[81] Mercier S,Molinari A. Steady - State shear band propagation under dynamic conditions[J]. Journal of the Mechanics and Physics of Solids,1998,46(8):1463 - 1495.

[82] Grady D E. Dissipation in adiabatic shear bands[J]. Mech. Mater. ,1994,17(2 - 3):289 - 293.

[83] Yang Y,Tan G Y,Chen P Xet al. Effects of different aging statuses and strain rate on the adiabatic shear susceptibility of 2195 aluminum - lithium alloy[J]. Materials Science and Engineering A,2012,546:279 - 283.

[84] Liu M T,Li Y C,Hu H B,et al. A numerical model for adiabatic shear bands with application to a thick - walled cylinder in 304 stainless steel[J]. Modelling and Simulation in Materials Science and Engineering, 2013,22(1):5005.

[85] Lovinger Z,Rikanati A,Rosenberg Z,et al. Electro - magnetic collapse of thick - walled cylinders to investigate spontaneous shear localization[J]. International Journal of Impact Engineering,2011,38 :918 - 929.

第3章　金属层裂

3.1　绪论

3.1.1　基本概念

层裂(又称动态拉伸断裂)是一种典型的材料动态失效模式,它是由两个卸载波(稀疏波)相遇产生的拉伸应力使得材料发生动态断裂的破坏过程。

层裂问题是冲击工程、防御工程的重要研究课题,涉及材料的动态本构关系及断裂特性。通常采用平面冲击波致层裂实验,使一飞板以一定的速度冲击靶板,从飞板-靶板界面向飞板及靶板分别传入冲击波,这两个冲击波在飞板及靶板背面分别反射为稀疏波,当此两稀疏波在靶板中相互作用时,就可能在靶板中产生层裂。图3-1(a)所示为层裂的一般过程的示意图。图中左边为飞片,右边为靶板,在时间t_0时刻,飞片撞击了靶板,在飞片和靶板中各自同时产生一个冲击波,当冲击波到达飞片或者靶板的自由面时,都会被反射形成稀疏波。两束相向传播的稀疏波在靶板中相遇,产生拉伸应力,如拉伸应力峰值超过材料的断裂强度,经过一定的孕育时间,层裂将会发生,将发生层裂的起始区域标记为(x_0,t_0)。材料发生层裂后,新的内表面会改变后续波的传播使之成为压缩波,该压缩波居留在层裂片内,往返反射直至最后衰弱。

拉—压的$t-x$区域如图3-1(a)所示,在该图上假设弹性先驱波的幅值比总的脉冲幅度小。图3-1(b)给出了3个不同时刻的应力脉冲,而图3-1(c)给出了3个不同位置的应力情况,这些图给出了波形是如何变化的。图3-1(c)给出了t_1时刻在x_1、x_2和x_3位置的压缩脉冲和拉伸脉冲,它们相互作用后又分开。将发生层裂的起始区域标记为(x_0,t_0)。层裂的形成依赖于反射拉伸脉冲的幅值和持续时间。如果该拉伸脉冲的幅值足够大,就会产生层裂。层裂的形成也会在层裂面上产生稀疏波,并改变后续脉冲的波形。从图3-1(a)可见,层裂的产生有一个孕育期,当层裂发生时,从新产生的自由面上会发出稀疏波并使拉伸应力减小。

如果飞片和靶板材料相同,则从靶材自由面到层裂位置的距离约等于飞片的厚度,从图中波的相互作用可以看到。图3-1(a)中飞片厚度为δ_1,波在飞片中波传播的时间(压缩波和拉伸反射波)决定了靶板中压缩波的持续时间,而压缩波的持续时间决定了层裂片的厚度。

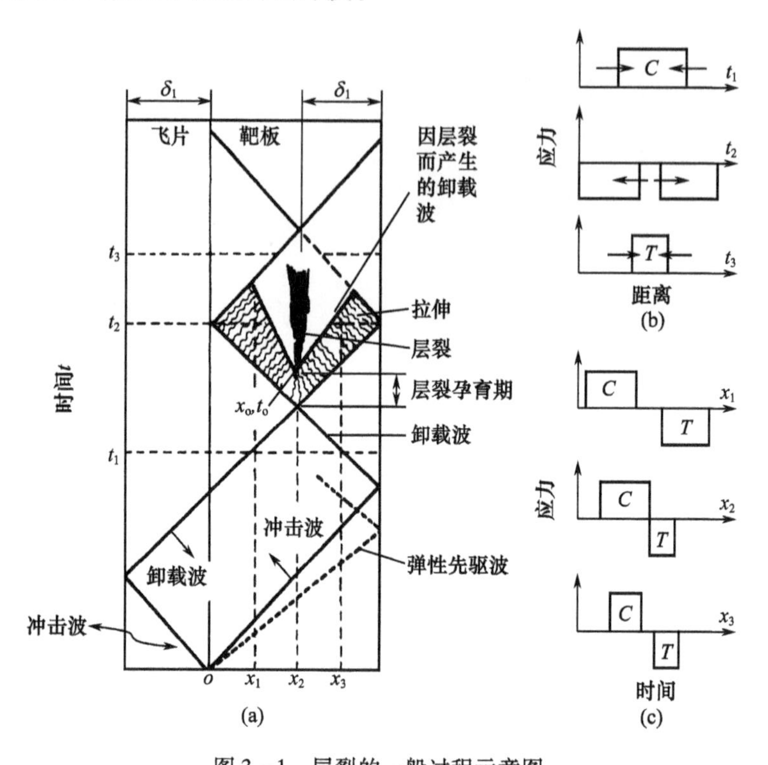

图 3-1 层裂的一般过程示意图

(a)碰撞和层裂后在靶和飞片中波传播的距离—时间图;(b)在时刻 t_1、t_2 和 t_3 时刻的应力波形;(c)在 x_1、x_2 和 x_3 位置的应力历史。

层裂是一个涉及从微观、细观到宏观的多尺度瞬变动力学过程——起始于原子层次上点阵缺陷的形成、位错运动促成微孔洞的形核,随后进入细观层次上微孔洞的长大和贯通,最后在宏观层次上形成断裂;也是一个涉及冲击动力学、损失断裂力学、材料科学等多学科的课题,对学术界具有极强的诱惑力和巨大的挑战性。层裂与材料的动态卸载行为密切相关,是在冲击波的作用下,由于样品中相向而行的稀疏波相遇时相互作用产生拉伸应力,拉伸应力使材料内部发生了微损伤(延性金属中以微孔洞为主)的形核(nucleation)、长大(growth)、贯通(coalescence)及最后导致灾变式断裂的过程,如图 3-2 所示。延性金属层裂问题在高速碰撞、爆炸、航空航天器、装甲、高速轨道运输工具的防护等相关领域中有非常重要的应用背景,因此开展其研究具有重要的科学意义和工程应用价值。

层裂现象的发现始于 20 世纪初,Hopkinson(HopkinsonB. Phil. Trans. Roy. Soc.,

1914)首先注意到,当把一块硝化棉炸药放在低碳钢钢板上爆炸时,会在其后表面“抛出”层裂片,但受到普遍关注则是第二次世界大战后军事工业的迅猛发展与高端军事工程设计的急迫需求。Meyers 等[1]曾对 1983 年以前关于层裂破坏的主要研究结果进行了比较系统的总结和评述;Davison 等[2]以及 Curran 等[3]对层裂研究领域的各种加载技术、测量诊断以及实验结果的分析作了全面的评述;Antoun[4]对层裂的研究历史和现状作了权威性的评论;Williams[5]介绍了最新的研究成果和进展。作者[6-12]近期探讨了晶界(一般大角度晶界和特殊晶界)、相界面等对金属材料层裂行为的影响规律与机制。总体来说,层裂问题目前还主要是得到了力学工作者的高度关注,而没有得到材料科学工作者应有的重视。迄今国内外对层裂的研究普遍侧重于力学分析和数值模拟,而相关的材料科学的观照与解读严重缺失。

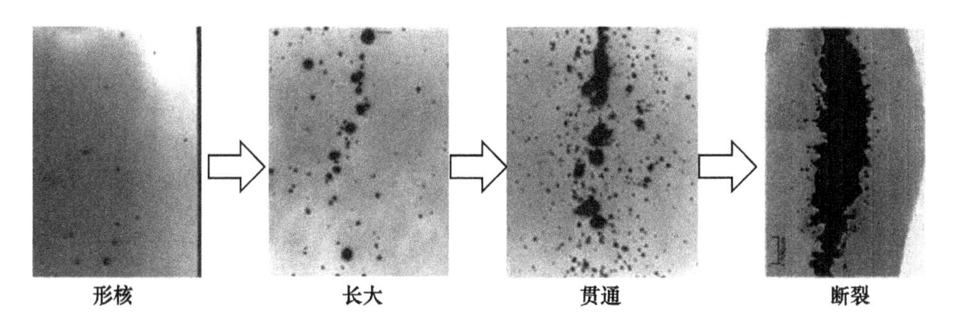

图 3-2　层裂过程

3.1.2　影响材料层裂的因素

随着层裂研究的推进,材料的化学成分、组织结构以及加载方式对材料抗断裂能力的影响已成为目前层裂研究领域的热点。

在层裂的研究历史中,学者对材料的种类、加载方式及组织结构对层裂行为进行了研究,并发现这些对层裂行为都有一定的影响。在层裂损伤的演化过程中,微孔洞的成核是层裂损伤演化发展过程的初始阶段,研究不同因素对微孔洞的形核位置的影响显得尤为重要。以往的研究表明,在延性金属材料中,微孔洞一般主要形核于第二相粒子、杂质、晶界处,这些形核点起源于材料固有的微观结构不均匀性,这些不均匀的微观结构,在应力作用下会产生应力集中,促成微孔洞的形核。为了排除了第二相颗粒、杂质的影响,使得相关的研究结论具有更明确的物理意义,常常选用高纯金属作为研究对象。

1. 加载方式的影响

层裂实验常用的加载方式有轻气炮平板撞击加载、激光烧蚀加载、炸药接触爆轰加载等,如图3-3所示。不同加载方式下,可以得到不同波形和波长的冲击波,导致不同的层裂响应。例如,平板撞击加载产生的通常是方波,而炸药接触爆轰加载产生的则是三角波。平板撞击产生的冲击波持续时间通常为几微秒,而激光烧蚀加载产生的冲击波持续时间则只有几十纳秒。不同加载方式在材料中产生的层裂现象也不完全相同。Gray[13]最近对Ta试样进行的高爆炸药驱动的加载实验表明,该条件下Ta试样的层裂强度比一维加载条件下的层裂强度低,并且加工硬化程度随倾斜度的增加而增加。Jarmakani等[14]的实验发现,激光载荷条件下钒试样的层裂强度比气炮平板撞击实验得到的层裂强度大很多。

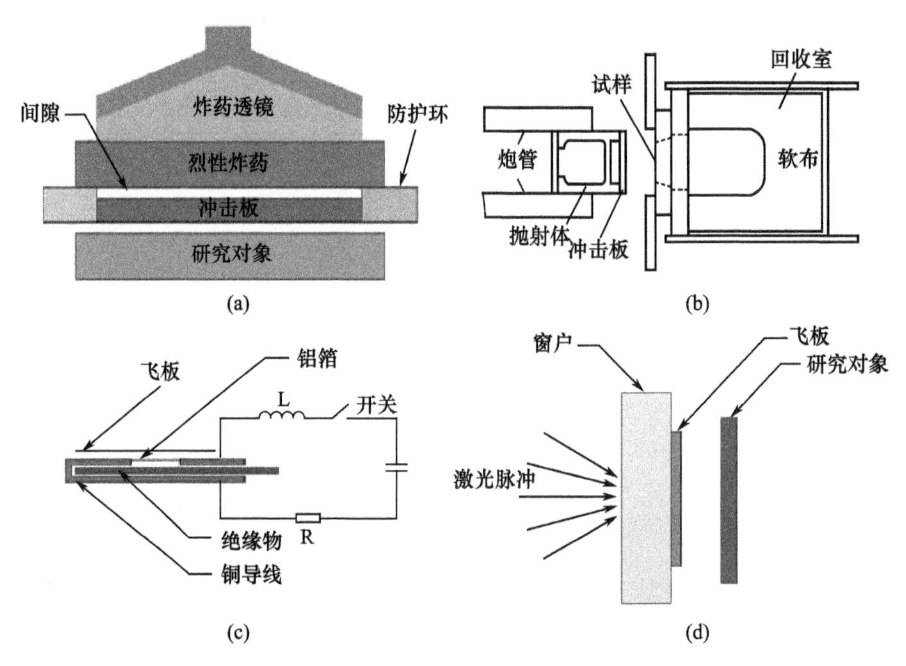

图3-3　层裂实验装置

(a)炸药驱动;(b)轻气炮驱动;(c)电爆炸驱动;(d)激光驱动。

Sencer等[15]研究了不同波形冲击波加载下铜和不锈钢的动态响应,发现6.6GPa的峰值冲击条件不足以导致铜产生变形孪晶,而不锈钢则有大量的孪晶;不同波形冲击后层裂强度均得到提高,然而三角波冲击后的层裂强度比矩形波高,三角波冲击后试样中出现的位错胞不均匀且较大,而矩形波冲击后的试样位错胞较为均匀,这与不同波形冲击波在峰值应力下所持续的时间长短有关。Koller等[16]研究了不同冲击波波形下铜的层裂行为,在3GPa下不同波形下出现的损伤程度差异大,三角波的层裂损伤明显比矩形波轻,但是沿冲击方向,孔洞分布范围比方波宽。作者等[6]利用滑移爆轰加载，对平板铜的层裂特性进行了研究，发现试样层裂面除了出现一定的二次损伤外，层裂面相对平板冲击更为“整齐”，孔洞分布更集中，部分层裂面由于边界稀疏波作用而出现分叉现象，同时在平板边沿受边界稀疏波的影响，在边缘出现垂直于主体层裂面的分叉，这些都与平板冲击下得到的层裂面无明显区别。Luo[17]利用分子动力学模拟研究了方波和 Taylor 波（三角波）加载条件下单晶铜的层裂行为，发现相同的冲击速度下，不同波形下铜的层裂强度不一致，且 Taylor 波作用下层裂强度大于方波；同时自由面峰值速度相等时，不同冲击波波形下得到的层裂强度不变，但方波作用下得到的层裂损伤高于 Taylor 波加载试样，这与 Koller 的实验结果一致。

2. 材料种类的影响

不同的材料种类可以通过几种不同的方式影响冲击波载荷下材料的层裂行为。首先，材料种类不同，其物理性能及力学性能也有很大差异，导致层裂行为差异很大，如纯铜和铸铁的层裂强度明显不同。其次，纯金属和合金的成分不同，合金化技术可以改变材料的密度、强度、断裂韧性、塑性等性能，这些性能都会影响波传播和层裂。在动态冲击过程中，冲击波在材料内部传播受密度、塑性等影响，这些都会影响到冲击波在材料内部的传播速度和能量衰减，从而影响到层裂损伤行为；同时，由于在层裂形核过程中，形核点都为塑性变形过程中的应力集中点，于是材料内部存在的第二相粒子、杂质等与材料基体的力学性能差异加大，在层裂过程中就更容易出现微孔洞形核，合金相对纯金属而言，其内部除了有晶界等缺陷外，合金中的第二相、内部成分不均等都是层裂损伤的潜在形核点，这些都为层裂微孔洞形核提供了更多的机会。再次，材料的种类不同，有的存在固态相变（如同素异构转变），多相的基体结构以及冲击相变的发生都会由于不同相之间能量吸收特征差异而产生复杂的相互作用，影响冲击波的传播进而影响材料中的层裂行为。

图 3-4 是纯铝和工业纯铁的初始层裂的金相图，其中纯铝损伤区域的孔洞为椭球形。而工业纯铁损伤区域的层裂损伤表现为“之”字形的裂纹，原因就在于铁在一定的临界压力（13GPa）下，发生了 bcc（α）相转变成 hcp（ε）相或转变成 fcc（γ）相的冲击相变所致。Pedrazas 等[18]对高纯铝、工业纯铝、Al-3Mg 的研究表明，晶粒取向对高纯铝的层裂并没有明显的影响，而层裂的微孔洞损伤最先形核在金属间化合物粒子处，这导致了工业纯铝的层裂强度低于高纯铝；晶粒尺寸影响 Al-3Mg 材料的断裂特征，但对层裂强度没有明显的影响；韧性穿晶断裂与脆性晶间断裂之比随着晶粒尺寸的增加而变大。Escobedo 等[19]研究了钽和纯铜在冲击载荷下的失效行为，结果表明，在铜的层裂早期阶段，孔洞在一

般晶界或大角度晶界上产生，与晶粒尺寸无关；而在钽试样中，尽管有些孔洞沿着晶界长大，随着晶粒长大，穿晶损伤也越来越多，孔洞遵循沿着接近于拉伸方向的路径上形核。Millett 等[20]研究了一维冲击载荷下铌和钼的层裂现象发现，尽管两种金属的弹性极限类似，它们的响应特征却不相同：铌试样的自由面速度—时间曲线上塑性回跳的时间长，变形以位错的产生和移动为主，层裂强度高，塑性较大，而钼得到的结果则相反。Wielewski[21]在 Ti－6Al－4V 钛合金的层裂过程中发现，不同冲击应变速率下，其层裂强度不变，钛合金的层裂起源于基体 α 相中软－硬晶粒交接的晶界中，且贯穿发生在高度集中的塑性连接带或者剪切带，这与 α 相中的取向有关。Chen 等[22]对不同晶粒大小 6061 铝、1060 工业纯铝和不同取向的单晶铝的层裂响应研究发现，回跳速度受材料、冲击应力等的影响，同时不同的材料微结构对自由面的速度曲线的形状在较低冲击应力下影响大，同时在较低应力下，层裂强度值与晶粒尺寸有关。这些工作都表明材料种类影响层裂行为。

图 3－4　不同材料层裂试样金相图

（a）纯铝层裂试样金相图；（b）工业纯铁层裂试样金相图。

3. 材料微结构的影响

随着层裂行为研究的不断深入，发现相同材料的不同微观结构的变化（如晶粒尺寸、晶界、晶粒取向等）对层裂行为有着重要的影响。

早期，Christy[23]等研究了不同铜样品的晶粒尺寸（250μm、90μm、20μm）等对铜层裂损伤的影响，结果表明，在大晶粒试样中，微孔洞的形核点更倾向于集中在晶界处，对于小晶粒试样，层裂形核点集中在晶粒内部，这一结论与后期的研究结果有差异，同时对比后期的实验发现，差异的原因在于未考虑试样纯度对实验结论产生的影响。

Escobedo[24]研究了相同冲击应力下不同晶粒尺寸（30μm、60μm、100μm、200μm）高纯铜的初期层裂行为，结果表明，层裂强度不随晶粒尺寸的不同而改变,不同晶粒大小影响着自由面速度曲线的第二个峰值前的速度增长率,损伤度在晶粒尺寸大于 30μm 情况下随着晶粒尺寸增大损伤度也相应变大,这个结论与损伤度与晶粒尺寸的关系相一致,在 30μm 和 200μm 晶粒大小试样中,层裂行为主要为孔洞的聚集贯通长大,EBSD 观测发现,孔洞形核点与晶粒取向无关,且形核点在一般大角度晶界,而特殊晶界等对孔洞形核有阻滞作用。Escobedo 等[25]的研究表明,晶粒取向与冲击载荷的角度可以影响晶间损伤,此外应变不协调和不能推动二次位错传播或激活二次位错滑移穿越晶界,可能是晶间失效的原因。高泰勒因子的晶粒比低泰勒因子的晶粒损伤更小。

Furnish 等[26]的研究表明,孔洞的形核位置与钽最初的晶粒尺寸有关,晶粒尺寸为 20μm 的试样比 40μm 的有更宽的孔洞分布区域,原因可能是小晶粒尺寸能提供更大的孔洞形核和长大区域,孔洞的平均尺寸与加载脉冲的持续时间成比例;相对于高应力状态下,低应力状态时微结构对层裂行为的影响更加明显;不同晶粒尺寸的钽试样的平均层裂强度都接近于 6GPa,晶粒取向、尺寸、织构的不同对平均层裂强度并没有太大影响。Fensin 等[27]利用平板撞击实验研究了多晶铜试样中孔洞形核与所在晶界和载荷方向之间的角度影响,结果表明,垂直载荷方向的晶界比平行载荷方向的晶界更容易形核;分子动力学模拟的结果显示,在冲击压缩过程中,晶界所发生的塑性变形随载荷与晶界面之间角度的改变而改变,塑性响应与晶界间的改变影响应力集中并最终影响孔洞形核;分子动力学模拟显示,垂直于载荷方向的晶界并没有发生太多的塑性变形;而平行于载荷方向的则出现了位错发射的现象;在垂直于载荷方向的晶界上缺乏塑性变形,会降低孔洞形核所需应力的临界值。

Peralta 等[28]发现晶粒尺寸 230μm 的高纯铜试样中,穿晶断裂占统治地位,微孔洞在晶界附近而不是准确的晶界位置形核。Brown 等[29]利用低冲击压力下(2 ~4GPa)激光驱动的平板撞击实验和三维数值模拟研究了局部微结构薄弱环节对多晶铜试样层裂损伤的影响,对损伤位置的分析显示,存在晶界影响区,晶界处发生的应变强烈影响该区域的局域化损伤,似乎是由于应变通过这些界面时不能保证兼容性以及晶界与冲击应力的方向影响造成了这一现象,应变兼容性在金属材料的晶间层裂损伤中扮演着非常重要的角色。Brown[30]对不同热处理状态的多晶铜的层裂行为发现,即使大角度晶界在总的晶界中不是主导地位,但是一般大角度晶界(HAGB)仍有利于孔洞形核,同时发现,在有大量退火孪晶的试样中出现有穿晶断裂,XRCT 分析表明,在晶间损伤的试样中,孔洞的形状多为盘状或片状,而穿晶断裂的孔洞形状多为球形;模拟和实验结果发现,沿着晶界的高泰勒因子(TF)差是大角晶界出现孔洞形核的原因,同时沿冲击方向,低 TF 晶粒促使孔洞长大方向垂直于晶界。

Luo 等[31]利用分子动力学模拟对理想六边形柱状纳米晶铜的冲击响应进行了研究，结果表明，由于晶界的弱化效应及应力和剪切集中，晶界是晶粒塑性流动和空洞形核的位置；横向加载时，应力梯度导致晶界滑移。纵向加载时产生的流变应力和塑性流动最小而得到的层裂强度最高；孔洞在剪切变形最大的区域形核，横向加载时，层裂只发生在晶界，而纵向加载时层裂扩展到晶内；横向加载时晶体塑性流动能促进孔洞初期阶段的形核长大，但是孔洞长大后期阶段以晶界的分开为主。

Wayne 等[32]对纯铜试样的层裂损伤表明，终止孪晶和取向差在 25° ~ 30°内的晶界是沿晶损伤的优先形核处。Lin 等[33]发现冲击载荷方向平行于[100]方向时，空位缺陷对冲击 Hugoniot 曲线 $u_s - u_p$关系的影响可以忽略，但在增加层裂损伤上起着重要作用；而冲击方向平行于[111]和[110]方向时，大幅减小了层裂损伤。Wayne[32]等利用连续切片技术和 EBSD 对不同晶界取向差对孔洞的影响做了统计研究，发现孔洞在一般大角度晶界(25° ~ 50°)和终止孪晶界是孔洞的优先形核点，一般大角度晶界由于具有较大的晶界能，使得晶界具有较低的界面强度。同时，大角度晶界性能不协调，使得容易导致应力集中，而终止孪晶界由于晶界能也较高，使得这些晶界成为孔洞的优先形核点。Peralta[28]证实终止孪晶处为优先形核点，同时晶界和晶界的三叉点也是容易形核点。为了避免微观结构对试样层裂行为的影响，晶粒尺寸(150 ~ 1000μm)都较大。在晶粒尺寸为 230μm 的试样中，层裂损伤主要表现为穿晶损伤，孔洞在晶界附近形核；而在 150μm 晶粒尺寸的试样中，沿晶损伤占主导地位，在更大的晶粒尺寸(450μm)试样中，上述两种层裂损伤模式都有。

3.1.3 层裂行为的诊断和测试分析技术

层裂行为的诊断和测试分为两类：一是在线测量层裂过程中试样内部应力的演变；二是对层裂的软回收试样进行检测，获得孔洞的形核、长大、贯通的相关信息。

定量测量冲击波载荷下材料的力学性能需要关联测量试样内部应力的演变，常采用的传感器有多普勒探针测量系统(Doppler Pins System, DPS)、激光速度干涉仪(Velocity Interferometer System for Reflector, VISAR)等，DPS 和 VISAR 这些测量冲击载荷下试样粒子速度历史的方法都是基于最基本的物理法则设计出来的，因此不需要依赖于传感器的校准。

利用各种冲击技术都可以获得层裂试样，为了避免二次损伤，在收集冲击试样时会对试样进行软回收，随后对获取的层裂软回收试样进行分析。近年来，动态损伤领域诊断技术迅速发展，电子背散射衍射技术、X 射线断层扫描技术等都是近期发展的实验诊断方法，为材料动态断裂问题的研究注入了新的活力。

1. 自由面粒子速度历史或界面速度剖面的连续测量

实验中，直接定量测量动态加载下的应力有些困难，而通过定量测量材料自由面粒子速度来推导冲击波载荷下试样内部应力的变化，则相对容易操作。在实验中，DPS、VISAR 等速度传感器是研究者们常用的测速装置。自由面粒子速度的测量是由自由面反射光的频移量的变化而得出被测物体的运动速度，由于光速可以看成无穷大，因此不需要传感器的校准而得到实时的自由面速度曲线。

自由面速度曲线的测试方式主要有两种，即 VISAR 和 DPS 技术。VISAR 和 DPS 都是基于光波多普勒效应建立的测速装置，是目前最主要的实时测试手段，广泛地用于冲击波领域。其中，VISAR 测速经过了多年的实践，测速技术成熟，在过去的层裂研究中，该技术广泛应用于直接对样品自由面速度随时间变化进行实时精确测量。DPS 测速技术相对于其他光学测量系统，采用全光纤结构，在确保实验精度的情况下，其设备体积更小，从而克服了传统光学系统干涉仪结构复杂的弊端，是新一代的测速技术。

1）激光干涉测速（VISAR）

在图 3－1 所示的层裂过程，如果采用 VISAR 技术在靶板的后自由面上测量自由面运动的速度历史，通常可以得到图 3－5 所示特征的自由面速度剖面，即冲击波到达靶板自由面的时刻（t_1），自由面速度突然增加达到加载平台值 u_{max}；当从飞片中传入的稀疏波穿越靶板到达后自由面时刻（t_2），自由面速度开始下降；当层裂发生后，由于后续稀疏波在层裂面被反射成为压缩波，自由面速度从最低点 u_{min} 又重新回跳（t_3）；此后居留压缩波在层裂片内部往复反射，在自由面速度剖面上形成周期性振荡。由此可以根据自由面速度剖面的回跳来判断材料内部是否层裂。

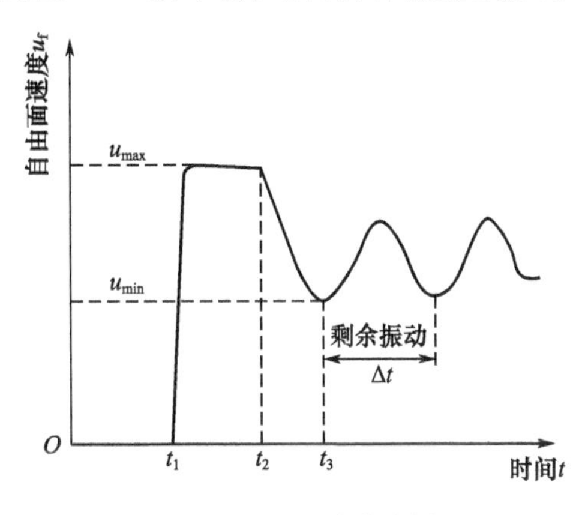

图 3－5　自由面速度曲线剖面

在一定的层裂模型假设下，从自由面速度回跳的幅值 Δu_f 可以计算材料的层裂强度；由后续波形振荡周期 Δt 可以计算层裂片厚度，即

$$\sigma_f = \frac{1}{2}\rho_0 c_b \Delta u_f \tag{3-1}$$

$$\delta = \frac{1}{2} c_b \Delta t \tag{3-2}$$

式中：ρ_0为材料的初始密度；c_b 为体波声速；Δu_f 为自由面速度剖面的最大值与第一次反射时自由面速度最小值之差（见图 3－5，$\Delta u_f = u_{max} - u_{min}$）。

2）多普勒探针测速（DPS）技术

与 VISAR 一样，DPS 也是基于光波多普勒效应而建立的测速装置，是目前国内外动态加载实验中主要的实时测试手段之一。DPS 的发展是在传统光学 VISAR 多年研究的基础上，克服了传统光学系统的干涉仪结构复杂、体积庞大、需要专业人员调试、不易操作等缺点，通过光纤传播模式来代替激光干涉，采用多模光纤与单模光纤耦合—转换的独特方式来提高耦合效率，最终发展出多普勒探针全光纤激光干涉位移测量系统。DPS 相对于其他光学测量系统，采用全光纤结构，结构简单，系统体积小，抗振动性能强，不需要调试且有很高的可靠性。其测量系统如图 3－6 所示，激光器发出单频的激光（频率为 f_0），该激光在进入干涉仪后分成两束，其中一束激光传回光电转换器中，作为参考光；另一束激光进入 DPS 探头，并垂直照射在试样内表面，经过物体表面反射的激光由探头收集后传到光电转换器中，为信号光。若被测物体具有一定的速度，那么信号光的频率就会发生改变（频移），通过计算，就可以得到物体的实时速度。计算过程如下：当物体以速度 u 相对光纤探头运动时，导致物体表面反射光的频率发生改变。反射光的频率与入射光之间的频率之差（频移）为 Δf_d，设入射激光的波长为 λ，激光射到自由面的方向与自由面夹角为 θ，在实验研究中，θ 为 90°，则运动物体的速度 u 之间的关系为

$$\Delta f_d(t) = \frac{2u(t)\cos\theta}{\lambda} = \frac{2u(t)}{\lambda} \tag{3-3}$$

通过 DPS 干涉仪的转化，最终得到自由面速度曲线。

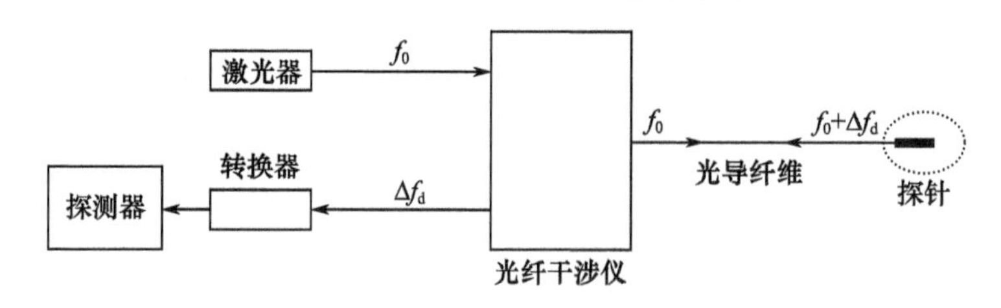

图 3－6　多普勒探针系统原理

2. 层裂面二维的细观和微观分析

软回收试样层裂面二维的细观和微观分析技术包括光学显微镜（OM）、扫描电镜（SEM）、透射电镜（TEM）等仪器及随后出现的电子背散射衍射（Electron

Backscattered Scattering Diffraction，EBSD）分析技术，通过这些分析手段，获取层裂损伤的分布情况以及孔洞的形核地点、长大和聚集贯通的方向等信息。在此，仅简要介绍目前得到广泛应用的 EBSD 技术。

EBSD 是基于扫描电镜中电子束在倾斜样品表面激发出并形成的衍射菊池带的分析，从而确定晶体结构取向即相关信息的方法，是一种用途广泛的检测技术，它可以用于材料科学、物理学、地质学及其他科学研究中，理论上它可以用于任何晶体材料。它能够提供单个晶粒取向、局部织构、点与点之间的取向关系以及平面多晶体表面上相的识别等。

EBSD 分析技术最简单应用就是通过软件采集数据后得到观测面的晶粒取向图，并利用软件处理数据获得不同晶粒间的取向差，并得到各种取向晶粒在样品观测面中的分布。通过取向差成像，可以简单地分析单晶的位向、塑性变形和完整性；多晶体的孪晶和再结晶，第二相和金属基体间位向关系，断裂面的结晶学分析，蠕变、偏聚和沉淀以及扩散和界面迁移等。要注意的是，取向差是相对而言的取向差值，是由 EBSD 原始数据中的取向及位置坐标数据计算出来的，但是，取向差分布与外界参考坐标系的选择与否不相关，即取向差只是一种相对的表达方式。

通过 SEM 采集到 EBSD 原始数据由 3 个欧拉角（φ_1、φ、φ_2）以及两个位置坐标（X、Y）组成，除了得到视觉化的取向差图，同时也导出了晶界重构图，在软件处理过程中，当数据包中相邻像素点间的取向差大于某一临界值，就会认定这个位置为晶界。一般情况下，对于多晶体中的大角度晶界，这一临界值通常是7°～15°。此外，也可以在晶界图中描绘出 1°～10°的小角度晶界。同时对于冲击后的试样，变形区由于大塑性变形，出现大量的亚晶粒而使得小角度晶界非常密集。通过对不同取向的晶界显示不同的颜色，可以清晰地观察到层裂损伤在不同晶界的分布。图 3－7 所示为层裂试样的取向图和晶界重构图。

本章的 EBSD 实验在附有 EBSD 附件的 Sirion－200 热厂发射 SEM 上进行测定，再利用 TSL－OIM 5 分析软件在二维的 OIM 图中重构出所有晶界的迹线，获得了试样层裂区域的取向图、晶界图、泰勒因子图等数据；另一部分 EBSD 实验在带有 EBSD 附件的型号为 HELIOS NanoLab 600i 的电子双束显微电镜上进行，所用的电压为 20kV，步长选择为 2μm；同时利用 HKL－Channe l. 5 软件对 EBSD 数据进行采集，得到的数据包在 OIM 分析软件上处理，得到扫描区域的取向图、晶界重构图、泰勒因子图等，并对晶界取向差和晶粒大小进行统计。

3. 三维分析技术

X 射线计算机断层扫描技术（X－Ray Compute Tomography，XRCT）是由 X

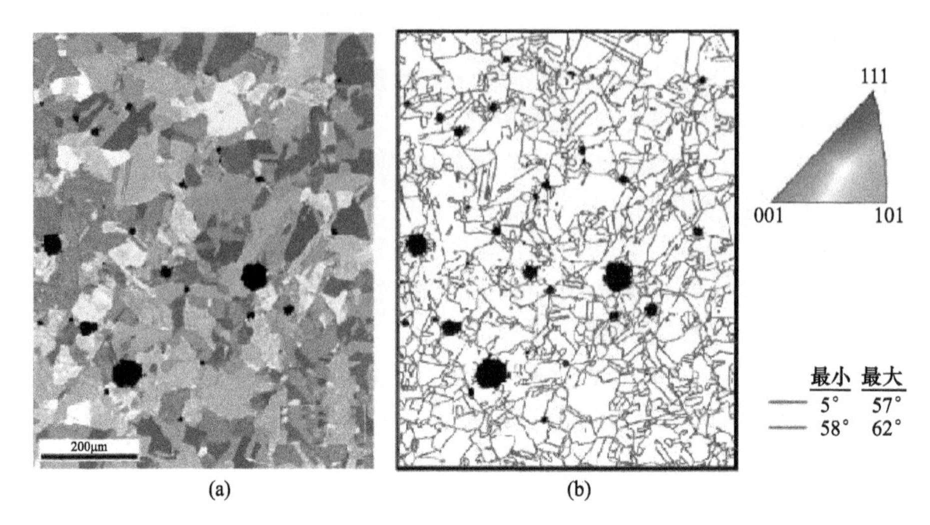

图3－7　层裂试样的EBSD数据

（a）层裂试样取向差；（b）晶界重构图。

射线透视技术发展起来的，利用高能X射线，穿透一定厚度的样品，通过CCD图像传感器捕捉到穿透的照片，不同的组织结构由于具有不同的透光率，使得试样得到照片的衬度不同，通过获得沿着单一轴向不同旋转角度试样的二维平面X射线穿透照片（图3－8），利用计算机对一系列照片进行CT重构和切片，最终转化为试样内部的三维图像。XRCT数据的处理包括数据采集、数据重构、数据的三维重建等步骤。该技术不需要对所测试样进行切片，就能得到其内部的三维图像，在生物、医学、材料等领域有着广泛的应用背景。

X射线源向样品发射X射线，定位在X射线源另一侧的探测器收集投射的X射线并产生切片数据，样品绕旋转轴旋转，获得不同角度的切片数据。获取的数据经过某种形式的处理完成重构，产生一系列横截面图像。重构后的数据再经过计算机软件进行三维重建。在材料科学研究过程中，一些实时损伤过程，如实时蠕变、拉伸、疲劳断裂，利用XRCT实验方法可以获得伴随着损伤演变过程中微结构以及孔洞、微裂纹等的演化过程，为实时地记录损伤的演化过程提供了很好的科研手段。XRCT技术也用于研究层裂软回收试样中微孔洞的分布情况，通过XRCT技术可以获得试样中微孔洞的三维重构图[34]、孔洞的数密度及分布[35]、孔洞的体密度（孔隙度）及分布[36]、孔洞等效半径及分布[37]、孔洞的形状（横纵比）分布[38]、孔洞间距等数据[39]，通过这些数据可以定量地研究不同条件下微孔洞的形核、长大、贯通演变机理。

作者进行的XRCT分析[6]在上海同步辐射光源（SSRF）的BL13W1线站上完成，以研究损伤的空间分布。垂直于板面方向取样，为保证试样被完全穿透，

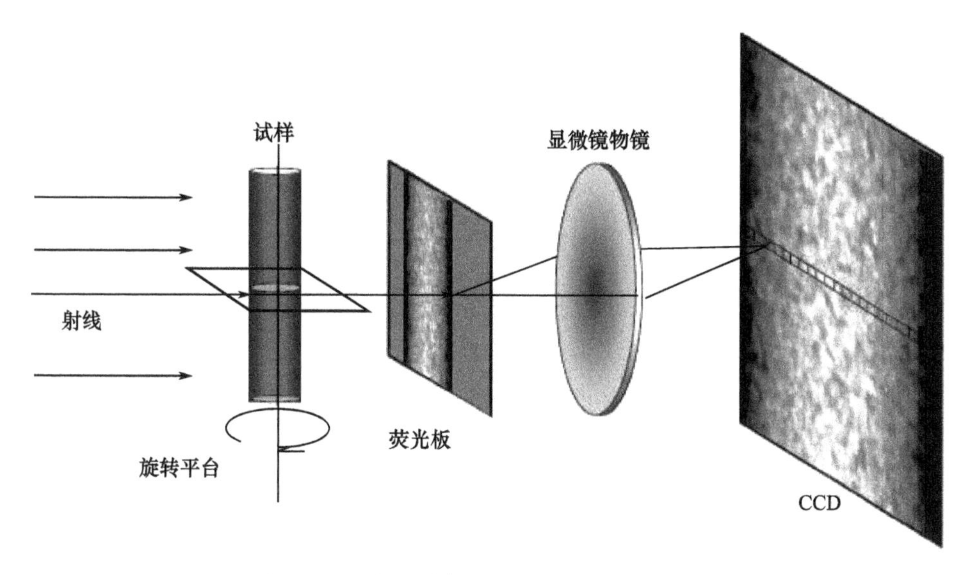

图 3 – 8　X 射线计算机断层摄影技术工作原理

试样被制成 ϕ500μm 的圆柱，长度约 5.5mm。实验所用光子能量为 40keV。使用2048 ×2048 像素的 16 位高分辨率探测器。试样距 CCD 距离为 13cm，穿透率维持在 30% 以上。对试样中长约 1.5mm 的区域进行扫描，扫描过程中试样旋转 180°，每旋转 0.33°拍摄一张 CT 照片。最初获得的 CT 图如图 3 – 9 所示。

由于层裂试样中存在孔洞，导致试样各区域穿透率不一致，在存孔洞的地方，X 射线的穿透率更好，因而灰度值更高（更亮）。每个试样拍摄照片数量为 540 张。照片的曝光时间为 15s，放大倍数为 10 倍。随后利用 PITRE 软件将 CT 照片组合在一起，以对试样进行重构，重构后的像素尺寸为 0.74μm ×0.74μm × 0.74μm。重构后得到试样高度方向的截面图，如图 3 – 10 所示。

由于每个试样的图片构成数据体积较大，为减少计算机运行时间，使用 CT – Program软件将 32 位的重构图像转换为 8 位的图像。利用 AMRIA 5.4 软件对图片进行三维重建后采用简单的阈值法二值化，将图像分为孔洞和基体两部分，再利用分水岭分割算法将不同的孔洞区分开来，最终获得试样中尺寸为296μm × 296μm ×444μm 区域的微孔洞三维空间分布。试样三维重建图如图3 – 11所示。对重建试样进行定量分析。为了减少重建造成的误差，参考 Gupta 等[40]的做法，忽略了试样中体积小于 27 像素的孔洞。有研究表明[41]，为了将绝对误差限制在 10% 以下，测量一个物体的表面积至少需要大约 80 个像素；测量体积至少需要约 120 个像素；测量 3D Feret 形状至少需要大约 1000 个像素。其中一个像素指一个长度等于分辨率的立方体。3D Feret 形状是用来定量测量物体中最大和最小

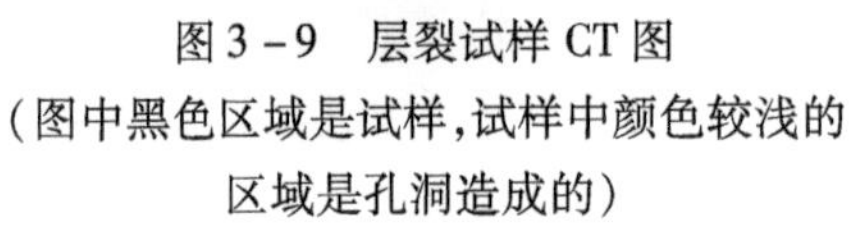
图 3-9　层裂试样 CT 图
（图中黑色区域是试样，试样中颜色较浅的区域是孔洞造成的）

图 3-10　层裂试样 CT 重构图
（图中黑色区域是孔洞）

特征长度的参数，本实验中像素尺寸为 0.74μm，每个像素的体积为 4.05μm^3。准确测量物体表面需要的临界体积为 32.41μm^3，等效球的直径为 3.95μm；准确测量物体表面需要的临界体积为 48.63μm^3，等效球的直径为 4.53μm；准确测量物体表面需要的临界体积为 405.22μm^3，等效球的直径为 9.18μm。

图 3-11　层裂试样三维重建图
（a）重建试样；（b）重建孔洞。

定量分析公式如下。

损伤度[42]为

$$D_A = \frac{A_V}{A}(\text{二维}) \tag{3-4}$$

$$D_V = \frac{V_V}{V_{\text{试}}}(\text{三维}) \tag{3-5}$$

横纵比[42]为

$$A_{\text{spect}} = \frac{d_{\max}}{d_{\min}} \tag{3-6}$$

孔洞等效直径[38]为

$$d = \left(\frac{A}{\pi}\right)^{1/2}（二维） \tag{3-7}$$

$$\bar{d} = 2\sqrt[3]{\frac{3V}{4\pi}}（三维） \tag{3-8}$$

孔洞直径的平均体积[38]为

$$\bar{d}_v = \left(\frac{1}{\sum_{c=1}^{c} V_c}\right)\sum_{c=1}^{c} \bar{d}_c V_C \tag{3-9}$$

形状因子（又称孔洞球度）[43]为

$$S_{\mathrm{P}} = \sqrt[3]{\frac{36\pi V^2}{A}} \tag{3-10}$$

形状因子的体积平均（又称孔洞平均球度）[38]为

$$\bar{S}_p = \left(\frac{1}{\sum_{c=1}^{c} V_c}\right)\sum_{c=1}^{c} S_{Pc} V_C \tag{3-11}$$

伸长度 E[38]为

$$E = \frac{B}{L} \tag{3-12}$$

平面度 F[38]为

$$F = \frac{T}{B} \tag{3-13}$$

式中：A_V、A 分别为微孔洞和试样截面的面积；V_V、V 分别为微孔洞和试样的体积；$d_{\max}$、$d_{\min}$分别为孔洞截面等效椭圆的长轴和短轴；A 为孔洞的面积；V 为孔洞的体积；$\bar{d}_c$、V_C为编号为 C 的孔洞等效直径和体积；L、B、T 分别为微孔洞等效椭球体长、中、短半轴。

控制金属层裂发生和发展的主要因素是材料自身的组织结构（内因）和外部的动态加载条件（外因）。在特定的外部动载条件下，唯有揭示金属材料的微结构特征对层裂的作用机理与规律，更深层次地认识合金层裂的微观机理，才能达到运用材料学工艺方法调整材料组织结构，进而控制其动态损伤断裂的目的。

因此，本章将基于材料科学领域的特定视角及其与冲击动力学、损伤断裂力学等多学科交融的学术思想，开展材料微结构，包括晶界相界面等对动态损伤的形核与演变的影响规律与机制。该工作不仅对突破现有基于准静态载荷条件传统理论的局限，正确认识金属层裂过程的微观本质具有重要的理论意义，而且将开辟调控金属层裂行为的新途径，实现金属层裂行为的有效调控具有重要的工程价值。

3.2 纯金属层裂过程中的晶界效应

3.2.1 晶界对滑移爆轰条件下高纯铜平板层裂行为的影响规律与机制

材料中的晶界具有很多不同于晶体内部的性质，晶界的特征（类型）和行为是一个影响多晶体材料断裂失效行为既敏感又关键的因素，它无疑对于延性金属的层裂过程中微孔洞的形核/长大乃至最终裂纹沿晶界的贯通都有着重要而深刻的影响。

晶界处原子排列不规则，在常温下晶界会对位错的运动起阻碍作用，运动位错在晶界处被阻塞产生位错塞集群，随着应力的不断增大，位错塞集数目会不断增多，在晶界塞集处产生应力集中，为微孔洞提供了潜在的形核位置，将直接影响材料的动态损伤演化行为。晶界对材料的动态损伤演化起着非常重要的作用，主要体现在晶粒的尺寸和晶粒的取向两个方面。一般而言，晶粒越细，在外力作用下有利于位错滑移和能够参与滑移的晶粒数目也就越多，晶粒之间的变形协调性越好，使一定的变形量分散在更多的晶粒中，变形比较均匀，这将会减少应力集中，推迟微孔洞的形成和发展；同时晶粒的取向会影响孔洞的形核和生长速率，其影响机理将是重点探究的内容。此外，晶粒尺度和晶界数量又是相互关联的，晶粒越小则单位体积的晶界面积越多，一般而言，晶界是微孔洞择优形核处，因此晶粒尺度的影响和晶界的影响两者之间又是密切相关的。

层裂是金属材料在冲击载荷作用下的一种重要失效模式，延性金属材料的层裂损伤演变通常包括微孔洞的形核、长大、贯通等过程。在多晶材料中，很多复杂的因素会同时影响材料的层裂行为，如晶界、夹杂、峰值应力、加载方式等。目前关于材料层裂的实验研究主要是在平板撞击条件下（单轴平面应力）进行的。通过平板撞击实验及对平板撞击实验的模拟，研究者们获得了许多关于层裂损伤演变的结论，如完全退火的1100铝合金的层裂强度随脉冲时间的增大而减小[44]、$\Sigma 3$ 晶界对孔洞形核有着更强的抵抗作用[32]等。然而，实际工程应用中层裂现象通常发生在比较复杂的应力条件下，而目前普遍缺乏对较复杂应力条件下层裂的研究。最近 Gray[45] 对钽（Ta）进行的高爆炸药驱动的振荡波加载实验表明，该条件下 Ta 的层裂强度比一维加载条件下的层裂强度低，并且加工硬化程度随冲击载荷倾斜度的增加而增加。Jarmakani 等[46]的实验发现，激光载荷条件下钒的层裂强度比气炮平板撞击实验得到的层裂强度大很多。由此可见，研究更接近工程服役条件的复杂应力状态下的层裂行为具有重要意义。

为了排除了第二相颗粒、杂质的影响，使得晶界影响的相关研究结论具有更明确的物理意义，Yang 等[6,7]选用高纯无氧铜作为研究对象，利用滑移爆轰实验获得处于初始层裂损伤状态的高纯铜多晶平板试样，并利用金相和 EBSD 技术表征滑移爆轰条件下平板材料的层裂行为，探讨复杂应力条件下晶界对层裂过程中微孔洞形核、长大、贯通的影响规律与机制。

层裂实验所用的材料为 99.99% 高纯无氧铜。为获得均匀的组织结构，将初始态的铜板在 700℃ 条件下退火 1h。将部分铜板切割、铣削制成 100mm × 60mm × 6mm 尺寸，作为退火态试样。另一部分铜板经过两道次形变热处理，作为形变热处理态试样。其中第一道次形变热处理过程为 75% 的冷轧变形后在 500℃ 下退火 3min（水冷）。第二道次形变热处理过程为 10% 的冷轧变形后在 650℃ 下退火 5min（水冷）。爆轰前试样的的金相图如图 3－12 所示。

图 3－12　爆轰前金相

（a）退火态；（b）形变热处理态。

滑移爆轰实验在中国工程物理院完成。平面滑移爆轰装置如图 3－13 所示，装药长宽为 80mm × 40mm，厚度为 3mm 和 4mm。起爆丝置于炸药中间，从装药孔中将粉末炸药填装于装药盖板内。填装时保持粉末炸药处于密实状态。爆炸丝在 20kV 的电压下起爆，形成滑移爆轰。为避免试样撞击地面产生二次损伤，实验在沙地上进行，最终获得软回收试样。各试样编号及实验参数如表 3－1所列。

表 3－1 不同状态试样装药数据

试样编号	炸药种类	热处理状态	炸药厚度/mm	装药密度/(g/cm^3)	冲击应力/GPa
PA3	泰安	再结晶退火态	3	0.882	2.34
RA3	黑索金	再结晶退火态	3	0.915	2.90
RA4	黑索金	再结晶退火态	4	0.920	3.27
RT3	黑索金	形变热处理态	3	0.918	2.71
RT4	黑索金	形变热处理态	4	0.925	3.65
注:1. 泰安炸药(PETN)、黑索金炸药(RDX)、退火(Annealing) 2. 形变热处理(Thermo－mechanical treatment)					

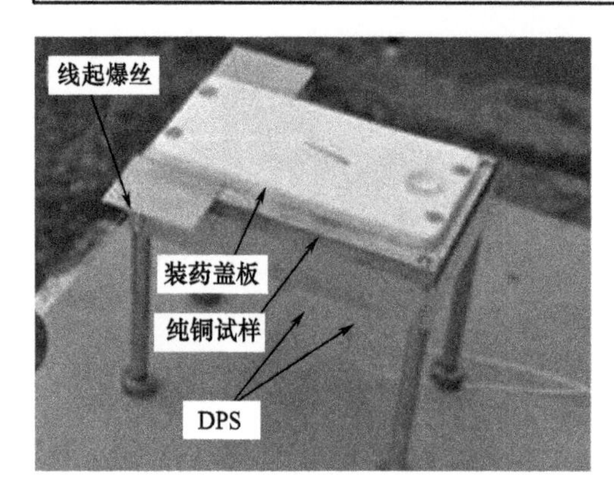

图 3－13 平板滑移爆轰加载装置

为了研究层裂损伤的位置分布等信息,对软回收试样进行金相分析,取样方式如图 3－14 所示。将试样沿中间切开,按照标准制样方式进行金相制样,并进行金相观测。参照文献[4]中的方法对试样中微孔洞分布进行金相分析。

利用 XRCT 对软回收试样进行表征,以研究损伤的空间分布。垂直于板面方向取样,取样方式如图 3－14所示。为保证试样被完全穿透,试样被制成 $\phi500\mu m$ 的圆柱,长度约为 5.5mm。XRCT 在上海光源(SSRF)BL13W 线站进行,实验所用光子能量为 40keV。使用 2048×2048 像素的 16 位高分辨率探测器。

试样距 CCD 距离为 13cm,穿透率维持在 30% 以上。对试样中长约 1.5mm 的区域进行扫描,扫描过程中试样旋转 180°,每旋转 0.33°拍摄一张 CT 照片。每个试样拍摄照片数量为 540 张,照片的曝光时间为 15s,放大倍数为 10 倍。之后利用 PITRE 软件对 CT 照片进行重构,重构后的像素尺寸为 $0.74\mu m \times 0.74\mu m \times 0.74\mu m$。使用 CT－Program 软件将 32 位的重构图像转换为 8 位的图像。利用 AMIRA 5.4 软件对图片进行三维重建后采用简单的阈值法二值化,将图像分为孔洞和基体两部分。再利用分水岭分割算法将不同的孔洞区分开来,最终获得试样中尺寸为 $296\mu m \times 296\mu m \times 444\mu m$ 区域的微孔洞三维空间分布。对重建试样进行定量分析。为了将定量分析的绝对误差限制在 10% 以下,测量一个物体的表面积至少需要大约 80 个像素;测量体积至少需要大约 120 个像

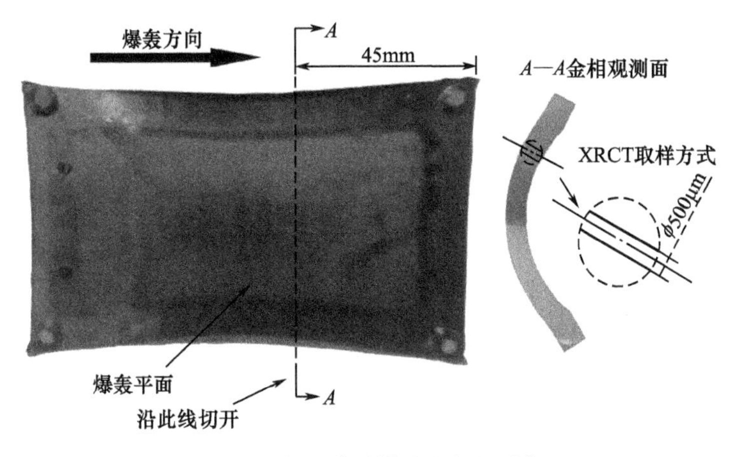

图3-14 软回收试样及金相观测截面

素;测量3D Feret形状至少需要大约1000个像素[41]。其中,一个像素指一个长度等于分辨率的立方体,3D Feret形状是用来定量测量物体中最大和最小特征长度的参数。本实验中像素尺寸为0.74μm,每个像素的体积为4.05μm^3。准确测量物体表面需要的临界体积为32.41μm^3,等效球的直径为3.95μm;准确测量物体表面需要的临界体积为48.63μm^3,等效球的直径为4.53μm;准确测量物体表面需要的临界体积为405.22μm^3,等效球的直径为9.18μm。

为了减少重建造成的误差,忽略了试样中体积小于80像素的孔洞。定量分析公式[40,42],如损伤度、横纵比、孔洞等效直径、孔洞直径的体积平均、形状因子、形状因子的体积平均、拉长度、平面度等,见式(3-4)至式(3-13)。

为了更加深入地研究两种状态试样中损伤演变的差异,对爆轰前后的试样进行了EBSD分析,以获得微结构与损伤的关系。从爆轰前试样及爆轰后试样中层裂区域取样,电解抛光液为H_3PO_4:H_2O=2:1,抛光电压为1.8V,抛光时间为8min,抛光后获得光洁无应力层的表面。在附有EBSD附件的Sirion-200热场发射SEM上对所取试样进行晶粒取向的测定,利用TSL-OIM分析软件获取和分析背散射衍射数据。OIM软件可以识别晶格取向,并能计算晶粒的相关特性,如损伤区域的晶界取向分布、相邻晶粒的泰勒因子、Σ3晶界等。

1. 微孔洞分布规律

图3-15(Ⅰ)~(Ⅴ)是各软回收试样的金相图。图3-15(a)~(e)是图3-15(Ⅰ)~(Ⅴ)中对应位置放大图。由图可知,各试样的层裂损伤发展情况并不一样,试样Ⅰ仅存在微孔洞离散分布的区域,而试样Ⅲ中同时存在孔洞离散分布和孔洞集中分布的区域。试样Ⅲ中层裂面厚度为0.7~1.5mm,其中孔洞离散分布的区域几乎没有孔洞贯通,层裂面厚度较大,而孔洞分布集中的区域则

层裂面厚度小，且有许多孔洞贯通。

在图 3 – 15（Ⅱ）和图 3 – 15（Ⅲ）中出现层裂面分叉成两个层裂面的现象，其中距自由面近的层裂面损伤较为严重，部分微孔洞已经贯通。远离自由面的层裂面损伤度较小，几乎没有出现微孔洞的贯通。两层裂面之间的区域也存在一些微孔洞，数量极少。分叉角度都接近 20°，而且分叉区域都位于爆轰区与非爆轰区接合处。Hixson[47] 等在使用三角波对铜试样进行平板撞击实验时也观察到了类似的层裂面分叉现象，分叉层裂面与冲击传播面成 45°角，他们认为这是由于边部稀疏波造成。本实验中也应该是边部稀疏波造成的，只不过本实验中爆轰波为斜入射波，会在界面发生反射和折射，应力状态更加复杂，因而层裂面分叉角与他们得到的结果不同。在试样 RA4 边部未铺设炸药的区域，观察到一个与主层裂面几乎垂直的层裂面，这应该是来自边缘的稀疏波和来自上下表面稀疏波共同作用的结果。

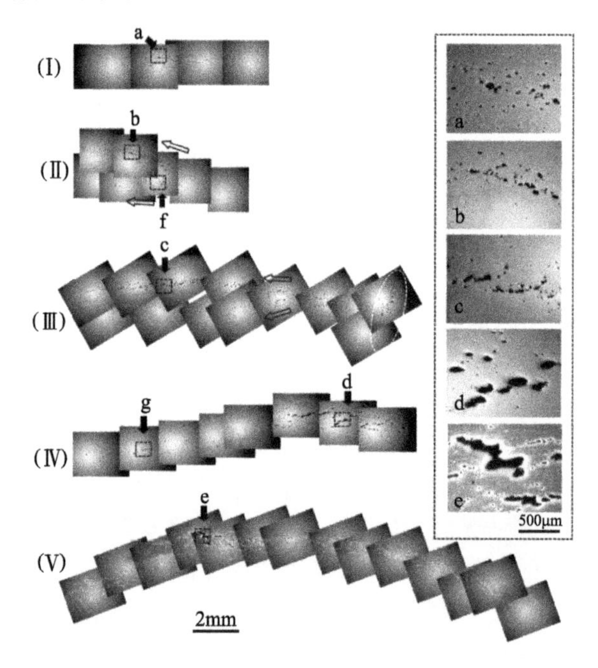

图 3 – 15　试样层裂面金相

（Ⅰ）~（Ⅴ）—试样 PA3、RA3、RA4、RT3、RT4 层裂面金相图；（a）~（e）—（Ⅰ）~（Ⅴ）中对应位置的局部放大图。

微观上，各试样中微孔洞的尺寸和形状并不一样，试样Ⅰ中只有极少孔洞贯通，而试样Ⅳ中则有非常多的孔洞贯通。对比图 3 – 15（a）~（c），在材料微结构相同时，随着装药质量的增大，孔洞分布区域的面积增大，微孔洞的贯通现象也更加明显。

对比图 3-15(b)和图 3-15(d)、图 3-15(c)和图 3-15(e)可知,在加载条件类似的情况下,与退火态试样相比,形变热处理态的试样中孔洞更大,贯通现象更明显。

对图 3-15(Ⅰ)~(Ⅲ)中的 a、b、c 处宽为 1500μm 的区域进行微观损伤分布定量统计,得到的损伤度分布如图 3-16 所示。由图 3-16 可知,试样 RA4 最大,损伤最大,局部区域损伤度达到 0.2;试样 PA3 最大,损伤度最小,损伤最严重区域损伤度只有 0.05,损伤分布较宽,孔洞分布较分散,只有极少微孔洞发生贯通。对比试样 PA3、RA3、RA4 的损伤度分布图可以知,微结构相同时,冲击压力越大,最大损伤度越大,层裂越明显。

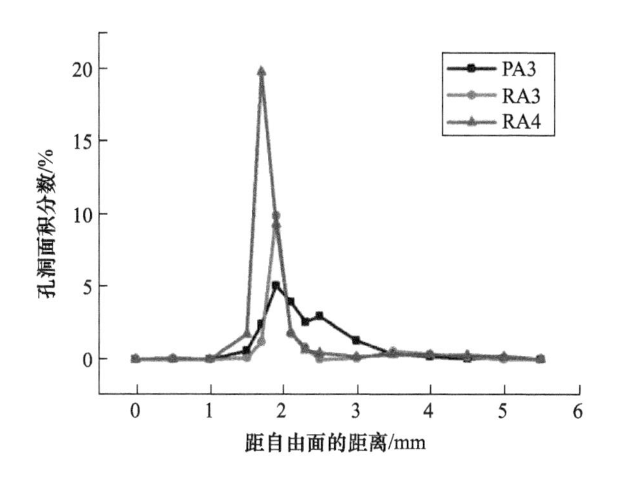

图 3-16　损伤度在冲击应力方向分布

图 3-17a~c 分别为试样 PA3、RA3、RA4 中图 3-15 中 a、b、c 位置的孔洞空间分布,图中不同颜色代表不同位置的微孔洞。由图可看出,滑移爆轰导致的层裂损伤分布并不均匀。试样 PA3 中小孔洞较多,孔洞多为独立存在,且分布相对均匀,很容易辨别其中单独存在的孔洞,只有极少孔洞已经长大贯通。试样 RA3 中损伤主要集中在取样部位中间 300μm 范围内,大孔洞由几个孔洞贯通在一块构成,周围的孔洞则相对较小。试样 RA4 中损伤分布最为集中,孔洞贯通的现象非常明显,大量的孔洞贯通形成体积较大的扁平状损伤区域。

图 3-18 是各试样重构体积内垂直于加载应力方向的损伤度分布。各试样中最大损伤度与图 3-17 中定量金相分析得到的结果类似。垂直于应力方向上损伤的分布范围也是随着冲击压力的增大而减小。

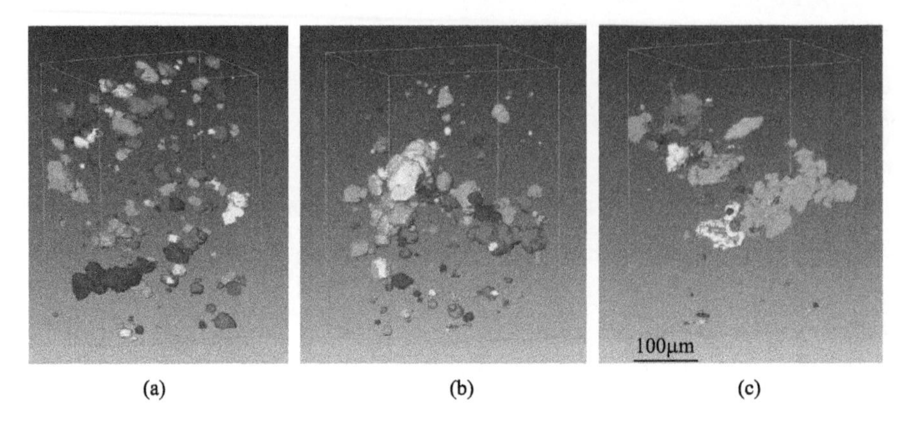

图 3-17 微孔洞三维重建图
(a)~(c)—试样 PA3、RA3、RA4 三维重建图。

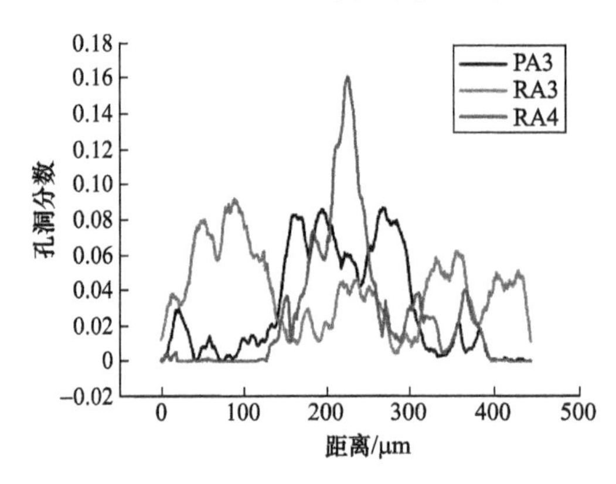

图 3-18 损伤度在冲击应力方向分布

二维与三维统计分析的结果同时表明，试样最大损伤度随着冲击压力的增大而增大，而损伤在冲击应力方向的分布范围则随着冲击压力的增大而减小。这似乎可以这样解释：材料在受到冲击压力的作用时，材料中一些应力集中的部位率先发生孔洞的形核。然而在其他条件相同时，不同冲击压力下损伤演变的机制存在差异。当冲击应力较小时，冲击应力不足以使已产生的孔洞迅速长大贯通，应力松弛的作用不明显。此时，材料中不断产生新的应力集中点，并发生孔洞形核，最终在垂直冲击压力方向上一个较大的范围内产生微孔洞形核。当冲击应力较大时，最初形成的微孔洞迅速长大贯通，应力松弛作用较明显，在应力得到松弛的区域，拉应力小于孔洞形核所需应力的临界值，不再发生微孔洞的形核，微孔洞在垂直于冲击应力方向上分布的范围较小。

2. 热处理方式对材料层裂行为的影响

图 3-19 是退火态试样 RA3 和形变热处理态试样 RT3 在图 3-15 中 f 处和 g 处的局部金相图和 XRCT 图，由图 3-19(a) 和图 3-19(c) 可观察到，退火态中微孔洞多为圆形，形变热处理态试样中、微孔洞则多为椭圆形，等效椭圆长轴与短轴比较大。相应地，在图 3-19(b) 和图 3-19(d) 中，退火态中微孔洞多为

球形和椭球形,而形变热处理态试样孔洞中则多为板条形。

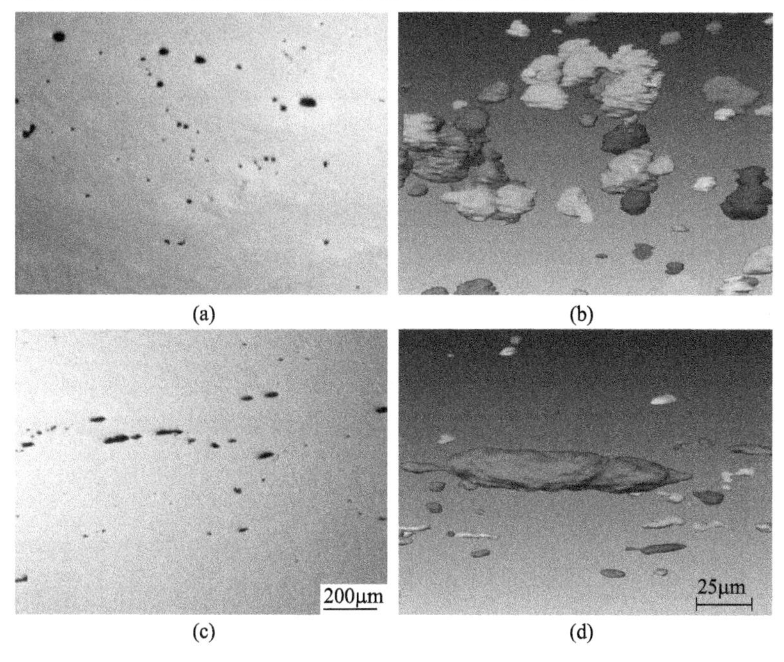

图 3-19　RA3 和 RT3 局部 OM 和 XRCT

(a)、(b) 试样 RA3; (c)、(d) 试样 RT3。

为了减小形状测量过程中的误差,对试样 RA3 和 RT3 金相图及三维重构图中等效直径为 10~60μm 的孔洞各 50 个进行定量分析,得到结果如表 3-2 所列。试样 RA3 与 RT3 中二维的横纵比数据分别 1.6 和 3.0,这表明退火态试样中孔洞截面接近于圆;三维平均球度的数据分别为 0.32 和 0.30,这表明退火态试样更加接近球体。两试样中平均拉长度分别为 0.47 和 0.29,平均平面度分别为 0.5 和 0.16。结合平均拉长度和平均平面度数据,可以认为,退火态试样中大部分孔洞依然保持了球形或椭球形,而形变热处理态试样中孔洞则大部分接近平板状。Brown 等[30]在退火态高纯铜层裂试样中也观察到了类似的球形和椭球形的孔洞形态。球形的孔洞说明孔洞在单个晶粒中展开成八面体,通常意味着晶间损伤。但也有可能是孔洞在 Σ3 晶界等强晶界形核,并自由长大造成。面条状和椭球形孔洞意味着晶间损伤或贯通。形变热处理态试样中孔洞形态与 Brown 等实验中预变形态试样的孔洞类似,都为平板状。但是,该实验中试样的晶粒尺寸为 150μm,而本实验中试样 RT3 中晶粒尺寸只有 9μm。所统计孔洞的尺寸大于晶粒的平均尺寸,因而很难判断孔洞的具体形核位置。Brown 等认为,平板状孔洞是晶间形核的孔洞沿着晶界长大造成的。鉴于形变热处理态试样中晶粒尺寸只有 9μm，本实验中的板条状孔洞也有可能是孔洞在晶内形核，长大到一定程度后沿着晶界长大贯通形成的。

表 3-2 孔洞形状统计

试样	平均横纵比(2D)	平均球度	平均拉尺度	平均平面度
RA3	1.573	0.316	0.467	0.508
RT3	3.002	0.298	0.288	0.158

形变热处理态试样与 Brown 实验中预变形试样相同的孔洞形态可结合不同晶粒尺寸下孔洞长大机理的理论来解释。在冲击应力作用下，大量微孔洞在晶界处形核。晶粒尺寸较小(9μm)时，晶界间距离小，在晶内和晶界上形核的孔洞沿着晶界长大和贯通，因而呈平板状。晶粒尺寸较大时(40μm)，各形核位置相距较远，微孔洞多单独长大，因而更接近于球形单独长大，呈球形或椭球形。

3. 滑移爆轰对材料微结构的影响

图 3-20 是试样 RA4 和 RT4 爆轰前后层裂区域的 EBSD 取向成像图，其中不同颜色代表不同的取向，图 3-20(b)和(d)中箭头所指方向平行于板宽度的方向。爆轰后试样中存在孔洞且孔洞截面的形状各异，有圆形的，也有接近于椭圆形的。圆形的截面可能来自于球形或椭球形孔洞。对比图 3-20(a)和(b)可以发现，爆轰前试样中的晶粒为等轴晶。而爆轰后层裂区域的晶粒则由于冲击应力的作用，沿着平行于板面宽度的方向(图中箭头方向)被拉长。表 3-3是通过 EBSD 获得的试样 RA4 和 RT4 爆炸前后层裂区域的部分微结构参数。由表 3-3 可知，爆轰后试样 RA4 层裂区域中晶粒的等效椭圆的长轴与短轴的比由 2.1 提高到 2.5。同样证明了爆轰后试样层裂区域的晶粒被拉长这一结论。对于试样 RT4，爆轰后晶粒等效椭圆的长轴与短轴的比增大则不明显。

表 3-3 试样 RA4 和 RT4 爆轰前后微结构参数

试样编号	试样状态	晶粒平均直径/μm	晶粒等效椭圆长短轴长度比	Σ3 晶界比例
RA4	爆轰前	21.67	2.10	0.45
RA4	爆轰后	17.43	2.50	0.53
RT4	爆轰前	2.45	1.92	0.42
RT4	爆轰后	2.03	2.10	0.50

由表 3-3 可知，爆轰后试样 RA4 层裂区域晶粒的平均直径由 21.67μm 下降到 17.43μm。图 3-21 是通过 EBSD 统计得到的 RA4 和 RT4 爆炸前后所观测区域内晶粒尺寸和晶界取向差分布。由图 3-21(a)可知，爆轰后试样 RA4

层裂区域中小尺寸晶粒(等效直径为30μm以下)所占的面积比例增加,而大尺寸晶粒(等效直径为30μm以上)所占的面积比例则减小。试样RT4中也是如此。图3-21(b)是爆轰前后试样RA4中晶界取向差分布。由图可知,爆轰后试样层裂区域内取向差为58.75°~61.25°的晶界所占比例提高了8%,与此同时,爆轰后层裂区域中Σ3晶界的比例也提高了7.8%。图3-21(d)中试样RT4中也可以得到类似的结果。晶粒尺寸减少意味着大角度晶界数量的增加,而此时Σ3孪晶界在大角度晶界中的比例增加,这表明所增加的晶界中有非常大一部分是Σ3孪晶界,即爆轰过程中形成了大量形变孪晶。因而可以认为,爆轰时在冲击应力的作用下,晶粒沿着板面方向被拉长,在层裂区域形成形变孪晶,孪晶界将大晶粒切割细化成多个小晶粒。

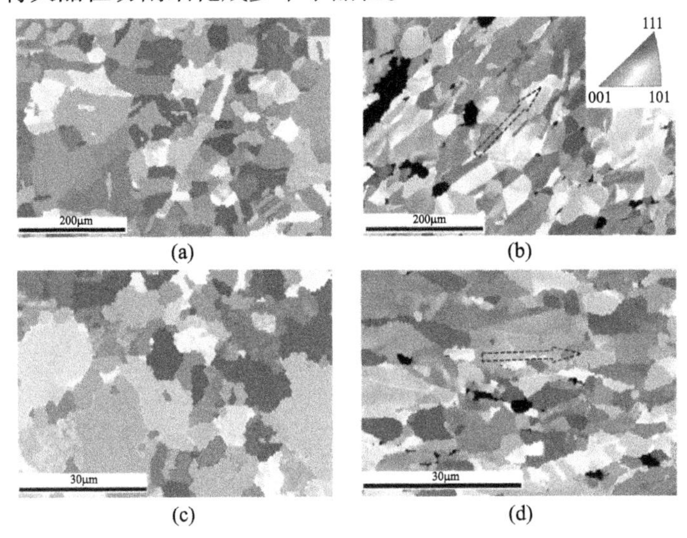

图3-20 试样RA4和RT4层裂区域爆轰前后取向成像图(见彩图)
(a)试样RA4爆轰前;(b)试样RA4爆轰后;(a)试样RT4爆轰前;(d)试样RT4爆轰后。

铜是低层错能面心立方金属,而当冲击载荷达到一定的临界值时,孪生现象会变得非常普遍。在动载荷下,纯铜试样中的孪生现象受到峰值冲击压力、冲击波倾斜度、晶粒尺寸、晶格取向以及多晶的织构等许多载荷和材料因素的影响。在本实验中,由于冲击压力较高,能轻易满足孪生机制启动所需应力,因而在爆轰过程中产生了变形孪晶。

4. 晶界类型对孔洞形核的影响

图3-22所示为试样RA4层裂区域的晶界重构图,图中红色晶界为Σ3晶界,蓝色为Σ9和Σ27晶界,绿色为小角度晶界,黑色的晶界为一般大角度晶界。图3-22(b)和图3-22(c)是图3-22(a)中局部放大图,分析图中微孔洞形核

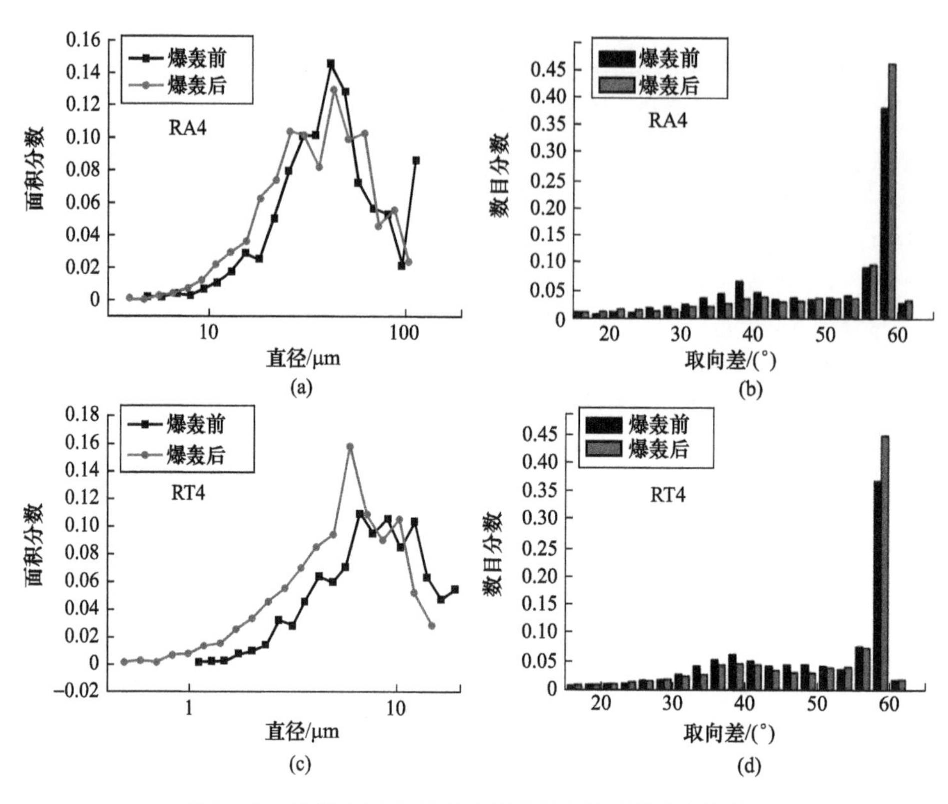

图 3-21 试样 RA4 和 RT4 中晶粒尺寸和晶界取向差分布

(a)、(c) 试样 RA4 和 RT4 中晶粒尺寸分布；(b)、(d) 试样 RA4 和 RT4 中晶界取向差分布。

位置分析可以发现，孔洞主要在一般大角度晶界和三叉晶界处形核，并且孔洞形核所在的三叉晶界大都是由 3 条一般大角度晶界或两条一般大角度晶界和一条 Σ3 晶界构成。在 Σ3 晶界和小角度晶界上几乎没有发现微孔洞的形核。在由两条 Σ3 晶界和 3 条 Σ3 晶界构成的三叉节点处也没有发现微孔洞的形核。这也与文献[24,32]中平板撞击条件下得到的结果一致。

Watanbe 等[49]认为原因可能是 Σ3 晶界的晶界能仅为一般晶界的 1/50，低能量的界面结构非常稳定，对晶体缺陷有相互抵抗作用。Fensin 等[50]的研究结果则表明，晶界的能量和溢出体积与晶界层裂强度没有直接关系。Cerreta 等[51]则认为位错能够穿越 Σ3 晶界传播或激活 Σ3 晶界另一端的二次滑移，从而使应力集中得到松弛。而一般大角度晶界(HAGB)两侧 TF 的差值较大，导致非常大的局部应力集中，此外，HAGB 两侧晶粒中的滑移系统也不相同，而当晶粒两侧滑移系统相同时可以促进滑移穿越晶界。更强的断裂倾向和较低的通过位错传播释放应力集中的能力导致 HAGB 更容易失效。

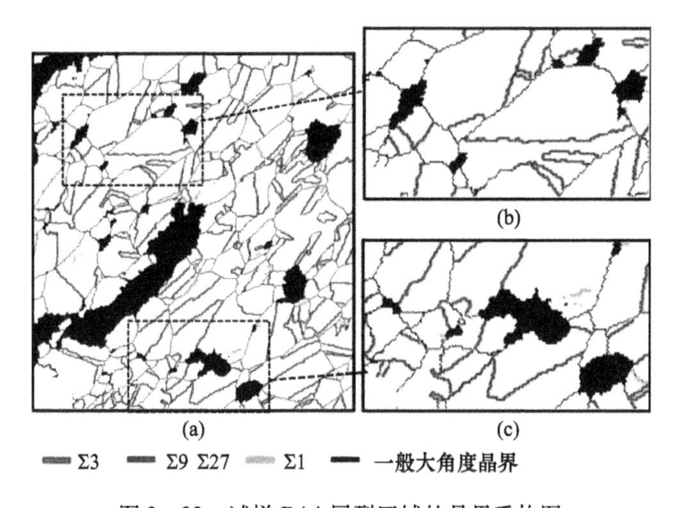

图 3 – 22　试样 RA4 层裂区域的晶界重构图
(a)试样 RA4 晶界重构图；(b)、(c)图(a)中对应区域的局部放大图。

5. 晶粒尺寸对孔洞形核的影响

两种热处理状态的试样中晶粒尺寸存在较大差别。前文中金相分析表明，形变热处理态试样(2μm)中孔洞贯通比退火态试样(20μm)中严重。关于晶粒尺寸对材料层裂行为的影响，过去的研究得到了相互矛盾的结果。一些研究认为，材料的层裂强度随晶粒尺寸增大而增大[52]，而另一些研究则得到了相反的结果[53]。Escobedo 等[24]最近的研究则表明，在冲击载荷接近的条件下，晶粒尺寸为 30 ~ 60μm 时，损伤随晶粒尺寸的增大而减小；在晶粒尺寸为 60 ~ 200μm 时，损伤则随晶粒尺寸的增大而增大。

研究的结果进一步表明，在晶粒尺寸为 2 ~ 20μm 时，损伤随晶粒尺寸的增大而减小，该现象可能是由损伤演变方式的差异造成的。在稀疏波相互作用产生的拉伸应力的作用下，孔洞在一般大角度晶界和多条一般大角度晶界构成的三叉晶界处形核，如图 3 – 22 所示。对于试样形变热处理态试样，由于晶粒尺寸较小(2μm)，晶界彼此间的距离非常小，损伤形核集中在较为狭窄的区域内，在晶界上形核的孔洞间的距离较近。而对于图 3 – 23(a)中退火态试样，由于晶粒相对较大(20μm)，晶界间的距离也相对较大，在晶界上形核的孔洞间的距离较远。在拉伸应力的进一步作用下，如图 3 – 23(b)和图 3 – 23(e)所示，孔洞发生长大。形变热处理态试样中孔洞由于距离比较近，很快就发生了贯通，孔洞的形状变为椭圆形。而退火态试样中只有距离较近的孔洞发生了贯通，大部分孔洞依然处于单独长大的阶段，孔洞保持圆形。由于更多的孔洞发生贯通，小尺寸晶粒试样中损伤增长的速率得到提高，最终导致形变热处理态试样中损伤大于退火态试样。

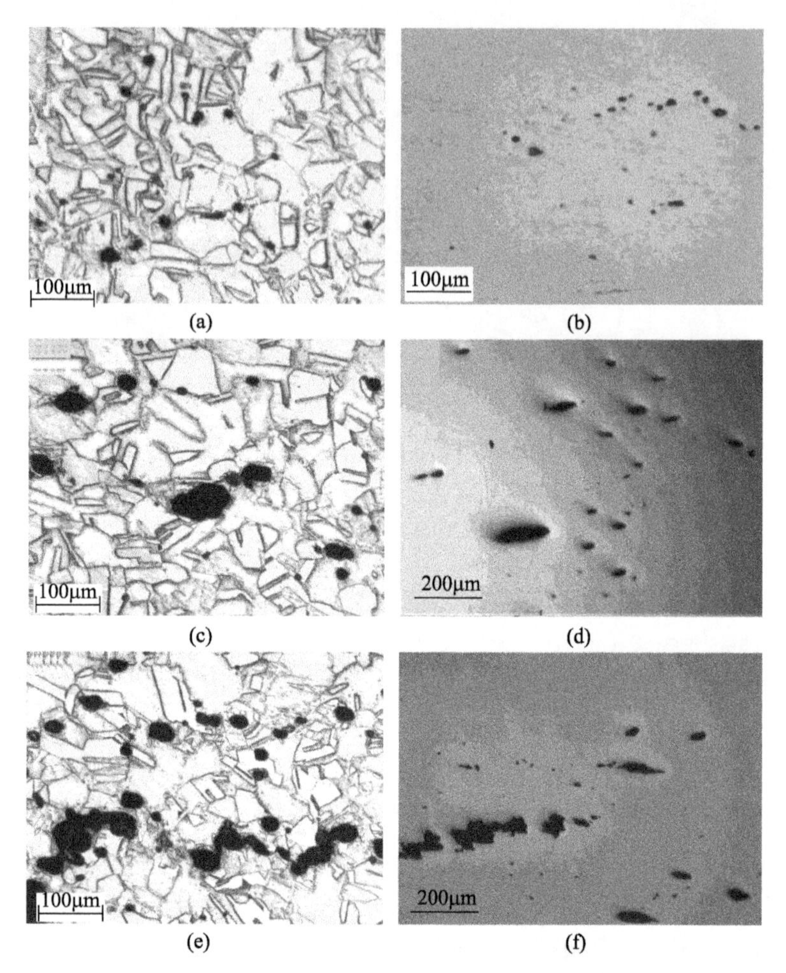

图 3－23　退火态试样 RA4 和形变热处理态试样 RT4 中处于不同层裂阶段损伤区域的金相图
（a）～（c）退火态试样；（d）～（e）形变热处理态试样，未化学侵蚀是由于 TMT 处理后晶粒太小（约 2μm），侵蚀后难以分辨孔洞与晶界图。

6. 晶粒取向对孔洞的影响

Taylor Factor（TF）图可以用来间接评估晶粒的滑移系统与载荷方向的关系，有助于理解冲击载荷下的塑性机制。高 TF 值的晶粒通常被认为对塑性变形有更强的抵抗作用。

图 3－24 是试样 RA4 层裂区域的 Taylor 因子图。图中晶粒的颜色代表晶粒的 Taylor 因子的大小。由图 3－24 可知，损伤多形核于 TF 值较高的晶粒（红色的晶粒）与其他晶粒构成的晶界上。这可能是由于 TF 值高的晶粒较难发生

滑移，从而导致损伤形核的临界值更低造成的。Escobedo 等[25]在柱状晶的平板撞击实验中发现，相同加载条件下，TF 值高的晶粒中的损伤小于 TF 值低的晶粒。而在本实验中，TF 值较高的晶粒中(红色和黄色晶粒)损伤的面积更大些。图中有多处损伤是在两侧 TF 值差值较大的晶界上形核(图中矩形框处)，Krishnan等[54]认为原因是当晶界两侧 TF 值差值较大时，会导致很大的应变集中，应变和损伤通常集中于高 TF 值一侧并沿着晶界法向发展。但是，在图中圆圈部位，损伤更多的沿着 TF 值低的一侧发展。此外，Peralta 等[28]在尺寸较大的柱状晶(230 ~ 450μm)的平板撞击实验中曾经发现，终止孪晶尖端是微孔洞优先形核的位置。从图中可以发现，虽然能找到大量终止孪晶(箭头处)，而且终止孪晶两侧 TF 的差值都较大，但是在图中并没有损伤可以确定是在终止孪晶尖端形核的。

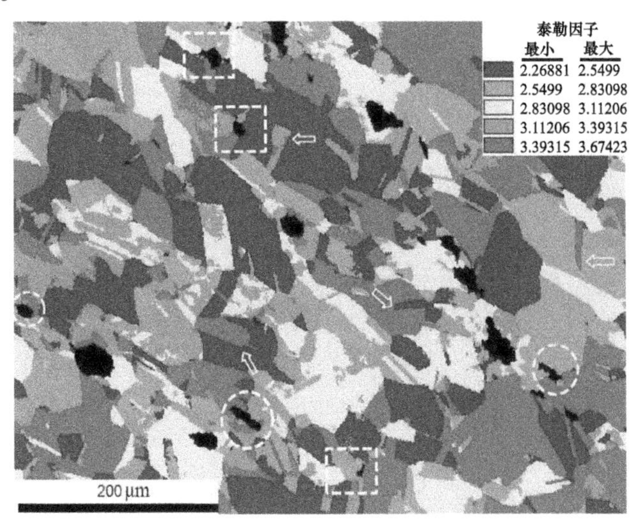

图 3 - 24　试样 RA4 层裂区域 Taylor 因子图(见彩图)
(图中黑色的是孔洞)

7. 晶界相对于冲击载荷方向的几何取向对孔洞形核的影响

此前文献中提到的一些晶粒取向与损伤形核长大的关系都是通过柱状晶的平板撞击实验获得的，这些关系在本实验中时却出现了不适用的情况。多晶材料中层裂损伤的形核和最初的长大是一个复杂的过程，它可以被塑性各向异性、晶界结构和强度等因素以及加载条件所影响。在本实验的试样中，多晶体铜的晶界密度增加、晶界的种类增加，以及滑移爆轰冲击载荷与板面法向间存在夹角等因素的影响耦合造成了上述差异。

对 EBSD 图中的孔洞形核所在晶界与板面法向的夹角 θ 进行了统计，测量方式如图3-25(a)所示,得到的结果如表3-4所列。由表可知,在与板面法向间夹角为67.5°~90°的晶界上形核的孔洞数量最多,占所有孔洞的46.16%。Fensin等[27]认为,平行于载荷方向的晶界在受到冲击载荷的作用时会发生塑性变形,降低晶界上的应力集中;垂直于载荷方向的晶界则不能发生塑性变形,因而更容易出现孔洞形核。他们通过平板撞击实验发现,随着θ值的增大,晶界上形核的孔洞数量也逐渐增多,在67.5°~90°的晶界上形核的孔洞是0~22.5°晶界上形核孔洞的8倍左右。表3-4中结果基本能反映这一趋势,但是只有3倍左右。这可能是本次实验所统计的孔洞数量较少造成,以及滑移爆轰冲击载荷与板面法向之间倾斜造成的。如图3-25(b)所示,虽然冲击载荷在EBSD观测面上的分量与板面法向平行,但是在EBSD观察面的法向上还存在一个冲击载荷的分量,而且该分量与截面上晶界所在平面平行。该应力分量会在晶界上形成剪应力,可能会使晶界发生塑性变形,从而影响孔洞形核,最终造成上述差异。

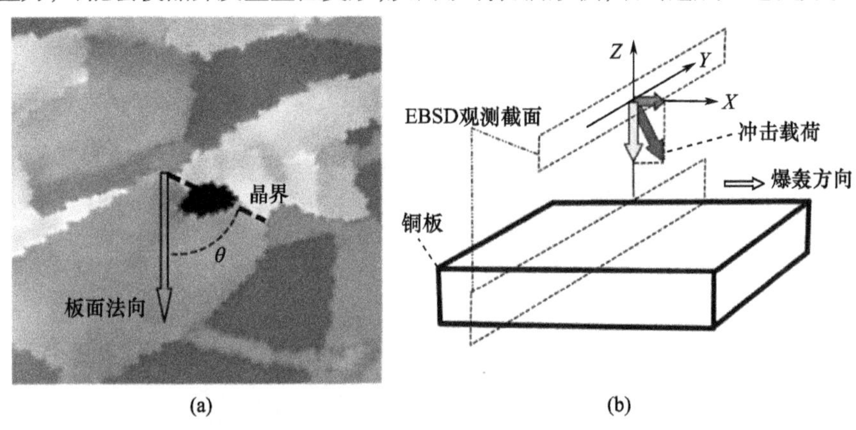

图3-25 晶界相对于冲击载荷方向几何孔洞形核的影响(见彩图)
(a)测量晶界与板面法线方向夹角示意图;(b)冲击载荷方向示意图
(图中红色和黄色箭头代表冲击载荷在对应方向的分量)。

表3-4 孔洞形核所在晶界与板面法向间的夹角统计

孔洞形核所在晶界与板面法向的夹角 θ/(°)	孔洞数量	占比/%
0~22.5	2	15.38
22.5~45	3	23.08
45~67.5	2	15.38
67.5~90	6	46.16

综上所述,通过不同炸药厚度条件下的滑移爆轰实验获得了不同热处理状态的高纯铜平板初始层裂试样,并利用金相显微镜、X射线断层扫描技术和

EBSD 技术对层裂损伤的损伤度、微孔洞的形状、分布进行了二维和三维的定量分析,并从晶界、晶粒尺寸、晶粒取向、冲击载荷方向等角度分析了微结构对材料层裂行为的影响,得到了以下结论。

(1) 除了主层裂面附近易形成层裂面分叉等二次损伤滑移外,爆轰条件下产生的层裂面与平板撞击条件下产生的层裂面并无明显区别。边部稀疏波的影响和爆轰过程中应力分布不均匀是产生这一现象的主要原因。

(2) 二维金相和三维 XRCT 获得的层裂试样的损伤度分布、微孔洞形状分析结果一致。材料微结构相同时,随着冲击压力的增大,层裂试样中孔洞分布区域、最大损伤度增大,微孔洞的贯通现象也更加明显,微孔洞在冲击压力方向上的分布范围却减小。原因是:在其他条件相同时,不同冲击压力下损伤演变的机制存在差异。当冲击应力较小时,冲击应力不足以使已产生的孔洞迅速长大贯通,应力松弛的作用不明显。此时,材料中不断产生新的应力集中点,并发生孔洞形核,最终在垂直冲击压力方向上一个较大的范围内产生微孔洞形核。当冲击应力较大时,最初形成的微孔洞迅速长大贯通,应力松弛作用较明显,在应力得到释放的区域,不再发生微孔洞的形核,微孔洞在垂直于冲击应力方向上分布的范围较小。

(3) 在冲击压力非常接近的条件下,退火态试样中微孔洞更接近于球形,平面度为 0.51;形变热处理态试样中微孔洞则呈板条状,平面度为 0.16。这是因为形变热处理态试样中晶粒尺寸较小(9μm),试样中的损伤演变以孔洞长大和贯通为主;退火态试样中晶粒较大(40μm),损伤演变则以单个孔洞独立长大为主。

(4) 在材料微结构相同时,随着装药质量的增大,孔洞分布区域的面积增大,微孔洞的贯通现象也更加明显。爆炸过程中,在冲击应力的作用下,层裂区域形成大量形变孪晶,孪晶界将大晶粒切割细化成多个小晶粒。

(5) 与平板撞击条件下类似,滑移爆轰层裂试样中微孔洞多在晶界处形核,$\Sigma3$ 晶界和多条 $\Sigma3$ 晶界构成的三叉节点对损伤形核有抵抗作用。原因是位错能够穿越 $\Sigma3$ 晶界传播或激活 $\Sigma3$ 晶界另一端的二次滑移,从而使应力集中得到松弛,而一般大角度晶界没有这种性能。

(6) 晶粒尺寸为 2 ~ 20μm 时,损伤随晶粒尺寸的增大而减小。原因是晶粒尺寸为 2μm 时,在晶界上形核的孔洞间的距离非常近,孔洞更早的发生了贯通,而晶粒尺寸为 20μm 的试样中孔洞更多的单独形核长大,由于孔洞贯通会加速损伤演变,最终导致晶粒尺寸为 2μm 的试样中损伤更大。

(7) 损伤多形核于 TF 值较高的晶粒与其他晶粒构成的晶界上。这 TF 值较高的晶粒中损伤的面积更大些,是由于 TF 值高的晶粒较难发生滑移,从而导致损伤形核的临界值更低造成的。与平板撞击条件不同的是，由于滑移爆轰条件下冲击载荷与铜板法向间存在夹角，没有观察到孔洞优先在终止孪晶尖端形核的倾向；在 TF 差值较大的晶粒构成的晶界上形核的孔洞，在向两端晶粒扩展时并没有表现出明显的倾向性。

（8）垂直于板面法向的晶界比平行于板面法向的晶界更容易出现孔洞形核，但是在这两种晶界上形核孔洞的数量差异不如平板撞击时明显，可能是滑移爆轰冲击载荷方向与板面法向倾斜造成的。

3.2.2 晶界对滑移爆轰条件下高纯铜柱壳层裂行为的影响规律与机制

对层裂的研究一直以来都集中在一维平板冲击这种相对简单载荷状态下的层裂情形，3.2.1 节利用滑移爆轰加载无氧铜平板，发现滑移爆轰得到的层裂面孔洞分布相对一维平板冲击要散乱。对于柱壳状试样的层裂过程，由于获得层裂的实验手段的难以控制和应力波的传播过程相对更为复杂，国内外相关报道鲜见。

图 3-26 动载前试样的金相组织

Yang 等[9,10]首次探讨了滑移爆轰条件下高纯铜柱壳层裂的孔洞分布特征。研究所用的试样材料为 99.99% 高纯无氧铜，原始试样采用规格为 $\phi40\times82$mm 挤压态无氧铜棒，在 700℃ 条件下退火 1h，水冷处理，获得均匀的组织结构，后进行机加工，获得最终的试样尺寸为 $\phi35.7\times5.75\times82$mm。最终热处理后试样的金相如图 3-26 所示。

滑移爆轰加载实验在中国工程物理院（CAEP）完成，实验参数见表 3-5，实验装置如图 3-27（a）所示。装置由柱壳状试样上端的雷管进行中心起爆，随后沿着轴向形成稳定滑移爆轰。为避免试样撞击地面产生二次损伤，实验在沙地上进行，并最终获得软回收试样，同时通过内部放置的 DPS 探头对自由面进行实时测速，获得试样自由面速度曲线。

为了研究层裂损伤的位置、分布等信息，对软回收的加载试样进行金相分析。软回收的冲击加载试样形状如图 3-28（a）所示。在冲击载荷作用下，柱壳状铜管发生严重变形，由于实验装置的影响，使加载后试样呈双向喇叭形，中部（图 3-28（a）40mm 处）由于 DPS 测速探头放置点的原因，使得中部比周围外径要大。为了对软回收试样进行分析,对试样进行切割,对试样 R4、P3 的 2 号样区进行切割,获得距起爆端 40mm 处的金相分析面,对试样 R3 分别进行距起爆端 30mm、40mm、50mm 处的截面进行金相分析,截出的半圆形试样(图 3-28(b))分别标号为 1、2、3 号试样,得到两组对比试样,共 5 个;分别是不同冲击载荷下的试样 R32、R42、P32,和同一外部加载条件的试样 R31、R32、R33 距起爆端不同距离间的试样。

表 3-5 滑移爆轰实验参数

试样	炸药种类	药厚/mm	药重/g	密度/(g/cm^3)
R3	RDX	3	50.23	0.90
R4	RDX	4	62.73	1.13
P3	PETN	3	44.56	0.80

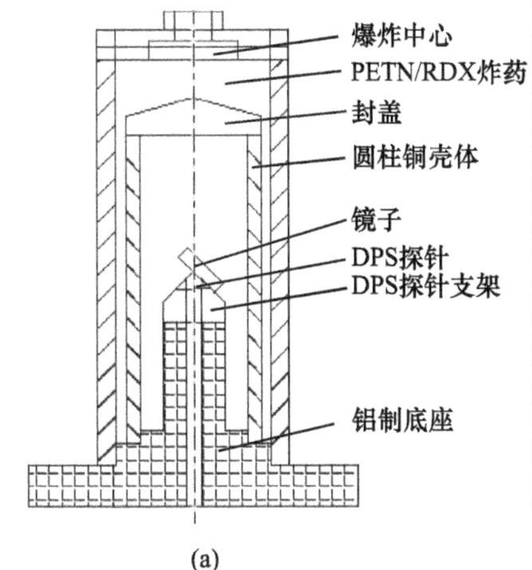

(a)

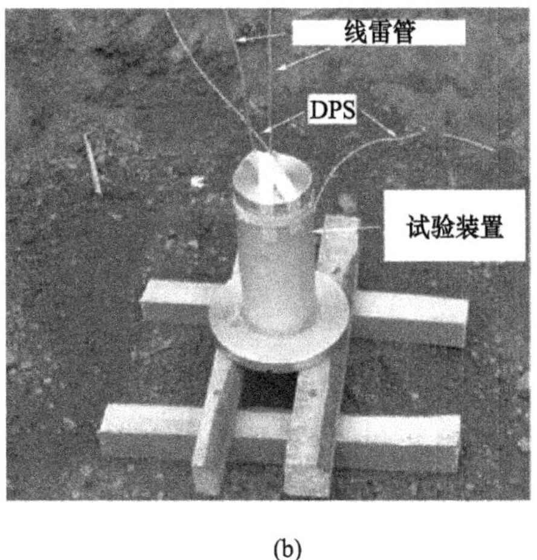

(b)

图 3-27 高纯铜圆筒的滑移爆轰加载

(a)装置简图;(b)滑移爆轰实验装置。

金相定量分析:利用机械抛光处理后,得到整个截面的 OM 照片,后选取最大损伤区域,沿着径向统计圆心角为 10°的区域距离自由面不同距离段内的孔洞总面积、孔洞数和孔洞等效半径以及该距离内一个弧形的面积,为了简化计算,根据孔洞的疏密程度,所设的距离为 1mm、0.5mm 和 0.2mm 等,如图 3-29 所示。

利用最大损伤度 $D_A = A_V/A$ 来定量描述试样中层裂的程度,其中 A 为每个对应弧形格子的面积,A_V为对应的每次格子内的孔洞总面积。以上统计均用 Image Pro 软件完成。

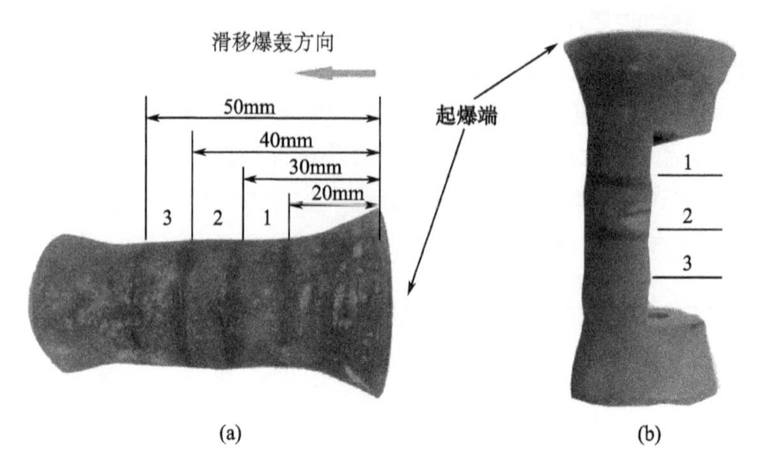

图 3-28　软回收试样以及截取方法
(a)切割前;(b)切割后。

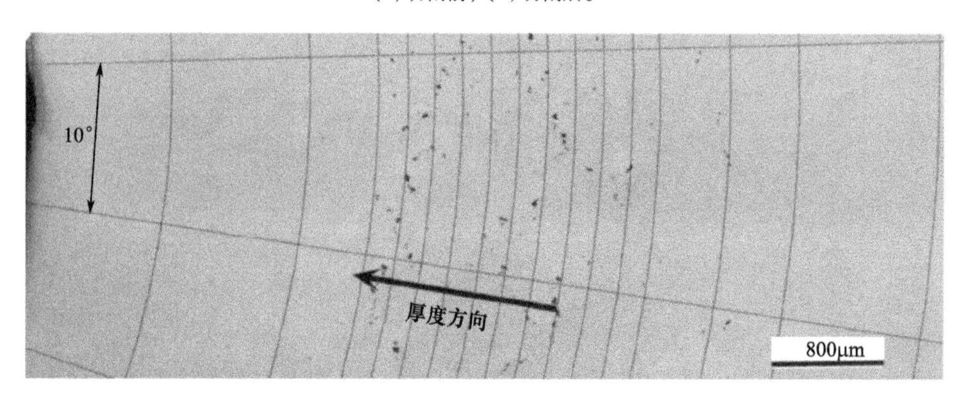

图 3-29　金相定量分析方法

1. 滑移爆轰条件下高纯铜柱壳层裂孔洞二维分布特征

1) 孔洞的二维分布特征

(1) 自由面速度曲线特征。

实验所获得的自由面速度曲线如图 3-30 所示,为了使数据便于观察和对比,速度曲线的时间轴调整为一致。从图中发现,不同的滑移爆轰条件,所得到的内表面速度曲线的峰值速度及冲击波持续时间不同;同时,3 种不同加载条件下的速度曲线均有速度回跳,图中的 3 个波形的形状说明这次实验的应力波波形为直接爆轰所产生的类三角波。

对于滑移爆轰冲击实验,冲击压力采用以下公式[56]近似计算,即

$$\sigma_s = \rho_0 D u = \rho_0 (c_b + \lambda u) u \tag{3-14}$$

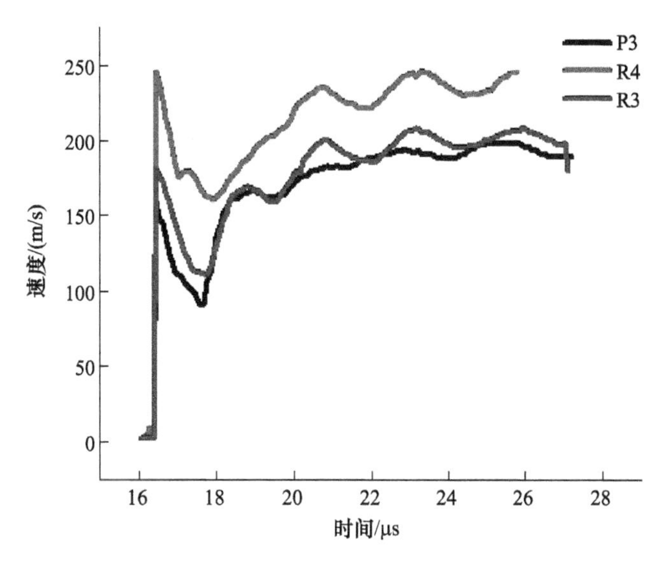

图 3－30　自由面速度曲线

式中：σ_s为冲击应力，GPa；ρ_0为初始密度，$\rho_0=8.93\mathrm{g/cm^3}$；$D$ 为冲击波波速，km/s；c_b为铜的体声速，$c_b=3.94\mathrm{km/s}$；λ 为纯铜的声阻抗，$\lambda=1.489$；u 为波后粒子速度。

层裂发生前的应变速率为

$$\dot{\varepsilon}=\frac{1}{2c_b}\frac{\mathrm{d}F_{SV}}{\mathrm{d}t} \tag{3-15}$$

式中：$\dot{\varepsilon}$ 为应变速率，s^{-1}。

为简化计算，假设惰性材料等熵膨胀规律可以用冲击绝热线近似，从而 u 大小取自由面速度第一次达到峰值时速度的一半，F_{SV}为自由面粒子速度，m/s。

层裂强度的计算公式[57]为

$$\sigma_f=p_0c_b\Delta F_{SV}\left(1+\frac{c_1}{c_b}\right)^{-1} \tag{3-16}$$

式中：σ_f 为层裂强度，GPa；c_1 为铜的纵波声速，$c_1=4.77\mathrm{km/s}$；ΔF_{SV}为自由面速度剖面上第一个自由面粒子峰值的最高点到其随后最低点的速度差，即回跳速度，m/μs。

通过曲线可看出，试样 R3、P3、R4 所对应的峰值速度回弹分别为 180.81m/s、159.09m/s、245.01m/s。由以上公式得出，对应的无氧铜层裂强度、峰值冲击压力的结果见表 3－6。该峰值冲击压力小于一维平板冲击中冲击压力为 2.20～2.5GPa 时铜的层裂强度（1.48～1.49GPa[32]），也小于在 1.46～1.50GPa 冲击载荷下铜的层裂强度(1.31～1.38GPa[24])。不同试样的相关数据见表3-6。

表3-6　由自由面速度曲线获得的实验参数

试样	应变速率/s^{-1}	冲击压力/GPa	层裂强度/GPa	脉冲持续时间/μs
R3	1.76	3.29	1.12	1.31
R4	2.16	4.51	1.34	1.47
P3	1.05	2.88	1.09	1.15

在滑移柱壳爆轰实验条件下,层裂强度的降低可能是由试样形状与加载状态共同导致。在不考虑冲击波倾斜角的情况下,平板冲击与柱壳状冲击的层裂区应变和应力如下。

对于平板飞片冲击,为一维平面应变,即

$$\begin{cases} \varepsilon_y = \varepsilon_z = 0 \\ \dfrac{\sigma_x}{\sigma_y} = \dfrac{\sigma_x}{\sigma_z} = \dfrac{1-\nu}{\nu} \end{cases} \tag{3-17}$$

式中:x 为冲击方向;y 和 z 为径向方向(垂直于 x 轴);ε 为应变;σ 为应力;ν 为泊松比。

柱壳状试样的截面在压缩过程中的应力状态如图3-31所示。柱壳面产生层裂时的应力和应变关系为

$$\begin{cases} \varepsilon_\theta = \dfrac{v_r \Delta t}{R} = \dfrac{v_r * 2\delta}{C_l R} \\ \dfrac{\sigma_r}{\sigma_\theta} = \dfrac{1-\nu}{\nu + \dfrac{2\delta}{R}\dfrac{(1+\nu)(1-2\nu)}{1-\nu}} \end{cases} \tag{3-18}$$

式中:ε_θ为环向应变;v_r为径向速度;Δt 为层裂后冲击波的振荡周期;δ 为层裂层厚度;R 为层裂面所在柱壳面的半径;σ_r、σ_θ分别为径向应力和环向应力。

从式(3-17)可以看出,平面应变实验的径向应变在撞击过程中基本不变且 $\varepsilon_r = 0$,而柱壳面受冲击时环向应变处于压缩状态。当径向因反射稀疏波与入射冲击波相互作用由压缩变为拉伸的短时间内,可以认为环向压缩应变保持不变。为此,文献[58]通过采用施加初始径向应变来近似模拟柱壳面加载的受力过程。结果表明,初始预应力/应变明显降低了层裂强度。这表明试件的形状对层裂强度有影响。柱壳状试样由于存在曲率,柱壳在内爆压缩过程中存在环向压应力。环向的压应力相当于对试样

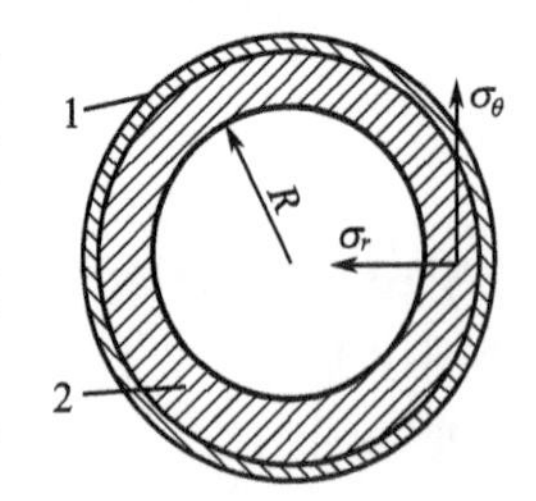

图3-31　冲击加载下圆柱壳试样的应力分布
1—炸药;2—圆柱壳体。

施加了附加预应变。事实上,孔洞倾向于应力集中点形核,而柱壳状试样中存在的环向应变,层裂区域的微元除了像平板一维冲击加载时的拉伸应力外,还存在环向应变,这使该微元的应力状态复杂,更容易出现应力集中,因此导致宏观层裂强度降低。

在滑移爆轰过程中,冲击波以一定的倾斜角在铜管壁中传播,这使得冲击波在自由面反射后,除了在柱壳试样的径向产生径向拉伸应力外,同时在轴向上产生轴向剪切应力(剪切应力的方向平行于滑移爆轰方向)。Gray[45]等在对钽的平板滑移冲击实验中也发现钽层裂强度降低,即在滑移爆轰产生的斜冲击波加载下,钽平板的层裂强度比一维平板冲击下要小。这个现象可能是由材料发生层裂时损伤机理发生改变造成的。在滑移爆轰加载下,层裂损伤过程由纯粹的拉伸断裂损伤过程转变成同时具有剪切损伤过程和拉伸断裂损伤过程,这使得试样出现损伤的临界冲击应力降低,即层裂强度降低。

(2) 不同冲击压力条件下试样孔洞分布规律。

图 3-32 所示为不同冲击压力条件下部分层裂面的金相,可见孔洞在试样的中间区域分布,沿冲击方向层裂区域相对于平板飞片冲击要宽,集中在离自由面 3~5mm 处。在试样 R32 中,孔洞在层裂区分布均匀,极少有孔洞的贯通;而在试样 R42 金相中,沿径向孔洞的分布区域相对集中,并且出现了 3 处明显的孔洞聚合、贯通现象,在两处贯通区域,周围的孔洞数量少和孔洞尺寸较小(图 3-32(b))。同时,在试样 R42 中孔洞的聚集方向均为最大剪切应力方向(与径向成 45°)。由于冲击波以一定倾斜角入射,造成在柱壳试样轴向产生轴向剪切应力,结合 3.1 节,说明在剪切应力作用下,孔洞沿着剪切应力方向聚集,也进一步证明,在滑移柱壳状无氧铜实验中,层裂的损伤机理发生了改变,即由纯粹的拉伸断裂损伤转变成拉伸和剪切相结合的损伤模式。在试样 P32 中,金相显微镜下仅观察到极少的部分区域发生了层裂,且层裂区的单个孔洞面积较小,孔洞在整个界面的分布更为散乱(图 3-32(b)中 c)。Yang 等[6]在平板无氧铜滑移爆轰实验中,也得到了初期层裂,但是在相同的外侧炸药条件下,柱壳状孔洞在层裂面分布宽,这可能是冲击波在内表面反射后。由于曲率使得冲击波在内表面反射后呈扇形发散,导致相对平板冲击应力更加复杂造成的。

由图 3-32 中(Ⅰ)~(Ⅲ)对比发现,从试样 R32、R42 到 P32 孔洞的尺寸不断增大,同时在图 3-32(a)Ⅲ中有贯通的孔洞,且贯通孔洞周围的微孔洞尺寸小,孔洞数量也少,对比造成这一结果的冲击条件,可以发现这一结果可能是由冲击应力及冲击波的持续时间共同作用导致的。首先,冲击应力不断增大,大量的研究证明,随着冲击应力的增大,孔洞的尺寸增大,同时,由于孔洞建得长大、贯通,使得孔洞周围的应力集中得到释放而被消耗,这反过来抑制了周围微

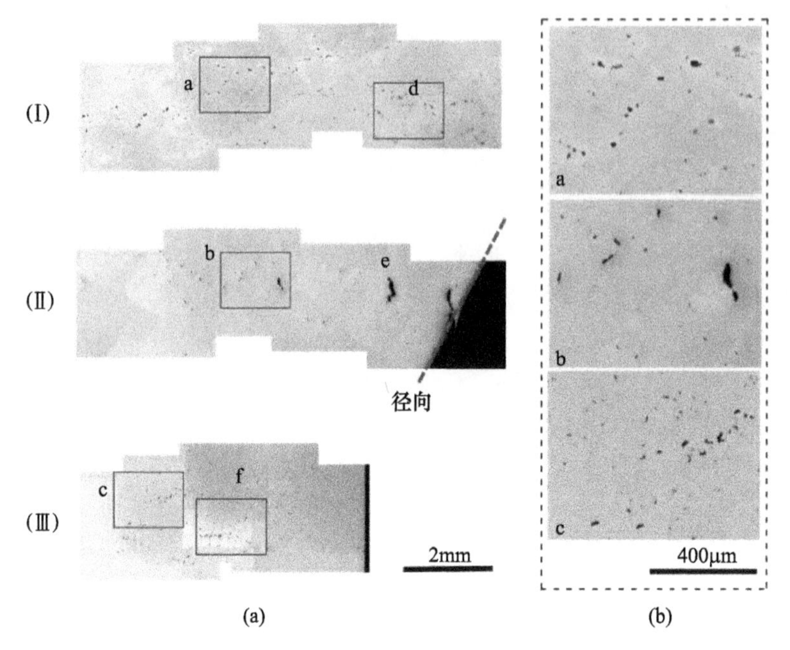

图 3-32　不同冲击压力条件下部分层裂面的金相

(a)软回收样品截面金相:(Ⅰ)~(Ⅲ)代表 R31、R32、R33 试样的层裂金相;
(b)其中 a~c 分别为试样(Ⅰ)~(Ⅲ)对应区域的放大金相图。

孔洞的形核,使得大孔洞周围的微孔洞数量较少(微孔洞的形核由应力集中导致),同时尺寸也较小;其次,对比图 3-30 中不同试样的自由面的速度曲线发现,从试样 R32、R42 到 P32,冲击波的振荡周期为 1.31μs、1.47μs、1.15μs。峰值应力的持续时间越长,孔洞长大及相互作用的时间也越长,这使得孔洞在相同条件下的尺寸也越大。这与一般规律,即随着峰值应力持续时间的增大,层裂损伤度增大吻合。

图 3-33 所示为图 3-32(a)对应的 d、b、f 区域对应的 10°扇形面积内径向上损伤度 D_A的分布情况,损伤度即为所在区域孔洞面积与相对应的区域面积的比值 A_V/A。其中 A_V为测量区孔洞的面积,A 为测量区总面积。对比 3 种试样的统计后结果证明,最大损伤度随着冲击应力的增大而增大,而且损伤区域同图3-31 中的金相观察的结果一致,即随着应力增大,最大损伤都增大,损伤区域更为集中。

(3) 相同冲击压力条件下离起爆端不同位置的孔洞分布的影响。

对于外侧相同冲击压力下距离起爆端不同位置的层裂,在此以试样 R3 为例,由于外侧粉体炸药的填充不均匀等因素的影响,导致滑移爆轰冲击波的不稳定。在半圆弧形截面中,图 3-32(a)中Ⅰ~Ⅲ分别对应试样 R31~R33 的截面

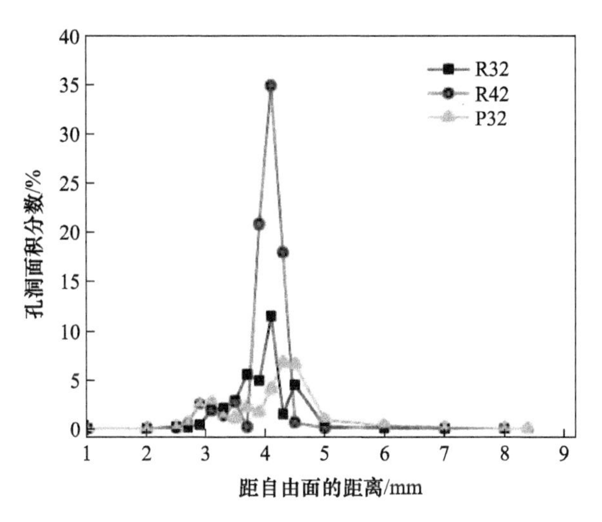

图 3-33　孔洞面积分数与距自由面距离的关系曲线

层裂区的部分金相图，试样孔洞分布如图 3-34 所示。

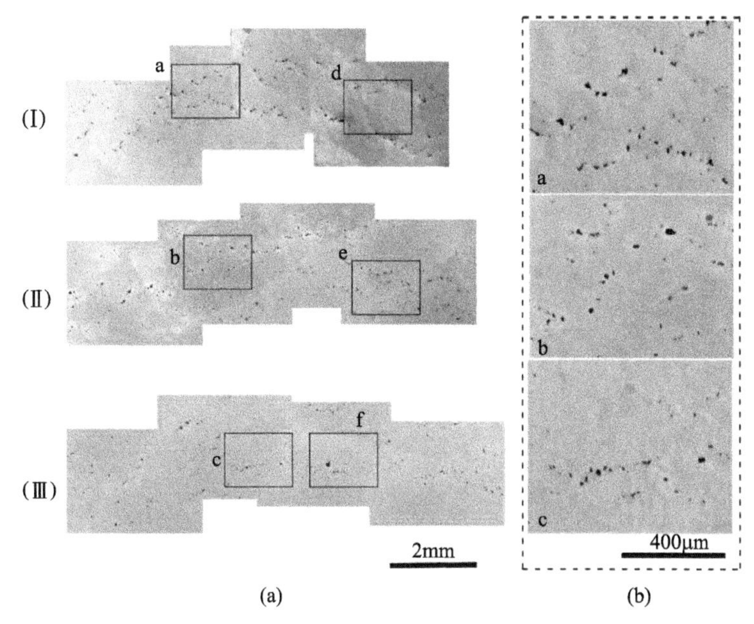

图 3-34　试样孔洞分布

(a)软回收样品截面金相:(Ⅰ)~(Ⅲ)代表 R31、R32、R33 试样的层裂金相;
(b)其中 a~c 分别为试样(Ⅰ)~(Ⅲ)对应区域的放大金相图。

从图 3-34 可看出，离起爆端的距离对孔洞的形核和长大影响小，层裂面分布在距离自由面 2.8~5mm 范围内，且金相照片(Ⅰ)、(Ⅲ)均发现有次生层裂面出现,层裂面间距为1.2~1.4mm,Yang[6]等在平板的滑移爆轰实验中也有相似的现象产生。在两个层裂面之间,有一定的单独形核的孔洞分布,但数量较少,这可能是柱壳状试样的自由面存在一定曲率,入射波在自由面反射后冲击波发生散射,使得入射波与反射稀疏波相互作用变得复杂而产生。

图3-35所示为图3-34(a)中e、d、f对应的圆心角为10°的扇形范围内损伤度沿自由面距离上的分布。从图中可看到,沿滑移爆轰方向,试样的最大损伤度相互无区别,最大损伤度集中在12% ~14%的范围内,且相互之间最大损伤度在2%以内小幅波动,即:相同外侧冲击压力下,沿爆轰方向柱壳状无氧铜试样的最大损伤度与距起爆点的距离无关。同时,从图中也可以观察到,试样R32的最大损伤度出现的区域相对试样R31、R33要距自由面远。且在冲击方向上,孔洞的分布集中在3.5~4.5mm范围内。而试样R31和R33则分布得较广,在2.5~4.5mm处均有分布。

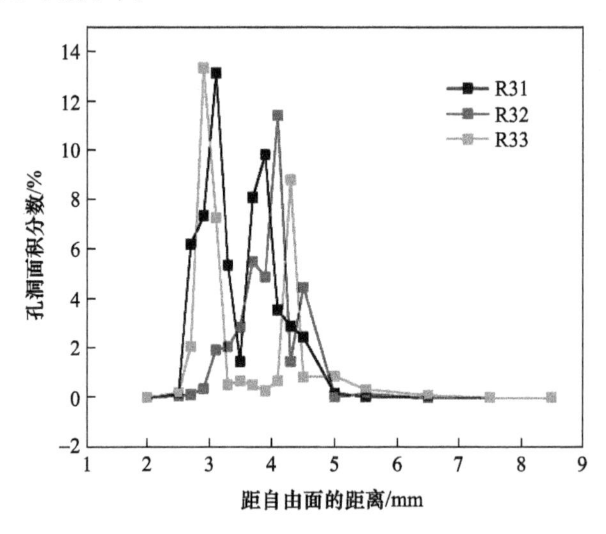

图3-35 孔洞面积分数与距自由面距离的关系曲线

综上所述,通过滑移爆轰加载,获得柱壳状无氧铜的初期层裂试样,利用DPS测速技术获得其自由面速度曲线,并利用金相显微镜对滑移爆轰下柱壳状纯铜层裂试样的孔洞分布特征进行研究,得到结论如下。

① 在滑移爆轰产生的斜冲击波加载下柱壳状无氧铜产生了层裂;但与一维平板冲击相比,滑移爆轰加载下铜的层裂强度比一维平板冲击下小。柱壳状试样的形状在冲击过程中相当于增加了径向预应变,这使得试样内部更易出现应力集中,导致宏观层裂强度降低;其次,滑移爆轰产生的斜冲击波在试样的轴向产生剪切应力,该剪切应力使得损伤机理由拉伸断裂损伤演变成拉伸断裂和剪

切断裂共同作用,这使得层裂强度降低。

② 随着冲击压力的增大,柱壳状无氧铜试样的损伤度增大,层裂区域更加集中;在冲击压力为4.51GPa时有孔洞长大、聚集出现,孔洞的聚集方向是最大剪切应力方向。滑移爆轰过程中冲击波由于倾斜角的存在使得沿轴向上产生的轴向切应力,导致损伤过程中存在剪切断裂损伤是造成这个现象的主要原因。

③ 在外部冲击压力一定的条件下(3.29GPa),距离铜管起爆端30mm、40mm、50mm处对应的层裂面最大损伤度波动小(2%),表明沿滑移爆轰方向的层裂损伤保持一个相对稳定的状态不变。

2)滑移爆轰条件下高纯铜柱壳层裂孔洞三维分布特征

随着科学技术的发展,XRCT技术在层裂领域的应用使得层裂损伤的三维定量分析成为可能。Yang等[6]利用XRCT对滑移爆轰平板铜的层裂软回收试样的层裂损伤度进行了统计,并与二维金相条件下的层裂损伤度进行对比,发现二维条件下通过体视学原理得到的损伤度分布于三维的定量统计有一定差异,且误差在10% ~15%内。Brown等[29]研究了一维平板冲击下不同形变热处理的多晶铜试样的层裂行为,利用XRCT得到多晶铜层裂区重构图,发现在退火态中层裂区孔洞呈椭球或者球形,而在形变热处理后的层裂试样中,孔洞呈片状或者杆状。

目前层裂损伤的三维研究,都是以一维平板冲击下的层裂行为为主,而在复杂应力下层裂行为的三维研究却极少。Yang等[9]利用XRCT技术,对软回收后的柱壳状无氧铜的初期层裂行为进行定量表征,得到层裂区域孔洞的形貌参数和不同应力条件下孔洞的长大方式,为柱壳状金属层裂行为的研究提供数据支撑和理论指导。

利用XRCT对软回收试样进行表征,以研究损伤的空间分布。垂直于板面方向取样,取样方式如图3-36所示。为保证试样被完全穿透,试样被制成$\phi 500\mu m$的圆柱,长度约为8mm。

XRCT在上海光源(SSRF)BL13W线站进行,实验所用光子能量为50keV。使用2048×2048像素的16位高分辨率探测器。试样距CCD距离为10cm,穿透率维持在30%以上。对试样中长约1.5mm的区域进行扫描,扫描过程中试样旋转180°。每个试样拍摄照片数量为720张。照片的曝光时间为10s,放大倍数为10倍。之后利用PITRE软件对CT照片进行重构,重构后的像素尺寸为$0.65\mu m \times 0.65\mu m \times 0.65\mu m$。首先利用AMIRA 5.4软件对图片进行三维重建后利用简单的阈值法二值化,将图像分为孔洞和基体两部分;然后利用分水岭分割算法将不同的孔洞区分开来;最后获得试样中尺寸为$455\mu m \times 455\mu m \times$

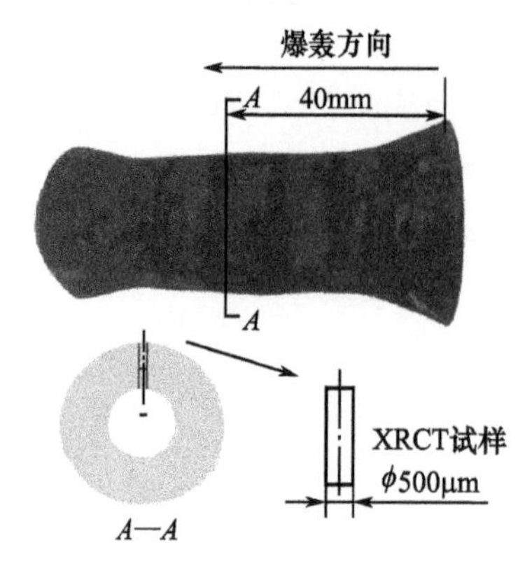

图 3-36　在滑移爆轰加载过的试样 R4、P3 上截取 XRCT 试样的取样方式

650μm 区域的微孔洞三维空间分布，对重建试样进行了定量分析。为了将定量分析的绝对误差限制在 10% 以下，测量一个物体的表面积至少需要大约 80 个像素；测量体积至少需要大约 120 个像素；测量 3D Feret 形状至少需要大约 1000 个像素，其中一个像素指一个长度等于分辨率的立方体。3D Feret 形状是用来定量测量物体中最大和最小特征长度的参数。本实验中像素尺寸为 0.65μm，每个像素的体积为 0.275μm³。为了提取用于定量分析的孔洞体积，指定了一个局部阈值，并且选择大于相互连接的 80 个体素，其对应的孔洞临界体积为 21.97μm³。本节中的球度、伸长度、平面度等参数的计算公式见 3.1.3 节。

（1）不同冲击应力下层裂试样的三维重构图分析。

依据所测柱壳状高纯铜滑移爆轰自由面速度曲线，测得的试样 R4、P3 各个力学参量数据见表 3-6。

经过 CT 图片的重构后将孔洞与基体分割，最终得到的不同冲击应力下的孔洞重构分布如图 3-37 所示，其中不同颜色代表不同位置的孔洞。裂区重构图尺寸为 455μm×455μm×650μm，从图中可以清楚地分辨出孔洞的分布及形状。从图中可看出，孔洞都趋近于分布在所取试样的上部分。在试样 P3 的孔洞重构图中，孔洞的尺寸较小，在层裂区广泛分布且孔洞的数量也较少，不同的视野中均没有发现贯通的孔洞，这说明孔洞在试样 P3 中，在拉伸应力作用下呈独立形核、长大。在试样 R4 的重构图中，孔洞在重构区域均有分布，但在重构区域的上部，孔洞损伤度更大，这与试样 P3 的分布类似；在试样 R4 中，单个孔洞的尺寸较大，出现了孔洞的贯通长大。这意味着随着冲击应力的增大，层裂的损伤度提高，且孔洞间的长大方式发生了改变，由独立长大向孔洞相互聚集贯通长大转变。试样 P3、R4 的孔洞尺寸定量统计结果见表 3-7，为保证统计结果的准确性，本次统计过程中，孔洞最小临界体积为 300μm³，从表格中也可以直观地看出不同冲击应力条件下相同体积内孔洞的数量及体积分布。试样 P3 和 R4 中，孔洞的数量相差不大，但是孔洞的体积却有着很大的区别，在试样 R4 中，最大孔洞的体积是试样 P3 最大体积的 30 倍，同时平均体积也比试样 P3 大。

孔洞尺寸在试样 P3 和 R4 的差异，是由冲击应力的大小和冲击应力的持续

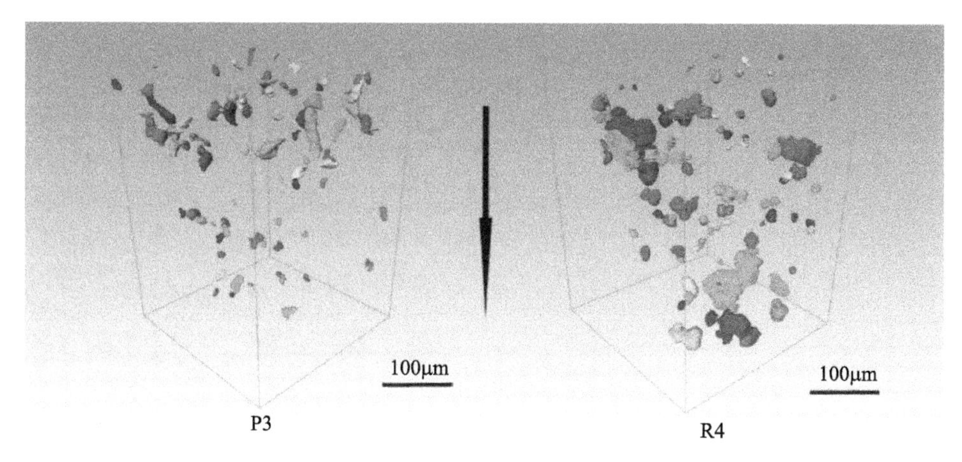

图 3－37　不同冲击条件下软回收试样 P3、R4 的层裂区域重构图(见彩图)
(其中不同的颜色代表不同位置的孔洞,黑色箭头方向为冲击方向)

时间发生改变共同导致的。一方面,随着应力的增大,在层裂区的应力集中程度加深,这为孔洞的不断长大提供了动力;另一方面,结合速度曲线(图 3－30),试样 P3 和 R4 中冲击应力的振荡周期分别为 1.15μs 和 1.47μs。随着周期的增大,在层裂区处于峰值应力状态下的时间也越长,这使得孔洞发生长大的时间增多,导致孔洞在试样 R4 中出现大量形核、长大和贯通,最终使得孔洞的体积都比试样 P3 中的要大。

表 3－7　不同试样重构图中孔洞的定量统计

试样	孔洞数目	最大孔洞体积/μm^3	孔洞体积均值/μm^3
P3	88	18378.18	2737.28
R4	101	664644.13	25875.23

(2) 不同冲击应力条件下层裂试样的孔洞形貌特征定量分析。

孔洞的长大方式不同,单个孔洞的形貌特征参数也有区别,利用三维软件,定量统计并分析孔洞的形貌,这些参数包括孔洞的球度、伸长度及平面值等。

孔洞的球度 S_p 为物体与球形相比所具有的完整度,对于球形,$S_p=1$。通过对层裂区孔洞的 S_p 进行统计,可以得到不同孔洞的完整度,从而得知其形状。图 3－38 所示为不同冲击应力条件下对应的试样中孔洞的 S_p 大小与孔洞数量的曲线关系。从图 3－38 可以看出,试样 P3 中,大部分孔洞球度在 0.6 以上,这说明在试样 P3 中,孔洞完整度高,孔洞趋于球形,表明在试样 P3 中,孔洞保持独立形核。在试样 R4 中,大部分球度在 0.8 以下,与试样 P3 相比,孔洞远离球形。

在本次实验中,考虑到软件统计过程中图像的分辨率对孔洞形貌的影响,借鉴文献[29]的方法,即规定伸长度和平面在 1～0.7 范围内,认定为球形;在

0. 35 ~1 之间为椭球形，其余的为杆状。统计后孔洞的伸长度与平面度之间的关系如图 3 -39 所示，可见伸长度越小，孔洞的横截面越趋近于圆；同时平坦度越大，纵向截面也趋近于圆，其中球形的伸长度和平面度为 1；试样 P3、R4 中孔洞在伸长度—平面度关系图上分布广泛，部分呈球形或者椭球形（$E_1>0.35$，$F_1>0.4$），即在试样 P3 和 R4 中，大部分孔洞依然保持着独立长大的状态；同时在试样 P3 和 R4 中，也都可以找到杆状孔洞（$E_1<0.35$）。

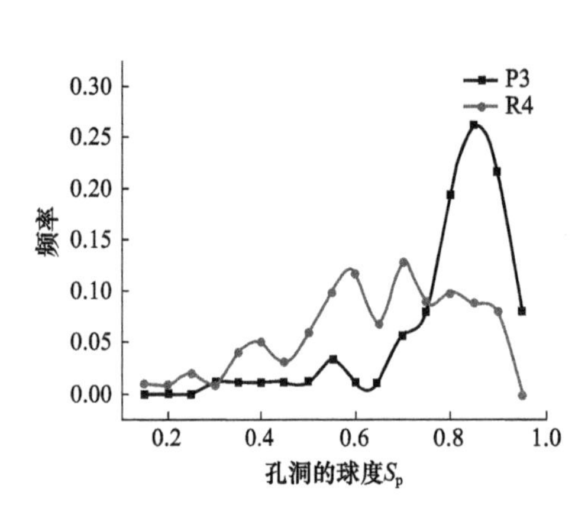

图 3 -38 不同冲击应力下层裂区孔洞的球度分布曲线

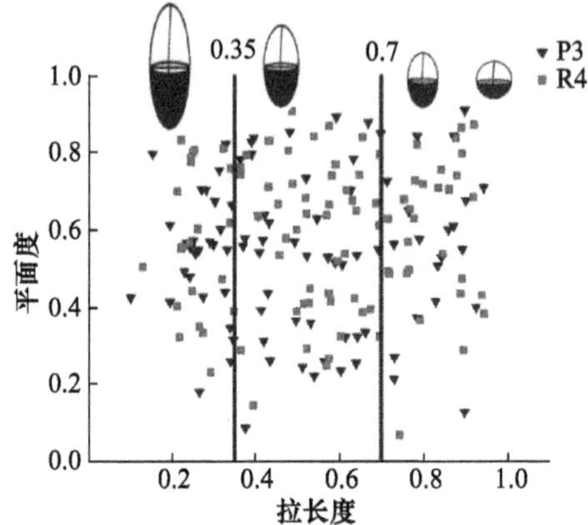

图 3 -39 试样 P3、R4 的伸长度—平面度与孔洞形状的关系

在前期滑移爆轰下无氧铜平板的实验中，在冲击应力为 2. 90GPa 的退火态铜试样中，观察到孔洞基本呈球形或者椭球形；而本次滑移爆轰加载柱壳状铜的实验中，试样 P3 在 2. 88GPa 应力下获得，两者的冲击应力值相似，且统计方式及对孔洞形状的定义一致的情况下，但两者出现了明显的差异。为此，对试样 P3、R4 中体积最大的 10 个孔洞的形状参数进行统计，统计结果见表 3 -8。统计结果表明，在试样 P3、R4 中，最大的 10 个孔洞表现为平均伸长度小于 0. 4，且平均平面度在 0. 5 左右，这说明大孔洞都为杆状，即试样 P3、R4 的伸长度—平面度与孔洞形状的关系中出现的杆状孔洞是这些大孔洞。

表 3 -8 试样 P3、R4 中孔洞形状参数统计

（对应的孔洞为试样中体积最大的 10 个）

试样	平均体积/μm^3	平均球形度	平均伸长度	平均平面度
P3	9655. 73	0. 86	0. 39	0. 57
R4	105016. 33	0. 77	0. 40	0. 53

在试样 P3 中，由于冲击应力较小，孔洞单独形核长大，而没有相互贯通现象出现（图 3 -40）。单独形核的孔洞一般倾向于在晶界形核。在试样 P3 中有孔

洞呈杆状，说明孔洞沿着晶界形核并沿着晶界长大。在多晶铜中的晶界为薄弱点，容易出现应力集中而使得孔洞在晶界上形核，同时，由于柱壳状试样曲率的影响，使得层裂区微元的应力状态不均匀，局部的应力不均促使孔洞更易倾向沿着容易出现应力集中的位置扩展，即沿着晶界长大，造成一部分孔洞呈杆状。对于试样 R4，由于冲击应力较大，且冲击应力持续时间较长，单独形核的孔洞在长大到一定程度后，由于两者间距达到一定临界值，使得孔洞出现相互贯通，造成其内部出现杆状孔洞。并造成不同冲击应力下孔洞的体积相差较大，但是孔洞的形状都呈杆状。

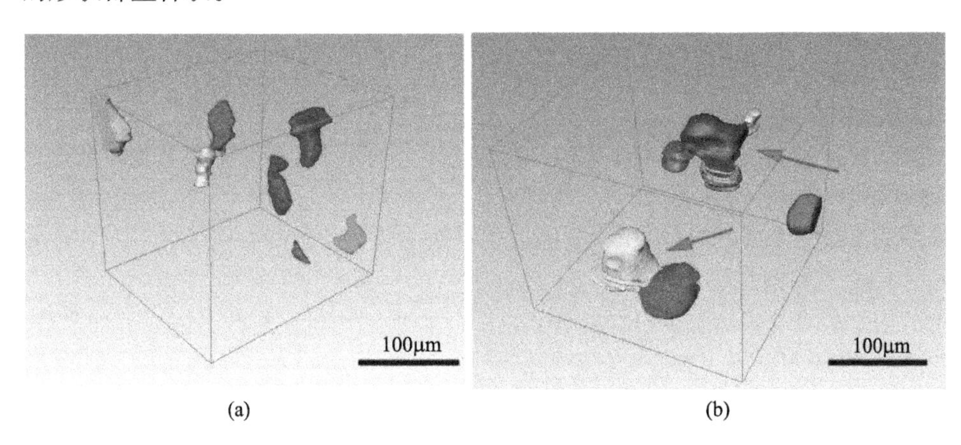

图 3－40　试样 P3 和 R4 的部分三维重构图

(a)试样 P3，孔洞呈独立长大；(b)试样 R4，孔洞呈现贯通长大(红色箭头所示为呈杆状的贯通孔洞)。

在相同的较低应力下(2.88GPa)，柱壳状试样中的孔洞形貌与平板冲击无氧铜的三维孔洞的形貌存在差异，这可能是由于本实验中试样形状的改变导致的。柱壳状无氧铜由于其柱壳的曲率，在层裂发生前，从自由面反射的稀疏波向外呈扇形发散，反射波与冲击波相互作用产生的拉伸应力是导致出现层裂损伤的原因。在层裂区，由于反射波扇形发散，使得在柱壳状试样中的孔洞形核点的应力状态复杂，这导致孔洞形核点周围的应力分布不均匀，孔洞沿着应力较大的方向长大，最终在柱壳状试样中容易形成杆状孔洞，而在一维平板冲击试样中，由于应力在层裂区微元均匀分布，使得只有球形或者椭球形孔洞形成。

综上所述，利用滑移爆轰加载技术，获得柱壳状无氧铜的初期层裂试样，并利用 DPS 实时测速技术得到柱壳无氧铜内表面的速度—时间曲线，并利用三维 XRCT 技术，对软回收的高纯无氧铜试样的层裂行为进行研究，获得不同冲击应力下层裂区域孔洞的尺寸、形貌等参数的分布特征，得到结论如下。

① 滑移爆轰过程中，冲击应力增大，层裂区的孔洞体积增大，试样 R4 的平

均孔洞体积为试样 P3 的 10 倍。这是由冲击应力及其持续时间共同决定的;一方面随着冲击应力增大,孔洞体积增大,同时由于峰值冲击应力持续时间长,为孔洞的进一步长大、聚集提供了时间。最终导致两种冲击状态下孔洞的体积出现差异。

② 随着冲击应力增大,层裂区孔洞的球度减小,然而,不同冲击应力下是层裂试样中孔洞的形貌参数(如伸长度和平坦值)却有着相同的分布规律,即不同冲击应力下,均出现椭球状或杆状的孔洞。在较低冲击应力下(2.88GPa),孔洞保持独立形核、长大,杆状孔洞是由于孔洞在晶界单独形核后沿着晶界长大造成的。而在较高冲击应力条件下(4.51GPa),孔洞长大到一定程度后相互贯通,最终得到杆状的贯通孔洞。

③ 在相同的较低应力下(2.88GPa),柱壳状试样中的孔洞形貌与平板冲击无氧铜的三维孔洞的形貌存在差异,平板试样中,孔洞基本呈椭球形或者球形,而在柱壳状层裂试样中,部分孔洞呈杆状。试样形状不同,造成冲击过程中层裂区的应力状态不同,并最终在层裂区出现不同形貌的孔洞。

2. 晶界对滑移爆轰条件下柱壳状高纯铜的层裂行为的影响规律与机制

近年来对一维平板冲击加载方式下的材料微结构对层裂行为影响得到了广泛研究,然而更贴近工程应用的层裂现象通常发生在复杂的应力条件下,而目前对于复杂应力条件下层裂的研究则较少。最近 Gray[45] 利用滑移爆轰加载获得不同损伤程度的钽金属平板层裂试样,发现冲击波具有的倾斜角使得钽的层裂强度降低,同时随着冲击波倾斜角的增大,更容易发生孪生变形;Yang 等[8] 在平板高纯铜的滑移爆轰加载实验中,发现较低的冲击应力下也发生了孪生,且层裂损伤主要在晶粒的泰勒因子(TF)高的一侧晶界形核。在此介绍利用滑移爆轰加载无氧铜柱壳状体,借助 DPS 激光干涉测速技术、金相显微技术(OM)和背散射电子衍射技术(EBSD)对复杂应力下的晶界对高纯无氧铜层裂行为的影响研究,实验结果可为复杂应力下的无氧铜层裂行为的研究提供参考。

1) 晶界类型对孔洞形核位置的影响

冲击后试样 R3 的晶界重构如图3-41所示,图中黑色部分为一般大角度晶界,红色为$\Sigma 3$ 晶界,由 3.2 节知,这些$\Sigma 3$ 晶界全部为退火孪晶界。从图中可以发现,孔洞都集中在晶界处,尤其是晶界的交点,而在晶粒内部,则没有发现孔洞的形核。从放大图中可以看出,孔洞的形核点为一般大角度晶界(HAGB)的交叉节点和 HAGB 与终止孪晶晶界的交叉点,同时孔洞沿着晶界呈椭圆形长大或者沿晶界伸长。Peralta[28] 在的纯铜平板冲击中,发现孔洞在晶界交点和终止孪晶界形核。但是在本次实验中,孪晶界或者单独的终止孪晶界上,没有发现孔洞的形核。研究表明,孔洞倾向于在应力集中点形核,在冲击加载下,有大量位错生成并滑移到晶界处聚集出现应力集中。Wayne 等[32]认为,终止孪晶和 HAGB 为弱晶界,其中 HAGB 具有高的晶界能和较低的界面能,这导致局部容易出现应力集中,而终止孪晶中有些晶界面不是{111}孪晶面,这些终止孪晶界为高能孪晶界,这是造成这类晶界是孔洞形核点的主要原因。而孪晶界则相反,其晶界能量仅为 HAGB 的 1/50,低能量的界面结构非常稳定,这使得孪晶界在冲击加载下对孔洞形核有阻滞作用。同时,只要当达到一定应力阈值后,聚集在孪晶界处的滑动位错在孪晶界两侧的晶粒有重合的晶格面后,滑移就能越过孪晶界或者激活二次滑移,而使应力集中消除,抑制孔洞的形核。而本次实验的冲击应力为 3.28GPa,可满足这一应力要求。近期 Fensin[59] 对不同晶界在冲击应力下的形核过程分子间动态模拟也证实,Σ3 晶界具有发散位错而消除应力集中的性质。

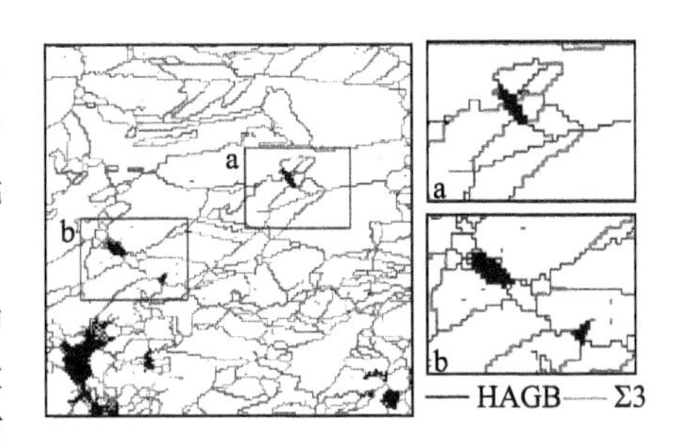

图 3-41　冲击后试样的晶界重构图
(a、b 均为左图中对应面积的放大图)

本次试样采用的是多晶体无氧铜柱壳,由于晶粒小(31.52μm),使得单位体积内晶界的交点增多,而构成这些节点的晶粒 TF 值不同,这造成了晶界交点处的塑性变形能力出现应变不兼容,即容易产生应力集中,造成孔洞形核多集中在晶界交点处。

2）冲击方向对孔洞形核的影响

以往的研究表明,孔洞容易在晶界形核,然而除了材料本身的晶界取向差外,冲击方向与晶界的夹角也有可能对孔洞的形核有影响。图 3-42 所示为冲击方向与观测面的几何关系,为了简化统计,统计了半径方向与晶界之间的夹角 θ 与孔洞形核的关系(冲击应力在 Z 轴上的应力分量的方向与半径方向重合)如图 3-42(b)所示。统计结果如图 3-43 所示。从图 3-43 中可以看出,随着 θ 角增大,孔洞的形核率增高,与半径夹角为 67.5°~90°的晶界上,孔洞形核率达到 46.8%。事实上,滑移穿过晶界传播比在晶粒内部传播困难,这造成了平行于半径方向的晶界上聚集的位错会通过晶粒内部产生滑移而降低应力集中,从而减少了孔洞形核,而在垂直于半径方向的晶界由于位错越过晶界困难,只能通过孔洞在此类晶界上大量形核来释放应力。Fensin[59] 和 Yang[8] 分别对飞片冲击下和滑移爆轰下的平板试样的形核点进行了统计,也得到了类似的结论,但是在 Fensin 和作者的结果中,67.5°~90°的晶界上的孔洞形核率分别是 0°~22.5°晶界上的 8 倍和 3 倍,而本次实验的结果介于两者之间,为 4 倍。在本次实验中,由于圆柱壳体试样有一定的曲率,冲击波在自由面反射后,出现冲击波呈扇形向外发散,不同位置的半径方向不同,这有利于孔洞在接近垂直于半径方向的晶界形核。同时,虽然冲击载荷在 EBSD 观测面上的分量与半径方向平行(图 3-43(b)),但是在 EBSD 观测面的法向上还存在一个冲击载荷的分量(X 轴方向),且该分量与 EBSD 观测面上的晶界所在平面垂直。该应力分量会在晶界上形成剪应力,该剪应力促进了位错的运动而松弛应力集中,从而不利于孔洞形核。由于上述原因的综合作用,最终造成了与不同冲击方式下的形核差异。

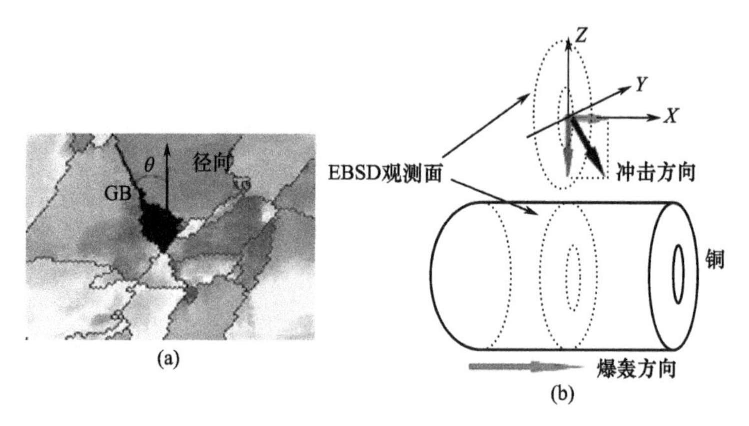

图 3-42　冲击方向与观测面的几何关系

(a)含有孔洞的晶界和径向间的夹角 θ 的测量;(b)在不同方向上的应力分量。

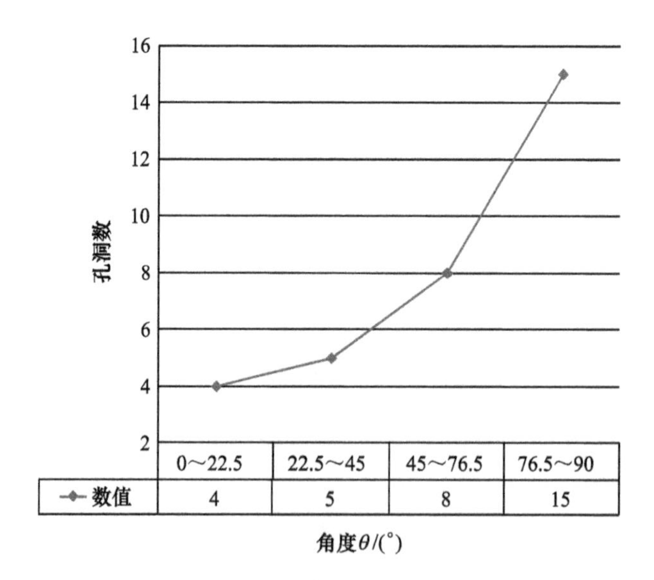

图 3-43　孔洞数与 θ 角的关系曲线

3）晶粒取向对孔洞形核位置及长大方式的影响

层裂试样的 Taylor Factor(TF)图如图 3-44 所示,其中箭头所指方向为冲击方向,TF 是晶体抵抗塑性变形能力的有效参考量,其值越小,独立活化滑移系的组合越多。除了前述晶界与冲击载荷方向的夹角影响孔洞形核外,另一个影响孔洞形核的重要因素是晶粒取向即晶粒的 TF 值。在一定的载荷条件下,这两个因素相互竞争,即在晶界与冲击方向的夹角较小时,晶粒的 TF 值起主导作用,而当夹角较大时,TF 值的影响就会被削弱,即优先形核于晶界与冲击方向的夹角较大处。

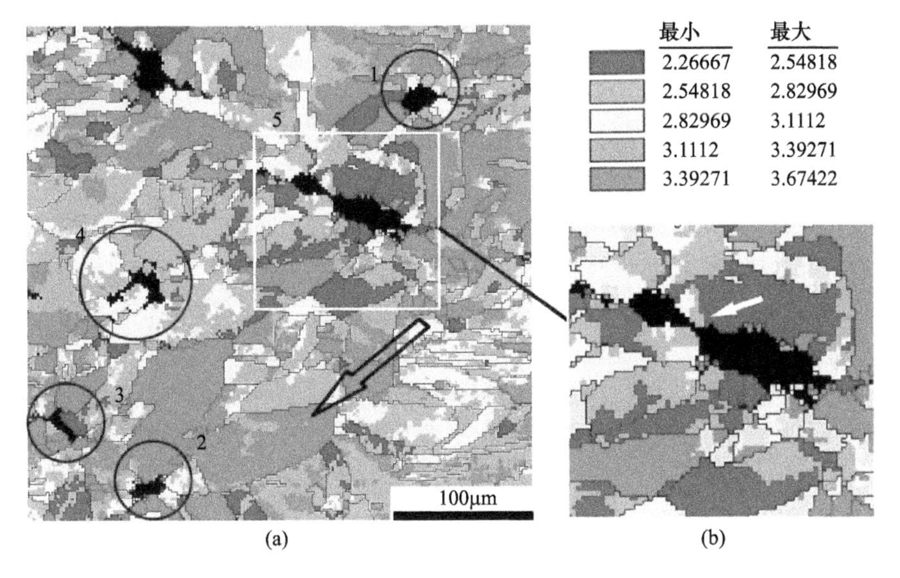

图 3-44　层裂试样的 TF 图(见彩图)

(a)冲击后试样的泰勒因子 TF 图(不同的颜色代表具有不同 TF 值的晶粒);(b)图(a)中方框的放大图。

如图 3-44(a)中 1、2、3、4 所示,孔洞大部分都是在 TF 值较高的晶粒(红色)与其他晶粒间的晶界上形核,这是由于这些晶粒(红色)的滑移系少,难以发生塑性变形,而相邻的其他晶粒塑性变形能力强,这使得晶界两侧的塑性变形能力不一致而产生应力集中,同时晶界与冲击载荷方向的夹角较小,此时 TF 值的大小起主导作用,因此孔洞在 TF 值较高的晶粒与其他晶粒间的晶界上形核,如图 3-44(a)中 1、2、3、4 所示。Yang 等[8]在平板的滑移爆轰中,发现孔洞向着 TF 值高的晶粒长大。但是在本次实验中,孔洞向 TF 高晶粒长大的倾向不明显,且观察到孔洞沿晶界长大(图 3-44(a)中 3、4 所示)。

在图 3-44(a)的 5 中,两侧 TF 较低的晶界上,也发现孔洞形核,这主要是该晶界与冲击应力垂直导致的,垂直载荷方向的晶界比平行载荷方向的晶界更容易形核，分子动力学模拟[27]结果显示，垂直于载荷方向的晶界并没有发生太多的塑性变形。而平行于载荷方向的则出现了位错发射的现象。在垂直于载荷方向这种情况，晶界上缺乏塑性变形，会降低孔洞形核所需应力的临界值。因此，此时位于垂直于冲击应力方向的晶界，其两侧 TF 值的影响就会被削弱甚至被抑制，即优先孔洞形核于晶界与冲击方向的夹角较大处，如图 3－44 中的标示 5 所示，而且这两个孔洞间已经出现了贯通（图 3－44(b)白色箭头所示）。

本节利用 DPS、金相显微镜和 EBSD 技术，对晶界类型、晶粒取向和载荷方向等微结构对柱壳状高纯铜层裂行为进行研究，相关结论如下。

(1) 柱壳状无氧铜在滑移爆轰加载下，层裂强度比一维平板冲击下要小。这是由于试样形状和冲击波的倾斜角综合作用的结果。在冲击过程中柱壳状试样出现径向应变，这使得试样的各向异性的程度增加，导致层裂消耗的能量相对减少。因此，出现宏观层裂强度降低：同时，倾斜冲击波使得试样的轴向存在一定的剪切应力，这使得材料更容易出现断裂，即层裂强度降低。

(2) 柱壳状试样存在的曲率使得形变孪晶形成的阈值提高。冲击波在压缩圆柱壳体试样过程中会产生汇聚，使得在相同冲击应力条件下，柱壳状试样存在环向压应力，环向压应力抑制了晶格的切变，即提高了柱壳状无氧铜形变孪晶的形成阈值。

(3) 随着冲击应力在半径方向的分量与晶界的夹角增大，孔洞的形核率升高；然而夹角在 67.5°～90°的晶界上的孔洞形核率与 0～22.5°晶界上的形核率之比介于相似条件下平板飞片冲击和平板滑移爆轰冲击实验的结果之间。在柱壳状试样中，冲击波在自由面反射后，出现冲击波呈扇形向外发散，不同位置的半径方向不同，这有利于孔洞在接近垂直于半径方向的晶界形核；同时滑移爆轰条件下的冲击应力存在倾斜角而出现垂直于观测面的剪应力，这促进位错运动而松弛应力集中；这两个原因综合造成了本次实验出现的差异。

(4) 在柱壳状无氧铜层裂试样中，孔洞集中在一般晶界的交叉点和一般晶界与终止孪晶的交叉点形核。在一定的载荷条件下，晶界与冲击载荷方向的夹角以及晶粒取向（TF 值）这两个因素都影响孔洞形核：在晶界与冲击方向的夹角较小时，晶粒的 TF 值起主导作用，同时较小 TF 的晶粒两侧的孔洞更倾向于聚集长大，这是由于构成这些交叉点的晶粒 TF 值不同，这造成了晶界交点处的塑性变形能力差异，容易使得应力集中而出现孔洞形核，同时孔洞的长大和晶粒微观取向（TF）相互影响，导致较小 TF 的晶粒两侧的孔洞更倾向于聚集长大；而当夹角较大时，TF 值的影响就会被削弱，即优先形核于晶界与冲击方向的夹角较大处。

3.3 相界面对多相合金层裂的影响

“界面”是材料极为重要的组成部分，界面具有传递、阻挡、吸收、散射和诱导等诸多功能，因而是影响材料性能的关键。多相合金材料中同时存在相界面和晶界，相界是指结构不同或结构相同而点阵参数不同的两块晶体的交界面，晶界是指结构相同而取向不同的两个晶粒之间的界面。相界、晶界的存在必然对冲击波在金属中的传播、进而对层裂过程中微孔洞的形核/长大乃至最终裂纹沿“界面”的贯通都有着重要而深刻的影响。目前，大量的工作还主要集中在对单相纯金属层裂问题的研究，一般认为“晶界”是微孔洞择优形核位置，Yang等[6-10]前期也以高纯无氧铜为对象，探究了影响其层裂行为的“晶界效应”，即晶界类型、晶粒取向、晶粒尺度等对高纯金属层裂行为的影响规律与机制。然而，工程上广泛应用的是多相合金材料，目前国内外对合金中“相界面”对层裂的影响的相关研究甚少，相界面对动态损伤的形核与演变的影响规律与机制至今不甚清楚。

材料力学性质的显著特征是微结构敏感。只有合理调控材料结构，才能达到改善材料性能/效能的目的。此外，人们普遍认识到微孔洞的形核是损伤演化发展过程的第一个阶段。为了准确地预测韧性材料的层裂强度，深入理解层裂过程的第一个阶段——孔洞形核最为关键。因此，研究合金的相界面对层裂损伤演化尤其是微孔洞形核的影响的重要性凸显。众所周知，在准静态载荷作用下，由于两相的物理、力学性能的差异而容易导致在两相的界面上产生应力与应变等的不匹配，因而相界面是一种“弱连接”，相界面往往是孔洞择优形核、长大的位置，这是目前基于准静态载荷下损伤断裂理论的一般规律。然而，按照冲击理论[60]：高应变速率动态加载过程即是应力波在金属中的传播过程，界面会对冲击波产生相互作用和反射。那么在动态加载条件下，相界面对层裂过程中微孔洞的形核、长大会产生什么影响？其影响规律与机制是什么？这是目前国内外普遍缺乏研究和认知，却又是航天、航空、军工等诸多领域面临的亟待解决的关键问题。

目前，关于相界面(第二相)对层裂孔洞的形核和演变影响的研究并不多见。国内外关于合金层裂行为的主要研究有：Hixson 等[61]关于含氧化铝杂质的铝以及 Cu/Nb 复合材料的工作都表明层裂行为对界面的依赖性，Al/Al_2O_3 系的层裂强度比纯铝的低，且层裂强度高低取决于 Al_2O_3 的体积分数与颗粒形态；而含有 15vol.% Nb 颗粒镶嵌在 Cu 基体的 Cu/Nb 复合材料的层裂强度和高纯铜的层裂强度一样；Thissell 等[62]的研究表明，孔洞形核对层裂样品的最终孔洞分布起主导作用，两种不同纯度的铜，由于第二相粒子特性的差别，可导致层裂强度相差 50%；Minich 等[52]探讨了含有 SiO_2 杂质的单晶铜的层裂，发现小而硬的 SiO_2 降低了孔洞形核所需应力；Cerreta 等[63]研究了冲击加载下纯铜与 Cu－1wt% Pb 双相合金的层裂行为，结果表明没有加入铅的纯铜中损伤形核明显减少，但相应的损伤演变速度更快；Beyerlcin 等[64]研究了 Cu－Nb 纳米层状（名义厚度为 135nm）复合材料在平板撞击加载下的动态变形和失效，发现初始纳米孔洞倾向于在 Cu 相内形核，而并不是沿 Cu－Nb 界面形核，该发现和此前一般认为孔洞形核于界面的结论矛盾；Fensin 等[65]研究了 3 种多晶材料 Cu 及 Cu－24% Ag、Cu－15% Nb 两种合金。初步结论表明，Cu－Ag 合金中孔洞在 Ag 内形核，而 Cu－Nb 合金中孔洞形核于 Cu/Nb 界面的 Cu 侧，可见双金属界面对孔洞形核有重要影响。虽然上述实验观测表明相界面的存在能够影响材料的层裂强度，然而相界面影响合金中的损伤形核位置和演变的具体机制仍不清楚。目前，关于"相界面"等对层裂行为影响的研究，国内外都缺乏系统深入的研究。

因此，Yang 等[11,12,66]以 HPb63－3 铅黄铜（α 相＋β 相＋近球形的铅相）、Ti6Al4V（α 相＋β 相）这两种典型合金为研究对象，聚焦相界面对合金层裂行为的影响规律与机制，力图揭示合金层裂的"相界面效应"之谜。

3.3.1 相界面对铜合金层裂行为的影响规律与机制

多相合金材料中的不同相具有不同的物理、力学以及冲击性能，动态加载下合金中各相的冲击阻抗大小与应力波传播以及孔洞形核位置有密切的联系。为了探究不同冲击阻抗第二相对多相合金动态加载下的影响规律，实验材料选择 HPb63－3 铅黄铜。HPb63－3 合金是基体为 α＋β 双相的铅黄铜，其成分如表 3－9所列。其中，低阻抗的铅几乎不固溶于铜锌二元合金，而是以游离质点的状态弥散地分布在黄铜 α、β 相基体中以及 α/β 相界上。α 为塑性良好的固溶体，主要沿着 β 相晶界析出条状分布。β 是以 CuZn 为基的有序固溶体。

表 3－9　HPb63－3 黄铜成分及其含量

成分/（wt%）	Cu	P	Pb	Fe	Sb	Al	Bi	Zn
HPb63～3	62.0～65.0	0.01	2.4～3.0	0.10	0.005	0.5	0.002	余量

由于拟研究铅相对多相合金层裂行为的影响，为提高铅相尺寸，对原始铅黄铜样品采用以下处理方式（表 3－10）。

1 号再结晶退火样：经过 650℃ 真空炉中保温 1h 后空冷。

2 号深冷样：同样经 650℃ 真空炉中保温 1h 空冷后，在－196℃ 液氮中深冷处理(Deep Cryogenic Treatment)24h,随后室温下回温。

1、2 号材料的对比分析:由于经过相同温度的退火处理后,两种样品晶粒尺寸基本相同,这就控制只有第二相铅相尺寸不同的单一变量。

表 3-10 两种样品处理方式

样品编号	处理方式
1 号样(退火样)	650℃真空炉中保温 1h 后空冷
2 号样(深冷处理样)	650℃真空炉中保温 1h 后空冷,再进行 -196℃液氮中深冷处理 24h,随后室温下回温

(1) 一级轻气炮加载。

一级轻气炮加载实验在中国工程物理院(CAEP)执行。氢气炮口径为 100mm,采用对称碰撞方式。为研究铅黄铜层裂的孔洞形核与长大行为,防止样品产生完全层裂或者完全开裂,取加载速度为 100m/s。本实验采用以一撞二形式,保证在同一飞片同一速度下,两种样品受到相同程度的冲击载荷。最终为避免回收样品受到第二次损伤,采用软回收方式获得试样(图 3-45)。样品加载后的自由面速度—时间曲线,由 DPS 探头获得。加载实验中所需样品具体尺寸如表 3-11 所列。

图 3-45 一级轻气炮加载软回收试样(样品厚度无明显变化,冲击表面周边有轻微夹痕)

考虑到机加工时的精加工,飞片的样材拟选用 95mm 直径棒料,切割棒料时每片切到厚度 3.5mm,用 600 ~ 800 号砂纸打磨两个面,最终厚度 3mm;撞击试样的样材拟选用 45mm 直径棒料,切割棒料时每片切到厚度 6.5mm,用 600 ~ 800 号砂纸打磨出 DPS 所需要的漫反射面,最终厚度为 6mm。

一级轻气炮加载时靶板中冲击压力的计算公式为[4]

$$\sigma_s = \rho_0 (c_0 + su) u \tag{3-19}$$

式中:σ_s为冲击压力,GPa;ρ_0为铅黄铜的密度,$\rho_0 = 8.37\text{g/cm}^3$;$c_0$、$s$ 为 Gruneisen 状态方程参数,由于没有铅黄铜相应数据,用纯铜数据近似代替,分别取 3.547mm/μs 和 1.478mm/μs[4];u 为冲击速度一半的数值,$u = 50\text{m/s}$。估算得到的轻气炮加载实验的冲击压力约为 1.515GPa。

表 3-11 一级轻气炮加载实验样品状态及尺寸表

用途	样品状态	尺寸	
		直径/mm	厚度/mm
飞片	退火态	90	3
	退火+深冷处理		
撞击试样	退火态	40	6

(2) 金相(OM)观测。

为了研究铅黄铜微观组织形貌以及内部层裂损伤的位置分布等信息,对软回收试样进行金相分析。将实验回收到的铅黄铜样品沿直径进行对称线切割后,经过取样镶样、磨光、抛光及侵蚀等步骤制得。抛光液选用 Cr_2O_3 水溶液。经过实验,本实验选用的侵蚀液有两种:一种为三氯化铁、盐酸和水的混合侵蚀溶液,具体成分为 $FeCl_3$:HCl:H_2O = 5g:25mL:100mL,侵蚀时间约为 15s,这种侵蚀剂侵蚀能力较强,用以观察原始样品以及冲击之前样品的金相组织;另一种为 Klemm 蚀刻剂,它的配方为:50mL 饱和硫代硫酸钠、5g 焦亚硫酸钾,腐蚀时间为 2min 左右,可以根据试样磨面颜色的变化调整侵蚀时间。Klemm 试剂腐蚀后的试样在金相显微镜下表现为彩色。Klemm 试剂原理为在样品表面形成一层很薄的膜,利用光的干涉效应成像。因此,对试样腐蚀作用较小,适宜于冲击之后样品金相观察。然后把制好的金相样品放置在金相显微镜上进行观察和拍照,这样便可以得到实验所需要的金相图片。随后运用 Photoshop 软件拼合图像,利用 Image J 软件统计晶粒大小以及第二相含量变化等信息。通过对比分析金相图,可获得多相合金材料动态损伤成核和长大的一些特征以及不同微结构样品损伤分布的差异。

(3) 扫描电子显微镜观测。

铅黄铜中游离铅的存在有可能干扰观测孔洞,因为铅粒子与孔洞在金相下都显示为黑色。为此,利用 SEM 与金相观察来区分孔洞与第二相铅的分布位置。本实验使用的 SEM 是 Quanta-200 环境扫描电镜,主要是利用其二次电子信号成像来观察样品的表面形态,如微孔洞、铅以及基体相的分布位置。同时,利用 SEM 中的背反射电子的产生原子序数的增加而增加的原理,利用背反射电子像区分铅黄铜中的第二相铅粒子。

(4) 纳米压痕实验。

铅黄铜中主要含有 α、β 及 Pb 等 3 种相,但不同相的力学性能以及弹性模量等值均不同,这些也影响着相本身冲击阻抗的大小和性能。而不同阻抗相对铅黄铜层裂过程中微孔洞形核位置有着很大影响(图 3-46)。材料的阻抗近似

可用初始密度 ρ_0 和声波速度 c_0 的乘积表示。铅黄铜声速的计算需要的是该相的弹性模量和密度等数据才能得出。由文献[67]可得出声音在固体中传播速度公式,可以表示为

$$c_0 = \sqrt{\frac{E}{\rho_0(1-\vartheta^2)}} \tag{3-20}$$

式中:E 为杨氏模量,这里用弹性模量代替计算;ϑ 为材料的泊松比,其值一般较小。

因此,在此 $1-\vartheta^2$ 的值约为 1。所以,两相阻抗的值是由其密度值和弹性模量值决定的。纳米压痕可以得出两相的弹性模量,而根据两相的密度值就可以比较出 α、β 以及 Pb 3 种相的阻抗大小。

铅黄铜 α、β 以及 Pb 相尺寸均为微米级别。普通的显微硬度方法不能消除边界的影响来准确测量单独每个相的力学性能。而直接表征出 α、β 以及 Pb 相的力学性能,对于分析其对铅黄铜冲击波传播的影响非常重要。因此,采用纳米压痕测试技术,以获得 3 种相各自的力学性能参数。

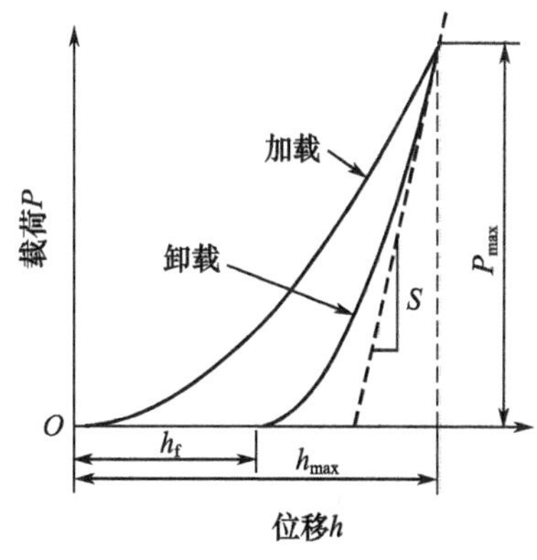

图 3-46　纳米压痕实验的载荷—位移曲线

纳米压痕实验首先利用压头压入过程,连续获得材料的载荷—压深加、卸载曲线,如图 3-46 所示,其中参数 P_{max} 为最大载荷、h_{max} 为最大位移、h_f 为卸载后剩余位移、弹性接触韧度 S(即卸载曲线顶部斜率,$S=\mathrm{d}P/\mathrm{d}h$),通过这些参数和以下公式可以推算材料的纳米硬度 H 和弹性模量值 E[68],即

$$H = \frac{P_{max}}{A} \tag{3-21}$$

$$E_r = \frac{\sqrt{\pi}}{2\beta}\frac{S}{\sqrt{A}} \tag{3-22}$$

$$\frac{1}{E_r} = \frac{1-\vartheta^2}{E} + \frac{1-\vartheta_i^2}{E_i} \tag{3-23}$$

式中:β 为压头相关参数;E_r、E_i 分别为约化弹性模量和压头弹性模量;ϑ、ϑ_i 分别为被测材料和压头的泊松比。这里利用 Oliver-Pharr 方法[69]对加、卸载曲线进行数学解析,可以获得接触韧度(S)和接触投影面积(A)。最后利用软件进行相关数据处理分析。

本次纳米压痕样品尺寸为 $\phi 15\times 6$mm。样品测试面首先经粗磨到 2000 目

后，然后在抛光机上分别用 Cr_2O_3 水溶液抛光，有条件还可采用硅溶胶进行最终抛光（注意要用不同的抛光布），最后使用 $FeCl_3$/HCl 稀溶液轻微侵蚀处理，以分辨不同相。纳米压痕测试拟在瑞士 CSM 公司生产的 UNHT 纳米压痕实验机上开展（图 3－47）。该实验系统的载荷施加范围为 0.025mN～10N；位移分辨率为 0.0005nm；位移载荷的分辨率为 0.3nm。

（5）XRCT 实验。

本实验拟采用同步辐射 X 射线同轴相衬成像技术，本实验的实验地点选择在上海光源 BL13W1 光束线站，用以研究孔洞的空间分布。实验样品尺寸选择为 0.5mm×0.5mm×6mm，实验中所用 X 射线能量为 47keV。选用放大倍数为 10 倍的 2048×2048 像素高分辨率探测器。像素尺寸选为 0.65μm。试样距离 CCD 选择为 10cm。对试样中长为 1.612mm 的区域进行扫描，在扫描的过程中，试样需旋转 180°，每隔 0.25°将拍摄一张 CT 照片，曝光时间为 10s。最初所得到的 CT 图如图 3－48 所示。

图 3－47　UNHT 纳米压痕仪器

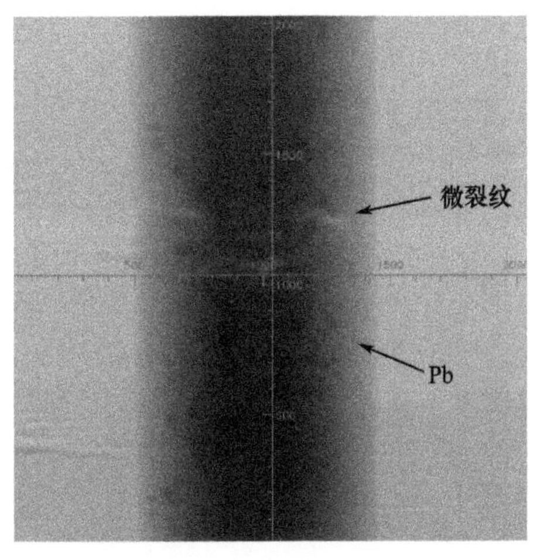

图 3－48　层裂试样 CT 图
（图中黑色部分为穿透率低的圆形铅相，白色部分为穿透率高的微裂纹或孔洞）

试验得到的 CT 照片通过 PITRE 软件进行整合、重构，重构后图像为 32 位，在后续三维重建时数据较大，为提高计算机运行速度，利用 PITRE 软件将其转换为 8 位的图像数据。通过重构后的图像可以更加直观地观察裂纹及铅相的分布。

重构之后利用 AMRIA 5.4 软件对图片进行三维重建，然后利用阈值法二值化算法（Gray Threshold algorithm）处理，使得孔洞、铅相以及基体分割开，得到黑、白两种切片图（图 3－49），在切面图中，黑色条状为加载实验中产生的微裂纹，白色点状颗粒为铅相；在白色颗粒内部黑点为层裂过程产生的孔洞，由于 α 与 β 两相的密度相差太小，因此在上海光源能量范围内无法分辨出这两相。通过三维重构后的图片可以更加直观的认识到，铅相内是孔洞形核的潜在地点。通过最后获得的尺寸为 500μm × 500μm × 630μm 区域三维重建图，可以直观地得到孔洞以及铅相的形状、大小、位置等，同时可以实现任意截面形状和尺寸的精确测量。

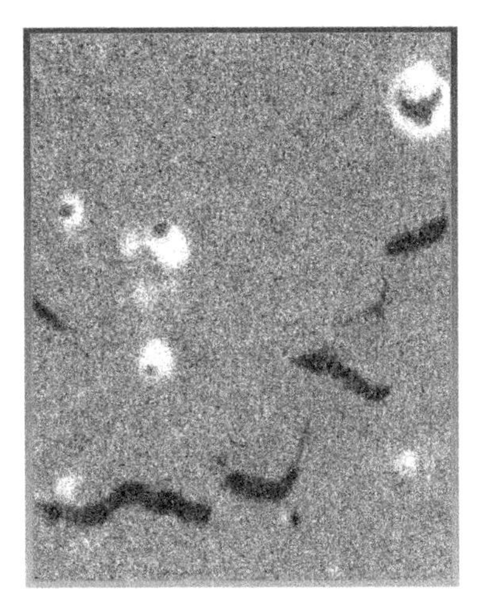

图 3－49　$Y-Z$ 方向切面重构图

1. 铅黄铜层裂损伤特征

1）不同处理方式对第二相的影响

将热处理后的 1 号样品与深冷处理后的 2 号样品经过磨样、抛光、彩色腐蚀后，在金相显微镜下观察，如图 3－50 所示，彩色腐蚀显示的不同颜色是由不同晶粒位相差所致（图中绿色与红色为 β 相基体，β 相晶界处细小的褐色板条状为 α 相，黑色圆点为铅相；腐蚀剂为 Klemm 试剂）。

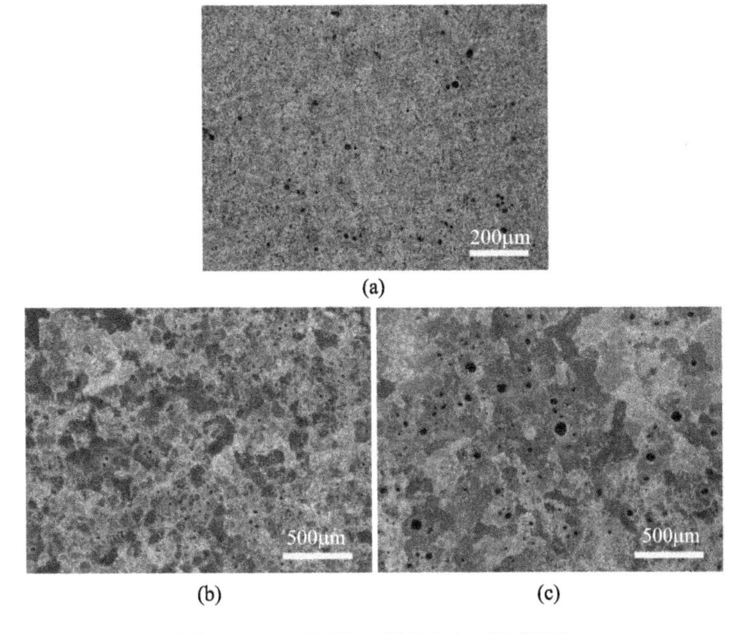

图 3－50　不同处理样品金相（见彩图）

（a）原始样品（三氯化铁盐酸水溶液侵蚀剂）；（b）1 号再结晶热处理样；

（c）2 号 －196℃深冷处理样（Klemm 蚀刻剂）。

利用IPP(Image Pro Plus)软件统计金相区域内游离的黑色铅相含量与尺寸,结果如表3-12所列。可知2号样品中Pb相面积百分比明显变多,α相含量则逐步减小,但两种处理后样品整体平均晶粒大小基本相同。

表3-12 冲击前不同状态样品内各相含量与尺寸统计

样品号	铅相数量	铅相含量/(面积分数%)	α相含量/(面积分数%)	平均晶粒尺寸/μm
原始样品	799	0.59	12.73	18.76
1号样	736	1.05	9.78	70.72
2号样	424	1.91	7.28	65.62

α相在650℃热处理时,逐渐转变为β相。此时保温1h,使得β相逐渐长大,但在后续的空冷快速冷却过程中,少量α相则会沿β相晶界析出。因此,热处理之后材料的整体晶粒尺寸得到增加,同时α相有所减少。之后2号样的进一步深冷处理中,低温会使得α与β相具有更大的过饱和浓度和不稳定性,在之后的室温回温过程中,部分过饱和的α相转变成β相,因此深冷处理后α相有小幅度减少。

铅相在两种处理之后变化较大,这是由于铅在黄铜中的溶解度极小,在α相中约为0.03wt%,在β相中约为0.3wt%。铅黄铜在650℃高温下Pb晶体(熔点327.502℃)首先处于熔融状态,形成许多小熔池,并经1h的保温,熔融状态下邻近的细小Pb相熔池汇聚起来,形成较大熔池。同时,由于保温时间较短,溶解度较低的Pb相来不及均匀化溶入基体中,而且保温处理后的空冷,冷却速度较大,且没有变形力使大熔池Pb相分散,则快速空冷到室温时大熔池Pb相得以保持下来,凝固形成大颗粒近球状Pb相。从而热处理之后通过IPP软件测算金相照片中Pb相的面积百分比时,Pb相得到大幅度增加(较原始样品增加了约78%);2号样品经过深冷处理能使铅黄铜退火空冷后组织中的α、β相具有更大的过饱和度与不稳定性。另外,Pb在-196℃液氮中溶解度进一步降低,经过24h长时间的深冷处理保温,基体黄铜中溶入的Pb相慢慢析出。在随后的空气中回温过程中,升温速度较快,Pb相来不及溶入基体中,使得深冷处理前大颗粒Pb相变得更大。通过IPP软件测算,深冷处理后样品Pb相面积百分比较热处理样品增加了约82%。

值得注意的是,以上数据IPP软件统计得到的近圆形铅相数量是:原始样品779个,1号样品736个,2号样品424个。也就是说,在总体铅相面积百分比增大的同时,样品中铅相的数量却得到了减少,这同样说明经过退火处理、深冷处理后,基体中较小的铅相析出溶入到较大的铅球中。

2）自由面速度曲线特征

一级轻气炮加载实验在中国工程物理院(CAEP)完成。采用对称碰撞方式,加载速度为100m/s。在同一飞片同一速度下,两种样品受到相同程度的冲击载荷。实验获得的试样自由面速度—时间曲线(FSV)如图3-51所示。

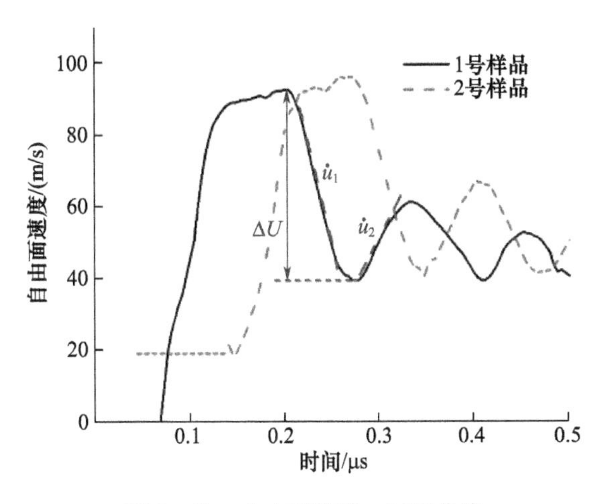

图3-51　自由面速度—时间曲线

自由面速度曲线中的Pullback幅值(ΔU)是计算材料层裂强度的重要参数。由于样品内部出现层裂时,稀疏波在层裂区发生反射形成压缩波。材料的层裂强度σ_s可以根据以下修订公式[57]求得,即

$$\sigma_s = \frac{1}{2}\rho_0 C_b(\Delta U + \delta) \tag{3-24}$$

式中:ρ_0为材料的初始密度,$\rho_0 = 8.37\text{g/cm}^3$;$C_b$为块状材料声波速度,$C_b = 3.547\text{mm}/\mu\text{s}$。两种样品$\Delta U$值见表3-13。其中,考虑材料的弹塑性影响的修订因子δ可以由以下公式[57]求得,即

$$\delta = h_s\left(\frac{1}{C_b} - \frac{1}{C_l}\right)\frac{|\dot{u}_1 \dot{u}_2|}{|\dot{u}_1| + \dot{u}_2} \tag{3-25}$$

式中:h_s为样品层裂区域的厚度(由金相测量得出);C_l为纵波声速,$C_l = 4.64\text{mm}/\mu\text{s}$;$\dot{u}_1$、$\dot{u}_2$分别为卸载率与再加载率,由以下公式[57]得出,即

$$|\dot{u}_1| = -\frac{1}{2}\frac{\text{dFSV}}{\text{d}t};\ \dot{u}_2 = \frac{1}{2}\frac{\text{dFSV}}{\text{d}t} \tag{3-26}$$

式中:dFSV/dt为由回跳信号计算得到,如图3-51所示。以上各特征参数的测量结果如表3-13所列。一般在金属损伤分析中,损伤速率是在层裂面上的拉伸应力达到层裂强度时开始计算,而取决于实际拉伸应力的初始损伤速率值$\dot{\varepsilon}_v$可以由以下经验公式[4]来表达,即

$$\dot{\varepsilon}_v \approx -\frac{1}{2}\frac{\dot{u}_1}{C_b} \tag{3-27}$$

式中：$\dot{u}_1$为初始卸载速率，影响材料内部损伤演化速率；$\dot{u}_2$为最低点的回跳斜率，在不少关于单相金属以及脆、韧性研究中均显示，速度回弹的速率直接与孔洞长大速率有关，在铜铅多相材料中也是同样的结论[65,70]。回跳速度斜率值越大，证明其孔洞长大的速率也就越大。

表 3－13　自由面速度曲线各特征参数的测量结果

样品	σ_p /GPa	ΔU /(m/s)	h_s /mm	$\lvert\dot{u}_1\rvert$ /(mm/μs²)	$\dot{u}_2$ /(mm/μs²)	δ /(mm/μs)	σ_s /GPa	$\dot{\varepsilon}_v$ /μs⁻¹
1号	1.515	53.3	1.07	0.37	0.18	0.0086	0.919	0.052
2号		55.6	1.04	0.35	0.23	0.0096	0.968	0.049

计算得到两种样品层裂强度相差不大，但2号样品要稍高；反映损伤速率的值$\dot{\varepsilon}_v$，也是两种样品接近，但2号样品值较低；而回跳速度斜率值$\dot{u}_2$，则2号样品比1号样品要高出约28%。这说明2号样品初始层裂强度较高，在同样的加载条件下，较难发生层裂，同时$\dot{\varepsilon}_v$值低也反映其损伤速率较低，但其孔洞长大的速率要比1号样品大许多。

材料内部的组织结构的差异将会引起微损伤形核、长大以及贯通的不同。综上分析可以得出，在微观层面上，层裂破坏在内部表现为微损伤（微孔洞或者微裂纹）。首先在材料内部缺陷、杂质或者第二相处形核，在同一加载速度下含铅数量较多、铅尺寸较小的1号样品与含铅数量较少、铅尺寸较大的2号样品相比，提供了更多的形核位置，降低了层裂强度，同时损伤演化速率更大。但铅相尺寸较大，则可以给孔洞提供更大的长大速率。这也与第二相统计得到的结果相吻合。

3）损伤演变二维特征

将冲击后的1号样品和2号样品经过磨样、抛光、腐蚀后，在金相显微镜下观察到层裂面金相组织，通过PS软件拼合之后如图3－52所示。

图3－52所示为冲击后两种样品经过抛光后未侵蚀的金相照片，可以看到，两种样品层裂处裂纹周围有许多黑色圆点，这些就是铅黄铜中的铅相。由于铅相在金相制样过程中非常容易氧化，因此在光学显微镜下呈现为黑色圆点。从这两幅照片也可以看到两种样品均发生了层裂，并且除主裂纹外还有许多微裂纹存在。这里需要注意的是，在主裂纹的上下部位有许多微孔洞存在，但是微孔洞也是呈现黑色的，因此需要借助SEM分辨铅相与孔洞。

在扫描电镜图3－53（a）中可以清晰地分辨出铅黄铜中的α相、β相以及

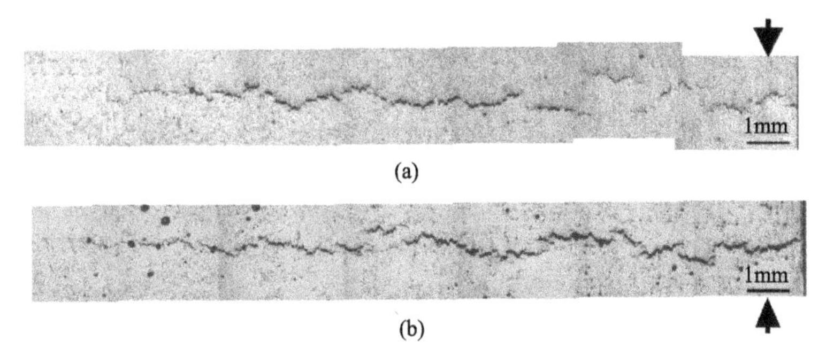

图 3－52　冲击后样品抛光后未侵蚀金相
(a)1 号再结晶退火样品；(b)2 号－196℃深冷样品(图中箭头为冲击方向)。

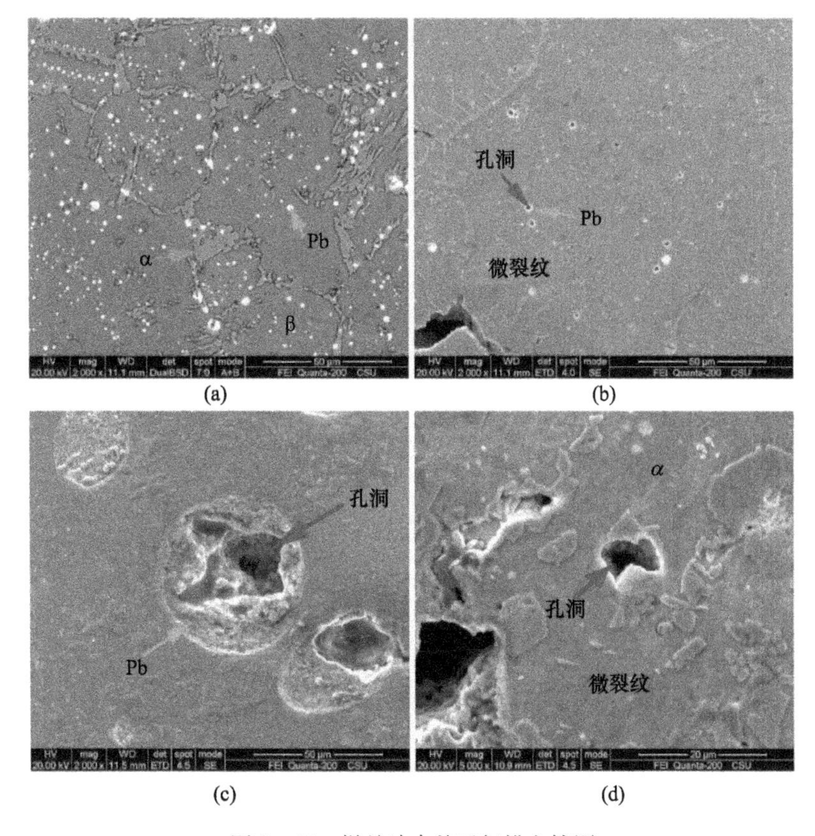

图 3－53　样品冲击前后扫描电镜图
(a)冲击前各相分布；(b)冲击后孔洞分布位置；(c)铅相内部孔洞形核；(d)α 相内部孔洞形核。

Pb 相。同时,对冲击加载后的样品进行扫描电镜观测,可以区分出铅与孔洞。由图 3－53(b)可知,孔洞分布位置靠近层裂面附近且大部分形核于铅相内部。

对局部孔洞进行观测，可以更加清晰地观测到这一现象（图 3－53(c))，且观察到铅相有熔化的迹象。同时还发现孔洞少部分形核于 α 相中（图 3－53(d))。

层裂的损伤演变包括微孔洞的形核、长大、贯通与裂纹扩展，由前文观测数据可知，铅黄铜中孔洞主要形核于铅相内部，少部分形核于裂纹附近的 α 相内。而孔洞贯通与微裂纹的扩展原因则是导致后期宏观断裂的重要影响因素。由冲击后样品侵蚀金相图 3－54 可知，两种样品裂纹一般是沿着晶界分布，裂纹走向沿层裂面，呈"之"字形，说明试样裂纹产生是源于拉伸应力下晶界处形核孔洞的长大与贯通，即铅黄铜中的断裂是沿晶界扩展。而少部分也会直接穿过晶粒，这点可以从局部放大图（图 3－55(a)）更加直观地看出。同时利用扫描电镜可以清晰地看到，微裂纹在沿晶界分布的 α 相处扩展，如图 3－55(b) 所示。而在形核于铅相内部的孔洞分布位置，并没有发现明显孔洞相互贯通成微裂纹的现象。

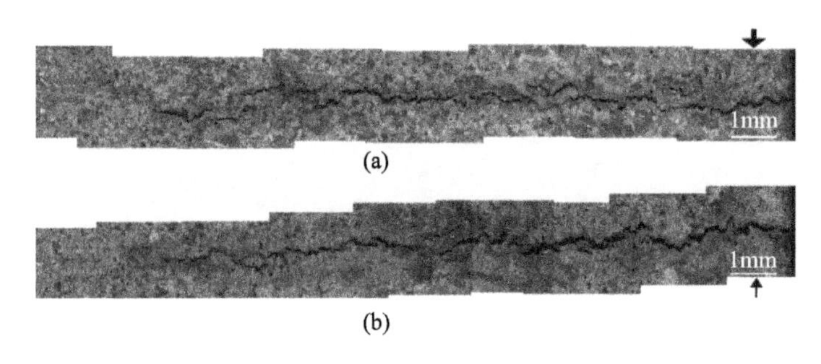

图 3－54　冲击后样品侵蚀金相

(a)1 号再结晶退火样品；(b)2 号 －196℃深冷样品(Klemm 蚀刻剂)(图中箭头表示冲击方向)。

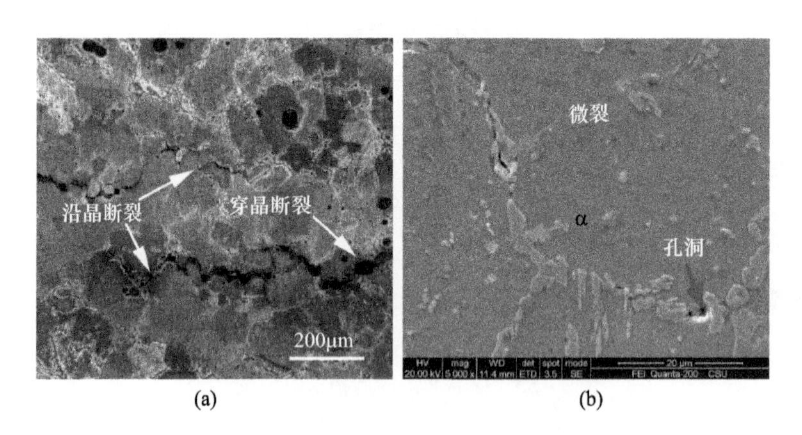

图 3－55　微裂纹扩展位置

(a)裂纹扩展方向金相图；(b)裂纹扩展位置扫描图。

4）纳米压痕实验分析

通过对铅黄铜样品进行纳米压痕实验测试(图3-56)，得到α、β及Pb这3种相的压深—载荷加载和卸载曲线如图3-57所示，软件计算得到的纳米硬度以及弹性模量值(表3-14)，并由此计算各相的阻抗值。

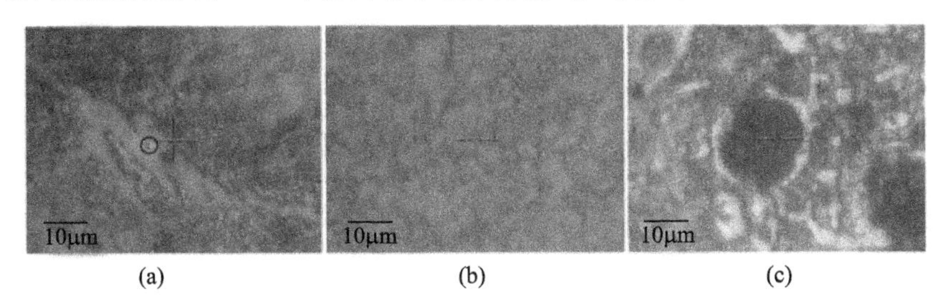

图3-56 铅黄铜样品纳米压痕实验测试

(a)α相；(b)β相；(c)Pb相。

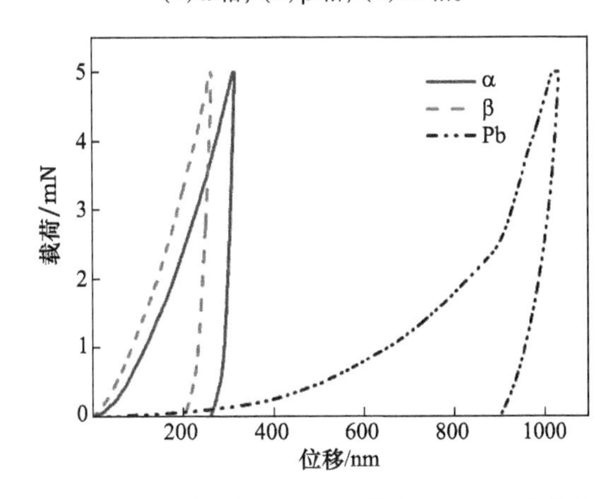

图3-57 铅黄铜各相压深—载荷加载和卸载曲线

这里α与β相密度值由SEM中所测的能谱分析值估算得到(以估算阻抗大小，用作定性分析)，估算得到两相密度值见表3-14。阻抗值计算公式可以表达为：$Z=\rho_0 \cdot C_0$[4]，由弹性模量值可以根据前文声速公式估算出其声速值C_0，得出结果见表3-14。

表3-14 纳米压痕实验数值

相	密度/(g/cm^3)	纳米硬度/GPa	弹性模量/GPa	估算阻抗值 $Z/\left(\frac{g}{\mu s \cdot mm^2}\times 10^{-3}\right)$
α相	~8.17	1.894	116.994	30.92
β相	~8.07	2.738	105.678	29.20
Pb相	11.34	0.193	14.988	13.04

根据由 IPP 软件统计得到的样品中各相中的成分比例，可以估算出各个样品的相对弹性模量和纳米硬度值，这里得到 1 号样品弹性模量约为 105.83GPa，纳米硬度约为 2.629GPa；2 号样品弹性模量约为 104.77GPa，纳米硬度约为 2.628GPa。由此数据也可以由声速公式得出铅黄铜 α、β 双相基体的体积声速 C_0约为 3.547mm/μs，铅相的 C_0约为 1.150mm/μs。通过对纳米压痕数值计算分析可知，铅黄铜中，铅相与基体黄铜相比，阻抗值要远低于基体；而对于 3 种相来说，α 相的阻抗值则是最高的。对于纳米压痕的硬度值也可以看出，β 相也确实是铅黄铜中硬度最高的相。这些数据将为后文分析稀疏波在铅黄铜各相之间传播方式提供支持。

5）孔洞的三维特征

通过对两种样品进行三维重建，得到图 3 - 58、图 3 - 59 所示三维重建图。在图中白色部分为已知的铅相，而彩色部分为一级轻气炮加载所形成的微孔洞（不同颜色代表不同区域孔洞）。可以看出，微孔洞在铅中形核。并且比较两张图片可以发现，2 号样品中的白色的 Pb 颗粒明显比 1 号样品要大。因此验证了在二维金相与 SEM 图片中所得的结论，即经过深冷处理后的黄铜，所析出的铅相颗粒尺寸更大。

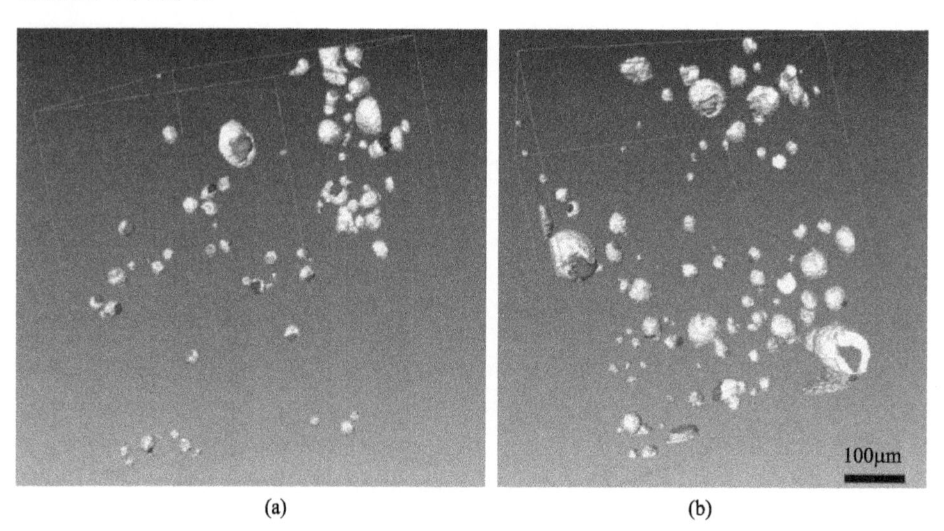

图 3 - 58　两种样品孔洞部分三维重建图

（a）1 号再结晶热处理样品；（b）2 号 - 196℃深冷处理样品。

在三维重建图 3 - 59 所示的局部放大图中能够清楚看到，大部分孔洞均形核于铅相内。同时，由局部放大图可以看到，内部孔洞的形状是不规则的球状，边界有流动的痕迹，这是明显的熔化迹象。

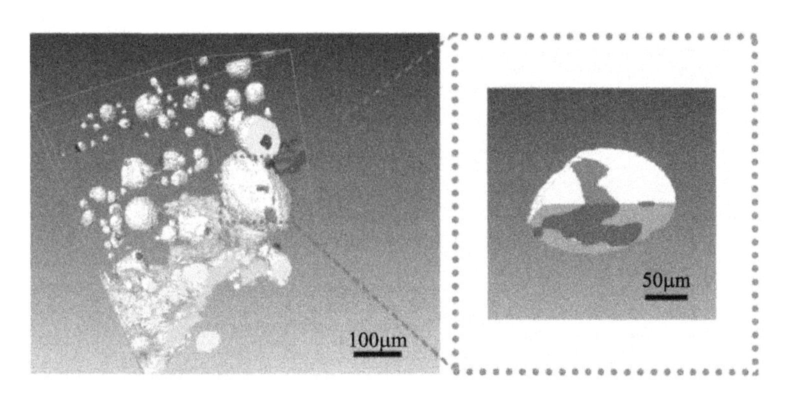

图 3-59 样品中孔洞在 Pb 相中形核局部放大三维重建图

通过对冲击后两种样品的孔洞部分三维重构图统计,可以得到表 3-15。

表 3-15 两种样品 XRCT 孔洞数据统计

样品	视野中统计孔洞数量	孔洞体积总和/μm^3	最大孔洞体积/μm^3	平均孔洞体积/μm^3	平均孔洞等效直径/μm
1 号	35	32341.76	4554.38	924.05	12.08
2 号	31	59524.14	30659.13	1920.13	15.42

由两种样品的 XRCT 孔洞数据可知,2 号样品孔洞数目比 1 号样品少,但在 2 号样品孔洞数量较少时,其孔洞的平均体积及最大孔洞体积却均明显比 1 号样品要大。这就验证了自由面速度曲线分析结果:冲击加载后 1 号退火样品中孔洞形核数量要比 2 号深冷样品中要多,而深冷样品中孔洞长大的速率要大于退火样品。而白色铅相的体积大小,两种样品的差异则比较明显。

已有研究表明,微孔洞的形核与材料的晶粒大小、晶界、缺陷、杂质及第二相有关。在 XRCT 三维重建图中,可以更加直观地看出微孔洞的形核大部分集中在第二相铅相的内部。但是由于 α 与 β 两相的密度相差太小,无法分辨出这两相,所以观测不到 SEM 中孔洞形核于 α 相的现象。

为了观测裂纹在铅黄铜中的位置,以及分析铅相对层裂中裂纹扩展的影响。对两种样品进行层裂面位置的三维重建,得到图 3-60,带状绿色部分为裂纹带。

由图 3-60 可知,两种样品中裂纹带并不是沿着在铅相中形核的孔洞扩展的,而是在没有铅相聚集的部分形成的。也就是说,层裂面裂纹并不是由铅相中孔洞长大、扩张而形成的,这一点也与前面 SEM 所观测的现象相一致,即裂纹扩展与铅相中形核的孔洞无明显的关联。

由此可见,利用一级轻气炮加载(冲击应力约为 1.515GPa)退火处理与深冷

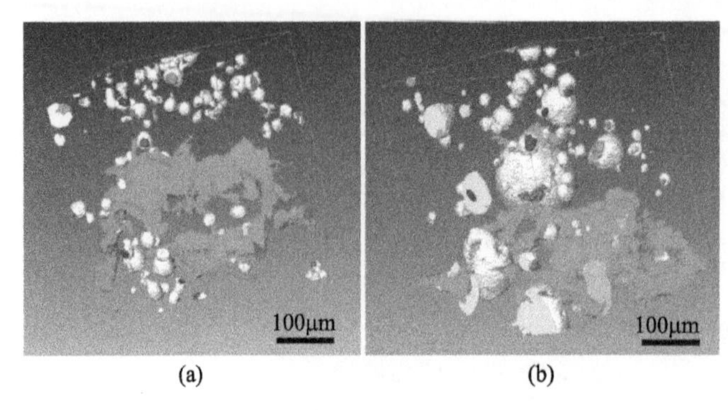

图 3 - 60 两种样品裂纹部分三维重建图

(a)1 号再结晶退火样品；(b)2 号 - 196℃深冷样品。

处理两种铅黄铜试样。利用 DPS 测速系统、金相显微镜、纳米压痕、SEM 以及 XRCT 技术对两种样品的层裂行为及微孔洞分布特性等进行了研究。

(1) 原始样品第二相 Pb 相面积分数约占 0.59%，1 号热处理试样 Pb 相面积分数较原始样品增加约 78%；2 号退火 + 深冷处理试样 Pb 相面积分数较原始样品增加约 224%，但铅相数量则是下降。同时，α 相含量经过不同处理有小幅度减少。原因是在 650℃退火处理时，α 相逐渐转变为 β 相，铅黄铜中溶解度极小，Pb 相首先处于熔融状态，形成许多小熔池。此时的保温 1h，使得 β 相逐渐长大，但在后续的空冷快速冷却过程中，少量 α 相则会沿 β 相晶界析出，同时熔融状态下邻近的细小 Pb 相熔池汇聚起来，形成较大熔池。因此，热处理之后材料所测得的整体晶粒尺寸得到增加，同时 α 相面积分数有所减少，Pb 相得到大幅度增加；之后 2 号样品的进一步深冷处理中，低温会使得 α 与 β 相具有更大的过饱和浓度和不稳定性，在之后的室温回温过程中，部分过饱和的 α 相转变成 β 相。同时 Pb 在 - 196℃液氮中溶解度进一步降低，经过 24h 长时间的深冷处理保温，基体黄铜中溶入的 Pb 相慢慢析出。因此，深冷处理后 α 相有小幅度减少，而深冷处理后样品 Pb 相面积分数较热处理样品增加了约 82%。

(2) 冲击加载实验自由面曲线可知，1、2 号样品的层裂强度分别为 0.986GPa 以及 1.036GPa；反映损伤速率的值 $\dot{\varepsilon}_v$，分别为 0.047/μs 与 0.045/μs；而回跳速度斜率值 $\dot{u}_2$分别为 0.18mm/μs^2 与 0.23mm/μs^2。计算得到两种样品层裂强度相差不大，但 2 号样品要稍高；反映损伤速率的值 $\dot{\varepsilon}_v$，也是两种样品接近，但 2 号样品值较低；而回跳速度斜率值 $\dot{u}_2$，则 2 号样品比 1 号样品要高出约 28%。这说明 2 号样品初始层裂强度较高，在同样的加载条件下，较难发生层裂，同时 $\dot{\varepsilon}_v$值低也反映其损伤速率较低，但其孔洞长大的速率要比 1 号样品大许多。同时通过对 XRCT 三维重建图中微孔洞分布数据的统计，微孔洞大部分在 Pb 相内部开始形核，并且在 2 号样品中微孔洞的平均直径（15.42μm）要比 1 号样品（12.08μm）更大。这说明随着 Pb 相的增多，孔洞的形核数量、样品损伤速率也随之增大；而孔洞的长大速率则是随着 Pb 相尺寸的增加而增大。SEM 与 XRCT 观测数据也证明了这一结果。表明第二相铅相对微孔洞的形核与长大有促进作用。

（3）通过对纳米压痕数值计算分析可知，铅黄铜中，铅相与基体黄铜相比，阻抗值要远低于基体；对于 3 种相来说，α 相的阻抗值则是最高的。OM、SEM 和 XRCT 获得的各相分布、孔洞形核以及裂纹贯通结果一致。微孔洞分布位置靠近于层裂面附近且大部分形核于铅相内部。对局部孔洞进行观测，观察到铅相内部孔洞的形状是不规则的球状，边界有流动的痕迹，这是明显的熔化迹象。同时还发现孔洞少部分形核于层裂面或者微裂纹附近位置晶界析出的 α 相中。两种样品裂纹一般是沿晶界分布的 α 相处扩展，裂纹走向沿层裂面，呈"之"字形，说明试样裂纹产生是源于拉伸应力下晶界处形核孔洞的长大与贯通，即铅黄铜中的断裂是沿晶界扩展，而少部分裂纹也会直接穿过晶粒。两种样品中裂纹带并不是沿着在铅相中形核的孔洞扩展的，而是在没有铅相聚集的部分形成的。也就是说，层裂面裂纹并不是由铅相中孔洞长大、扩张而形成的，即裂纹扩展与铅相中形核的孔洞无明显的关联。

2. 相界面对铅黄铜层裂行为的影响

1）α/β 相界面对铅黄铜层裂过程中微孔洞形核的影响

准静态加载下的失效，研究多认为会在两相界面发生孔洞的形核、长大；动态加载下，材料的孔微洞形成位置则与冲击波在合金内阻抗不同的相之间传播方式有关，由动力学行为相关文献[60]可知，当冲击加载时，由于界面连续条件，在两种不同阻抗材料的界面处，冲击波传播的速度和传导的压力是相同的。冲击波从高阻抗的材料Ⅰ传到低阻抗的材料Ⅱ时，如图 3-61(a)所示。界面处传导的压力会在材料Ⅰ中反射回一个稀疏脉冲 t_2，当反射回来的稀疏波遇到初始传播的卸载冲击波时，会在材料Ⅰ中产生拉伸应力波，当这个拉伸应力波的幅值足够大时，所产生的拉伸应力会导致该材料内部形成层裂。但是，反之冲击波从低阻抗材料传入到高阻抗材料时（图 3-61(b)），两种材料中均只会产生压缩波，没有产生拉伸脉冲。

由上述纳米压痕数据可知，对铅黄铜中主要 3 种相来说，析出 α 相的阻抗值则是最高的。因此，在卸载冲击波从 α 相中传入到 β 相或者 Pb 相时，会在 α 相中产生拉伸脉冲，当这个拉伸脉冲足够大时，则会在 α 相中产生孔洞。但卸载冲击波从 β 相或者 Pb 相传入到 α 相中时，则不会在任何相中产生拉伸脉冲，

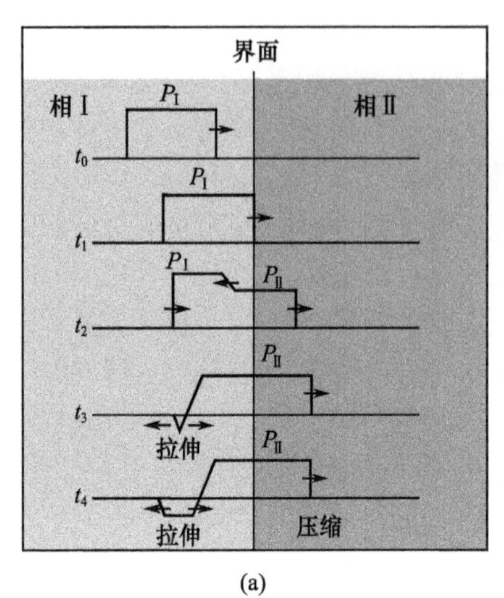

(a)

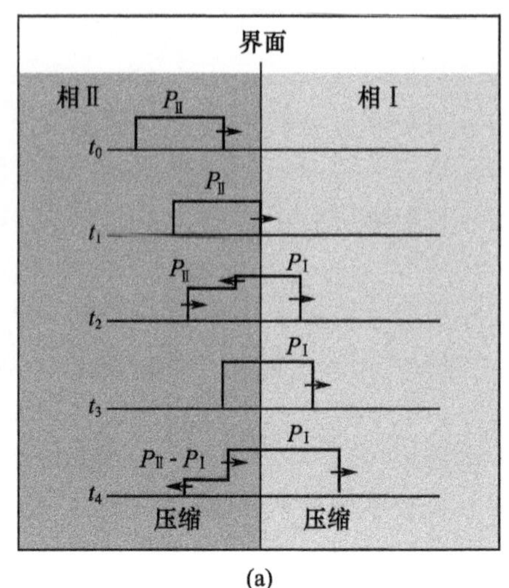

(a)

图 3－61　不同阻抗冲击波传播示意图

(a)卸载冲击波从高阻抗材料(Ⅰ)传入到低阻抗材料(Ⅱ);

(b)卸载冲击波从低阻抗材料(Ⅱ)传入到高阻抗材料(Ⅰ)。

也不会有微孔洞的形核。这也就解释了 SEM 观测时发现有少量孔洞在 α 相内形核的现象。

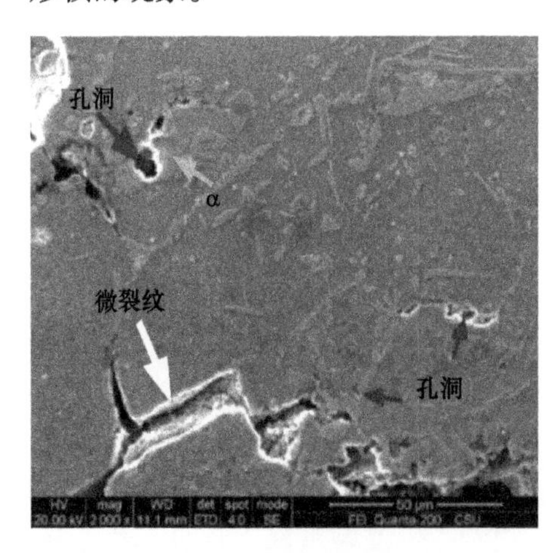

图 3－62　α 相内孔洞形核区域扫描电镜图

但这里需要注意的是,SEM 观测 α 相内形核的孔洞均在层裂面或者微裂纹附近位置,同时铅黄铜中 α 相是分布在 β 相晶界处。即只有在层裂面或者微裂纹附近(裂纹区域)才能产生足够大的拉伸脉冲的幅值,使得这些位置的 α 相内部产生孔洞(图 3－62)。

2) Pb/基体相界面对铅黄铜层裂过程中微孔洞形核的影响

根据纳米压痕数据可知,对铅黄铜中主要 3 种相来说,铅相的阻抗值是最小的。黄铜基体阻抗约为铅相的 2 倍。由冲击波传播规律可知,冲击波从高阻抗的相(黄铜基体)传到低阻抗的相(铅相)时,会在高阻抗相内产生两个由相遇稀疏波产生的拉伸应力。需要进一步指出的是,加载界面附近区域铜合金基体在加载阶段经历加载后由于界面反射要经历一次局部卸载,微结构在一定程度地恢复，所以在自由面反射卸载波加载下更不容易发生孔洞形核。因此，无论卸载冲击波从高阻抗的相（黄铜基体）传到低阻抗的相（铅相）还是反之，铅相内都不会产生拉伸应力，也就是说，铅相应该不会产生微孔洞。然而，上述多维实验观测（见图3－53、图3－58和图3－59）表明，低阻抗的铅相内产生了孔洞，并有熔化迹象，在此低阻抗的铅相内孔洞形核的机制是什么？

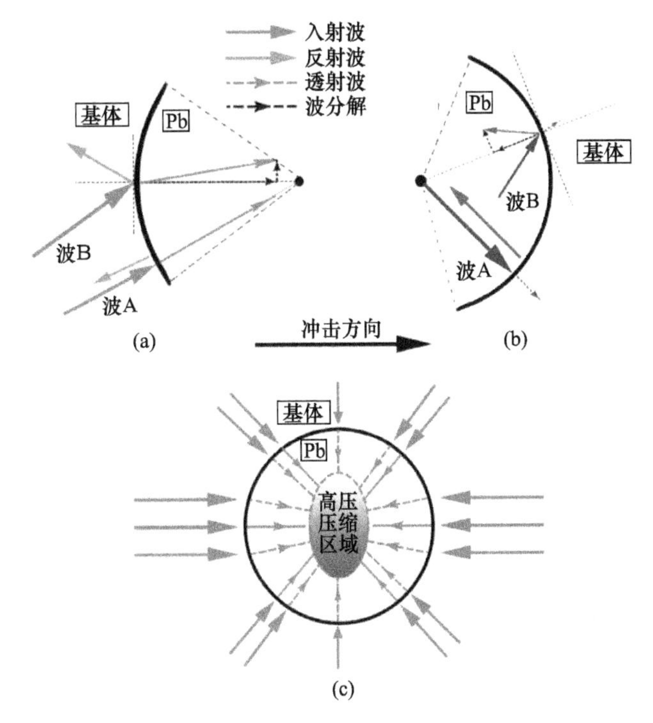

图3－63　应力波在基体—铅界面传播示意图

图3－63所示为卸载冲击波在铅黄铜内部传播的简单示意图，扇形所围区域代表近圆球状的Pb相，其外部代表黄铜基体。图3－63（a）中向右的实线箭头代表入射应力波，向左的实线箭头代表反射应力波，虚线箭头代表在铅相内透射与反射应力波的径向分解。图3－63（b）中虚线箭头代表透射应力波。

图3－63（a）所示为卸载冲击波从高阻抗的基体传播到低阻抗的铅相中的示意图：波A表示沿径向入射应力波的情况，由于铅的阻抗大大低于基体，入射波大量透射入铅相内形成压缩波，并反射一部分；而波B表示沿非径向入射应力波的情况，除了上述反射透射外，当然还存在反射和入射的剪切波，但这部分波所占比例较少且影响较小，因此在图中忽略这些次要应力波。这里，比较特殊的是透射压缩波不是沿径向方向，但可以根据应力分析的原理，将其分解成两个

沿径向的压缩应力波。

同理,图 3 -63(b)所示为卸载冲击波从低阻抗的铅相传播到高阻抗的基体中的示意图。波 A 表示沿径向的入射应力波,波 B 表示沿非径向的入射应力波。由于基体的阻抗大大高于铅相,由铅相传播到基体的应力波,反射波所占的比例大于透射波。沿非径向的反射应力波也可以分解成两个沿径向的压缩应力波。

应力波主要集中平行冲击方向传播,其次沿着冲击方向成一定角度传播,与冲击方向垂直方向的传播应力波最少,为简单表示这种现象,图 3 -63(c)以入射波箭头的大小与数量来表示应力波的主要传播方向特征。由图 3 -63(a)与图 3 -63(b)的情况可知,由于铅相是近球形存在基体中,导致应力压缩波传播的路径大都指向球心区域,即如图 3 -63(c)所示:除了从基体沿径向透射的和铅沿径向中反射到中心区域的压缩波外,非径向的透射波和反射波通过应力波分解,同样形成汇集于铅相中心区域的不对称应力压缩波。

另外,铅相属于热导率(铅为 35W/(m·K),基体黄铜约为 120W/(m·K))较低的相,在冲击加载过程中,从基体向铅里面传播的压缩波与铅里面反射的压缩波叠加到一起会使铅中心区域形呈不对称高压压缩区,导致该区域发生剧烈塑性变形。高应变速率下的剧烈塑性变形导致局部绝热温度也因此会比基体高得多,该绝热温升超过铅相的熔点,导致局部熔化,这与前文 SEM 和 XRCT 观测到的铅相中有熔化迹象相符合。Kanel 等[71]研究铅在高温下的层裂实验中发现,与常温下铅的层裂参数相比,熔化时铅的层裂强度至少降低一个数量级。同时,卸载阶段卸载波的汇聚也更容易在铅中心区域发生孔洞形核。综上所述,第二相铅相中心位置的孔洞形核的最根本原因是基体/铅相界面对冲击波的会聚作用,不对称高压压缩区的剧烈塑性变形的绝热温升超过铅相熔点而导致孔洞形核。

3）相界面对孔洞的长大、贯通的影响

层裂的过程从细观上的形核与长大将发展至最后一个阶段——微孔洞的贯通。通过对本实验中的金相分析以及扫描电镜观察微孔洞与裂纹的位置关系,可以发现,在未完全贯通的裂纹之间,还存在着更小段的裂纹以及在其周围还有分散着的微孔洞。因此推断,在孔洞与孔洞之间应该还存在一些更小的孔洞,当微孔长大到一定阶段,相邻微孔发生贯通,就会使微孔聚集形成裂纹。一整个过程不仅与加载方式与过程有关(如加载速度、热处理等),也与材料内部微观组织结构(如第二相的分布、晶粒大小、杂质等)有关。

在本次铅黄铜层裂实验中,通过 OM 与 SEM 微观分析发现:①孔洞长大、贯通大都沿晶界(α/β 相界面)发展为沿晶断裂,少量为穿晶断裂;②微裂纹主要起源于晶界处,尤其是晶界三叉点;③铅相中所形核的孔洞并没有相互贯通形成裂纹,反而由 XRCT 数据观测到主裂纹在非铅相密集处扩展,即裂纹扩展与铅相中形核的孔洞无明显的关联。铅黄铜中层裂裂纹主要起源于晶界三叉点,此处的孔洞形核长大、贯通形成宏观裂纹(图3-64(a))。其机理可由以下两个方面解释:一是铅黄铜层裂过程中,有部分孔洞形核于α相中,α相多在β相晶界处连续分布,而不是像铅相是弥散不连续分布的。因此,在晶界处连续分布α相内形核的孔洞易于相互贯通成裂纹;二是晶界本身对位错的滑移有强烈的阻碍作用,因此晶界三叉点易产生塞积。同时,在卸载冲击波作用下,晶界三叉点也是容易发生应力集中的位置。在这种情况下,三叉晶界处就成为铅黄铜中一个非常薄弱的位置,非常容易导致孔洞形核与贯通来松弛应力。在横向加载时,层裂现象只发生在晶界。此时的晶格塑性流动,能促进层裂初期阶段孔洞的形核长大,而之后阶段则是以晶界的分开为主。

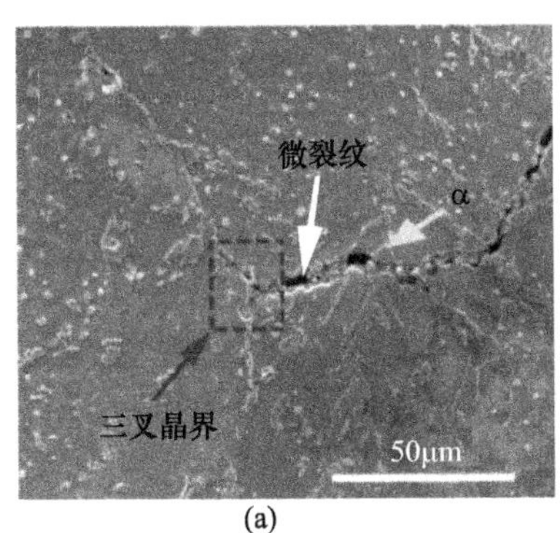

(a)

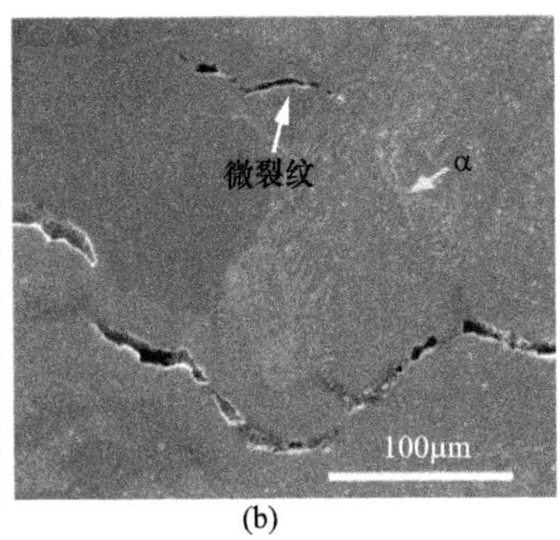

(b)

图3-64　裂纹扩展扫描电镜图

(a)微裂纹起源位置;(b)裂纹扩展路径。

层裂裂纹的扩展路径,在金相与扫描电镜观察可知,多数是沿着基体β相晶界扩展,也可见穿过晶粒的裂纹(图3-55与图3-65(b))。整体上,裂纹是由粗到细从中心向半径方向扩展,在主裂纹周围有微裂纹的分布。对于裂纹的沿晶断裂原因,由前面分析可知,是由于在基体β相晶界连续分布的α相降低了晶界强度,同时冲击加载下部分孔洞形核于高阻抗的α相中;同时,由于多数形核在铅相内部的孔洞分布较为分散,并没有发生贯通(图3-65)。因此,铅黄铜层裂实验中裂纹主要扩展方向

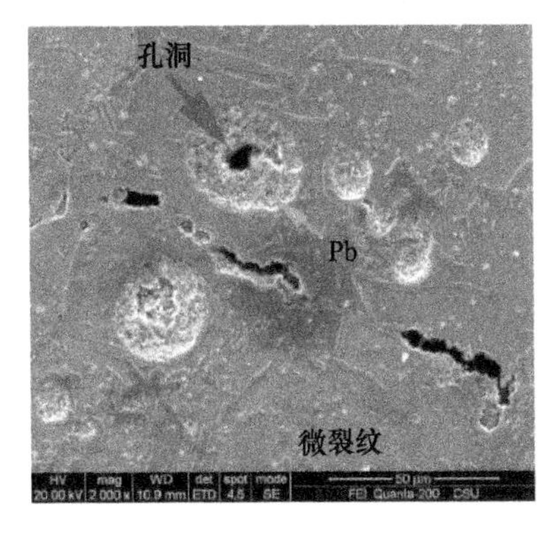

图3-65　微裂纹扩展路径扫描电镜图
(微裂纹并没有沿着形核于铅相内部的孔洞贯通)

是沿晶断裂。而部分位置发生了穿晶断裂的原因,则是在裂纹扩展路径上遇到大尺寸的 β 相晶粒,而大尺寸 β 相晶粒强度较低。因此,在沿晶扩展的裂纹遇到较大的 β 相晶粒阻碍时,会发生穿晶断裂现象。

通过上述实验的分析可得出以下结论。

(1) 由前文 SEM 观测结果可知,微孔洞有少部分形核于晶界析出的 α 相中,其形核机理可根据冲击加载下应力波在介质中的传播理论解释,即在卸载冲击波从高阻抗 α 相中传入到低阻抗 β 相或者 Pb 相时,会在 α 相中产生拉伸脉冲,当这个拉伸脉冲足够大时,则会在 α 相中产生孔洞。但卸载冲击波从 β 相或者铅相传入到 α 相中时,则不会在任何相中产生拉伸脉冲,也不会有微孔洞的形核。而在 α 相内形核的孔洞均在层裂面或者微裂纹附近位置,说明只有在损伤较为严重以及应力集中位置的 α 相内才会有孔洞形核。

(2) 在冲击加载下,初始孔洞的形核主要形成于铅相内。这是因为加载阶段,应力波在铅黄铜中传播时,由基体向铅中传播的压应力波与铅中反射回的应力波叠加,在铅中心部位汇聚形成不对称过压区域,造成剧烈塑性变形。大塑性变形造成低热导率的铅中心局部的绝热温升会导致铅在加载段发生熔化。同时,卸载阶段卸载波的汇聚也更容易在铅中心区域发生孔洞形核。因此,第二相铅相中心位置产生孔洞根本原因是基体—铅相近球状界面对冲击波的会聚作用,而非拉应力作用,因为无论卸载冲击波从高阻抗的相(黄铜基体)传到低阻抗的铅相还是反之,铅相内都不会产生拉伸应力。

(3) 铅黄铜中层裂裂纹主要起源于晶界三叉点,这是因为在晶界处连续分布 α 相内形核的孔洞易于相互贯通成裂纹,且晶界三叉点易产生位错塞积与应力集中;层裂裂纹的扩展路径,多数是沿着基体 β 相晶界扩展,也可见穿过晶粒的裂纹。原因在于:在基体 β 相晶界连续分布的 α 相降低了晶界强度,晶界分布的 α 相内部有部分微孔洞形核,因此裂纹沿晶扩展。而在裂纹扩展路径上遇到大尺寸强度较低的 β 相晶粒时,会发生穿晶断裂现象。

3.3.2 相界面对双相钛合金层裂行为的影响规律与机制

多相合金材料中同时存在相界面和晶界,相界面是指结构不同或结构相同而点阵参数不同的两块晶体的交界面,晶界是指结构相同而取向不同的两个晶粒之间的界面。在准静态载荷作用下,由于两相的物理、力学性能的差异而容易导致在两相的界面上产生应力与应变等的不匹配,因而相界面是一种“弱连接”,相界面往往是孔洞择优形核、长大的位置,这是目前基于准静态载荷下损伤断裂理论的一般规律[17]。而在冲击理论中[1,2],动态加载过程即是冲击波在材料内部的传播过程,相界面会对冲击波产生相互作用和反射,而不同相具有不同的性质以及性能也会影响冲击波的传播，所以研究相界面对层裂行为的影响规律以及机制，对于进一步研究层裂具有重要意义。

目前，关于相界面对层裂行为影响的研究较少。Escobedo 等[25]研究了铅黄铜初期层裂孔洞形核以及长大的特征，发现微孔洞分布位置靠近于层裂面附近并大部分形核于铅相内部。虽然上述研究以及实验现象表明，相界面的存在会影响材料的层裂强度，但是其对于层裂初期孔洞形核位置以及演变的影响机制和规律还不是很清楚，目前国内外在相界面对于层裂行为影响上都还缺乏系统而深入的研究。

TC4 双相钛合金具有良好的工艺塑性、超塑性、焊接性和抗腐蚀性等优点，又因为其优异的力学性能与易于加工的特点，一直以来都被作为军工制造的候选材料。TC4 双相钛合金是在室温状态下包含 hcp 晶体结构的 α 相和 bcc 晶体结构的 β 相的（α + β）双相钛合金。因此，选用 TC4 双相钛合金（Ti - 6Al - 4V，α 相 + β 相）典型双相钛合金作为研究对象，探究相界面对层裂初期孔洞形核以及长大的影响规律，深入研究相界面对层裂行为的影响。为了同时探讨两相的相组分对层裂行为影响，采用不同热处理制度来获得调控相组分以及晶粒尺寸。

由于 TC4 双相钛合金中 α 相转化为 β 相的相变点为 975℃ ±10℃，即在接近 975℃时，α 相会逐渐转化为 β 相，所以采用不同的固溶温度可以得到不同的相成分。采用的两种热处理制度如下。

（1）1 号样品：937℃固溶 2h，水淬 +700℃保温 2h，空冷。

（2）2 号样品：947℃固溶 2h，水淬 +700℃保温 2h，空冷。

经过热处理后得到两种具有不同相组分的样品，图 3 - 66 所示为经过金相制样以及腐蚀剂腐蚀过后的金相图，所采用的金相腐蚀液为：$HF:HNO_3:H_2O$ = 2mL∶5mL∶10mL，侵蚀时间为 10s 左右。

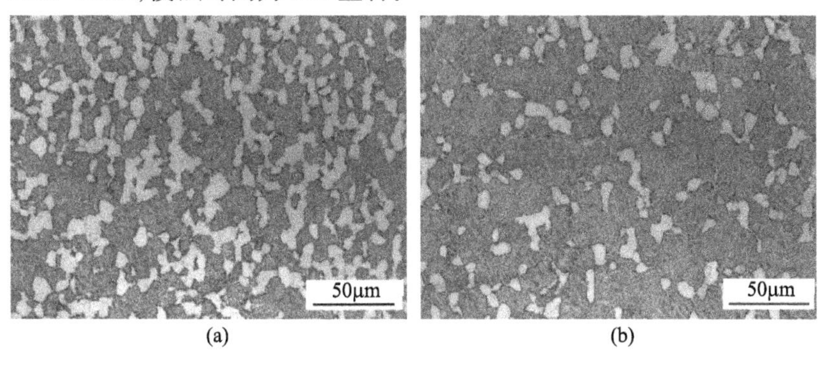

图 3 - 66　两种热处理过后的样品金相

（a）1 号样品；（b）2 号样品。

从图 3-66 可以看出，两组样品都由白色的 α 相和灰黑色的 β 相组成。通过 IPP(Image Pro Plus) 软件计算得出 1 号样品(937℃) α 相体积分数为 43.3%，β 相体积分数为 56.7%，平均晶粒尺寸为 10.8μm，2 号样品(947℃) α 相体积分数为 31.6%，β 相体积分数为 68.4%，平均晶粒尺寸为 7.6μm。

加载实验中样品热处理制度和相组分如表 3-16 所列。

表 3-16 样品热处理制度与相组成

样品	热处理制度	α 相含量(面积分数)/%	平均晶粒尺寸/μm
1 号	937℃固溶 2h，水淬 +700℃保温 2h，空冷	43.3	10.8
2 号	947℃固溶 2h，水淬 +700℃保温 2h，空冷	31.6	7.6

一级轻气炮加载，加载实验在中国科学院力学所非线性力学国家重点实验室完成。利用线切割、机加工将热处理后的 TC4 双相钛合金加工成尺寸为 ϕ24mm × 4mm 的圆片实验样品，以及尺寸为 ϕ55mm × 2mm 的飞片。为了实现应力波的对称碰撞，飞片厚度设计为样品厚度的一半，飞片采用原始状态 TC4 双相钛合金样品。为了得到两种热处理状态的样品同时受到相同冲击应力时的初期层裂状态，本次实验采用一击二的形式，即一个飞片同时击打两个样品，设计靶板如图 3-67 所示。

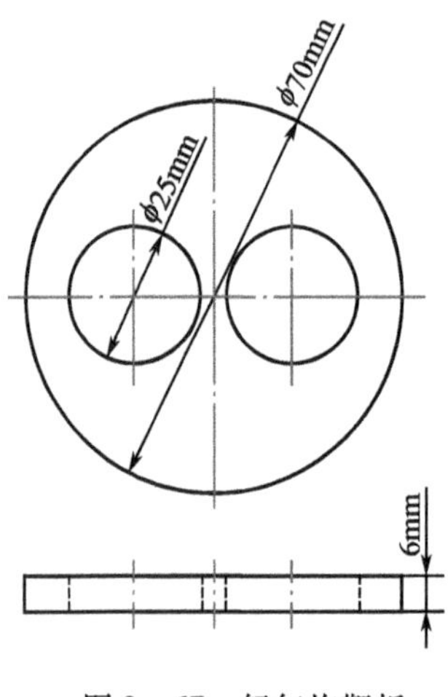

图 3-67 轻气炮靶板

将两种热处理状态的样品分别用 AB 胶固定在靶板中间的两个 ϕ25mm 的圆孔中。本次实验为了得到初期层裂状态的试样，将加载速度定为440m/s。为避免回收样品受到第二次损伤，采用软回收方式获得试样。样品加载后的自由面速度曲线由全光纤多普勒测速系统(Photonic Doppler Velocimetry，PDV)，通过放置在样品自由面的激光探头对粒子速度进行实时测量获得[72]。

为了研究层裂损伤在冲击过后样品中的宏观分布及位置，对软回收后的样品进行金相分析。由于冲击波的对称碰撞，将冲击加载后的试样沿冲击方向进行对称线切割。首先采取 EBSD 电解抛光的方法得到未腐蚀金相样品；然后再进行腐蚀后的金相观测，侵蚀剂为 $HF:HNO_3:H_2O$ = 2mL:5mL:10mL，侵蚀时间为 10s 左右。利用 EBSD 实验分析晶粒取向，晶界类型对形核位置的影响，观察层裂初期孔洞形核位置的特征。EBSD 样品制备选择电解抛光除去表面应变层，电解液为高氯酸:甲醇:正丁醇 = 20mL:120mL:60mL，电压为 30V，温度为 -30℃，采用液氮降温，抛光时间为 30s。采用附有 EBSD 附件电子双束显微电镜上进行 EBSD 分析,型号为 HELIOS NanoLab 600i,工作电压为 20kV,步长为 0.5μm,同时利用 HKL - Channel.5 软件对 EBSD 数据进行采集,得到的数据包在 OIM 分析软件上处理,通过标定 α 相得到扫描区域的取向图、晶界重构图、泰勒因子图等。

由于 TC4 双相钛合金中 α 相与 β 相的力学性能有着明显的区别,根据层裂形成的基本原理,材料的不同阻抗会影响冲击波的传播,从而影响层裂损伤的形核及发展。材料的阻抗近似可用,初始密度 ρ_0 和声波速度 c_0($c_0 \approx \sqrt{E/\rho_0}$,$E$ 为弹性模量)的乘积表示。而 α 相与 β 相的力学性能有着明显区别,即它们的阻抗大小不同,从而影响层裂损伤的形核。通过纳米压痕实验可以测得两相的弹性模量,再根据两相的密度可以估算出其阻抗的大小。

纳米压痕实验是近年来发展起来的针对小载荷、浅压深、微小构件的材料力学性能测试方法,该技术通过具有极高的力分辨率和位移分辨率的纳米硬度计,在压针压入过程中连续获得载荷—压深加载和卸载曲线,利用 Oliver 和 Pharr[69] 方法对加卸载曲线进行数学解析,获得最大压深处的载荷和接触投影面积,即可得到材料的纳米硬度和弹性模量值。纳米压痕测试在瑞士 CSM 公司生产的 UNHT 纳米压痕实验机上开展,本次实验每个相各测试了 3 个点,得到了纳米硬度和弹性模量的平均值。

利用 XRCT 对软回收试样进行表征,以研究损伤的三维空间分布。本实验选择在上海光源 BL13W1 光束线站,为保证试样被完全穿透,样品尺寸选择为 0.5mm × 0.5mm × 4mm,所用光子能量为 27keb,使用 2048 × 2048 像素的 16 位高分辨率探测器,试样距离 CCD 8cm,穿透率维持在 30% 左右,对试样中长约 1.5mm 的区域进行扫描,扫描过程中试样旋转 180°,每个试样拍摄照片数量为 1100 张,照片曝光时间为 2s,放大倍数为 20。之后利用 PITRE 软件对 CT 照片进行重构,重构后的像素尺寸为 0.325mm,每个像素的体积为 0.325mm × 0.325mm × 0.325mm。由于每个试样的图片构成的数据体积较大,为减少计算机运行时间,首先使用 CT - Program 软件将 32 位的重构图像转换为 8 位图像;接着利用 AMIRA 5.4 软件对图片进行三维重建后利用简单的阈值法二值化,将图像分为孔洞和基体两部分;然后利用分水岭分割算法将不同的孔洞区分开来;最后获得试样中尺寸为 370μm × 370μm × 400μm 区域的微孔洞三维空间,并对其进行定量分析。

图 3 - 68 XRCT 试样取样方式

图 3 - 68 所示虚线框为 XRCT 样品取样位置。

1）自由面速度曲线特征

通过 PDV 测速系统，获得的一级轻气炮加载后的试样自由面速度时间曲线(Free Surface Velocity，FSV)如图 3－69 所示。

FSV 提供了关于冲击波在样品中传播过程的信息，可以用来推导出材料在经历塑性损伤演变时与孔洞形核与长大有关的应力和动力学。

当应力波在自由面发生反射产生的稀疏波与来自飞片的入射稀疏波在样品中部相遇时产生拉伸荷载，即图 3－69 中的拉伸加载阶段，当这个拉伸荷载足够大时，就会产生层裂损伤，其自由面速度就会发生回弹，即图3－69中的层裂信号阶段(产生层裂的信号)。

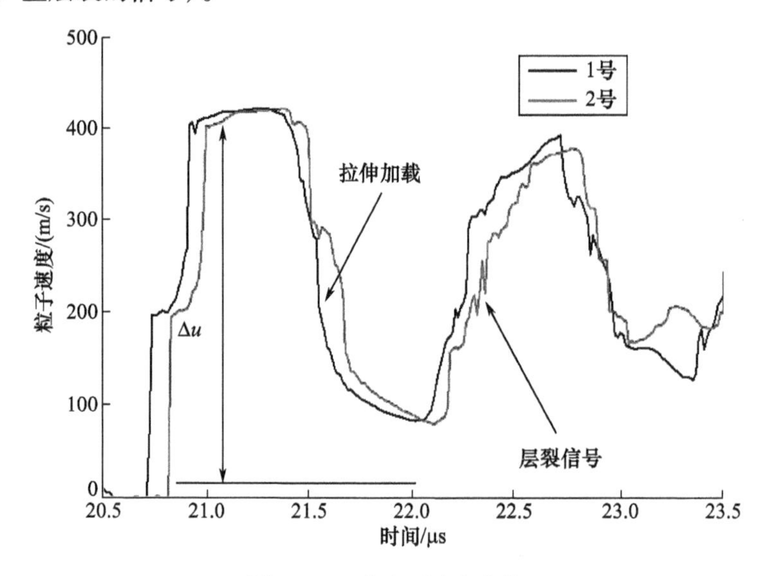

图 3－69　自由面速度曲线

一级轻气炮加载时靶板中冲击压力的计算公式为[4]

$$\sigma_s = \rho_0 (c_b + su) u \tag{3-28}$$

式中：$U = c_b + su$ 为 EOS(equation of state)曲线，用来描述粒子速度与冲击波速度的线性关系，即材料在不经历相变时的冲击响应[60]。

式(3－28)中，σ_s为冲击压力，单位为 GPa；U 为冲击波速度；ρ_0为 TC4 双相钛合金的密度，$\rho_0 = 4.4\text{g/cm}^3$；$s$ 为 Gruneisen 状态方程参数，由于没有 TC4 双相钛合金相应数据，用纯钛数据近似代替，$s = 1.066$[4]；c_b 为 TC4 双相钛合金的体声速，$c_b = 4.79\text{km/s}$；u 为波后粒子速度，为简化计算，假设惰性材料等熵膨胀规律可以用冲击绝热线近似，从而 u 大小取自由面速度第一次达到峰值时速度的一半，$u = 0.21\text{km/s}$。计算得到的两种试样的冲击压力约为 4.63GPa。

一般在金属损伤分析中，损伤速率是在层裂面上的拉伸应力达到层裂强度时开始计算，而取决于实际拉伸应力的初始损伤速率值 $\dot{\varepsilon}_v$ 可以由以下经验公式来表达[4]，即

$$\dot{\varepsilon}_v = -\frac{1}{2c_b}\frac{\mathrm{dFSV}}{\mathrm{d}t} \tag{3-29}$$

关于层裂强度的计算，Novikov[73] 在声学近似条件下提出了估算层裂强度的公式，即

$$\sigma_f = \frac{1}{2}\rho_0 c_b \Delta u \tag{3-30}$$

式中：$\Delta u = u_{max} - u_{min}$；$\dot{\varepsilon}_v$ 为初始损伤速率值，单位为 μs^{-1}；σ_f 为层裂强度；Δu（pullback velocity）定义为自由面速度曲线的峰值与谷值之间的差值（$u_{max} - u_{min}$），常被作为预估层裂强度的依据。

考虑到弹塑性变形的影响，Stepanov 等[74] 对式（3-30）做了以下的修正，即

$$\sigma_f = \rho_0 c_1 \Delta u \frac{1}{1+\dfrac{c_1}{c_b}} \tag{3-31}$$

式中：c_1 为 TC4 钛合金的纵波声速，$c_1 = 6.1\mathrm{km/s}$。

在此采用修正后的层裂强度计算公式，计算结果列于表 3-17 中。

表 3-17　自由面速度曲线参数

样品	σ_s/GPa	EOS	ΔU/(m/s)	σ_f/GPa	$\dot{\varepsilon}_v/\mu s^{-1}$
1 号	4.63	$U = 4.79 + 1.066u$	338.68	3.998	0.047
2 号			342.65	4.045	0.049

由于加载速度相同，所以冲击压力与 EOS 相同，但 1 号样品与 2 号样品层裂强度分别为 3.998GPa 和 4.045GPa，两者相差不大，但 2 号样品稍高，说明在同一加载条件下 2 号样品较难发生层裂。初始损伤速率值 $\dot{\varepsilon}_v$ 约等于形核位置的密度与孔洞生长速率的乘积[4]，而两者 $\dot{\varepsilon}_v$ 值相差很小。

由于加载速度相同，所以冲击压力与 EOS 相同，1 号样品与 2 号样品层裂强度分别为 3.998GPa 和 4.045GPa，两者相差不大，但 2 号样品稍高，并且初始卸载速率 u_1，1 号样品也高出 2 号样品将近 10%，说明在同一加载条件下，2 号样品较难发生层裂。而回跳斜率 $\dot{u}_2$，2 号样品高出 1 号样品将近 33%，说明 2 号样品孔洞长大速率高于 2 号样品。初始损伤速率值 $\dot{\varepsilon}_v$ 约等于形核位置的密度与孔洞生长速率的乘积，而两者 $\dot{\varepsilon}_v$ 值相差很小。

材料内部不同的组织结构会影响微损伤形核以及长大贯通的行为，两组样品经过不同工艺热处理，具有不同的相组成，在同一种加载条件下，1 号样品的 α 相组分较 2 号样品的多。通过后面的微观组织分析得出，孔洞基本在 α 相内形核，而 1 号样品较多的 α 相微孔洞提供了更多的形核场所，所以较 2 号样品层裂强度较低，更容易产生层裂损伤。

2）层裂损伤分布特征

（1）层裂损伤二维分布特征。

通过电解抛光得到未腐蚀金相图。在金相显微镜下逐步拍摄，再使用图片处理软件进行拼图处理，得到样品横截面大致的层裂损伤宏观分布图。

由图 3－70 可见，宏观裂纹以及明显的损伤区域都集中在两侧，而中间位置只有比较零散的孔洞及微裂纹。由于采取的是一个飞片同时击打两个样品的加载方式，两个样品之间距离较近，应力波在传播的过程中拉伸荷载会发生径向释放，应力波会在样品边界处发生稀疏，并且相互干扰，两侧的波速与中间位置不一致，产生一个垂直的拉伸应力，使得两侧的应力场变得复杂，从而导致孔洞更加容易发生贯通。而截面中间层的中间区域为纯一维应变区，所以选取黑色实线方框内的孔洞以及损伤作为微观表征分析对象，能够更加准确地研究初期层裂的特征。

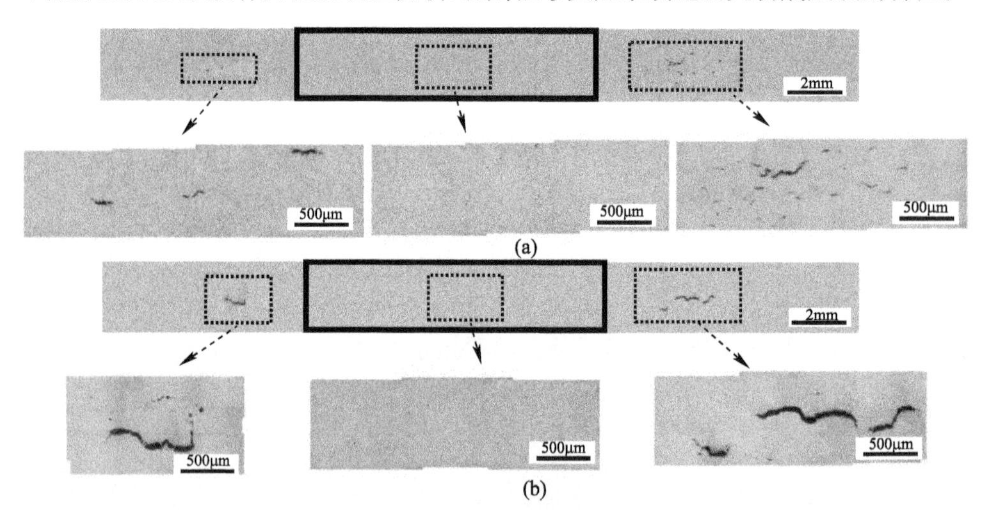

图 3－70　轻气炮加载后样品中心截面层裂损伤宏观分布
(a)1 号样品；(b)2 号样品。

通过对比两种不同工艺热处理后样品的损伤特征，发现 1 号样品的损伤较为分散，多呈现为零散的微裂纹，而 2 号样品已经形成了较为明显的裂纹，微孔洞与微裂纹相对较少。根据表 3－17，两者的初始损伤速率值 $\dot{\varepsilon}_v$大致相等，而 1

号样品的形核相 α 相的数量比 2 号样品多，所以 2 号样品的孔洞生长速率就会更大些，因此，2 号样品的孔洞生长速率较高，孔洞尺寸较大，形成了更加明显的微裂纹，而 1 号样品微裂纹较小，多为零散的孔洞。

样品经过侵蚀后，得到两组样品中位于上述黑色实线方框区域内的微观组织，如图 3 - 71 所示。在图3 - 71中，白色相为 α 相，灰色相为 β 相，黑色球状、杆状物均为孔洞，黑色箭头表示冲击方向。从图中可以看出，孔洞形核于 α 相，且形核阶段孔洞呈近球状，如图 3 - 71(1) 所示；随后受到冲击应力的作用，孔洞大致沿着与冲击方向成 45°的方向发生扩展，即形成长条状孔洞，如图 3 - 71(2) ~ (4) 所示；最后孔洞与孔洞之间发生贯通，形成裂纹，如图3 - 71(a) 所示。由于同等体积下球体的表面积较小，具有的表面能较小，所以层裂初期孔洞形核阶段，多为球状孔洞；对于韧性材料来说，由于韧性较好，变形阶段局部的拉应力比较均匀，一旦形成缺陷，可以在较短的距离里均匀化，即形成球状孔洞；在长大的过程中，冲击产生的拉伸剪切应力在与冲击方向成 45°的方向上最大，而孔洞长大以及微裂纹的走向会沿着剪切应力最大的方向扩展，所以呈现出上述规律。通过观察两组样品的孔洞分布特征，明显发现几乎所有初期形成的微孔洞都在白色的 α 相内，而由于孔洞基本形核在相内部，微裂纹的扩展如图 3 - 71(a) 右上角所示，为穿晶断裂，贯通整个形核的 α 相，延伸到附近的 β 相。

准静态加载下，由于两相的物理、力学性能的差异而容易导致在两相的界面上产生应力与应变等的差异，容易产生应力集中，因而相界面是一种“弱连接”，往往是准静态载荷下孔洞择优形核、长大的位置；但在动态加载中，孔洞没有如准静态损伤断裂理论所预测的那样形核于界面，而是形核于 α 相内。

(2) 层裂孔洞三维分布特征。

对两种样品进行三维重构，图 3 - 72 所示为三维重构图。在 XRCT 三维重构图中，由于实验材料 TC4 双相钛合金的两相密度差较小，在上海光源能量范围内无法分辨出这两相，所以只能重构出孔洞。图 3 - 72 中，不同的颜色表示不同位置的孔洞。表 3 - 18 所列为 XRCT 相关数据统计。

通过分析比较两种样品孔洞的数据，得出 1 号样品的孔洞数量以及密度比 2 号样品多，而最大孔洞体积与平均孔洞体积比 2 号样品小。这就进一步验证了自由面速度曲线与金相的分析结果：1 号样品由于 α 相含量较高，孔洞形核位置较多，导致孔洞数量更多，也使得层裂强度较低；而 2 号样品的孔洞生长速率较高，孔洞尺寸较大。

图 3 - 72(c) 所示为图 3 - 72(b) 中虚线方框的局部放大图，黑色箭头为冲击方向。当孔洞处于形核初期时，为较小的球状孔洞，随着冲击波的持续加载，孔洞的形状发生变化，大致沿着与冲击方向成 45°的方向长大，这与层裂损伤二

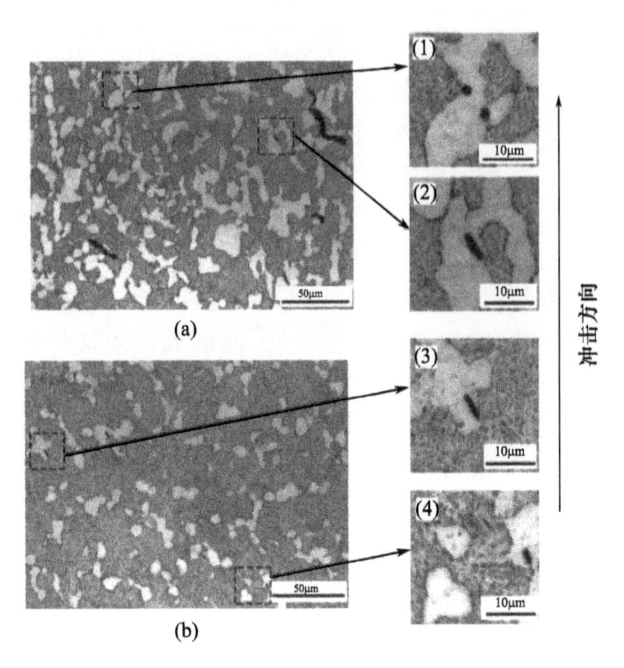

图 3-71　试样经过金相腐蚀后的显微组织

(a)1 号样品；(b)2 号样品。

维分布特征相符,孔洞形核与长大的形状变化都呈现出一定的规律。

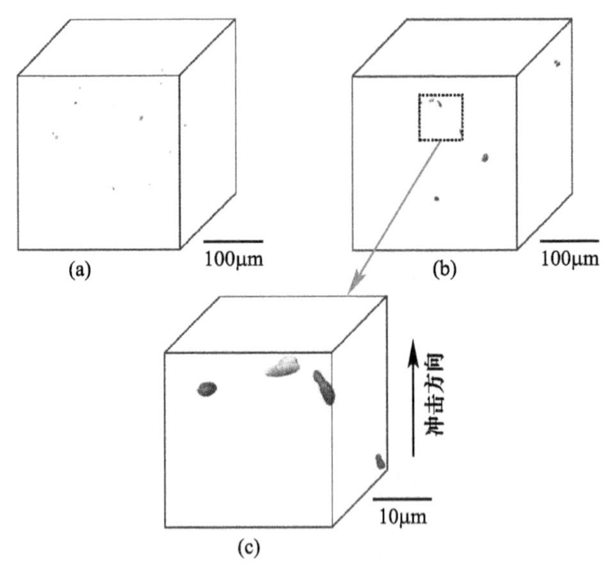

图 3-72　两种样品三维重构图

(a)1 号样品；(b)2 号样品；(c)局部放大图。

表 3-18　孔洞数据统计表

样品	视野中统计孔洞数量/个	最大孔洞体积/μm^3	平均孔洞体积/μm^3	平均孔洞等效直径/μm
1 号	26	799.40	152.15	4.36
2 号	8	1236.96	270.22	6.42

根据图 3-72 与表 3-18 的定量分析发现,1 号样品中的孔洞大多数呈体积较小的球体,并且数量较多;而 2 号样品中的孔洞较少,且全部呈现为拉长的杆状孔洞。由于同等体积下球体的表面积较小,具有的表面能较低,所以层裂初期孔洞形核阶段,多为球状孔洞;且对于韧性材料来说,由于韧性较好,变形阶段局部的拉应力比较均匀,一旦形成缺陷,可以在较短的距离里均匀化,即形成球状孔洞;随着冲击应力的持续加载,孔洞的长大会受到应力方向的影响,沿着一定的方向拉长为杆状孔洞,即呈现出图 3-72(c)中孔洞的形状。而前述自由面速度的回跳斜率 $\dot{u}_2$,2 号样品高于 1 号样品,即 2 号样品孔洞长大速率高于 1 号样品;且两个样品的初始损伤速率值 $\dot{\varepsilon}_v$相差较小,而初始损伤速率大约等于形核位置的密度与孔洞生长速率的乘积,由后面的分析得到孔洞形核于 α 相,而 1 号样品的 α 相含量高于 2 号样品,即 1 号样品的形核位置密度较高,因此 1 号样品中孔洞生长速率较低,而 2 号样品中孔洞生长速率较高,易于长大成长条状孔洞。由后续分析可知,孔洞形核于 α 相内晶粒 TF 值差异较大的三叉晶界处,且通过软件计算得到 1 号样品中晶粒尺寸小于 2 号样品,晶界面积相对较大,所以单个孔洞在沿着晶界长大时扩展速率较高,这也解释了多维表征分析得到的 2 号样品的孔洞尺寸大于 1 号样品这一现象。

3）相界面对孔洞形核的影响

对 α 与 β 两相进行纳米压痕实验,分别取 3 个测试点,图 3-73 所示为其中的两个测试点的压痕,得到两相的平均压深—载荷加载和卸载曲线如图 3-74 所示。

冲击阻抗值的计算公式为 $Z=\rho_0 \cdot c_0$[4],声速 c_0 由前文提到的公式计算得到;两相的密度由 SEM 中所测的能谱分析得到两相的比例,再根据两相所含不同元素的成分估算得到。通过实验室自带软件计算出的相关参数与数据如表 3-19所列。

分析纳米压痕数据可知,α 相的纳米硬度以及弹性模量都要大于 β 相,α 相声速大于 β 相,α 相估算的阻抗值要比 β 相大。

准静态加载下的损伤与失效,研究多认为由于两相界面或者相/基体界面,容易产生应力集中,为材料中的薄弱位置,导致成为损伤孔洞形核的优先位置;在动态加载下,材料的层裂形核是由冲击波在材料内部相遇产生的拉伸应力引起的，所以不同相具有的不同波阻抗会影响冲击波的传播，从而影响孔洞形核的位置。由文献[4]可知，在动态加载下，当冲击波在两种阻抗不同的介质间传播时，分成两种情况处理。

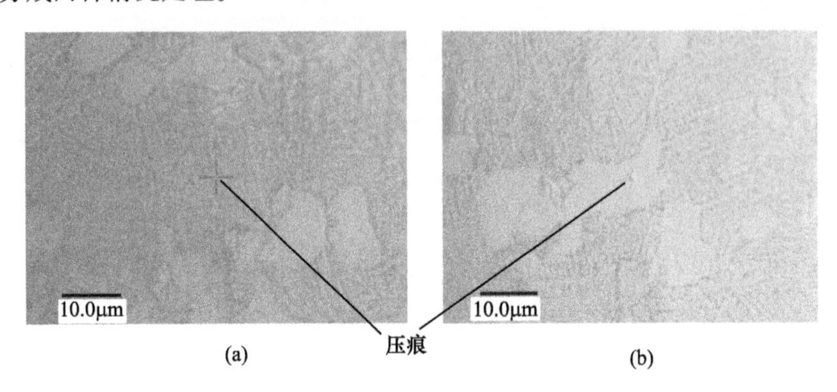

图3-73　纳米压痕测试点
(a)β相；(b)α相。

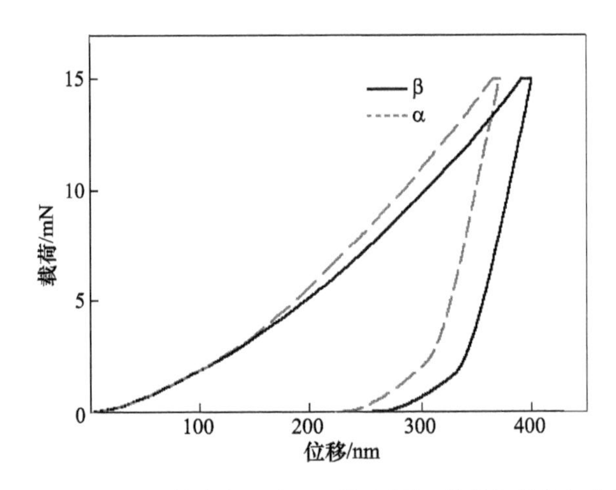

图3-74　TC4双相钛合金α和β两相压深—载荷加载和卸载曲线

表3-19　纳米压痕实验数据

相	密度 /(g/cm³)	纳米硬度 /GPa	弹性模量 /GPa	声速 c_0 /(km/s)	估算阻抗值 Z/ $(\frac{g}{\mu s \cdot mm^2} \times 10^{-3})$
α相	4.43	5.527	135.42	5.51	24.57
β相	4.39	4.295	113.67	5.09	22.35

如图3-61所示，冲击波从高阻抗材料Ⅰ向低阻抗材料Ⅱ传播时，会在t_4时

刻的高阻抗材料中形成拉伸脉冲,从而引起层裂损伤。

(1) 冲击波从低阻抗材料Ⅰ传入高阻抗材料Ⅱ中。当冲击波阵面达到界面时,压力会增大(阻抗从低到高),有一个压力波阵面向材料Ⅰ中传播,另一个压力波阵面向材料Ⅱ中传播。而在材料Ⅰ中传播的压力波阵面和初始卸载部分相遇,压力会减小,因此在界面两侧都会形成压缩波,无法形成拉伸脉冲。

(2) 冲击波从高阻抗的材料Ⅰ传到低阻抗的材料Ⅱ。由于冲击波到达界面时,压力会减小,因此,会产生一个稀疏脉冲向材料Ⅰ中传播,假设材料Ⅰ和材料Ⅱ都是半无限长的,且这个稀疏波可以自由地传播直至遇到初始脉冲的卸载部分,将会形成拉伸脉冲且会在两个方向上传播。如果拉伸脉冲的幅值足够大,在材料中将会发生层裂。

选用的实验材料为 TC4 双相钛合金,通过前面的实验计算得到两相的阻抗,α 相大于 β 相。所以,在冲击荷载下,冲击波从 α 相传入到 β 相时,满足上述(1)中情况,会在 α 相内形核,这也与得到的实验现象吻合。

4) α 相内的晶界对孔洞形核与长大的影响

图 3-75 所示为冲击后层裂面中心区域位置孔洞附近的晶体取向图,图 3-75(c)所示为图 3-75(b)区域的 EBSD 质量对比图,可见金相图中的白色 α 相内是由多个 α 相晶粒组成的,金相图中没有侵蚀出来。形状较均匀,晶粒尺寸较大的为 α 相晶粒,呈不规则形状且晶粒尺寸较小的为 β 相晶粒。Yang 等[6-10]详细探讨了晶界对孔洞形核、长大的影响规律与机制,α 相内的晶界同样会对孔洞的形核、长大产生影响。

图 3-75(a)和(b)所示为两个处于形核初期微孔洞的晶体取向图,可以看出孔洞都在具有较大晶体取向差的晶界处形核,且多为晶界三叉点,如①②两处。这是由于晶界本身对位错的滑移有强烈的阻碍作用,因此晶界三叉点易产生塞积。同时在冲击波作用下,晶界三叉点也是容易发生应力集中的位置。在这种情况下,三叉晶界处就成为 TC4 双相钛合金中薄弱的位置,易于孔洞形核与长大。所以,层裂孔洞的形核位置不仅受到相界面的影响,还受到 α 相内晶粒的晶界类型的影响,具有较大晶体取向差的晶粒构成的晶界三叉点处容易产生位错塞积,所以一般而言较大晶体取向差的晶粒构成的晶界三叉点处为孔洞优先形核的位置。

通过观察图 3-75(b),发现在同一区域内②号晶界三叉点产生了孔洞,而③号却没有孔洞形成。为了解决这一问题,进一步探究微观结构对层裂形核位置的影响,通过 OIM 软件得到了 TF 分布,进行 TF 分析。TF 是晶体抵抗塑性变形能力的一个有效参考量,其值越小,独立活化滑移系的组合越多,塑性变形能力越强,对应图 3-76 中蓝色部分;反之则塑性变形能力越弱,对应图 3-76 中红色部分。

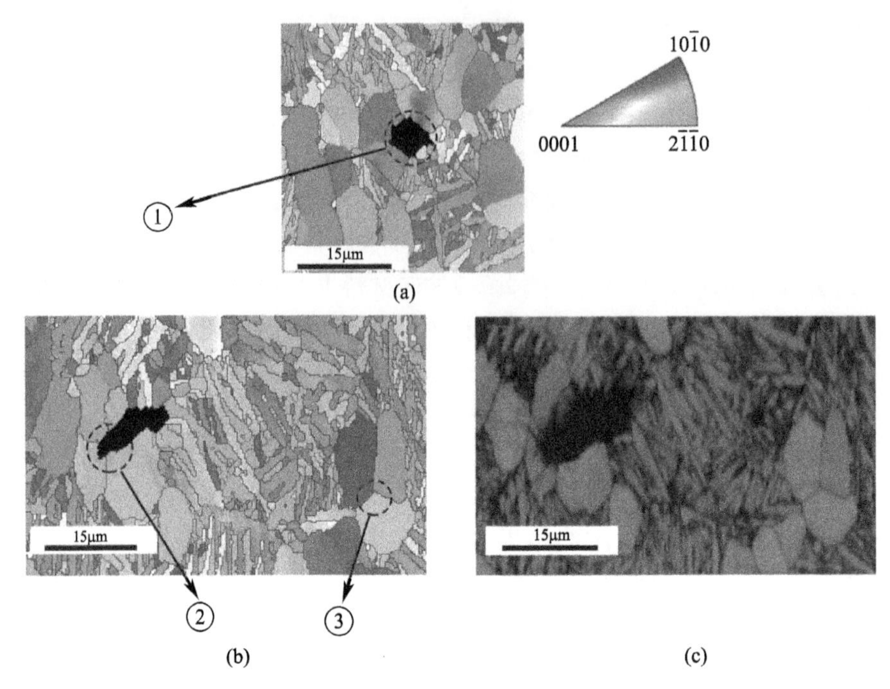

图 3-75　孔洞形核位置晶体取向图(见彩图)

(a)1 号样品；(b)2 号样品；(c)图(b)区域的 EBSD 质量对比图。

对比图 3-76 中的①②③号三叉晶界,发现孔洞在 TF 值较高的晶粒与 TF 值相对较低的晶粒交接的①②号晶界处形核。这是由于 TF 较高的晶粒滑移系较少,难以发生塑性变形,而相邻的 TF 较低的晶粒塑性变形能力较强,这使得晶界两侧的塑性变形能力不一致,容易产生应力集中,从而成为孔洞的优先形核位置;而③号三叉晶界处无孔洞形核,这是由于其相邻的晶粒 TF 相差很小,晶界两侧的塑性变形能力差异不显著,所以不易产生孔洞。这一实验现象表明,孔洞的形核不是随机性的,由于晶体取向的差异,导致各晶粒塑性变形能力的不同,孔洞优先形核于塑性变形能力较强与较弱的晶粒晶界处。Yang 等[6]在平板的滑移爆轰中,发现孔洞向着 TF 值高的晶粒长大。在图 3-77(b)中,可以看出长条状孔洞有向着 TF 较高的晶粒长大的趋势,而在图 3-77(a)中的孔洞为球状,即为形核初期,所以体现不出孔洞长大的特征。根据表 3-16,2 号样品晶粒尺寸较小,晶界面积相对较大,又由于孔洞是在 α 相内的晶界处形核与长大,所以单个孔洞在沿着晶界长大时扩展速率较高,这也解释了多维表征分析得到的 2 号样品的孔洞尺寸大于 1 号样品这一现象。

孔洞在 α 相内形核时,不仅受到晶界类型的影响,即优先在具有较大晶体取向差的晶界三叉点处形核,还与组成晶界的晶粒 TF 值有关,即择优形核于 α

相内晶粒 TF 值差异较大的晶界处。

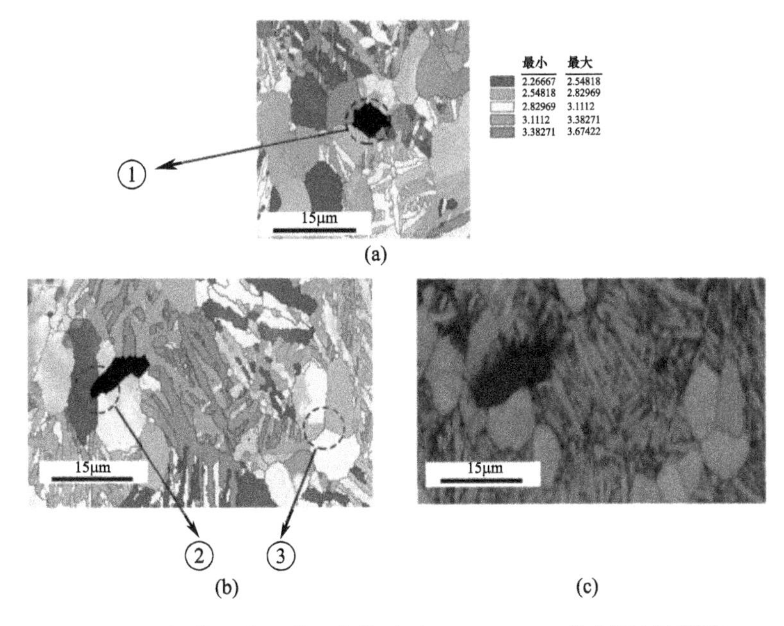

图 3－76　加载后孔洞附近泰勒因子/Taylor Factor 分布图（见彩图）

（a）1 号样品；（b）2 号样品；（c）图（b）区域的 EBSD 质量对比图。

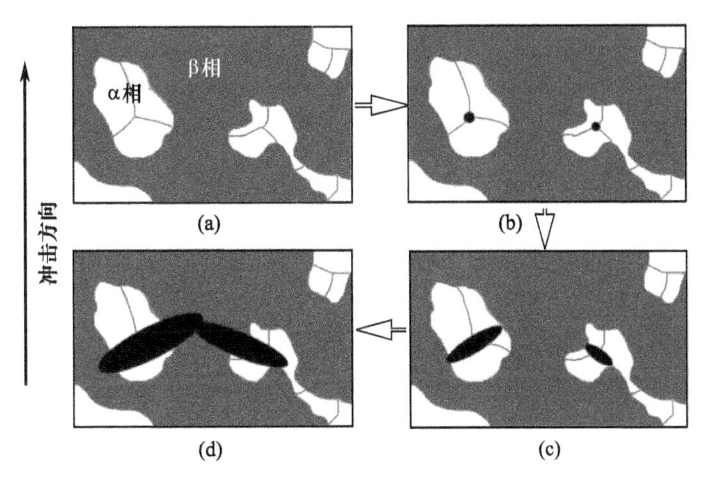

图 3－77　TC4 双相钛合金层裂初期损伤演变过程

（a）冲击之前；（b）孔洞形核；（c）长大；（d）贯通。

5）相界面影响双相钛合金初期层裂的模型

综上所述，利用图 3－77 可以表示 TC4 双相钛合金材料层裂初期孔洞形核以及损伤演变过程示意图，黑色箭头为冲击加载方向，孔洞在 α 相内形核，随后沿着与冲击方向大致成45°的方向拉长长大，逐渐贯穿整个形核的 α 相，最后与相邻的孔洞连接，形成微裂纹，最终形成宏观断裂。

综上所述，可得出以下结论。

（1）二维金相分析表明，层裂初期孔洞并没有在“弱连接”的相界面上形核，而是在 α 相内形核。根据冲击理论，不同相具有的不同阻抗会影响冲击波的传播，而只有当冲击波从高阻抗材料传入低阻抗材料时，才会在高阻抗材料中形成拉伸脉冲，当拉伸应力达到临界值时就会产生层裂现象。而在 TC4 双相钛合金中，α 相的阻抗大于 β 相，所以孔洞在阻抗大的 α 相内形核。

（2）孔洞并不是随机在 α 相内形核，而是在 α 相内的具有较大晶体取向差的晶界三叉点处形核，而作为形核点的晶界又由 TF 值相差较大的晶粒组成。这是由于这些位置附近的塑性变形能力不一致，容易产生应力集中，为 α 相中相对薄弱的位置，所以更加易于孔洞形核。这也是在相同载荷条件下，层裂初期某些 α 相内有孔洞形核，而某些 α 相内没有孔洞形核的原因。

（3）含有较多高阻抗 α 相的材料层裂强度较低，层裂产生的孔洞数量较多，且孔洞大多呈体积较小的球状，易发生层裂损伤；而含有较少高阻抗 α 相的材料层裂强度较高，孔洞数量较少且体积较大，多为拉长的杆状孔洞。这是由于较多的高阻抗 α 相提供了较多的形核位置，所以孔洞形核数量较多；而孔洞多在高阻抗 α 相内的晶界处形核，晶粒尺寸较小的材料具有较大的晶界面积，所以单个孔洞的扩展速率较高，即孔洞更易于受到冲击荷载的影响长大成条状孔洞。

参考文献

[1] Meyers M A, A1mone C T. Dynamic fracture(spalling) of metals[J]. Progress in Materials Science, 1983, 28(1): 1-96.

[2] Davison L, Shahinpoor M. High Pressure shock compression of solids Ⅱ: Dynamic fracture and fragmentation[M]. Berlin: Springer, 1996.

[3] Curran D R, Seaman L, Shockey D A. Dynamic failure of solids[J]. Physics Report, 1987, 147(5): 253-388.

[4] Antoun T H, Seaman L, Curran D R, et al. Spall Fracture[M]. New York: Springer, 2003.

[5] Williams C, Love B. Dynamic Failure of Materials: A Review[R]. Army Research Lab, Aberdeen Proving Ground, Md 21005-5066, 2010.

[6] Yang Y, Peng Z Q, Guo Z L, et al. Multidimensional Study on Spall Behavior of High-Purity Copper Under Sliding Detonation[J]. Metallurgical and Materials Transactions A, 2015, 46(9): 4070-4077.

[7] Yang Y, Chen J X, Peng Z Q, et al. X-ray quantitative analysis on spallation response in high purity copper

under sweeping detonation[J]. Materials Science and Engineering A,2016,667:54 – 60.

[8] Yang Y,Peng Z Q,Chen X H,et al. Spall Behaviors of High Purity Copper Under Sweeping Detonation [J]. Materials Science and Engineering A,2016,651:636 – 645.

[9] Yang Y,Chen J X,Guo Z L,et al. 3 – D characterization of incipient spallation response in cylindrical copper under sweeping detonation[J]. Journal of Materials Research,2017,32(8):1499 – 1505.

[10] Yang Y,Jiang Z,Chen J X,et al. The characteristics of void distribution in spalled high purity copper cylinder under sweeping detonation[J]. Philosophical Magazine,2018,98(9):752 – 765.

[11] Yang Y,Wang C,Chen X Z,et al. Effects of the phase interface on spallation damage nucleation and evolution in multiphase alloy[J]. Journal of Alloys and Compounds,2018,740:321 – 329.

[12] Yang Y,Jiang Z,Wang C,et al. Effects of the phase interface on initial spallation damage nucleation and evolution in dual phase titanium alloy[J]. Materials Science and Engineering A,2018,731:385 – 393.

[13] Gray III G T,Hull L M,Livescu V,et al. Influence of sweeping detonation – wave loading on shock hardening and damage evolution during spallation loading[J]. EPJ Web of Conferences,2010,26(7):5779 – 5817.

[14] Jarmakani H,Maddox B,Wei C T,et al. Laser shock – induced spalling and fragmentation in vanadium [J]. Acta Materialia,2010,58(14):4604 – 4628.

[15] Sencer B H,Maloy S A,Gray III G T. The influence of shock – pulse shape on the structure/property behavior of copper and 316 L austenitic stainless steel[J]. Acta Materialia,2005,53(11):3293 – 3303.

[16] Koller D D,Hixson R S,Gray III G T,et al. Influence of shock – wave profile shape on dynamically induced damage in high – purity copper[J]. Journal of Applied Physics,2005,98(10):26 – 1230.

[17] Luo S N,Germann T C,Tonks D L. Spall damage of copper under supported and decaying shock loading [J]. Journal of Applied Physics,2009,106(12):253.

[18] Pedrazas N A,Worthington D L,Dalton D A. Spall and dynamic yielding of aluminum and aluminum alloys at strain rates of $3 \times 10^{6} s^{-1}$[J]. Materials Science and Engineering A,2012,536(5):117 – 123.

[19] Escobedo J P,Cerreta,E K,Dennis – Koller D. Effect of crystalline structure on intergranular failure during shock loading[J]. Journal of the Minerals,Metals & Materials Society,2014,66(1):156 – 164.

[20] Millett J C F,Cotton M,Bourne N K,et al. The behaviour of niobium and molybdenum during uni – axial strain loading[J]. Journal of Applied Physics,2014,115(07):651 – 660.

[21] Wielewski E,Appleby – Thomas G J,Hazell P J,et al. An experimental investigation into the micro – mechanics of spall initiation and propagation in ti – 6Al – 4v during shock loading[J]. Materials Science and Engineering A,2013,578(1):331 – 339.

[22] Chen X,Asay J R,Dwivedi S K,et al. Spall behavior of aluminum with varying microstructures[J]. Journal of Applied Physics,2006,99(2):023528 – 023528 – 13.

[23] Christy S,Pak H R,Meyers M. In Inter. Conf. Metall. Appl of Shock – Wave and High – Strain – Rate Phenomena[C]. USA :Portland,1985:835 – 863.

[24] Escobedo J P,Dennis – Koller D,Cerreta E K,et al. Grain size and boundary structure on the dynamic tensile response of copper[J]. Journal of Applied Physics,2011,110(3):033513 – 033513 – 13.

[25] Escobedo J P,Cerreta E K,Dennis – Koller D,et al. Influence of boundary structure and near neighbor crystallographic orientation on the dynamic damage evolution during shock loading[J]. Philosophical Magazine,2013,93(7):833 – 846.

[26] Furnish M D,Chhabildas L C,Reinhart W D,et al. Determination and interpretation of statistics of spatially

resolved waveforms in spalled tantalum from 7 to 13 GPa[J]. International Journal of Plasticity, 2009, 25 (4):587 - 602.

[27] Fensin S J, Escobedo - Diaz J P, Brandl C, et al. Effect of loading direction on grain boundary failure under shock loading[J]. Acta Materialia, 2014, 64(3):113 - 122.

[28] PeraltaP, Digiacomo S, Hashemian S, et al. Characterization of incipient spall damage in shocked copper multicrystals[J]. International Journal of Demage Mechanics, 2009, 18(4), 393 - 413.

[29] Brown A D, Wayne L, Quan P, et al. Microstructural effects on damage nucleation in shock - loaded polycrystalline copper[J]. Metallurgical and Materials Transactions A, 2015, 46:4539 - 4547.

[30] Brown A D, Wayne L, Pham Q, et al. Microstructural Effects on Damage Nucleation in Shock - Loaded Polycrystalline Copper[J]. Metallurgical and Materials Transactions A, 2015, 13(2):66 - 72.

[31] Luo S N, Germann T C, Tonks D L, et al. Shock wave loading and spallation of copper bicrystals with asymmetric Σ3⟨110⟩ tilt grain boundaries[J]. Journal of Applied Physics, 2010, 108(9):1.

[32] Wayne L, Krishnan K, Digiacomo S, et al. Statistics of weak grain boundaries for spall damage in polycrystalline copper[J]. Scripta Materialia, 2010, 63(7):1065 - 1068.

[33] Lin E, Shi H, Niu L. Effects of orientation and vacancy defects on the shock hugoniot behavior and spallation of single - crystal copper[J]. Modelling and Simulation in Materials Science and Engineering, 2014, 22 (3):12 - 21.

[34] Qian L, Toda H, UesugiK, et al. Three - dimensional visualization of ductile fracture in an Al - Si alloy by high - resolution synchrotron x - ray microtomography[J]. Materials Science and Engineering A, 2008, 484 (2):293 - 296.

[35] Lorthios J, Nguyen F, Gourgues A F, et al. Damage observation in a high - manganese austenitic twip steel by synchrotron radiation computed tomography[J]. Scripta Materialia. , 2010, 63(12):1220 - 1223.

[36] Williams J J, Flom Z, Amell A A, et al. Damage evolution in sic particle reinforced al alloy matrix composites by x - ray synchrotron tomography[J]. Acta Materialia, 2010, 58(18):6194 - 6205.

[37] Maire E, Zhou S, Adrien J, et al. Damage quantification in aluminium alloys using in situ tensile tests in x - ray tomography[J]. Engineering Fracture Mechanics, 2011, 78(15):2679 - 2690.

[38] Maire E, Bouaziz O, Michiel M D, et al. Initiation and growth of damage in a dual - phase steel observed by x - ray microtomography[J]. Acta Materialia, 2008, 56(18):4954 - 4964.

[39] Hosokawaa A, Kang J, Maire E. Onset of void coalescence in uniaxial tension studied by continuous x - ray tomography[J]. Acta Materialia, 2013, 61(4):1021 - 1036.

[40] Gupta C, Toda H, Schlacher C, et al. Study of creep cavitation behavior in tempered martensitic steel using synchrotron micro - tomography and serial sectioning techniques[J]. Materials Science and Engineering A, 2013, 564(2):525 - 538.

[41] Patterson B M, Escobedodiaz J P, Denniskoller D, et al. Dimensional quantification of embedded voids or objects in three dimensions using x - ray tomography[J]. Microscopy and Microanalysis, 2012, 18(2): 390 - 398.

[42] Isaac A, Sket F, Reimers W, et al. In situ 3d quantification of the evolution of creep cavity size, shape, and spatial orientation using synchrotron x - ray tomography[J]. Materials Science and Engineering A, 2008, 478(1):108 - 118.

[43] Birosca S, Buffiere J Y, Garcia - Pastor F A, et al. Three - dimensional characterization of fatigue cracks in

Ti - 6246 using x - ray tomography and electron backscatter diffraction[J]. Acta Materialia,2009,57(19): 5834 - 5847.

[44] Williams C L,Ramesh K T,Dandekar D P. Spall response of 1100 - O aluminum[J]. Journal of Applied Physics,2012,111(12):43 - 70.

[45] Gray III G T,Hull L M,Livescu V,et al. Influence of sweeping detonation - wave loading on shock hardening and damage evolution during spallation loading in tantalum[C]. EPJ Web of Conferences,2012, 26:02004.

[46] Jarmakani H,Maddox. ,Wei C T,et al. Laser shock - induced spalling and fragmentation in vanadium[J]. Acta Materialia,2010,58:4604 - 4628.

[47] Hixson R S,Gray III G T,Rigg P A,et al. Dynamic Damage Investigations Using Triangular Waves[C]. AIP Conference Proceedings,2004,706:469.

[48] Qi M,Luo C,He H,Wang Y,et al. Damage property of incompletely spalled aluminum under shock wave loading[J]. Journal of Applied Physics,2012,111:043506.

[49] Watanabe T,Tsurekawa S. Prediction and control of grain boundary fracture in brittle materials on the basis of the strongest - link theory[J]. Materials Science Forum,2005,482:55 - 62.

[50] Fensin S J,Valone S M,Cerreta E K,et al. Influence of grain boundary properties on spall strength:grain boundary energy and excess volume[J]. Journal of Applied Physics,2012,112:083529.

[51] Cerreta E K,Escobedo J P,Perez - Bergquist A,et al. Early stage dynamic damage and the role of grain boundary type[J]. Scripta Materialia,2012,66:638 - 641.

[52] Minich R W,Cazamias J U,Kumar M,et al. Effect of microstructural length scales on spall behavior of copper[J]. Metallurgical and Materials Transactions A,2004,35:2663 - 2673.

[53] BucharJ,Elices M,Cortez R. The influence of grain size on the spall fracture of copper[J]. Journal of Physics[J]. Journal of Physics. 1991,IV(1):623.

[54] KrishnanK,Brown A,Wayne L. Three - dimensional characterization and modeling of microstructural weak links for spall damage in fcc metals[J]. Metallurgical and Materials Transactions A,2015,46(10):4527 - 4538.

[55] McdonaldS,Cotton M,Millett J,et al. X - ray microtomography study of the spallation response in Ta - W [J]. Journal of Physics:Conference Series,2014,500:112045.

[56] Drennov O B,Mikhailov A L. Initial stage in the acceleration of thin plates in the grazing detonation mode of a high explosive charge[J]. Combustion Explosion and Shock Waves,1979,15(4):539 - 542.

[57] Kanel G I. Distortion of the wave profiles in an elastoplastic body upon spalling[J]. Journal of Applied Mechanics and Technical Physics,2001,42:358 - 362.

[58] 张世文,刘仓理,李庆忠. 初始应力状态对材料层裂破坏特性影响研究[J]. 力学学报,2008,40(4): 535 - 542.

[59] Fensin S J,Cerreta E K,Gray III G T,et al. Why are some interfaces in materials stronger than others? [J]. Science Report,2014,4:5461.

[60] Meyers M A. Dynamic behavior of materials[M]. New York:John Wiley & Sons,1994.

[61] Hixson R S,Johnson J N,Gray III G T,et al. Effects of interfacial bonding on spallation in metal - matrix composites[C]. AIP Conference Proceedings,1996,370:555 - 558.

[62] Thissell W R,Zurek A K,Macdougall D A S. The Effect of Material Cleanliness on Dynamic Damage Evolu-

tion in 10100 Cu[J]. AIP Conference Proceedings,2002,620(1):475 - 478.

[63] CerretaE,Fensin S J,Escobedo J P. The role of interfaces on dynamic damage in two phase metals[J]. AIP Conference Proceedings,2012,1426(1):1317 - 1320.

[64] Beyerlein I J,Carpenter J S,Zheng S J. Deformation and failure of shocked bulk Cu - Nb nanolaminates [J]. Acta Materialia,2014,63(63):150 - 161.

[65] Fensin S J,Walker E K,Cerreta E K,et al. Dynamic failure in two - phase materials[J]. Journal of Applied Physics,2015,118(23):033513 - 55.

[66] Yang Y,Wang C,Chen X Z,et al. The void nucleation mechanism within lead phase during spallation of leaded brass. Philosophical Magazine,2018,98(21):1975 - 1990.

[67] 冯若. 超声手册[M]. 南京:南京大学出版社,1999.

[68] 谢存毅. 纳米压痕技术在材料科学中的应用[J]. 物理,2001,30(7):432 - 435.

[69] Oliver W C,Pharr G M. Improved technique for determining hardness and elastic modulus using load and displacement sensing indentation experiments [J]. International Journal of Materials Research, 1992, 7 (06):1564 - 1583.

[70] Kanel G I. Distortion of the Wave Profiles in an Elastoplastic Body upon Spalling[J]. Journal of Applied Mechanics & Technical Physics,2001,42(2):358 - 362.

[71] Kanel G I,Savinykh A S,Garkushin G V. Dynamic strength of tin and lead melts[J]. Journal of Experimental and Theoretical Physics,2015,102(8):548 - 551.

[72] Zellner M B,Vunni G B. Photon Doppler Velocimetry(PDV)Characterization of shaped charge jet formation [J]. Procedia Engineering,2013,58:88 - 97.

[73] Novikov S A. Spall strength of materials under shock load[J]. Journal of Applied Mechanics and Technical Physics,1967,3:109.

[74] Stepanov G V,Romanchenko V I,Astanin V V. Experimental determination of failure stresses under spallation in elastic - plastic waves[J]. Problems of Strength,1977,8:96.

第4章 金属爆炸复合材料的界面组织结构与力学性能

4.1 概述

当代科学技术突飞猛进,一系列新兴的高技术产业相继崛起,对材料提出了更高、更为苛刻的要求,单一金属或合金在许多情况下很难满足工业领域对材料综合性能的要求;同时工业生产对稀贵金属的需求量也日益增长。因此,国内外材料科学工作者正致力于研究和开发新型的金属材料——金属爆炸复合材料。双金属复合材料是现代科技发展的产物,它既是多学科成果的综合,又与其他学科互相渗透,互相推动业已成为新技术革命的前沿和支柱。

爆炸复合是近20年发展起来的一门新技术,它可使绝大多数金属(合金)相互复合在一起形成一种兼有两种或多种金属(合金)性能的复合材料,从而大大扩展了现有金属(合金)的性能及应用范围,充分挖掘了材料潜力,并可节约稀贵金属。

4.1.1 爆炸复合的基本原理

爆炸复合(又称爆炸焊接)是两种被复合的金属在炸药的爆轰作用下实现高速斜碰撞,从而在极短的时间内(μs 量级)在碰撞点附近产生 $10^4 \sim 10^6$/s 量级的应变速率、10^4 GPa 量级的高压,并使附近材料温度急剧升高,其升温速率达 $10^{5\sim6}$ K/s(存在局部熔化),随之在两金属间形成射流,清除(剥离)两金属表层的氧化膜和污染物使金属露出有活性的清洁表面,碰撞产生的压力足以使两金属在界面附近产生剧烈的局部塑性变形。在高温、高压和塑性变形的共同作用下,两金属界面形成由局部熔化和扩散实现的冶金结合[1]。

最常见的平板爆炸复合装置如图4-1所示。

当炸药爆轰后,爆炸产物形成高压脉冲载荷,直接作用在复板上,复板被加速,在几微秒内复板就达到几百米/秒的速度,它从起始端开始,依次与复板碰

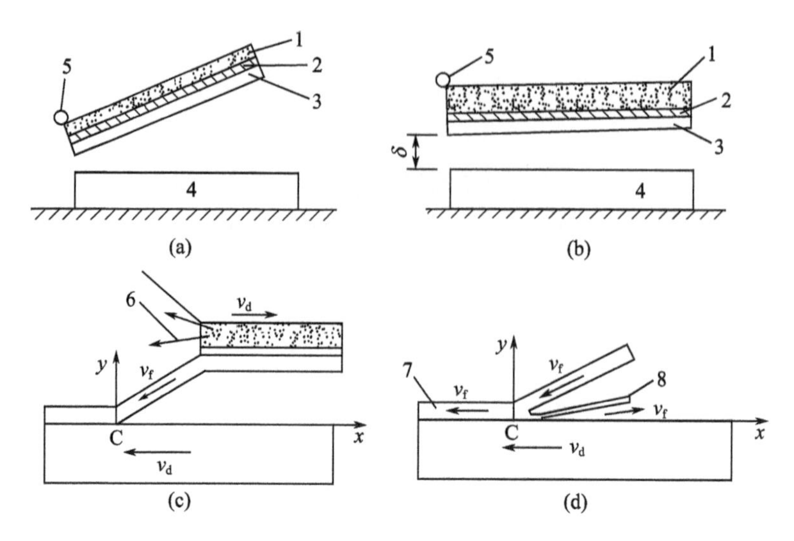

图 4-1 爆炸复合示意图

(a)倾斜放置爆炸复合法；(b)平行放置爆炸复合法；(c)爆炸复合过程；(d)再入射流的形成。
1—炸药；2—缓冲层；3—悬置板材；4—基板；5—引爆器；6—爆轰产物；7—主体射流；8—再入射流。

撞，当两金属以一定的角度相碰时产生很大的压力（约 10^4GPa 量级），将大大超过金属的动态屈服极限。因而碰撞区产生了剧烈的塑性变形，同时伴随有剧烈的热效应。此时，碰撞面金属板的物理性质类似于流体，这样在两金属板的内表面将形成两股运动方向相反的金属喷射流。一股是在碰撞点前的自由射流（或称再入射流，简称射流）向未结合的空间高速喷出，它冲刷了金属的内表面的表面膜，使金属露出了有活性的清洁表面，为两块金属板的复合提供了条件；另一股是在碰撞点之后的凸角射流（有的也称为凝固射流），它被凝固在两金属板之间，形成两种金属的冶金结合。

4.1.2 爆炸复合技术的特点及其应用

爆炸复合这门新工艺、新技术在短时间内获得迅速发展和广泛的应用，主要原因在于它具有以下的特点[1]。

（1）它可以使熔点、强度、热膨胀系数等性能差异极为悬殊的金属组合实现复合，如铝/钢、铅/钢这两种金属组合其熔点、强度、热膨胀系数等性能差异极为悬殊，用其他连接技术几乎是不可能连接在一起、或者即使把它们连接在一起，其结合质量也是难以保证的，而采用爆炸复合技术却是成功的。目前已经实现复合的材料组合有 300 余种，这是其他方法无法比拟的。

（2）由于爆炸复合是在极短时间（μs 量级）内完成的，因此其复合界面几乎不存在或者说只存在程度很小（约 10^{-1}μm 量级）的扩散，所以可以避免脆性金属间化合物在界面的生成,从而可实现钛/钢、锆/钢、钽/钢等金属组合的复合。

(3) 爆炸复合的工程应用是新颖而独特的,它对异形件的复合尤其擅长,如它可对金属管材进行外包与内包复合。爆炸复合对板面的大小、形状及生产批量具有很高的灵活性,小则十几平方厘米,大则十几平方米,对组合板的厚度比没有要求,可以任意选择,可复合换热器厚管板,也可以复合壳体板,甚至金属箔片。

(4) 爆炸复合不改变材料成分及状态,所以可以根据实际需要,将材料在复合以前单独处理成最佳状态。

(5) 爆炸复合材料的应用性能十分优良,可以经受冷、热加工,而且在加工过程中不改变材料组合的厚度比。复合材料的界面结合强度很高,通常高于组合材料中强度较低的一方,实验证明剪切破坏一般发生于强度较低的金属内,这是其他方法难以企及的。正因为如此,复合材料板在后续的校平、转筒、切割、复合、旋压、锻压、挤压、拉拔、轧制、热处理等处理时不会分层和开裂。

爆炸复合技术可实现绝大多数异种金属材料复合形成兼有两种或多种金属(合金)性能的复合板材或管材。此外,爆炸复合对基材的最大厚度没有限制;还可进行一次多层复合;不需大型设备,不受能源限制,生产成本低。

当然,爆炸复合也存在一些问题和缺点。例如,爆炸复合大多在野外、露天进行,机械化程度低,劳动条件差,并受气候条件限制;爆炸时所产生的噪声和气浪对周围有一定的影响。另外,爆炸复合中需要大量的炸药、雷管等爆炸物品,本身具有一定的危险性。

由于上述优点,目前爆炸复合已成为一门崭新的技术,在宇航、石油、化工、轻工、造船、电子、电力、冶金、机械、原子能等工业工程领域中得到了广泛应用。例如,钛/钢爆炸复合过渡接头在阿波罗航天飞机上的应用,在电解槽中采用铝/钢或铜/钢复合接头是节能的好措施,石油精炼厂的真空塔、蒸馏塔及各种热交换器,化工厂里的各种反应塔、沉折槽、搅拌器,海水淡化厂的淡化装置,造纸工业上的染色缸、洗涤塔、高压釜,制盐工业上的蒸发器,核能装置中的加压器,反应堆中的热交换器的管板,双重硬度的装甲板,恒温器上的双金属条,具有良好的导热性及美观的烹饪用具等。

爆炸复合技术主要应用于以下方面。

(1) 金属板材的爆炸复合。

金属板材的爆炸复合,特别是双金属板材的爆炸复合,是目前工业上应用最普遍的复合技术。例如,军事上装甲车采用双金属板,可以提高其抗穿甲能力。石油、化工和制盐、制药等领域,很多容器都要求有一定或很强的抗腐蚀能力,如单纯用高级不锈钢、钛、铜等金属制造,成本很高,如果采用爆炸复合板,只需在普通钢板上复合薄层贵重金属即可。在机械、造船、电子、电力等工业领域对爆炸复合的需求也很大,如用高强度钢和普通钢爆炸复合的刀具,既坚硬、锋利,又具有较高的韧性。爆炸复合对复合板的厚度范围要求很宽,从 0.01 毫米到几十毫米厚的复合板都能实现爆炸复合,近年又发展起来多层爆炸复合,一次起爆就可将几层甚至几十层金属或合金板复合在一起。

(2) 金属圆管的爆炸复合。

除了爆炸复合板外,金属管的爆炸复合技术在工程中也有很高的应用价值,采用爆炸复合法可以在普通金属管及内部或外部包覆一种特种金属,以满足使用要求或者降低成本。管材爆炸复合方法分为外管包覆内管法和内管包覆外管法。

(3) 爆炸复合过渡接头。

在复杂设备的制造过程中,一般同时需要多种不同材质的材料,有些材料如铝/钢、钛/钢等,性能差别比较大,用普通的焊接方法很难保证焊接质量,这时就可以用爆炸复合方法预先制出过渡接头,然后就可以用普通焊接技术,实现变异种金属的焊接为同种金属之间的焊接,如阿波罗航天飞机上就用了大量的钛/钢爆炸复合过渡接头。

(4) 爆炸缝焊(对焊)、点焊、搭接。

爆炸缝焊是用爆炸的方法,将两块金属块对接起来;爆炸点焊是将一种金属或合金在一点或几点与另一种金属连接起来;爆炸搭接是将两块金属板经切削加工后,用爆炸的方法将其搭焊在一起。在某些特殊的场合下,这些焊接技术可以收到意想不到的效果。

(5) 野外维修。

野外维修主要用于战时装甲车辆、舰船、桥梁等的维修。由于爆炸复合的快速和简便性,当车辆的装甲、船体的甲板、侧板被击穿,桥梁等的部件被击断时,只需将贴有带状炸药的补缀板放置在破坏部位;然后起爆,在不需电源、不用专门设备的情况下,即可迅速地将被焊接件焊接到基体金属上。

金属爆炸复合材料按形状和形式来分类,可有板/板、管/管、管/板、管/管板、板/管板、管/棒、板/棒、棒/棒、丝与丝、板或管、金属粉末与金属板、金属异形件、复合带材、复合箔材和复合棒(线)材等。总地说来,爆炸复合材料性能优良、成本低廉,因此人们业已研究开发了很多爆炸复合材料,并在工业工程领域得到了非常广泛的应用。

金属爆炸复合材料主要用于以下领域。

(1) 改善材料的综合力学性能和物理/化学性能(如耐腐蚀、耐磨损等性能)。例如,充分利用金属化学性能的复合材料:钛、锆、铌、钽、钨、钼、铜、铝、贵金属和不锈钢等,它们在相应的化学介质中有良好的耐蚀性,它们与普通钢组成的复合板材,既有上述金属薄覆层的优良耐蚀性,又有厚基层钢高强度的特点,而其成本仅为覆层金属的1/5~1/2,此类复合材料已广泛应用在化工和压力容器中。充分增强和提高金属力学性能的复合材料,如复合纤维增强材料(抗拉强度显著提高)、复合装甲材料(各层具有不同的硬度可显著提高材料抗拒破甲的能力)、复合刀具材料(刀刃部分硬度特高)、减摩复合材料(内层材料耐摩擦磨损、外层材料承压强度高)、比强度和比刚度更高的轻型复合材料等。

(2) 作为特殊功能材料使用,充分发挥金属物理性能的复合材料,如热双金属(热/力学性能),电力、电子和电化学用双金属(电学性能),音叉双金属(声学性能),磁性双金属(磁学性能),涡轮叶片双金属(耐汽蚀性能),枪(炮)管用双金属(耐烧蚀性能),贵金属复合接点材料(耐电蚀性能),复合超导材料(超导性能)和原子能复合材料(核性能)等。

(3) 作为稀贵金属的代用品,节约稀贵金属,降低成本。

总之,爆炸复合是低成本和高质量地生产金属复合材料的一种新工艺和新技术,其应用广度与深度将随着科学技术和现代文明的进步与发展而不断开拓与加深。

4.1.3 爆炸复合材料的界面概述

界面是复合材料特有的而且是极为重要的组成部分,界面的存在及其在物理、化学方面的作用,才能使两种或两种以上的材料复合起来形成性能优良的“复合材料”。由于界面具有传递、阻挡、吸收、散射和诱导等诸多功能,因而是影响复合材料性能的关键。

决定爆炸复合材料性能的关键是其结合界面,爆炸复合材料受原材料、预处理条件、爆炸复合工艺及后处理诸多因素影响而形成不同的界面结构和界面结合状态;而且在爆炸复合条件下,由于高速斜碰撞在界面附近(碰撞点附近)产生瞬间高温、高压和大剪切应变,使界面层附近的金属组织结构与性能发生改变,因此爆炸复合界面结构非常复杂;同时由于作用时间极短(μs 量级内),故界面层通常很薄。因此,爆炸复合界面结合层的微观组织结构、界面冶金结合机理、界面层内的绝热剪切现象、界面层的力学行为、界面扩散反应等成为国内外学者所关注的焦点。爆炸复合界面微观组织结构及其力学行为的研究是材料科学工作者极为关注的课题,开展这一研究将为爆炸复合技术的发展和爆炸复合材料的工业应用提供理论指导。

随着实验技术的发展，对爆炸复合界面研究的认识日益深入。由于爆炸复合作用时间短（μs 量级内），其复合界面（界面层）通常很薄，用 OM、扫描电镜 SEM 及复型技术难以分辨其细节。虽然 TEM 有足够的分辨力，但由于通常异种金属（如钛/钢双金属组合）间的电化学腐蚀性能、离子减薄速率相差甚远，给制备其 TEM 薄膜样品的工作带来很大困难。因此近 20 年来，国内外学者在爆炸复合界面层冶金结构的研究上所做的工作大都是借助 OM、SEM 或复型技术展开的，即便是应用 TEM 的工作也大都局限在同种金属界面上。这些工作对爆炸复合层的结构和状态的认识难免存在局限性。利用 TEM、HRTEM 直接观察爆炸复合界面层的工作国内外少有报道，因此，对其界面层微观组织结构、界面冶金结合机制、界面附近金属的变形机制等的认识一直不是十分清楚。

近年来，国内外学者研究过爆炸复合界面的疲劳断裂行为，但在拉伸载荷下爆炸复合界面微观断裂机制方面的工作国内外未见有报道，尤其是在更微观的尺度、更精确的认识爆炸复合界面层的微观结构的基础上来探讨界面的微观断裂机制的工作更属鲜见。

在钛/钢爆炸复合界面扩散反应的研究上，国内外学者们存在一些不一致的结论，因此更有待进行深入系统的研究。从而为爆炸复合材料后续热处理、热加工、焊接和工业应用提供实验数据和理论指导。

本章着重介绍作者利用现代测试技术（如 TEM、HRTEM、AES、XRD、SEM 等）在界面结合层内的微观结构、界面扩散反应、界面的微观断裂行为等方面的研究工作。

4.2 爆炸复合界面结合层的微观组织结构

文献[1-6]以钛/钢及钛/钛爆炸复合界面为研究对象，利用 TEM、HRTEM 等首次揭示了界面结合层内的微观结构特征。

4.2.1 界面结合层内的微观组织结构

1. 界面结合层内的微观组织结构特征

图 4-2 是工业纯钛 TA2/低碳钢 Q235（以下称为 AT2/Q235）爆炸复合界面的 OM 照片，由此可见界面呈波状。界面的 Q235 侧距界面约 50μm 内表现为拉长的变形晶粒组织；界面的 TA2 侧出现绝热剪切带（ASB）：一是沿 TA2/Q235 界面，其宽在约 10μm 的量级内变化；二是与界面成约 45°倾角向基体延伸并最终消失在 TA2 基体中，其宽约在十几个微米内。

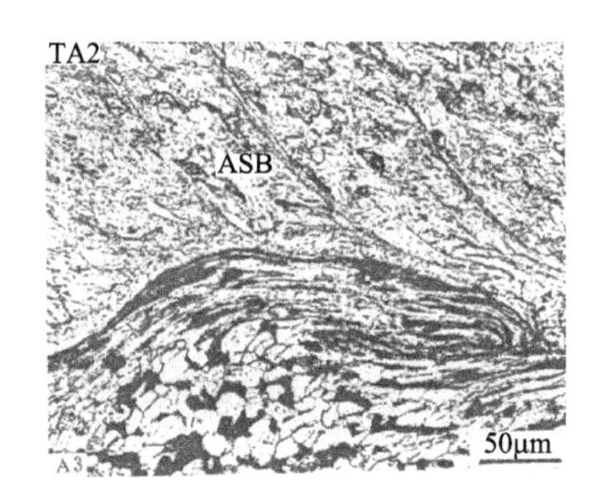

图 4-2　TA2/Q235 爆炸复合界面结合层的金相照片

图 4-2 所示为 TA2/Q235 爆炸复合界面层组织形貌的 TEM 明场像，其中界面由 EDS 确定。由此可见，复合界面层宽度在约 $10^{-1}\mu m$ 量级内变化，其上存在熔区和非熔区。熔区内（图 4-3(a) 左侧）晶粒非常细小，晶粒度不超过 20nm，属纳米晶范围。

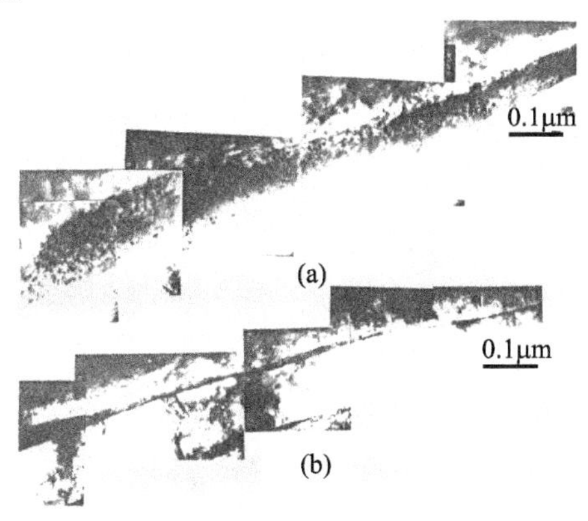

图 4-3　TA2/Q235 爆炸复合界面层
(a) 熔区；(b) 非熔区。

图 4-4 所示为熔区的暗场像，EDS 成分分析结果表明，熔区内是 Ti、Fe 共存，Ti 约 56at%，Fe 约 43at%，近似为 1∶1；EELS 分析表明熔区内还有 C 元素存在。熔区的电子衍射花样如图 4-5 所示，为若干同心圆，比较散漫，具有体心立方结构特征。按体心立方 FeTi($a=2.9760$Å) 标定：由内标法求得 $L\lambda=18.247$mmÅ。

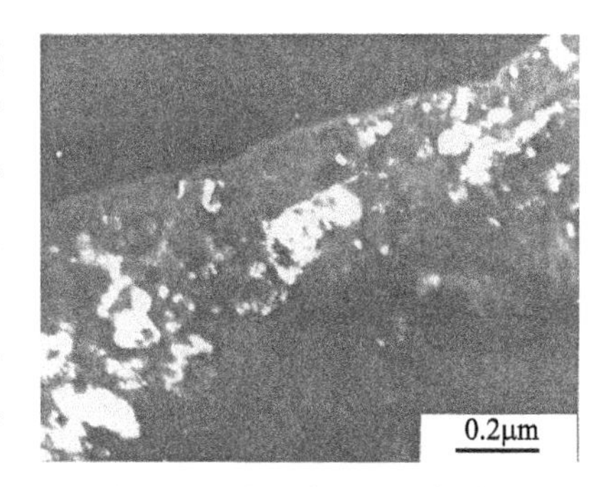

图 4-4　熔区内微晶暗场像

由图 4 -4 可得：

$$\begin{cases} r_1 = \dfrac{17.5}{2}\text{mm} \\ r_2 = \dfrac{29.0}{2}\text{mm} \\ r_3 = \dfrac{34.5}{2}\text{mm} \end{cases} \xrightarrow{L\lambda = rd} \begin{cases} d_1 = 2.085\text{Å} \\ d_2 = 1.258\text{Å} \\ d_3 = 1.058\text{Å} \end{cases}$$

bcc 会出现的衍射晶面为(110)、(200)、(211)、(220)等，由此可见

$$\begin{cases} r_1\ \text{对应的晶面是}(110) \\ r_2\ \text{对应的晶面是}(211) \\ r_3\ \text{对应的晶面是}(220) \end{cases}$$

图 4 -5　界面层熔区内(图 4 -3(a)左侧)的电子衍射花样

其(200)晶面所对应的衍射环消失，同时(110)、(112)及(220)的晶面的面间距均有移动。从工艺条件来看，起爆后，复合板高速倾斜碰撞基板，爆炸能传递到复合面上，其分布是不均匀的，局部区域熔化形成熔区，熔区内的温升和温降率均很高，这一过程有利于非晶态合金的形成。

复合界面的熔区内冷却速率很高，按 Ti 的冷却规律[1]：$L = AT^{-n}$，其中，L 为晶粒尺寸；T 为冷却速率；A 和 n 均为常数，$A \approx 3 \times 10^6 \mu\text{m}(\text{K/s})^n$，$n = 0.9$ 来估算，熔区内的冷却速率达约 10^9K/s，这样高的冷却速率无疑有利于非晶的形成。此外，α - Fe 为体心立方、Ti(α)为六方晶体；加以钢中 C 原子在熔区内的掺合形成一定浓度的 Fe、Ti、C 等的共存。因此，从冷却速率、晶体结构和成分条件上构成了非晶态合金的生成条件，从而导致熔区内微晶和非晶的共存。

由此可见，从电子衍射花样、工艺条件等可以判定，熔区内存在非晶，熔区是取向混乱的 FeTi 微晶和非晶的混合组织。

在复合界面层的非熔区内(图 4 -3(b)右侧)也并非此前学者借助电子探针和复型技术所得的结论那样——界面上不存在扩散，是一种金属非常“陡峭”

或是“线性”地过渡到另一种金属。研究表明，两金属之间的“界面”具有一定的宽度（图4-3）且在$10^{-1}\mu m$量级内由一金属过渡到另一金属。EDS成分分析结果表明，TEM薄膜样中即使是非熔区内的成分沿垂直界面方向也是变化的，这就证明了扩散的存在，当然扩散的程度很小。

复合界面层上的熔区和非熔区内均未发现氧化物或其他来自TA2和Q235表面的污染物。这表明爆炸复合过程中所形成的再入射流剥离金属表面上的氧化物和污染物的效果很好。

2. 界面熔层内的纳米晶与非晶及形成机制

爆炸复合界面也称为结合区，是基体金属之间的成分、组织和性能的过渡区，结合区是连接基体金属的纽带，结合区的形成过程就是金属爆炸复合的过程。研究爆炸复合界面的纳米晶与非晶及其形成原因，不仅对于研究爆炸复合机理和指导爆炸复合实践及应用都有重要的意义，而且为探索由非晶薄带爆炸复合制备块状非晶材料提供科学依据。

1）爆炸复合界面层内的纳米晶与非晶

在爆炸复合过程中，覆板和基板高速斜碰撞产生大量的热使界面温度升高，温度的升高必然导致扩散的发生。为了验证这一点，对TA2/Q235爆炸复合界面进行了能谱分析（EDS），如图4-6所示。在TA2/Q235复合界面的薄层内，Ti中有Fe，Fe中有Ti，证明存在着一定程度的扩散。

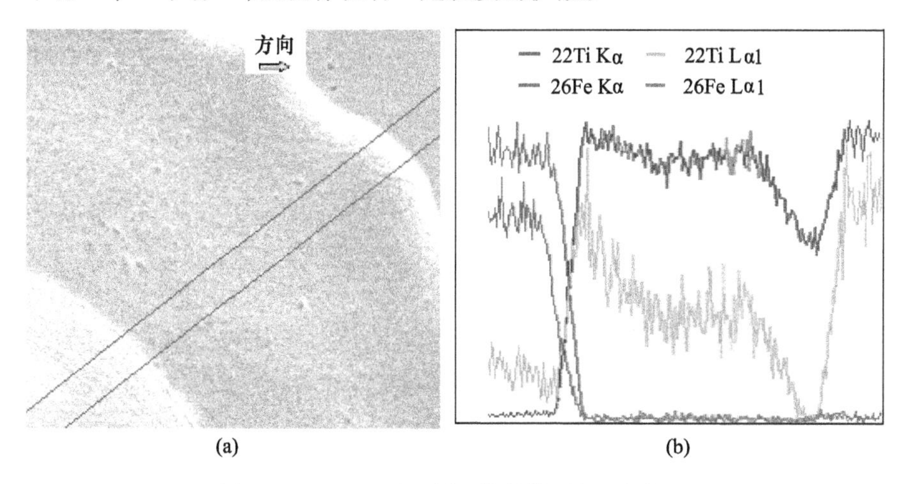

图4-6 EDS显示了界面的扩散现象（见彩图）

虽然扩散层厚度仅在100nm数量级范围内，但是异种金属之间的复合必然存在扩散反应，如TA2/Q235爆炸复合的扩散层内可能存在着FeTi、TiC和Fe_5C_2等。为了使研究的问题简化，选用同种金属复合，即选用TA2/TA2爆炸复合材料来研究界面的纳米晶和非晶及形成原因。

爆炸复合界面结合层内的组织十分复杂,用 OM、SEM 及复型技术均难以分辨其细节,本节拟采用 TEM 和高分辨电子显微镜(HREM)进行研究。

图 4-7 所示为 TA2/TA2 爆炸复合界面层内的显微组织形貌。由图可见,界面两侧的 TA2 基体主要由孪晶组成,界面层内由大量的纳米晶(Nano-sized Grains 图中以"UG"标明)和非晶(图中以"A"标明)组成。这与 TA2/Q235 爆炸复合界面的微观组织相似。

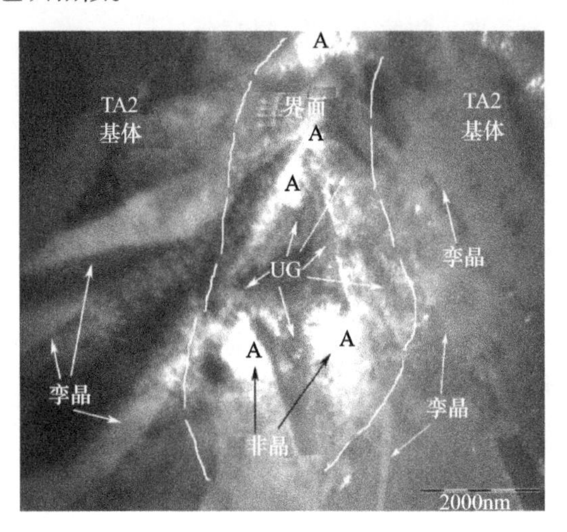

图 4-7　TEM 观察到的 TA2/TA2 爆炸复合界面的微观组织

图 4-8 所示为界面层内的纳米晶在更高倍 TEM 下的形貌。其中图 4-8(a)所示为明场像,图 4-8(b)所示为暗场像。从图中可以看出,这些纳米晶尺寸很小且分布不均匀,较大的纳米晶直径约为 50nm,较小的纳米晶直径只有几纳米。

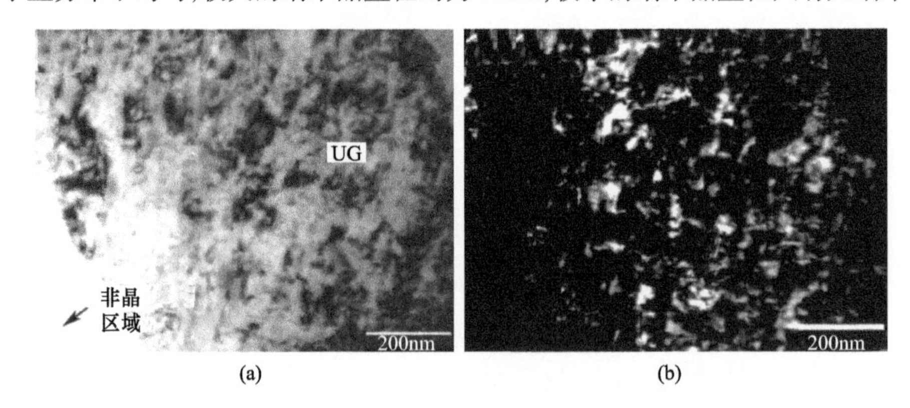

图 4-8　TA2/TA2 爆炸复合界面层内纳米晶的 TEM 观察

晶粒尺寸只有几纳米的纳米晶可用 HREM 观察分析其特征。图 4 -9 是一个直径为 2 ~ 3nm 纳米晶的高分辨像,由图可见,晶粒 A 的晶格像条纹整齐对称,没有位错和空位等缺陷,结晶完整,并且与基体$(01\bar{1}2)$晶面共格。晶粒 A 在 3 个方向的条纹间距分别为 1.6940Å、1.2479Å、1.1189Å,它们分别接近于 α - Ti 的$(10\bar{1}2)$、$(11\bar{2}2)$、$(20\bar{2}2)$晶面的面间距(其面间距分别为 1.7262Å、1.2481Å、1.1215Å),据此可以标定晶面,并可确定晶体结构为 hcp 结构,可见 TA2 仍保持 α 相。图中“GB”表示晶界,晶界具有共格的特征,如图 4 - 10 所示。晶粒 A 的条纹方向与基体之间的夹角分别为 42°和 103°。共格晶界可以保证晶界的高强度。

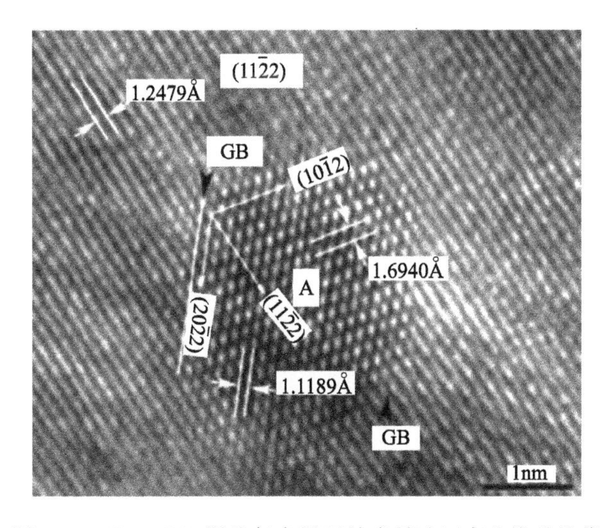

图 4 -9　TA2/TA2 爆炸复合界面纳米晶选区高分辨晶格像

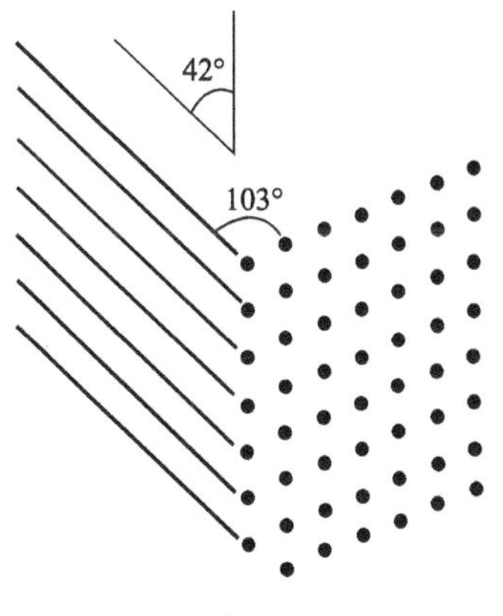

图 4 - 10　共格晶界示意图

爆炸复合界面层的取向混乱的纳米晶应该是界面形成了熔化层,并随后快速凝固的结果,因为无论再结晶形核还是亚晶粗化都得不到这么小的晶粒。

图4-11是界面层内选区的HREM晶格像。图4-11(a)中的许多区域的条纹像已经十分模糊,如G区,将其放大如图4-11(b)所示。由图4-11(b)可见,已经没有条纹像,原子的排列呈混乱状态。这与非晶的特点相同。

非晶态合金也称为玻璃态合金,它不具备长程原子有序,主要特点是原子的三维空间呈拓扑无序状的排列,结构上它没有晶界与堆垛层错等缺陷的存在,但原子的排列也不像理想气体那样完全无序。为了区别非晶与纳米晶,定义非晶的短程有序区应小于1.5nm。

图4-11(b)中基本上看不清条纹像,也就是原子不具备长程有序,完全符合非晶的定义,因而是非晶的高分辨晶格像,也就是说,图4-11(a)中的如G区的HREM像是非晶。图中区域A虽然有条纹,但是其有序区约为1.5nm,所以也可以认为是非晶。B、C、D、E、F区域的条纹方向各不相同,它们对应于不同的晶粒。这些区域条纹的有序范围只有2~4nm,表明选区纳米晶晶粒尺寸也只有2~4nm。

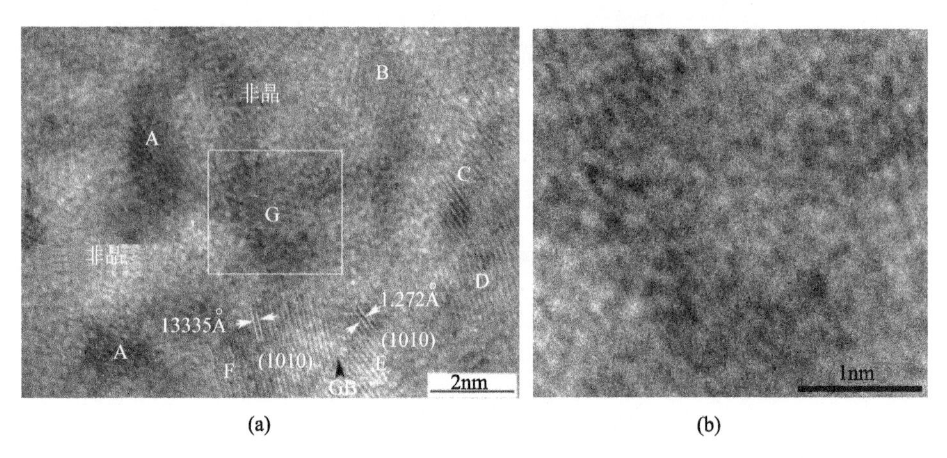

图4-11 TA2/TA2爆炸复合界面选区高分辨晶格像(HREM像)

(其中图(b)为图(a)中G区的放大)

在界面层内的纳米晶与非晶是共存的,如图4-12所示,图中右上角是晶体的晶格像,而左下角处则呈现出非晶特征。其中,Ⅱ区已经完全是非晶态特征,而Ⅰ区则是一种过渡区。在这样的过渡区,条纹像已经模糊不清,但仍然存在一定程度的有序。

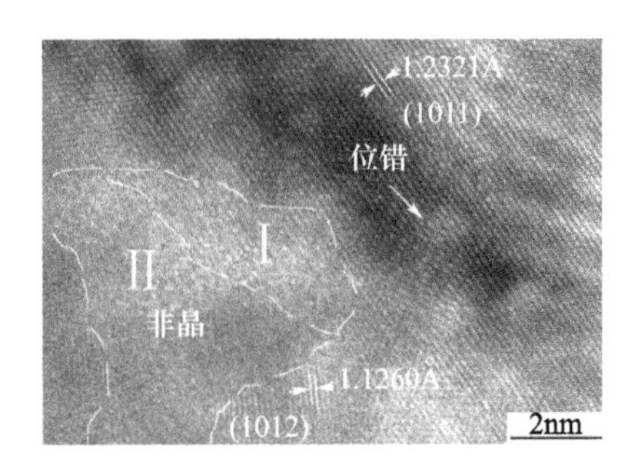

图 4-12 HREM 显示 TA2/TA2 爆炸复合界面层内纳米晶与非晶共存

这些纳米晶和非晶以及它们共存的现象，主要原因都应是快速凝固的结果。根据金属凝固知识可知，冷却速度明显地影响晶体尺寸，冷却速度大，过冷度高，一般情况下使形核率增加，因而晶粒也细化。当熔体的冷却速率进一步增加（如大于 10^3K/s）时，晶核大量增加，结晶前沿缺乏长程扩散条件，最后可得到枝晶结构不明显或消失的均匀纳米晶组织。当熔体过冷到某一温度（非晶态转变温度 T_g）以下时，扩散过程基本终止，金属将冻成非晶态。在爆炸复合这样的极端条件下，冷却速度到底有多大、还有没有其他因素有利于非晶和纳米晶的形成，这值得深入探讨。

2）非晶的形成机制

非晶的形成方法目前有两大类：一类是把高温无序态物质快速凝固，使其来不及结晶而形成了非晶，如熔体急冷、溅射等；另一类是在室温或稍高于室温的某一温度（低于晶化温度），通过某种方法直接制造成非晶，如机械合金化、固态反应非晶化等。对于一些特殊的材料，如半导体相（Si、Ge、Sb、Bi）和半导体化合物，可以用压淬技术（在一定压力下淬火至液氮温度）实现高压非晶化，这也可以称为第三类方法[7]。

在 TA2/TA2 爆炸复合界面层内形成的非晶，只可能是上述第一类形成方法。图 4-13 是熔体冷却时结晶与非晶的形成过程框图。从图中可以对比结晶和非晶的形成过程。晶体的生长过程一般是 A→B→E，非晶形成过程是 A→B→C。图中 D 表示非晶的晶化。为了形成非晶态金属或合金，必须抑制过程 E 和 D 的发生。要避免明显的结晶必须要有足够高的冷却速度，从而使液态的“无序”原子组态冻结下来或基本上冻结下来。有些非金属物质（如硅酸盐和有机聚合物）很容易形成玻璃（非晶态）。在这些物质中，键合本性严重地限制了在冷却过程中维持热平衡所必需的原子（或分子）重排的速率，因此，即使冷却速率低到 10^{-2}K/s 时，熔体也能凝固与非晶态。相反，金属熔体是非定向键合，即使在低于平衡凝固温度的高度过冷条件下，原子也很容易迅速地重新排列。因此，形成金属玻璃一般必须有很高的冷却速度，一般大于10^5K/s。

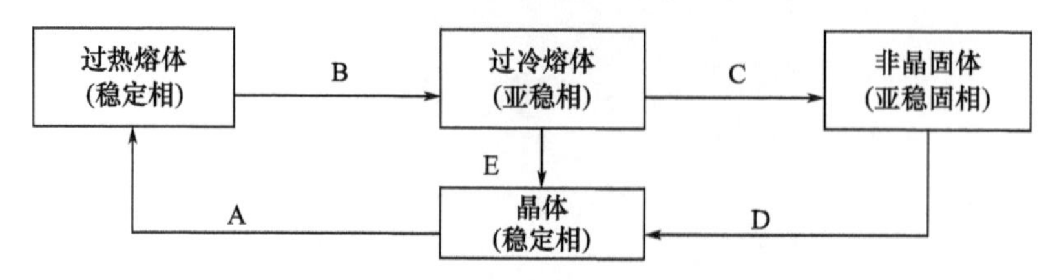

图4-13　结晶与非晶的形成过程

通常，典型的非晶态合金是由过渡金属—类金属组成，如铁基非晶、镍基非晶、钴基非晶等。在TA2/TA2爆炸复合界面层内产生的非晶态纯钛，属于没有第二组元(除了只有0.04%的C)的非晶，其形成原因值得探讨。

在爆炸复合这样极端加载条件下，界面层内的冷却速率极高，并且晶体承受高压和高剪切应力，这些都有利于形成非晶态钛。

(1) 冷却速率分析。

首先从热力学方面分析熔体冷却时结晶与非晶的形成过程。温度不小于熔点T_m的液态金属，其内部处于平衡态。从自由能的观点来看，当温度低于熔点T_m时，在没有结晶的情况下过冷，此时体系的自由能将高于相应的晶态金属，故呈亚稳态。如果体系内的结构弛豫(或原子重排)时间τ比冷却速率dT/dt的倒数短，则体系仍保持内部平衡，故呈平衡的亚稳态。随着液态金属体系的冷却，它的黏滞系数η或弛豫时间τ将会迅速增加。当增加到某一值时，τ的值是如此之长，以至体系在有限的时间内不能达到平衡态，即处于非平衡的亚稳态。由离开内部平衡点算起，称为位形冻结或非晶态转变。形成非晶时的热焓H及熵S随温度的变化如图4-14所示。

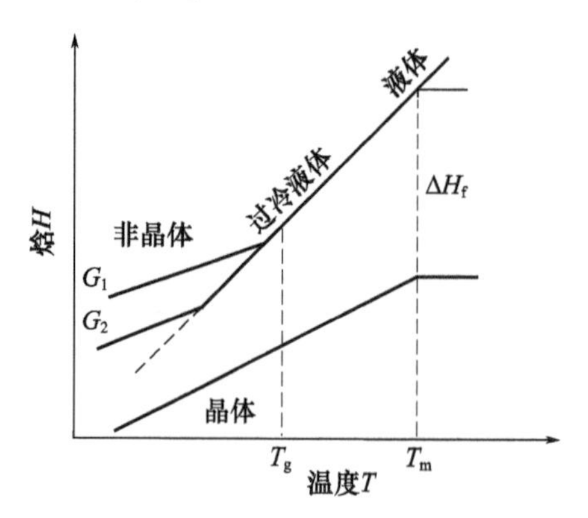

图4-14　非晶态合金形成示意图(热焓随温度的变化)

现在来定量计算 TA2/TA2 爆炸复合界面层的冷却速率。值得注意的是,非晶的形成不仅对冷却速率要求很高,同时对在玻璃转化温度(非晶转化温度)T_g 时的冷却速率也有一定的要求。所以,研究爆炸复合界面出现非晶态相的原因,首先建立温度场模型,着重从温度上考虑。

闫鸿浩等[8]对爆炸复合界面建立了温度场模型,并给出了复合界面的温度分布公式和冷却速率公式,即

$$T(0,t) = T_m\sqrt{\frac{t_r}{t}} \qquad t > t_r \tag{4-1}$$

$$\frac{\partial T}{\partial t} = \frac{T_m}{2} \cdot \sqrt{t_r} \cdot t^{-\frac{3}{2}} \qquad t > t_r \tag{4-2}$$

式中:t_r为拉伸波返回到焊接界面需要的时间,且

$$t_r = 2\,\frac{H}{C_0} \tag{4-3}$$

式中:$2H$ 为复合板厚;C_0为体波速度。

已知钛板的物理参数:$H = 10\text{mm}$,$T_m = 1941\text{K}$,$C_0 = 4695\text{m/s}$[8],以钛板的参数代入式(4-1)和式(4-3)计算冷却速率,可得

$$\frac{\partial T}{\partial t} = -2.003t^{-\frac{3}{2}} \qquad t > 4.26\mu\text{s} \tag{4-4}$$

图 4-15 显示了爆炸复合界面冷却速率与时间的关系,随着时间的变化,冷却速率迅速下降。但在开始的一段时间,冷却速率高达 10^8K/s 量级,这与 q 前述按钛的冷却规律计算的冷却速率(约 10^9K/s)接近。

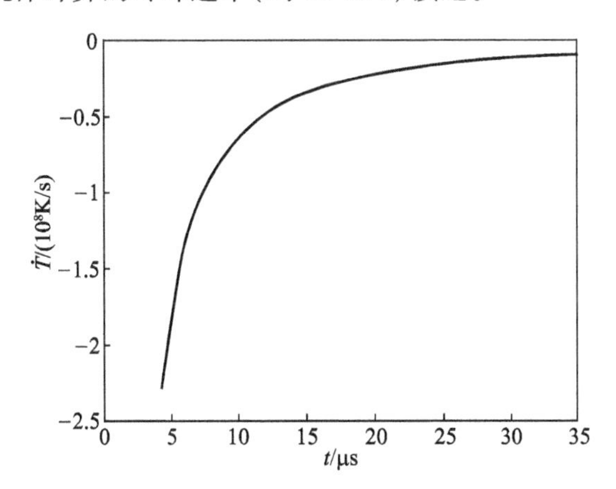

图 4-15 爆炸复合界面冷却速度与时间的关系

为了考虑在非晶转变温度 T_g 时的冷却速率,首先应确定 T_g。T_g 是一个动

力学参量，它是由液态金属转变到非晶态合金时窄小温度区间内的比热容、黏滞系数的明显变化所确定的。由于钛基合金的熔点高、活性强、形成非晶态的可能性小，即使钛基合金非晶态粉末具有很大的工程应用潜力，关于这种材料生产工艺的报道却很少。所以，很难找到钛合金的非晶态转变温度资料。日本东北大学材料研究所的 A. Inoue 利用两步淬火法成功地制备了钛基非晶 $Ti_{50}Cr_{10}Ni_{20}Cu_{20}$。差式扫描量热法表明，放热—温度曲线是连续变化的，在 630K 有出现带有尖峰的放热完全反应，这是因为从非晶态基体中析出了密排六方晶格的钛相。由此断定，钛的 $T_g<630K$。一般非晶，如 Ni、$Fe_{91}B_9$、$Fe_{79}Si_{15}B_{11}$、Ge、Te 等，它们的非晶态转变温度分布在 $0.25T_m \sim 0.62T_m$ 之间[9]，按此规律，则 Ti 的 T_g 应大于 485K（$0.25T_m$）。因此，可认为钛的非晶转变温度在 485～630K 之间。

将式（4－3）与式（4－4）联立起来，就可以求出冷却速率与温度之间的关系，如图 4－16 所示。由图可见，在 $T=485K$ 时，冷却速率为 $3.55\times10^6K/s$；在 $T=630K$时，冷却速率为 $7.80\times10^6K/s$。这大于通常对形成非晶态金属的冷却速率要求（大于 $10^5K/s$），所以，有理由相信，这样高的冷却速率下有利于形成非晶态。在离界面稍远的地方，冷却速率要小些，不足以形成非晶，而是晶粒细小的纳米晶，所以非晶与纳米晶共存。

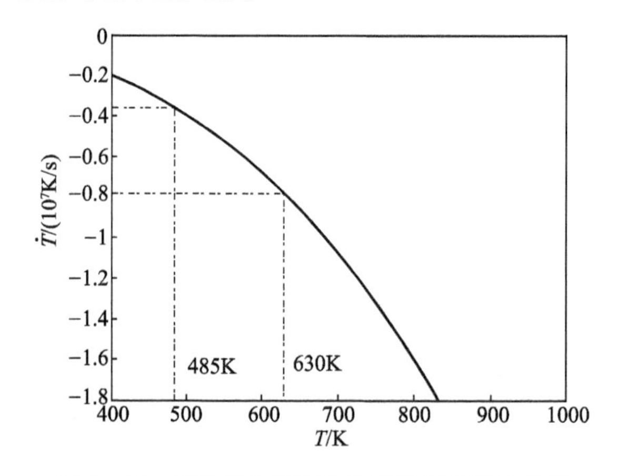

图 4－16　爆炸复合界面冷却速度与温度的关系

（2）其他有利因素讨论。

如前所述，由于钛基合金的熔点高、活性强、形成非晶态的可能性小，那么在爆炸复合界面层内形成的非晶还有什么其他有利因素呢？熔区内的 C 原子，构成了形成非晶态的有利条件。此外，爆炸复合过程中的高压和高剪切应力也是形成非晶的有利条件。

有研究者发现，砷化镓单晶在一定压痕下会产生纳米晶和非晶组成的纳米晶组织,其原因是高静水压力和剪切应力的共同作用。相对高的压力和剪切力使砷化镓的晶格发生扭曲,最终导致了非晶态的形成。

在爆炸复合过程中,界面存在着高压和高剪切力。爆炸复合界面压力可以根据复板下落速度和金属密度来计算[8],即

$$p = a_0 + a_1 v_p + a_2 v_p^2 \tag{4-5}$$

式中:a_0、a_1 和 a_2 为特定金属系统中的计算常数,对于钛—钢金属组合系统,$a_0 = -91.267$,$a_1 = 145.33$,$a_2 = 0.019396$[8],可计算出结合区压力约为95.4GPa。

在这么高的压力下,晶体的密度增高,原子运动的空间缩小,长程扩散将变得困难。这对于形成稳定相是不利的,所以尽管稳态相的能量比非晶相低,但在这种条件下要形成稳态相的动力学条件尚不充分。因而高压有利于形成非晶态。

另外,由于爆炸复合中复板和基板高速斜碰撞,界面还受到极大的剪切应力,这也是形成非晶的有利因素。在极大的剪切应力下,容易造成晶格扭曲,从而导致局部无序化,加之高温持续时间短(冷却速率高),最终导致纳米晶与非晶的形成。所以,有理由认为,在爆炸复合过程中,界面承受的高压和高剪切应力是非晶和纳米晶形成的有利条件。

3. 界面层附近两侧金属的微观组织结构

1)界面层附近 Q235 侧的微观组织结构

图4-17所示为复合界面层附近 Q235 侧的等轴晶粒和异常长大晶粒。可见,紧邻界面层的 Q235 侧发生了再结晶,并存在异常长大的晶粒,其再结晶晶粒与通常的再结晶组织不同,晶粒内位错密度较高,与再结晶区相邻的是回复区。可见,在爆炸复合界面层内存在热影响区而不是此前学者所认为的爆炸复合界面层内不存在热影响区。

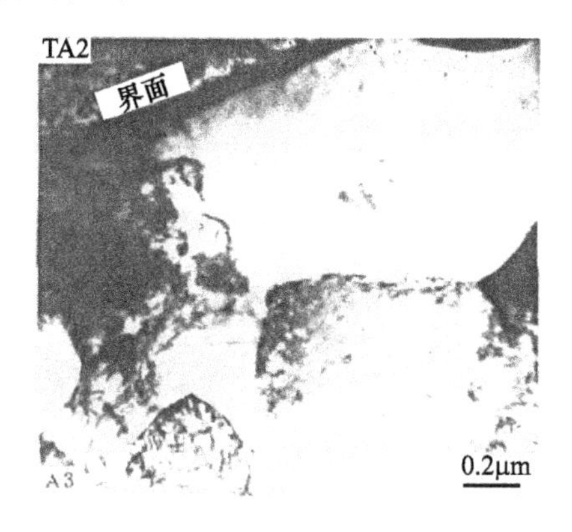

图4-17 界面层附近 Q235 侧的等轴晶粒和异常长大晶粒

Q235 侧距界面层约 50μm 内和热影响区相邻的形变组织特点是(图 4-18)：形成了显微带组织(Microbands)。远离(约 100μm 以上)界面层的 Q235 基体内存在少量形变孪晶(图 4-19)。

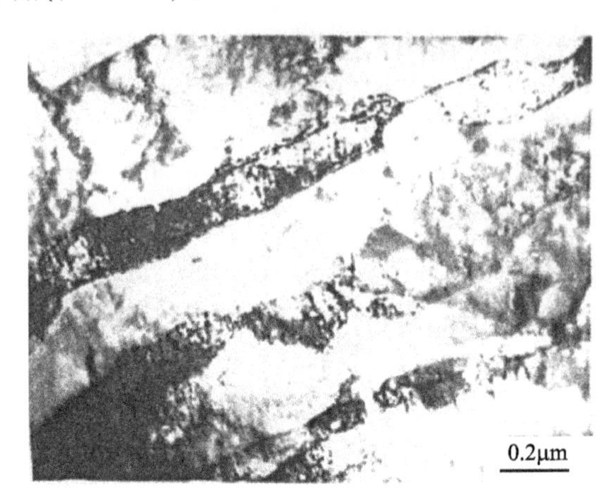

图 4-18　Q235 侧变形区内的形变显微带组织

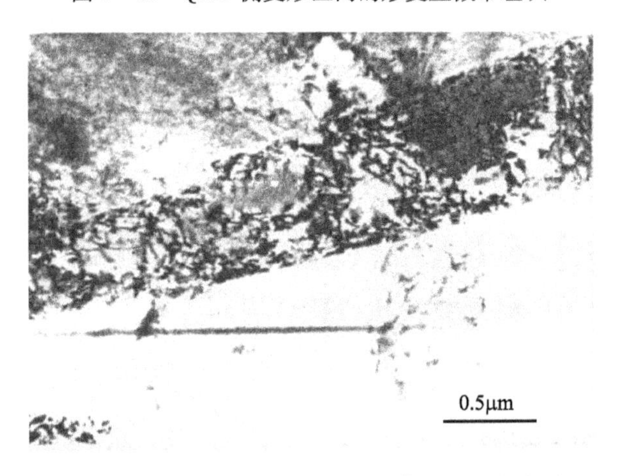

图 4-19　远离界面层的 Q235 基体内的形变孪晶

2）界面层附近 TA2 侧的微观组织结构

TA2 侧自界面层到基体的微观组织结构依次是绝热组织即沿界面走向的绝热剪切带(ASB)和与界面层成约 45°倾角并消失在基体中的 ASBs。(关于绝热剪切详见第 2 章)。远离(约 100μm 以上)TA2/Q235 界面层的 TA2 侧基体存在大量的形变孪晶(图 4-20)。

TA2 和 Q235 基体内形变孪晶的多少是两者的层错能和晶体结构的差异所致。

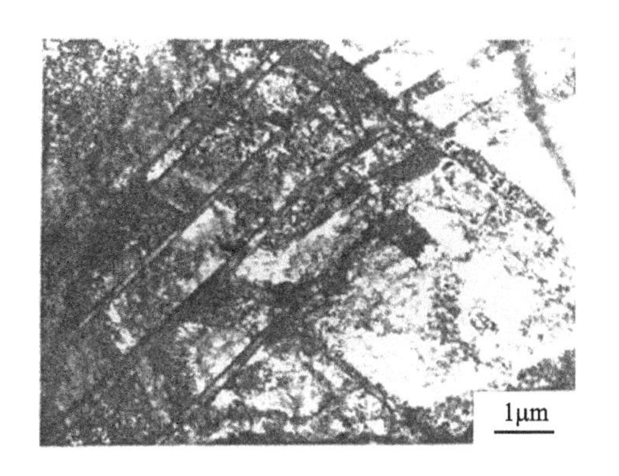

图 4－20　远离界面层的 TA2 基体内的形变孪晶

综上所述，TA2/Q235 爆炸复合界面层总宽约几十微米，它是由宽度在10^{-1}μm 内变化的由熔区和非熔区组成的界面层，界面层附近 Q235 侧的热影响区、以显微带为特征的变形区，以及界面层附近 TA2 侧的绝热组织（沿界面层走向的 ASB）和与界面层成约 45°倾角并消失在基体内的 ASB 组成。界面结合层内的微观组织结构示意图如图 4－21 所示。

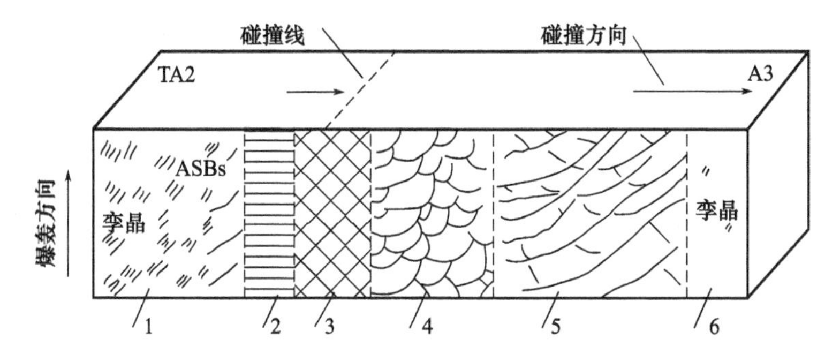

图 4－21　TA2/Q235 爆炸复合界面结合层内微观组织结构示意图

1—孪生区；2—绝热组织（沿界面的 ASB）；3—界面层（约10^{-1}μm）；
4—热影响区；5—变形区（Microband）；6—孪生区。

4.2.2　爆炸复合界面冶金结合机制

爆炸复合，从机械斜碰撞到热力学能量的输入的整个过程是在约10^{-6}s 内完成的。虽然爆炸复合技术在工程上已经得到广泛的应用，但对其冶金结合的机理并不十分清楚。此前学者们从电子探针和用复型技术观察的结果出发，认为爆炸复合界面是无扩散的，这是受到仪器分辨率的限制而导致的片面结论。Hammerschmidt[10]、Ganin 等[11]认为，在复合界面生成了一薄层熔化凝固层，这是其结合的一个基本条件，其根据是复合界面层内晶粒细小、取向混乱，并没有第二相析出。无论再结晶形核机理是亚晶长大还是亚晶吞并都得不到这么小的晶粒,因而是熔化后快速凝固的结果。然而,在爆炸复合的工艺条件下,由于高速撞击,在碰撞点附近产生极大的速度梯度,高达约 10^{-6}s 的应变速率和狭窄高压区而且作用时间极为短暂。这些极端条件可能使金属的再结晶、塑性变形等行为有别于其常态下的情形。

从上述的实验结果来看,复合界面层宽在 10^{-1} μm 量级内变化。复合界面层的熔区内存在非晶和纳米级且取向混乱的 FeTi 微晶,这都是快速冷却凝固的结果。非熔区内 EDS 分析证明存在扩散,由于热作用时间短暂,故扩散范围窄。所以,爆炸复合界面的"冶金结合"应是通过界面层上的局部熔化和扩散的物理冶金过程来实现的。

4.2.3 界面温度场模型

爆炸复合时,界面温度场决定了界面结合层内的一切物理冶金过程,使之成为影响复合质量的主要因素之一。爆炸复合热过程的准确计算和测量是进行爆炸复合界面结合层内物理冶金分析、应力应变分析和控制复合质量的前提。然而爆炸复合过程中的传热问题十分复杂,这表现在以下几点。

(1) 爆炸复合热过程是局部的,即材料在爆炸复合时的加热不是整体而是热源直接作用下的附近区域(界面结合层内),加热极不均匀。

(2) 爆炸复合热过程具有瞬时性。

(3) 爆炸复合热过程中,受热的区域是变化的。

由于上述几方面的特点使得爆炸复合传热问题十分复杂,给研究工作带来了许多困难。

为了讨论爆炸复合过程中的传热问题,首先根据傅里叶公式和能量守恒定律建立热传导微分方程[12]。

微小体积内的热能积累为

$$
\begin{aligned}
\mathrm{d}Q &= \mathrm{d}Q_x + \mathrm{d}Q_y + \mathrm{d}Q_z \\
&= -(\mathrm{d}q_x \mathrm{d}y\mathrm{d}z\mathrm{d}t + \mathrm{d}q_y \mathrm{d}x\mathrm{d}z\mathrm{d}t + \mathrm{d}q_z \mathrm{d}x\mathrm{d}y\mathrm{d}t)
\end{aligned}
$$

式中:$\mathrm{d}q_x = \frac{\partial q_x}{\partial x}\mathrm{d}x$;$\mathrm{d}q_y = \frac{\partial q_y}{\partial y}\mathrm{d}y$;$\mathrm{d}q_z = \frac{\partial q_z}{\partial z}\mathrm{d}z$。

根据傅里叶公式:$\mathrm{d}Q = -\lambda F \cdot \frac{\mathrm{d}T}{\mathrm{d}S} \cdot \mathrm{d}t \Rightarrow q = \frac{\mathrm{d}Q}{F\mathrm{d}t} = -\lambda \frac{\mathrm{d}T}{\mathrm{d}S}$,所以,上式可写为

$$
\begin{aligned}
\mathrm{d}Q &= -\left[\frac{\partial}{\partial x}\left(-\lambda \frac{\partial T}{\partial x}\right) + \frac{\partial}{\partial y}\left(-\lambda \frac{\partial T}{\partial y}\right) + \frac{\partial}{\partial z}\left(-\lambda \frac{\partial T}{\partial z}\right)\right]\mathrm{d}x\mathrm{d}y\mathrm{d}z\mathrm{d}t \\
&= \lambda\left[\frac{\partial^2 T}{\partial x^2} + \frac{\partial^2 T}{\partial y^2} + \frac{\partial^2 T}{\partial z^2}\right]\mathrm{d}x\mathrm{d}y\mathrm{d}z\mathrm{d}t
\end{aligned}
\tag{4-6}
$$

同时,微小体积内实际积累的热能为

$$dQ = c\rho \cdot dxdydz \cdot dT = c\rho dxdydz \cdot \frac{\partial T}{\partial t}dt \tag{4-7}$$

由式(4-6)、式(4-7),有

$$\frac{\partial T}{\partial t} = \frac{\lambda}{c\rho}\left[\frac{\partial^2 T}{\partial x^2} + \frac{\partial^2 T}{\partial y^2} + \frac{\partial^2 T}{\partial z^2}\right]$$

$$= k\left[\frac{\partial^2 T}{\partial x^2} + \frac{\partial^2 T}{\partial y^2} + \frac{\partial^2 T}{\partial z^2}\right] \tag{4-8}$$

式中:T 为温度,K;t 为时间,s;$k = \lambda/c\rho$ 为热扩散系数,m^2/s。

对于爆炸复合,可近似地认为是一瞬时面热源,仅在 x 方向(复合板法向)有热传播,设 y(射流方向)和 z 方向(平行于板面而垂直于射流方向)无热扩散,则式(4-8)可表述为

$$\frac{\partial T}{\partial t} = k\frac{\partial^2 T}{\partial x^2} \tag{4-9}$$

不考虑表面散热,用分离变数法解,式(4-9)可得

$$T(x,t) = \frac{Q_m}{c\rho\sqrt{4\pi kt}}\exp\left[-\frac{x^2}{4kt}\right] \tag{4-10}$$

式中:Q_m 为在爆炸复合过程中所产生的总热量,J;k 为热扩散系数,m^2/s。

式(4-10)所表示的瞬时面热源温升函数可用图4-22所示曲线表征。此即认为在两碰撞板复板和基板之间存在一瞬时热源,热能自该瞬时热源沿 x 轴方向向复板和基板(和该热源的宽度相比可认为是无穷大)两侧传播,这是同种金属复合的情形。对于异种金属复合由于不同金属的热容和热扩散系数不同,界面两边的温度呈不对称分布。热源强度取决于最大温度值 T_{max} 及峰宽值 δ,即 $Q_m = c\rho(T_{max} - T_0)\delta$,将其代入式(4-10),可得

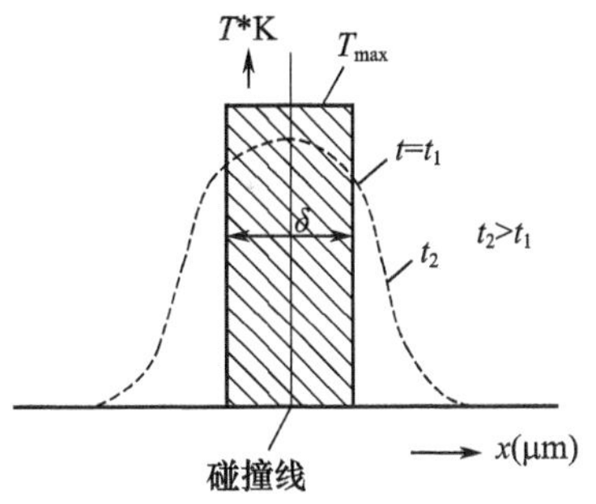

图4-22 爆炸复合界面结合层内温度分布示意图

$$T(x,t) = \frac{(T_{max} - T_0)\delta}{\sqrt{4\pi kt}}\exp\left[-\frac{x^2}{4kt}\right] \tag{4-11}$$

式中:T 为室温,K;k 为热扩散系数,m^2/s。

对于TA2/Q235系列 $k_{TA2} = 0.68 \times 10^{-5} m^2/s$;$k_{A3} = 1.66 \times 10^{-5} m^2/s$[13]。根据上述实验观察可知,界面层内存在FeTi微晶和非晶。此外,在高压下金属熔点

和热软化点提高，沿界面层的绝热剪切内的温度可能高于金属在常压下的熔点温度。因此，可以近似地认为界面层和沿界面层的绝热剪切层内的温度达到1820~2000K（Q235 的熔点 1820K，钛的熔点为 1942K）即认为 $T_{max}=1820\sim2000K$；δ 为界面层宽 δ_1 和沿界面层的绝热剪切层宽 δ_2 二者之和。

因为熔层内存在非晶，实际的 T_{max} 值可能比 Q235 和 TA2 的熔点高。而且沿爆炸复合界面的实际温度分布更为复杂，如漩涡区沿界面的周期性分布等。

实验观察结果表明，δ 值随其在界面的不同位置而在约 20μm 内变化。

δ 值也可根据温度场模型进行理论估算。

当 $x=0$ 时，式(4-11)可改为

$$T(0,t)=\frac{(T_{max}-T_0)\delta}{\sqrt{4\pi k}}\cdot\frac{1}{\sqrt{t}} \tag{4-12}$$

$$\frac{dT(0,t)}{dt}=\frac{(T_{max}-T_0)\delta}{2\sqrt{4\pi k}}\cdot\frac{1}{t\sqrt{t}} \tag{4-13}$$

联合式(4-12)、式(4-13)两式，(并在 $x=0$ 处，忽略室温)，可得

$$\delta=\sqrt{\frac{2\pi kT(0,t)}{\frac{dT(0,t)}{dt}}} \tag{4-14}$$

由上述分析可知，界面层内的冷却速率$\frac{dT(0,t)}{dt}$可达约 10^9K/s，并取 $T_{max}=1820K$。代入式(4-14)，$\delta\approx14\mu m$。，由此可见，δ 值的理论预计和实验结果相当吻合，在约 20μm 内变化。

从式(4-11)可知，当 $t=t^*=x^2/2k$ 时，温升值 ΔT 达到最大值，即

$$\Delta T=\frac{(T_{max}-T_0)\delta}{\sqrt{2\pi}}\exp(-0.5)\cdot\frac{1}{x}$$

取 T_{max}分别为：①Q235 的熔点 1820K；②并取一较高温度 2000K 来计算在爆炸复合界面两侧 TA2 和 Q235 中距爆炸复合界面的不同距离处最大温度增量。并在表 4-1 中列出其值。

表 4-1　在 Q235 和 TA2 侧距界面层的不同距离处的最大温升 ΔT

X/μm	ΔT/℃		t/μs	
	$T_m=1820K$	$T_m=2000K$	Q235	TA2
10	748	835	3	7
50	150	167	75	180
100	75	84	295	700

表中的 ΔT 值是仅基于 T_{max} 值和热源宽 δ 值所得的计算结果，而没有考虑熔

化潜热、高压绝热温升等对温升的贡献,但表中所示结果,有助于理解所观察到的实验现象。

在 TA2/Q235 爆炸复合界面层 Q235 侧存在热影响区,而在邻近 TA2 侧沿界面层为绝热剪切层和于界面层呈约 45°角的 ASBs。在距界面层约 10μm 处,温度在 Q235 侧约需 3μs 达到最大值(约 700℃);而在 TA2 侧达到约 700℃则需 7μs,是 Q235 中两倍多长的时间,可见 TA2 中,由于其热导率小,热量逸散慢,由塑性变形所转化的热能导致 TA2 热塑失稳形成 ASBs(详见第 2 章)。

而 Q235 侧靠近界面层处可以达到 700℃以上的高温足以使其发生再结晶,由此可知,在界面层 Q235 侧存在热影响区,这和实验结果完全吻合。

综上所述,与前人的研究相比较,首次在 TEM 及 HREM 下直接观察和研究了双金属(钛/钢、钛/钛)爆炸复合双金属界面层及相邻两侧金属的微观组织结构,从而在更微观的尺度上准确地揭示了爆炸复合界面“冶金结合”的机制,并利用所建立的界面温度场模型较好地解释了双金属(钛/钢)爆炸复合界面结合层内的组织结构特征。

(1) 爆炸复合界面呈波浪状;复合界面层宽在 10^{-1} μm 的量级内变化;界面层上存在熔区和非熔区。

(2) TA2/Q235 爆炸复合界面层的熔区内存在非晶和纳米量级的微晶,其微观特征:纳米晶结晶完整,没有位错和空位缺陷,晶粒尺寸分布在 2 ~ 50nm,与基体的晶界共格,从而可以保证晶界的高强度;界面层内的非晶呈现长程无序状态,并且非晶与纳米晶共存;非晶形成的主要原因是爆炸复合界面熔层的冷却速率很大。利用爆炸复合界面的温度场模型对冷却速率进行了定量分析,表明在爆炸复合完成的瞬间,冷却速率高达 10^8 K/s;在非晶态转变温度时的冷却速率高达 3.55 ~ 7.8×10^6 K/s。在这样高的冷却速率下足以使钛转变为非晶态。此外,爆炸过程中的高压和高剪切应力使晶格发生扭曲并导致局部无序化,也是形成非晶的有利条件。

(3) 爆炸复合界面的“冶金结合”是通过接触面之间的局部熔化和扩散(扩散程度很小)的物理冶金过程实现的。

(4) TA2/Q235 爆炸复合界面结合层是由宽度在 10^{-1} μm 量级内变化的界面层和其附近 Q235 侧的热影响区、以显微带(Microbands)为特征的形变区(距界面层约 50μm 以内);以及界面层附近 TA2 侧的绝热组织(即沿界面走向的 ASB)和与界面层呈约 45°倾角向基体延伸并最终消失在 TA2 基体内的 ASB 所构成。在爆炸复合加载条件下,远离界面层(约 100μm)TA2 和 Q235 基体内的塑性变形机制主要是孪生机制。Q235 基体内有少量形变孪晶,而 TA2 基体内存在高密度且相互交叉的形变孪晶。

(5) 构建的界面温度场模型可用以预测和分析爆炸复合界面结合层内的微

观组织结构。研究表明,TA2/Q235 爆炸复合界面的实验结果与理论预测吻合较好。

4.3 爆炸复合界面的扩散反应

爆炸复合技术已在工业领域得到了广泛的应用,而且绝大多数金属都可以用该技术连接。爆炸复合界面在爆炸复合过程中所形成的扩散层宽度在 10^{-1}μm量级内,这是由于爆炸复合是在很短的时间内(约 10^{-6}s)完成的,而且剪切变形局限在一个极窄的区域内。爆炸复合高速斜碰撞所产生的热量很快为相对冷的基体所吸收,因而缺乏大范围的扩散过程。

为便于后续机械加工、焊接等,爆炸复合材料通常要进行消除应力热处理。此外,爆炸复合材料还常应用在一些高温环境下。这往往会导致在复合界面诱发扩散,从而形成合金相或金属间化合物,影响复合材的服役性能。TA2/Q235 爆炸复合界面在热处理后界面反应层内的组织结构和各反应相的形成和生长规律虽然已有人进行过探讨,但仍存在一些不确定和不尽一致的结论。为更好地理解这一过程以指导其工业生产和应用,科研人员深入系统地研究了 TA2/Q235 爆炸复合界面在热处理后界面反应层内的组织结构和各反应相的形成、生长规律[14]。

4.3.1 界面扩散反应层内的微观组织结构

图 4-23 所示为经 1123K ×600s 热处理后 TA2/Q235 界面层明场像及其电子衍射花样,标定结果见表 4-2 所列,由此可见,经 1123K ×600s 热处理后界面层内主要为 TiC、FeTi 和 Fe_5C_2 三者的微晶混合组织。

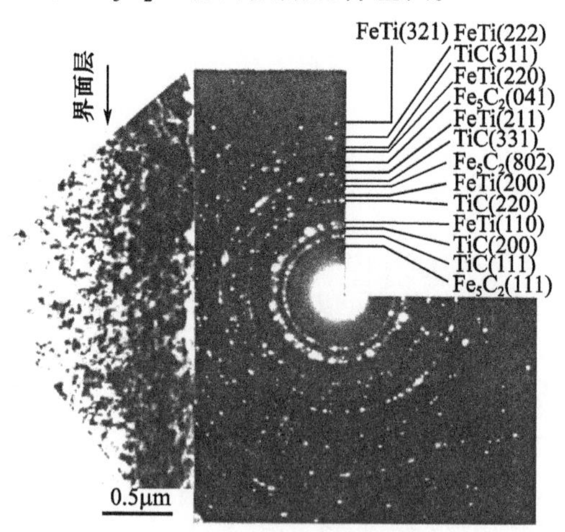

图 4-23 界面层的组织形貌及其电子衍射花样

紧邻界面层的 TA2 侧内有一层竹节状晶粒组织（图 4－24），其电子衍射花样如图 4－24 左上角所示，标定结果为 TiC（fcc，a_0＝4.3274Å）。

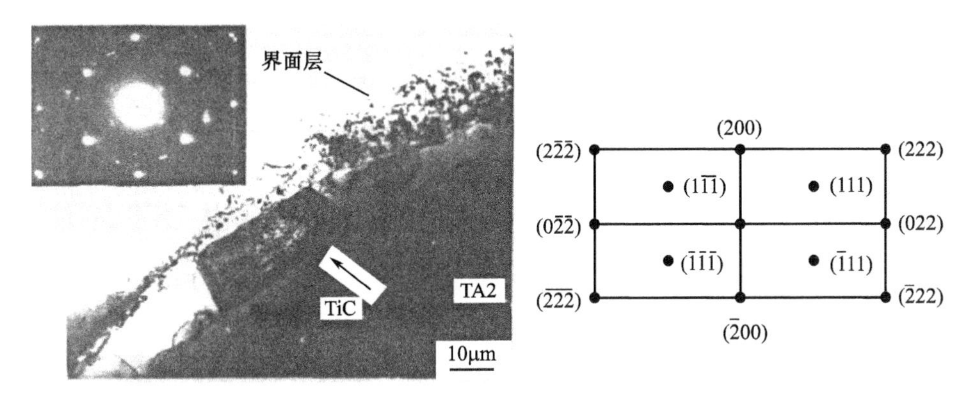

图 4－24　在 TA2 侧沿 TA2/Q235 界面层生成的 TiC 及其电子衍射花样

表 4－2　界面层内各相晶面间距（d）的实测值和标准值

d 的测量值/Å		各相的标准 d 值/Å		
		TiC	FeTi	Fe_5C_2
d_1	3.0892			3.16(111)
d_2	2.5579	2.500(111)		2.48(002)
d_3	2.1708	2.1645(200)		$2.18(11\bar{2}/202)$
d_4	2.0917		2.097(110)	2.06(021)
d_5	1.5566	1.5302(220)		$1.57(11\bar{3})$
d_6	1.4710		1.485(200)	$1.50(42\bar{2})$
d_7	1.3387			$1.32(80\bar{2})$
d_8	1.2955	1.3047(311)		$1.27(53\bar{1})$
d_9	1.2170	1.2492(222)	1.214(211)	$1.21(11\bar{4}/821)$
d_{10}	1.1094			1.11(041)
d_{11}	1.0531	1.0818(400)	1.052(220)	1.09(404)
d_{12}	0.9916	0.9927(331)	0.941(310)	0.956(134)
d_{13}	0.854	0.8327(511)	0.859(222)	0.848(114)
d_{14}	0.787		0.795(321)	

紧邻 TiC 相的 TA2 基体的电子衍射花样如图 4－25 所示。经标定为 α－Ti（晶带轴为$[10\bar{1}0]$）。

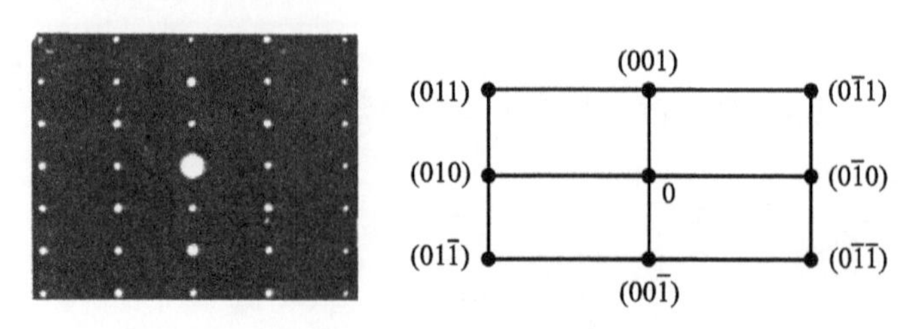

图 4-25 和 TiC 相邻的 TA2 基体的电子衍射花样

紧邻界面层的 Q235 侧的电子衍射花样如图 4-26 所示。按 α-Fe(bcc, a_0 = 2.8664Å)标定如图 4-26 所示。同时由于在 010、100、0$\bar{1}$0、$\bar{1}$00 处出现了超点阵反射说明已发生了有序化，这应是 FeTi(bcc, a_0 = 2.976Å)固溶体有序化的结果，超点阵弱斑点可按简单立方标定。弱斑点的暗场像和其对应的明场像如图 4-27所示，为界面层内的 FeTi 相，由此可见，是界面层内的 FeTi 相发生了部分有序化。

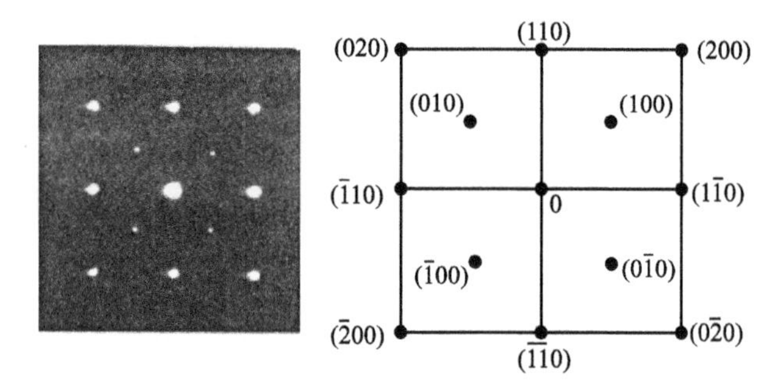

图 4-26 和 TA2/Q235 界面层相邻的 Q235 侧的电子衍射花样

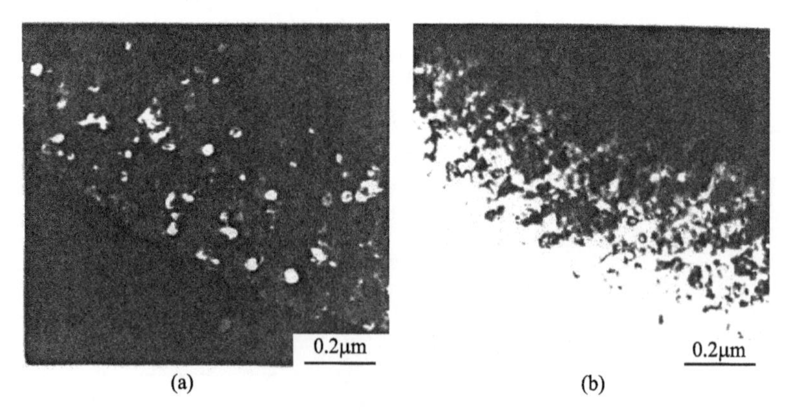

图 4-27 界面层内 FeTi 相的暗场及明场像
(a)暗场；(b)明场。

经 1123K ×600s 热处理后，界面层 Q235 侧的变形组织如图 4 -28 所示。爆炸态 Q235 侧以形变显微带（Microband）为特征的形变组织已转化为：显微带内的位错已开始规则排列形成明显的亚晶胞组织，亚晶胞内位错密度很低，已有明显的初期再结晶特征。

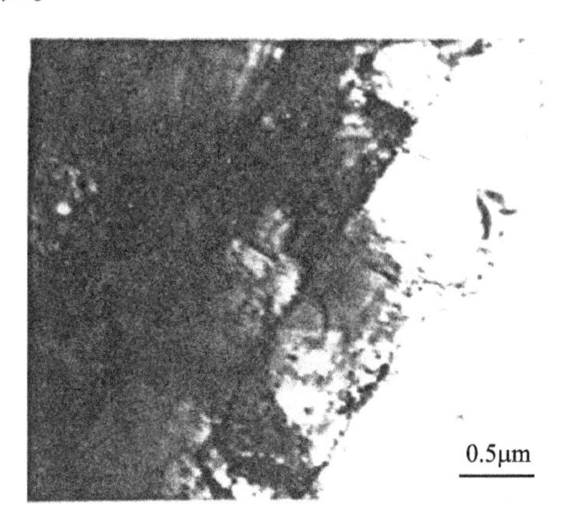

图 4 -28　经 1123K ×600s 热处理后 Q235 侧的显微带组织

由上述分析可见，经 1123K ×600s 热处理后 TA2/Q235 爆炸复合界面扩散反应层内的组织结构特征如下。

（1）界面层内为 TiC、Fe_5C_2 和 FeTi 的微晶混合组织，而且 FeTi 相部分有序。

（2）沿 TA2/Q235 界面层在 TA2 侧形成一层 TiC 相；在 Q235 侧无金属间化合物 Fe_2Ti、FeTi 生成。

（3）Q235 侧的形变组织内已有明显亚晶胞形成。

图 4 -29（界面左侧为 Q235、右侧为 TA2）所示为 TA2/Q235 爆炸复合界面在不同制度热处理后的 OM 照片。经不同制度热处理后界面金相显微组织结构特征可以归纳如下。

（1）973 ~1023K，TA2 和 Q235 两侧晶粒呈等轴状，长时间保温后沿 TA2/Q235 界面出现一层层状物。

（2）1073 ~1173K，界面附近 TA2 和 Q235 两侧晶粒增大，Q235 侧渗碳体消失，TA2 内晶界出现晶界物，沿 TA2/Q235 界面出现层状物。

（3）1223 ~1273K 界面附近 Q235 侧铁素体晶粒沿垂直于界面方向长大（脱碳层）；TA2 侧出现一不为 HF + HNO_3 + HCl 混合液腐蚀的白层，远离 TA2/Q235 界面 TA2 基体内为魏氏组织，魏氏组织和白层之间为针状马氏体转变产物；沿 TA2/Q235 界面形成层状物。长时间保温后，波状界面转变为平直界面。

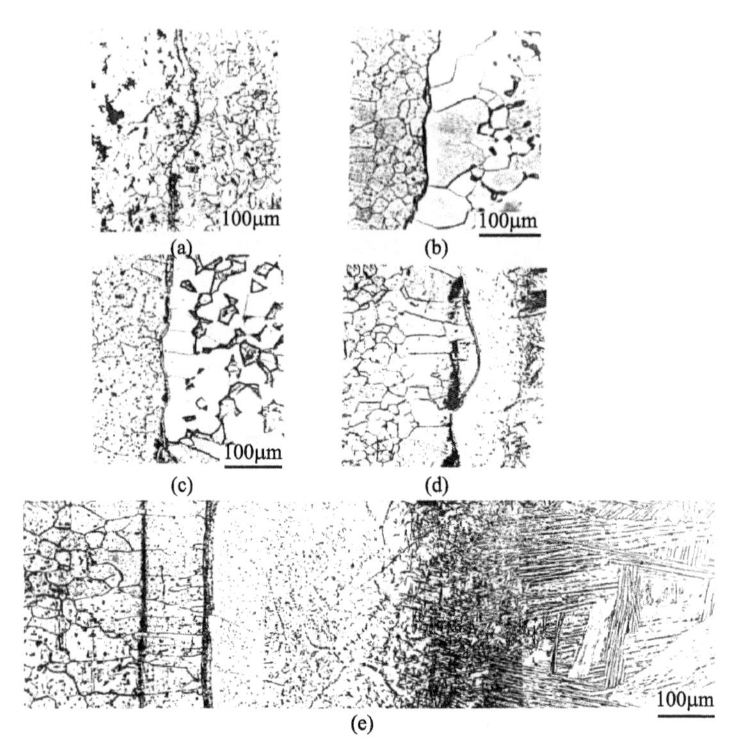

(a) (b) (c) (d) (e)

图 4-29　经不同制度热处理后 TA2/Q235 界面的微观组织

4.3.2　界面扩散反应层内的成分分布特征

1. 能谱(EDS)和波谱(WDS)成分分析

经 1123K × 24h、1173K × 144h 热处理后界面扩散反应层内的 WDS 成分分布见图 4-30，可见 1173K 以下，Fe 和 Ti 的互扩散程度很小，而且 Ti 向 Q235 侧的扩散程度比 Fe 向 TA2 侧的扩散程度小(图 4-30(c)、(d))。EDS 点分析表明，沿界面的窄带上的成分为 Ti。

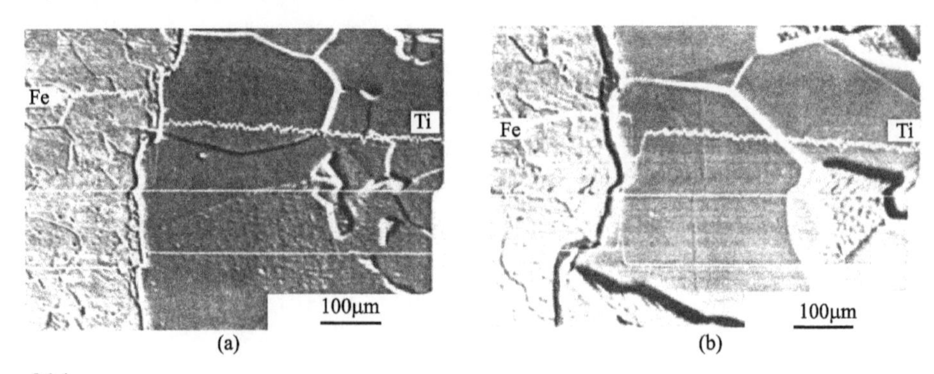

(a) (b)

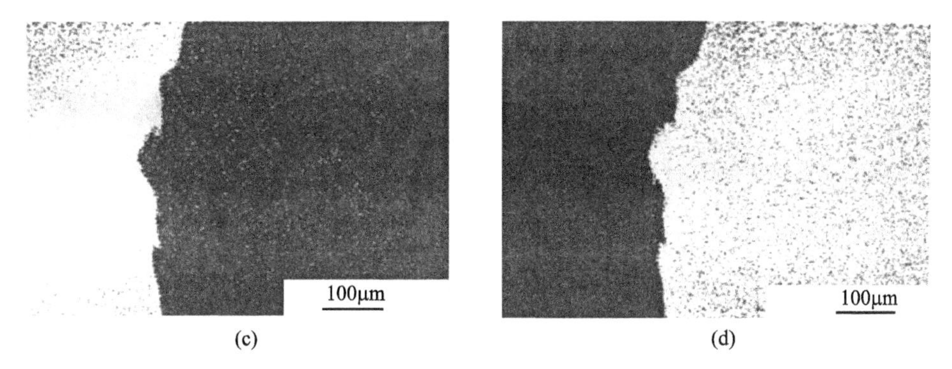

图 4－30　经不同制度热处理后界面扩散反应层内 Fe、Ti 分布

1223K 以上 Fe 和 Ti 的互扩散程度增大，TA2 侧的白层和针状马氏体层是因扩散致使 Fe 富集而形成的；Fe 向 TA2 侧扩散的深度大大超过 Ti 向 Q235 侧扩散的深度（图 4－31）。图 4－32（a）、（b）分别为经 1223K × 144h、1273K × 144h 热处理后界面层在 WDS 状态下的线扫描图像，可见沿界面层有金属间化合物形成。成分分析结果表明，宽层内 Ti 和 Fe 原子分数近为 1：1，可见应为 FeTi 相；窄层内 Ti 和 Fe 原子分数近为 1：2，应为 Fe_2Ti 相。

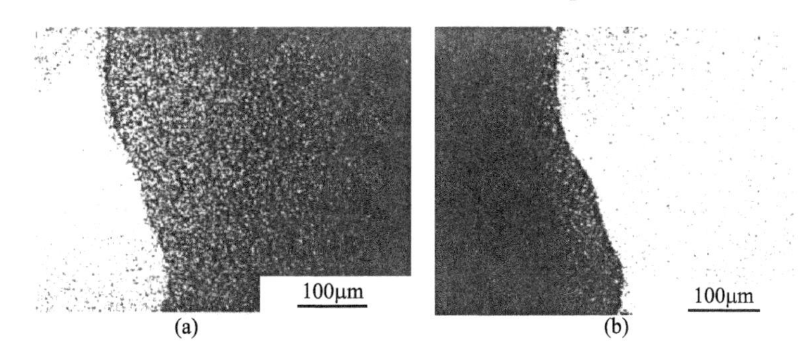

图 4－31　1223K × 24h 热处理后界面扩散反应层内 Fe、Ti 的分布

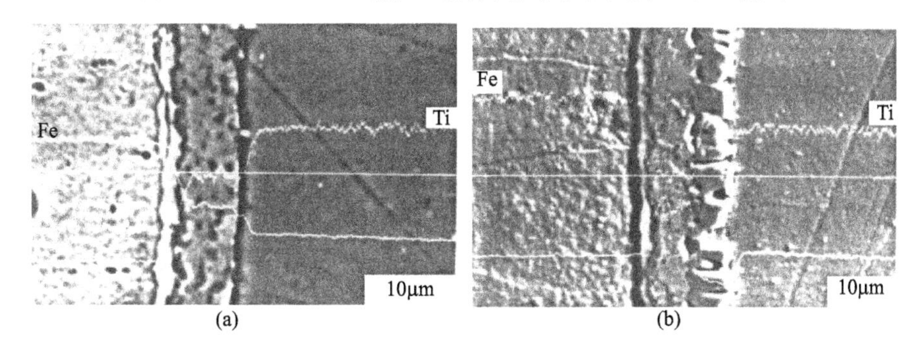

图 4－32　经不同制度热处理后界面扩散反应层内 Fe、Ti 的分布

2. 俄歇能谱(AES)成分分析

AES成分分析结果表明,经1173K×24h热处理后TA2/Q235界面层内富集C(图4-33)。从图4-26中还可注意到在TA2侧内C分布线凸出的部位经1223K×4h热处理后TA2/Q235界面层上同样也富集C(图4-34),而且从图4-33、图4-35分析,C主要是富集在TA2/Q235界面层状物和附近TA2侧。此外,从这两种热处理样品的Auger能谱看也是Fe向TA2侧扩散程度大大超过Ti向Q235侧的扩散程度。

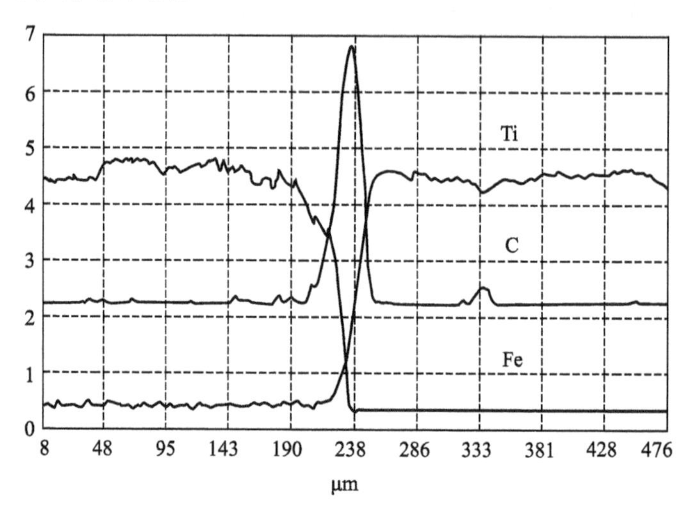

图4-33 经1173K×24h热处理后界面的AES成分分布

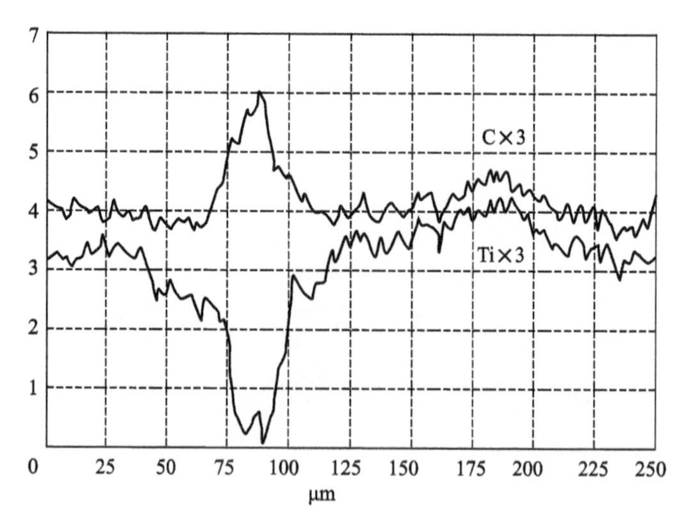

图4-34 越过经1173K×24h热处理后界面附近TA2内晶界物AES成分分布

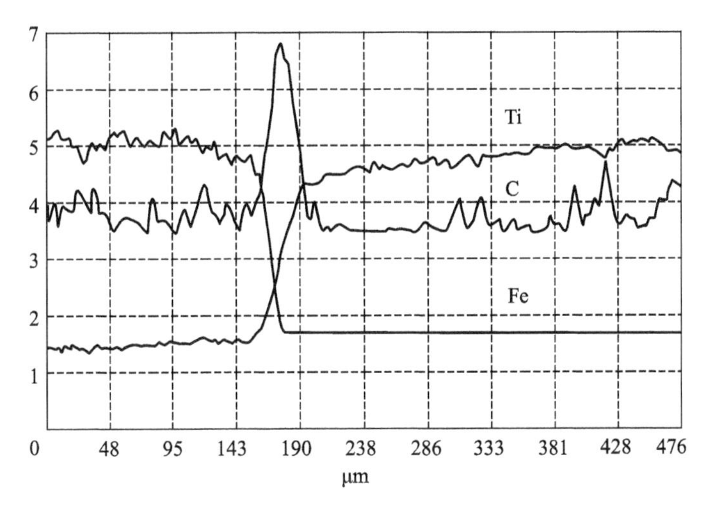

图 4.35　经 1223K × 4h 热处理后界面 AES 成分分布

4.3.3　界面扩散反应层内的相及其生长规律

1. X 射线衍射分析结果

图 4 – 36 所示为沿 1173K × 144h 热处理后金相样品的 TA2/Q235 界面层所作 X 射线衍射分析结果。界面上主要是 α – Fe、TiC、Fe_5C_2 和 α – Ti 等相。结合上述 TEM 观察及 EDS、WDS 和 AES 成分分析结果可见，1173K 以下热处理后 TA2/Q235 界面的层状物为 TiC，TA2 侧晶界析出物也为 TiC；少量的 Fe_5C_2 为界面熔层内的相；TA2/Q235 界面扩散反应层内无层状金属间化合物（Fe_2Ti、FeTi）生成。

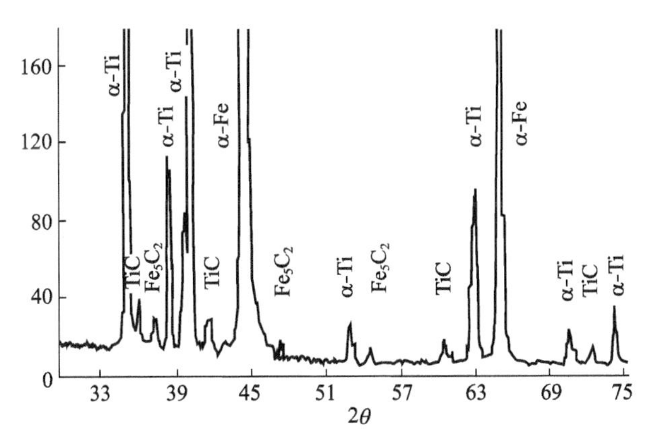

图 4 – 36　沿 1173K × 144h 热处理后界面 XRD 分析

1223K × 144h 热处理后样品的界面扩散反应层的 X 射线衍射分析分三步进行。

第一步：将样品沿 TA2/Q235 界面剖开，分析 TA2 侧断口，其结果如图 4－37 所示，为 TiC 相以及少量的 Fe_2Ti 及 α－Ti。

第二步：将 TA2 侧断口用金相砂纸研磨至图 4－29 所示的 TA2 侧白层内，然后进行 X 射线衍射分析，其结果如图 4－38 所示。可见白层内 α－Ti 和β－Ti 两相的混合组织。

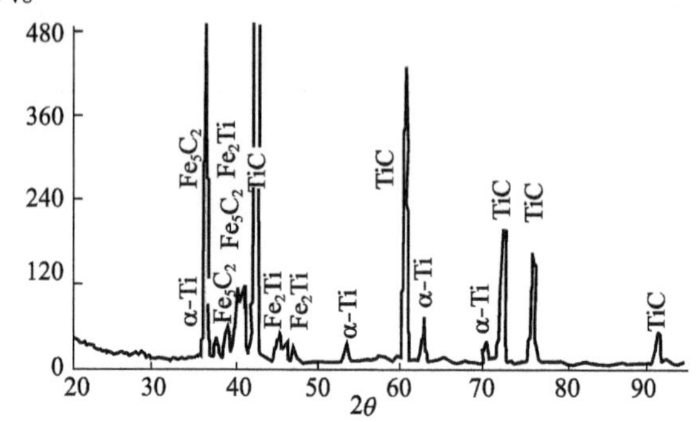

图 4－37　TA2 侧断口的 X 射线衍射分析结果（1223K × 144h）

第三步：将沿 TA2/Q235 界面剖开的样品 Q235 侧，用 5 号金相砂纸稍微研磨后进行 X 射线衍射分析，结果如图 4－39。

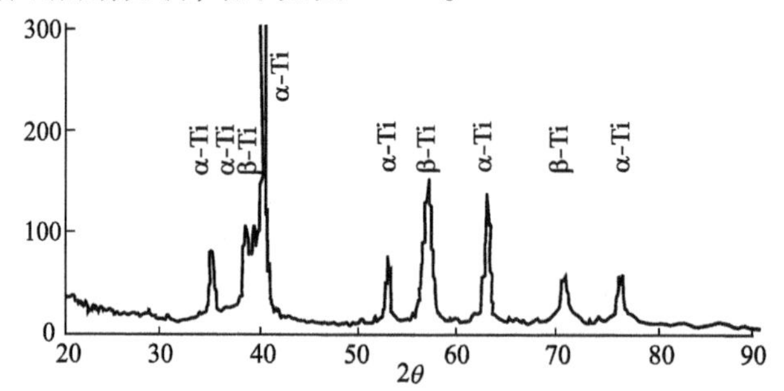

图 4－38　经研磨后 TA2 侧断口的 X 射线衍射分布（1223K × 144h）

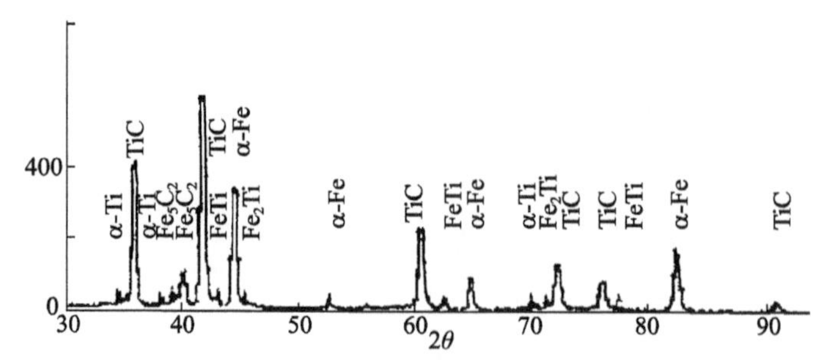

图 4－39　Q235 侧断口的 X 射线衍射分析结果（1223K × 144h）

综合上述 EDS、WDS 和 AES 成分分析及 X 射线衍射分析结果可见;1223K 及 1223K 以上热处理后沿 TA2/Q235 界面的层状物为 Fe_2C、FeTi、TiC;扩散反应区内 TA2 侧位 β - Ti + α - Ti + 针状态马氏体转变产物,Q235 侧为脱碳层。

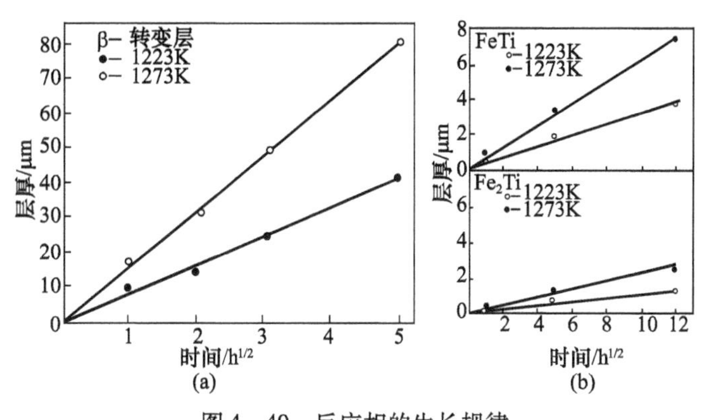

图 4 - 40　反应相的生长规律

(a)β 转变层的生长规律;(b)金属间化合物的生长规律。

2. 反应相的生长规律

由于扩散,α - Ti 转变为 β - Ti 的区域宽,用金相显微镜测定 β - Ti 转变层宽度(自 TA2/Q235 界面包括针状马氏体组织直至魏氏组织),β - Ti 转变层的生长变化示于图 4 - 40(a)中,可见 β 转变层按抛物线规律生长。

金属间化合物(Fe_2Ti、FeTi)的生长从其背反射电子像上测定,长时间热处理后,其生长规律如图 4 - 40(b)所示,遵守抛物线规律。

3. 热处理后 TA2/Q235 爆炸复合界面的力学性能

TA2/Q235 爆炸复合材料热处理(保温 1h,空冷)后界面剪切强度随温度变化曲线如图 4 - 41 所示。1123K 以上,剪切强度值在约 100MPa 以上,而 1223K 时剪切强度值急剧降低至约 50MPa。

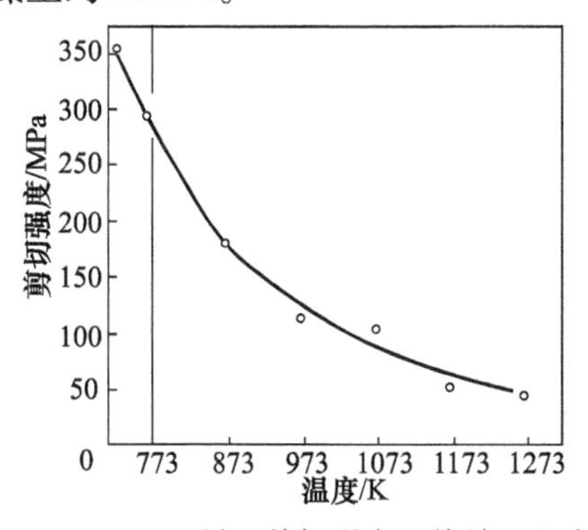

图 4 - 41　TA2/Q235 界面剪切强度和热处理温度的关系

4. 转变层和金属间化合物的生成

从Fe－Ti二元相图可见，含Fe量超过4wt%的Ti合金，淬火可以得到β－Ti组织。Fe是β－Ti稳定元素，钛合金从β相淬火后的相组成与β稳定元素含量密切相关。在所有只含α稳定元素或含有少量的β稳定元素的合金中，都可以观察到淬火时发生的马氏体转变形成的六方晶体结构的过饱和和α′相及斜方晶体结构的马氏体α″相；随着β稳定元素含量的增加，淬火时形成的α′（或α″）相的相对数量越来越少，部分高温β相开始保留下来；当β稳定元素含量达到临界浓度C_k时，可以将全部高温β相保留至室温。由此不难理解在1223K及1273K（TA2的α－Ti和β－Ti转变温度以上）热处理后，空冷至室温在TA2/Q235界面TA2侧，由于Fe的扩散在Fe含量高的区域（白层）所形成的β－Ti和α－Ti的混合组织，而在Fe含量低的区域发生了马氏体转变而形成针状马氏体组织。远离界面的TA2侧内则为典型的魏氏组织。

组元间的扩散反应原则上将形成平衡相图上的所有相。事实上，扩散区内主要处于非平衡状态，因此，扩散区内可能形成平衡相图的某些相或根本就没有这些相，有时甚至出现亚稳相。

在扩散反应过程中，有序金属间化合物的形成引起自由能的降低，而应变、新相界面的形成等却将导致自由能的增加。新相是否形核取决于它们对自由能的相对贡献。

TA2/Q235爆炸复合界面经热处理后，TiC、Fe_2Ti和FeTi三者标准自由能变化ΔG°和温度的关系曲线如图4－42所示。从图4－42可见TiC最易形成，Fe_2Ti、FeTi次之，这与相的出现次序吻合。

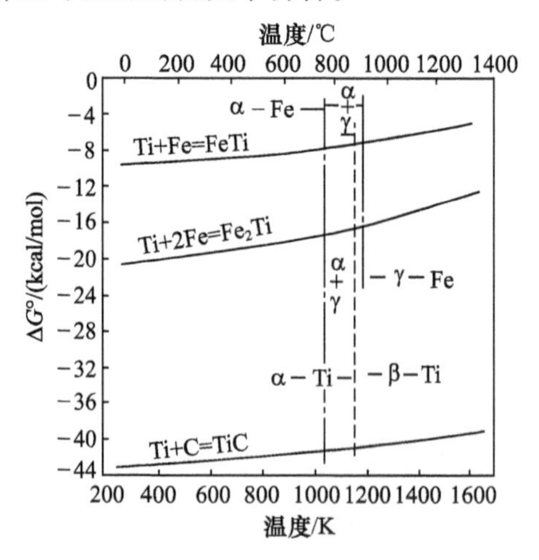

图4－42 TiC、FeTi和Fe_2Ti三者标准自由能变化ΔG°和温度的关系

除了上述热力学方面的影响外，金属间化合物的形成和生长主要由扩散过程的动力学及越过各相界面的原子通量所控制。

各金属间化合物出现的次序和生长主要由它们各自的扩散系数控制。在1123～1323K温度范围内有以下关系，即

$$\tilde{D}_{Fe_2Ti}=0.041\times10^{-1}\exp\left(\frac{-221958}{RT}\right)(m^2/s)$$

$$\tilde{D}_{FeTi}=2.08\times10^{-1}\exp\left(\frac{-251218}{RT}\right)(m^2/s)$$

由此可见，$\tilde{D}_{Fe_2Ti}<\tilde{D}_{FeTi}$，这和扩散区内FeTi和$Fe_2Ti$的宽度一致。

就纯Fe/纯Ti扩散结合界面，作者的X射线衍射分析结果指出已生成金属间化合物（Fe_2Ti、FeTi）。

TA2/Q235（0.19wt% C）爆炸复合界面经1123K×600s热处理后组织结构的TEM观察表明，界面熔层内为TiC、Fe_5C_2、FeTi三者的混合组织，TA2侧沿界面生成了一层TiC；而Q235侧没有金属间化合物Fe_2Ti、FeTi生成。此外，1173K以下（TA2的α－Ti和β－Ti转变温度以下）热处理后沿TA2/Q235界面仅有TiC生成，而无Fe_2Ti、FeTi生成。可见，这是TiC阻碍了Fe、Ti互扩散所致。沿TA2/Q235界面所形成的TiC，其C源于钢中固熔的C。C在α－Fe和γ－Fe中的扩散系数为[15]

$$D^{C}_{\alpha-Fe}=0.2\times10^{-1}\exp\left(\frac{-102800}{RT}\right)(m^2/s)$$

$$D^{C}_{\gamma-Fe}=0.15\times10^{-1}\exp\left(\frac{-133800}{RT}\right)(m^2/s)$$

由此可见，$D^{C}_{\alpha-Fe}\geqslant D^{C}_{\gamma-Fe}$，即高温下C在钢中的固溶度增加，C的活动性大为减小。故此，1223K以上TiC的形成比1173K以下TiC的形成困难得多，1223K以上TiC对Fe、Ti互扩散的阻碍作用削弱，从而有利于Fe_2Ti和FeTi生成。

此外，1223K以上Fe、Ti互扩散程度加剧还由于1223K以上α－Ti（hcp）转变为β－Ti（bcc），体心立方的晶体致密度为0.68；同时Q235转变为γ－Fe（fcc）的晶体结构，面心立方晶致密度为0.74，这样由于体心立方点阵的致密度（0.68）比面心（0.74）和密排六方（0.74）小。所以，体心立方点阵中的原子有较大的活动性，因此，Fe在β－Ti比在α－Ti中的扩散快得多。在1223K上（即TA2的α－Ti、β－Ti转变温度点以上）热处理后沿TA2/Q235界面生成了层状Fe_2Ti和FeTi。

金属间化合物Fe_2Ti和FeTi的生长基本符合抛物线规律，图4－40（b）表明了其生长过程主要是体积扩散过程。

TiC是面心立方晶体，Fe_2Ti为$MgZn_2$型六方晶体，而FeTi为CsCl型体心立方晶体，三者皆性硬而脆，它们在界面上的形成必将导致界面性能恶化。这是高温下TA2/Q235界面剪切强度下降的主要原因。有文献报道Fe_2Ti、FeTi对界面力学性能的不利影响比TiC更甚。对TA2/Q235复合界面来说，由于TiC在低温时即可形成，因此控制Fe_2Ti和FeTi的产生应是其后续加工、焊接、工业应用乃至钛/钢热轧复合制定工艺参数时首要考虑的因素。从上述分析可见，在工业生产和应用的情况下，控制在TA2的$\alpha-Ti \rightarrow \beta-Ti$转变温度以下进行加工或应用可达到既避免层状金属间化合物生成，又兼顾实际工业生产或应用需要（如轧机能力等）的目的。

综上所述，与前面的研究工作相比较，本工作系统地研究了TA2/Q235爆炸复合界面的扩散反应，并根据所得出的TiC、Fe_2Ti和FeTi形成和生长规律，第一次提出了在工业生产和应用中通过控制TA2不发生β转变从而达到避免Fe_2Ti和FeTi的生成保证界面性能的结论。这一结论的采用既可避免Fe_2Ti和FeTi生成，又充分考虑了工业生产和应用的实际情况（如TA2/Q235轧制复合时可充分发挥轧机能力），这一结论对TA2/Q235复合材料的工业生产和应用极具指导意义。

根据研究的实验观察和理论分析可总结以下结论。

（1）1123K×600s热处理后，TA2/Q235爆炸复合界面扩散反应区内的组织结构特征是：界面层内为TiC、Fe_2Ti和FeTi三者的微晶混合组织且FeTi部分有序；沿TA2/Q235界面层TA2侧生成一层TiC相；沿TA2/Q235界面层Q235侧无金属间化合物（Fe_2Ti、FeTi）生成，这是由于TiC和界面层阻碍了Fe、Ti的扩散所致。

（2）在1173K以下（在TA2的$\alpha-Ti \rightarrow \beta-Ti$转变温度以下），热处理后：沿TA2/Q235界面层TA2侧生成一层TiC相，界面层附近TA2侧内晶界上存在TiC，这是C沿$\alpha-Ti$晶界扩散所致；没有层状金属间化合物Fe_2Ti和FeTi生成。

（3）在1223K以上（在TA2的$\alpha-Ti \rightarrow \beta-Ti$转变温度以上）热处理后：沿TA2/Q235界面生成层状金属间化合物Fe_2Ti、FeTi；由于β稳定元素Fe的扩散导致在TA2侧Fe含量高处形成$\beta-Ti$和$\beta-Ti+\alpha-Ti$混合组织；在Fe含量低处形成马氏体转变产物；金属间化合物Fe_2Ti、FeTi以及β转变层均按抛物线规律生长。

（4）在高温下TA2/Q235复合界面力学性能的降低主要是Fe_2Ti、FeTi和TiC这些硬而脆的金属间化合物在TA2/Q235界面形成的缘故。根据实验观察和分析及工业生产和应用的实际情况，TA2/Q235爆炸复合板的后续热加工及工业应用时可主要考虑控制TA2不发生β转变，避免Fe_2Ti、FeTi的生成即可控制TA2/Q235界面性能。

4.4 爆炸复合界面微观断裂机制

金属的性能和复合工艺参数都将影响碰撞区内的压力大小和分布、再入射流厚度和复合界面形态。通常由于上述条件的变化在结合区出现以下3种界面结合形态。

①金属复板与基板之间形成细波界面。

②金属复板与基板之间形成中波界面。

③金属复板与基板之间形成波头漩涡区内包裹再入射流熔块的大波界面。

在拉伸载荷下,爆炸复合界面的断裂机制的研究及对上述3种波形界面断裂行为的比较和评估,国内外未见有报道。而正确认识爆炸复合界面的断裂机制及上述3种界面的断裂行为,对控制爆炸复合界面质量、制定正确的爆炸复合工艺具有重要的理论和工程意义。

文献[16]利用SEM动态原位地观察和记录拉伸试样随载荷的增大,爆炸复合界面微裂纹萌生和扩展直至失稳断裂的全过程。由于材料内应力在试样表面的释放,试样和工业用材料的断裂行为之间存在一些差异,这种表面效应对断裂行为的影响可参见其他相关工作。

4.4.1 界面微观断裂过程的动态观察

选用3种波形界面金相组织如图4-43(图中界面的上部分为TA2,下部分为Q235)所示。图4-43(c)中的熔块,EDS分析表明其内Fe和Ti的原子分数接近为1∶1。

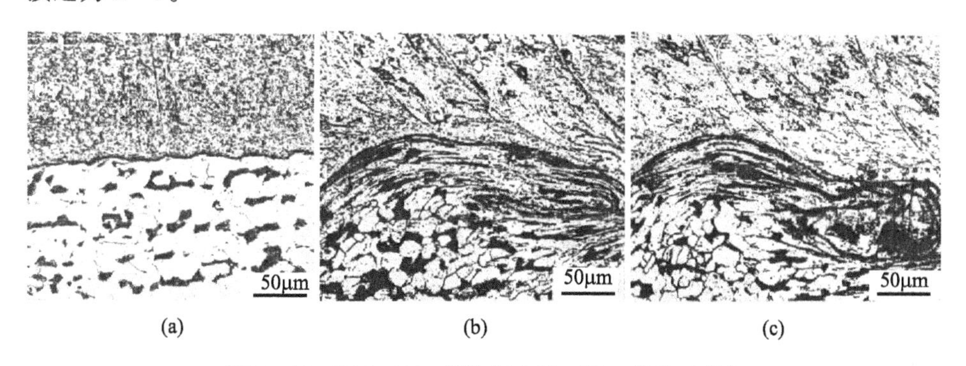

图4-43 TA2/Q235爆炸复合界面的3种界面形态

这3种复合板宏观室温拉伸性能见表4-3,其中TA2/Q235复合板的拉伸实验按《钛—钢复合板》(GB 8547—87)的规定进行。

表 4-3　TA2/Q235 复合材料的宏观室温拉伸性能

力学性能＼材料	TA2	Q235	TA2/Q235 复合界面		
			小波	中波	大波
强度 σ_b/MPa	452	476	495	487	480
伸长率 δ/%	42	30	28.5	27	25.5

图 4-44(界面的左边为 Q235,右边为 TA2)所示为 TA2/Q235 爆炸复合细波界面在拉伸载荷下裂纹萌生和发展情况。当载荷为 150MPa 时,沿 TA2/Q235 界面出现孔洞(图 4-44(a)),随着载荷的增大,在断裂前孔洞沿界面聚合(图 4-44(b)~(d)),同时在 TA2 和 Q235 基体内产生微裂纹(图 4-44(c)、(d))。可见其断裂过程如下。

(1) 沿界面产生孔洞(图 4-44(a))。

(2) 孔洞沿界面的聚合(图 4-44(b)~(d)),TA2 和 Q235 基体内出现裂纹(图 4-44(c)、(d)),最终失稳断裂。

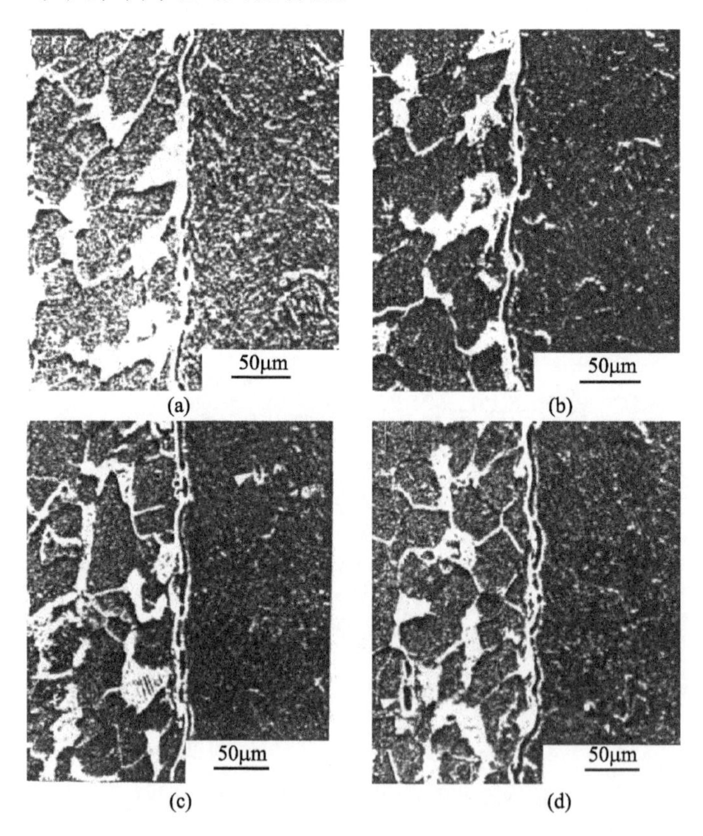

图 4-44　随着载荷的增大 TA2/Q235 细波界面裂纹的萌生和扩展

图4-45所示为中波界面在拉伸载荷下裂纹萌生和扩展情况。载荷为333MPa时,微裂纹在波头漩涡内出现(图4-45(a))。随着外载的增大,微裂纹增宽至约5μm(图4-45(c)),同时还可观察到微裂纹在裂尖应力场作用下相互连接而沿金属流线向基体中扩展(图4-45(b)、(c)),最后失稳,导致迅速断裂(图4-45(d))。

与此同时,在TA2/Q235界面处产生微裂纹(图4-45(e)、(f)),随着外载的增大,微裂纹连接扩展。遂失稳沿界面迅速断裂(图4-45(g)、(h))。

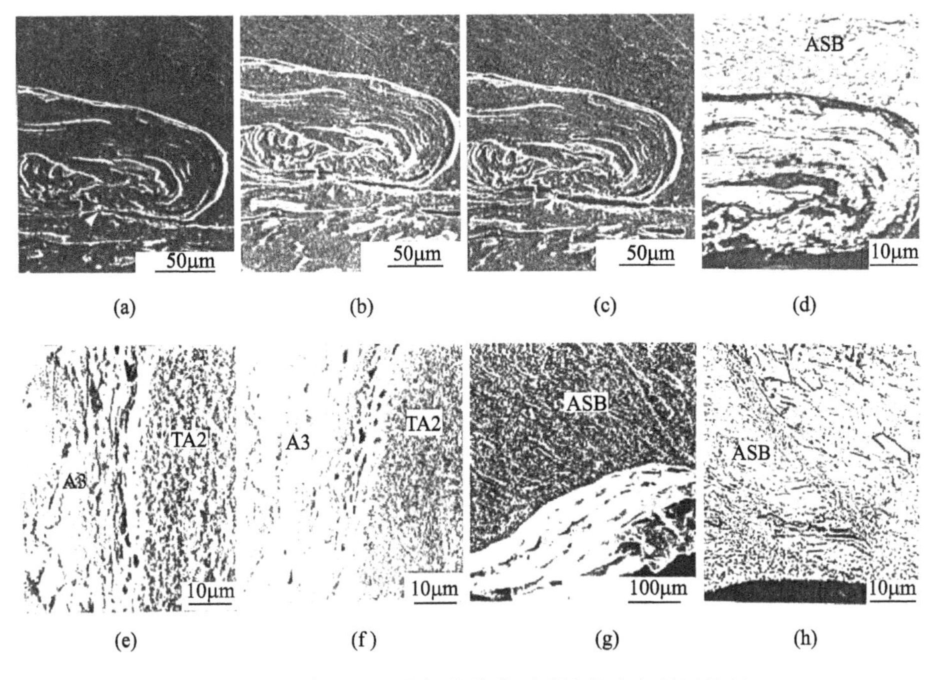

图4-45 中波界面在拉伸载荷下裂纹萌生和扩展情况
(a)~(c)随外载荷增大裂纹沿中波界面的漩涡区内金属流线扩展;
(d)断裂后的形貌(OM);(e)、(f)同时裂纹沿TA2/Q235界面萌生和扩展;
(g)SEM断裂后TA2侧形貌;(h)OM断裂后TA2侧形貌。

图4-46(界面的上部分为TA2、下部分为Q235)所示为具有熔块的大波界面在拉伸载荷下的断裂行为。首先,在载荷为350MPa时,熔块内及熔块与基体界面处由于应力集中产生微裂纹(图4-46(a));随着外载荷的增大,熔化块内的裂纹增多,熔块和基体间的界面裂纹增宽至约10μm(图4-46(c)),并在裂尖应力场作用下沿界面向基体内深入(图4-46(b)、(c)),裂纹向前扩展的主方向与外载方向垂直,可见正应力对裂纹扩展有较大影响。当外载稍加增大时,试样失稳导致迅速断裂。

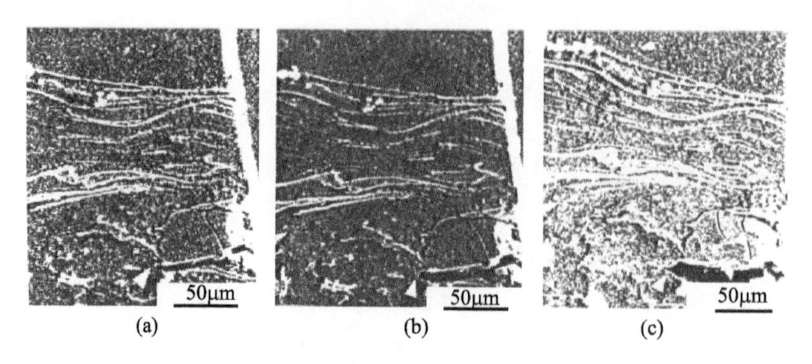

图 4 - 46　随外载荷的增大熔块内及熔块和集体界面处裂纹的萌生和扩展

随着外载荷的增大,直至试样最后断裂的过程中,TA2/Q235 界面 TA2 侧的绝热组织和 ASB 内均未发现有微裂纹和孔洞的萌生(图 4 - 45、图 4 - 46)。可见,在室温拉伸载荷下,TA2 中的绝热组织和 ASB 不是裂纹易于萌生的地方。

TA2/Q235 爆炸复合界面拉伸断裂后的宏观形态如图 4 - 47 所示。

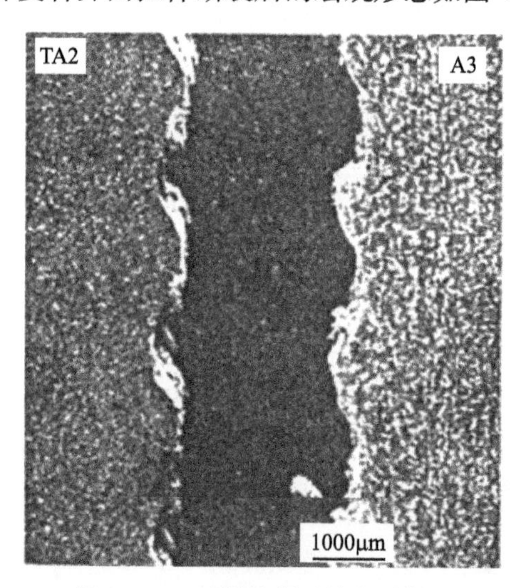

图 4 - 47　试样拉断后的宏观断口

其断口在 SEM 下观察表明,Q235 侧断口和 TA2 侧断口主要为解理断口(图 4 - 48)。EDS 分析还表明 TA2 侧解理面上全为 Fe 而无 Ti;Q235 侧解理面上也全为 Fe 而无 Ti,由此说明了解理断裂发生在 TA2/Q235 爆炸复合界面层附近的 Q235 侧内。此外,波头漩涡区内熔块处的断口如图 4 - 49 所示,EDS 分析表明,为 Fe、Ti 共存。局部断裂发生在界面熔层、层内晶粒细小(图 4 - 48),EDS 分析表明其内化学成分为约49$^{at\%}$ Ti 和约 51$^{at\%}$ Fe,Fe 和 Ti 原子分数近似为 1 : 1。

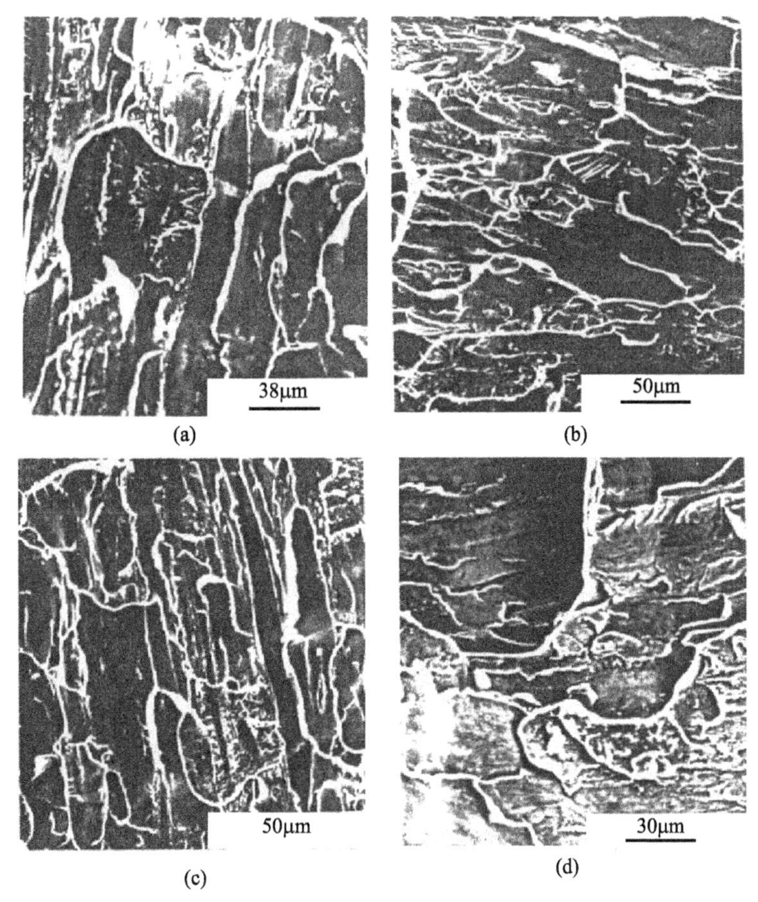

图 4－48　断口形貌

(a)、(b):Q235 侧;(c)、(d):TA2 侧。

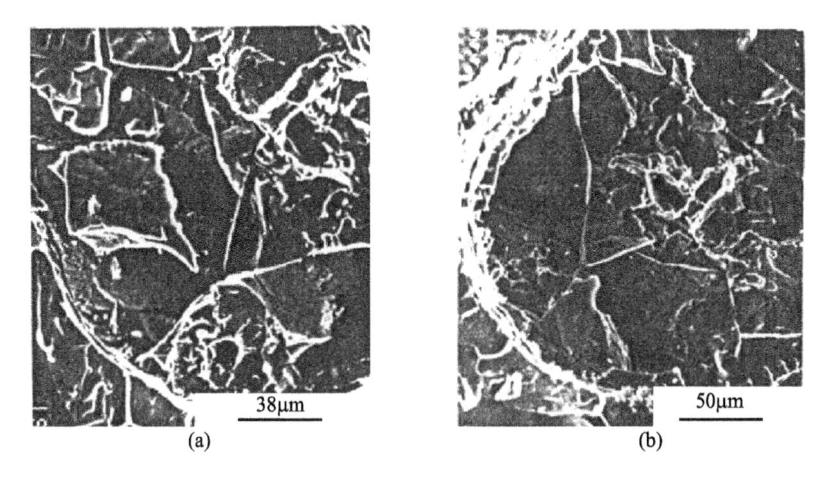

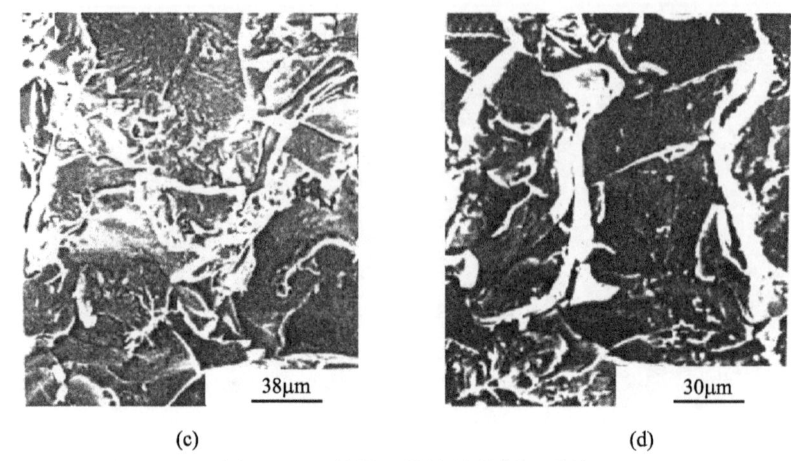

(c) (d)

图 4-49　旋涡区熔块处的断口形貌

(a)、(b)Q235 侧；(c)、(d)TA2 侧。

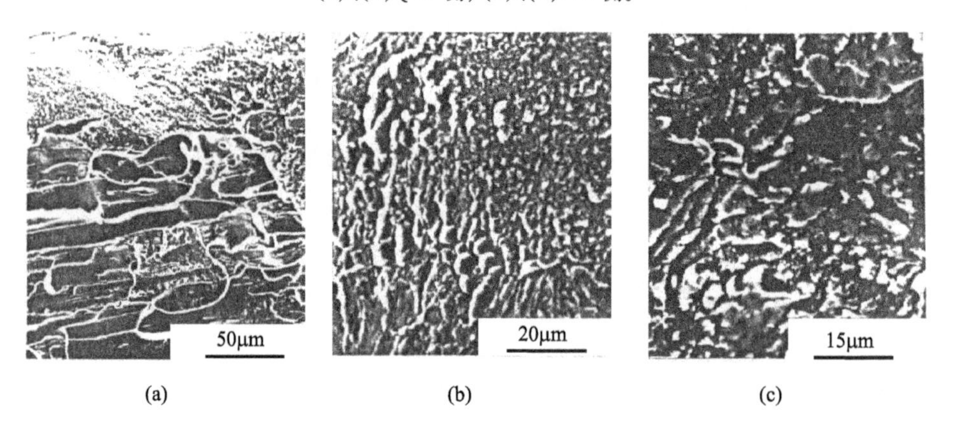

(a) (b) (c)

图 4-50 熔层断口形貌

(a)TA2 侧断口(包括解理断裂和自熔层的断裂)；(b)(a)中上部的细节；(c):Q235 侧自熔层的断裂。

综上所述,在拉伸载荷下 TA2/Q235 爆炸复合界面微观断裂过程有以下几点。

(1) 微裂纹沿波头漩涡区内夹杂(图 4-45(a))或再入射流熔块内(图 4-46(a))及熔块和 Q235 基体界面处(图 4-46(a))萌生,并在裂尖应力场作用下沿与外载荷垂直方向扩散。

(2) 在上述过程(1)的同时,在 TA2/Q235 界面处萌生微裂纹(图 4-45(e)、(f))并在外载荷作用下相互连接,主要在 TA2/Q235 界面附近 Q235 侧内发生解理断裂(图 4-48),局部地沿界面熔层断裂(图 4-50)。

在过程(1)主要是过程(2)两种机制作用下,导致试样失稳并快速断裂(图4-47)。

(3)在断裂的整个过程中,TA2/Q235界面附近TA2侧的绝热组织和ASB内未发现裂纹萌生。

4.4.2 裂纹的稳态扩展

所有裂纹在失稳断裂以前的扩展都可以称为稳态扩展。稳态扩展的表现形式是多种多样的,不仅塑性裂纹扩展时,由于裂纹尖端塑性形变的作用也容易导致止裂。虽然裂纹的稳态扩展现象是复杂的,但从扩展方式来看,大体可分为两大类:一类为在主裂纹前方某特征距离处的应力集中产生微裂纹,然后通过图4-51(a)所示的连通方式扩展。其连通方式既可以以内颈缩进行,也可以通过滑移直接接通;另一类为主裂纹钝化后,通过其端部产生微裂纹的方式扩展,如图4-51(b)所示[17]。

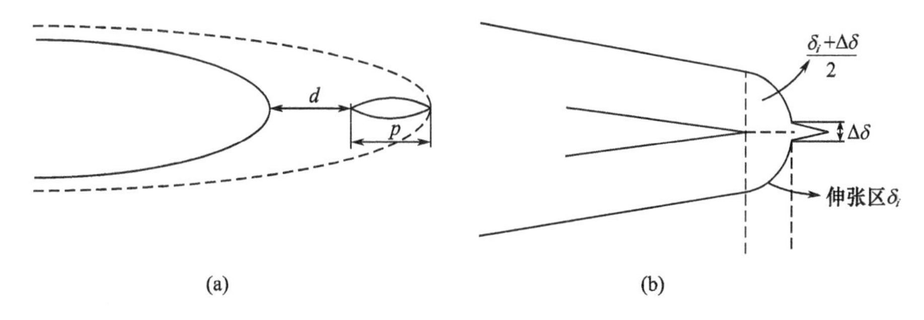

图4-51 裂纹稳态扩展的两类基体方式示意图

由于裂尖存在严重的三轴应力,故晶体缺陷对裂尖地区敏感,裂纹尖端吸收或发射位错而使其钝化。从上述动态观察来看,主裂纹裂尖钝化后,在此裂纹的稳态扩展似是通过主裂纹前某处的应力集中产生微裂纹,然后通过主裂纹和其前方微裂纹以缩颈方式连通而进行的(图4-45(a)~(c))。在图4-46中,熔块和其基体间的裂纹裂尖钝化后,裂纹的稳态扩展是通过裂尖端部产生微裂纹的方式进行的(图4-46(a)~(c))。稳态扩展方向和外载荷方向垂直,最后失稳,试样迅速断裂。

4.4.3 界面微观断裂机制

解理裂纹的形核理论认为,在外力作用下,运动位错受阻造成的位错塞积并于位错塞积端部引起应力集中,而一旦集中的拉应力超过材料的断裂强度,就会出现开裂形成裂纹胚核。裂纹胚核达到临界尺寸即扩展成解理断裂。当裂纹达到临界尺寸,须对裂纹胚核作用以临界拉应力σ_c,才能使解理裂纹扩展。

$$\sigma_c \geqslant 2\frac{\mu r}{(K^s y \cdot \sqrt{d})} \quad (4-15)$$

式中:μ 为剪切弹性模量;d 为晶粒尺寸;r 为表面能;$K^s y$ 为与晶粒尺寸有关的材料常数,它表示一个晶粒屈服后,使相邻晶粒屈服所需增大的剪应力值。

由式(4-15)可见,随着晶粒尺寸的增大,σ_c 下降,发生脆性解理断裂危险增大。

从4.2节可知,TA2/Q235爆炸复合界面结合层内的组织结构特征是:TA2侧的绝热组织和ASBs/界面熔化层/Q235侧热影响区和以变形显微带为特征的变形区。从上述分析可见,Q235侧的热影响区内再结晶和晶粒长大组织,在外载作用下是易于发生脆性解理断裂的部位。

钛/钢爆炸复合界面附近残余应力分布如图4-52所示。可见,在TA2/Q235爆炸复合界面附近TA2侧为残余压应力,Q235侧为残余拉应力。Q235侧的残余拉应力对裂纹的萌生和扩展无疑是有着促进作用。

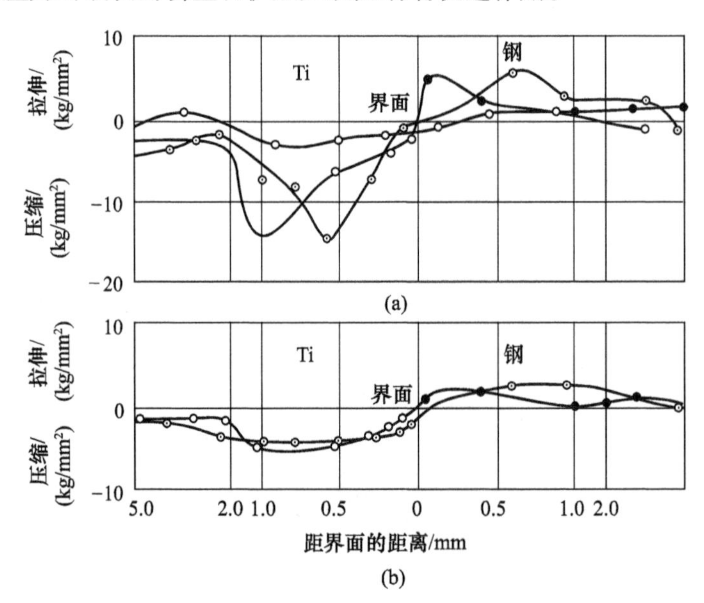

图4-52 钛/钢爆炸复合界面附近残余应力分布

(a)平行于射流方向(σ_{xx});(b)垂直于射流方向(σ_{yy})。

从上述TA2/Q235爆炸复合界面附近的组织结构、残余应力分布的特点、断口形貌和成分分析可见,Q235侧靠近界面熔层的再结晶和晶粒长大区域是拉伸外载荷下TA2/Q235爆炸复合界面层的“薄弱环节”,是微裂纹易于萌生和扩展的部位。

4.4.4 爆炸复合工艺参数、界面波形和复合质量

从爆炸力学知道，爆炸复合过程中再入射流的形成是实现表面具有“自清理”效应保证复合质量的必要条件。再入射流的形成应具备一定的临界条件，如再如射流形成的临界角。由于爆炸复合界面的失稳，爆炸复合界面将出现周期性的波状界面。由于碰撞附近及上游存在失稳扰动源，导致碰撞点上下浮动和碰撞角 β 周期性变化，从而导致复合板面上的氧化物杂质甚至再入射流被裹入波状界面的前侧表面上。设形成再入射流的临界角为 β_c，波状界面的倾角为 α，复合的碰撞角为 β。从图 4－53 可见，前沿表面的碰撞角 $\beta_1=\beta_0-\alpha$。

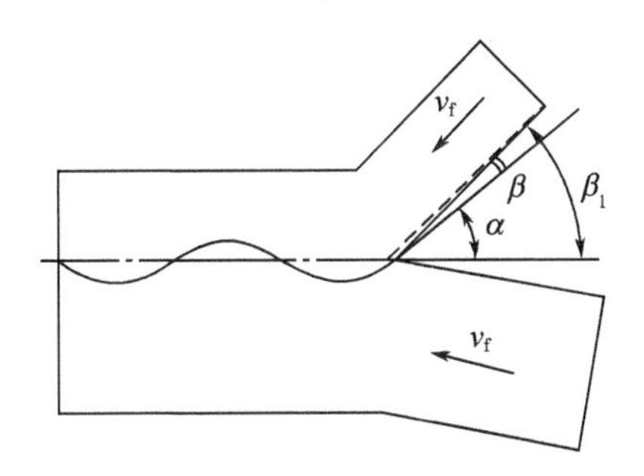

图 4－53　碰撞角 β 周期性变化示意图

（1）当来流速度 v_f 较小，界面为小波幅正弦波形时，界面倾角 α 小，则前沿表面碰撞角 $\beta_1=\beta_0-\alpha\geqslant\beta_c$。此时满足再入射流形成条件，再入射流全部喷向上游空间，界面无氧化物，此即是小波界面情形。

（2）当来流速度 v_f 稍有增大，界面倾角 α 增大，$\beta_0-\alpha\approx\beta_c$，此时可能不产生再入射流，这时表面氧化物等将停留在界面，并在此后形成漩涡的过程中卷入波头成为漩涡内杂质的组成。这相当于中波界面情形。

（3）当 v_f 较大时，界面失稳严重。$\alpha>\beta_c$，则 $\beta_0-\alpha$ 为负角，复板来流将产生一反方向再入射流，全部卷入漩涡内。此相当于大波情形。

正是由于爆炸工艺参数的不同导致 v_f 的不同和界面波幅的变化（α 角的变化），最终影响到碰撞角的变化，并导致复合界面杂质甚至再入射流裹于漩涡内。而这些杂质和再入射流熔块和基体间的结合强度低，正是首先产生裂纹导致断裂的部位（图 4－44（a）～（c）、图 4－45（a）～（d）），由此也说明细波界面杂质最少，复合质量最佳。这也和室温宏观拉伸结果（表 4－3）相吻合。

由此可见，合理地控制爆炸复合工艺参数避免再入射流熔块的裹入，可减少外载荷下裂纹萌生的机会，从而可获得性能优良的爆炸复合材料。

综上所述，与前人在爆炸复合界面力学行为方面所做的工作比较，本书首次

在揭示 TA2/Q235 爆炸复合界面结合层内的微观组织结构特征的基础上，通过对 TA2/Q235 爆炸复合界面微观断裂过程的动态观察和分析，揭示了 TA2/Q235 爆炸复合界面的微观断裂机制。

从本章的实验结果和分析、讨论可以归结出下面几条结论。

（1）A2/Q235 爆炸复合界面的微观断裂机制是：微裂纹在波头漩涡内夹杂或再入射流熔块内及熔块和基体界面处萌生，并在裂尖应力场作用下沿与外载荷垂直方向扩展；在上述作用的同时，沿 TA2/Q235 界面产生微裂纹并在外载荷作用下相互连接而扩展。失稳断裂主要是在靠近界面熔层 Q235 侧的再结晶和晶粒长大区内的解理断裂，局部的沿界面熔层断裂，最终导致试样失稳断裂。

（2）在室温拉伸载荷下，TA2/Q235 爆炸复合界面 TA2 侧的绝热组织和 ASBs不是裂纹易于萌生的地方。

（3）爆炸复合界面波形以细波状界面内杂质最少，界面复合质量最佳。应通过调整爆炸复合工艺参数，控制界面波形，避免再入射流熔块的裹入，从而保证复合材料的性能。

参 考 文 献

[1] 杨扬．金属爆炸复合技术与物理冶金[M]．北京：化学工业出版社，2006.

[2] Yang Y, Wang B F, Xiong J. Amorphous and nanograins in the bonding zone of explosive cladding [J]. Journal of Materials Science, 2006, 41(11): 3501 – 3505.

[3] Yang Y, Cheng X L, Li Z H. Microstructures of Cu/Mo/Cu explosive clad interface. Journal of Advanced Materials[J], 2003, 35(2): 80 – 82.

[4] 杨扬，张新明，李正华，等．TA2/Q235 爆炸复合界面的微观组织[J]．材料研究学报，1995，9(2)：186 – 189.

[5] Yang Y, Zhang X M, Li Z H, et al. Substructure of bonding zone in an explosive cladded titanium – mild steel system[J]. Transactions of Nonferrous Metals Society of China, 1994, 4(4): 91 – 94.

[6] 杨扬，李正华，吕培成，等．爆炸复合界面温度场模型及应用[J]．稀有金属材料与工程，2000，29(3)：161 – 163.

[7] 卢博斯基 F E. 非晶态金属合金[M]．北京：冶金工业出版社，1989.

[8] 闰鸿浩，李晓杰．爆炸焊接界面产生非晶相的理论解释[J]．稀有金属材料与工程，2003，32(3)：176 – 178.

[9] 李冬剑，王景唐，丁炳哲．高压非晶化转变机制研究[J]．自然科学进展，1992(6)：562 – 564.

[10] Hammerschmidt M, Meyers M A, Murr L E. Shock Wave and High – Strain – Rate Phenoniena in Metals – Concept and Application[C]. New York: Plenum Prss, 1981: P961.

[11] Ganin E, Komen Y, Wess B Z. The structure of joint zone in an explosively bonded Cu/Cu – 2Be system [J]. Acta Metallurgica et Materialia, 1986, 34: 147 – 158.

[12] 候镇冰，何绍杰，李恕先．固体热传导[M]．上海：上海科学技术出版社，1984.

[13] 武传松. 焊接热过程数值分析[M]. 哈尔滨:哈尔滨工业大学出版社,1990.
[14] 杨扬,张新明,李正华,等. TA2/Q235 爆炸复合界面的扩散反应[J]. 金属学报,1995,31(4):B188 - B194.
[15] 小溝裕一,村山順一郎,大谷泰夫. T i 炭素鋼接合性界面反応[J]. 鉄£ 鋼,1988,74(9):132 - 138.
[16] 杨扬,张新明,李正华,等. TA2/Q235 爆炸复合界面断裂机制的 SEM 原位研究[J]. 金属学报,1994,41(11):3501 - 3505.
[17] 哈宽富. 金属力学性质的微观理论[M]. 北京:科学出版社,1983.

第5章　动态塑性变形制备超细晶块体金属的微结构特征/演变机制及其热稳定性

5.1　概述

剧烈塑性变形又称为强/严重塑性变形(Severe Plastic Deformation,SPD),是指金属发生强应变、大塑性变形导致晶粒细化至纳米量级的一种塑性变形。它是一种不同于传统较为新颖的塑性变形模式。

材料结构决定材料性能,由于具有较小的晶粒尺寸以及大量的界面结构,块体纳米结构材料表现出许多不同于传统材料的特性,如光、电、磁、热等物理性能以及强度、韧性、超塑性等力学性能。纳米结构材料所具有的特性决定了其应用前景与应用领域,目前纳米结构材料已经开始逐步应用于电子、汽车、航空部件等制造业领域,例如:剧烈塑性变形制备的超细晶钛合金已被用于制造螺栓并应用于汽车和航空工业,超细晶碳素钢制造的微型螺栓也已被广泛应用;纳米结构的1420铝锂合金由于其优异的超塑成形性能,已被成功用于制造结构复杂且难以成形的活塞部件。此外,一些超细晶/纳米晶结构材料由于其轻质高强度的特点已经逐步应用于山地自行车、登山器材、高尔夫球拍和网球等体育产品行业。纳米结构材料所具有的性能及应用前景引起了众多研究学者和装备制造行业企业的广泛关注和浓厚兴趣,纳米结构材料的制备技术、性能及其应用已成为当代材料领域的研究热点之一。

晶粒细化是提高金属强度,同时不损害金属塑性的唯一强化方法。局限性小并具有工业应用前景的强应变大塑性变形法,由于可以仅通过塑性变形即能达到晶粒细化,获得纳米晶粒材料,并在塑韧性损失不大的情况下成倍提高金属材料强度而成为材料领域的研究热点。

剧烈塑性变形制备超细晶粒材料的技术应满足3个条件:一是剧烈塑性变形后材料需获得大量大角度晶界的超细晶结构;二是剧烈塑性变形后的材料内部要形成均匀的超细晶结构;三是材料在大的变形过程中没有破坏或裂纹产生。只有满足以上3个条件的剧烈塑性变形材料,其性能才会有质的变化,具有稳定的性能。因此,剧烈塑性变形制备超细晶粒材料的技术必须应用特殊的变形方式在相对较低的温度(通常低于 $0.4T_m$)产生大的变形量,并且由于变形工具几何形状限制金属的自由流动,并因此产生很大的静水压力,静水压力是获得大应变和产生高密度晶体缺陷以细化晶粒所必需的[1]。

5.1.1 细化晶粒的剧烈塑性变形方法

目前,越来越多的新剧烈塑性变形方法用来直接制造超细晶粒材料,主要的 SPD 方法(表 5-1)有等径角挤压(Equal Channel Angular Pressing,ECAP)、高压扭转(High Pressure Torsion,HPT)和累积叠轧焊(Accumulative Roll-Bonding,ARB),此外还有多向锻造(Multi-Directional Forging,MDF)、反复弯曲平直法(Repetitive Corrugation Straightening,RCS)和循环挤压压缩法(Cyclic Extrusion Compression,CEC)等。目前只要选定合适的加工路径和施以足够高的应变,即可通过多种 SPD 技术获得均匀的纳米晶粒结构[1]。

表 5-1 主要剧烈塑性变形技术概要

变形方式	示意图	等效应变
等径角挤压(ECAP)(Segal,1977)		$\varepsilon = n\frac{2}{\sqrt{3}}\cot\varphi$
高压扭转(HPT)(Valiev,1989)		$\varepsilon = n\frac{\gamma(r)}{\sqrt{3}},\gamma(r) = n\frac{2\pi r}{t}$
累积叠轧焊(ARB)(Saito,1998)		$\varepsilon = n\frac{2}{\sqrt{3}}\ln\left(\frac{t_0}{t}\right)$

1. 等径角挤压

等径角挤压(ECAP)是由 Segal 及其合作者于 1977 年提出的,ECAP 可以实现重复变形,在不改变材料横截面尺寸的情况下获得大的塑性应变量。模具由两个相同截面的交叉通道构成,通道截面可以根据材料形状进行设计,试样在通过交叉拐角时发生纯剪切变形,切变方向由变形路径控制,道次应变量则由模具的内角和外角决定。在 ECAP 过程中,通过对变形参数(如模具内角、外角、变形路径、变形温度、应变速率和变形道次等)的设定来控制材料组织结构演变,最终获得具有大角晶界的块体超细晶/纳米晶材料,如图 5 - 1 和图 5 - 2 所示。

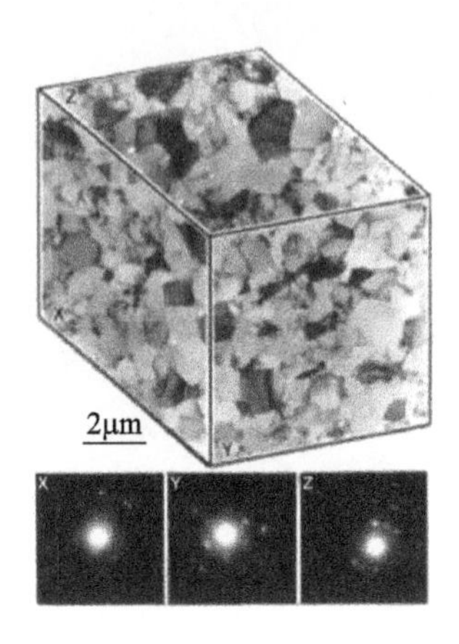

图 5 - 1　ECAP 4 道次处理后的纯铝(99.99%)

图 5 - 2　在不同温度进行 ECAP 处理后的纯铝(99.99%)

2. 高压扭转

高压扭转(HPT)是由 Valiev 团队发展完善的剧烈塑性变形方法,HPT 适用于薄片盘状试样,由上、下模具构成,变形时对试样施加 GPa 量级的压力,同时下面模具进行扭转使试样产生剪切变形。由于 HPT 模具所具有的特点,试样变形时处于大静水压力作用下,因此试样变形时不易发生破裂并可获得大的应变量。在 HPT 变形时,试样内部变形并不均匀,从扭转轴到试样边缘的不同位置,应变量呈梯度分布。影响 HPT 变形的参数主要有加载压力、转动道次、模具转动速率和变形温度等。高压扭转变形作为一种制备超细晶/纳米晶材料的有效途径,可应用于各种金属材料的变形,如图 5-3 所示。

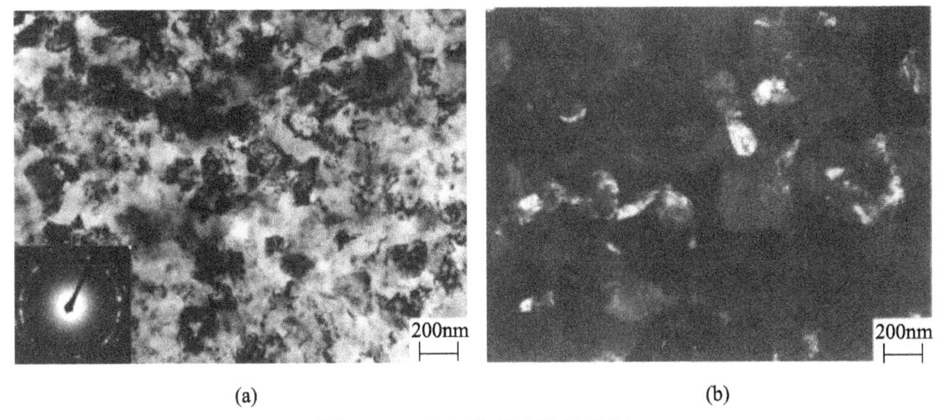

(a) (b)

图 5-3　HPT 处理后的纳米铜

3. 累积叠轧焊

累积叠轧焊(ARB)是由 Saito 于 1998 年首次提出的,将两块板料叠放在一起,在一定温度下轧焊成一块板料,然后将其分成两块相同的板材进行循环轧焊,该过程可以在传统轧机上进行,变形过程中的应变量决定于每道次轧制压下量和循环轧焊次数(图 5-4)。重复轧制获得大的应变,以获得超细晶组织(图 5-5)。轧制温度一般控制在室温以上再结晶温度以下的某一温度,这是因为温度太低轧制会导致压下量受到限制,并且轧后结合强度不够,温度太高发生再结晶会消除轧制的累积应变量。为了得到较高的结合强度,ARB 过程的轧制压下量一般不低于 50%,还应对板材进行表面处理,去除油污、氧化层等。ARB 工艺的优点是比传统轧制方法的压下量大,可以连续制备薄板类超细晶金属材料;缺点是加工过程中板料容易产生边缘裂纹。因此,ARB 变形主要适用于塑性较好的金属材料,如铝和铜等。

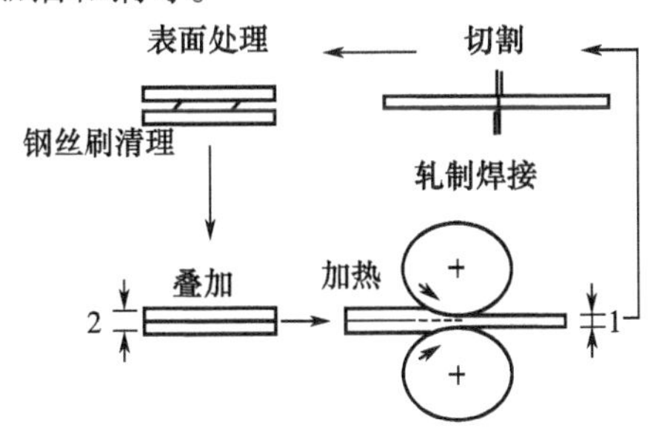

图 5-4　ARB 工艺示意图

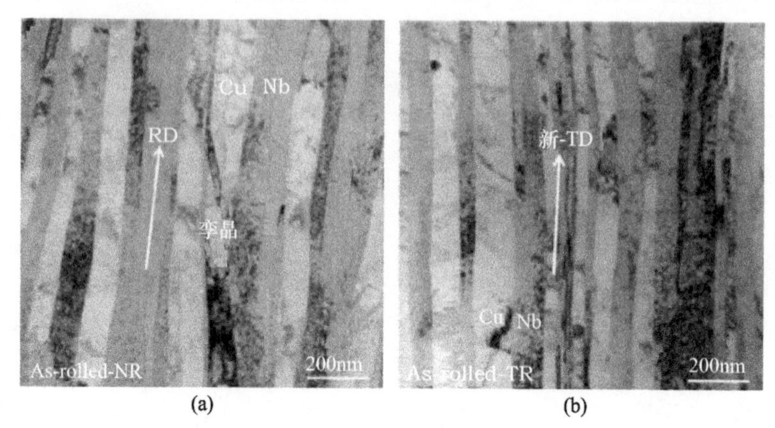

图 5－5　ARB 轧制态 Cu－Nb 纳米层状复合体 TEM 明场像

(a)法向；(b)横向。

4. 多向锻造

多向锻造(MDF)是由 Salishchev 提出的，即对试样进行多次自由锻造，并在每道次之间对试样进行拔长(图 5－6)，变形过程依次沿不同轴向对试样进行循环加载。由于不同区域内获得的应变量不同，试样内部组织存在不均匀性，该变形过程通常在较高温度下进行，因而往往伴随着动态再结晶过程。MDF 的主要变形参数有道次应变量、道次数、变形温度以及应变速率等。可以通过设定不同的变形参数来改变材料内部组织结构并制备出块体纳米晶体材料。

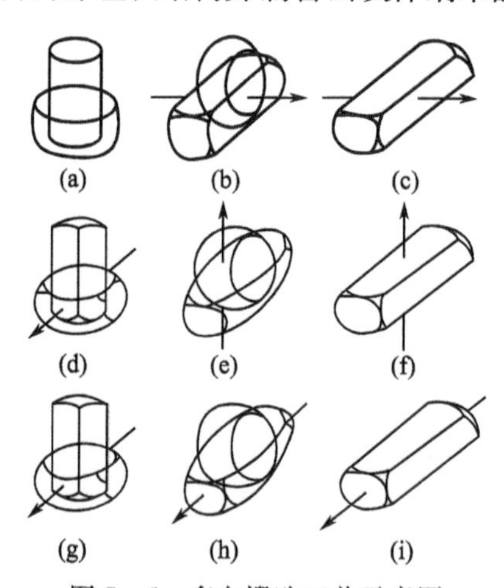

图 5－6　多向锻造工艺示意图

5. 其他方法

此外，研究较多的 SPD 技术还有反复弯曲平直法(RCS)和循环挤压压缩法

(CEC)等。反复弯曲平直法(RCS)(图5-7),在反复的两步工艺中,工件先变形为波浪状,然后在两平板间整平,反复重复上述工艺过程。工件反复弯曲和剪切促进晶粒细化。RCS技术目前处于早期研发阶段,关键是设计设备和加工工艺规程以改进微结构的均匀性。

循环挤压压缩法(CEC)(图5-8),将在直径为d_0的圆柱腔室内的试样通过一个直径为d_m的模具推入另一个直径为d_0的圆柱腔室,即挤压过程中,由腔室提供压缩。因此,在一个循环中材料首先经历压缩,然后挤压,最后再压缩。一个循环的真应变$\varepsilon = 4\ln(d_0/d_m)$;在第二个循环,挤压方向相反,其他变形模式相同。该过程反复N次,累积应变量为($N\varepsilon$)。如果直径比$d_m/d_0 = 0.9$,在一个循环中材料的应变量为$\varepsilon = 0.4$。

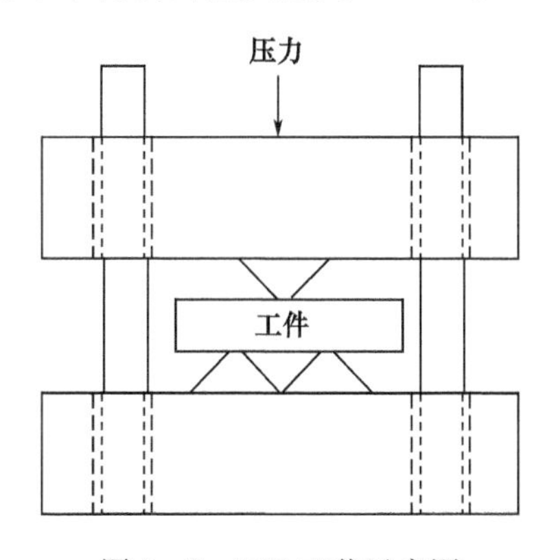

图5-7 RCS工艺示意图

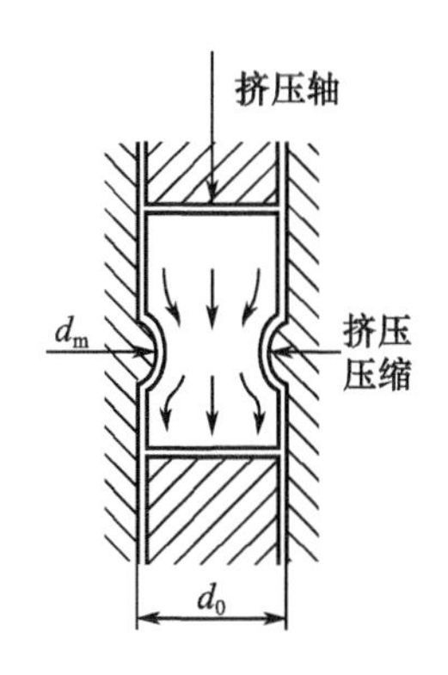

图5-8 CEC工艺示意图

5.1.2 剧烈塑性变形金属的组织结构特征与演变机理

1. 剧烈塑性变形金属的组织结构特征

各种SPD技术加工后金属的主要组织结构特征如下。

(1) 获得的纯金属的平均晶粒尺寸一般是150~300nm,而合金的晶粒尺寸要小得多,如HPT处理金属间化合物Ni_3Al后晶粒尺寸为60nm,而HPT处理TiNi合金则导致其完全非晶化。

(2) SPD结构十分复杂,不仅是得到超细晶粒,而且正因为晶粒细化而具有高密度界面。

(3) SPD纳米结构的晶界是一种以具有高密度位错为特征的非平衡晶界,如图5-9所示。非平衡晶界的特点是:晶格严重畸变且存在过量晶界储能及长程弹性应力。非平衡晶界具有特殊性能,如沿非平衡晶界的扩散系数比沿传统粗晶(10μm≤d≤300μm)多晶体高几个数量级等。

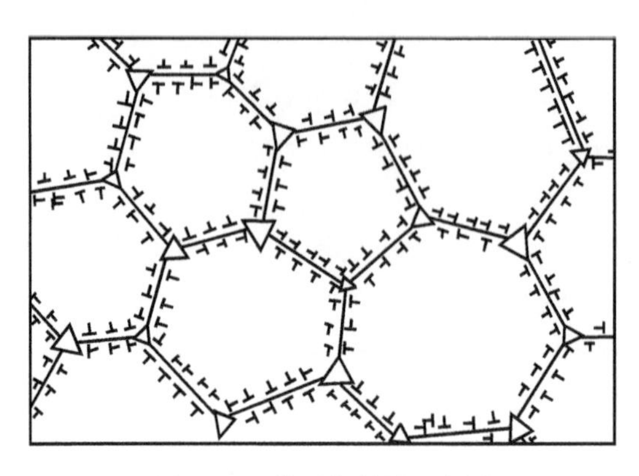

图 5-9 非平衡晶界示意图

2. 剧烈塑性变形组织演变机理

在剧烈塑性变形过程中，材料组织演变及晶粒细化受许多变形因素的影响，这些影响因素主要有变形方法、加载路径、应变速率、温度、材料原始组织、析出相和材料晶格结构等。通过对变形参数的设定，可以控制材料组织结构，如位错密度和晶界特征等，但变形过程中微观组织的演变过程和细化机理仍然存在争论。目前，研究较多的 SPD 组织演变机理主要有 3 种，即形变诱导晶粒细化、热机械变形细化晶粒以及粒子细化。

1）形变诱导晶粒细化

形变诱导是剧烈塑性变形中主要的晶粒细化机制，且该机制依赖于位错、孪晶和剪切带等微观结构的演变。

高密度位错是高层错能材料剧烈塑性变形组织的主要特点之一，通过对材料进行大变形引入较大的累积应变来促使位错结构演变并形成超细晶/纳米晶。变形过程中，随着位错的增殖、湮灭、重组和交互作用等，形成大量位错胞和位错墙；继续变形，位错胞不断分裂细化并形成亚晶粒，亚晶粒进一步破碎形成超细晶/纳米晶。

孪生作为一种重要的塑性变形方式，在低层错能金属 SPD 过程中发挥着重要作用。低层错能金属材料塑性变形时难以发生交滑移，导致位错在晶界处堆积并产生应力集中，诱发孪生以协调塑性变形，因此孪生往往伴随着位错滑移一起促使材料变形。Wang 等[2]对纯铜进行了表面机械研磨，获得的表层材料（小于 25μm）为纳米孪晶/基体片层，孪晶与位错胞壁相互作用促进变形，同时孪晶层分割原始粗大组织并演变为随机取向的细小纳米晶。Zhang 等[3]对 304 不锈钢进行表面机械研磨时发现孪晶层相互交割促使晶粒细化并诱发马氏体转变。

在剧烈塑性变形时，材料内部引入较大应变，位错大量增殖并在晶界塞积导致应力集中,为协调变形和松弛局部应力,剪切带极易沿切应力方向萌生即产生形变局域化。在 SPD 尤其是多向锻造的过程中,材料内部不同取向的剪切带相互交错隔断基体组织并引起粗晶破碎,剪切带内则形成细小的拉长晶粒。Liu 等[4]研究了 3104 铝合金在多向压缩变形作用下的微观组织结构特征,沿最大切应力方向(与压缩方向成 45°夹角)产生贯穿整个试样剪切带,不同方向上的剪切带相互交错,同时剪切带与基体组织也相互作用,使得原始的粗晶组织在较小应变(3.56)下得到极大细化。Sakai 等[5]提出了一种基于微剪切带破碎晶粒的形变诱导细化机制,多向锻造过程中,试样内部形成高密度且相互交错的剪切带,低应变下细晶粒主要在剪切带交叉处形成,随着变形的进行,细晶粒发生刚性转动进一步细化并诱导基体组织沿剪切带发生破碎,试样内部不同取向的高密度微剪切带相互作用,促使原始粗晶组织在大应变量下完全细化成等轴超细晶/纳米晶。

2) 热机械变形细化晶粒

剧烈塑性变形过程中形成大量非平衡晶界,并由于累积应变很大,SPD 材料中形成高密度的晶格点阵缺陷使得材料含有过量的变形储能并处于不稳定状态,导致材料在较低温度($\leqslant 0.4T_m$)就发生动态再结晶,热机械变形细化机制正是建立在这一基础之上。Sakai 等[6]详细阐述了 7475 铝合金多向锻造过程中的连续动态再结晶,SPD 材料的高晶界储能为连续动态再结晶的进行提供驱动力,有利于形成具有大角度晶界的稳态超细晶/纳米晶。

3) 粒子细化

粒子细化主要在多相合金材料 SPD 时发挥作用,受析出相的特性、尺寸、分布和体积分数等因素影响。由于析出粒子对位错的钉扎作用,大量位错会在粒子周围聚集,通过不断吸收位错,亚晶界由小角晶界演变成大角晶界,并最终实现晶粒细化。在 SPD 时,析出相可以提高位错密度和大角晶界比例、细化原始粗晶并形成随机取向的细晶组织;当析出相颗粒尺寸较小($<1\mu m$)时,析出相阻碍晶界迁移并延缓再结晶和晶粒长大,最终形成各向同性的纳米晶组织[7]。当颗粒尺寸较大($\geqslant 1\mu m$)时,由于粒子激发形核机制(Particle Stimulating Nucleation Mechanism,PSN)的作用,析出颗粒可以促进再结晶,拓展粒子周围变形区域,这些区域含有较高的变形储能,提高晶界取向差,细化晶粒并获得再结晶组织。

5.1.3 动态塑性变形制备超细晶金属材料

前述的剧烈塑性变形方法都是在应变速率低的准静态载荷下的剧烈塑性变形方法。最近有学者尝试利用高应变速率动态塑性变形的特点,制备超细晶金属材料。

1. 超细晶金属材料的动态塑性变形制备技术

由于引入了应变速率因素，材料在动态塑性变形过程中的力学响应和微观组织结构演变也与低应变速率塑性变形不同，随着应变速率的提高，材料的流变应力和屈服强度相应增大，同时对于 fcc 金属其延伸率增大。利用动态塑性变形可以有效改变金属材料的微观组织结构特征和力学性能，正是基于这一原因，研究者们已经发展出动态塑性变形（Dynamic Plastic Deformation，DPD）工艺用于制备块体纳米晶材料。

Li Y S 等[8]在高应变速率（$1\times10^2\sim2\times10^3$/s）和液氮温度（77K）条件下对铜圆柱试样进行多次高应变速率动态压缩变形（LNT－DPD）得到总应变量为 2.1，随着 Z 参数的增加，平均晶粒尺寸减小并最终获得平均晶粒尺寸为 66nm 的纳米晶铜试样。卢柯等还将该工艺用于制备 Cu－Zn 合金[9]、纯 Ni[10]及不锈钢[11]等的纳米块体材料，在 1.6 的真应变下，Cu－Zn 合金的晶粒尺寸达到饱和，其屈服强度高达 783MPa；而在纯 Ni 的 DPD 过程中，其平均晶粒尺寸超过了 100nm，屈服强度则达到 850MPa 以上。由于该变形工艺可以有效地细化晶粒尺寸并且能够制备出块体纳米晶材料，现在已经引起了国内外研究者的广泛关注。作者等[12]利用霍普金斯压杆动态单向/多向加载，应变速率高达 10^3/s 量级，制备了铝合金的块体超细晶材料（图 5－10）。

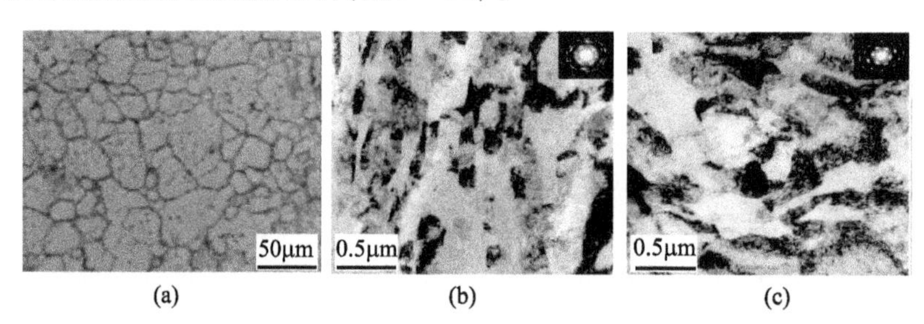

图 5－10　铝合金动态变形前后的微观组织

（a）2195 铝锂合金原始晶粒 35μm；（b）单向加载（1.2×10^3/s，总应变 1.6）纵截面；（c）多向加载（2.8×10^3/s，总应变 3.6）的 TEM 图。

Zel'dovich V I 等[13]提出了动态的 ECAP 变形工艺，即采用长度为 60mm 的钛棒试样以 92m/s 的初速度通过变形通道，获得的应变速率为 $10^3\sim10^5$/s，试样加载过程中发生局域化变形并在试样表面形成周期排布绝热剪切带（Adiabatic Shear Band，ASB），ASB 内为纳米量级的动态再结晶组织，基体组织内形成大量横向尺寸为 0.3～1μm 的拉长晶粒；当钛棒经过第二个道次的变形后，基体中的拉长晶粒逐渐演变为亚微米乃至纳米量级等轴晶，而 ASB 的数量则继续增加，在利用动态塑性变形制备块体纳米晶材料时应采取保护措施避免试样开裂。Kojima 等[14]研究了高速率轧制变形条件下纯铝和 Fe－Mn－Si－Cr－Ni 形状记忆合金的微观组织结构，采用轧辊直径为 0.2m 的高速轧机，转速 8000r/min 时轧辊表面速率为 84m/s，应变速率为2×10^4/s，纯铝试样变形后的组织中含有大量的空位和位错亚结构（位错环和胞结构）；而 Fe－Mn－Si－Cr－Ni 合金在变形后形成大量宽度为 100～300nm 的变形带，变形带垂直于轧向，变形带内组织为几十纳米的细小胞结构，同时变形后的试样中也观测到大量细小孪晶束。

由于高应变速率塑性变形可以在较低应变量下明显改变材料组织结构并实现晶粒细化，研究者们也在不断探索新的 DPD 变形工艺。高应变速率动态塑性变形为块体纳米晶材料的制备和应用提供了新的路径。

2. 动态塑性变形组织演变机理

在高应变速率的动态塑性变形条件下，材料的微观结构及其演变机理表现出许多不同的特点。由于应变速率高，变形持续时间较短，材料变形过程中所经历的热、力作用明显不同于准静态塑性变形，使得其组织演变机理变得复杂，并形成多种形态的亚结构。但位错和孪晶仍是动态塑性变形的主要组织结构特征。此外，剪切带在其组织演变过程中也扮演着重要角色。动态塑性变形使得材料内部形成高密度的纳米孪晶或者位错，从而使得原始粗大晶粒逐步细化至亚微米乃至纳米量级。

在准静态和动态塑性变形过程中，位错滑移都是主要的变形机制，但应变速率不同，位错的分布也会呈现不同的特点，如均匀分布、位错缠结和位错胞等。金属材料在较低的应变速率准静态载荷条件下进行塑性变形时，位错容易运动并产生聚集，从而形成位错胞结构；而在高应变速率塑性变形时，由于变形时间较短，位错运动距离有限，因而其分布也较为均匀；而且准静态载荷下位错增值主要是 Frank－Read 源机制，而动载下是应力波波阵面前位错均匀形核机制（详见前述 1.2.2 节），由于准静态和动态载荷条件下位错的增殖机制的不同，导致动载下所形成的位错密度更高、更均匀。Kiritani[15]用于定量表征变形过程中的位错分布特点，低应变速率时 H 值较大，表明位错分布极不均匀，随着应变速率的增加，位错分布趋于均匀，应变速率达到 10^4/s 量级时，位错呈随机分布，4 种金属材料在不同应变速率下的位错分布特点如图 5－11 所示。可见，高应变速率下金属材料内部位错密度更高且分布更加均匀，位错缠结是其主要组态，而低应变速率下的位错组态主要为胞结构。因此，高层错能金属在动态下所形成的高密度位错及其随应变量的增加不断演化，最终导致原始晶粒尺寸不断细化直至纳米尺度。

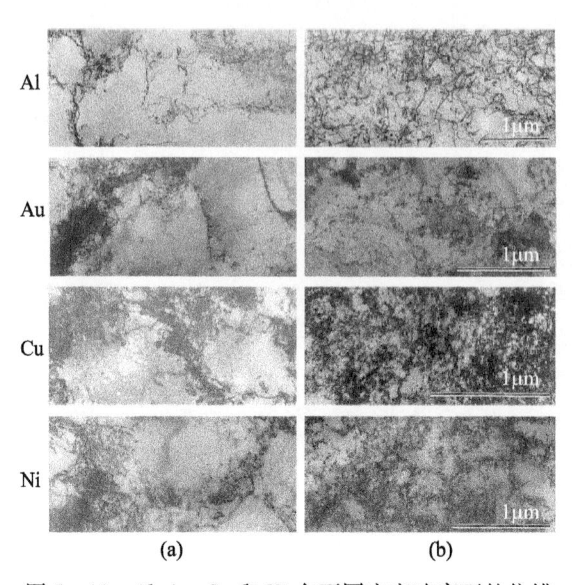

图 5-11　Al、Au、Cu 和 Ni 在不同应变速率下的位错分布特点，试样均进行压缩变形（$\varepsilon = 0.2$）

（a）应变速率为 $10^{-1} \sim 10^{1}/s$；（b）应变速率为 $10^{5} \sim 10^{6}/s$。

动态载荷下孪生是低层错能金属的主要变形机制之一。孪生是一种均匀切变，与位错一样也是在切应力作用下产生的，但孪生产生所需的临界切应力较大，影响临界切应力的因素有晶体结构、层错能、加载应力、温度和应变速率等。高 Zener - Hollomon 参数条件通常有利于孪生的发生，在低温和高应变速率的共同作用下，位错的吸收和湮灭受到抑制，在高密度位错引起的应力集中区域，孪晶大量形核并长大，孪晶长大所需应力较低，因而孪晶较易长大。但孪生通常产生于较少滑移系的金属材料中（如 HCP 金属）和低层错能金属材料中（如 Cu 和不锈钢等），低层错能导致材料变形时难以发生交滑移，引起位错塞积和应力集中，孪生应力和层错能之间的关系可用下式表示[16]，即

$$\sigma_{\mathrm{T}} = K\left(\frac{\gamma}{G\boldsymbol{b}}\right)^{\frac{1}{2}} \tag{5-1}$$

式中：σ_{T}为孪生应力；K 为常数；G 为切变模量；$\boldsymbol{b}$ 为 Burgers 矢量；γ 为层错能。因而，采用孪生机制细化晶粒主要适用于低层错能金属，对于中高层错能金属材料（如 Al），即便在高 Z 参数变形条件下也很难形成孪晶。Li Y S 等[8]的研究表明，在动载下随着应变量的增大孪晶大量生成并形成孪晶/基体层片状结构，新的孪晶在层片束之间的基体中不断形核并长大，孪晶层片之间的间距不断减小，从而获得具有高密度孪晶束的纳米晶铜。

此外，动态塑性变形产生的高密度位错导致流变应力不断增加，继续滑移变形变得困难，为使应力松弛并协调塑性变形，材料发生局域化变形。变形过程中流变应力受应变、应变速率和温度的影响，由于加载时间短，90% 以上的塑性功将转化为热量，当塑性变形产生的热软化效应超过应变硬化和应变速率硬化效应后，局部区域累积很高的应变和温升，材料将发生热塑失稳并生成 ASB，ASB 是高应变速率塑性变形的重要特征之一。ASB 的宽度通常为几微米到几百微米，ASB 种类分为形变带和相变带，带内组织发生再结晶并演变成细小的等轴纳米晶粒。对于 ASB 内纳米等轴晶粒的形成，研究者们提出的旋转动态再结晶理论模型可解释这一过程。ASB 的形成为动态塑性变形金属晶粒的超细化或者纳米化应有部分贡献。

除了高密度位错、孪晶束和 ASB 这些组织结构特征外，随着应变速率的提高，材料中还会产生高密度的空位。Kiritani[15] 提出了高应变速率下（$\geqslant 10^5$/s）的无位错变形机制，认为该应变速率下材料内部的内应力接近于极限值，为无位错变形提供了基本条件，变形过程中材料内部形成大量均匀分布的空位簇，其平均尺寸为 2 ~ 20nm，高密度的空位簇成为位错运动的障碍，从而使得无位错变形成为可能。由于高应变速率塑性变形材料组织的演变机理较为复杂，一些理论模型并未得到研究者的一致认可，这就需要进行大量翔实、细致的探索和研究来进一步揭示不同材料在高应变速率塑性变形过程中的组织演变历程。

本章主要介绍利用高应变速率动态变形的特点，制备超细晶块体金属的微结构演变机制及其热稳定性的研究工作。

5.2 动态塑性变形对金属微观结构演变的影响

5.2.1 动态塑性变形过程中 2195 铝锂合金微观组织结构演变特征与机制

晶粒细化是能够在材料塑韧性牺牲不大的前提下提高强度的唯一方法。自从 V. M. Segal 于 1977 年提出用 ECAP 技术制备 UFG/NG 材料以来，HPT、MF 以及 ARB 等新的 SPD 工艺便被不断开发出来，通过这些工艺制备出的材料通常具有高强度、可观的塑性以及致密无空隙等特性，故此 SPD 工艺已经成为制备 UFG/NG 材料的重要手段。

通过 SPD 工艺制备 UFG 材料晶粒尺寸通常处于亚微米量级，晶粒的进一步细化很难实现[1]。Li Y S 等[8]通过 LNT – DPD 技术成功制备出具有高密度纳米孪晶的块体纳米结构纯铜试样；V. I. Zel' dovich 等[13]采用高加载速率的ECAP 技术获得了具有周期排列的 ASB 和裂纹的 Ti 试样，ASB 中为等轴纳米晶组织，基体组织则为横向尺寸 100 ~ 300nm 的条状拉长晶粒。这些探索为制备UFG/NG 材料提供了新的思路和途径。相较于 Cu、Ti 等金属，Al 及其合金具有较高的层错能，位错滑移为其主要变形机制，位错密度决定了晶粒或胞结构的尺寸。Al 在 SPD 过程中通过引入较大的累积应变来获得高位错密度，然而，SPD往往伴随着动态回复的发生，导致位错的增值和湮灭达到动态平衡，从而限制位错密度的继续增加，使得 Al 试样的晶粒饱和尺寸基本都在 500nm 以上[17]，晶粒尺寸难以进一步细化。

作者等[12,18-21]综合多向锻压 MF 和高应变速率动态变形的技术优势，探索制备高层错能铝合金纳米结构材料的新型 SPD 技术——动态多向锻压(Dynamic Multiple Forging, DMF)技术，即利用分离式霍普金斯压杆(Split Hopkinson Pressure Bar, SHPB)实现高应变速率(10^3/s 以上)动态加载，并结合多向锻压的多轴向加载、累积应变量大的理念和工艺方法，实现动态多向锻压变形。DMF 技术将兼具高应变速率变形、多向变形、累积应变量大等促进组织结构体纳米化的技术优势。DMF 技术具有以下显著促进微结构纳米化的特点。

(1) 在每次高应变速率(大于 10^3/s)动载下，在与加载轴向成 45°的最大剪切应力方向将形成具有纳米晶粒结构的绝热剪切带 ASB，详见第 2 章。

(2) 同时，在高应变速率动载下在 ASB 外的基体内将产生高密度的位错等晶体缺陷(其位错密度要比准静态载荷(10^{-4} ~ 10^{-1}/s)条件下产生的高)，并由于铝合金的层错能高，更易于形成高密度的位错胞结构(Cell - structure)，在低、中应变下产生大量具有高密度的位错亚晶，并随着累积变形量的不断增大，基本等轴的胞状结构区域的某些局部会出现不均匀变形，从而形成非等轴的位错胞结构——微变形带(Micro Bands, MB)，当 MB 逐一叠加排列不断扩展，取代正常的胞结构时，就会变成一种由一系列细小的由相互之间有鲜明晶界的 MBs 组成且取向差很大的条带状的变形区——形变剪切带(Shear Bands, SB)，由此，将导致晶粒的连续细化(值得注意的是，ASB 是在每次高应变速率动态锻压下形成的，而一般意义上的形变剪切带 SB 是随着累积塑性变形量的增加而在高层错能的铝合金基体内产生高密度位错、位错胞以及位错胞结构的不均匀发展而形成的)。

(3) DMF 形变中外加载荷轴向的变化，这将导致变形金属内部形成的宏观取向各异并具有纳米晶粒结构的 ASB 以及基体内形成的位错胞、MB、SB 的相互交截演变发展，从而引起亚晶粒和晶粒的连续破碎细化，随着应变的累积，这些亚晶将逐渐等轴化且位向差增大，最终形成纳米晶粒组织。

（4）在 DMF 过程中大的累积变形量的剧烈变形将可能诱发动态再结晶的发生，这些因素都将促进和最终导致铝合金组织结构的体纳米化。

（5）此外，在每次动态加载锻压时 ASB 内的铝合金的析出相瞬间溶解于基体，伴随晶粒的纳米化演进，ASB 外基体内的析出相则随着累积应变量的增加而溶解于铝基体；而且，一般随着应变速率的提高（在应变速率由 10^{-4}/s 提高到 10^{3}/s 时），fcc 金属的塑性（延伸率）随之提高，而 bcc 金属的塑性却有所降低，因此，高应变速率动态加载有助于提高 fcc 铝合金的塑性，有利于体纳米结构铝合金材料的塑性加工制备。

目前，将动态加载和多向加载集成、制备纳米结构材料的相关文献报道国内外鲜见，作者对 2195 铝锂合金进行多次高应变速率动态加载变形，以此来研究高应变速率和不同加载路径条件下铝合金的显微组织结构，并试图探索出新的 UFG/NG 材料的制备工艺。

作者等[12]选用材料为 2195 铝锂合金，名义化学成分为 4.0% 的 Cu，1.0% 的 Li、0.53% 的 Mg、0.43% 的 Ag、0.12% 的 Zr，余量为 Al。坯料在盐浴炉中进行 490℃/4h 的再结晶退火，获得试样的平均晶粒尺寸约为 32μm。对退火后的坯料用线切割切取两种尺寸的试样：柱形样 ϕ22mm × 30mm、方形样 8mm × 8mm × 12mm。

分别对两种尺寸的试样进行动态加载实验，加载设备采用霍普金斯压杆（SHPB），其示意图见图 1－11。采用 ϕ37mm SHPB 对柱形样品沿轴向进行多次单向加载，每道次压下量约 15%，当试样厚度达到 12mm 后，切取尺寸为 ϕ7mm × 9mm 的试样，然后采用 SHPB 对其沿轴向进行继续加载，加载至试样厚度为 4.4mm。采用 ϕ14.5mm SHPB 对方形样进行多向加载，每道次压下量约 30%，每道次加载后旋转 90°进行下一次加载，其工艺流程如图 5－12 所示，每道次加载之前确保加载面为平面以便夹持。单向加载和多向加载试样均加载 9 个道次，采用累积应变表示其变形程度，每道次真应变通过式 $\varepsilon_{\mathrm{Ture}} = \ln(h_0/h_f)$（式中 h_0为变形前试样高度，h_f为变形后试样高度）来计算，总应变取每道次真应变加和，其总应变分别为 1.6 和 3.6；依据式（1－9）～式（1－11）对收集到的应变脉冲信号（ε_i、ε_r和 ε_t）进行处理，可以得到变形过程中的工程应变 ε、应变速率 $\dot{\varepsilon}$ 和工程应力 σ。

变形后试样的微观组织使用 TEM 进行检测，TEM 型号为 Tecnai²20，加速电压为 200kV。用线切割切取厚度为 0.5mm 的 ϕ3mm 薄片，机械研磨至 80μm 左右，然后采用双喷电解抛光对薄片试样进一步减薄，双喷仪型号为 Struers TenuPol－5，电解液为 30% HNO_3 : 70% CH_3OH，温度为－30℃，电压为 18V。用 SEM 对试样断口进行观测，SEM 型号为 Sirion 200 场发射 TEM，观测前用酒精清洗断口表面。

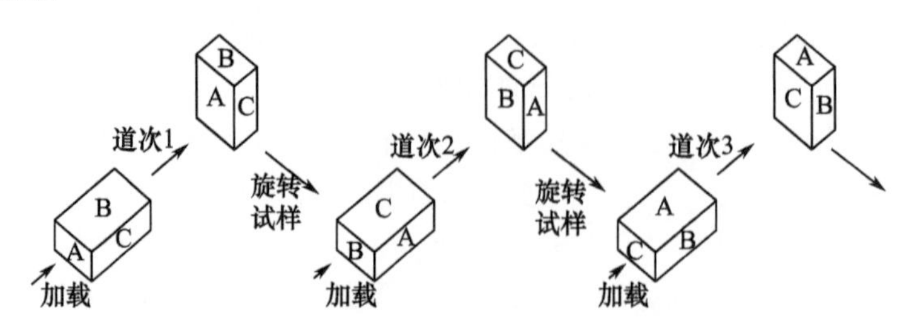

图 5-12　多向加载工艺流程示意图

1. 微观组织结构演变特征

1）动态加载

在 SHPB 加载后，通过 1.1.2 节的式(1-9)、式(1-10)计算得到加载过程中的 $\dot{\varepsilon}-t$ 曲线如图 5-13 所示。图中呈现的是一个完整的变形周期，加载初期应变速率迅速提高，之后出现波动呈波浪形，加载后期应变速率迅速降低。波浪形的加载脉冲是试样加载时发生应力坍塌所致，这是由于动态塑性变形极易诱发形变局域化，在几微米到几百微米的狭窄区域内积聚较大应变并产生较高温升，应变和应变速率硬化效应和热软化效应共同作用促使试样发生绝热剪切。Hines 等[22]认为试样在应变速率达到第一个波峰时开始塑性失稳并发生绝热剪切，在最后一个波峰时绝热剪切结束。由图 5-13(b)可以看出 ϕ14.5mm 压杆加载试样的名义应变速率为 2962/s，比 ϕ37mm 压杆高出许多，但绝热剪切时间仅约后者的一半。

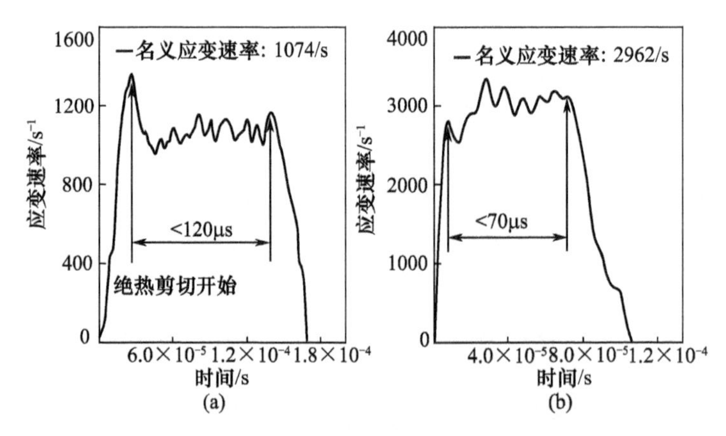

图 5-13　试样加载过程中的 $\dot{\varepsilon}-t$ 曲线

(a) ϕ37mm 压杆加载后的 $\dot{\varepsilon}-t$ 曲线；(b) ϕ14.5mm 压杆加载后的 $\dot{\varepsilon}-t$ 曲线。

（绝热剪切时间分别为 120μs 和 70μs，名义应变速率分别为 1074/s 和 2962/s）

通过式(1-9)、式(1-11)计算得到试样加载过程的工程应力 σ 和工程应

变 ε,试样在第 1、3、5、7、9 道次加载后的 $\sigma-\varepsilon$ 关系如图 5-14 所示,图 5-14(a)、(b)分别为单向加载和多向加载后的 $\sigma-\varepsilon$ 曲线。两种加载方式获得的 $\sigma-\varepsilon$ 曲线同样呈现波浪形状表明发生绝热剪切,随着变形的进行,其流变应力逐渐提高,最后一个道次的应力约为初始道次的 2 倍,表现出非常明显的应变强化;两种加载方式的初始道次流变应力相近,但单向加载试样最后一个道次的流变应力较多向加载高出约 60MPa,呈现出更严重的应变强化。由图 5-14(a)可知,单向加载时每一个道次的流变应力相比前一个道次均有明显的提高,且其应力增值相近;而图 5-14(b)所示的多向加载,第 5~9 道次的流变应力相差不大,表明多向变形时试样达到一定应变量后继续变形,其流变应力会保持在一个相对稳定的范围,由此可以得出结论:多向变形时试样保有更好的塑性。

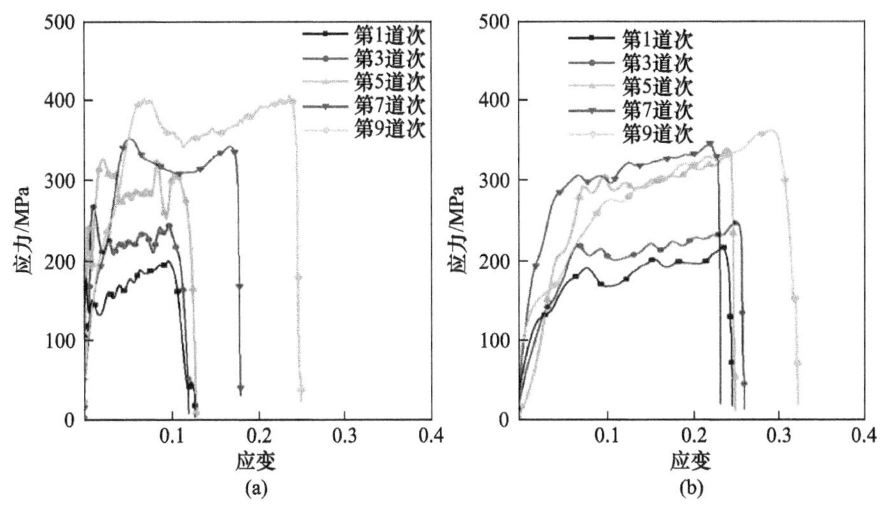

图 5-14 试样在第 1、3、5、7、9 道次加载后的 $\sigma-\varepsilon$ 曲线(见彩图)

(a)单向加载试样的 $\sigma-\varepsilon$ 曲线;(b)多向加载试样的 $\sigma-\varepsilon$ 曲线。

2)显微组织结构特征

(1)单向加载后试样的微观组织。

对单向加载后的试样进行 TEM 观测,沿轴向取样其形貌如图 5-15 所示,由图可见显微组织并不均匀,图中大量晶粒呈拉长形态,在图 5-15(b)中却发现了许多等轴晶粒,图 5-15(a)中分布着一些尺寸小于 100nm 的细小纳米晶粒,其环状衍射斑表明试样中存在大量细小晶粒区域。采用线性截断法对试样纵截面晶粒尺寸进行测量,测量晶粒数超过 150 个,晶粒短轴平均尺寸为 178nm,其长轴平均尺寸为 311nm。由图 5-15 可以看出,试样内部存在较高密度的位错,但位错密度分布也不均匀,一些晶粒中含有高密度位错,而另一些只含有少量位错或没有位错,高密度位错导致一些晶粒晶界模糊,而拉长晶粒则具有较为平直清晰的晶界。

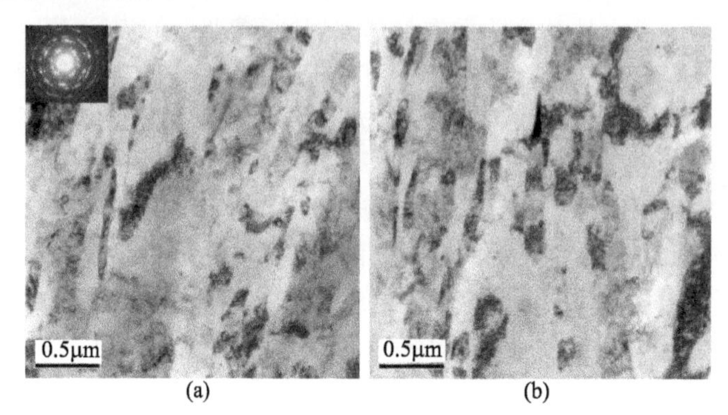

图5-15　单向加载试样纵截面TEM

(a)拉长晶粒及尺寸小于100nm的细小纳米晶粒;(b)观测到的近乎等轴晶粒/亚晶粒。

在高层错能的铝合金中,变形主要依赖位错的增殖和运动,大量增殖的高密度位错导致晶粒及其晶界呈现出不同形态,且高密度的位错通过相互作用也形成了多种组态的亚结构,如图5-16所示。由图5-16可以看出,中间晶粒的晶界模糊为小角晶界,晶粒内含有高密度的位错缠结,右下角晶粒表现出不同的晶界形态,右侧晶界是弯曲的,而左侧晶界则相对平直清晰,晶粒中包含有小尺寸的亚晶粒和位错胞,有些亚晶粒中也含有位错胞。

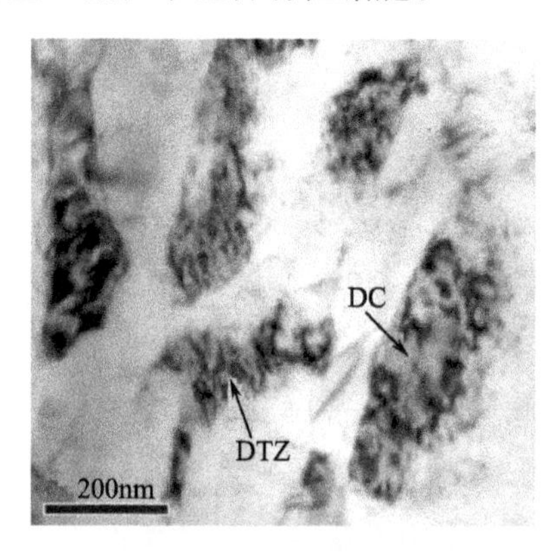

图5-16　晶粒中的位错亚结构(位错胞和位错缠结)

图5-17中标记为A的晶粒中,其晶界处的位错密度较晶内高,而且位错主要沿上下两侧晶界分布,而两侧晶界平直与晶粒C类似,具有两种界面类型,一种是两侧相互平行的晶界为几何必需界面(GNB),是大角度晶界,另一种是界面为附生位错界面(IDB)是小角度晶界[10]。晶粒B与晶粒C之间的界面为

小角度晶界,因它们具有相似的衬度。

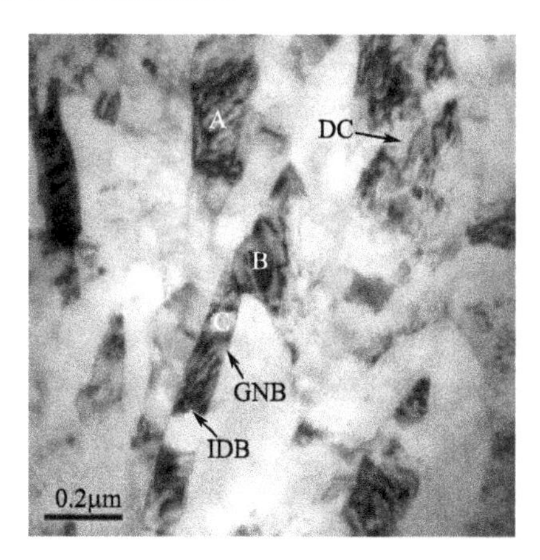

图 5-17　加载试样的晶粒呈现不同的晶界形态

(2)多向加载后试样的微观组织。

多向加载后的试样随机取样进行 TEM 观测,其试样内部含有更高密度的位错,如图 5-18 所示。图 5-18(a)中,高密度位错呈现杂乱的缠结形态,与 Al 在冲击载荷下显微组织类似,但同时在图 5-18(a)中也观察到了等轴的晶粒,图 5-18(b)中则观测到了等轴的位错胞和少量拉长的晶粒。图 5-18(a)左上角插图为选区衍射斑,由此可见其衍射斑呈短弧状,表明试样中含有许多小尺寸的晶粒/亚晶粒和位错胞,对 TEM 图片中超过 150 个晶粒/亚晶粒的尺寸进行测量,得到其平均晶粒/亚晶粒尺寸为 362nm。

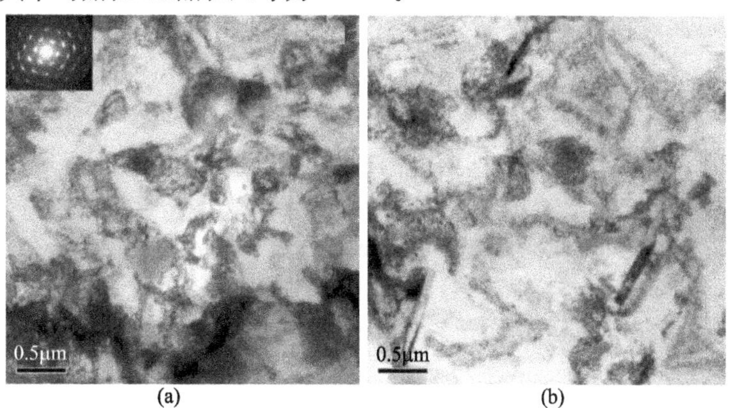

图 5-18　多向加载试样的 TEM

(a)高密度的位错缠结及含有高密度位错的细小晶粒/亚晶粒(左上插图为选区衍射斑点);(b)拉长晶粒及接近等轴的位错胞。

铝合金经历高应变速率的动态变形，变形时间不足200μs，在如此短的变形时间内，增殖的位错往往没有足够的时间运动和相互作用或者其运动距离十分有限，于是就形成了图5-19(a)所示的高密度位错缠结区，或者形成尺寸较大的位错胞，这些位错胞如同晶粒G同样含有高密度的位错且高密度位错在晶内分布均匀。多道次、多方向加载所积累的大应变促使这些高密度位错区继续演变，形成更加细小的位错胞并进一步发展成为亚晶粒，如图5-19(b)所示，大晶粒内含有许多细小的亚晶粒和位错胞，同时在图5-19(b)中也分布着一些尺寸小于100nm的纳米晶粒，这些细小的纳米晶粒/亚晶粒内只含有很少量的位错或无位错。

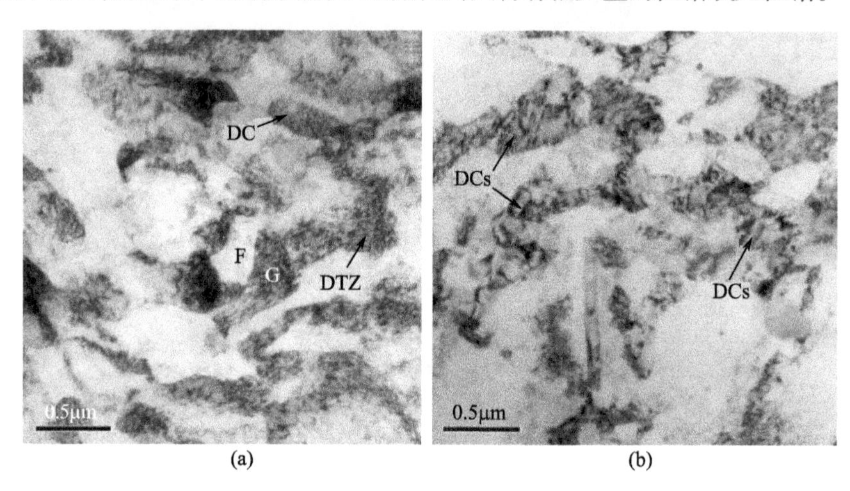

图5-19　含有不同位错形态的等轴晶粒/亚晶粒

(a)具有清晰晶界的晶粒与位错胞及位错缠结共存；(b)大晶粒中含有亚晶粒及位错胞。

(3)试样经过两种加载方式后的显微组织对比分析。

经历多向加载变形的试样获得更大的多向累积应变，且应变速率较单向加载试样更高，变形后试样的显微组织表现出较为明显的各向同性，其晶粒/亚晶粒和位错胞形态以等轴状为主，而单向加载试样则含有大量的拉长晶粒。图5-20所示为试样的晶粒/亚晶/位错胞尺寸统计分布，由于在轴向加载方向具有较大应变，故单向加载试样的短轴晶粒度为178nm，而其长轴方向的晶粒度为311nm，接近多向加载试样的晶粒度362nm。多向加载试样具有更高的位错密度，存在大量的位错缠结区域，这些区域的位错排列相当杂乱，类似于冲击载荷下试样中的位错亚结构，且其晶粒和位错胞中往往包含高密度的位错，位错分布相对均匀，而在单向加载试样中位错排列相对较为规整，晶粒内部位错多沿晶界和胞壁分布。但多向加载试样中的高密度位错也为其微结构的进一步细化奠定了基础，从图5-19(b)可以看出，多向加载试样中含有更多细小的亚晶粒和位错胞。

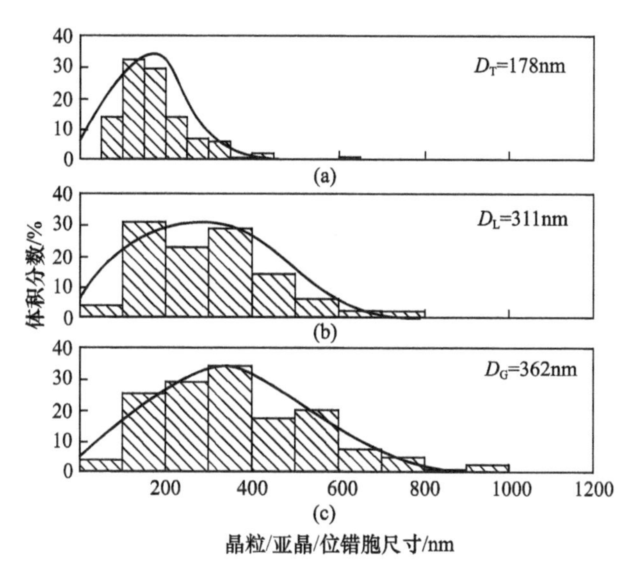

图 5-20　晶粒/亚晶/位错胞尺寸分布图(铝合金)

(a)单向加载试样的短轴晶粒;(b)单向加载试样的长轴晶粒;(c)多向加载试样的晶粒。

2. 微结构演变机制

图 5-19 表明试样的原始粗大组织已经得到明显细化,单向加载试样的显微组织呈拉长形态,其短轴平均尺寸为 178nm,长轴平均尺寸为 311nm,接近多向加载试样的平均晶粒尺寸 362nm。铝合金在室温下的变形机制主要为位错滑移,并通过位错的增殖、运动、相互作用和湮灭等促使其形成不同尺寸和形态的亚结构,如位错缠结和位错胞。位错在微结构演变和细化过程中扮演着重要角色,位错胞尺寸 D_C决定于位错密度的高低,即[23]

$$D_C = K\rho^{-1/2} \tag{5-2}$$

式中:K 为常数;ρ 为位错密度。

由式(5-2)可知,高密度的位错可以更加有效地细化晶粒。本次实验中的两种加载方式均采用高应变速率的动态塑性变形且确保试样获得较大的累积应变,这些变形条件都使得试样能够获得高密度位错。

剧烈塑性变形即是通过对材料进行多道次的塑性变形以获得大应变来细化晶粒,但由于其变形均是在较高温度进行且应变速率很低,故铝合金剧烈塑性变形时微结构的演变机理较为明确,即通过动态回复促使高密度位错湮灭和重新排列以获得晶界规整的细晶/亚晶组织,其晶内位错密度很低或没有位错。而本次实验的应变速率在 10^3/s 量级,变形时间少于 200μs,位错的增殖、运动及其亚结构组态都与低应变速率的准静态塑性变形有着极大的不同。

高应变速率的动态塑性变形过程中，应力沿加载方向以波的形式传播，在应力集中的波阵面上，位错以极高的速率大量增殖，从而形成高密度均匀分布的位错（详见1.2.2节）。经典的Orowan方程表明，随应变速率的提高，位错速率也会相应增大，即[24]

$$\dot{\gamma}=\rho_{m}v\boldsymbol{b} \tag{5-3}$$

式中：$\dot{\gamma}$ 为剪切应变速率；ρ_{m}为单位体积内可动位错的平均密度；v 为位错运动速率；$\boldsymbol{b}$ 为Burgers矢量。在高应变速率塑性变形时，位错可以较高速率进行交互作用并形成多样的位错组态。但随着多道次的塑性变形和累积应变的增加，位错密度也会相应增加，位错速率迅速降低。在较短的变形时间内位错可滑移距离很小，这导致单位体积内的位错密度达到一个很高的值，位错没有足够时间来达到平衡状态，位错组态表现为杂乱的位错缠结，这一位错组态在应变速率高达10^{5}/s的冲击变形中表现得更加明显，晶界和胞壁变得模糊，如图5-16和图5-17所示。由于含有高密度位错的胞块之间协调变形的需要以及位错运动、缠结和交割的相互作用，单向加载试样中逐渐形成GND和IDB两类界面，如图5-17所示，随着应变的增加，两类界面的间距逐渐变小，并形成拉长形态的超细晶粒；继续单向加载，流变应力继续增大，如图5-14(a)所示，一些拉长晶粒在较高流变应力的作用下破碎成细小等轴的纳米晶粒，不断增大的流变应力也表明，试样仍然具有强化空间且位错密度仍在继续增加，形成具有高密度位错的超细晶粒和界面。多向加载时，流变应力从第5道次开始就保持在一个相对稳定的范围，表明此时的应变强化效应较小，位错的增殖与湮灭速率近乎平衡；随着后续变形的进行和加载方向的不断变换，多方向上的位错组态相互交割，使得高密度的位错缠结区和位错胞分裂成尺寸较小的位错胞并进一步发展成为亚晶粒，如图5-18(b)所示，从而实现晶粒细化。

综上所述，可得以下结论。

(1) 利用SHPB对2195铝锂合金进行两种加载方式（单轴多次加载和多向加载）的动态塑性变形，获得累积应变分别为1.6和3.6。对变形过程中收集的应变信号进行处理，其平均应变速率分别为1.1×10^{3}/s和2.8×10^{3}/s，加载时间均小于200μs。加载过程中试样发生明显的形变强化，但单向加载时，每道次的流变应力均有稳定的增加，而多向加载试样的流变应力从第5道次以后基本保持在一个稳定范围，表明多向加载较单向加载可以保证试样发挥更好的塑性。

(2) 对加载后的试样进行TEM观测，单向加载试样的微观组织主要为拉长晶粒，其晶粒的短轴和长轴平均尺寸分别为178nm和311nm，多向加载试样的微观组织为等轴状的晶粒/位错胞，其平均晶粒尺寸为362nm。加载后的试样均含有高密度的位错,位错组态主要为位错缠结和位错胞,多向加载试样含有更高密度的位错,晶界与胞壁模糊,大晶粒内包含很多小尺寸的亚晶粒和位错胞。

(3) 动态塑性变形的高应变速率和短的加载时间抑制了动态回复的发生,位错没有充足的时间运动以达到平衡状态,致使高密度位错形成多种组态的亚结构。单向加载时形成 GND 和 IDB 两类界面,随应变增加,界面间距不断减小形成拉长形态的超细(亚)晶粒,一些拉长晶粒在较高流变应力的作用下破碎成细小等轴的纳米晶粒。在多向加载时,多道次、多方向的加载方式促使不同方向的位错亚结构相互交割以及大晶粒发生破碎,粗大的原始组织被分割成许多小的区域,形成小尺寸的亚晶粒和位错胞,实现晶粒细化。

5.2.2 1050 工业纯铝动态塑性变形过程中的微观组织结构演变特征与机制

许多学者的研究结果表明,剧烈塑性变形时晶粒尺寸存在饱和值[17],当晶粒尺寸达到饱和后,进一步的晶粒细化将变得异常困难。剧烈塑性变形通常在较低的应变速率下进行,变形过程中往往伴随着动态回复,当位错的增殖与湮灭达到动态平衡后,继续增加应变也难以进一步细化晶粒。一些研究表明,高应变速率的动态塑性变形可以更加有效地细化晶粒[8,13],动态塑性变形可以抑制动态回复,获得更高密度的位错,通过位错运动及相互作用可以形成更加细小的晶粒/位错胞结构,从而实现晶粒细化。

有学者对 1050 工业纯铝进行应变速率为 10^3 量级的动态塑性变形,以此来研究高应变速率和不同加载路径条件下工业纯铝的显微组织结构特征与演变机制,试图探索出新的超细晶/纳米晶(UFG/NG)材料的制备工艺。

研究所选用材料为 1050 工业纯铝,其化学成分为 0.25% 的 Si、0.05% 的 Mn、0.05% 的 Cu、0.05% 的 Mg、0.05% 的 Zn,余量为 Al。坯料在盐浴炉中进行 400℃/3h 的再结晶退火,以便消除坯料中的残余应力并获得较为粗大的初始组织,退火后坯料等轴晶粒的平均尺寸为 46μm。从退火后的坯料中切取两种尺寸的试样:柱形样 ϕ22mm × 30mm,方形样 8mm × 8mm × 12mm。对两种试样分别进行单向变形和多向变形。

分别对两种尺寸的试样进行动态加载实验,加载设备采用 SHPB,其示意图如图 1-11 所示。利用 ϕ37mm 的 SHPB 对柱形样沿轴向进行多次加载,每道次压下量约 15%,最终得到厚为 4.4mm 的完好试样。利用 ϕ14.5mm SHPB 对方形样品进行多向加载,每道次加载后旋转 90°进行下一次加载,道次压下量约为 30%。两种试样均采用累积真应变表示其变形程度,每道次真应变通过式 $\varepsilon_{\mathrm{Ture}} = \ln h_0/h_f$(式中 h_0为变形前试样高度,h_f为变形后试样高度)计算,总应变取每道次真应变加和，两种试样的总应变分别为1.6和3.6。依据1.1.2节的式(1-9)~式(1-11)对收集到的应变脉冲信号(ε_i、ε_r和ε_t)进行处理，可以得到加载过程中的工程应变ε、应变速率$\dot{\varepsilon}$和工程应力σ。

变形后试样的微观组织使用TEM进行检测，TEM型号为Tecnai²20，工作电压为200kV。用线切割切取厚度为0.5mm的ϕ3mm薄片，机械研磨至60μm左右，然后采用双喷电解抛光对薄片试样进一步减薄，双喷仪型号为Struers TenuPol-5，电解液为30%的HNO_3:70%的CH_3OH，温度为-30℃，电压为18V。

1. 微观组织结构演变特征

1）动态应力—应变响应

利用1.1.2节的式(1-9)~式(1-11)对获得的SHPB加载信号进行计算，得到加载过程中试样的流变应力、工程应变以及应变速率。加载过程中的应变速率—时间($\dot{\varepsilon}-t$)曲线如图5-21所示，图5-21(a)、(b)分别为柱形试样和方形试样的$\dot{\varepsilon}-t$曲线。在高应变速率的动态塑性变形过程中，应力在试样中以波的形式传播，图中曲线所示为第一个应力波加载周期中的$\dot{\varepsilon}-t$曲线。应力波加载周期分别为162.8μs和93.8μs，名义应变速率则分别为1127/s和3015/s。在变形过程中方形试样获得了较高的应变速率和较短的加载周期。

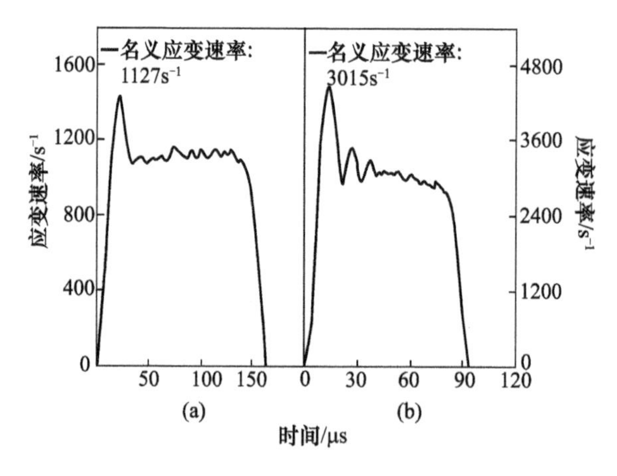

图5-21　试样加载过程中的应变速率—时间曲线

(a)柱形试样的$\dot{\varepsilon}-t$曲线；(b)方形试样的$\dot{\varepsilon}-t$曲线。

图5-22所示为试样加载过程中第1、3、5、7、9道次的工程应力—工程应变($\sigma-\varepsilon$)曲线，图5-22(a)、(b)分别为柱形试样和方形试样的$\sigma-\varepsilon$曲线。由图5-22可知，每一道次的流变应力均比前一道次有所增加，表明试样加载过程

中存在明显的应变强化和应变速率强化效应。柱形试样每一道次的流变应力较前一道次均有明显的增加，且第 9 道次的流变应力比方形试样高出约 60MPa。而方形试样的流变应力在第 5 道次以后基本保持稳定，维持在 220MPa 左右。两种试样的 $\sigma-\varepsilon$ 曲线对比表明，试样在单向加载时的形变强化效果更加显著，而多向形变则更有利于试样发挥出较好的塑性。

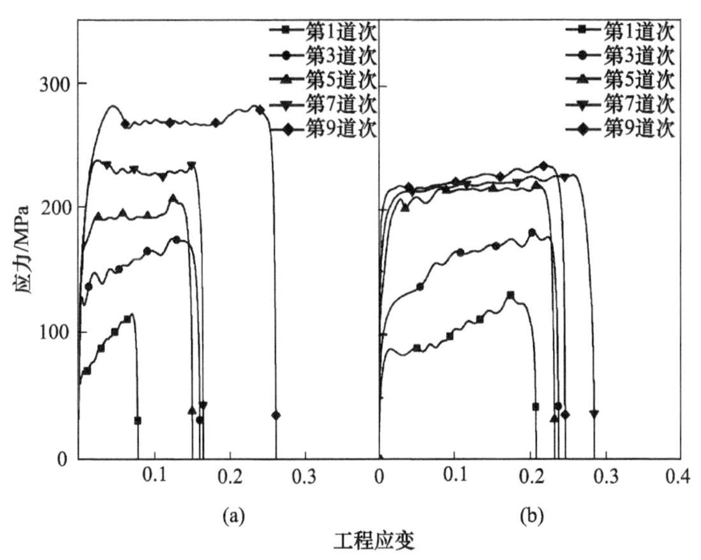

图 5－22　试样在第 1、3、5、7、9 道次加载后的 $\sigma-\varepsilon$ 曲线

(a)柱形试样；(b)方形试样。

2）显微组织结构特征

(1）单向加载试样的微观组织分析。

对加载后的柱形试样沿轴向取样进行 TEM 检测，其显微组织如图 5－23 所示。由图 5－23 可知，变形试样中的超细晶粒主要呈“拉长”形态，同时也分布着一些细小的等轴晶粒。图 5－23(a) 中环状衍射斑表明，试样中的原始粗大组织得到显著细化。采用线性截断法对试样纵截面晶粒尺寸进行测量，测量的晶粒数目超过 150 个，晶粒短轴平均尺寸为 187nm，而晶粒长轴平均尺寸为 411nm。

由图 5－23(b) 可知，加载后的试样中含有较高密度的位错，但位错密度分布并不均匀。一些晶粒中分布有高密度的位错，而另一些晶粒中则仅有少量位错分布（不均匀塑性变形）。单向加载试样中“拉长”晶粒与冷轧和高压扭转后的板条状组织相同，其晶界主要由两种界面类型构成，即平直清晰的几何必需界面（GNB）和弯曲模糊的附生位错界面（IDB）[10] 由图 5－23(b) 中也可以看出一些晶粒中包含有较小尺寸的位错胞和亚晶粒。

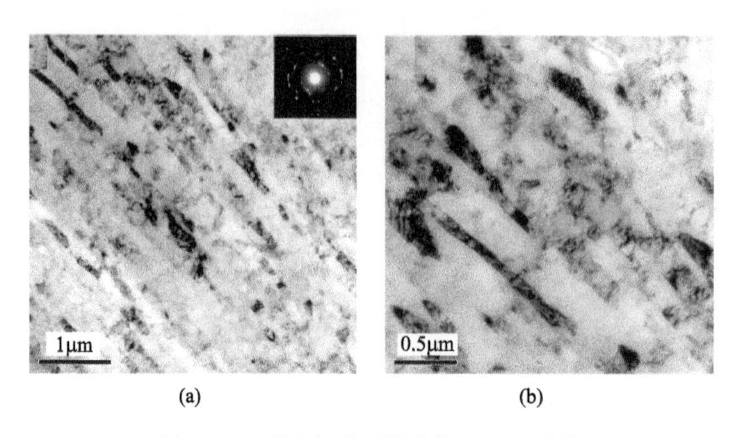

图 5-23　单向加载试样纵截面 TEM 形貌

(a)较低倍数的 TEM 形貌,插图为其选区衍射花样;(b)较高倍数的 TEM 形貌。

(2)多向加载试样的微观组织分析。

对多向加载后的试样随机取样进行 TEM 观测,其微观组织结构如图 5-24 所示。试样中分布有更高密度的位错,高密度位错呈现杂乱的缠结形态,与 Al 在 10^3/s 冲击速率下的显微组织类似,高密度位错导致位错胞壁变宽及晶界模糊。与单向加载试样中的“拉长”晶粒形态不同,多向加载后的试样中含有大量的位错胞结构,且位错胞主要呈现等轴状,同时也观测到了一些细小的等轴晶粒。短弧状的衍射斑表明试样中含有大量细小的等轴晶粒/位错胞。对 150 个以上的晶粒/位错胞的尺寸进行测量,得到其平均晶粒/位错胞尺寸为 517nm。

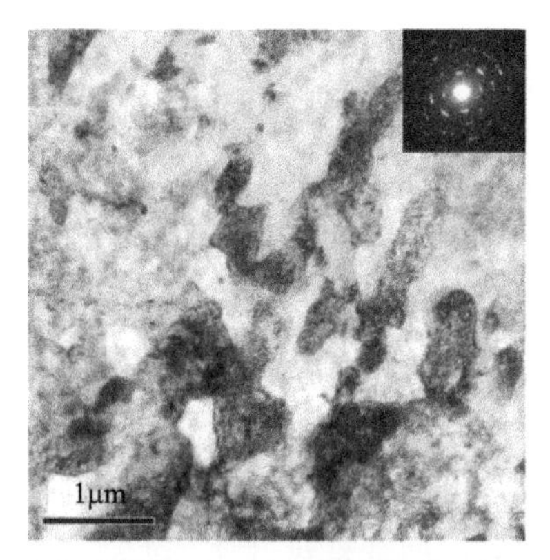

图 5-24　多向加载试样的 TEM 形貌(插图为其选区衍射花样)

高应变速率的动态塑性变形导致试样中产生高密度位错,在试样的动态塑性变形过程中,变形时间较短,导致位错运动距离有限。多道次、多方向的加载方式又促使高密度位错形成多种组态的位错亚结构,如图5-25所示。图5-25(a)所示为含有高密度位错的位错缠结区域和小尺寸的胞结构,图5-25(b)表明许多晶粒内部包含有细小的亚晶粒位错胞,这些细小的位错胞和亚晶粒内部仅有少量位错分布。

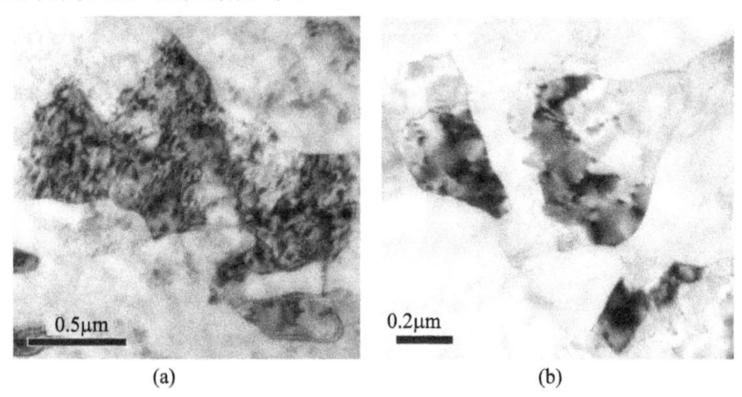

图5-25 多向加载试样中含有不同组态的位错亚结构
(a)位错缠结;(b)亚晶粒与位错胞。

3)试样经过两种加载方式后的显微组织对比分析。

对两种试样都进行了高应变速率的动态塑性变形,经过多次加载均获得了较大的累积应变。两种试样中均含有较高密度的位错,形成多种组态的位错亚结构(如位错胞和位错缠结)。单向加载试样的显微组织为“拉长”的超细晶粒,而多向加载试样的显微组织主要为等轴的晶粒和位错胞。多向加载试样中含有更高密度的位错,且其晶粒内部含有大量细小的亚晶粒和位错胞,如图5-25(b)所示。图5-26所示为试样的晶粒/亚晶/位错胞尺寸统计分布。单向加载试样的晶粒短轴和长轴平均尺寸分别为187nm和411nm,多向加载试样的晶粒平均尺寸则为517nm。

2. 微结构演变机理

图5-26表明,试样的原始粗大组织已经得到明显细化。1050工业纯铝具有较高的层错能,其在室温下的变形机制主要为位错滑移,通过位错的增殖、运动、相互作用和湮灭等促使其形成不同尺寸和形态的亚结构(如位错缠结和位错胞)。位错在试样的微结构演变和细化过程中扮演着重要角色,位错胞尺寸D_C决定于位错密度的大小,其关系如式(5-2),由此式可知,高密度的位错可以更加有效地细化晶粒。本次实验中的两种加载方式均采用高应变速率的动态塑性变形且确保试样获得较大的累积应变,这些变形条件都使得试样能够获得高密度位错。

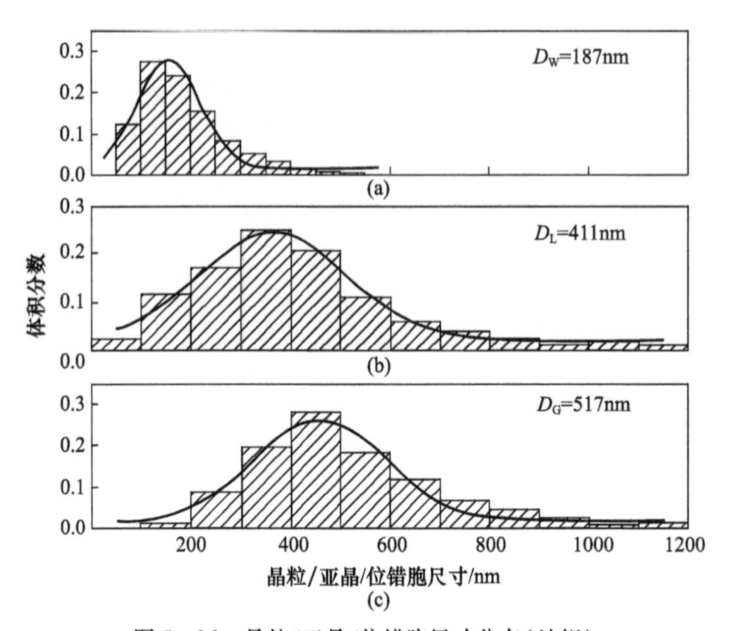

图 5-26　晶粒/亚晶/位错胞尺寸分布(纯铝)

(a)单向加载后晶粒/位错胞的短轴尺寸分布;(b)加载后晶粒/位错胞的长轴尺寸分布;(c)多向加载后等轴晶粒/位错胞尺寸分布。

高应变速率的动态塑性变形过程中,应力沿加载方向以波的形式传播,在发生应力集中的波阵面上,位错以极高的速率大量增殖,从而形成高密度均匀分布的位错。经典的 Orowan 方程表明,随着应变速率的提高,位错速率也会相应增大,如方程(5-3)所示。在高应变速率塑性变形时,位错以较高速率进行交互作用并形成多样的位错组态。但随着多道次的塑性变形和累积应变的增加,位错密度也会相应增加,位错速率迅速降低(位错生成速率与湮灭速率相等时,塑性变形进入稳态阶段)。动态塑性变形的变形时间较短,位错可滑移距离很小,这导致单位体积内的位错密度达到一个较高的值,位错没有足够时间来达到平衡状态,从而形成复杂多样的位错组态,如图 5-25 所示,导致胞壁变厚及晶界模糊。

由于含有高密度位错的胞块之间协调变形的需要以及位错运动、缠结以及交割的相互作用,单向加载试样中逐渐形成 GNB 和 IDB 两类界面。随着应变的增加,两类界面的间距逐渐变小并形成拉长形态的板条状组织;继续单向加载,流变应力不断增大,一些拉长晶粒在较高流变应力的作用下破碎成更加细小的纳米晶粒,不断增大的流变应力也表明试样仍然具有强化空间且位错密度仍在继续增加(有可能是晶界强化作用),试样的组织结构将会进一步细化。

多向加载可以获得各向同性的组织结构,且有利于材料塑性的发挥。流变应力从第 5 道次开始就保持在一个相对稳定的范围(图 5-22(b)),表明此时的应变强化效应较小，位错的增殖与湮灭近乎平衡。随着后续变形的进行和加载方向的不断变换，多方向上的位错组态相互交割，使得高密度的位错缠结区和位错胞分裂成尺寸较小的位错胞，并进一步发展成为亚晶粒，如图 5-22(b)所示，从而实现晶粒细化。

综上所述，可得以下结论。

(1) 利用 SHPB 对 1050 工业纯铝进行两种加载方式(单向加载和多向加载)的动态塑性变形，获得累积应变分别为 1.6 和 3.6。对变形过程中收集的应变信号进行处理，应变速率分别为 $1.1 \times 10^3/s$ 和 $3.0 \times 10^3/s$。加载过程中试样发生明显的形变强化，但单向加载时，每一道次的流变应力均有稳定的增加，而多向加载试样的流变应力从第 5 道次以后基本保持在一个稳定范围，表明多向加载可以保证试样发挥更好的塑性。

(2) 对加载后的试样进行 TEM 观测，单向加载试样的微观组织主要为拉长晶粒，其晶粒的短轴和长轴平均尺寸分别为 187nm 和 411nm，多向加载试样的微观组织为等轴状的晶粒和位错胞，其平均晶粒/位错胞尺寸为 517nm。加载后的试样含有复杂多样的位错组态，主要有位错缠结和位错胞。多向加载试样含有更高密度的位错，晶界与胞壁模糊，大晶粒内包含很多小尺寸的亚晶粒和位错胞。

(3) 动态塑性变形的高应变速率和短的加载时间抑制了动态回复的发生，位错没有充足的时间运动以达到平衡状态，致使高密度位错形成多种组态的亚结构。单向加载时形成 GND 和 IDB 两类界面，应变增加，界面间距不断减小形成拉长形态的超细晶粒，一些拉长晶粒在较高流变应力的作用下破碎成细小等轴的纳米晶粒。多向加载时，多道次、多方向的加载方式促使不同方向的位错亚结构相互交割以及大晶粒发生破碎，粗大的原始组织被分割成许多小的区域，形成小尺寸的亚晶粒和位错胞，实现晶粒细化。

5.3 动态塑性变形制备的超细组织的热稳定性

5.3.1 单向动态加载对 1050 纯铝组织演变及其热稳定性的影响

金属塑性变形过程受到材料成分、结构和外部变形条件(温度、应力、应变速率等)的影响。纯铝作为一种典型的高层错能材料，其变形过程由位错滑移控制，并且容易发生动态回复。当位错产生与湮灭过程达到平衡时，材料进入稳态流动阶段。实验结果表明，晶粒尺寸基本上与位错密度平方根的倒数($D_C = K\rho^{-1/2}$)具有相同的数量级[25]。大塑性变形工艺可以通过增加应变量的方式使得晶粒尺寸产生明显细化，但是由于位错密度的限制，其细化效果存在饱和值。

此时,若想继续细化晶粒就需要采用一些特殊的加工方法,如低温塑性变形和动态塑性变形。Huang 等[26]研究发现,低温 DPD 变形,纯铝饱和亚晶粒尺寸可以细化至 240nm。一般认为,降低变形温度和增加应变速率具有相同的效果,都可以抑制回复过程,从而增加位错密度,使得晶粒进一步细化。

大塑性变形和动态塑性变形在细化晶粒的同时往往会引入大量的位错和非平衡晶界,虽然制备的材料强度很高,但是韧性和热稳定性却明显降低。研究退火过程中变形组织的演变规律对于控制、改善材料性能具有重要意义。对于超细晶/纳米晶(UFG/NG)材料退火热稳定性和力学性能的研究,人们主要注重于晶粒尺寸、位错密度、晶界取向差等方面。研究发现,部分 UFG/NG 材料退火过程中会形成“双峰结构”(在原始超细晶组织(几百纳米)中产生微米级的再结晶晶粒(体积分数为 25%)),双峰结构中的超细晶粒可以提高强度,而微米级的大晶粒可以维持位错激活以提供必要的应变硬化能力,从而提高韧性。

研究发现应变速率对塑性变形机制和晶粒细化动力学具有显著影响。对于纯铝及铝合金在准静态变形过程中组织演变及其性能变化,人们已经做了大量的研究。然而,目前鲜有文章报道高应变速率(尤其是应变速率达到 10^3 量级)条件下纯铝组织演变特征及其热稳定性问题。文献[19-21]首次采用分离式霍普金斯压杆(SHPB)对 1050 商业纯铝进行单向动态加载实验,应变速率高达 $1.2\times10^3\sim2.3\times10^3/s$。探讨了高应变速率对组织结构特征的影响及其组织结构的热稳定性。

实验材料为 1050 商业纯铝,化学成份为 0.25% 的 Si、0.05% 的 Mn、0.05% 的 Cu、0.05% 的 Mg、0.05% 的 Zn,其余为 Al(质量分数)。坯料在盐浴炉中进行 400K/3h 固溶处理,消除残余应力并获得均匀粗晶粒组织。固溶处理后坯料平均晶粒尺寸为 46μm。切取尺寸为 ϕ15mm × 23mm 的圆柱形试样进行单向加载冲击实验。

实验采用分离式霍普金斯压杆(SHPB)装置,其示意图如图 1-11 所示,对圆柱形试样进行单向动态加载,每道次压下量约为 40%,直至试样厚度为 3.8mm。每道次应变定义为 $\varepsilon=\ln(h_0/h_f)$,其中 h_0 和 h_f 分别为加载前后试样厚度。总应变量为每道次应变量的加和,最终总应变量为 1.8。从试样中心对称取样进行微观组织结构观察、硬度测试和退火实验。退火实验试样先自然时效 18 个月,然后分别在 373K、423K、473K、523K 保温 1h,随后水冷。退火后的试样进行微结构观察和硬度测试。

微结构观察采用 TEM,平行于加载方向取厚度为 1mm 的试样,机械减薄至 60μm,压取 3mm 圆片,随后进行双喷减薄。双喷仪器型号为Struers TenuPol-5,参数设置:电压 20V,温度 253K,感光度 120。电解液配比硝酸:甲醇 = 3:7。

TEM 设备型号为 Titan G2 60 - 300 球差电子显微镜,操作电压 300kV。

硬度测试:华银小负荷维氏硬度仪,型号为 HV - 10B。加载力 30N,加载时间 15s。平行于加载方向取样,硬度值为 10 个测试点的平均值。

1. 单向动态加载后 1050 纯铝组织演变特征与机制

1)动态流动应力—应变响应

SHPB 实验获得的是电压随时间变化的电信号,如图 5 - 27 所示,需要进行转换才可以获得变形过程中的应变速率 $\dot{\varepsilon}$、应力 σ、应变 ε 等力学信息。依据式(1 - 9) ~ 式(1 - 11),对收集到的应变脉冲信号(ε_i、ε_r 和 ε_t)进行处理,可以得到变形过程中的工程应变 ε、应变速率 $\dot{\varepsilon}$ 和工程应力 σ。

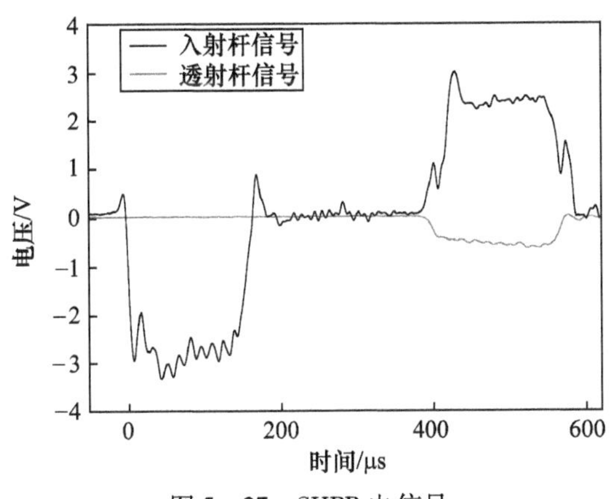

图 5 - 27　SHPB 电信号

处理后的应变速率—时间、应力—应变曲线如图 5 - 28 所示。

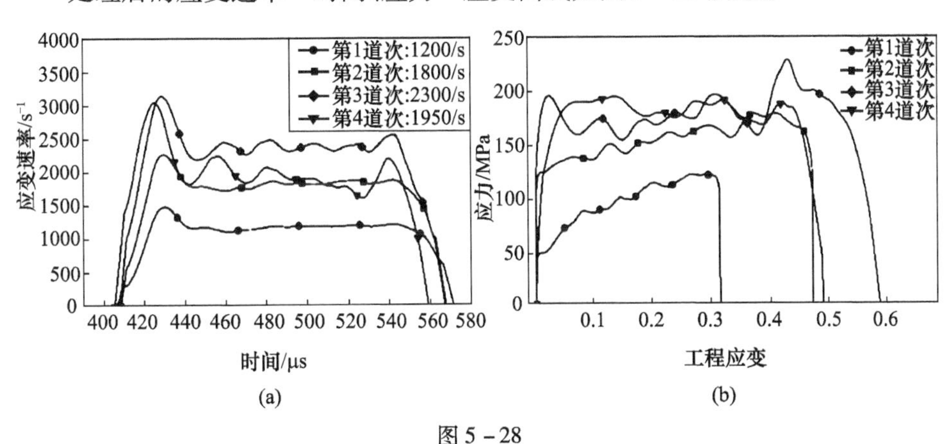

图 5 - 28

(a)应变速率—时间曲线;(b)应力—应变曲线。

图 5-28(a)所示为动态加载过程中应变速率—时间曲线,第 1~3 道次变形应变速率由 1950/s 增加至 2300/s,而第 4 道次变形应变速率减小至 1950/s,流动应力—应变曲线也呈现出类似特征。由图 5-28(b)可知,第 1、第 2 道次变形过程中流动应力随应变量增加而增加,表现出明显的加工硬化现象。第 3、4 道次变形过程中流动应力—应变曲线基本稳定,应力大小基本相同,表明变形过程中位错产生和湮灭达到动态平衡,金属进入稳态流动阶段。另外,第 2 道次流动应力较第 1 道次高 55MPa,第 3、4 道次流动应力比第 2 道次又要高 25MPa,上述现象表明试样动态加载过程中产生了明显的应变硬化和应变速率硬化。同时,需要注意到第 2 道次变形末段流动应力已经与第 3、4 道次相同。

图 5-28(b)所示为动态加载过程中的流变应力—应变曲线,前两道次加载过程中流变应力随应变的增加而增加,并且第 2 道次流变应力比第 1 道次高 55MPa,表明变形过程中产生了明显的加工硬化。这是因为动态加载导致试样晶粒细化,位错密度急剧增加并形成大量非平衡晶界。组织中的位错和部分小角晶界($\theta<5°$)产生位错强化,其他晶界($\theta>5°$)产生晶界强化[27]。第 3、4 道次变形过程中,流变应力几乎相等,并且在变形过程中一直保持稳定,表明位错产生、重排与湮灭达到动态平衡,变形进入稳态流动阶段。由图 5-28(b)可以看出,1050 商业纯铝动态加载稳态流变应力约为 190MPa,而纯铝准静态加载稳态流变应力为 120~170MPa[28]。很明显,高应变速率导致流变应力增加,这是因为高应变速率载荷下产生的晶体缺陷(位错)的密度比准静态下的缺陷密度更高。

2)单向动态加载试样微结构特征与演变机制

图 5-29(a)、(b)所示为变形后试样 TEM 图像,组织结构形态与准静态加载试样没有显著区别,含有大量的拉长片层状亚结构,类似于冷轧后形成的竹节

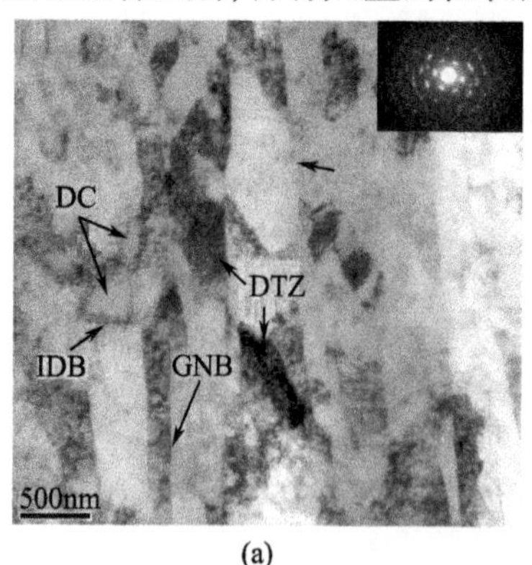

(a)

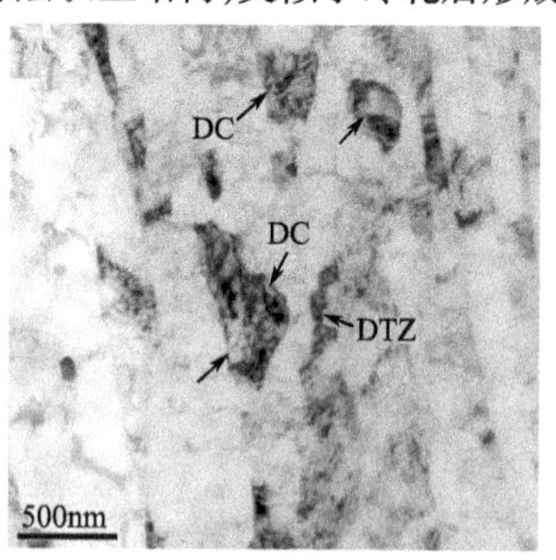

(b)

图 5-29　动态加载试样 TEM 图

状结构,也就是产生了严重的变形织构。片层之间存在清晰的平直晶界,被称为几何必需晶界(GNB)。片层内部则含有大量厚而曲折的短小晶界,又被称为附生位错晶界(IDB)[10]。GNB 和 IDB 分割片层成多种位错组态,如位错缠结(DTZ)、位错胞(DC)和亚晶粒。沿着片层晶粒边界和片层晶粒末端存在一些破碎的细小晶粒。另外,变形组织中存在少量的等轴晶区域,晶界曲折模糊,表明此区域存在高密度位错和内应力。衍射斑点呈环状,表明晶粒已经充分细化。另外,由图 5-29(a)可以看出,组织中含有高密度位错,并且位错倾向于均匀分布于亚晶粒内部,而不是在晶界处产生塞积群。

采用线截距法测量至少 150 个晶粒/亚晶粒尺寸,得到平均晶粒尺寸统计分布图(图 5-30)。其中 D_T为垂直于剪切方向(横向)平均晶粒尺寸,D_L为平行于剪切方向(纵向)平均晶粒尺寸。定义比例系数 $R=D_L/D_T$,由图 5-30 可知,$D_T=290\mathrm{nm}$,$D_L=700\mathrm{nm}$,计算得 $R=2.41$。

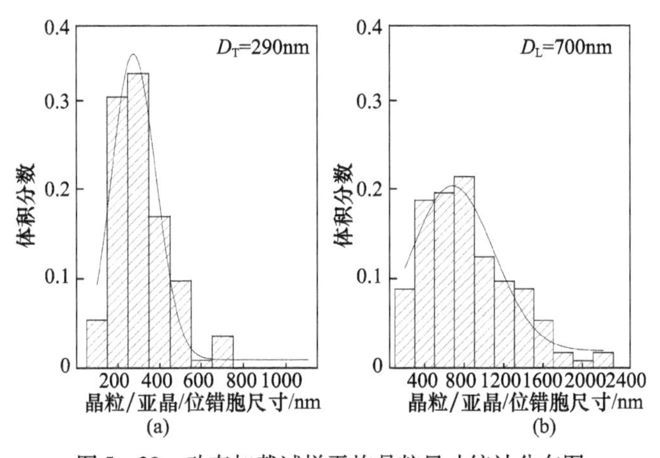

图 5-30 动态加载试样平均晶粒尺寸统计分布图

由图 5-30 可以看出,动态冲击加载后试样组织结构形态与准静态加载试样类似,位错激活主导了变形和晶粒细化过程。1050 工业纯铝中微量合金元素对塑性变形的影响可以忽略不计,组织中可以作为位错源的晶体缺陷主要是晶界。根据传统的 Frank-Read 机制,晶界将会是位错形核的主要位置,塑性变形过程中晶界处将产生位错塞积。然而,由图 5-30(a)、(b)可以看出,动态冲击加载后试样组织中位错并没有在晶界处塞积,而是均匀分布于亚晶粒内部。针对高应变速率冲击加载过程中位错形核机制问题,学者们提出了多种模型,如 Mogilevsky 模型、Hombogen 模型、Meyers 均匀位错形核理论(见 1.2.2 节)等。其中 Meyers 提出的均匀位错形核理论可以很好地解释本实验中观察到的现象,此理论认为动态冲击加载过程中,应力以波的形式在材料中传播,位错在冲击波阵面上或其附近均匀形核。均匀形核的位错以亚声速传播,且运动距离较短。

由图5-28(a)可知,动态加载应变速率量级为10^3/s,时间约为170μs,在这么短的时间内,位错很难产生长程迁移,位错重排、湮灭受到抑制,因而组织位错密度较准静态塑性变形加载试样要大很多。可以由式(5-2)、式(5-3)分析动态加载过程中位错密度的变化规律,变形初始阶段,随着应变量的增加,位错密度逐渐升高,位错速率降低。当应变量达到一定值时,变形进入稳态流动阶段,此时剪切应力和位错速率都保持恒定,也就是说位错产生与湮灭达到动态平衡。动态加载过程中剪切应变速率 $\dot{\gamma}$ 较准静态加载高几个数量级,由式(5-3)可知,动态加载试样组织位错密度也要显著高于准静态加载试样。实验结果也已表明,晶粒尺寸基本上与位错密度平方根的倒数($D_C = K\rho^{-1/2}$)具有相同的数量级。所以,在一定条件下,动态加载变形更有利于晶粒细化。

表5-2所列为纯铝不同方式变形后平均晶粒尺寸分布情况。通过比较可以发现,准静态加载与动态加载获得了相近的晶粒细化效果,但是本工作的动态加载累积应变量显著小于准静态加载下的累积应变量,也就是说同等应变量下,动态加载晶粒细化效果更显著。

表5-2　纯铝不同方式变形后平均晶粒尺寸

材料	变形方式	累积应变	D_T/nm	D_L/nm
A1050	SHPB	1.8	290	700(本实验)
1100-Al	ARB	4.8	270	1200
A1050	ECAE	8.0	350	600
Al(99.5%)	ECAP	8.4	270	430

另外,动态加载过程要考虑到绝热温升的影响,不均匀塑性变形会导致局部剪切失稳。可以由式(5-4)、式(5-5)来计算动态塑性变形过程中的温升,即

$$\Delta T = T - T_0 = \frac{\eta}{\rho C_v}\int_{\varepsilon_s}^{\varepsilon_e}\sigma \mathrm{d}\varepsilon = \frac{\eta}{\rho C_v}\sum S_i \qquad (i = 1,2,3,\cdots) \qquad (5-4)$$

$$S_i = \frac{\Delta\varepsilon_i \times (\sigma_i + \sigma_{(i+1)})}{2} \qquad (i = 1,2,3,\cdots) \qquad (5-5)$$

式中:η 为热转变系数,此处取值为0.9;ρ 为纯铝密度,取2.702g/cm^3;C_v为纯铝比热容,取880J/(kg·K);S_i 为应力—应变曲线所围面积;σ_i、$\Delta\varepsilon_i$ 可以由式(1-9)、式(1-11)计算得到。计算得出第1、2、3、4道次变形绝热温升分别为6.6K、16.0K、22.4K、18.6K。所以,动态加载过程中试样绝热温升很小,对变形组织的影响可以忽略不计。

2. 单向动态加载后 1050 纯铝组织的热稳定性

1）退火试样微结构特征

图 5－31(a) ~ (g)所示为退火试样 TEM 形貌。由图 5－31(a) ~ (d)可以

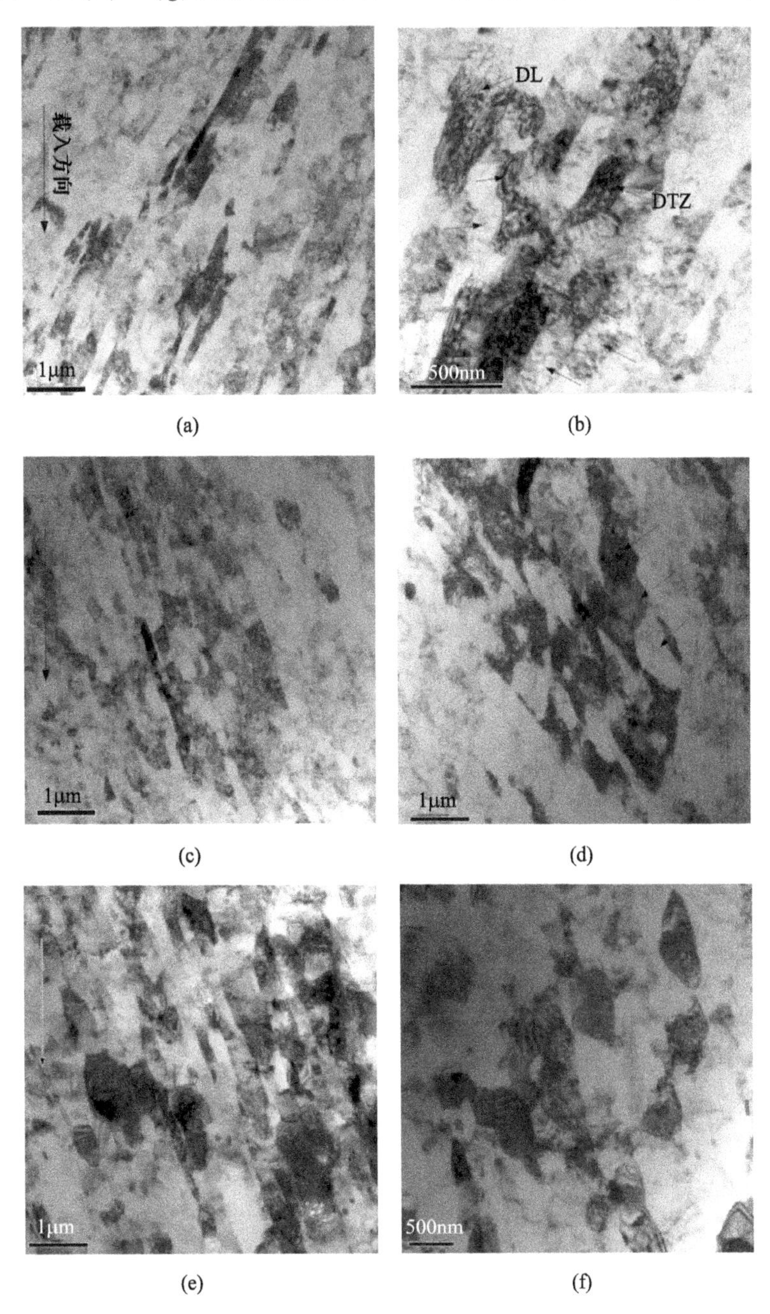

(a) (b)

(c) (d)

(e) (f)

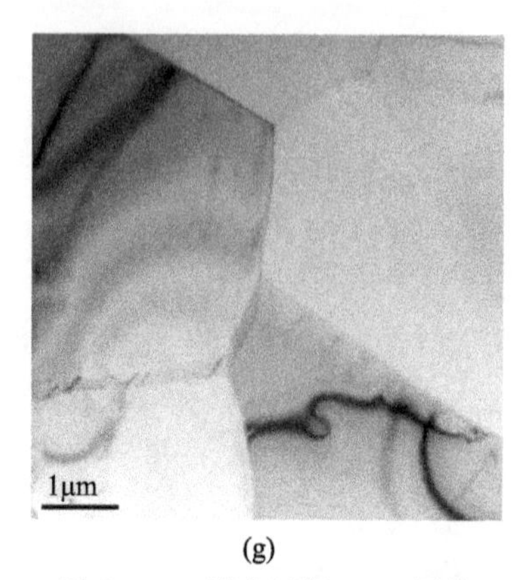

(g)

图 5-31　退火试样 TEM 图像

(a)、(b)373K/1h；(c)、(d)423K/1h；(e)、(f)473K/1h；(g)523K/1h。

看出,373K/1h、423K/1h 退火后试样组织形态与动态变形后试样相似,主要为拉长的片层状亚晶粒,并且存在大量位错。退火温度低于 423K,组织中的片层状亚晶粒形态基本不变,但是等轴区亚晶粒发生明显的回复现象,形成细小等轴亚晶粒(图 5-31(d)中箭头所示)。虽然组织中存在位错缠结区域,但是数量明显减少;图 5-31(e)表明,473K/1h 退火后拉长片层晶粒已经被回复亚晶粒打断,形成亚晶粒带,并且亚晶粒内部依然有位错存在。横向/纵向平均晶粒尺寸都稍微长大。由图 5-31(f)可以看出,组织中部分区域已经形成了细小的再结晶晶粒,不过部分晶粒内部依然存在少量位错;图 5-31(g)显示,523K/1h 退火后试样明显再结晶等轴粗化,晶界平直清晰。晶粒交界处形成三叉晶界,夹角约为 120°,说明再结晶已经演变充分。

图 5-32(a)~(d)所示为不同温度退火后平均晶粒尺寸分布统计图。由图 5-32(a)~(c)可以看出,随着退火温度的升高,D_T逐渐增大,而 D_L先减小后增大。473K/1h 退火后,$D_T=440nm$,稍微大于 373K/1h 和 423K/1h 退火后的 $D_T=305nm$ 和 $D_T=310nm$,这主要是由于 473K 退火过程中晶粒回复驱动力较高,晶界发生明显的迁移,并且部分区域形成了再结晶晶粒。D_L先减小后增大与片层状晶粒内部位错演变有关,423K/1h 退火保温过程中,晶粒内部位错迁移形成曲折的附生位错晶界,分割片层状晶粒成为细小亚晶粒,D_L减小。由图 5-31(e)可以看出,473K/1h 退火试样组织含有大量回复亚晶粒,并且晶粒长大,使得 D_L增大。523K/1h 退火后晶粒尺寸显著增大,形成的等轴晶粒平均尺寸 $D_G=4.7\mu m$。373K、423K、473K 这 3 种状态下比值 R 分别为 2.23、1.90、2.0,这表明随着退火温度的升高,晶粒形状逐渐规整化,由拉长的片层状亚晶粒转变为等轴晶粒。

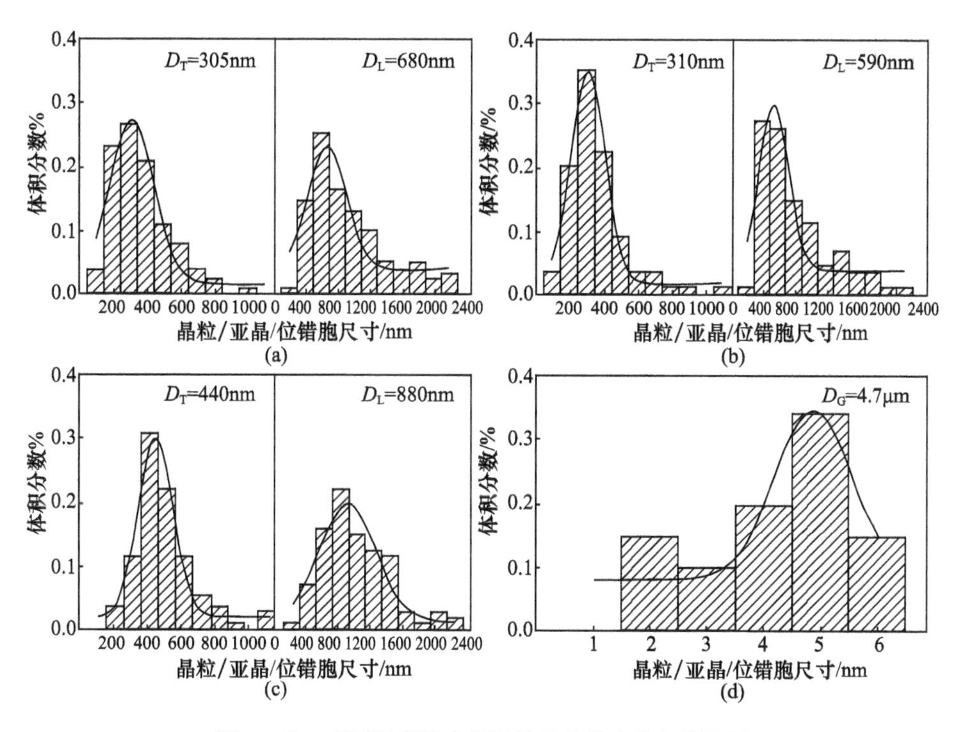

图 5－32 不同温度退火后平均晶粒尺寸分布统计图

(a)373K/1h；(b)423K/1h；(c)473K/1h；(d)523K/1h。

大量研究表明，纯铝及铝合金准静态塑性变形或动态变形后进行退火处理，组织会发生原位再结晶（连续再结晶 CCRX），而不是发生传统的再结晶形核、长大过程（非连续再结晶 DCRX）[29]。本实验结果和上述结论一致，即随着退火温度的升高，变形组织中的位片层状亚晶粒逐渐转变为小角度位错胞/亚晶粒，并最终转变为大角度等轴晶粒。并且这种晶粒转变现象在组织中是随意出现的，没有特定的形核点。所以，动态加载试样退火行为可以认为是晶粒连续粗化的过程，或者是连续再结晶过程。

假设晶粒生长驱动力与晶界曲率成正比，晶粒生长动力学可以表示为[30]

$$D^2 - D_0^2 = kt^n \tag{5-6}$$

$$k = A\exp\left(-\frac{Q}{RT}\right) \tag{5-7}$$

式中：D_0、D 分别为退火前后晶粒尺寸（此处采用等效圆直径，即与晶粒面积相等的圆的直径 $D_T D_L = \pi D^2/4$）；t 为退火时间；R 为气体常数；T 为绝对温度；Q 为激活能；A、n 为常数，对于纯铝取 $A = 7.2\times10^{-12}\mathrm{m^2/s}$，$n = 1$[31,32]。

计算结果如图 5－33 所示，区域 Ⅰ（373～473K）激活能为 51kJ/mol，明显低于文献[33]所报道的纯铝晶界扩散激活能 84kJ/mol,在此温度区间内晶粒生长由晶界重排控制。区域Ⅱ(473 ~ 523K)激活能为 159kJ/mol,与文献[30]得出的商业纯铝再结晶激活能 170kJ/mol 相近,晶粒生长由晶界迁移控制。所以,变形试样退火组织演变机制在 473 ~ 523K 转变为再结晶机制。

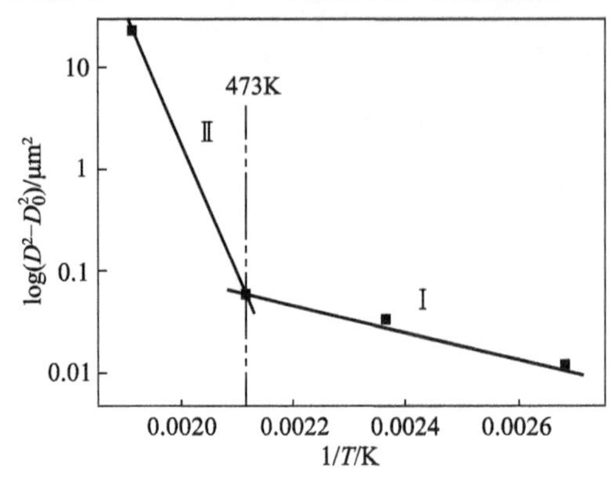

图 5 - 33　晶粒生长动力学曲线 $\log(D^2 - D_0{}^2) - 1/T$

动态加载实验获得的试样位错密度较准静态大塑性变形试样高出几个量级。位错密度高,说明晶格畸变储能大,回复/再结晶驱动力也相对较高。所以,理论上来说在组织形态、晶粒尺寸相似的情况下,动态加载试样退火再结晶温度要低于准静态加载试样。对于纯铝准静态大塑性变形后组织热稳定性,人们已经做了大量的工作,如表 5 - 3 所列。从表 5 - 3 可以看出,本实验获得的动态加载试样退火再结晶温度明显低于准静态加载试样,证实了上述推论。不过,需要注意到本实验获得的动态加载试样硬度转折点对应温度要显著高于准静态加载试样。也就是说,其低温热稳定性较好,然而高温时其热稳定性急剧恶化。

表 5 - 3　纯铝不同方式变形后退火参数

材料	变形方式	累积应变	退火时间/h	硬度转折点对应温度/K	再结晶温度/K
A1050	SHPB	1.8	1	473	473[本实验]
AA1050	ARB	6.3	2	423	473
0	CR	4.6	2	463	533
AA120	ECAE + PSC	11.5	1	423	493

2) 硬度的变化规律

动态变形试样分别在 373K、423K、473K、523K 退火 1h,然后在平行于加载方向取样测试。由国标《金属材料维氏硬度实验第 1 部分:实验方法》(GB/T 4340—2009)给出式(5 - 8)计算出硬度值,即

$$HV = \frac{1.8554FK^2}{D_1 D_2} \tag{5-8}$$

式中:F 为加载载荷;K 为物镜倍数;D_1、D_2 分别为压痕的两条对角线长度。

图 5－34 所示为试样退火硬度变化曲线。随着退火温度的升高,硬度逐渐减小。473K 时试样硬度曲线发生转折,相对于动态变形试样,硬度降低了 27%。523K 时试样硬度急剧降低,较动态变形试样硬度降低了 55%,表明温度为 523K 时,退火试样已经发生了明显的再结晶软化。

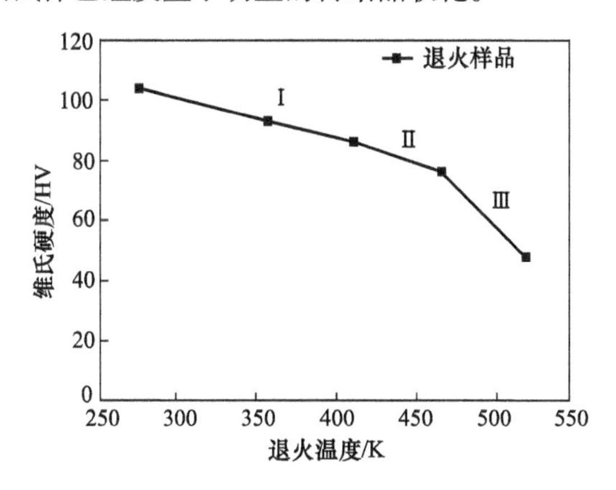

图 5－34　变形试样硬度随温度的变化曲线

以 473K 为转折点,曲线可以分为三部分,Ⅰ、Ⅱ区试样硬度随退火温度缓慢下降,由变形状态的 104HV 下降到 76HV,降幅为 27%。由于 473K/1h 退火后组织中生成了少量再结晶晶粒,所以Ⅱ区曲线斜率较Ⅰ区稍微增加。Ⅲ区试样硬度显著下降,523K/1h 退火后试样硬度较变形试样硬度低 55%。结合图 5－31可以看出,试样在低于 473K 退火保温过程中主要发生静态回复,位错密度大幅降低,但晶粒尺寸长大有限,所以硬度稍有降低。523K/1h 退火保温后,试样已经完全再结晶,平均晶粒尺寸为 4.7μm,充分的再结晶软化作用使得试样硬度急剧降低。

本节研究了 1050 商业纯铝首次采用 SHPB 进行高应变速率(应变速率高达 10^3/s 量级)动态加载变形过程中组织结构特征演变机制及变形组织的热稳定性。主要结论如下。

(1) 动态加载过程中试样变形机制为位错滑移,变形组织主要为拉长片层状晶粒,横向/纵向平均晶粒尺寸为 290nm/700nm,晶粒细化效果较一般准静态大塑性变形更明显,原因在于高应变速率变形可以产生更高的位错密度和均匀分布的位错。

(2) 随着退火温度的升高,晶粒粗化并由片层状转变为等轴状。试样开始再结晶温度为473K。退火温度低于473K,试样主要发生回复,晶粒尺寸稍微长大。523K退火后,试样发生完全再结晶,平均晶粒尺寸长大至4.7μm。

(3) 温度低于473K时,本实验获得的动态加载试样的热稳定性较好。但是,在523K退火时,试样热稳定性急剧恶化。所以本实验制备的超细晶材料使用温度要低于523K。

5.3.2 多向动态加载对1050纯铝微结构演变及其热稳定性的影响

与传统的粗晶粒金属材料相比,超细晶/纳米晶金属材料展现出更高的强度和硬度。目前比较常用的制备超细晶/纳米晶粒金属材料的主要方法是剧烈塑性变形。但是,剧烈塑性变形技术制备的超细晶粒金属材料晶粒尺寸一般在亚微米($100nm < d < 1000nm$)范围。为了进一步细化晶粒,需要采用一些特殊的加工方法,如动态塑性变形和超低温塑性变形。

对于剧烈塑性变形过程中微结构和力学性能的演变机制,人们已经做了大量的研究。纯铝作为典型的高层错能金属材料,剧烈塑性变形过程中组织演变由位错滑移主导。变形过程中产生的空位、位错等晶体缺陷密度决定了微晶的晶粒度大小($D_C = K\rho^{-1/2}$)。然而,动态加载(应变速率大于10^2/s)下,尤其是累积应变量高达3.6的情况下,材料微观结构演变方面的研究相对较少。在如此高的应变速率下,材料微结构特征与演变机制、位错产生机制等问题都值得人们关注。

剧烈塑性变形和动态塑性变形在细化晶粒的同时往往会引入大量的空位、位错和非平衡晶界等晶体缺陷,这种结构在热力学上是不稳定的。也就是说,上述试样的变形组织在退火过程中很容易因为回复、再结晶的影响而发生变化。退火过程中微结构粗化会弱化材料的力学性能,不利于其工程应用。因此,研究动态加载制备的超细晶材料的热稳定性问题显得尤为重要。

Yang Y 等[19,20]采用霍普金斯压杆和Instron-3369力学实验机对1050工业纯铝进行了多向加载,累积应变量高达3.6以获得超细晶粒块体纯铝试样。加载后的试样在150~250℃内进行1h退火处理。系统地研究了应变速率对1050工业纯铝微结构特征及其热稳定性的影响。

实验坯料为1050商业纯铝,坯料在盐浴炉中进行400℃/3h固溶处理,消除残余应力并获得均匀粗晶粒组织。固溶处理后坯料平均晶粒尺寸为46μm。切取尺寸分别为8mm×8mm×12mm和16.5mm×15mm×13.5mm的矩形试样进行动态/准静态单向加载实验。

动态/准静态加载采用的实验装置分别为分离式霍普金斯压杆(其示意图见图1-11)和Instron-3369力学实验机。道次应变量定义为$\varepsilon = \ln(h_0/h_f)$,其

中 h_0和 h_f分别为加载前后试样厚度。累积应变量为道次应变量的加和，最终获得的累积应变量为3.6。变形后的试样分别在150℃、200℃、250℃进行1h退火处理，对变形样和退火样进行微结构观测。

微结构观察采用TEM观测，TEM设备型号为Titan G2 60－300球差电子显微镜，操作电压200kV。平行于加载方向取厚度为1mm的试样，机械减薄至60μm，压取3mm圆片，随后进行电解双喷减薄。电解双喷仪型号为Struers TenuPol－5，参数设置为电压20V、温度－20℃、感光度120。电解液配比为硝酸：甲醇=3：7。

1. 动态加载及退火后试样微结构特征

图5－35(a)所示为动态多向加载试样TEM形貌。变形组织主要由等轴状亚晶粒和位错亚结构（主要是位错缠结）组成，高密度的位错呈现杂乱的缠结状态，并且位错分布相对均匀。动态加载过程中较高的应变速率和较大的累积应变量导致变形组织产生了高密度位错。晶体缺陷在晶界处聚集导致应力集中，从而使得晶界曲折模糊。动态加载过程中，随着不同道次加载方向的变化，不同滑移系统上产生的位错相互作用，形成了高密度的位错缠结区域和位错胞。另外，环状衍射斑点也表明变形组织晶粒明显细化。图5－35(b)所示为动态加载试样200℃/1h退火后TEM图像。200℃/1h退火后变形组织中出现了大量细小不规则的亚晶粒，并且大部分亚晶粒内部依然有位错存在。采用线截距法测量至少150个晶粒/亚晶/位错胞的尺寸，得到晶粒/亚晶/位错胞尺寸统计分布图，如图5－36(a)所示，动态加载试样平均晶粒/位错胞尺寸为517nm。200℃/1h退火导致试样组织稍微粗化，平均晶粒/亚晶/位错胞尺寸长大至621nm。

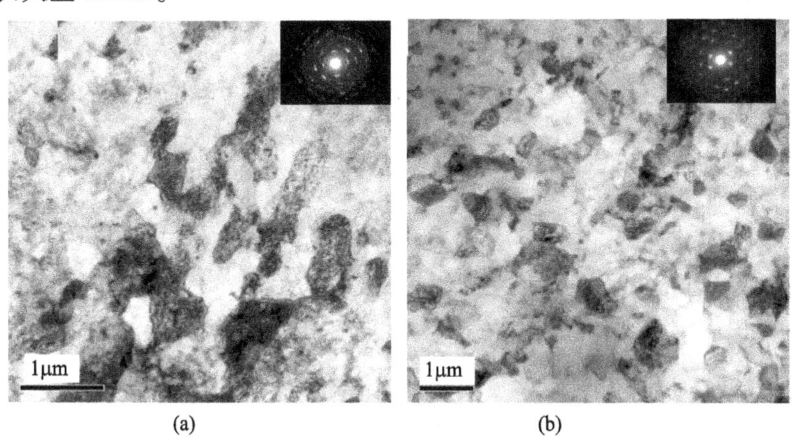

(a) (b)

图5－35 动态多向加载及退火样TEM图像

(a)变形样；(b)200℃/1h退火样。

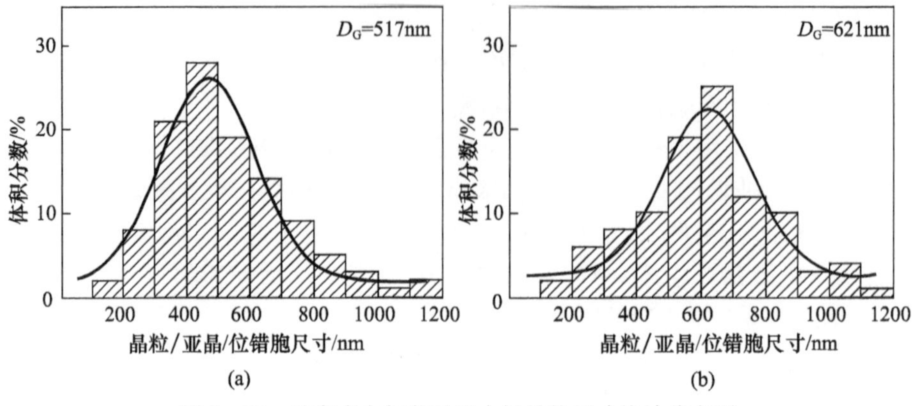

图 5-36　动态多向加载及退火样晶粒尺寸统计分布图

(a)变形样；(b)200℃/1h 退火样。

2. 准静态多向加载试样微结构特征

图 5-37(a)所示为准静态多向加载试样 TEM 图像。与动态加载试样变形组织相似,准静态加载试样变形组织主要由等轴状亚晶粒和位错亚结构(主要是位错胞)组成,晶界曲折粗大,位错密度相对较低,并且位错主要塞积于晶界处。平均晶粒/亚晶/位错胞尺寸为 523nm(图 5-38(a)),与动态变形试样几乎相同,表明累积应变量超过一定值时,晶粒尺寸趋向饱和。退火温度低于 200℃,试样组织基本没有发生变化。而 250℃/1h 退火后,试样组织中产生了明显的亚晶粒,已经可以分辨出晶界特征。退火组织发生粗化,平均亚晶粒/位错胞尺寸由变形态的 523nm 长大至 681nm(图 5-38)。退火过程中位错通过迁移、交滑移、攀移等方式发生相互作用,使得晶体缺陷密度显著降低。随着晶界处累积的大量位错的消失,应力集中程度显著降低,原来粗大模糊的晶界逐渐变得清新。

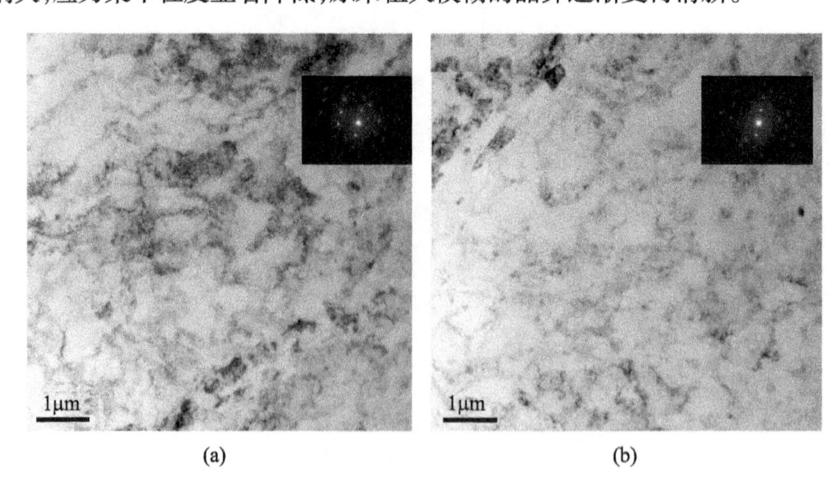

(c) (d)

图 5-37 准静态多向加载及退火样 TEM 图像

(a)变形样；(b)150℃/1h 退火样；(c)200℃/1h 退火样；(d)250℃/1h 退火样。

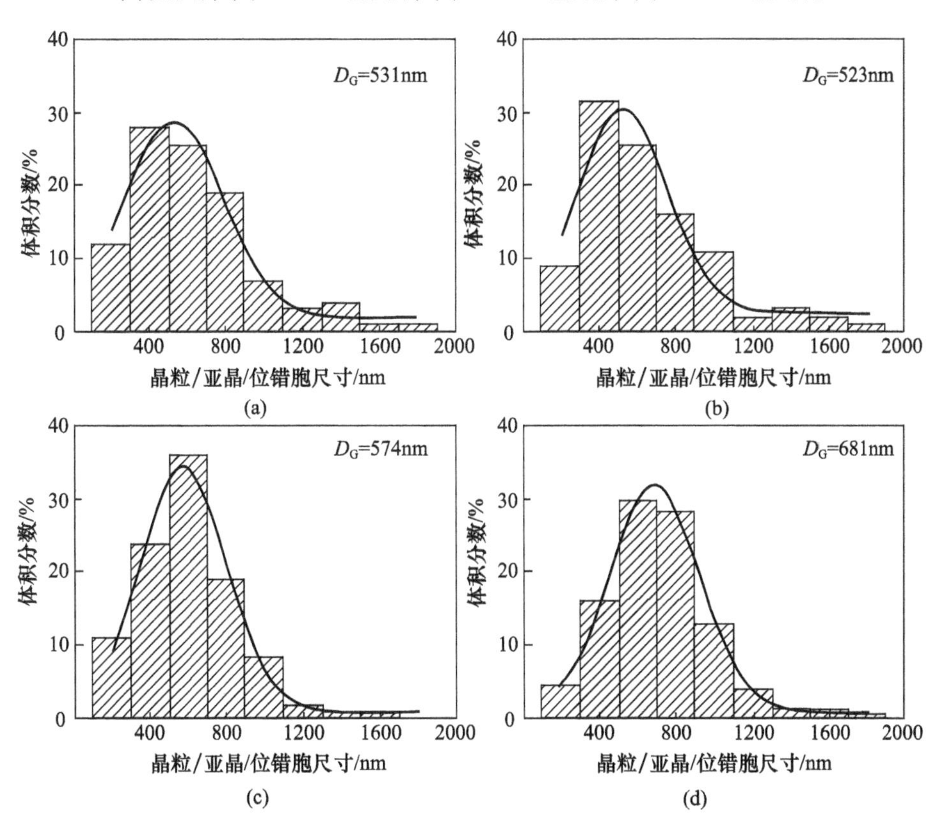

(a) (b) (c) (d)

图 5-38 准静态多向加载及退火样晶粒尺寸统计分布图

(a)变形样；(b)150℃/1h 退火样；(c)200℃/1h 退火样；(d)250℃/1h 退火样。

由图5－35(a)和图5－37(a)可以看出，变形后原始粗晶试样晶粒尺寸显著细化。作为一种典型的高层错能金属材料，纯铝塑性变形机制主要是位错滑移，位错在微结构演变和细化过程中有着重要的影响。通过位错产生、迁移、交互作用、湮灭产生不同尺寸的亚结构，如位错缠结和位错胞块。塑性变形过程中的位错密度(ρ)和微晶尺寸(D_C)可以由式(5－2)和式(5－3)表示，可见，位错密度与应变速率正相关，应变速率越大，位错密度也越高，最终导致晶粒尺寸越小。所以，同等应变量下，与准静态塑性变形相比，动态塑性变形获得的样品的晶粒尺寸会更加细小。但是由图5－36(a)和图5－38(a)可以看出，两种变形方式获得的试样晶粒尺寸基本相同。原因在于：①塑性变形细化晶粒存在饱和值，当晶粒细化到一定程度时，晶粒尺寸不会再随着应变量的增加而减小；②动态加载过程中会产生绝热温升，热效应会在一定程度上抵消应变速率的影响。

虽然动态/准静态多向加载都得到了等轴状的晶粒和位错亚结构，但是动态加载试样中位错亚结构以位错缠结为主，并且很多晶粒内部存在大量位错，而准静态加载试样中位错亚结构以位错胞为主，晶粒内部几乎不存在位错，并且晶界厚度较动态加载试样要小。这与动态加载和准静态加载过程中不同的位错形核机制及位错之间的相互作用有关。

准静态加载过程中，位错形核机制为 Frank－Read 源机制，位错有足够的时间进行滑移、相互作用，因而形成了大量位错胞块，位错组态相对稳定。而动态加载过程中，应力以波的形式进行传播，位错形核机制可以由 Meyers 提出的均匀位错形核理论(见1.2.2节)来解释。根据此理论，动态变形过程中应力波均匀快速穿过物体，相应的位错也均匀快速形核，形成了均匀分布的位错。另外，极短的变形时间以及不断变换的加载方向导致位错相互作用不充分，形成了以位错缠结为主的位错亚结构。

塑性变形会产生大量位错等晶体缺陷，从而导致试样组织中产生大量畸变储能 E_s[34]，即

$$E_s = K_2 \rho G \boldsymbol{b}^2 \tag{5-9}$$

式中：K_2为常数；ρ 为晶体缺陷密度；G 为剪切模量；$\boldsymbol{b}$ 为柏氏矢量。动态加载有利于位错等晶体缺陷的产生，因而动态加载试样中畸变储能较准静态加载试样要大很多。另外，动态加载极短的变形时间内位错之间相互作用有限，形成的大量晶体缺陷处于非平衡状态。这导致退火过程中动态加载试样的组织稳定性要低于准静态加载试样。本实验获得的 TEM 图像也证实了上述推断。动态加载试样 200℃/1h 退火即生成了回复亚晶粒(图5－35(b))，而准静态加载试样一直到 250℃/1h 退火才明显生成的回复亚晶粒(图5－38(d))。也就是说，累积

应变量相同时，动态加载试样的热稳定性要低于准静态加载试样。

综合上述工作，可得到以下结论。

（1）动态多向加载和准静态多向加载后都获得了等轴晶组织，并且组织中含有大量位错等晶体缺陷，导致晶界曲折粗大。动态加载试样中位错亚结构以位错缠结为主，并且很多亚晶胞内部存在较多位错，而准静态加载试样中位错亚结构以位错胞为主，亚晶胞内部几乎不存在位错。动态/准静态加载后试样平均晶粒尺寸分别为517nm和523nm。

（2）动态加载试样200℃/1h退火即生成了回复亚晶粒，而准静态加载试样一直到250℃/1h退火才明显生成回复亚晶粒。也就是说，累积应变量相同时，动态加载试样的热稳定性要低于准静态加载试样。这是由于动载下所形成的位错密度更高，位错组态更不稳定，为随后的退火处理提供了更大的驱动力。

参考文献

[1] Valiev R Z. Bulk nanostructured materials from severe plastic deformation [J]. Progress in Materials Science, 2000,45:103 - 189.

[2] Wang K,Tao N R,Liu G,et al. Plastic strain - induced grain refinement at the nanometer scale in copper [J]. Acta Materialia,2006,54:5281 - 5291.

[3] Zhang H W,Hei Z K,Liu G,et al. Formation of nanostructured surface layer on AISI 304 stainless steel by means of surface mechanical attrition treatment [J]. Acta Materialia,2003,51:1871 - 1881.

[4] Liu W C,Chen M B,Yuan H. Evolution of microstructures in severely deformed AA 3104 aluminum alloy by multiple constrained compression[J]. Materials Science and Engineering A,2011,528:5405 - 5410.

[5] Sakai T, Belyakov A, Miura H. Ultrafine grain formation in ferritic stainless steel during severe plastic deformation[J]. Metallurgical and Materials Transactions A,2008,39:2206 - 2214.

[6] Sakai T, Miura H, Goloborodko A, et al. Continuous dynamic recrystallization during the transient severe deformation of aluminum alloy 7475[J]. Acta Materialia,2009,57:153 - 162.

[7] Schäfer C, Song J, Gottstein G. Modeling of texture evolution in the deformation zone of second - phase particles[J]. Acta Materialia,2009,57:1026 - 1034.

[8] Li Y S, Tao N R, Lu K. Microstructural evolution and nanostructure formation in copper during dynamic plastic deformation at cryogenic temperatures[J]. Acta Materialia,2008,56:230 - 241.

[9] Xiao G H,Tao N R,Lu K. Microstructures and mechanical properties of a Cu - Zn alloy subjected to cryogenic dynamic plastic deformation[J]. Materials Science and Engineering A,2009,513:13 - 21.

[10] Luo Z P,Zhang H W,Hansen N,et al. Quantification of the microstructures of high purity nickel subjected to dynamic plastic deformation[J]. Acta Materialia,2012,60:1322 - 1333.

[11] LuK,Yan F K,Wang H T,et al. Strengthening austenitic steels by using nanotwinned austenitic grains [J]. Scripta Materialia,2012,66:878 - 883.

[12] Yang Y, Ma F. Structure evolution of 2195 Al – Li alloy subjected to high – strain – rate deformation [J]. Materials Science and Engineering A,2014,606:299 – 303.

[13] Zel' dovich V I,Shorokhov E V,et al. High – strain – rate deformation of Titanium using dynamic equal – channel angular pressing[J]. The Physics of Metals and Metallography,2008,105:402 – 408.

[14] Kojima S,Yokoyama A,Komatsu M,et al. High – speed deformation of aluminum by cold rolling [J]. Materials Science and Engineering A,2003,350:81 – 85.

[15] Kiritani M. Analysis of high – speed – deformation – induced defect structures using heterogeneity parameter of dislocation distribution[J]. Materials Science and Engineering A,2003,350:63 – 69.

[16] Meyers M A,Benson D J,Vöhringer O,et al. Constitutive description of dynamic deformation:physically – based mechanisms[J]. Materials Science and Engineering A,2002,322:194 – 216.

[17] Orlov D,Todaka Y,Umemoto M,et al. Role of strain reversal in grain refinement by severe plastic deformation [J]. Materials Science and Engineering A,2009,499(1):427 – 433.

[18] Yang Y,Chen Y D,Ma F,et al. Microstructure Evolution of 1050 Commercial Purity Aluminum Processed by High – Strain – Rate Deformation[J]. Journal of Materials Engineering and Performance,2015,24: 4307 – 4312.

[19] Yang Y,Chen Y D,Hu H B,et al. Microstructural evolution and thermal stability of 1050 commercial pure aluminum processed by high – strain – rate deformation[J]. Journal of Materials Research,2015,30(22): 3502 – 3509.

[20] Yang Y, Zhang H, Chen Y D. Effects of Dynamic Multi – directional Loading on the Microstructural Evolution and Thermal Stability of Pure Aluminum [J]. Journal of Materials Engineering and Performance, (2016)25(9),3924 – 3930.

[21] Yang Y,Wang J L,Chen Y D,et al. Effect of strain rate on microstructural evolution and thermal stability of 1050 commercial pure aluminum [J]. Transaction s of Nonferrous Metals Society of China. China,2018, 28,1 – 8.

[22] Hines J A,Vecchio K S. Recrystallization Kinetics within adiabatic shear bands[J]. Acta Materialia,1997, 45:635 – 649.

[23] Holt D L. Dislocation cell formation in metals[J]. Journal of Applied Physics,1970,41:3197 – 3201.

[24] Cahn R W,Haasen P. Physical Metallurgy[M]. Fourth. Volume Ⅲ,The Netherlands:North – Holland, 1996:1869.

[25] Hull D,Bacon D J. Introduction to dislocations[M]. Fifth edition,New York:Elsevier,2011,43 – 62.

[26] Huang F,Tao N R,Lu K. Effects of Strain Rate and Deformation Temperature on Microstructures and Hardness in Plastically Deformed Pure Aluminum [J]. Journal of Materials Science and Technology,2011, 27(1):1 – 7.

[27] Kapoor R,Sarkar A,Yogi R,et al. Softening of Al during multi – axial forging in a channeldie[J]. Materials Science and Engineering A,2013,560:404 – 412.

[28] Naoya K,Xiaoxu H,Nobuhiro T, et al. Strengthening mechanisms in nanostructured high – purity aluminium deformed to high strain and annealed. Acta Materialia,2009,57:4198 – 4208.

[29] Hansen N,Huang X,Moller M G,et al. Thermal stability of aluminum cold rolled to large strain[J]. Journal of Material Science,2008,43(18):6254 – 6259.

[30] Furu T,Orsund R,Nes E. Subgrain growth in heavily deformed aluminum – experimental investigation and

modelling treatment[J]. Acta Metallurgica et Materialia,1995,43(6):2209 - 2232.

[31] Yu C Y, Sun P Y, Kao P W, et al. Evolution of microstructure during annealing of a severely deformed aluminum[J]. Materials Science and Engineering A,2004,366(2):310 - 317.

[32] Zhao F X, Xu X C, Liu H Q, et al. Effect of annealing treatment on the microstructure and mechanical properties of ultrafine - grained aluminum [J]. Materials & Design,2014,53:262 - 268.

[33] Doherty R D, Hughes D A, Humphreys F J, et al. Current issues in recrystallization: a review[J]. Materials Science and Engineering A,1997,238:219 - 274.

[34] Godfrey A, Cao W Q, Hansen N, et al. Stored Energy, Microstructure, and Flow Stress of Deformed Metals [J]. Metallurgical and Materials Transactions A,2005,36A(9):2371 - 2378.

第6章 激光冲击高应变速率变形诱生的微结构特征/形成机制及其热稳定性

6.1 绪论

在材料及零部件制备过程中会导致其表面大多处于拉应力状态,拉应力易导致裂纹的形成和其他损伤以及过早磨损或失效,因此需要进行表面处理(如喷丸处理)以减小拉应力。此外,所有金属材料都会疲劳,传统加工制备的产品达不到设计寿命;随着服役时间的增加,在正常应用和操作过程中,大部分零部件都会产生磨损和退化,导致零部件失效。由于实际应用过程中零部件的磨损、疲劳等失效现象通常起源于金属材料表面,因此材料表面强化处理具有重要的意义。

表面强化技术,如机械喷丸(Mechanical Peening,MP)[1,2]、表面机械研磨(Surface Mechanical Attrition Treatment,SMAT)[3]等能够在不改变金属材料化学成分的基础上有效细化金属材料表层晶粒,将原始粗大晶粒细化至亚微米级甚至纳米级,得到表层强化的梯度显微组织与残余压应力层,从而提高零部件的抗疲劳、耐拉应力腐蚀能力等。

6.1.1 机械喷丸强化

机械喷丸强化是将高速运动的弹丸流喷向零件表面,使零件表层发生塑性变形,而形成一定厚度的强化层,强化层内形成较高的残余压应力。最终,零件在应变硬化效应和残余压应力层保护下,极大程度地改善了抗疲劳、耐拉应力腐蚀能力、耐磨损,延长了安全工作寿命。

机械喷丸强化主要用途如下:使零件表面产生压应力,提高他们的疲劳强度及抗拉应力腐蚀的能力;对扭曲的薄壁零件进行校正;代替一般的冷、热成形工艺,对大型薄壁铝制零件进行成形加工,不仅可避免零件表面的残余拉应力,而且可获得对零件有利的残余压应力。机械喷丸的原理如图6-1所示。

喷丸强化是一个冷处理过程,可以广泛用于提高长期服役于高应力工况下金属零件,适合各种机械、航空、航海、石油、矿山、铁路、运输、重型机械、军械,如飞机引擎压缩机叶片、机身结构件、汽车传动系统零件等。经喷丸处理过的零件其使用温度不能太高；否则压应力在高温下会自动消失，细小的晶粒尺寸会长大因而失去预期的效果。它们的使用温度由零件的材质决定，一般钢铁零件为260～290℃，铝制零件只有170℃。

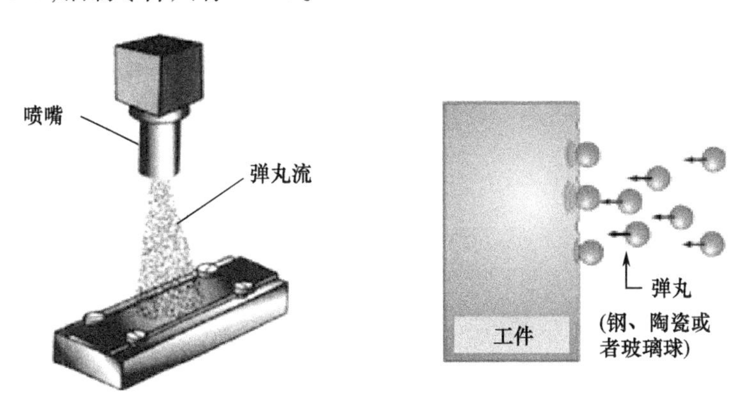

图6－1 机械喷丸原理示意图

机械喷丸的弹丸一般有以下几种：钢铁丸，其硬度一般为40～50HRC，如加工硬金属，可将硬度提高到57～62HRC，钢铁丸的韧性较好，使用寿命是铸铁丸的几倍，应用广泛；铸铁丸，其硬度为58～65HRC，很脆，非常容易破碎，寿命短，应用不广泛，主要用于要求喷丸强度很高的地方；玻璃丸，其硬度比前两种丸低，主要用于不锈钢、钛、铝、镁及其他不允许铁质污染的情况，也可在钢铁喷丸后作第二次处理时用，以除去铁质污染，并降低零件表面的粗糙度。

传统机械喷丸强化技术主要不足如下。

(1) 零构件存在很多凹槽部位，丸粒达不到这些部位，产生喷射死角。

(2) 喷丸强化后的表面粗糙度较高(轮廓算术平均偏差 R_a 值一般为0.2～20μm)，为了提高喷丸后零件表面光洁度，必须采用磨光、研磨等方法按标准规定的去层深度进行后续加工，导致成本增大、工序繁琐等；应力集中点增多，抵消了部分提高疲劳性能方面的效果。

(3) 气动喷丸效率不高。喷丸设备根据弹丸获得动能的方式，分为气动式和机械离心式两种，最常用的是气动式喷丸机。气动喷丸机设备简单、机动灵活，适用于多方位的形状复杂零件。为了提高其喷丸强度，喷嘴出口的气流速度已大大超过音速，丸粒的速度达到300m/s以上。但喷丸速度变高同时伴随的是设备复杂、耗费功率明显增大，再加上以压缩空气为动力源与丸粒进行能量交换本身固有的低效率，造成整体效率很低。

(4) 机械喷丸强化对环境存在一定的污染，目前，喷丸强化工艺大多采用干喷法,不仅噪声大,而且还存在大量粉尘,使空气受到污染。

因此,发展喷丸强化新工艺,研制喷丸强化新设备,提高强化效果,增大能量效率,提高产品质量,进一步扩大喷丸强化应用领域,实现绿色喷丸强化,是亟待解决的新课题。

6.1.2 激光冲击喷丸

1. 基本概念与特征

激光冲击强化(Laser Shock Peening,LSP)技术,也称为激光冲击喷丸技术,它采用短脉冲(几十纳秒内)高峰值功率密度(10^9W/cm^2 量级)的激光辐射金属表面,金属表面涂覆的能量吸收层吸收激光能量发生爆炸性汽化蒸发,产生高压(GPa 乃至 TPa 量级)等离子体,该等离子体受到约束层的约束,爆炸时产生的冲击波作用于金属表面并向其内部传播。当冲击波的峰值压力超过材料的动态屈服强度时,冲击波会使受激光冲击区域的材料在极短时间内以超高应变速率(高达 ~10^7/s 量级)发生一定的塑性变形,显著改变材料表层微观结构,并在表层(mm 量级)产生残余压应力。材料表层产生的应变硬化和高幅度/深度的残余压应力将显著提高材料的抗疲劳、抗应力腐蚀和耐磨损等性能,LSP 原理如图 6-2 所示。

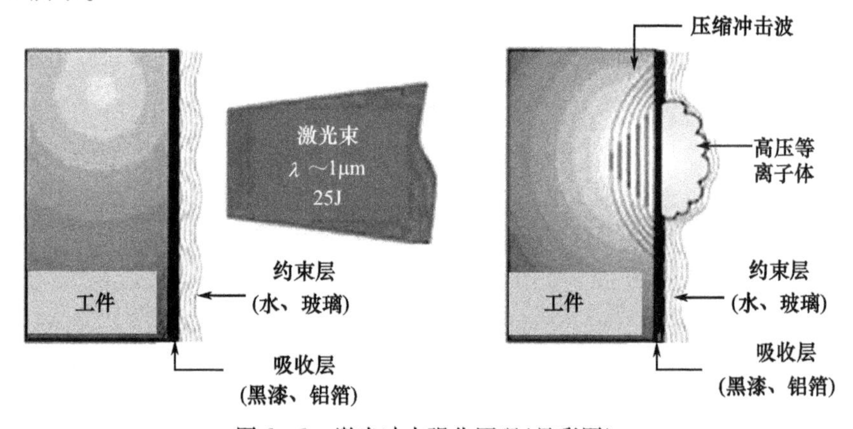

图 6-2 激光冲击强化原理(见彩图)

金属表面涂覆的能量吸收层的作用在于:①保护工件不被激光灼伤、烧蚀,如果直接将激光作用在靶材表面,容易造成激光能量的浪费及靶材的烧蚀,影响强化效果;②增强对激光能量的吸收以产生高温高密度的等离子体。常用的吸收层材料有黑漆和铝箔等。约束层的在于作用:①抑制爆炸产生的高压等离子体向外膨胀;②增加了激光能量和冲击波对工件的耦合和延缓冲击波作用时间,从而有效地提高激光诱导的冲击波压力峰值和增大冲击波的持续时间。目前常用的约束层可分为三大类:刚性约束层,如各种光学玻璃;柔性约束层,如各种透明柔性有机贴膜;流体约束层,一般为水及油(工业生产常用水)。不同约束层起到的约束效果有着较大差别。

LSP 一般采用钕玻璃激光(1054nm 波长),激光脉冲长度为 8 ~ 40ns,单次冲击能量为 1 ~ 50J,斑点直径为 1 ~ 6mm,功率密度为 4 ~ 10GW/cm^2。

Fabbro[4] 对激光冲击工艺进行了较为深入的研究,并且基于假设条件进行了相关计算,假设条件如下。

(1) 激光光斑能量在全部光斑范围内均匀分布,因此,在激光冲击加载过程中金属靶材受冲击位置受热均匀。

(2) 在激光冲击加载过程中被冲击金属靶材和所使用约束层材料都是各向同性,并且在整个冲击过程中其热物理特性为恒定数值。

(3) 将吸收层产生的等离子体看作理想气体。

(4) 等离子体的传播路径为单一轴向传播方式。

在此假设条件下,Fabbro 提出了激光冲击过程中强冲击波峰值压力的估算公式,建立起常规约束模型条件下,激光冲击强冲击波峰值压力和激光束、被冲击金属靶材以及实验采用的约束层之间的关系,对激光冲击有了更加清晰的认识,有利于激光冲击最终效果控制。

激光冲击工艺和其他表面强化工艺手段相比较而言,具有以下的鲜明特点[5]。

(1) 超高应变速率,由于冲击波作用时间短,材料的应变速率高达约 10^7/s 量级。

(2) 高压冲击波的压力达到数 GPa 乃至 TPa 量级,这是常规材料表面处理技术难以企及的。

(3) 高能激光束单脉冲能量达到数十焦耳,峰值功率达到 GW 量级。

(4) 超快,冲击波作用时间在 ns 量级,在 10 ~ 30ns 内将光能转变成冲击波机械能。

(5) 无热影响区,由于能量吸收层本身的“牺牲”作用和约束层的散热作用,且激光作用的时间极短,保护了靶材表面不会被高能激光灼伤,故热效应可以忽略不计。

(6) 工件表面状态变化小,LSP 处理后金属表面留下的冲击坑深度仅为数微米,被处理零部件的表面粗糙度改变甚小。

(7) 定位精准、可控性强。

(8) 环保清洁,没有污染等。

LSP 能够产生有益的残余应力,从而使产品寿命更长、更为可靠。业已证明,LSP 处理比其他传统表面处理方法可提高工件服役寿命 10 倍以上,因此减少了更换零件的费用,减少了维修费用、养护费用,降低了设计阶段的材料成本以及(工厂等由于检修、待料等的)停工期成本。

正是由于这些独特的技术优势,LSP 技术在航空航天、核工业、船舶、石化、汽车工业等高技术领域有巨大的应用前景,是国际高科技竞争的热点。

2. 发展脉络

美国巴特尔纪念研究所(Battelle Memorial Institute)的 Fairand 等[6]首次用激光诱导的冲击波来改变7075 铝合金的微结构以提高其力学性能,拉开了 LSP 应用研究的序幕;随后,Fairand 联合美国空军实验室(Air Force Research Laboratory,AFRL)[7]开展 LSP 改善紧固件疲劳寿命的研究,表明 LSP 处理可大幅度提高紧固件的疲劳寿命;美国通用电器公司(General Electric Company)[8,9]利用 LSP 处理 Rockwell B-1B 轰炸机 F101-GE-102 涡轮机叶片的前缘,提高叶片的疲劳寿命;美国金属改进公司(Metal Improvement Company,MIC)[10]将 LSP 技术用于军/民用喷气发动机叶片以改善其疲劳寿命,提高了飞机发动机的安全可靠性;美联邦航空局(Federal Aviation Administration,FAA)和日本亚细亚航空(Japan Asia Airways,JAA)将 LSP 批准为波音 777 飞机等关键零部件的维修技术;美国激光冲击技术公司(LSP Technologies,Inc.,LSPT)与美国空军实验室(AFRL)[11]利用 LSP 处理 F/A-22 的 F119 发动机上具有微裂纹、疲劳强度不够的钛合金损伤叶片后,其疲劳强度达 413.7MPa,超过叶片设计要求的 379MPa,并对叶片楔形根部进行 LSP 处理后,其振动疲劳寿命至少提高 25 倍以上。1998 年 LSP 技术被美国研发杂志评为“全美 100 项最重要的先进技术”之一;美国 20 世纪 90 年代后期开始将 LSP 技术列为“第四代战斗机发动机关键技术”之一;美国 20 世纪 90 年代开始的发动机高周疲劳研究计划中,该技术居工艺措施首位;被美国军方确认为第四代战机发动机 80 项关键技术之一;2004 年 8 月美国颁布激光冲击强化技术规范 AMS2546,应用范围从军事扩展到波音飞机等民用项目;2005 年,美国国防部授予从事激光冲击强化的金属改进公司 MIC“国防制造最高成就奖”;随后,美国又将 LSP 技术逐步扩大到大型汽轮机、水轮机叶片、石油管道、汽车关键零部件等的处理,取得了巨大的社会经济效益。国内中南大学、中国科学技术大学、中国科学院沈阳自动化研究所、江苏大学、南京航空航天大学、北京航空航天大学等单位相继从脉冲激光器和 LSP 技术等方面开展了大量研究工作。目前国内外重点关注的是 LSP 技术及其改性的效果,而对 LSP 提高材料力学性能的机制及其稳定性尚缺乏研究。

3. 激光冲击强化提高材料性能的本征原因

材料力学性能的显著特征是结构敏感。LSP 提高材料力学性能的原因在于以下几点。

（1）剧烈塑性变形。当冲击波的峰值压力超过材料的动态屈服强度时，冲击波会使受喷丸区域的材料在极短时间内以超高应变速率（高达约 10^7/s 量级）发生剧烈塑性变形，剧烈塑性变形显著改变材料表层微观结构，使表层晶粒急剧细化，并产生高密度晶体缺陷（如位错、孪晶）等，提高了表层硬度。

（2）引入残余压应力。激光喷丸产生的冲击波在激光束照射方向上产生的单轴压应力使得激光冲击区域的材料向四周膨胀变形，这种膨胀的塑性变形受到其周围邻近未变形基体的限制，因而在激光冲击区域的金属表层产生附加压应力。当激光冲击波除去时，不均匀的塑性变形引起的附加压应力仍将保留在变形体内形成残余压应力，如图 6－3 所示。

残余压应力的存在：①会降低交变载荷中的拉应力水平，使平均应力水平下降，从而抑制疲劳裂纹萌生；②同时残余压应力的存在，可引起裂纹的闭合效应，从而有效降低疲劳裂纹扩展的驱动力，抑制疲劳裂纹扩展。

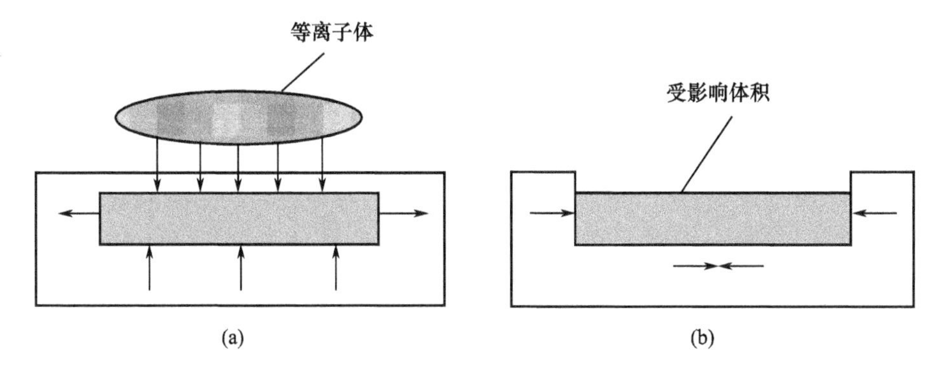

图 6－3 激光喷丸诱导残余压应力场的形成机理

（a）喷丸过程中的冲击区内材料的拉伸；（b）喷丸后形成的残余压应力场。

残余压应力与周期疲劳过程中产生的拉伸应力叠加，如果仍为压应力，则可以抑制疲劳裂纹的扩展，如图 6－4 所示。

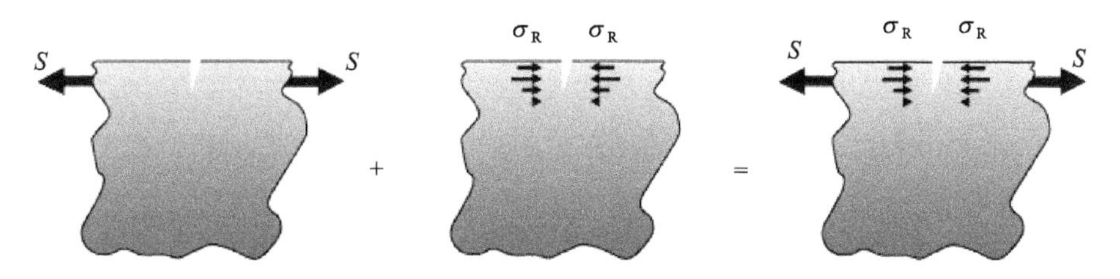

图 6－4 残余压应力抑制疲劳裂纹扩展的机理（见彩图）

S —施加的载荷；σ_R—残余压应力。

因此,LSP 处理后材料表层产生的应变硬化和高幅度/深度的残余压应力可显著提高材料的抗疲劳、抗应力腐蚀和耐磨损等力学性能。

控制 LSP 处理后,材料的“性能—效能”(如抗疲劳、抗应力腐蚀、耐磨损性能等)的主要因素是 LSP 处理后材料表层所形成的特征微观结构(内因)和外部的服役条件(外因)。在特定的服役条件下,唯有揭示 LSP 超高应变速率塑性变形诱生的微结构/残余应力的特征与形成机制,才能达到运用材料学工艺方法调控材料组织结构,进而控制材料性能/效能的目的。LSP 处理后材料的优异性能是以 LSP 诱生的特征微结构/残余应力保持一定的稳定性为前提的。然而 LSP 诱生的微结构在热力学上处于亚稳状态,在高温或周期性循环载荷的服役条件下,将向更稳定的亚稳定及稳定态转化,如晶粒长大、沉淀相析出与粗化以及与之伴随的残余应力的释放(松弛)等现象就是 LSP 产生的特征微结构趋向热力学平衡态转变的表现形式,随之将导致其抗疲劳、抗应力腐蚀和耐磨损等优越性能的丧失。

因此,探索 LSP 超高应变速率塑性变形诱生的微结构/残余应力的特征与形成机制,揭示 LSP 诱生的微结构/残余应力影响性能(如抗疲劳/抗应力腐蚀/耐磨损性能及其稳定性等)的内在本质,深入研究提高其特征微结构/残余应力稳定性的控制原理等基础问题,并设计新型 LSP 技术以获得力学性能高且稳定的 LSP 表层特征微结构/残余应力,这些无疑是材料科学与工程领域极富诱惑力和挑战性的课题,不仅对突破传统理论的局限、正确认识 LSP 特征微结构/残余应力形成的微观本质具有重要的理论意义,而且将开辟调控激光冲击特征微结构/残余应力的新途径,为提高 LSP 诱生的微结构/残余应力稳定性提供科学考量依据,对实现 LSP 特征微结构/残余应力及其稳定性的有效调控、拓展 LSP 工程应用领域具有重要意义。

本章主要介绍基于材料动态行为、物理冶金、冲击动力学等多学科交融的理念[12,13],以 TC17 钛合金为对象,开展的激光冲击超高应变速率塑性变形诱生的微结构的特征与形成机制及其热稳定性研究的相关工作。

6.2 激光冲击强化诱生的钛合金表层微结构/残余应力的形成机制及其热稳定性

6.2.1 激光冲击钛合金诱生的微结构特征与形成机制

钛合金由于具有较高的比强度、较好的耐蚀性等优点在航空、化工等领域的应用越来越广泛。TC17 钛合金(名义成分为 Ti - 5Al - 4Mo - 4Cr - 2Sn - 2Zr, wt%),由于其高强韧、较好的高温性能等优点在钛合金使用总量中占有较大的比例。钛合金在实际应用过程中发生的疲劳等材料失效现象常常始于材料表面,因此强化材料的表面性能具有很大价值。

关于 LSP 技术对金属微观结构的影响已有很多学者进行了相关研究。Mordyuk[14]研究了超声喷丸和激光(冲击)喷丸后 AISI 321 不锈钢微观结构的差别;在超声喷丸后的不锈钢样品中发现了深约 30μm 的纳米晶组织,而在激光(冲击)喷丸后的样品中只发现了致密和高度缠结的位错排列和位错胞结构;Ge[15]研究了 AZ31B 镁合金经激光冲击加载后微观结构的特征,发现位错组态的演变是 AZ31B 镁合金表面纳米晶形成的主要原因;Lu[16]关注了 LY2 铝合金在多次 LSP 后微观结构的变化,认为位错缠结和致密位错墙转变成的亚晶界发生了连续动态再结晶,并且最终形成了具有大角度晶界的细小等轴晶粒。关于激光冲击钛合金的研究比较少,Steven 比较了经过机械喷丸和激光冲击喷丸后 Ti-6Al-4V 位错结构的不同,而且认为在激光冲击喷丸样品中之所以没有出现变形孪晶,是因为应变速率太高,变形时间小于形成变形孪晶所需的时间;Ren[18]研究了激光冲击过程中 Ti-6Al-4V 钛合金的微观结构演变,认为多方向孪晶交叉和亚晶界的分裂导致了 LSP 后钛合金的晶粒细化;Zhou[19]在 3 次激光冲击后 Ti-5Al-4Mo-4Cr-2Sn-2Zr 的样品中发现了尺寸在 30~60nm 范围内的纳米晶层,而位错演变是其晶粒细化的主要原因。但是关于钛合金经激光冲击后微观组织细化的特征,大部分都只观察了激光冲击最表层微观组织特点,缺乏不同深度处微观组织的变化过程研究,而且对于激光冲击钛合金导致晶粒细化机制的结论相悖,并且缺乏定量的分析。

作者[12]首次利用 TEM 观测了激光冲击诱生的 TC17 钛合金表层梯度微观结构特征,并基于旋转动态再结晶动力学定量地阐释了合金表面晶粒瞬间细化机制。

选用研究对象为 TC17 钛合金,其化学成分见表 6-1 所列。激光冲击前等轴晶粒平均尺寸约为 43μm。采用尺寸为 30mm×15mm×5mm 的矩形试样用于激光冲击实验。

微观结构观察主要利用 OM 和 TEM 进行。截面金相试样在金相预磨机上利用 600~2000 号水磨砂纸逐级研磨,整个研磨过程通水冲洗冷却,然后用 3.5μm 的金刚石研磨膏机械抛光后,采用 Keller 试剂(92mL 的 H_2O、4mL 的 HNO_3、2mL 的 HF、2mL 的 HCl)进行腐蚀,最后在金相显微镜下观察。采用 TEM 对激光冲击后 TC17 钛合金不同深度处显微结构进行观察,所用截面试样的制备方法为垂直于冲击表面截取两个尺寸为 10mm×1.1mm×1.1mm(长×宽×高)的长条,用 Gatan G1 胶将激光冲击面对粘起来后,置于同样充满 Gatan G1 胶的直径3mm铜管中黏固。使用金刚石切片机沿铜管直径方向切取厚度为1mm左右的ϕ3mm薄片，在1500号或2000号砂纸上轻轻地减薄至几十微米。终减薄采用离子减薄方式，减薄参数为：先用离子能力5kV、离子入射角度7°减薄样品对粘位置直至对粘中心附近样品穿孔，然后用3kV、2°小角度继续减薄30min，最终制得TEM截面观察试样。

经过激光冲击加载后，TC17钛合金力学性能变化采用维氏硬度进行表征。抛光好的截面试样由冲击表面向内部每隔0.2mm距离取测量点，最表面硬度值单独测量。实验载荷为1kg，载荷保持时间为10s。

表6-1　TC17钛合金化学成分（wt%）

Al	Mo	Cr	Sn	Zr	Fe	Ti
4.5~5.5	3.5~4.5	3.5~4.5	1.6~2.4	1.6~2.4	0.30	Bal

激光冲击实验采用厚度为100μm的铝箔作为吸收层，保护TC17钛合金试样不被激光热灼蚀，采用厚度1mm的流动水作为约束层，增强LSP的效果，激光冲击实验的具体参数见表6-2所列。

表6-2　实验选择的具体工作参数

工作参数	选用值
激光束发散角/m rad	≤2
激光光斑尺寸/mm	2.5
脉冲能量/J	7
脉冲宽度/ns	15
激光波长/nm	1064
能量稳定性/%，rms	<1.5%
搭接率/%	8

1. 激光冲击诱生的表层梯度微结构特征

1）激光冲击载荷的特征参量

（1）冲击波峰值压力p（GPa）。

冲击波峰值压力计算式为[4]

$$p = 0.01\sqrt{\frac{\alpha}{2\alpha + 3}} \times \sqrt{Z} \times \sqrt{I_0} \tag{6-1}$$

式中：α为内能转化为热能的系数，当采用水作为约束层时，α的最佳取值为0.2[20]；Z为靶材与约束层的合成冲击波声阻抗，计算式为[4]

$$\frac{2}{Z}=\frac{1}{Z_1}+\frac{1}{Z_2} \tag{6-2}$$

式中：Z_1 为靶材的声阻抗，$Z_{Ti}=2.75\times10^6 g/(cm^2\cdot s)$[21]；$Z_2$ 为约束层的声阻抗，水作为约束层，其声阻抗为 $Z_{water}=0.165\times10^6/(cm^2\cdot s)$[20]。计算得合成声阻抗 $Z=0.311\times10^6 g/(cm^2\cdot s)$。

I_0 为激光功率密度，可由下式计算[15]，即

$$I_0=\frac{4E}{\tau\cdot\pi d^2} \tag{6-3}$$

式中：E 为激光脉冲能量，J；τ 为激光脉冲宽度，ns；d 为光斑直径，cm，实验采用的各参数分别为 7J、15ns 和 0.25cm，计算得出 $I_0=9.5GW/cm^2$。

将 α、Z 和 I_0 代入式(6-1)中，计算得出冲击波峰值压力为 4.2GPa。

（2）绝热温升。

激光冲击过程中靶材应变速率可以达到 $10^7/s$[16]。由于约束层的约束作用延长了冲击波的作用时间，样品中冲击载荷持续时间约为激光脉冲持续时间的 2～3 倍[20]，本实验中激光脉冲持续时间为 15s，冲击载荷持续时间取激光脉冲持续时间的 3 倍，即为 45ns，因此，TC17 钛合金在激光冲击过程中的应变量为 $\varepsilon=\dot{\varepsilon}t=10^7\times45\times10^{-9}=0.45$。

由于激光冲击过程中 TC17 钛合金经历了超高应变速率塑性变形，可以看作绝热过程，关于 TC17 钛合金激光冲击变形过程的温升，采用下式计算，即

$$\Delta T=\frac{\beta}{\rho c_V}\int_0^{\gamma}\tau d\gamma \tag{6-4}$$

式中：β 为热功转换系数，一般认为塑性变形过程中 90% 塑性功转化成热量，所以取 $\beta=0.9$，TC17 钛合金密度为 $4.68g/cm^3$[22]，比热容 c_V 为 $470J/(kg\cdot K)$[23]，则

$$\Delta T=\frac{\beta}{\rho c_V}\int_0^{\gamma}\tau d\gamma\approx\frac{\beta}{\rho c_V}\times P\varepsilon=768K \tag{6-5}$$

其中，$T=T_0+\Delta T=298+768=1066K$，高于 TC17 钛合金再结晶温度 $0.4T_m$，其中 T_m 为 TC17 钛合金的熔点（约为 1973K ±25K）。

2）金相组织结构特征

从激光冲击处理 TC17 钛合金截面金相照片可以看出（图 6-5），单次 LSP 处理之后，由于试样变形表面到基体应变量和应变速率逐渐降低，在材料表层形成了梯度显微结构。基体部分晶粒大小约为 43μm，最表层晶粒尺寸在金相照片中难以分辨，需要利用 TEM 进行更高倍数的观察，在影响层深度约为 200μm 范围内可观测到较多的形变孪晶。

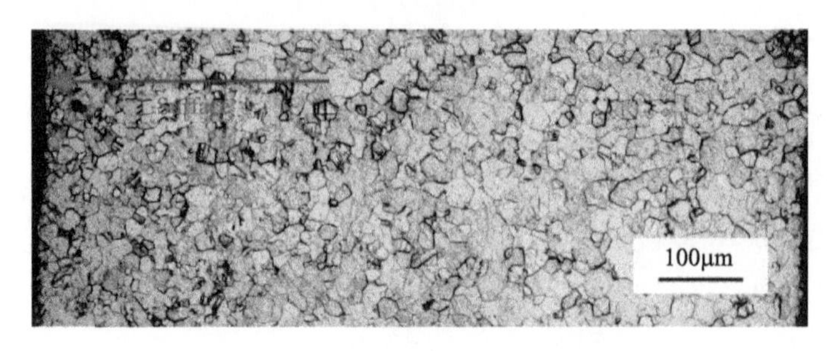

图6-5　TC17 钛合金截面金相照片

3）表层梯度微结构特征

（1）距激光冲击表层约 300μm 深度处。

图6-6 所示为激光冲击 TC17 钛合金距表层 300μm 深度处（近基体）截面试样 TEM 形貌观察结果，从照片中可以看出激光冲击后 TC17 钛合金原始大晶粒内部变形引入的位错线（Dislocation Lines，DLs），如图6-6（a）所示，由所在区域的选区电子衍射花样中可以看出该处衍射花样的衍射斑点拉长成弧状，但仍表现为较明显的单晶衍射花样；变形组织中出现了较高密度孪晶，孪晶宽度在亚微米级，孪晶周围聚集了大量位错，见图6-6（b）；同时孪晶内部位错密度较高，位错之间相互缠结，如孪晶高放大倍数如图6-6（c）所示。

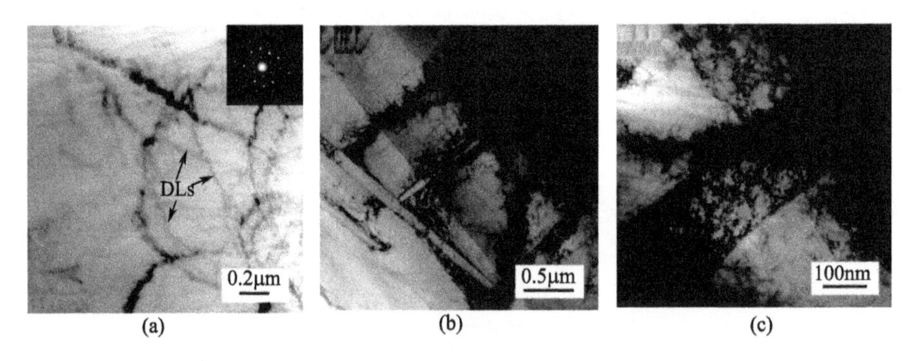

图6-6　激光冲击 TC17 钛合金距表层 300μm 深度处截面试样 TEM 形貌
（a）位错；（b）孪晶；（c）孪晶放大图。

（2）距激光冲击表面约 100μm 深度处。

图6-7 所示为距离表面约 100μm 深度处的 TC17 钛合金变形组织截面试样 TEM 形貌观察结果。从图中可以看出，相比 300μm 深度处（图6-5）组织，激光冲击后 100μm 深度处 TC17 钛合金组织变形程度更大，位错密度进一步增大，如图6-7（a）所示，相应地选区电子衍射花样斑点弧化更加明显，有形成环形的趋势；该深度处位错间的相互缠结（Dislocation Tangles，DT）更加明显，有形

成位错胞(Dislocation Cells,DC)的趋势,见图6-7(b);高放大倍数的孪晶照片显示孪晶内部高密度位错缠结明显,如图6-7(c)所示。

图6-7　约100μm深度处截面TEM明场像照片及选区衍射花样

(a)、(b)位错缠结及选区衍射花样;(c)孪晶放大照片。

(3) 距激光冲击表面约50μm深度处。

图6-8所示为距离表面约50μm深度处的TC17钛合金变形组织截面试样TEM形貌观察结果。随着深度的进一步减小,位错缠结逐渐转化成为位错胞,位错胞的尺寸在300~600nm范围内,如图6-8(a)所示,相应选区衍射花样几近成环,说明50μm深度处TC17钛合金在激光冲击后位错胞的尺寸很小,位错胞之间的取向差较小;该深度处孪晶数量很少,孪晶交叉以及孪晶内部位错缠结将孪晶切分为细小位错胞块,如图6-8(b)和图6-8(c)所示。相比更深位置处,50μm深度处的晶粒经历了更高应变速率变形,并且变形量增大,该处原始粗大晶粒已经转化为亚微米级的位错胞结构。

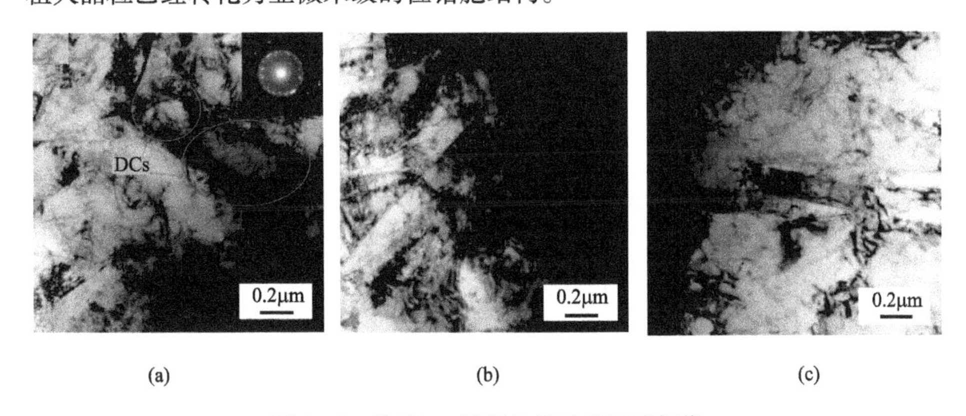

图6-8　约50μm深度处截面TEM明场像

(a)位错线明场像及选区衍射花样;(b)、(c)孪晶切分为局部小块。

(4) 距激光冲击表面约 30μm 深度处。

图 6-9 所示为距离表面约 30μm 深度处的 TC17 钛合金变形组织截面试样 TEM 形貌观察结果。从照片中可以看出，该深度处位错胞逐渐转变为亚微米级的亚晶，大部分亚晶尺寸在 300~500nm 范围内，亚晶内部仍存在较高密度的位错组织，如图 6-9(a)所示，相应选区电子衍射花样显示该深度处相比 50μm 深度处变形程度进一步加大，衍射斑点已经成为环状，位错胞转变成的亚晶相互间取向差较大；选取 15 个不同视场统计该深度处亚晶尺寸，得到的尺寸分布柱状图如图 6-9(b)所示，亚晶平均尺寸为 403nm。

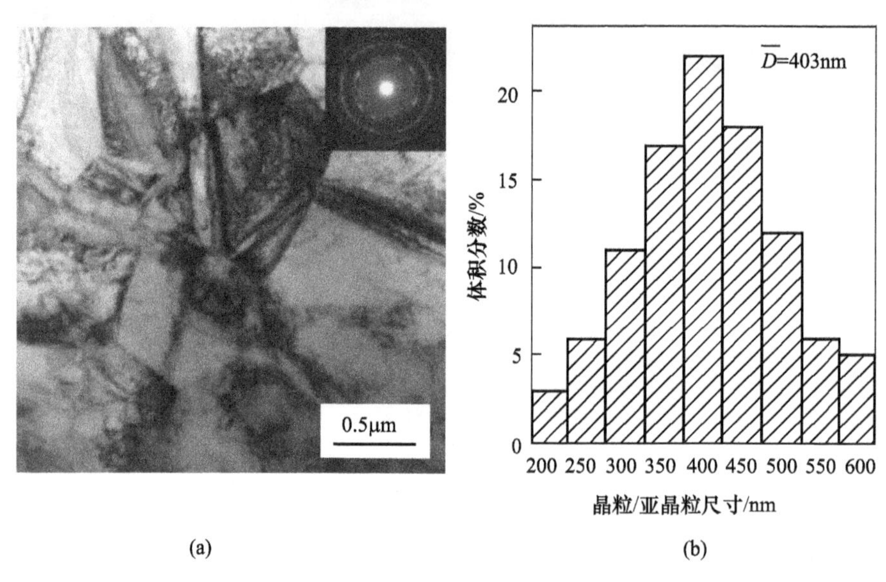

图 6-9 约 30μm 深度处截面 TEM 形貌
(a)明场像及相应衍射花样；(b)晶粒/亚晶粒尺寸分布图。

(5) 激光冲击最表面。

图 6-10 所示为 TC17 钛合金变形组织最表面平视 TEM 形貌观察结果。从照片中可以看出，最表面晶粒经过超高应变速率变形后，大部分晶粒转变成了等轴状的细小晶粒，呈现再结晶晶粒的特点。晶粒内部位错密度相比 30μm 深度处明显降低，但仍然存在一定的位错组织(图 6-10(a))，该处的选区电子衍射花样已经成为了完整的环形，说明原始粗晶得到了充分细化，并且细化晶粒取向呈随机分布，和照片中等轴细小晶粒相符；表面细化晶粒尺寸大都分布在 200~600nm 范围内，平均晶粒大小为 396nm，如图 6-10(b)细化晶粒尺寸分布图所示。相比原始粗晶(43μm)，经过 LSP 处理后，TC17 钛合金表面晶粒细化程度超过 100 倍。

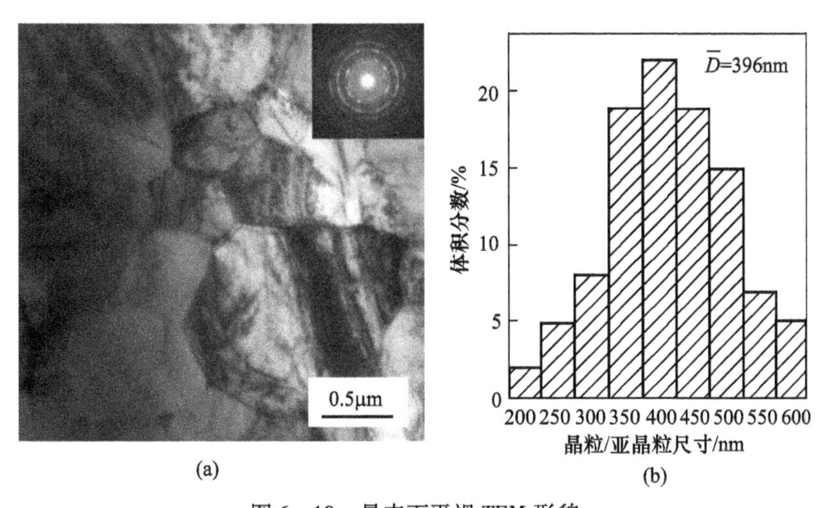

图 6 - 10　最表面平视 TEM 形貌

(a)明场像及相应衍射花样；(b)晶粒/亚晶粒尺寸分布图。

2. 表层硬度梯度分布特征

通过表层硬度测试，得到表层硬度与表面距离关系如图 6 - 11 所示。由图 6 - 11可知，

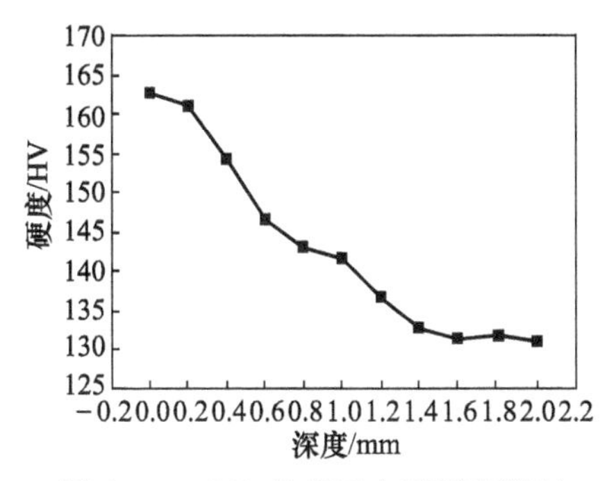

图 6 - 11　LSP 处理后表层硬度梯度

表层硬度随距离激光冲击表面距离增大而逐渐减小，最表层硬度提高了 24% 左右。当深度达到 1.4mm 之后，表层硬度趋于稳定，更深处的样品未受到激光冲击的影响。显微硬度结果证明，TC17 钛合金在此冲击实验参数下的单次激光冲击处理后虽然组织显著影响层深只有 200μm，但在 1mm 深度范围内仍存在冲击波引入的位错、孪晶等晶体缺陷。

3. 表层梯度微结构演变机制

1）微结构演变机制

在金属表面加工过程中，塑性变形和晶粒细化机制主要取决于金属的晶体

结构以及层错能的大小。TC17 钛合金的 hcp 型晶体结构的 α 相具有高层错能[24]，主要以位错滑移塑性变形机制为主；而 β 相由于具有 bcc 型晶体结构，在较高应变速率变形条件下，具有位错滑移和孪生两种变形机制。分析不同深度处的透射电子显微镜照片可以看出，孪晶产生于较深的位置，冲击波向材料内部传播过程中逐渐衰减，所以距离表面较深位置处冲击波强度较弱，该处钛合金应变量和应变速率较低，孪晶的出现可以协调钛合金的塑性变形。靠近激光冲击表面处 TC17 钛合金的应变速率特别高（10^7/s），和通常认为应变速率越高越容易产生孪晶不同，本实验中发现在表面高应变速率区域孪晶密度较低，和文献[25]的实验结果相符；可能是 LSP 过程中应变速率太高，变形时间量级太低以致不能满足变形孪晶形成，发生孪生的原子移动到新位置所需的时间不够，推测孪生发生具有应变速率的上限[26]。

根据 TEM 实验结果看，激光冲击后 TC17 钛合金表面亚微米级等轴晶粒具有动态再结晶晶粒特征。在 LSP 超高应变速率加载过程中，由于能量吸收层本身的“牺牲”作用和约束层流动水的散热作用，因此，激光冲击区域 TC17 钛合金经历了瞬间急剧升温和降温。现有的基于准静态条件的再结晶模型的动力学相对于 LSP 处理过程中晶粒的形成速率及冷却速率都慢了几个数量级，因而不能解释 LSP 处理时的晶粒瞬间急剧细化现象。旋转动态再结晶（RDR）机制[27]能够从动力学上解释高应变速率变形条件下再结晶过程的发生，作者已对应变速率在 10^6/s 之下的动态旋转再结晶机制进行了相关研究（见第 2 章），激光冲击过程中金属表层应变速率高达 10^7/s[16]，在此对在这种超高应变速率条件下，旋转动态再结晶机制是否适用进行动力学计算。

旋转再结晶机制认为亚晶界在界面能最小的驱动力作用下形成大角度晶界。亚晶界旋转产生大角度晶界的动力学方程为[27]

$$t=\frac{L_1 kTf(\theta)}{4\delta\eta D_{b0}\exp\left(-\frac{Q_b}{RT}\right)} \tag{6-6}$$

式中：δ 为晶界厚度；η 为晶界能；D_{b0} 为与晶界扩散相关的常数；L_1 为平均亚晶界直径；Q_b 为材料晶界扩散激活能，$Q_b=(0.4\sim0.6)Q$[27]，选取 $Q_b=0.5Q$ 进行计算，其中 Q 是晶粒生长激活能；θ 为亚晶之间的取向差。

$f(\theta)$关于 θ 的函数表示为[27]

$$f(\theta)=\frac{3\tan\theta-2\cos\theta}{3-6\sin\theta}+\frac{2}{3}-\frac{4\sqrt{3}}{9}\ln\frac{2+\sqrt{3}}{2-\sqrt{3}}+\frac{4\sqrt{3}}{9}\ln\frac{\tan\theta/2-2-\sqrt{3}}{\tan\theta/2-2+\sqrt{3}} \tag{6-7}$$

对于 TC17 钛合金，各参数[28]为：$k=1.38\times10^{-23}$J/K，$\delta=6.0\times10^{-10}$m，$\eta=1.19$J/m^2，$D_{b0}=2.8\times10^{-5}$m^2/s，$Q=204$kJ/mol，$R=8.314$J/mol。

将 $L_1=396$nm、$T=1065.95$K 代入式(6－6)得到再结晶时间关于晶界旋转角度的关系曲线如图 6－12 所示。

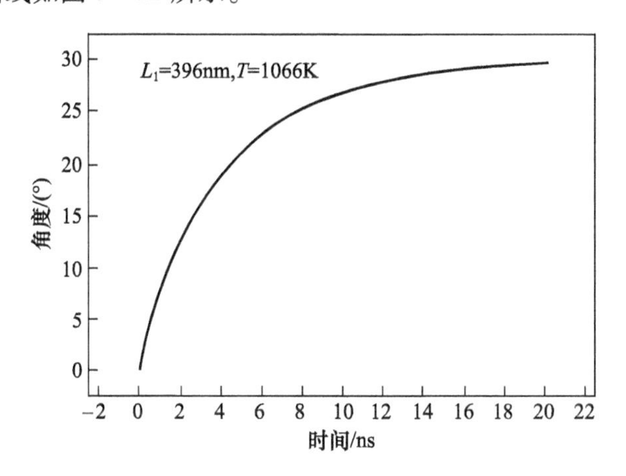

图 6－12　在 1066K 温度下亚晶界旋转产生再结晶晶粒的动力学曲线

一般认为,钛合金再结晶需首先形成 15°的大角度晶界[29],从图 6－12 中可以看出,TC17 钛合金通过亚晶界旋转 15°形成大角度晶界完成再结晶,形成表层 396nm 的细小晶粒所需时间约为 2.76ns,小于激光冲击过程中脉冲持续时间 45ns,说明在变形时间内 TC17 钛合金能够通过亚晶界旋转得到表层细化晶粒,旋转动态再结晶机制在 10^7/s 应变速率下同样适用。由此也证明了激光冲击超高应变速率塑性变形诱生的 TC17 钛合金表层晶粒细化,是发生了旋转动态再结晶的结果。

2）硬度梯度分布机制

TC17 钛合金激光冲击后,表面晶粒细化至亚微米级,且越接近表面晶粒细化效果越明显,随着晶粒尺寸的减小以及晶界/亚晶界界面的增多,都会导致位错以及孪晶的开动更加困难。此外,TC17 钛合金经激光冲击加载后,距离表面越近,应变量和应变速率越高,虽然形成的变形孪晶数量下降,但是位错密度显著升高,位错急剧增加产生的强化效应占主导地位,因此激光冲击后 TC17 钛合金表层硬度显著提高,并且形成了越接近表面硬度越高的硬度梯度分布。

本节利用透射电镜技术观测了 TC17 钛合金激光冲击后沿深度方向形成的梯度微观结构,表面晶粒由平均 43μm 瞬间细化至 396nm。靠近基体区域激光冲击造成的 TC17 钛合金的塑性变形量较小、应变速率相比于近表面处较低,满足发生孪生变形所需时间,因而微观组织以位错线和较高密度的孪晶为主;随着距离激光冲击表面越近,激光冲击引入的变形量不断增加、应变速率增高,此时高密度位错相互缠结并进一步转变为位错胞,由于变形时间太短孪生原子来不及进行位置重排，因此孪晶数量较少；激光冲击最表面塑性变形程度最大、应变速率最高，此处几乎没出现孪晶，由于剧烈塑性变形材料的绝热温升达到1066K（超过再结晶温度），再结晶动力学定量计算表明；由位错胞转化成的亚晶发生旋转动态再结晶，并最终由原始43μm晶粒尺寸瞬间细化为396nm的等轴细小再结晶晶粒。晶粒细化造成的晶界强化效应以及影响层内所形成的高密度晶体缺陷（位错和孪晶）是激光冲击后TC17钛合金表层硬度提高的原因。

6.2.2 激光冲击诱生的钛合金表层微结构的热稳定性

塑性变形能够在金属材料内部引入大量位错、孪晶等晶体缺陷，并且能够形成晶粒细化的强化微观结构，这种变形微观结构在热力学上处于亚稳状态[30]。当变形金属处于一定条件下，如较高温度时，这些晶体缺陷尤其是位错组织会发生重排、湮灭等，当温度较高或保温时间较长时，变形得到的细小晶粒会长大，从而降低变形金属材料的宏观性能。激光冲击加载作为一种超高应变速率表面变形工艺，能够在极短时间内在金属材料内部引入以及大量位错、孪晶等晶体缺陷，并且有效细化表层晶粒，由于LSP冲击脉冲的持续时间非常短暂，可供冲击波阵面前产生的位错运动时间有限，故而所形成的位错组态等是非稳态的，非稳态的位错组态在LSP后的高温强制条件下很容易发生再排列（重组），这种动态加载生成的不稳定亚结构容易被随后的高温条件下产生的稳定结构所代替。此外，LSP诱生的超细晶粒会在高温下粗化。因此，LSP诱生的微观结构及其对应的力学性能是不稳定的。当激光冲击工件在实际应用过程中处于高温环境下时，由微观结构变化引起的力学性能的降低会影响工件的使用效果，因此研究激光冲击诱生的金属特征微观结构的热稳定性对于LSP技术的实际应用意义重大。

Luo等[31]发现镍基超合金激光冲击后的退火过程中，表面变形得到的纳米晶粒长大温度高于动态再结晶温度$0.36T_m$，即纳米结构材料晶粒长大需要更高的温度。Altenberger等[32]研究了AISI 304不锈钢和Ti-6Al-4V合金经深轧和激光喷丸后近表面微观结构的热稳定性，结果表明AISI 304不锈钢经深轧后近表面形成的纳米晶在低于$0.5T_m$时保持稳定，而激光冲击后表面形成了高度缠结和致密位错亚结构组织在低于$0.6T_m$时保持稳定；Ti-6Al-4V合金深轧后近表面纳米结构在低于650℃（$0.2T_m$~$0.5T_m$）时保持稳定，而激光冲击后微观组织在900℃下保持稳定。Xu等[33]研究了激光冲击后IN718合金微观结构的热稳定性，发现700℃/300min和800℃/min退火后晶粒尺寸比激光冲击及600℃/300min退火试样大，激光冲击IN718超合金微观结构在600℃温度下稳定性较好，退火过程中残余应力的释放和微观结构中位错以及晶粒尺寸的变化相关。大部分激光冲击变形金属材料微观结构热稳定性的研究都是基于冲击最表面微观结构的变化,而少有关于梯度微观结构热稳定的探讨。

Yang 等[13]基于 TEM 观测研究激光冲击后 TC17 钛合金梯度微观结构在退火过程中的变化规律,并利用维氏硬度表征各温度退火试样微观组织变化对力学性能的影响,最终确定最表面微观结构显著变化的临界温度。[13]

为了研究激光冲击后 TC17 钛合金微观结构的热稳定性,将激光冲击样品分别在 573K、623K、673K、723K 以及 773K 这 5 个温度下分别退火 1h。选取 573K 以及 673K 两个温度退火试样,制备 TEM 截面样品,分析经退火后距表面不同深度处微观组织的特点和变化规律,并和激光冲击后截面试样微观结构特点进行对比分析;制备 5 个退火试样最表面 TEM 试样,确定激光冲击后 TC17 钛合金最表面微观结构显著变化的临界温度。

利用 TEM 研究激光冲击 TC17 钛合金退火后微观结构热稳定性。截面 TEM 样品制备方法如下:将两个激光冲击表面用 Gatan G1 胶对粘后,垂直于激光冲击表面切割厚度 0.8mm 的薄片,先采用机械研磨方式减薄至厚度为 60μm,然后凹坑减薄至厚度为 20~30μm,最后进行最终离子减薄。离子减薄参数为先用 5kV、7°减薄至试样穿孔,随后采用 3kV、2°减薄 30min 修大薄区。

利用维氏硬度测试分析激光冲击 TC17 钛合金经不同温度退火后力学性能的变化。

1. LSP 诱生特征微结构的热稳定性

1) 573K/1h 及 673K/1h 退火试样截面微结构特征

图 6-13 是激光冲击 TC17 钛合金样品及不同温度下退火 1h 后距表面不同深度处的截面试样 TEM 形貌观察结果。从图 6-13(a)、图 6-13(d)和图 6-13(g)对比分析激光冲击试样、573K/1h 及 673K/1h 退火试样距冲击表面 100μm 深度处的微观组织变化。激光冲击后变形组织内出现了较多变形孪晶,孪晶内外均存在位错缠结,如图 6-13(a)所示;经 573K/1h 退火后组织内位错以及变形孪晶数量有所下降,位错组态较清晰,如图 6-13(d)所示;激光冲击试样经 673K/1h 退火后,位错数量急剧降低,仍存在少量变形孪晶,如图 6-13(g)所示。

图 6-13(b)、图 6-13(e)和图 6-13(h)分别是激光冲击试样、573K/1h 和 673K/1h 退火试样距冲击表面 50μm 深度处的微观组织。激光冲击试样在距表面 50μm 深度处微观组织内部孪晶密度相比 100μm 深度处有所下降,但是位错密度明显升高,致密的位错缠结已经转变成为位错胞,如图 6-13(b)所示;激光冲击试样经 573K/1h 退火后在距离冲击表面 50μm 深度处的微观组织形貌清晰、位错密度降低、胞状结构更为清晰,如图 6-13(e)所示;激光冲击试样经 673K/1h

退火后在距离表面50μm深度处的微观组织畸变程度大大降低，位错密度大幅降低，孪晶消失，如图6－13(h)所示，相比冲击变形试样以及573K/1h退火试样，673K/1h退火试样微观组织中胞状结构的尺寸增大、位错胞胞壁更为清晰规整。

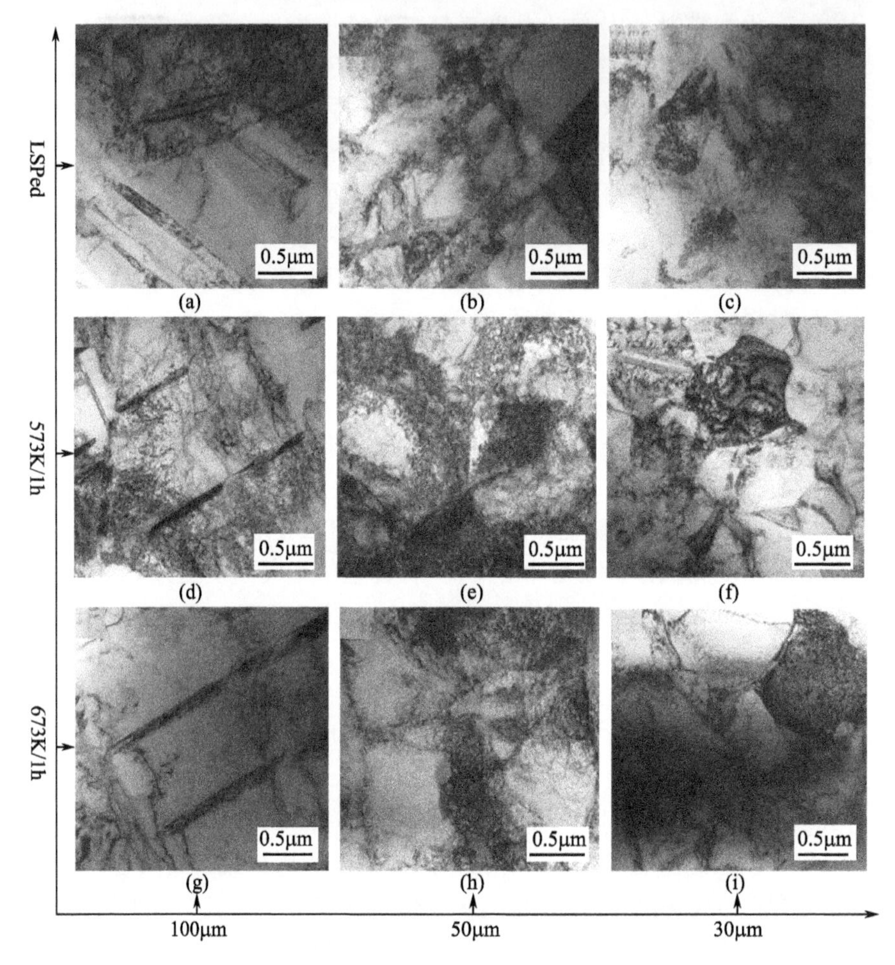

图6－13 激光冲击及不同退火样品不同深度处微观结构分析

(a)～(c)激光冲击样品；(d)～(f)激光冲击后进行573K/1h退火处理样品；(g)～(i)激光冲击后进行673K/1h退火处理样品；(a)、(d)、(g)距冲击表面100μm；(b)、(e)、(h)距冲击表面50μm；(c)、(f)、(i)距冲击表面30μm。

图6－13(c)、图6－13(f)和图6－13(i)分别是激光冲击试样、573K/1h和673K/1h退火试样距冲击表面30μm深度处的微观组织。激光冲击试样在距冲击表面30μm深度处的微观组织主要特征是位错胞转变成的尺寸大都在200～500nm范围的亚晶，如图6－14(c)所示；而经573K/1h退火后试样在该深度处

微观组织变清晰，位错数量降低，亚晶形貌更加明显，亚晶尺寸相比冲击试样没有显著变化，如图 6－13(f)所示；激光冲击试样经 673K/1h 退火后在距表面 30μm 深度处微观组织内位错密度很低，并且相比冲击试样以及 573K/1h 退火试样亚晶尺寸较大，大都在 500～1100nm 尺寸范围内，如图 6－13(i)所示。

2）不同退火温度试样最表面微结构形貌特征

从图 6－14 所示的激光冲击加载试样及不同温度退火样品试样最表面形貌照片可以看出，原始激光冲击 TC17 钛合金经过退火后显微组织发生了较大变化，显微组织中位错数量减少，并且晶粒均得到不同程度的长大。激光冲击变形试样经过退火后位错、孪晶会逐渐湮灭，原始变形组织中由于位错缠结形成的位错胞转变成的亚晶长大，所以从照片中可以明显看出晶粒长大过程。在各个退火温度条件下，随机选取 15 个观察区域，统计晶粒大小得到晶粒大小分布柱状图，如图 6－15 所示。

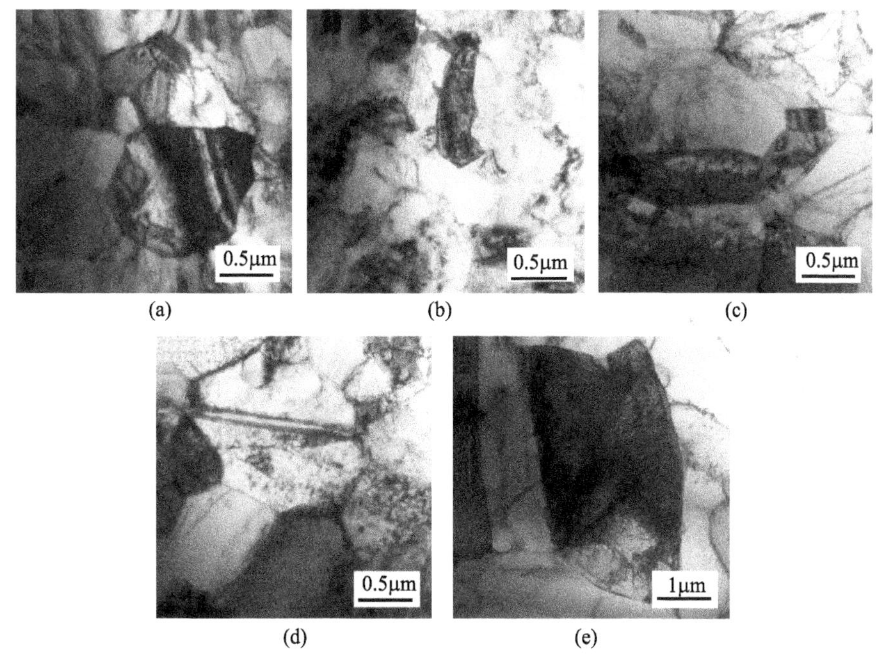

(a) (b) (c) (d) (e)

图 6－14 不同温度退火后试样最表面 TEM 明场像

(a)激光冲击加载试样；(b)573K/1h 退火样；(c)623K/1h 退火样；(d)673K/1h 退火样；(e)723K/1h 退火样。

从图 6－15 所示的不同退火温度条件下激光冲击 TC17 钛合金最表面晶粒尺寸分布柱状图可以看出，激光冲击后 TC17 钛合金表面晶粒尺寸大部分分布在 300～600nm 范围内，其中平均晶粒大小约为 396nm，如图 6－15(a)所示；激光冲击 TC17 钛合金试样经 573K/1h 退火后，最表面晶粒尺寸分布和加载试样相比没有明显变化，平均晶粒大小为 422nm，如图 6－15(b)所示；激光冲击加载试样经 623K/1h 退火后晶粒尺寸分布大都集中在 300～800nm 范围内，其中平均晶粒大小为 493nm，如图 6－15(c)所示，比激光冲击加载试样晶粒长大了约 24%；激光冲击 TC17 钛合金样品经过在 673K 温度下退火 1h 之后，表面晶粒尺寸大都分布在 600～1400nm 范围内，拟合晶粒大小分布柱状图得出平均晶粒大小约为 1.04μm，如图 6－15(d)所示，约为激光冲击 TC17 钛合金未经退火样品最表面晶粒尺寸的 2.6 倍；激光冲击 TC17 钛合金经过在 723K 温度下退火 1h 以后，表面晶粒尺寸增长幅度较大，并且发生了异常长大现象，晶粒尺寸分布呈现两极分化的特点，其中一个分布峰值处于 1.0～1.5μm 范围内，另一部分晶粒尺寸聚集在 2.5～3.5μm 区间内，总平均晶粒大小为 2.46μm，如图 6－15(e)所示，是激光冲击 TC17 钛合金未经退火样品最表面晶粒尺寸的 6.2 倍。由此可以看出，673K 是激光冲击加载 TC17 钛合金微观组织稳定性的临界温度。

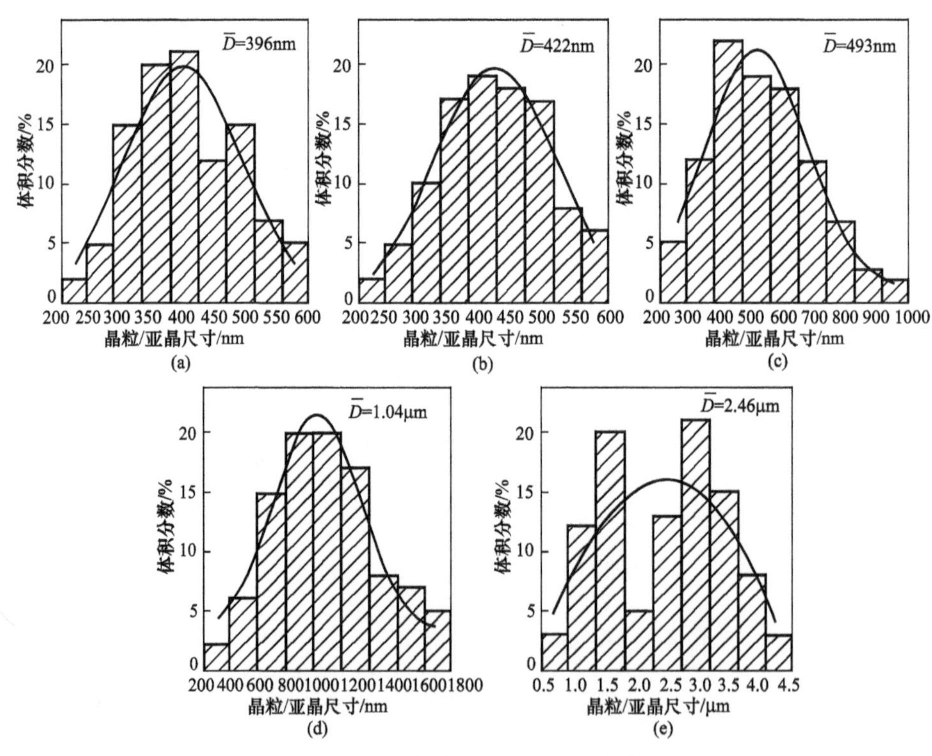

图 6－15　不同温度退火后晶粒尺寸分布柱状图

(a)激光冲击加载试样；(b)573K/1h 退火；(c)623K/1h 退火；(d)673K/1h 退火；(e)723K/1h 退火。

由激光冲击后 TC17 钛合金距表面不同深度处微观组织 TEM 照片可以看出，距离冲击表面越近，微观组织中形变孪晶密度越低，在距离冲击表面 30μm 深度处以及冲击最表面几乎不存在孪晶。由于激光冲击加载过程中，应力波向材料内部传播过程中会逐渐衰减，因此距离激光冲击表面越远，TC17 钛合金变形试样内部产生的应变以及应变速率越低。通常认为应变速率越高越有利于形变孪晶的产生，本实验结果却正好相反，这可能是因为激光冲击近表面处应变速率过高，有文献报道在 10^7/s 量级，在如此高的应变速率条件下，发生孪生的原子向孪生方向进行位置重排的时间不够，因此难以发生孪生变形[25,34]。

激光冲击 TC17 钛合金试样在较低温度条件下进行退火处理时，由于微观组织中位错、孪晶等晶体缺陷湮灭的数量有限，这些晶体缺陷对晶界迁移的阻碍作用仍然存在，所以晶粒长大程度不大，只是微观结构中晶体缺陷的降低使得晶界相比激光冲击未经退火的样品要变得清晰；而当退火温度较高时，由于晶体中位错、孪晶等晶体缺陷大部分消失，与晶界之间的相互作用降低，因此削弱了晶体缺陷对晶界迁移的限制作用，晶粒在较高退火温度下快速长大。激光冲击 TC17 钛合金经 573K/1h、623K/1h 及 673K/1h 退火后最表面晶粒均匀长大，各晶粒尺寸差距不大，是最表面细晶在再结晶完成后退火保温处理过程中，在总晶界能减小的驱动力作用下，晶粒发生的均匀长大过程；而 723K/1h 退火试样最表面晶粒尺寸分布曲线有两个相距较宽的极大点，某些晶粒发生显著长大，晶粒正常长大后发生了不均匀长大过程。这可能是由于激光冲击最表面晶粒完成再结晶后各晶粒之间具有不同的缺陷浓度，缺陷浓度较低的晶粒优先长大并吞并周围晶粒形成异常大晶粒。根据实验结果可以看出，最表面晶粒在 673K 退火温度之上时发生显著长大，673K 是激光冲击 TC17 钛合金变形组织发生显著变化的转折温度。

3）退火后硬度变化特征

从 TC17 钛合金激光冲击试样及不同温度退火试样距表面不同深度处硬度分布曲线图 6－16 可以看出，激光冲击强化的 TC17 钛合金经不同温度退火后硬度值均有所下降，其中经 573K 及 623K 温度退火试样硬度值下降不明显；在 673K 退火后硬度值下降幅度开始变大。经计算，激光冲击后 TC17 钛合金最表面硬度值相比基体部分约提高了 24%，而经 573K/1h、623K/1h、673K/1h、723K/1h 退火各试样最表面硬度强化程度分别为 21%、20%、15% 和 12%，在更高温度 723K 温度条件下退火后硬度下降程度非常显著，可以看出 673K 退火温度是 TC17 钛合金硬度值发生明显变化的转折温度。

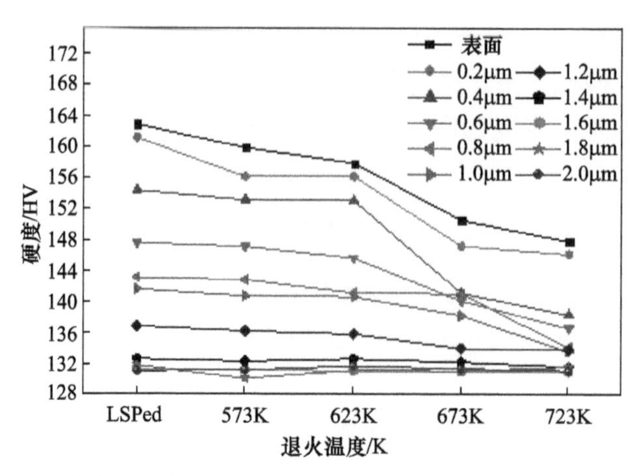

图 6 – 16 激光冲击试样及各退火试样距表面不同深度处硬度分布曲线

该实验结果和微观结构观察结果相符,说明在 673K 温度后 TC17 钛合金变形微观组织发生了较大变化,微观组织缺陷如位错缠结和位错胞等密度显著降低,并且晶粒粗化明显,致使硬度值发生较大程度的降低。

激光冲击后 TC17 钛合金硬度提高是变形引入的位错、孪晶等晶体缺陷的强化作用与细晶强化共同作用的结果。当退火温度低于 673K 时,变形组织内位错、孪晶密度随着退火温度的提高而降低,表面晶粒小幅长大,因而截面硬度值下降;当退火温度高于 723K 时,位错、孪晶等晶体缺陷密度大大降低,并且表面细晶显著长大,因而细晶强化作用也被削弱,硬度值下降幅度明显增大。

本节主要研究激光冲击加载后 TC17 钛合金微观结构及力学性能的热稳定性。通过 573K/1h、623K/1h、673K/1h 以及 723K/1h 退火处理后试样微观结构及硬度的变化规律分析激光冲击后 TC17 钛合金的热稳定性。得到以下结论。

(1) 通过 573K/1h 及 673K/1h 退火试样与激光冲击加载试样各深度处微观结构的对比分析,发现变形试样经 573K/1h 退火后各深度处显微组织变清晰,位错、孪晶等晶体缺陷密度降低,但近表面位错胞、亚晶以及最表面细晶尺寸变化不大,而变形试样经 673K/1h 退火后各深度处微观组织内晶体缺陷密度降低幅度更大,并且在近表面处位错胞、亚晶以及最表面晶粒长大明显,最表面细晶明显长大。

(2) 通过激光冲击加载试样以及 573K/1h、623K/1h、673K/1h、723K/1h 退火试样最表面 TEM 明场像及晶粒尺寸分布柱状图得出各试样最表面晶粒平均尺寸分别为 396nm、422nm、493nm、1. 04μm、2. 46μm,即 673K 是激光冲击 TC17 钛合金微观组织显著变化的临界温度,在此温度之上退火时最表面晶粒长大显著。

(3) 对比激光冲击加载试样和各退火试样硬度分布曲线可以看出,退火后试样硬度值均不同程度降低,其中673K退火温度是硬度变化的临界温度,达到该退火温度时硬度值下降幅度较大。位错、孪晶等晶体缺陷密度下降以及晶粒粗化是硬度值下降的原因。

可见,激光冲击后的TC17钛合金工件为保持变形微观结构及强化性能,最高使用温度不能超过673K。

参考文献

[1] Thomas M,Jackson M. The role of temperature and alloy chemistry on subsurface deformation mechanisms during shot peening of titanium alloys[J]. Scripta Materialia,2012,66(12):1065 – 1068.

[2] Liu J L,Umemoto M,Todaka Y,et al. Formation of a nanocrystalline surface layer on steels by air blast shot peening[J]. Journal of Materials Science,2007,42(18):7716 – 7720.

[3] Tao N R,Wang Z B,Tong W P,et al. An investigation of surface nanocrystallization mechanism in Fe induced by surface mechanical attrition treatment[J]. Acta Materialia,2002,50(18):4603 – 4616.

[4] Fabbro R,Fournier J,Ballard P,et al. Physical study of laser – produced plasma in confined geometry [J]. Journal of Applied Physics,1990,68(2):775 – 784.

[5] 张兴权,周建忠,王广龙,等. 激光喷丸技术及其应用[J]. 制造业自动化,2005,27(10):26 – 28.

[6] Fairand B P, Wilcox B A, Gallaghtr W J. Laser shock induced microstructural and mechanical property changes in 7075 Aluminum[J]. Journal of Applied Physics,1972,43(9):3893 – 3895.

[7] Clauer A H,Fairand B P. Interaction of laser – induced stress waves with metals[C]. Presented at Proc. , Washington D C:ASM Confererence Applications of Laser in Material Processing,1979.

[8] Mannava S,McDaniel A E,Cowie W D,et al. US Patent 5,591,009,General Electric Company(Cincinnati, OH),1997.

[9] Brown A S. A shocking way to strengthen metal[J]. Aerospace American. ,1998,36(4):21 – 23.

[10] See D W,Dulaney J L,Clauer A H,et al. The air force manufacturing technology laser peening Initative [J]. Surface Engineering,2002,18(1):32 – 36.

[11] Sokol D W,Clauer A H,Dulaney J L,et al. Applications of laser peening to titanium alloys[C]. ASME/JSME. Pressure Vessels and Piping Division Conference,2004:25 – 29.

[12] Yang Y,Zhang H,Qiao H C. Microstructure characteristics and formation mechanism of TC17 titanium alloy induced by laser shock processing[J]. Journal of Alloys and Compounds,2017,722:509 – 516.

[13] Yang Y,Zhou K,Zhang H,et al. Thermal stability of microstructures induced by laser shock peening in TC17 titanium alloy[J]. Journal of Alloys and Compounds,2018,767,30:253 – 258.

[14] Mordyuk B N,Milman Y V,Iefimov M O,et al. Characterization of ultrasonically peened and laser – shock peened surface layers of AISI 321 stainless steel[J]. Surface & Coatings Technology,2008,202(19):4875 – 4883.

[15] Ge M Z,Xiang J Y. Effect of laser shock peening on microstructure and fatigue crack growth rate of AZ31B magnesium alloy[J]. Journal of Alloys and Compounds,2016,680:544 – 552.

[16] Lu J Z,Luo K Y,Zhang Y K,et al. Grain refinement of LY2 aluminum alloy induced by ultra – high plastic strain during multiple laser shock processing impacts[J]. Acta Materialia,2010,58:3984 – 3994.

[17] Lainé S J, Knowles K M, Doorbar P J, et al. Microstructural characterisation of metallic shot peened and lasershock peened Ti - 6Al - 4V[J]. Acta Materialia, 2017, 123:350 - 361.

[18] Ren X D, Zhou W F, Liu F F, et al. Microstructure evolution and grain refinement of Ti - 6Al - 4V alloy by laser shock processing[J]. Applied Surface Science, 2016, 363:44 - 49.

[19] Zhou L C, Li Y H, He W F, et al. Effect of multiple laser shock processing on microstructure and mechanical properties of Ti - 5Al - 4Mo - 4Cr - 2Sn - 2Zr titanium alloy[J]. Rare Metal Materials and Engineering, 2014, 43(5):1067 - 1072.

[20] Devaux D, Fabbro R, Tollier L, et al. Generation of shock waves by laser induced plasma in confined geometry [J]. Journal of Applied Physics, 1993, 74(4):2268 - 2273.

[21] Ding K. FEM simulation of two side laser shock peening of thin sections of Ti - 6A1 - 4Valloy[J]. Surface Engineering, 2003, 19(2):127 - 133.

[22] Brown W F. Aerospace Structural Metals Handbook[M]. CINDAS/Purdue University, 1994. 4: Code 3724.

[23] Wang B F, Yang Y. Microstructure evolution in adiabatic shear band in fine - grain - sized Ti - 3Al - 5Mo - 4. 5Valloy[J]. Materials Science and Engineering A, 2008, 473:306 - 311.

[24] Kwasniak P, Garbacz H, Kurzydlowski K J. Solid solution strengthening of hexagonal titanium alloys: Restoringforces and stacking faults calculated from first principles [J]. Acta Materialia, 2016, 102: 304 - 314.

[25] Gray Ⅲ G T. High - strain - rate deformation: mechanical behavior and deformation substructures induced [J]. Annual Review of Materials Research, 2012, 42(1):285 - 303.

[26] Hines J A, Vecchio K S. Recrystallization kinetics within adiabatic shear bands[J]. Acta Materialia, 1997, 45(2):635 - 649.

[27] Meyers M A, Xu Y B, Xue Q. Microstructural evolution in adiabatic shear localization in stainless steel [J]. Acta Materialia, 2003, 51(5):1307 - 1325.

[28] Yang Y, Wang B F. Dynamic recrystallization in adiabatic shear band in α - titanium[J]. Materials Letters, 2006, 60(17):2198 - 2202.

[29] Li L, Luo J, Yan J J, et al. Dynamic globularization and restoration mechanism of Ti - 5Al - 2Sn - 2Zr - 4Mo - 4Cr alloy during isothermal compression[J]. Journal of Alloys and Compounds, 2015, 622:174 - 183.

[30] Kaibyshev R, Shipilova K, Musin F, et al. Continuous dynamic recrystallization in an Al - Li - Mg - Sc alloy during equal - channel angular extrusion[J]. Materials Science and Engineering A., 2005, 396:341 - 351.

[31] Luo S H, Nie X F, Zhou L C, et al. Thermal stability of surface nanostructure produced by laser shock peening in a Ni - based superalloy[J]. Surface & Coatings Technology, 2017, 311:337 - 343.

[32] Altenberger I, Stach E A, Liu G, et al. An in situ transmission electron microscope study of the thermal stability of near - surface microstructures induced by deep rolling and laser - shock peening[J]. Scripta Materialia, 2003, 48:1593 - 1598.

[33] Xu S Q, Huang S, Meng X K, et al. Thermal evolution of residual stress in IN718 alloy subjected to laser peening[J]. Optics and Lasers in Engineering, 2017, 94:70 - 75.

[34] Lainé S J, Knowles K M, Doorbar P J, et al. Microstructural characterisation of metallic shot peened and laser shock peened Ti - 6Al - 4V[J]. Acta Materialia, 2017, 123:350 - 361.

内 容 简 介

本书作者在多年研究工作的基础上，详尽地论述了动态载荷对金属材料微观组织结构和力学性能的影响、局域化绝热剪切、金属层裂、金属爆炸复合材料的界面组织结构与力学行为、动态塑性变形制备超细晶块体金属的微结构演变机制及其热稳定性、激光冲击高应变速率变形诱生的微结构特征/形成机制及其热稳定性等，反映了材料动态响应行为的最新研究进展。

本书既可作为材料科学与工程、力学、工程物理等专业的研究生和高年级本科生教材，也可供从事军事工业、航天、航空、高速运输、安全防护、高能率加工等涉及金属材料动态响应行为高科技领域的科研人员、高校教师参考，是一本具有工程应用价值的基础性参考书。

Based on years of systematic and in – depth research work, the following contents are discussed in detail by the author of this book, including the effects of dynamic load on the microstructure and mechanical properties of metals, the localized adiabatic shearing, Metal ' s spallation, the microstructure and mechanical behavior of explosive clad interface of metallic materials, the microstructure ' s characteristics/evolution mechanism and its thermal stability of ultrafine grained metallic materials prepared by dynamic deformation, and the characteristics/evolution mechanism and thermal stability of microstructures induced by laser shock peening, etc. The latest research progress in the field of dynamic response behavior of materials is highlighted in this book.

This book has important reference value for researchers, university teachers, graduate students and senior undergraduates engaged in the field of dynamic response behavior of metallic materials. It is a basic reference book with engineering application value.

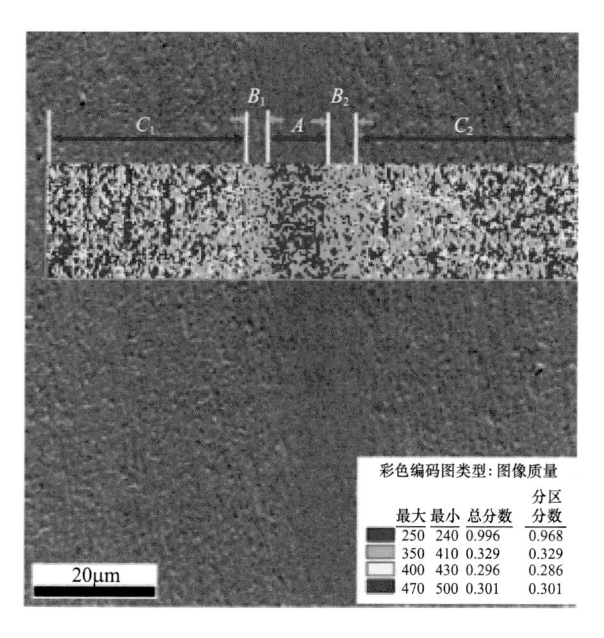

图 2－13　IQ 彩色编码图

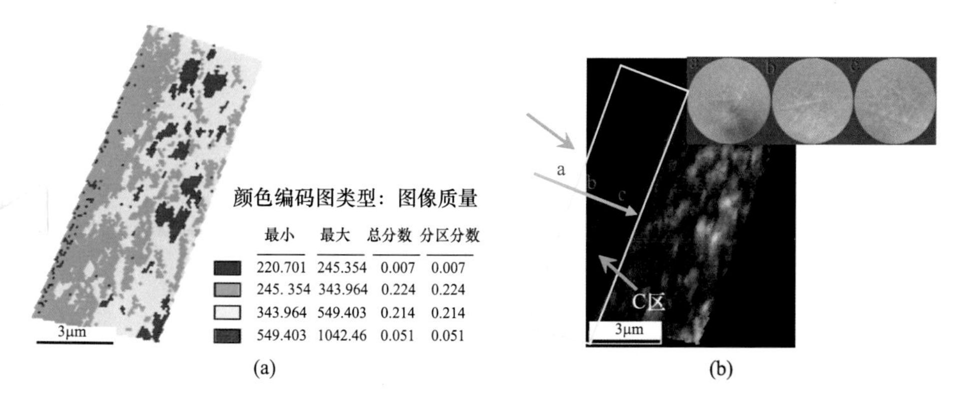

图 2－17　图 2－12(b) 中的绿色矩形框内的菊池线花样质量图

(a) 等值云图；(b) 等值衬度图。

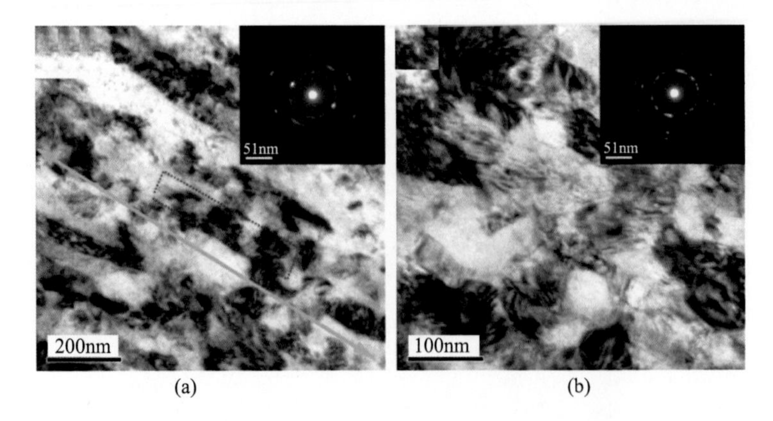

图 2-65　剪切带内的微结构及其对应的 SADP

(a)剪切带内邻近基体沿剪切方向分布的细等轴晶；(b)剪切带中部的细等轴晶。

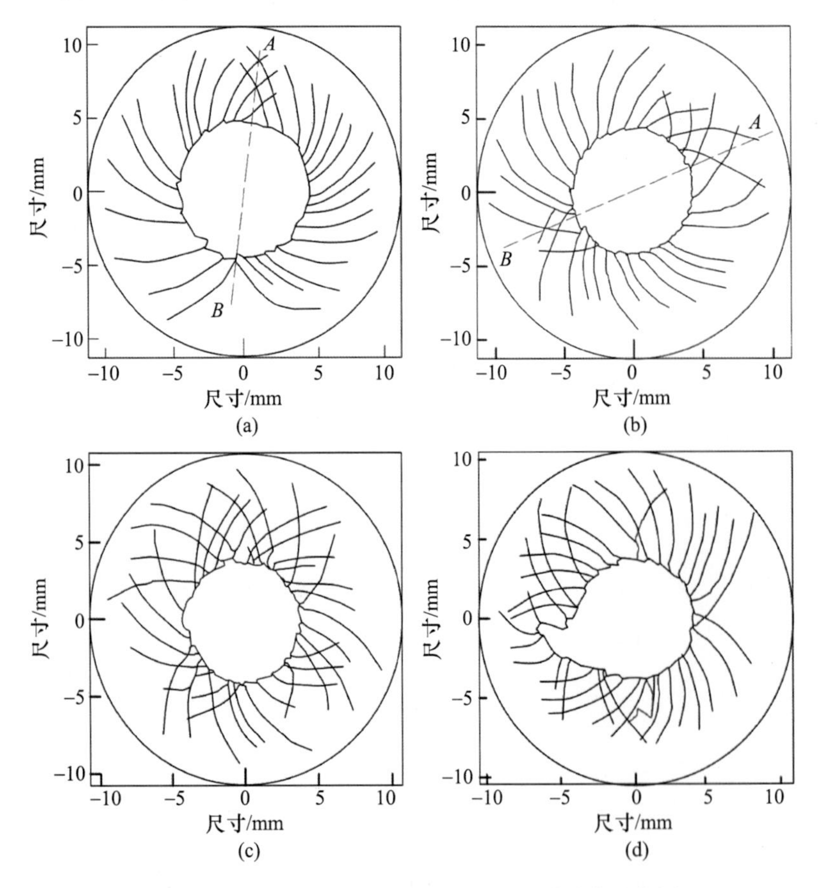

图 2-140　圆筒试样不同有效应变剪切带分布示意图

(a) $\varepsilon_{ef}=0.57$, $N=31$；(b) $\varepsilon_{ef}=0.72$, $N=33$；(c) $\varepsilon_{ef}=0.82$, $N=41$；(d) $\varepsilon_{ef}=0.88$, $N=40$。

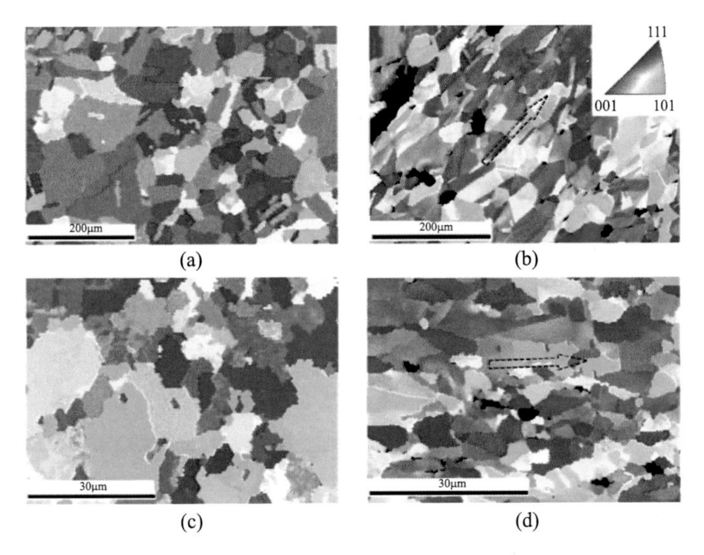

图 3 - 20　试样 RA4 和 RT4 层裂区域爆轰前后取向成像图

(a)试样 RA4 爆轰前；(b)试样 RA4 爆轰后；(a)试样 RT4 爆轰前；(d)试样 RT4 爆轰后。

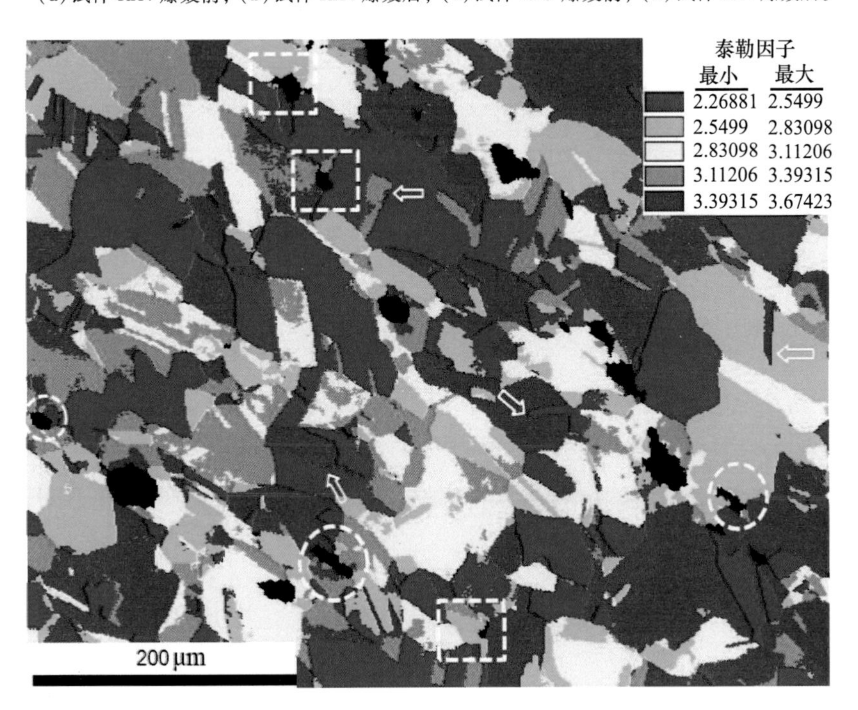

图 3 - 24　试样 RA4 层裂区域 Taylor 因子图

(图中黑色的是孔洞)

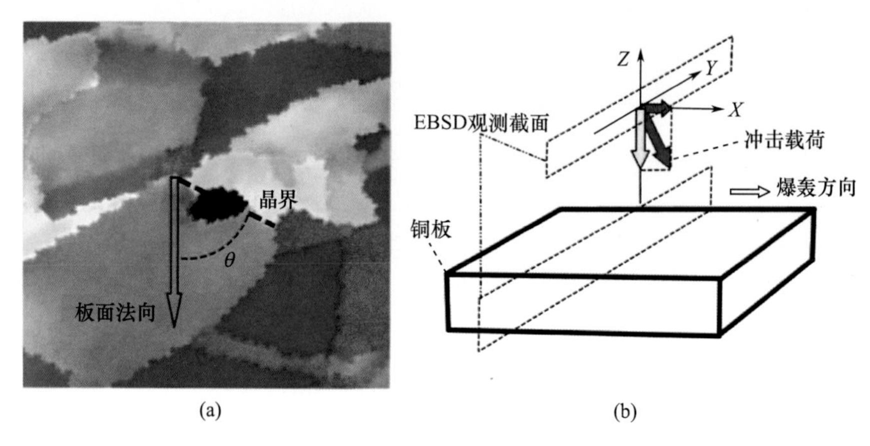

图 3-25　晶界相对于冲击载荷方向几何孔洞形核的影响

(a)测量晶界与板面法线方向夹角示意图；(b)冲击载荷方向示意图

(图中红色和黄色箭头代表冲击载荷在对应方向的分量)。

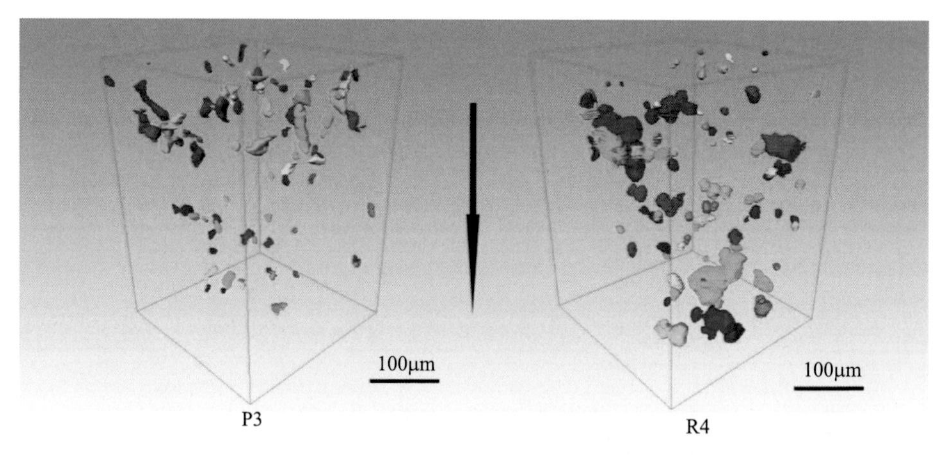

图 3-37　不同冲击条件下软回收试样 P3、R4 的层裂区域重构图

(其中不同的颜色代表不同位置的孔洞,黑色箭头方向为冲击方向)

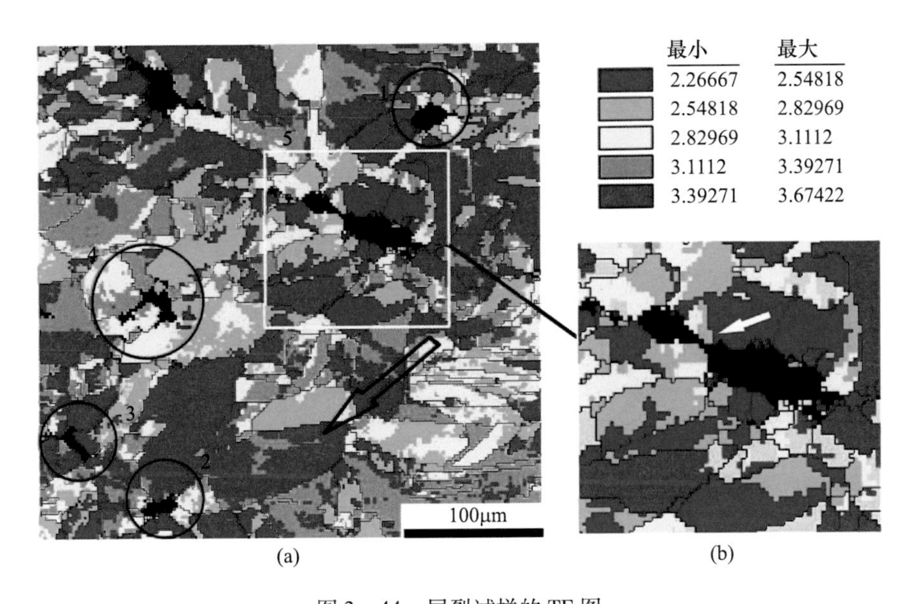

图 3－44　层裂试样的 TF 图

(a)冲击后试样的泰勒因子 TF 图(不同的颜色代表具有不同 TF 值的晶粒)；(b)图(a)中方框的放大图。

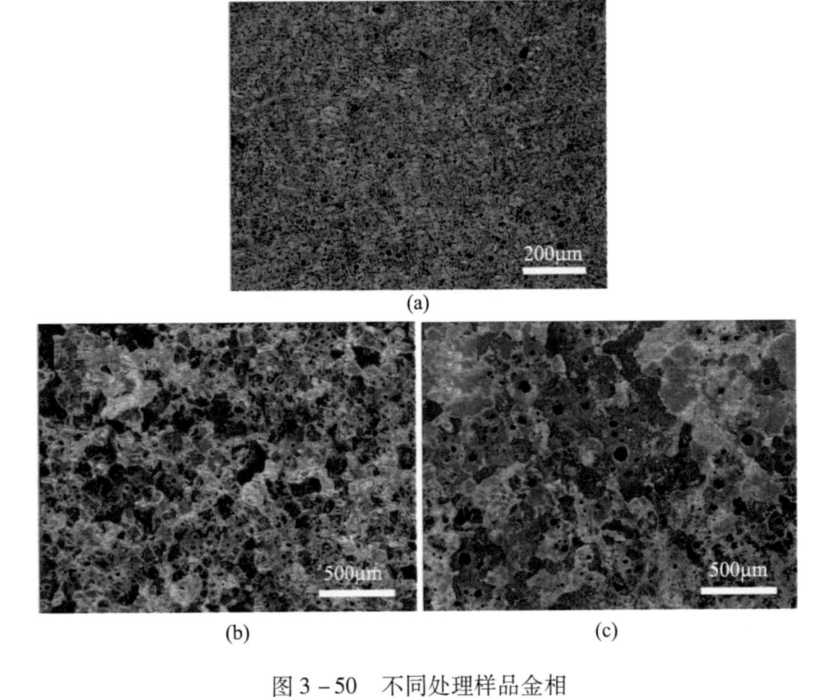

图 3－50　不同处理样品金相

(a)原始样品(三氯化铁盐酸水溶液侵蚀剂)；(b)1 号再结晶热处理样；
(c)2 号 －196℃深冷处理样(Klemm 蚀刻剂)。

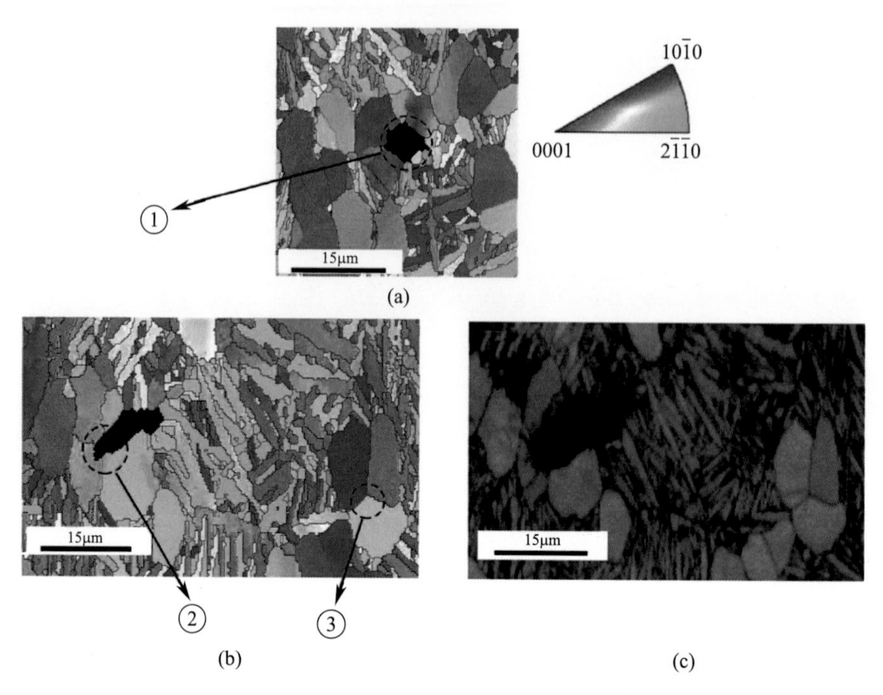

图 3－75　孔洞形核位置晶体取向图

(a)1 号样品；(b)2 号样品；(c)图(b)区域的 EBSD 质量对比图。

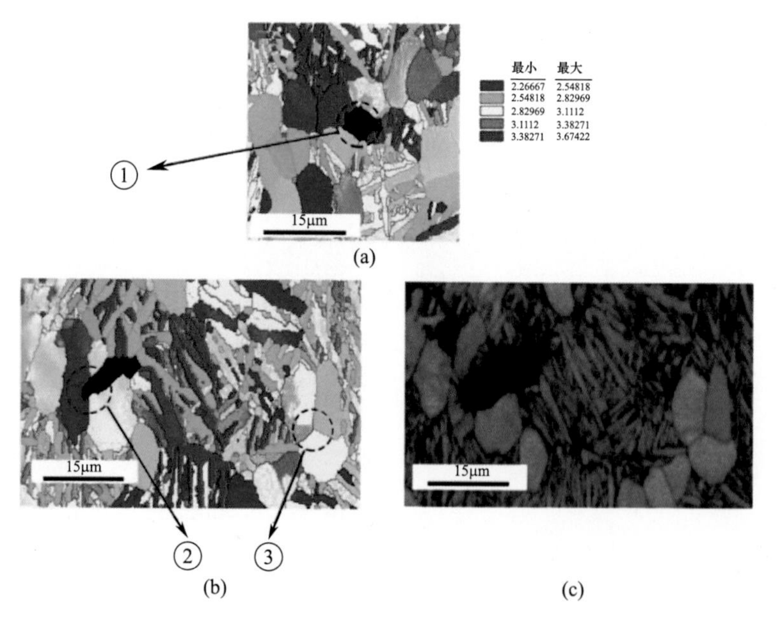

图 3－76　加载后孔洞附近泰勒因子/Taylor Factor 分布图

(a)1 号样品；(b)2 号样品；(c)图(b)区域的 EBSD 质量对比图。

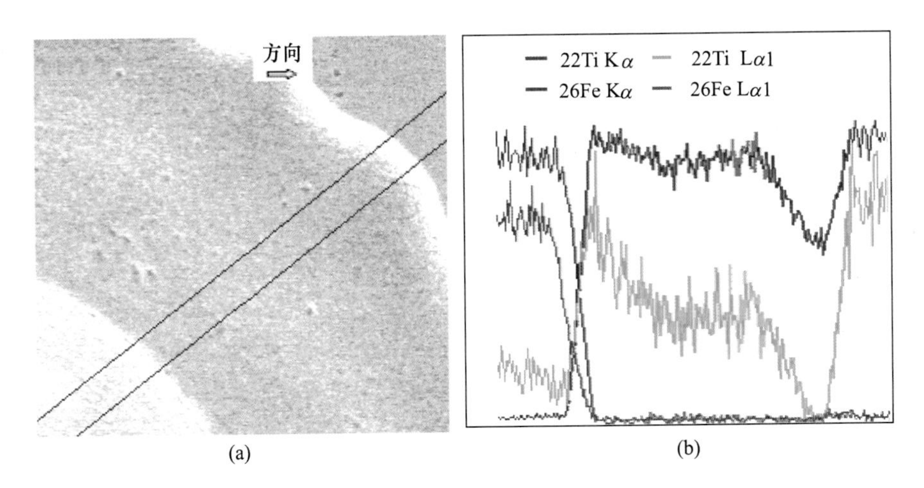

图 4-6　EDS 显示了界面的扩散现象

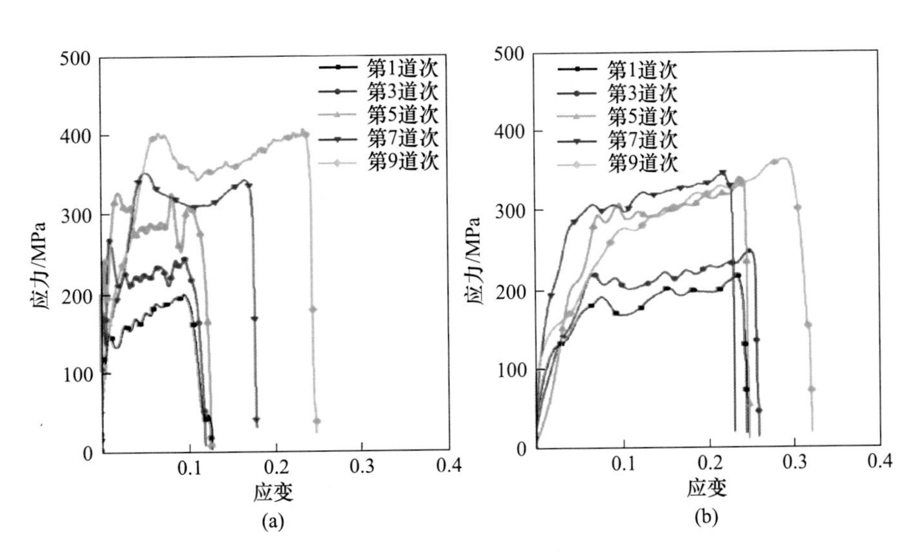

图 5-14　试样在第 1、3、5、7、9 道次加载后的 $\sigma-\varepsilon$ 曲线

(a)单向加载试样的 $\sigma-\varepsilon$ 曲线；(b)多向加载试样的 $\sigma-\varepsilon$ 曲线。

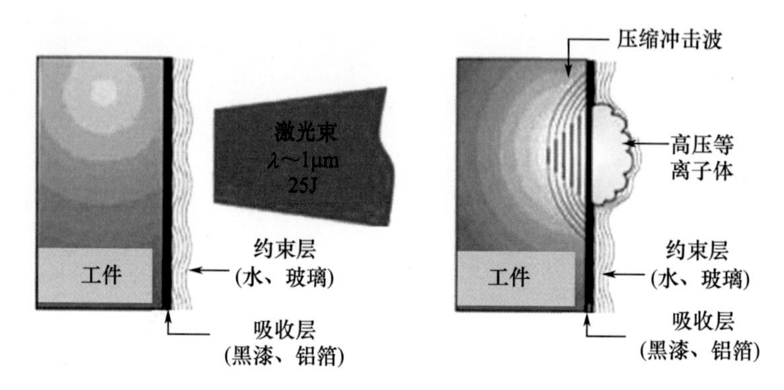

图 6-2　激光冲击强化原理

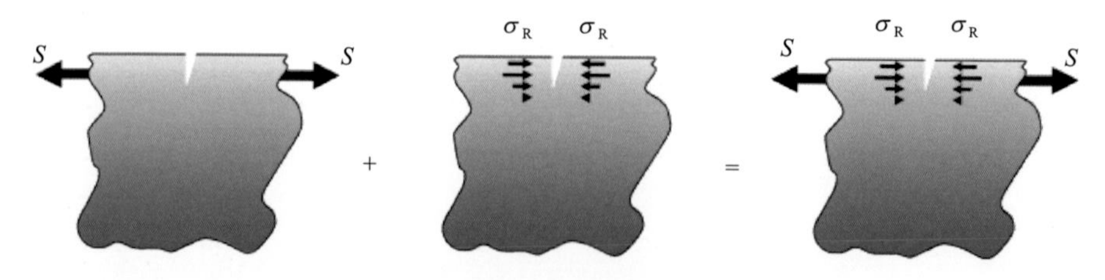

图 6-4　残余压应力抑制疲劳裂纹扩展的机理

S—施加的载荷；σ_R—残余压应力。